普通高等教育土木与交通类"十二五"规划教材

土木工程施工技术

主　编　王利文　郑显春

副主编　张立群　李雄威　李雪飞

中国水利水电出版社
www.waterpub.com.cn

内 容 提 要

本教材依据我国土木工程专业现行标准、规范及土木工程施工技术课程教学大纲编写而成，其特色在于：针对应用型本科专业教学特点，强调理论联系实际，反映当前土木工程施工的先进水平、新技术、新工艺等；以土木工程施工内容为主线，在介绍施工技术专业知识时，密切结合国家现行土木工程标准、规范、规程及法规，以培养学生解决工程实际问题的能力。全书共十章，内容包括：土方工程，地基与基础工程，砌体工程，钢筋混凝土工程，预应力混凝土工程施工，土木工程结构安装工程，钢结构工程，道路与桥梁工程施工，防水工程，建筑装饰工程等。

本教材适合于"卓越工程师"应用型人才培养教学，可作为高等院校土木工程专业、工程项目管理专业等相关专业的教材，也可作为土木工程施工技术人员自学和培训用书。

图书在版编目（CIP）数据

土木工程施工技术/王利文，郑显春主编.—北京
：中国水利水电出版社，2013.8（2015.8重印）
普通高等教育土木与交通类"十二五"规划教材
ISBN 978-7-5170-1193-4

Ⅰ.①土… Ⅱ.①王…②郑… Ⅲ.①土木工程-工程施工-高等学校-教材 Ⅳ.①TU7

中国版本图书馆 CIP 数据核字（2013）第 196729 号

书 名	普通高等教育土木与交通类"十二五"规划教材 **土木工程施工技术**
作 者	主编 王利文 郑显春
出版发行	中国水利水电出版社 （北京市海淀区玉渊潭南路1号D座 100038） 网址：www.waterpub.com.cn E-mail：sales@waterpub.com.cn 电话：（010）68367658（发行部）
经 售	北京科水图书销售中心（零售） 电话：（010）88383994、63202643、68545874 全国各地新华书店和相关出版物销售网点
排 版	中国水利水电出版社微机排版中心
印 刷	北京市北中印刷厂
规 格	184mm×260mm 16开本 25.5印张 653千字
版 次	2013年8月第1版 2015年8月第2次印刷
印 数	3001—6000册
定 价	**48.00**元

编 委 员

主　编　王利文　郑显春

副主编　张立群　李雄威　李雪飞

参　编（排名不分先后）

　　　　崔红环　郭　涛　李鹏飞　任大龙　吴大群

前 言

　　本书是根据普通高等院校土建类专业课程教学大纲和基本要求编写的，符合土木工程专业、工程管理专业本科教育培养目标及主干课程的基本要求。在编写专业内容的同时，参照了大量国家现行土木工程规范、规程、标准、法规；在阐述土木工程施工基础专业知识的同时，力求在规范、标准、规程的基础上反映当前成熟和先进的施工技术。

　　本书的编写者均有多年从事土木工程施工工程实践、专业课教学和专业研究的丰富经验。本书在编写过程中，结合作者的教学和工程实践经验，在内容上力求与我国现行规范、规程与标准密切结合，理论与实践应用相结合，力求内容新颖、结构完整、深入浅出、通俗易懂、实用性强。

　　该书的特色是根据施工专业内容，适当注解相关设计、施工现行标准、规范的有关要求，附录了大量土木工程施工中应用到的标准、规范、规程，使读者在学习施工技术专业知识的同时，也学习和熟悉了现行标准、规范的相关要求。

　　本教材参考学时为 48～64 学时。

　　本书由王利文、郑显春担任主编，张立群、李雄威、李雪飞担任副主编。具体编写分工为：王利文编写第四章，郑显春编写第二章，张立群编写第六章，李雪飞编写第七章，李雄威编写第一章，崔红环编写第五章，郭涛编写第三章，任大龙编写第八章，李鹏飞编写第九章，吴大群编写第十章。

　　由于编者学识有限，书中难免存在不足之处，恳切希望读者和同行专家批评指正。

编者

2012 年 6 月于常州

目 录

第一章 土 方 工 程

第一节 概 述

在土木工程施工中，常见的土方工程包括：场地平整、基坑（槽）开挖、地坪填土、路基填筑及基坑回填、地下工程的土方开挖等。土方工程的施工包括：开挖、运输、填筑与压实等主要施工项目，以及排水、降水和土壁支撑等准备和辅助施工内容。

一、土方工程施工准备工作

（1）收集建设单位提供的实测地形图、原有地下管线或构筑物竣工图、规划部分提供的控制点位置以及其他技术资料。主要有：

1）附有坐标和等高线的地形图。

2）拟建建（构）筑物的总平面布置图、基础形式、尺寸和埋置深度。

3）场地及其附近已有的勘察资料。

4）拟建场地的标高和土方平衡情况。

5）基坑开挖深度、基坑平面尺寸、基坑地质勘察。

6）环境条件、场地的水文地质、场地的排水等。

（2）根据工程条件编制的土石方施工安全技术方案❶，方案包括：

1）挖、填方的平衡调配方案。

2）挖、填土石方施工方法、施工机械选择、运输道路方案选择等。

3）基坑排降水、基坑边坡支护等专项方案论证。

4）编制施工计划，尽量避免雨季施工。

（3）土方施工场地内机械行走的道路开工前要修筑好，合理组织机械施工，保证使用效率，并开辟适当的工作面，以利与绿色施工，减少粉尘污染。

（4）妥善保护施工区域内的已有的土木工程、树木、通信、电力设备，施工前妥善处理施工区域内的其他障碍物。

（5）落实土方施工的技术安全工作。如流沙、管涌、边坡稳定、基坑边缘荷载控制等。

（6）其他准备工作，现场供水、供电、临时生产和生活用的设施，以及施工机具、材料

---

❶ 《建筑施工土石方工程安全技术规范》JGJ 180—2009 规定：

2.0.2 土石方工程应编制专项施工安全方案，并应严格按照方案实施。

3.1.4 机械设备进场前，应对现场和行进道路进行踏勘。不满足通行要求的地段应采取必要的措施。

3.1.5 作业前应检查施工现场，查明危险源。机械作业不宜在有地下电缆或燃气管道等 2m 半径范围内进行。

《建筑地基基础工程施工质量验收规范》GB 50202—2002 规定：

6.1.2 当土方工程挖方较深时，施工单位应采取措施，防止基坑底部土的隆起并避免危害周边环境。

6.1.3 在挖方前，应做好地面排水和降低地下水位工作。

6.1.5 土方工程施工，应经常测量和校核其平面位置、水平标高和边坡坡度。平面控制桩和水准控制点应采取可靠的保护措施，定期复测和检查。土方不应堆在基坑边缘。

6.1.6 对雨季和冬季施工还应遵守国家现行有关标准。

进场等准备工作。

二、土方子分部的划分

土方子分部按有无支护划分，见表1-1。土方工程作为地基与基础子分部工程应该由总监理工程师❶组织施工单位项目负责人和技术、质量负责人等进行验收，勘察、设计单位工程项目负责人和施工单位技术、质量部门负责人也应参加相关分部工程验收，在实践中主要体现在地基验槽工作中。

表1-1 土 方 子 分 部 的 划 分

分部工程	子分部工程	分 项 工 程
地基与基础	无支护土方	土方开挖、土方回填
	有支护土方	排桩、降水、排水、地下连续墙、锚杆、土钉墙、水泥土桩、沉井与沉箱、钢及混凝土支撑

三、土方工程专项施工技术及安全

土方工程应合理选择施工方案，尽量采用新技术和机械化施工，必须单独编制专项的施工方案、安全技术措施，防止土方坍塌，尤其是制定防止毗邻建筑物沉降的安全技术措施。编制的专项施工方案，要附具安全验算结果，经施工单位技术负责人、总监理工程师签字后实施，由专职安全生产管理人员进行现场监督。具体内容有：

（1）土方工程施工必须严格按照土方施工安全技术方案施工。

1）基坑支护与降水工程。基坑支护施工中，要按土质的类别，较浅的基坑，要采取放坡的措施；较深的基坑，要考虑采取基坑支护技术措施。当工程基底标高低于地下水位时，首先要降低地下水位，对毗邻建筑物必须采取有效的安全防护措施，并进行认真观测。

2）土方开挖工程。防止基坑底部土的隆起并避免危害周边环境；土方挖掘过程中，要加强监控：基坑边堆土要有安全距离，严禁在坑边堆放建筑材料，防止动荷载对土体的震动造成原土层内部颗粒结构发生变化。

对涉及深基坑、地下暗挖工程的专项施工方案，施工单位还应当组织专家进行论证、审查。

（2）开挖土方必须有挖土令。基坑开挖前，必须摸清基坑下的管线排列和地质开采资料，以利考虑开挖过程中的意外应急措施（流砂等特殊情况）。挖土中发现管道、电缆及其他埋设物应及时报告，不得擅自处理。场内道路应及时整修，确保行车安全措施，各种车辆应有专人负责指挥引导。车辆进出门口如有地下管线（道）必须铺设厚钢板，或浇筑混凝土加固。

（3）在开挖基坑时，必须设有确实可行的排水措施，以免基坑积水，影响基坑土结构。相邻土方开挖要先深后浅，并及时做好基础。清坡、清底人员必须根据设计标高做好清底工

---

❶ 《建筑工程施工质量验收统一标准》GB 50300—2001规定：

6.0.1 检验批及分项工程应由监理工程师（建设单位项目技术负责人）组织施工单位项目专业质量（技术）负责人等进行验收。

6.0.2 分部工程应由总监理工程师（建设单位项目负责人）组织施工单位项目负责人和技术质量负责人等进行验收，地基与基础、主体结构分部工程的勘察、设计单位工程项目负责人和施工单位技术、质量部门负责人也应参加相关分部工程验收。

作，不得超挖。如果超挖不得用松土回填，以免影响地基的质量。

（4）基坑四周必须设置1.2m高护栏并进行围挡，要设置一定数量临时上下施工爬梯，不应踩踏土壁或支护结构上下。边坡支护结构要经常检查，如有松动、变形、裂缝等现象，要及时加固或更换。挖土时要注意土壁的稳定性，防止土方边坡塌方，发现有裂缝及坍塌可能时，人员要立即撤离并及时报告处理。

（5）每日或雨后必须检查土壁及支撑稳定情况，在确保安全的情况下继续工作，并且不得将土和其他物件堆在支撑上，不得在支撑下行走或站立。

（6）开挖出的土方，要严格按照组织设计堆放，不得堆于基坑边侧，以免引起地面荷载超载引起基坑边坡破坏。

（7）机械挖土，启动前应检查离合器、钢丝绳等，经空车试运转正常后再开始作业。机械操作中进铲不应过深，提升不应过猛。机械不得在输电线路下工作，在输电线路一侧工作，不论在任何情况下，机械的任何部位与架空输电线路的最近距离应符合安全操作规程要求。机械应停在坚实的地基上，不得将挖土机履带与挖空的基坑平行小于2m处作业。运土汽车不宜靠近基坑平行行驶，防止塌方翻车。向汽车上卸土应在车子停稳后进行，禁止铲斗从汽车驾驶室上越过。挖土机械不得在施工中碰撞基坑支撑，以免引起支撑破坏。

（8）机械挖土不得超挖，至少留0.3m深不挖，而由人工挖至设计标高。配合挖土机的清坡、清底工人，不准在机械回转半径下工作。

（9）电缆两侧1m范围内应采用人工挖掘。

四、基坑监测❶

为了确保基坑和周边环境安全，在基坑施工中，应对周边地下水位、地形、基坑支护的

---

❶ 《建筑基坑工程检测技术规范》GB 50497—2009总则规定：

1.0.3　建筑基坑工程监测应综合考虑基坑工程设计方案、建设场地的岩土工程条件、周边环境条件、施工方案等因素，制定合理的监测方案，精心组织和实施监测。

3.0.1　开挖深度大于或等于5m或开挖深度小于5m，但现场地质情况和周围环境较复杂的基坑工程及其他需要监测的基坑工程应实施基坑工程监测。

《建筑地基基础设计规范》GB 50007—2011规定：

10.3.6　边坡工程施工过程中，应严格记录气象条件、挖方、填方、堆载等情况。尚应对边坡的水平位移和竖向位移进行监测，直到变形稳定为止，且不少于二年。爆破施工时，应监控爆破对周边环境的影响。

《建筑地基基础工程施工质量验收规范》GB 50202—2002规定：

7.1.7　基坑（槽）、管沟土方工程验收必须确保支护结构安全和周围环境安全为前提，当设计有指标时，以设计要求为依据，如无设计指标时应按表7.1.7的规定执行。

表7.1.7　基坑变形的监控值（cm）

基坑类别	围护结构墙顶位移监控值	围护结构墙体最大位移监控值	地面最大沉降监控值
一级基坑	3	5	3
二级基坑	6	8	6
三级基坑	8	10	10

1. 符合下列情况之一，为一级基坑：

1）重要工程或支护结构做主体结构的一部分。

2）开挖深度大于10m。

3）与邻近建筑物、重要设施的距离在开挖深度以内的基坑。

4）基坑范围内有历史文物、近代优秀建筑、重要管线等需严加保护的基坑。

2. 三级基坑为开挖深度小于7m，且周围环境无特别要求时的基坑。

3. 除一级和三级外的基坑属二级基坑。

变化情况进行监测，如变形、沉降、倾斜、裂缝和水平位移等。

（1）基坑工程应实施动态设计和信息化施工。

（2）基坑开挖监测内容可按照表1-2选择。监测项目选择应根据基坑支护形式、地质条件、工程规模、施工工况与季节及环境保护的要求等因素综合而定。

表1-2 基坑监测项目选择表

地基基础设计等级＼监测项目	支护结构水平位移	邻近建（构）筑物沉降与地下管线变形	地下水位	锚杆拉力	支撑轴力或变形	立柱变形	桩墙内力	地面沉降	基坑底隆起	土侧向变形	孔隙水压力	土压力
甲级	√	√	√	√	√	√	△	△	△	√	△	△
乙级	√	√	√	√	△	△	△	△	△	△	△	△
丙级	√	√	○	○	○	○	○	○	○	○	○	○

注 1. √为应测项目，△为宜测项目，○为可不测项目。

2. 对深度超过15m的基坑宜设坑底土回弹监测点。

3. 基坑周边环境进行保护要求严格时，地下水位监测应包括对基坑内、外地下水位进行监测。

监测值的变化和周边建（构）筑物、地下管网允许的最大沉降变形参数，是确定监控报警标准的主要依据，极限是周边建（构）筑物原有的沉降与基坑开挖造成的附加沉降叠加，不能超过允许的最大沉降变形值。

第二节 土 的 工 程 性 质

一、土的工程分类

（1）土的种类繁多，分类的方法也不同。在建筑施工中按土开挖的难易程度将土分为松软土、普通土、坚土、砂砾坚土、软石、次坚石、坚石、特坚石等8类。

（2）土的野外鉴别方法见表1-3。

表1-3 土 的 野 外 鉴 别 方 法

项目		黏 土	亚 黏 土	轻 亚 黏 土	砂 土
湿润时用刀切		切面光滑有黏刀阻力	稍有光滑切面平整	无光滑面切面稍粗糙	无光滑面切面粗糙
湿土用手捻摸		滑腻粘手	稍滑腻，黏滞有少量砂粒	轻微黏滞感砂粒较多	无黏滞，粗糙感觉全是砂粒
土态	干土	坚硬，用锤击碎	用力压碎	手捏碎	松散
	湿土	黏物，干后难剥	能粘物，干后易剥	不粘物	不粘物
搓条		搓成0.5mm长条不断	0.5~2mm短条	2~3mm短条	不能搓条

二、土的主要工程性质

土的工程性质对土方工程的施工有直接影响，在进行土方量的计算、确定运土机具的类型和数量时，需考虑到土的可松性；在确定基坑降水方案时，需考虑到土的渗透性；在分析边坡稳定性、进行土方回填时，要考虑到土的含水量和密实度程度。

1. 土的可松性

土的可松性是指自然状态下的土，经过开挖后体积增大，回填压实不能恢复其原状的性质。土方工程量是以自然状态的体积来计算的，而土方挖运则是以松散体积来计算的，同时，在进行土方的平衡调配，计算填方所需挖方体积，确定基坑（槽）开挖时的留弃土量以及计算挖、运土机具数量时，也需要考虑土的可松性。土的可松性程度可用可松性系数表示，即：

最初可松性系数：
$$K_s = \frac{V_2}{V_1} \tag{1-1}$$

最终可松性系数：
$$K'_s = \frac{V_3}{V_1} \tag{1-2}$$

式中 K_s——最初可松性系数，是选择土方机械的重要参数；

K'_s——最终可松性系数，是场地平整、土方填筑的重要参数；

V_1——土在天然状态下的体积，m^3；

V_2——土挖出后的松散状态下的体积，m^3；

V_3——土经回填压实后的体积，m^3。

2. 土的渗透性[1]

土体被水透过的性质称为土的渗透性，渗透性的表达参数为渗透系数，渗透系数 K 可通过室内渗透试验确定，或现场抽水试验测定。K 现场测试方法如下：

沿垂直与地下水流方向，设置三眼水井，中间为抽水井，距抽水井 X_1 与 X_2 处为两个观测井（三井在同一直线上），根据抽水稳定后，观测井内的水深 Y_1 与 Y_2 及抽水孔相应的抽水量 Q，依据式（1-3）计算出渗透系数。

$$K = \frac{Q \lg \dfrac{X_2}{X_1}}{1.366(Y_2^2 - Y_1^2)} \quad (\text{m/d}) \tag{1-3}$$

3. 土的含水量

土的含水量是土中水的质量与固体颗粒质量之比，以相对百分比表示。

$$\omega = \frac{m_1 - m_2}{m_2} \times 100\% \tag{1-4}$$

式中 m_1——含水状态下土的质量；

m_2——烘干后土的质量。

土的含水量随气候条件、雨雪和地下水的变化而变化，土的含水量对挖土的难易、土质边坡的稳定性、填土的密实程度均有影响。所以在制定土方施工方案、选择土方机械和决定地基处理方案时，均应考虑土的含水量。

4. 土的密实度

土的密实度是指土被固体颗粒所充实的程度，反映了土的紧密程度，土的密实度用土的压实系数表示。填土压实后，必须要达到要求的密实度，现行《建筑地基基础设计规范》GB 50007—2011规定，压实填土的质量以设计规定的压实系数 λ_c 的大小作为控制标准，见

---

[1] 《建筑基坑支护技术规程》JGJ 120—2012规定：

7.3.17 含水层的渗透系数应按下列规定确定：

1. 宜按现场抽水试验确定。

2. 对粉土和黏性土，也可通过原状土样的室内渗透试验并结合经验确定。

3. 当缺少试验数据时，可根据土的其他物理指标按工程经验确定。

表 1-4。

$$\lambda_c = \rho_d / \rho_{d\max} \qquad (1-5)$$

式中　λ_c——土的压实系数；

　　　ρ_d——土的实际干密度，干密度越大，表明土越坚实，在土方填筑时，常以土的干密度作为土的夯实控制标准；

　　　$\rho_{d\max}$——土的最大干密度，由实验室击实实验测定。

表 1-4　　　　　　　　　压实填土地基压实系数控制值

结构类型	填土部位	压实系数 λ_c	控制含水量（%）
砌体承重及	在地基主要受力层范围内	≥0.97	
框架结构	在地基主要受力层范围以下	≥0.95	$\omega_{op} \pm 2$
排架结构	在地基主要受力层范围内	≥0.96	
	在地基主要受力层范围以下	≥0.94	

注　1. 压实系数（λ_c）为填土的实际干密度（ρ_d）与最大干密度（$\rho_{d\max}$）之比；ω_{op}为最优含水量。

　　2. 地坪垫层以下及基础底面标高以上的压实填土，压实系数不应小于 0.94。

　　压实填土的最大干密度和最优含水量，应采用击实试验确定，击实试验的操作应符合现行国家标准《土工试验方法标准》GB/T 50123—1999 的有关规定。对于碎石、卵石，或岩石碎屑等填料，其最大干密度可取 2100～2200kg/m³。对于黏性土或粉土填料，当无试验资料时，可按式（1-6）计算最大干密度：[1]

$$\rho_{d\max} = \eta \frac{\rho_w d_s}{1 + 0.01 \omega_{op} d_s} \qquad (1-6)$$

式中　$\rho_{d\max}$——分层压实填土的最大干密度，kg/m³；

　　　η——经验系数，粉质黏土取 0.96，粉土取 0.97；

　　　d_s——土粒相对密度（比重）。

　　细颗粒黏性土的干密度，可以用"环刀法"进行测定。粗颗粒砂石填料的干密度，可以用现场"灌砂法"进行测定[2]。施工现场无标准砂时，也可采用灌水法。

第三节　土方量计算与土方调配

一、基坑、基槽土方量的计算

1. 基坑土方量计算

基坑土方量是按立体几何拟柱体体积公式（即由两个平行的平面做底的一种多面体）来

---

❶ 《建筑地基基础设计规范》GB 50007—2011 第 6.3.8 条。

❷ 《土工试验方法标准》GB/T 50123—1999 规定：

3.1.4　第 2 条根据试验要求用环刀切取试样时，应在环刀内壁涂一薄层凡士林，刀口向下放在土样上，将环刀垂直下压，并用切土刀沿环刀外侧切削土样，边压边削至土样高出环刀，根据试样的软硬采用钢丝锯或切土刀整平环刀两端土样，擦净环刀外壁称环刀和土的总质量。

5.1.5　试样的干密度应按式 $\rho_d = \rho/(1+0.01\omega)$ 计算。

5.1.6　本试验应进行两次平行测定，两次测定的差值不得大于 0.03g/cm³，取两次测值的平均值。

5.4.6　灌砂法试验应按下列步骤进行：

1）按本标准第 5.3.3 条 1～3 款的步骤挖好规定的试坑尺寸，并称试样质量。

2）向容砂瓶内注满砂，关阀门，称容砂瓶漏斗和砂的总质量。

3）将密度测定器倒置（容砂瓶向上）于挖好的坑口上打开阀门，使砂注入试坑。在注砂过程中不应震动。当砂注满试坑时关闭阀门，称容砂瓶、漏斗和余砂的总质量，准确至 10g，并计算注满试坑所用的标准砂质量。

计算的（见图 1 - 1）。

计算公式为

$$V = \frac{H(A_1 + 4A_0 + A_2)}{6} \qquad (1-7)$$

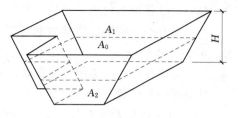

式中　　H——基坑深度，m；

　A_1，A_2——基坑上、下两底面积，m^2；

　　　A_0——基坑中截面面积，m^2。

图 1 - 1　基坑土方量

【例 1 - 1】　某基坑底尺寸为 30m×15m，坑深
5.5m，1∶0.4 的放坡系数，土的可松性系数 $K_s = 1.3$，$K_s' = 1.12$，基础体积为 2000m^3。计算基坑开挖的土方量及应该预留的开挖松散土方体积。

解：（1）基坑土方开挖量：

基坑底面积：$F_1 = 30 \times 15 = 450 m^2$

坑口面积：$F_2 = (30 + 2 \times 5.5 \times 0.4) \times (15 + 2 \times 5.5 \times 0.4) = 667.36 m^2$

中截面面积：$F_0 = (30 + 2 \times 5.5 \times 0.4/2) \times (15 + 2 \times 5.5 \times 0.4/2) = 553.84 m^2$

基坑土方开挖量为：$W = H(F_1 + F_2 + 4 \times F_0)/6 = 5.5 \times (450 + 667.36 + 4 \times 553.84)/6 = 3055 m^3$

（2）需回填夯实后的土方量：$V_3 = 3055 - 2000 = 1055 m^3$

（3）需预留的松土量：$V_2 = V_3 \times K_s/K_s' = 1055 \times 1.3/1.12 = 1224.55 m^3$

图 1 - 2　基槽土方量

2. 基槽土方量计算

基槽或路堤的土方量计算，可以沿长度方向分段，分段后用前面的方法进行计算（见图 1 -2）。

计算公式为

$$V_1 = \frac{L_1(A_1 + 4A_0 + A_2)}{6} \qquad (1-8)$$

式中　　V_1——第一段长度的土方量，m^3；

　　L_1——第一段的长度，m；

　　A_1——此段基槽一端的面积，m^2；

　　A_2——此段基槽另一端的面积，m^2；

　　A_0——此段基槽中间截面面积，m^2。

同样的方法，把各段体积的土方量计算出来，然后相加，即得到总的基槽土方量。

二、场地平整土方量计算

场地平整土方量计算方法有两种：方格网法和断面法。断面法计算精度较低，可用于地形起伏变化较大地区；对于地形较平坦地区，一般采用方格网法。

（一）场地设计标高的确定

1. 场地设计标高的确定原则

场地设计标高是进行场地平整和土方量计算的依据，也是总图规划和竖向设计的依据。在确定场地设计标高时，需考虑以下因素：

（1）应满足建筑规划、建筑功能、生产工艺要求。

（2）力求使场地内土方挖填平衡且土方量最小。

（3）充分利用地形、因地制宜分区或分台地，并灵活确定不同的设计标高，尽量减少挖、填土方量。

（4）场地设计标高必须考虑在设计基准期内的最高洪水水位。

（5）场地要设置一定的泄水坡度（≥2‰），满足场地地表水的排水要求。

2. 场地设计标高的确定方法和步骤

（1）确定场地平均高程 H_0：

1）在具有等高线的地形图上，将施工区域划分为边长 a 为 10～40m 的若干方格（见图 1-3）。

2）确定各小方格的角点自然高程。可根据地形图上相邻两等高线的高程，用插入法计算求得，如图 1-4 所示，$H_{13} = 252.00 - 0.6 \times (252.00 - 251.50) = 251.7 \text{m}$。

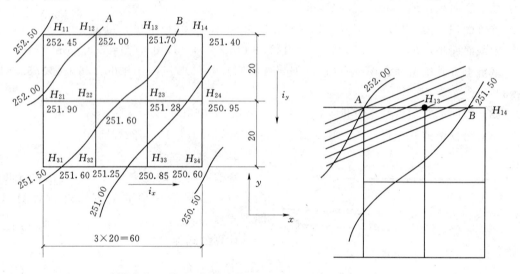

图 1-3 在等高线地形图上划分方格　　　　图 1-4 插入法计算方格角点高程

3）计算平均高程 H_0

$$H_0 = \frac{\sum H_1 + 2\sum H_2 + 3\sum H_3 + 4\sum H_4}{4N} \qquad (1-9)$$

式中　H_1——方格仅有的一个角点标高，m；

　　　　H_2——两个方格共有的角点标高，m；

　　　　H_3——三个方格共有的角点标高，m；

　　　　H_4——四个方格共有的角点标高，m；

　　　　N——方格数。

（2）场地平均高程调整值 H_0'。以上求出了平均高程 H_0，只是一个理论值，实际上还应该考虑一些其他因素，对 H_0 进行调整，这些因素有：

1）土的可松性影响。由于土具有可松性，所以挖出一定体积的土，不可能等体积回填，出现多余。因此，应该考虑由于土的可松性而引起的设计标高增加值 Δh_1，如图 1-5 所示。

2）规划场地内挖、填方及就近取、弃土影响。由于场地内大型基坑挖出的土方、修路、筑堤填高的土方以及从经济角度考虑，部分土方就近弃土或就近取土，都会引起挖、填土方量的变化。因此，应该考虑由于就近弃土或就近取土而引起的设计标高变化值 Δh_2。

$$H_0' = H_0 + \Delta h_1 \pm \Delta h_2$$

3）泄水坡度影响。当按平均高程进行平整时，则整个场地表面均处于同一水平面，但是，实际上由于排水的要求，场地需要有一定的泄水坡度。因此，还必须根据场地泄水坡度的要求，计算出场地内各方格角点设计标高。

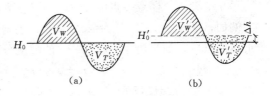

图 1-5 可松性引起的设计标高增加值

a. 场地为单向泄水坡度。场地具有单向泄水坡度时，设计标高的确定方法，是把已经调整后的平均高程 H_0' 作为场地中心的设计标高，如图 1-6（a）所示，场地内任意一点的设计标高则为：

$$H_{ij} = H_0' \pm li \tag{1-10}$$

式中　H_{ij}——场地内任意一点的设计标高；

　　　　l——场地任意一点至场地中心线的距离；

　　　　i——场地泄水设计坡度，$i \geqslant 2\text{‰}$❶。

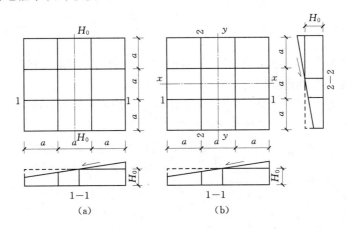

图 1-6　考虑泄水坡度角点标高示意图
(a) 单向泄水坡度；(b) 双向泄水坡度

例如，图 1-3，原 $H_{11} = 252.45\text{m}$，场地的平均高程 H_0' 为 251.47m，那么，考虑沿 x—x 具有 2‰泄水坡度以后，H_{11} 的设计标高为：

$$H_{11} = H_0' + 1.5 \times a \times i_x = 251.47\text{m} + 1.5 \times 20\text{m} \times 2\text{‰} = 251.47\text{m} + 0.06\text{m} = 251.53\text{m}$$

那么该角点需要挖：$251.53 - 252.45 = -0.92\text{m}$

b. 场地具有双向泄水坡度。场地具有双向泄水坡度时设计标高的确定方法同样是把已调整后的平均高程 H_0'，作为场地的纵向和横向中心点设计标高，如图 1-6（b）所示，场地内任意一点的设计标高为

$$H_{ij} = H_0' \pm l_{ix} i_x \pm l_{jy} i_y \tag{1-11}$$

式中　l_{ix}、l_{jy}——任意一点沿 x—x、y—y 方向距场地中心的距离；

❶ 《建筑地基基础工程施工质量验收规范》GB 50202—2002 规定：

6.1.4 平整场地的表面坡度应符合设计要求，如设计无要求时，排水沟方向的坡度不应小于 2‰。平整后的场地表面应逐点检查。检查点为每 100～400m² 取 1 点，但不应少于 10 点；长度、宽度和边坡均为每 20m 取 1 点，每边不应少于 1 点。

i_x、i_y——任意一点沿 x—x、y—y 方向的泄水坡度。

例如，图 1-3，原 $H_{34}=250.60\text{m}$，场地的设计标高为 251.47m，那么，考虑具有双向泄水坡度以后，如果沿 x—x、y—y 的坡度分别为 3‰、2‰，H_{34} 角点的设计标高为：

$$H_{34}=H'_0-1.5\times a\times i_x-a\times i_y=251.47\text{m}-1.5\times20\text{m}\times3‰-20\text{m}\times2‰$$
$$=251.47\text{m}-0.09\text{m}-0.04\text{m}$$
$$=251.34\text{m}$$

那么该角点需要填：$251.34-250.60=+0.74\text{m}$

（二）用方格网法计算场地土方量

首先把场地上各方格角点的自然标高与设计标高分别标注在方格角点上，计算各角点设计标高与自然标高的差值，并填在各角点上，即为各角点的施工高度，习惯上"+"号表示填方，以"-"号表示挖方。

场地土方量计算步骤如下：

（1）求各方格角点的施工高度。用 h_{ij} 表示各角点的施工高度，亦即挖填高度，并且以"+"为填，以"-"为挖。H_{dij} 表示各角点的设计标高，H_{nij} 表示各角点的自然标高，那么有：

$$h_{ij}=H_{dij}-H_{nij}$$

（2）绘出"零线"。"零点"是某一方格的两个相临挖、填角点连线与该方格边线的交点。两个相邻"零点"的连线即为"零线"。

（3）计算场地挖、填土方量。"零线"求出以后，场地内的挖、填方区域就可以标出来，然后用四角棱柱体法和三角棱柱体法进行计算。

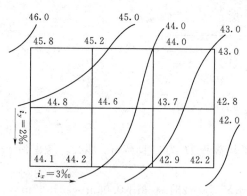

图 1-7 某场地示意图

【例 1-2】 某场地方格网及角点原地面标高如图 1-7 所示，方格边长为 40m。设计要求场地泄水坡度沿长度方向为 2‰，沿宽度方向为 3‰，泄水方向根据原地形情况确定。

（1）试按填、挖平衡原则，确定场地平整的平均高程。

（2）绘出零线，并计算总的填方量和总的挖方量。

分析：第一步，按填、挖平衡原则计算平均高程。由式（1-9）知：

$$H_0=[45.8+43.0+44.1+42.2+2\times(45.2+44.0+44.8+42.8+44.2+42.9)$$
$$+4\times(44.6+43.7)]/4\times6=44.0\text{m}$$

第二步，场地平均高程调整 H'_0（本题忽略可松性影响）。

第三步，计算各角点的设计标高 H_{ij}。

泄水方向应尽量符合原地面的泄水方向，这样可使场地平整施工的土方量较小，因此，取沿场地长度泄水方向按图示为向右，$i_x=3‰$，沿场地宽度泄水方向按图示为向下 $i_y=2‰$。标高调整时，以场地中心的设计标高为平均高程 H_0，其他角点设计标高按式（1-11）进行调整：

$$H_{11}=44.0+60\times2‰+40\times3‰=44.24\text{m}$$

$$H_{12}=44.0+20\times2‰+40\times3‰=44.16\text{m}$$
$$H_{13}=44.0-2‰\times20+40\times3‰=44.08\text{m}$$
$$H_{14}=44.0-60\times2‰+40\times3‰=44.0\text{m}$$
$$H_{21}=44.0+60\times2‰=44.12\text{m}$$

其余角点的标高详见图 1-8。

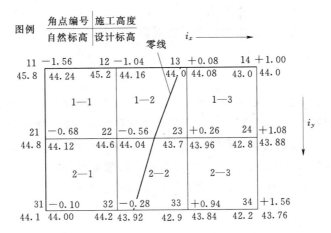

图 1-8　场地平整土方量计算图

第四步，计算角点的施工高度 h_{ij}：

$$h_{11}=44.24-45.8=-1.56\text{m}$$
$$h_{14}=44.0-43.0=1.0\text{m}$$

其余角点的施工高度详见图 1-8。

第五步，用零线划分填、挖方区。

零线应从施工高度为正、负的相邻两角点间通过，如图 1-8 所示。

第六步，计算土方量（按四方棱柱体计算，过程略）：

$$V_{填}=2810.19\text{m}^3；V_{挖}=2850.19\text{m}^3$$

理论上应有 $V_{填}=V_{挖}$，由于上述计算式的近似性，所以计算结果存在一定误差。当方格边长减小、方格数量增多时，相对误差便会减小。

三、土方调配[1]

土方调配的原则是：应力求挖填平衡、运距最短、费用最省；减少土方的重复挖、填和运输。

土方调配的步骤：划分调配区→计算土方调配区之间的平均运距（或单位土方运价，或单位土方施工费用）→确定土方的最优调配方案→绘制土方调配图表。

（一）土方调配区的划分

（1）调配区的划分应与土木工程的位置协调，满足工程施工顺序和分期施工的要求，使

---

[1]　《建筑地基基础工程施工质量验收规范》GB 50202—2002 条文说明：

6.1.1　土方的平衡与调配是土方工程施工的一项重要工作。一般先由设计单位提出基本平衡数据，然后由施工单位根据实际情况进行平衡计算。如工程量较大，在施工过程中还应进行多次平衡调整，在平衡计算中，应综合考虑土的松散率、压缩率、沉陷量等影响土方量变化的各种因素。为了配合城乡建设的发展，土方平衡调配应尽可能与当地市、镇规划和农田水利等结合，将余土一次性运到指定弃土场，做到文明施工。

11

近期施工和后期利用相结合。

（2）调配区的大小应考虑土方及运输机械的技术性能，使其功能得到充分发挥。例如，调配区的长度应大于或等于机械的经济铲土长度。调配区的面积最好和施工段的大小相适应。

（3）调配区的范围应与计算土方量的方格网相协调。通常情况下可由若干个方格网组成一个调配区。

（4）从经济效益出发，考虑就近借土或就近弃土。此时，一个借土区或一个弃土区均作为一个独立的调配区。

（二）调配区之间的平均运距

当用铲运机或推土机在场地中进行平整时，平均运距即是指挖方调配区土方重心至填方调配区土方重心之间的距离。当挖、填方调配区之间的距离较远，采用汽车、自行式铲运机或其他运土工具沿工地道路或规定路线运土时，其运距应按实际情况计算。

对于第一种情况，求平均运距，需先求出每个调配区重心 $G(X_g, Y_g)$。为便于计算，一般假定调配区平面的几何中心即为其重心。取场地或方格网中的纵横两边为坐标轴，按下式计算

$$X_g = \frac{\sum (V_i \times x)}{\sum V}; \quad Y_g = \frac{\sum (V_i \times y)}{\sum V} \tag{1-12}$$

式中　X_g，Y_g——挖或填方调配区的重心坐标；

　　　　V——每个方格的土方量；

　　　　x，y——每个方格的重心坐标。

重心求出以后，标于相应的调配区图上，然后用比例尺量出（或计算）每对调配区之间的平均运距。

（三）最优调配方案的确定

最优调配方案的确定，是以线性规划理论为基础，现结合实例进行说明。

【例 1-3】　已知某施工场地有 4 个挖方区和 3 个填方区，表 1-5 中所示是其相应的挖填土方量和各对调配区的运距。表中单元格内容为：挖、填土方量 X_{ij}/调配区间的平均运距 C_{ij}。

表 1-5　　　　　　　　　调配区的挖、填土方量和调配区间的平均运距

挖方区	填方区			挖方量
	T_1	T_2	T_3	
W_1	X_{11}/50	X_{12}/70	X_{13}/100	500
W_2	X_{21}/70	X_{22}/40	X_{23}/90	500
W_3	X_{31}/60	X_{32}/110	X_{33}/70	500
W_4	X_{41}/80	X_{42}/100	X_{43}/40	400
填方量	800	600	500	1900

1. 用"最小元素法"编制初始调配方案

运距是已知的，已填入各方格的斜线下，用 C_{ij} 来表示运距（或单位造价）。各方格内需要调配的土方量是未知的，用 X_{ij} 表示调配的土方量。

"最小元素法"即给最小运距方格尽可能多的土方。先在运距表的小方格中找一个运距最小的值，然后满足此最小运距所对应的土方量，由表中可知 $C_{22} = C_{43} = 40$ 最小，在这两个最小运距中任取一个，现取 $C_{43} = 40$，那么所对应的需调配的土方量 X_{43}，从表中可知 X_{43} 需要 400，即把 W_4 的挖方量全部运到 T_3 去，而 W_4 的土方已全部运往了 T_3，就不能满足 T_1 和 T_2 的需要了，即 X_{41}、$X_{42} = 0$，在 X_{41} 和 X_{42} 的格内画一个×。然后在没有填数字的和×的格内，再选一个运距最小的方格，重复以上步骤，确定了初始调配方案见表1-6。但是，这并不能保证其运输量最小，所以还要进行判别是否是最优方案。

表1-6　　　　　　　　　　　　　初　始　调　配　方　案

挖　方　区	填　方　区			挖方量（m³）
	T_1	T_2	T_3	
W_1	500	×	×	500
W_2	×	500	×	500
W_3	300	100	100	500
W_4	×	×	400	400
填方量（m³）	800	600	500	1900

2. 最优方案的判别法

最优方案的判别法有"假想运距法"和"位势法"，这里介绍假想运距法进行检验。利用假想运距法，就是初始调配方案确定了有数解的运距不变，其余的"×"解的运距用假想运距法确定，在计算"×"解的假想运距时，假想表格中相临4个单元格对角线运距之和两两相等，从3个有解的相临4个单元格开始，得出的"×"解的假想运距，逐一得出"×"解的运距，编出假想运距表，见表1-7。然后用"×"解的原运距与假想运距进行对比，如果假想运距都小于原运距（差值为正），则证明调配方案最优；反之，差值为负，则说明方案非最优，应进行调整。调整从负值开始进行调整，先满足负值要求，依次调整，直到检验表中全为正值。

表1-7　　　　　　　　　　　　　假　想　运　距

挖　方　区	填　方　区		
	T_1	T_2	T_3
W_1	$X_{11}(500)/50$	$X_{12}(×)/100(70)$	$X_{13}(×)/60(100)$
W_2	$X_{21}(×)/-10(70)$	$X_{22}(500)/40$	$X_{23}(×)/0(90)$
W_3	$X_{31}(300)/60$	$X_{32}(100)/110$	$X_{33}(100)/70$
W_4	$X_{41}(×)/30(80)$	$X_{42}(×)/80(100)$	$X_{43}(400)/40$

如 $X_{32} \rightarrow X_{33} \rightarrow X_{42} \rightarrow X_{43}$，$X_{42}$ 的假想运距为 $110 + 40 - 70 = 80$，X_{42} 原运 100 减 X_{42} 的假想运距 80 等于 20（＋）；$X_{31} \rightarrow X_{32} \rightarrow X_{41} \rightarrow X_{42}$，$X_{41}$ 的假想运距为 $60 + 80 - 110 = 30$，X_{41} 原

运 80 减 X_{41} 的假想运距 30 等于 50（＋）；$X_{11} \rightarrow X_{12} \rightarrow X_{21} \rightarrow X_{22}$，$X_{12}$ 的假想运距为 50＋40－（－10）＝100，X_{12} 原运 70 减 X_{12} 的假想运距 100 等于－30（－）……

如上计算 X_{12} 出现负值，所以初始方案非最优。

3. 方案的调整

用"闭合回路法"进行调整，即从负值格出发（如出现多个负值，可选择其中绝对值大的先进行调配），沿水平或竖向方向前进，遇到适当的有解方格作 90°转弯，然后依次前进转回到出发点，形成闭合回路，见表 1 - 8。

表 1 - 8　　　　　　　　　闭　合　回　路

挖方＼填方	T_1	T_2	T_3
W_1	500	－	＋
W_2	＋	500	＋
W_3	300	100	100
W_4	＋	＋	400

在各奇数次转角点的数字中，挑出一个最小的解（表 1 - 8 即为 500、100 中选出 100），各奇数次转角点方格均减此数；各偶数次转角点均加此数。这样调整后，便可得表 1 - 9 的新调配方案。

表 1 - 9　　　　　　　　　新　调　配　方　案

挖方区	填方区			挖方量（m³）
	T_1	T_2	T_3	
W_1	(400)/50	(100)/70	×/100	500
W_2	×/70	(500)/40	×/90	500
W_3	(400)/60	×/110	(100)/70	500
W_4	×/80	×/100	(400)/40	400
填方量（m³）	800	600	500	1900

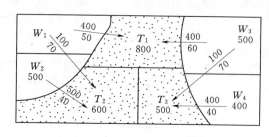

图 1 - 9　土方调配图

对新调配方案，仍用"假想运距法"再进行检验，看其是否是最优方案。若检验仍有负数出现，那就仍按上述步骤继续调整，直到找出最优方案为止。

表 1 - 9 中所有检验数均为正，故该方案即为最优方案。其土方的总运输量为：$S = 400 \times 50 + 100 \times 70 + 500 \times 40 + 400 \times 60 + 100 \times 70 + 400 \times 40 = 94000 \text{m}^3 \cdot \text{m}$。

4. 土方调配图

最后将调配方案绘成土方调配图，如图 1 - 9 所示。在土方调配图上应注明挖填调配区、调配方向、土方数量以及每对挖、填之间的平均运距。

第四节 土方的挖填与压实

一、土方的开挖

（一）土方开挖的技术要求❶

（1）基坑、管沟开挖前应做好专项施工方案的论证工作。根据挖深、地质条件、施工方法、周围环境、支护结构形式、工期、气候和地面载荷等情况综合分析，制定可行的施工方案、环境保护措施、监测方案等，并进行相关论证。

1）对降水、排水措施进行专项设计，有降水需要的基坑开挖，要提前安排降水，降水持续运行稳定并使地下水降至设计位置，基坑土疏干后再挖土，遵照先排水后挖土原则。

2）在基坑或管沟工程开挖施工中，现场不宜进行放坡开挖或对邻近建筑物、地下管线、永久性道路产生危害时，应对基坑、管沟进行支护专项设计后再开挖。

3）挖土必须以确保基坑支护结构安全和周围环境安全为前提条件，根据基坑监测情况适时调整挖土进度、流向和方法。

（2）土方开挖应在围护桩、支撑梁、压顶梁和围檩等支护结构强度达到设计强度的80％后进行，严禁挖土机碰撞、冲抓、碾压工程桩和支撑梁、钢格构柱等结构构件，严禁挖土机直接碾压支撑、围檩、压顶梁等支护结构。

（3）挖至坑底标高后要尽快进行局部深坑处理，并尽快施工基础，尽量减少基坑暴露时间，以有效控制围护结构变形；挖土深度在机械挖土后留200～300mm厚由人工修整，严禁超挖。

（4）对特大型基坑，应遵循"大基坑、小开挖"的原则，宜分区、分块、分层、对称挖至设计标高，并应监控基坑隆起情况。

（5）挖运土方过程中加强对各类监测点的保护工作，设置明显的保护标记；土方开挖期间，设专人定时检查基坑稳定情况，发现问题及时通知相关的技术人员。现场要有土方工程施工应急预案并配备必要的应急物资。

（6）基坑、管沟开挖至设计标高后，应对坑底进行保护，经验槽合格后，方可进行垫层施工。

---

❶ 《建筑地基基础工程施工质量验收规范》GB 50202—2002规定：

6.1.5 土方工程施工，应经常测量和校核其平面位置、水平标高和边坡坡度。平面控制桩和水准控制点应采取可靠的保护措施，定期复测和检查。土方不应堆在基坑边缘。

6.2.1 土方开挖前应检查定位放线、排水和降低地下水位系统，合理安排土方运输车的行走路线及弃土场。

6.2.2 施工过程中应检查平面位置、水平标高、边坡坡度、压实度、排水、降低地下水位系统，并随时观测周围的环境变化。

7.1.3 土方开挖的顺序、方法必须与设计工况一致，并遵循"开槽支撑，先撑后挖，分层开挖，严禁超挖"的原则。

7.1.4 基坑（槽）、管沟的挖土应分层进行。在施工过程中基坑（槽）、管沟边堆置土方不应超过设计荷载，挖方时不应碰撞或损伤支护结构、降水设施。

7.1.5 基坑（槽）、管沟土方施工中应对支护结构、周围环境进行观察和监测，如出现异常情况应及时处理，待恢复正常后方可继续施工。

7.1.6 基坑（槽）、管沟开挖至设计标高后，应对坑底进行保护，经验槽合格后，方可进行垫层施工。对特大型基坑，宜分区分块挖至设计标高，分区分块及时浇筑垫层。必要时，可加强垫层。

（二）土方开挖的方法

土方开挖常用的方法是直接分层开挖、有支撑的分层开挖、盆式开挖、岛式开挖及逆作法开挖等，工程中可根据具体条件选用。

1. 放坡直接分层开挖

放坡开挖适合于基坑四周空旷、有足够的放坡场地、周围没有建筑设施或地下管线的情况。临时性挖方的边坡值应符合表1-10的规定。

表 1-10　　　　　　　　　　　临 时 性 挖 方 边 坡 值

土 的 类 别		边坡值（高：宽）
砂土（不包括细砂、粉砂）		1：1.25～1：1.50
一般性黏土	硬	1：0.75～1：1.00
	硬、塑	1：1.00～1：1.25
	软	1：1.50 或更缓
碎石类土	充填坚硬、硬塑黏性土	1：0.50～1：1.00
	充填砂土	1：1.00～1：1.50

注　1. 设计有要求时，应符合设计标准。

　　2. 如采用降水或其他加固措施，可不受本表限制，但应计算复核。

　　3. 开挖深度，对软土不应超过4m，对硬土不应超过8m。

放坡直接分层开挖施工方便，挖土机作业时没有障碍，工效高，可根据设计要求分层开挖或一次挖至坑底；基坑开挖后基础结构施工作业空间大，施工工期短。

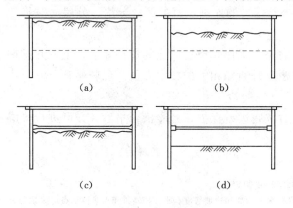

图 1-10　有内支撑支护土方开挖
（a）浅层挖土、设置第一层支撑；（b）第二层挖土；
（c）设置第二层支撑；（d）开挖第三层土

2. 有支护的基坑开挖

有支护的基坑开挖包括有内支撑支护的基坑开挖和无内支撑支护的基坑开挖。无内支撑支护有悬臂式、拉锚式、重力式、土钉墙等，该种支护的土壁可垂直向下开挖，基坑边四周不需要有很大的场地，可用于场地狭小、土质又较差的情况。同时，在地下结构完成后，其基坑土方回填工作量也小。

有内支撑支护基坑土方开挖比较困难，其土方分层开挖必须与支撑结构施工相协调。图1-10是一个有两道支撑的基坑土方开挖及支撑设置的施工过程示意图，从图中可见在有内支撑支护的基坑中进行土方开挖，受内支撑影响比较大，施工困难。

3. 盆式开挖

盆式开挖适合于基坑面积大、支撑或拉锚作业困难且无法放坡的基坑。它的开挖过程是先开挖基坑中央部分，形成盆式（图1-11），此时可利用留下的土坡平衡支护结构稳定，此时的土坡相当于"土边坡支撑"。在地下室结构达到一定强度后开挖留下的土坡土方，并按"随挖随撑、先撑后挖"的原则，在支护结构与已施工的地下室结构部分设置支撑后，如图 1-11（c）所示，再施工边缘部位的地下室结构，如图 1-11（d）所示。

盆式开挖方法支撑用量小、费用低、盆式部位土方开挖方便，因此，在大面积基坑施工中非常适用。但这种施工方法地下室结构设置的后浇带、施工缝较多，不利于地下结构的防水。

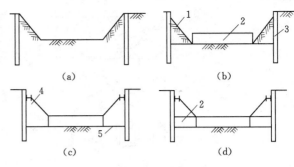

图 1-11　盆式开挖方法

（a）中心挖土；（b）中心地下结构施工；（c）边缘土方开挖及支撑设置；（d）边缘地下结构施工

1—边坡留土；2—基础底板；3—支护墙；4—支撑；5—坑底

4. 岛式开挖

当基坑面积较大，地下室底板设计有后浇带或可以留施工缝时，可采用岛式开挖方法（图 1-12）。

这种方法与盆式开挖相反，是先开挖边缘部分的土方，将基坑中央的土方暂时留置，该土方具有反压作用，可有效地防止坑底土的隆起，有利于支护结构的稳定。必要时还可以在留土区与挡土墙之间架设支撑。在边缘土方开挖到基底以后，先浇筑该区域的底板，以形成底部支撑，再开挖中央部分的土方。

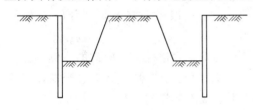

图 1-12　岛式开挖方法

（三）土方开挖机械

基坑土方开挖一般采用挖土机进行施工，对大型的、较浅的基坑有时也可采用推土机。挖土机在施工中一般需有运土汽车与之配合作业。

1. 挖土机械

挖土机械按照行走方式分为履带式和轮胎式两种。按照传动方式分为机械传动式和液压传动两种。挖土机利用土斗直接挖土（因此也称为单斗挖土机），斗容量有 $0.2m^3$、$0.4m^3$、$1.0m^3$、$1.5m^3$、$2.5m^3$ 等多种。单斗挖土机按照土斗作业方式分为正铲、反铲、拉铲和抓铲，使用较多的是前三种。

（1）正铲挖土机及其施工。

正铲挖土机外形如图 1-13 所示，其作业特点是：前进向上，强制切土。它适用于开挖停机面以上的土方，且需与汽车配合完成整个挖运工作。正铲挖土机挖掘力大，适用于开挖含水量较小的一类至四类土和经爆破的岩石及冻土。一般用于大型基坑开挖，也可用于场地平整施工。

正铲挖土机的开挖方式根据开挖路线与汽车相对位置的不同分为正向开挖侧向卸土、正向开挖后方卸土两种（见图 1-14），前者生产率较高。

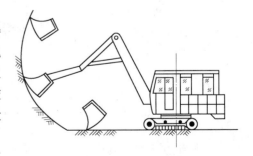

图 1-13　正铲挖土机

正铲挖土机的生产率主要取决于每斗作业的循环延续时间。为了提高其生产率，除了工作面高度必须满足装满土斗的要求之外，还要考虑开挖方式和与运土机械的配合，尽量减少

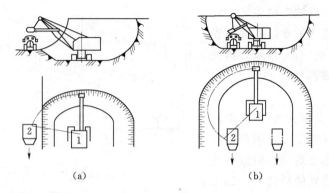

图 1-14 正铲挖土机作业方式

(a) 正向挖土、侧向卸土；(b) 正向挖土、后方卸土

1—正铲挖土机；2—自卸汽车

回转角度，缩短每个循环的延续时间。

（2）反铲挖土机及其施工。

反铲挖土机的外形见图 1-15，其作业特点是：后退向下，强制切土。它适用于开挖一类至三类的砂土或黏土。主要用于开挖停机面以下的土方，一般最大挖土深度为 6m，经济合理的挖土深度为 3～5m。反铲也需要配备运土汽车进行运输。

反铲的开挖方式可以采用沟端开挖法，即反铲停于沟端，后退挖土，向沟的一侧弃土或装汽车运走，见图 1-16 (a)；也可采用沟侧开挖法，即反铲停于沟侧，沿沟边开挖，它可将土弃于距沟较远的地方，如装车则回转角度较小，但边坡不易控制，见图 1-16 (b)。

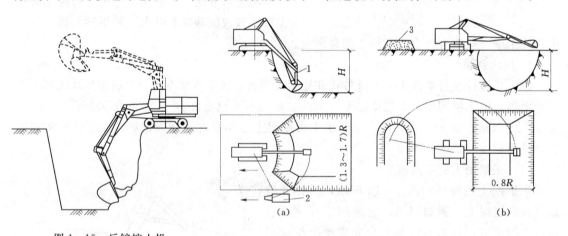

图 1-15 反铲挖土机

图 1-16 反铲挖土机作业方式

(a) 沟端开挖；(b) 沟侧开挖

1—反铲挖土机；2—自卸汽车；3—弃土堆

（3）拉铲挖土机及其施工。

拉铲挖土机的外形见图 1-17，拉铲挖土时，依靠土斗自重及拉索拉力切土，卸土时斗齿朝下，利用惯性，较湿的黏土也能卸尽。但其开挖的边坡及坑底平整度较差，需大量进行人工修坡（底）。它适用于开挖停机面以下的一类至三类土，其特点是开挖的深度和宽度均较大，可用于开挖较大的基坑（槽）和沟渠以及挖取水下泥土，也可用于大型场地平整、填筑路基和堤坝等。拉铲的开挖方式和反铲一样，也有沟端开挖和沟侧开挖两种。

（4）抓铲挖土机及其施工。

机械传动抓铲挖土机的外形。见图1-18，它适用于开挖较松软的土。对施工面狭窄而深的基坑、深槽采用抓铲可取得理想效果，也可用于场地平整中土堆与土丘的挖掘。抓铲还可用于挖取水中淤泥，装卸碎石、矿渣等松散材料。抓铲也有采用液压传动操纵抓斗的。

抓铲挖土时，通常立于基坑一侧进行，对较宽的基坑则在两侧或四侧抓土。抓挖淤泥时，抓斗容易被淤泥"吸住"，应避免起吊用力过猛，以防翻车。

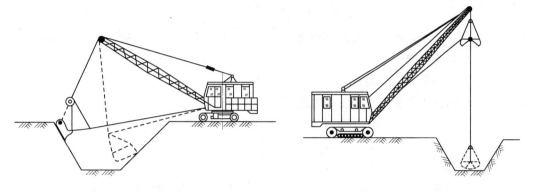

图1-17 拉铲挖土机　　　　　　　　　图1-18 抓铲挖土机

2. 挖土机与运土车辆的配套计算

当挖土机挖出的土方需要运土车辆运走时，挖土机的生产率不仅取决于本身的技术性能，而且还取决于所选的运输工具是否与之协调。

（1）挖土机台班生产率。

根据挖土机的技术性能，其生产率可按下式计算

$$P = \frac{8 \times 3600}{t} q \frac{K_c}{K_s} K_B \qquad (1-13)$$

式中　P——挖土机生产率，m^3/台班；

$\quad\quad t$——挖土机每次作业循环延续时间，s；W_1-100正铲挖土机为25～40s；W_1-100反铲挖土机为45～60s；

$\quad\quad q$——挖土机斗容量，m^3；

$\quad\quad K_s$——土的最初可松性系数；

$\quad\quad K_c$——挖土机土斗充盈系数，可取0.8～1.1；

$\quad\quad K_B$——挖土机工作时间利用系数，一般为0.7～0.9。

（2）挖土机数量计算。

$$N = \frac{Q}{PTCK_B} \quad （台） \qquad (1-14)$$

式中　Q——工程量，m^3；

$\quad\quad T$——工期，d；

$\quad\quad C$——每天工作班数。

（3）运土车辆数量计算。

为了使挖土机械充分发挥生产能力，应使运土车辆的载重量与挖土机的每斗土重保持一定的倍数关系，并有足够数量车辆以保证挖土机械连续工作。从挖土机方面考虑，汽车的载重量越大越好，可以减少等待车辆调头的时间。从车辆方面考虑，载重量小的车辆台班费便

宜但使用数量多；载重量大，则台班费高但数量可减少。最适合的车辆载重量应当是使土方施工单价为最低，可以通过核算确定。一般情况下，汽车的载重量以每斗土重的3～5倍为宜。运土车辆的数量 N，可按下式计算

$$N=\frac{T}{t_1+t_2} \tag{1-15}$$

$$T=t_2+2L/v+t_3+t_4 \tag{1-16}$$

$$n=\frac{10Q}{q\times k_c\times\gamma}\times k_s \tag{1-17}$$

式中　T——运输车辆每一工作循环延续时间，s，由装车、重车运输、卸车、空车开回及等待时间组成；

t_1——运输车辆调头而使挖土机等待的时间，s；

t_2——运输车辆装满一车土的时间，s，$t_2=nt$；

L——运土距离，km，即挖土地点至卸土地点间距离；

v——运土车辆往（重车）返（空车）的平均速度，km/h；

t_3——卸土时间，可取 1min；

t_4——运输过程中耽搁时间，如等车、让车时间，可取 2～3min，也可根据交通运输情况而定；

n——运土车辆每车装土次数；

t——挖土机每次作业循环延续时间，s；

Q——运土车辆的载重量，t；

γ——土的重度，kN/m³。

为了减少车辆的调头、等待和装土时间，装土场地必须考虑调头场地及停车位置。如在坑边设置两个通道，使汽车不用调头，可以缩短调头、等待时间。

【例 1-4】　某工程基坑挖方体积为 4891m³，由于现场狭小，土方需要全部外运，土方外运距离为 5 公里，基坑深度为 4.8m，试选择土方施工机械。土的可松性系数 $K_s=1.27$，$K_c=0.85$，$K_B=0.85$，土重度取 20kN/m³。

解：

（1）挖土机械选择。机械选用反铲 WY60A，其主要技术性能见表1：

表1　　　　　　　　　　反铲 WY60A 技术性能

机　型	WY60A
铲斗容量（m³）	0.6
最大挖掘半径（m）	8.46
最大卸载高度（m）	5.6
最大挖掘深度（m）	5.14

（2）自卸汽车选择。本工程采用东风 EQ340 自卸汽车，其载重量为 4.5t。

（3）挖土机台班生产效率。根据挖土机的技术性能，其生产率计算如下：

$$P=\frac{8\times3600}{t}\times q\times\frac{K_c}{K_s}\times K_B=\frac{8\times3600}{60}\times0.6\times\frac{0.85}{1.27}\times0.85=163.84\text{m}^3/\text{台班}$$

（4）基坑开挖工期计算：$Q=4879.81\text{m}^3$，$P=163.84\text{m}^3/$台班，取 $C=2$ 台班，$N=2$ 台

$$T=\frac{Q}{PCNK_B}=\frac{4891}{163.84\times2\times2\times0.85}=8.78 \text{天}$$

取 $T=9$ 天。

（5）运土车辆数量计算。每辆自卸汽车每次挖土机装土次数：

$$n=\frac{10Q}{qK_c\gamma}\times K_s=\frac{10\times4.5}{0.6\times0.85\times20}\times1.27=6 \text{次}$$

$t_1=60\text{s}$，$t_2=nt=6\times60=360\text{s}$，$t_3=60\text{s}$，$t_4=180\text{s}$，$L=5\text{km}$，$v=36\text{km/h}=10\text{m/s}$

$$T=t_2+2L/v+t_3+t_4=360+2\times5000/10+60+180=1600\text{s}$$

由公式可得所用卡车数为：$N=T/(t_1+t_2)=1600/(60+360)=3.8$，取 4 辆，因为是两台反铲挖掘机，所以共 8 辆自卸汽车。故本工程基坑土方部分需 WY60A 履带反铲挖掘机 2 台、东风 EQ340 型自卸汽车 8 辆。采用两班施工，共需 9 天完工。

（四）土方开挖施工工艺

1. 土方开挖施工顺序

清理场地→施工测量→设置定位控制桩→土方开挖和运输方案的确定（确定运往何处填筑或作弃方）→监理工程师签证→土石方开挖。

2. 机械开挖施工

深度 2m 以内的大面积基坑开挖可采用铲运机；面积大且深的基础，多采用正铲挖掘；操作面较狭窄、地下水位较高可采用反铲挖掘机；深 5m 以上，宜分 2～3 层用反铲挖掘机接力开挖或正铲挖掘机下坑分层开挖，并修 10%～15% 坡道供挖土及运输车辆进出；在地下水中挖土可用拉铲或抓铲；大面积基坑底标高不一，采取先整片挖至平均标高，再挖个别较深部位；机械开挖应由深而浅，基底与边坡应预留一层 300～500mm 厚度土层由人工清除找平。机械开挖的路线、顺序、土方堆放地点等具体安排必须根据施工方案确定。

（五）土方开挖质量验收

（1）土方开挖前应检查定位轴线、排水和降低地下水位系统，合理安排土方运输车的行走路线及弃土场。

（2）施工过程中应检查平面位置、水平标高、边坡坡度、压实度、排降地下水位系统，并随时观测周围的环境变化。

（3）临时性挖方的边坡值应符合表 1-10 的规定。

（4）土方开挖工程的质量应符合《建筑地基基础工程施工质量验收规范》GB 50202—2002 的规定。

二、土方填筑与压实

土方填筑必须正确选择填方土料和压实方法。土方填筑最好采用同类土，并应分层填土压实。如果采用不同类土，应把透水性较大的土层置于透水性较小的土层下面。若不得已在透水性较小的土层上填筑透水性较大的土壤，必须将两层结合面作成中央高、四周低的弧面排水坡度或设置盲沟，以免填土内形成水囊。绝不能将各种土混杂在一起填筑。

（一）土方填筑一般要求

1. 土料的选择❶

填方土料应符合设计要求，如设计无要求时，应符合下列规定：

（1）碎石类土、砂土和爆破石渣（粒径不大于每层铺厚的 2/3）可用于表层下的填料。

（2）含水量符合压实要求的黏性土，可用作各层填料。

（3）碎块、草皮和有机质含量大于 5％的土，仅用于无压实要求的填方。

（4）淤泥和淤泥质土一般不能用作填料，但在软土或沼泽地区，经过处理使含水量符合压实要求后，可用于填方中的次要部位。

（5）有水溶性硫酸盐大于 5％的土，不能用作填土，因在地下水作用下，硫酸盐会逐渐溶解流失，形成孔洞，影响土的密实性。

（6）一般情况下，冻土、膨胀性土等不应作为填方土料。

2. 回填土工序

在选择好土料的前提下，回填土工序主要包括基底处理、铺土、平土、（洒水）、压实、（刨毛）、质检等。为控制好各个施工工序，确保工程质量，一般填土施工做法是"算方上料，定点卸料，随卸随平，定机定人，铺平把关，插杆检查"。

3. 填土操作的技术要求

（1）基底处理。回填土前应先清除基底积水和杂物、处理原自然软弱土层；基底为含水量很大的松软土，应采取排水疏干或换土等措施。

（2）回填土时应严格控制土的含水量，应使施工土料含水量接近最优含水量，黏性土料施工含水量与最优含水量之差控制在 ±2％。

（3）机械填土应由下而上分层铺填。推土机填土每层虚铺厚度不宜大于 30cm；铲运机填土每层虚铺厚度不大于 30～50cm；汽车填土每层虚铺厚度不大于 30～50cm。

（4）人工填土从场地最低处开始，由一端向另一端自下而上分层铺填。每层虚铺厚度，用人工木夯夯实时：砂质土不大于 30cm，黏性土为 20cm；用打夯机械夯实时不大于 30cm。

（5）人工打夯应按一定方向进行，一夯压半夯、夯夯相接、分层夯打。打夯路线应由四边开始，然后再夯中间；填土时，若分段进行，每层分段接缝处应做成斜坡形，辗迹重叠 0.5～1.0m；上、下层分段接缝应错开不小于 1.0m。

（6）在碾压机械碾压之前，宜先用轻型碾低速预压 4～5 遍，使表面平实，再选用重碾；采用振动平碾压碎石类土，应先静压后振压；碾压机械压实填方时，应控制行驶速度和压实遍数，使其符合要求；平碾碾压一层完后，应用人工或推土机将表面拉平，土层表面太干

---

❶ 《建筑地基基础设计规范》GB 50007—2011 规定：

6.3.1 当利用压实填土作为建筑工程的地基持力层时，在平整场地前，应根据结构类型、填料性能和现场条件等，对拟压实的填土提出质量要求。未经检验查明以及不符合质量要求的压实填土均不得作为建筑工程的地基持力层。

6.3.6 压实填土的填料，应符合下列规定：

1. 级配良好的砂土或碎石土；以卵石、砾石、块石或岩石碎屑作填料时，分层压实时其最大粒径不宜大于 200mm，分层夯实时其最大粒径不宜大于 400mm。

2. 性能稳定的矿渣、煤渣等工业废料。

3. 以粉质土、粉土作填料时，其含水量宜为最优含水量，可采用击实试验确定。

4. 挖高填低或开山填沟的土石料，应符合设计要求。

5. 不得使用淤泥、耕土、冻土、膨胀性土以及有机质含量大于 5％的土。

时，应洒水湿润后继续回填，碾压路线应从两边逐渐压向中间。

（7）基础两侧要同时、对称、分层回填夯实，使两侧受力平衡，两侧填土高差控制不超过30cm，防止基础位移。如遇室内外回填标高相差较大，回填土时可在另一侧临时加木撑，避免在单侧临时大量堆料以及行走重型机械设备。

（8）当填方位于倾斜的基层（坡度大于20%）时，应先将斜坡改成阶梯状，阶高0.2～0.3m，阶宽大于1m，然后分层填土。

（二）填土的压实方法及压实机械

1. 填土的压实方法

土料的压实效果涉及到压实方法，压实方法涉及到压实机具。压实方法按其原理有4种：碾压法（也称静力法），它适宜各类土的压实；夯实法（也称冲击法），它适宜各类土的压实，更适宜砂性土的压实；振动法，它仅适宜砂性土的压实；综合法，它是将碾压法与振动法结合在一起的方法，有的适宜黏性土的压实，有的适宜砂性土的压实（见图1-19）。

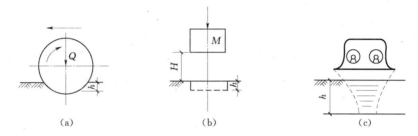

图1-19　填土压实方法
(a) 碾压；(b) 夯实；(c) 振动压实

2. 压实机械

（1）静压碾。

静压碾碾压机械有平碾（压路机）、羊足碾和气胎碾等。

1）平碾碾压特点是：单位压力小，表面土层易压成光滑硬壳，土层碾压上紧下松，底部不易压实，碾压质量不均匀，不利于上下土层之间的结合，易出现剪切裂缝，对防渗不利。使用条件：砂性土、风化料，碎砾石层的碾压；对含水量较大，干容重要求低的黏性土也可使用平碾，但铺土厚度不宜超过200～250mm，碾压不少于6～12遍。

2）羊足碾是碾压滚筒外设交错排列的"羊足"，滚筒为空心，滚筒侧面设有加载孔，加载大小根据设计确定。羊足的长度随碾滚的重量增加而增加，一般为碾滚直径的1/6～1/7。重型羊足碾可达30t。羊足碾的羊足插入土中，不仅使羊足底部的土料得到压实，并且使羊足侧向的土料受到挤压，同时有利于上下土层的结合，压实过程中羊足对表层土的翻松，省去了刨毛工序从而达到均匀压实的效果，增加了填方的整体性和抗渗性。但不适宜砂砾料的压实，因为压实过程中羊足从行进的后面由土中拔出时，会将压实的砂性土翻松，产生侧向滑移，因此达不到应有的压实效果。羊足碾需要较大的牵引力。

3）气胎碾分单轴（一排轮胎）和双轴（两排轮胎）两种。单轴的主要构造是由装载荷重的金属车厢和装在轴上的4～6个气胎轮组成。因轮胎具有弹性，与刚性碾比，气胎碾不仅对土体的接触压力分布均匀，而且作用时间长，压实效果好，压实土层厚度大，生产效率高。所以它适应要求不同单位压力的各类土壤的压实。

利用运土工具气胎碾压土壤也可取得较大的密实度，但必须很好地组织土方施工，利用运土过程进行碾压。如果单独使用运土工具气胎进行土壤压实工作，在经济上是不合理的，它的压实费用要比平碾高。

（2）振动碾。

振动碾是一种振动与碾压两种作用相结合的压实机械。振动力是以压力波的方式向土体内传递，并能达到较大的深度，在振动作用下，土粒间的摩擦力急剧降低，并在静力作用下产生移动充填空隙而达到密实状态。实践证明，振动碾对砂砾料以及含有大量石块的土料的压实效果非常明显，但对黏性土和粒径均匀的粉砂的压实效果则较差。振动碾按照振动滚筒的外形可分为振动平碾、振动羊足碾、振动凸块碾、振动轮胎碾等，这些碾可以适应不同土的压实，但使用最多的是振动平碾。按照行走方式可以分为拖式振动碾、自行式振动碾。振动平碾多用于砂砾料等非黏性土的压实。

（3）夯实机械。

夯实机械是利用冲击力压实土方的一类机械。主要作为碾压机械的补充，往往在碾压机械难以施工的狭窄部位采用这一类机械。常用的夯实机械有蛙式打夯机、挖土机夯板、强夯机。人工夯土用的工具有木夯、石夯等。

1）蛙式打夯机是一种小型电动夯实机械。由电动机带动偏心块旋转，在不平衡离心力作用下使夯头上下跳动，冲击土层一般冲击频率 $140\sim150$ 次/h，跳跃高度 $100\sim260mm$，铺土厚度 $200\sim250mm$，压实 $3\sim4$ 遍。

2）挖土机夯板是用钢索悬吊一个铸铁制成的圆形或方形夯板。一般用起重机或正铲挖土机改装。夯板重 $1\sim2t$，落距 $3\sim4m$，铺土厚度 $500\sim600mm$，夯打 $3\sim4$ 遍即可。

3）强夯机的工作原理与挖土机夯板相同，只是夯块更重（一般 $10\sim40t$），落距更大（一般 $10\sim40m$），压实影响深度能达 $4\sim5m$。因此压实效果好，生产效率高，最适宜杂填土地基、软土地基等。

（三）影响填土压实效果的主要因素

填土压实效果与许多因素有关，其中主要影响因素有：压实功、土的含水量、每层铺土厚度。三者的最佳组合一般通过现场试验来确定。

1. 压实功

填土压实后的密实度与压实机械在其上所作的压实功（指压实工具的重量、碾压遍数或锤落高度、作用时间等）有一定的关系，如图 1-20 所示。在土的含水量一定时，开始压实时，随着压实功的增大，土的密实度迅速增加，待到接近土的最大密实度时，压实功虽然增加很多，而土的密实度则没有多大变化。所以，在实际施工中，对不同的土应根据选择的压实机械和密实度要求选择合理的压实遍数。此外，松土不宜用重型碾压机械直接滚压，否则土层有强烈起伏现象，效率不高。先用轻碾，再用重碾压实就会取得较好效果。

2. 含水量

在同一压实功条件下，填土的含水量对压实效果有显著的影响。实际上每种土壤都有其最佳含水量，土在这种含水量条件下，使用同样的压实功进行压实，所得到的干密度最大，称为最大干密度（见图 1-21）。土的最佳含水量和最大干密度，应由击实试验取得。一般砂土的最佳含水量为 $8\%\sim12\%$，粉土为 $16\%\sim22\%$，粉质黏土为 $18\%\sim21\%$，黏土为 $19\%\sim23\%$。

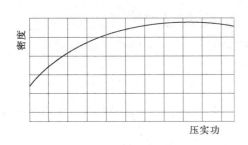
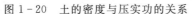

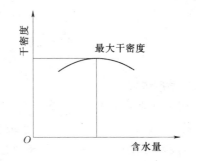

图1-20 土的密度与压实功的关系　　　图1-21 土的干密度与含水量的关系

施工中，土料的含水量与其最佳含水量之差可控制在−4%～2%范围内（使用振动碾压时，可控制在−6%～2%范围内）。当含水量过大时，应采取翻松、晾干、风干、换土回填、掺入干土或其他吸水材料等措施；如土料过干，则应预先洒水润湿，在气候干燥时，须采取加速挖土、运土、平土和碾压过程，以减少土中水分散失。当填料为碎石类土（充填物为砂土）时，碾压前应充分洒水湿润，以提高压实效果。

3. 每层铺土厚度

土在压实功的作用下，压应力随深度增加而减小，其影响深度与压实机械、土的性质和含水量有关。所以，每层铺土厚度应小于压实机械压土时的有效作用深度，而且还应考虑最优铺土厚度。铺土过厚，由于下部土体所受压实作用力小于土体本身的黏结力和摩擦力，土颗粒不能相互移动，无论压多少遍，填方也不能被压实；铺土过薄，下层土体容易受剪切破坏。最优的铺土厚度应能使填方被压实而机械的功耗费最小，所以规定一定的铺土厚度，见表1-11。

表1-11　　　　　　　　　填土施工时的分层厚度及压实遍数

压实机具	分层厚度（mm）	每层压实遍数（遍）
平碾	250～300	6～8
振动压实机	250～350	3～4
柴油打夯机	200～250	3～4
人工打夯	＜200	3～4

（四）土方回填质量验收

（1）土方回填前应清除基底垃圾、树根等杂物，抽除坑穴积水、淤泥，验收基底标高。如在耕植土或松土上填方，应在基底压实后再进行。

（2）对填方土料应按设计要求验收后方可填入。

（3）填方施工过程中检查排水措施、每层填筑厚度、含水量控制、压实程度。填土厚度及压实遍数应根据土质、压实系数及所用机具确定。

（4）填方施工结束后，应检查标高、边坡坡度、压实程度，检验标准应符合《建筑地基基础工程施工质量验收规范》的规定。

（5）取样检验。

在压实填土的过程中应分层取样检验土的干密度和含水量每50～100m² 面积内应有一个检验点，根据检验结果求得的压实系数不得低于规范规定。对碎石土干密度不得低于2.0t/m³。

在压（或夯）实填土的过程中，取样检验分层土的厚度视施工机械而定，一般情况下宜按20～50cm分层进行检验。

第五节 土方边坡与支护

一、土方边坡[1]

1. 土方边坡形式及边坡坡度

一般基坑及各类挖方和填方的边坡类型如图 1-22 所示，土方边坡的坡度以边坡深度 h 与边坡宽度 b 之比表示，$m = b/h$ 称为边坡系数。

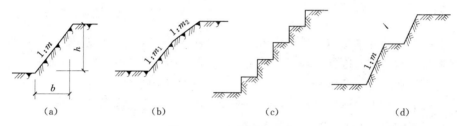

图 1-22 土方边坡形式

(a) 直线型；(b) 折线型；(c) 阶梯型；(d) 分级型

边坡坡度因边坡高度、土质、工程性质等而异；一般施工时，边坡坡度可参见表 1-12。

表 1-12　　　　　深度在 5m 内的基坑（槽）、管沟边坡的最陡坡度（不加支撑）

土 的 类 别	边坡坡度（高：宽）		
	坡顶无荷载	坡顶有静载	坡顶有动载
中密的砂土	1：1.00	1：1.25	1：1.50
中密的碎石类土（充填物为砂土）	1：0.75	1：1.00	1：1.25
硬塑的素土	1：0.67	1：0.75	1：1.00
中密的碎石类土（充填物为黏性土）	1：0.50	1：0.67	1：0.75
硬塑的粉质黏土、黏土	1：0.33	1：0.50	1：0.67
老黄土	1：0.10	1：0.25	1：0.33
软土	1：1.00	—	—

注　如果挖方要经过不同类别的土层或深度超过某一限值时，其边坡可以做成折线形或台阶形。

2. 边坡稳定条件及其影响因素

土方边坡在一定条件下，局部或一定范围内沿某一滑动面向下和向外滑动而丧失其稳定性，这就是常常遇到的边坡失稳现象。

---

[1]　《建筑边坡工程技术规范》GB 50330—2002 规定：

15.1.2　对土石方开挖后不稳定或欠稳定的边坡，应根据边坡的地质特征和可能发生的破坏等情况，采取自上而下、分段跳槽、及时支护的逆作法或部分逆作法施工。严禁无序大开挖、大爆破作业。

15.1.3　不应在边坡潜在塌滑区超量堆载，危及边坡稳定和安全。

15.1.5　边坡工程开挖后，应及时按设计实施支护结构或采取封闭措施，避免长期裸露，降低边坡稳定性。

15.5.2　当边坡变形过大，变形速率过快，周边环境出现沉降开裂等险情时应暂停施工，根据险情原因选用如下应急措施：

1. 坡脚被动区临时压重。

2. 坡顶主动区卸土减载，并严格控制卸载程序。

3. 做好临时排水、封面处理。

4. 对支护结构临时加固。

5. 对险情段加强监测。

6. 尽快向勘察和设计等单位反馈信息，开展勘察和设计资料复审，按施工的现状工况验算。

影响边坡稳定的因素很多，一般情况下，边坡失去稳定发生滑动，可以归结为土体内抗剪强度降低或剪应力增加，如图1-23所示。

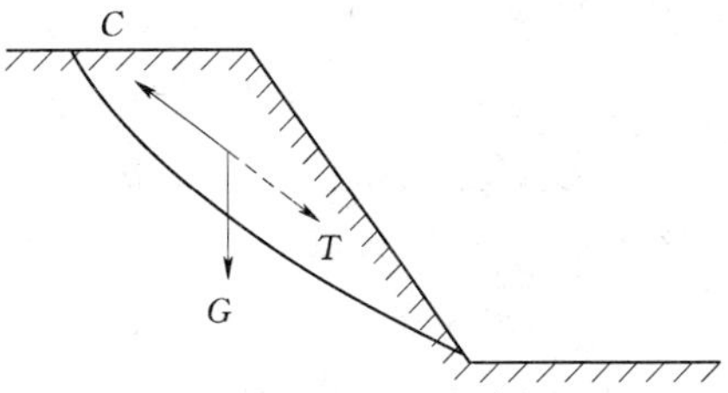

（1）引起土体内抗剪强度降低的原因有：气候干燥，使土质失水风化；黏土中的夹层因浸水而产生润滑作用；饱和水的细砂，粉砂因振动而液化等。

图1-23 边坡稳定条件示意图

（2）引起土体内剪应力增加的原因有：高度或深度增加，土体主、被动土压力加大；边坡上增加荷载（静、动）；土体中地下水渗流产生的动水压力；土体竖向裂缝中的静水压力。

（3）不恰当工程活动包括：人工挖方切断坡脚、人工边坡过陡引起牵引式滑坡；在斜坡上部加载过重引起推动式滑坡；破坏自然边坡排水系统、植被，造成地表水集中下渗，软化或泥化了土体。

3. 边坡工程安全等级

边坡工程安全等级见表1-13。

表1-13 边坡工程安全等级

边坡类型		边坡高度 H（m）	破坏后果	安全等级
岩质边坡	岩体类型为Ⅰ或Ⅱ类	$H \leqslant 30$	很严重	一级
			严重	二级
			不严重	三级
	岩体类型为Ⅲ或Ⅳ类	$15 < H \leqslant 30$	很严重	一级
			严重	二级
		$H \leqslant 15$	很严重	一级
			严重	二级
			不严重	三级
土质边坡		$10 < H \leqslant 15$	很严重	一级
			严重	二级
		$H \leqslant 10$	很严重	一级
			严重	二级
			不严重	三级

注 1. 一个边坡工程的各段，可根据实际情况采用不同的安全等级。
　　2. 对危害性极严重、环境和地质条件复杂的特殊边坡工程，其安全等级应根据工程情况适当提高。

二、基坑支护

基坑支护结构通常有两种情况：一是基坑支护结构为临时性结构，地下工程施工完成后，即失去作用，其工程有效使用期一般不超过2年；二是基坑支护结构在地下工程施工期间起支护作用，在建筑物建成后的正常使用期间，作为建筑物的永久性构件继续使用，此类支护结构必须满足永久结构的设计使用要求。

支护体系主要由挡土结构和撑锚结构两部分组成。支护体系主要承担土压力、水压力、边坡上的施工荷载（施工机具自重、材料堆放、堆土等）。

（一）基坑支护结构设计❶

1. 基坑支护结构设计

基坑支护结构设计的内容包括强度、稳定和变形3个方面。

---

❶ 《建筑地基基础设计规范》GB 50007—2011规定：

9.1.3 基坑工程设计应包括下列内容：支护结构体系的方案和技术经济比较；基坑支护体系的稳定性验算；支护结构的强度、稳定和变形计算；地下水控制设计；对周边环境影响的控制设计；基坑土方开挖方案；基坑工程的监测要求。

（1）强度：支撑体系、锚杆结构的强度和刚度满足要求。

（2）稳定：主要防止基坑周围土体滑动破坏、渗流造成流砂（管涌）、支护结构体系的失稳。

（3）变形：因基坑开挖造成的地层移动及地下水位变化引起的地面变形，不得超过基坑周围建筑物、地下设施的变形允许值，不得影响基坑工程基桩的安全或地下结构的施工。

2. 基坑土体稳定性分析

基坑开挖以后，由于坑内土体被挖走，地基的原应力场和变形场都发生了变化，地基可能产生失稳，因此，必须将支护结构与基坑土体作为一个整体进行稳定性分析，并采取一定的加强措施，使地基的稳定性具有一定的安全度。《建筑基坑支护技术规程》JGJ 120—2012将这一稳定性分析归纳为：基坑边坡整体稳定分析、基坑底部土体的抗隆起稳定分析、基坑底部土体的抗渗流稳定分析等几个方面。

3. 基坑支护设计的工作内容和程序

基坑支护设计的工作内容和程序如图 1-24 所示。

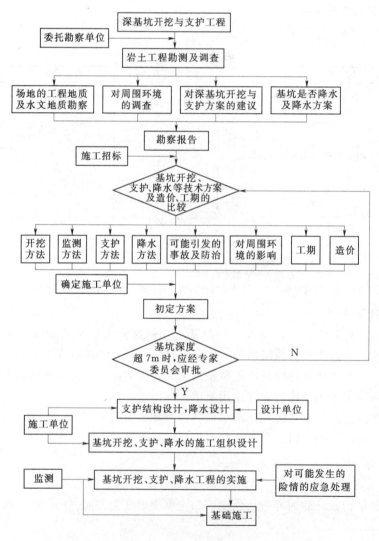

图 1-24 基坑支护设计的工作内容和程序

4. 支护结构选型

(1) 支护体系分类。

1) 按挡土结构是否挡水分类（见图 1-25）。

a. 透水挡土结构：H 型钢（工字钢）桩加横插板挡土；间隔式（疏排）混凝土灌注桩加钢丝网水泥抹面护壁；密排式混凝土灌注桩（或预制桩）；双排灌注桩；连拱式灌注桩挡土；桩墙合一，地下室逆作法；土钉支护；插筋补强支护。

b. 止水挡土结构：地下连续墙；深层搅拌水泥土墙；密排桩间加高压喷射水泥注浆桩或化学注浆桩；钢板桩。

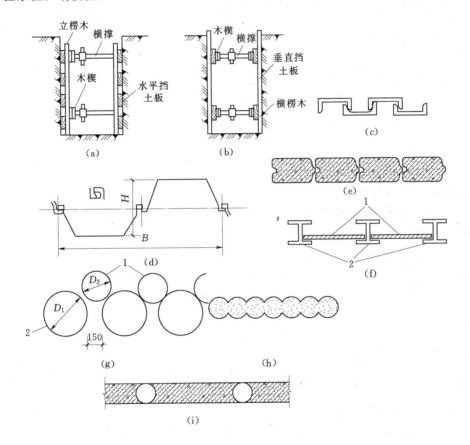

图 1-25 支护体系按挡土结构分类

(a) 木水平挡板；(b) 木垂直挡板；(c) 槽钢挡墙；(d) 锁口钢板桩挡墙；(e) 钢筋混凝板
桩挡墙；(f) H 型钢支柱木挡板支护墙（1—挡土板；2—H 型钢支柱）；
(g) 混凝土灌注桩挡墙（1—素桩；2—钢筋混凝土桩）；
(h) 旋喷桩帷幕墙；(i) 地下连续墙

2) 按撑锚结构分类。包括悬臂式支护结构、拉锚式支护体系、内撑式支护体系、简易支撑支护结构（见图 1-26）。

支护体系一般为临时结构，待建筑物或构筑物的基础及地下工程施工完毕，或管线施工完毕即失去作用。所以支护体系常采用可回收再利用的材料，如钢板桩；也可使用永久埋在地下的材料，如钢筋混凝土板桩、混凝土灌注桩、旋喷桩、深层搅拌水泥土墙和地下连续墙等，但费用要尽量低。设计时可将其作为地下结构的一部分，如地下连续墙支护体系可作为

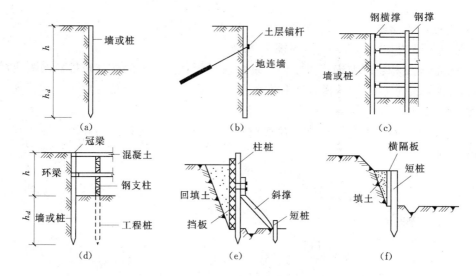

图 1-26　支护体系按撑锚结构分类

(a) 悬臂式支护结构；(b) 拉锚式支护体系；(c)、(d) 内撑式
支护体系；(e)、(f) 简易支撑支护结构

地下室墙体，以此降低工程造价。

3）按支护结构受力分类。建筑基坑的边坡支护结构通常分为悬臂式、支点式和重力式支护体系 3 大类。

为适应不同的地质及环境条件，针对不同的具体工程、建筑材料、施工条件选择不同的支护形式。根据支护结构主要受力特点分类见表 1-14。

表 1-14　　　　　　　支护结构受力分类

支护形式	主要受力特点及适用条件	主要工程形式
悬臂式	基坑底面以上无任何支点力作用，受力比较明确；适用于土质条件较好，基坑不具备放坡或施工重力式挡墙的场地	(1) 排桩支挡结构：包括稀疏排桩、连续排桩、双排桩、组合式排桩。 (2) 地下连续墙
支点式	在开挖面以上的任何位置提供单（多）个支点（用锚杆或支撑），支点与支护结构共同承担侧压力。适用于基坑较深，悬臂式结构无法满足强度与变形要求的工程	(1) 单（多）支点排桩混合支护结构。 (2) 单（多）支点地下连续墙。 (3) 沉井
重力式	类似于重力式挡土墙。不具备放坡条件，土层较差且厚度较大，一般开挖深度小于 6m	(1) 水泥搅拌桩挡墙。 (2) 高压旋喷桩。 (3) 土钉墙

（2）支护结构选型。

选用支护结构类型时可采用以下原则：基坑开挖深度不大时，可采用悬臂式支护结构、土钉墙或喷锚支护等；开挖深度较大时，则应考虑加多层锚杆或多层支撑。土质较好的情况下可考虑土钉墙或喷锚支护等；土质较差时，则要采用桩、地下连续墙加锚杆或支撑支护的方案。各类支护结构的适用条件见表 1-15。

表 1－15　　　　　　　　　　各类支护结构的适用条件

结构类型		适用条件		
		安全等级	基坑深度、环境条件、土类和地下水条件	
支挡式结构	锚拉式结构	一级 二级 三级	适用于较深的基坑	（1）排桩适用于可采用降水或截水帷幕的基坑。 （2）地下连续墙宜同时用作主体地下结构外墙，可同时用于截水。 （3）锚杆不宜用在软土层和高水位的碎石土、砂土层中。 （4）当邻近基坑有建筑物地下室、地下构筑物等，锚杆的有效锚固长度不足时，不应采用锚杆。 （5）当锚杆施工会造成基坑周边建（构）筑物的损害或违反城市地下空间规划等规定时，不应采用锚杆
	支撑式结构		适用于较深的基坑	
	悬臂式结构		适用于较浅的基坑	
	双排桩		当锚拉式、支撑式和悬臂式结构不适用时，可考虑采用双排桩	
	支护结构与主体结构结合的逆作法		适用于基坑周边环境条件很复杂的深基坑	
土钉墙	单一土钉墙	二级 三级	适用于地下水位以上或经降水的非软土基坑，且基坑深度不宜大于12m	当基坑潜在滑动面内有建筑物、重要地下管线时，不宜采用土钉墙
	预应力锚杆复合土钉墙		适用于地下水位以上或经降水的非软土基坑，且基坑深度不宜大于15m	
	水泥土桩垂直复合土钉墙		用于非软土基坑时，基坑深度不宜大于12m；用于淤泥质土基坑时，基坑深度不宜大于6m；不宜用在高水位的碎石土、砂土、粉土层中	
	微型桩垂直复合土钉墙		适用于地下水位以上或经降水的基坑，用于非软土基坑时，基坑深度不宜大于12m；用于淤泥质土基坑时，基坑深度不宜大于6m	
重力式水泥土墙		二级 三级	适用于淤泥质土、淤泥基坑，且基坑深度不宜大于7m	
放坡		三级	（1）施工场地应满足放坡条件。 （2）可与上述支护结构形式结合	

注　1．当基坑不同部位的周边环境条件、土层性状、基坑深度形式。
　　2．支护结构可采用上、下部以不同结构类型组合的形式。

（二）地下连续墙及逆作法施工简介

1．地下连续墙 ❶

地下连续墙按其用途可分为防渗墙、基坑支护、挡土墙、用作主体结构兼作临时挡土墙

---

❶　《建筑地基基础设计规范》GB 50007—2011规定：

9.7.5　当地下连续墙同时作为地下室永久结构使用时，地下连续墙的设计计算尚应符合下列规定：

1．地下连续墙应分别按照承载能力极限状态和正常使用极限状态进行承载力、变形计算和裂缝验算。

2．地下连续墙墙身的防水等级应满足永久结构使用防水设计要求。地下连续墙与主体结构连接的接缝位置（如地下结构顶板、底板位置）根据地下结构的防水等级要求，可设置刚性止水片、遇水膨胀橡胶止水条以及预埋注浆管等构造措施。

3．地下连续墙与主体结构的连接应根据其受力特性和连接刚度进行设计计算。

4．墙顶承受竖向偏心荷载时，应按偏心受压构件计算正截面受压承载力。墙顶圈梁与墙体及上部结构的连接处应验算截面抗剪承载力。

的地下连续墙、地下结构的边墙和建筑物的基础。地下连续墙的施工方法主要有两种：一种是开槽筑墙；另一种是密排桩墙。

（1）一般规定。

1）地下连续墙的墙体厚度宜按成槽机的规格，选取 600mm、800mm、1000mm或 1200mm。

2）一字形槽段长度宜取 4～6m。当成槽施工可能对周边环境产生不利影响或槽壁稳定性较差时，应取较小的槽段长度。必要时，宜采用搅拌桩对槽壁进行加固。

3）地下连续墙的转角处或有特殊要求时，单元槽段的平面形状可采用 L 形、T 形等。

4）地下连续墙的混凝土设计强度等级宜取 C30～C40。地下连续墙用于截水时，墙体混凝土抗渗等级不宜小于 P6。当地下连续墙同时作为主体地下结构构件时，墙体混凝土抗渗等级应满足现行国家标准《地下工程防水技术规范》GB 50108—2008 及其他相关规范的要求。

（2）现浇地下连续墙施工工艺原理。

现浇钢筋混凝土地下连续墙施工工艺：修筑导墙→泥浆护壁→开挖沟槽→插入接头管→吊放钢筋笼→用导管法浇注水下混凝土→拔出接头管，如图 1-27 所示。如此逐单元槽段施工形成一道连续的地下钢筋混凝土墙。

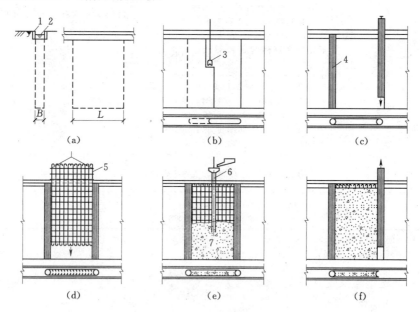

图 1-27　地下连续墙施工工艺过程

(a) 挖导沟、筑导墙；(b) 挖槽；(c) 吊放接头管；(d) 吊放钢筋笼；
(e) 浇筑混凝土；(f) 拔出接头管
1—导墙；2—泥浆液面；3—挖槽机具；4—接头管；5—钢筋笼；
6—导管；7—混凝土；B—墙厚；L—单元槽段长度

1）修筑导墙。如图 1-28 所示，导墙高 1～2m，导墙壁的厚度一般为 100～200mm，为了防止地面水流入槽段，顶面还要高出施工地面 100mm。导墙是地下连续墙挖槽之前修筑的临时结构，其作用是挖槽导向、防止槽段上口塌方、存蓄泥浆，同时还可作为施工测量的基准。导墙一般可采用现浇、预制混凝土或钢筋混凝土等材料构筑。如地下水位很高时，则宜采用预制的钢筋混凝土导墙。

2) 泥浆护壁。地下连续墙挖槽过程中常采用泥浆护壁，即在挖槽时注入水泥浆或利用槽中黏性土成浆。为了使泥浆能适应多种要求和提高工作效能，可在泥浆中加入适量掺合物，以调整其性能。掺合物分为加重剂、增黏剂、分散剂和堵漏剂 4 类。

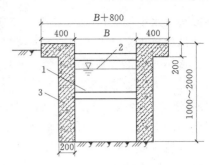

图 1-28 现浇钢筋混凝土导墙
1—支撑；2—泥浆护壁；3—钢筋混凝土导墙

3) 槽段开挖。挖槽是地下连续墙施工中的主要工序，挖槽约占地下连续墙施工工期的一半，因此提高挖槽效率是缩短工期的关键。同时，槽壁形状基本上决定了墙体外形，所以挖槽的精度又是保证地下连续墙质量的关键之一。地下连续墙挖槽的施工要点包括以下几点。

a. 单元槽段的划分。地下连续墙施工时，预先沿墙体长度方向把地下连续墙划分为许多一定长度的施工单元，这种施工单元称为"单元槽段"。单元槽段长度一般可取 6～8m。

b. 清底。槽段挖至设计标高后，先用超声波等方法测量槽段断面，而后清理槽底的土渣和沉淀物，以保证墙体质量，同时为后续工序提供良好的条件。清底的方法，一般有沉淀法和置换法。

4) 钢筋笼制作和吊放。钢筋笼的尺寸应根据单元槽段、接头形式及现场起重能力等确定（见图 1-29）。钢筋笼的宽度最好是按单元槽段组装成一个整体。焊接钢筋笼时，要考虑导管插入。钢筋笼的吊放应注意不要因起重臂摆动或其他影响而使钢筋笼产生横向摆动，造成槽壁坍塌。

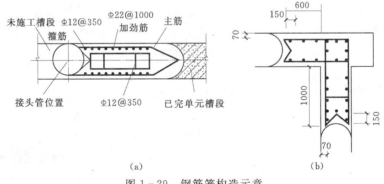

图 1-29 钢筋笼构造示意
(a) 直墙段；(b) L 墙段

5) 地下连续墙的接头。[1] 地下连续墙的接头，可分两大类：施工接头（竖向接头）和结

---

[1] 《建筑基坑支护技术规程》JGJ 120—2012 4.5 条规定：

4.5.9 地下连续墙的槽段接头应按下列原则选用：

1. 地下连续墙宜采用圆形锁口管接头、波纹管接头、楔形接头、工字形钢接头或混凝土预制接头等柔性接头。

2. 当地下连续墙作为主体地下结构外墙，且需要形成整体墙体时，宜采用刚性接头；刚性接头可采用一字形或十字形穿孔钢板接头、钢筋承插式接头等；在采取地下连续墙顶设置通长的冠梁、墙壁内侧槽段接缝位置设置结构壁柱、基础底板与地下连续墙刚性连接等措施时，也可采用柔性接头。

4.5.10 地下连续墙墙顶应设置混凝土冠梁。冠梁宽度不宜小于墙厚，高度不宜小于墙厚的 0.6 倍。冠梁钢筋应符合现行国家标准《混凝土结构设计规范》GB 50010—2010 对梁的构造配筋要求。冠梁用作支撑或锚杆的传力构件或按空间结构设计时，尚应按受力构件进行截面设计。

构接头（水平接头）。施工接头是浇筑地下连续墙时，在墙的竖向连接两相邻单元墙段的接头；结构接头是已完工的地下连续墙在水平向与其内部结构的梁、板等相连接的接头。

常用的施工接头是接头管（亦称锁口管）。浇筑混凝土后，为使接头管能顺利拔出，在槽段混凝土初凝前，应经常旋转拨动接头管，以防止接头管与混凝土粘结。在混凝土浇筑结束后8h以内将接头管全部拔出，接头管拔出后即可进行下一单元槽段的施工。接头管一是起侧模的作用，阻止槽段内新浇的混凝土进入另一槽段或与相邻未开挖的土体固结；二是混凝土浇筑后拔出接头管，形成一个与槽宽相同的圆弧，使相邻槽段的混凝土有一个半圆弧企口接头，形成较好的结合面，可以增强整体性和防水能力。

常用的结构接头有预埋连接钢筋法、预埋连接钢板法、预埋剪力连接件法。

6）地下连续墙混凝土浇筑。在泥浆中浇筑混凝土，深度大而无法直接观察，同时要在短时间内均匀地浇筑完毕，因此如何顺利浇筑入槽并保证质量，是地下连续墙施工中的关键。混凝土的浇筑方法常采用导管法水下浇筑混凝土。如在一个单元槽段采用多导管方法，各导管处的混凝土表面的高差不得超过300mm。由于浇筑时混凝土表面被泥浆污染，其浮浆层需凿去，故浇筑面应比设计墙顶面高出200～300mm。

浇筑时使用导管的根数与单元槽段的长度有关，当单元槽段的长度小于3m时，一般采用1根导管，大于3m时，要使用2根或2根以上导管同时浇筑。导管间距与使用的导管直径有关，一般是：导管内径150mm时，间距不宜超过2m；内径为200mm以上的导管，间距不宜超过3m。导管距离槽段端部不宜大于1.5m，如果间距过大，易造成槽段端部和两根导管之间的混凝土面较低，也容易使泥浆卷入。

（3）地下连续墙质量控制。

1）地下连续墙的施工应根据地质条件的适应性等因素选择成槽设备。成槽施工前应进行成槽试验，并应通过试验确定施工工艺参数。

2）当地下连续墙邻近的既有建筑物、地下管线、地下构筑物对地基变形敏感时，地下连续墙的施工应采取有效措施控制槽壁变形。

3）成槽施工前，应沿地下连续墙两侧设置导墙，导墙宜采用混凝土结构，且混凝土的设计强度等级不宜低于C20。导墙底面不宜设置在新近填土上，且埋深不宜小于1.5m。导墙的强度和稳定性应满足成槽设备和接头管施工的要求。

4）成槽时的护壁泥浆在使用前，应根据泥浆材料及地质条件试配及进行室内性能试验，泥浆配比应按试验确定。泥浆拌制后应储放24h，待泥浆材料充分水化后方可使用。成槽过程护壁泥浆液面应高于导墙底面500mm。成槽时，泥浆的供应及处理设备应满足泥浆使用量的要求，泥浆的性能应符合相关技术指标的要求。

5）单元槽段宜采用间隔一个或多个槽段的跳幅施工顺序。每个单元槽段，挖槽分段不宜超过3个，槽段接头应满足混凝土浇筑压力对其强度和刚度的要求。安放槽段接头时，应紧贴槽段垂直缓慢沉放至槽底。遇到阻碍时应先清除，然后再入槽。

6）对有防渗要求的接头，应在吊放地下连续墙钢筋笼前，对槽段接头和相邻墙段的槽壁混凝土面用刷槽器等方法进行清刷，清刷后的槽段接头和混凝土面不得夹泥。

7）钢筋笼制作时，纵向受力钢筋的接头不宜设置在受力较大处。同一连接区段内，纵向受力钢筋的连接方式和连接接头面积百分率应符合国家现行有关标准对墙板构件的规定。

8）现浇地下连续墙应采用导管法浇筑混凝土。导管拼接时，其接缝应密闭。混凝土槽段长度不大于 6m 时，槽段混凝土宜采用 2 根导管同时浇筑；槽段长度大于 6m 时，槽段混凝土宜采用 3 根导管同时浇筑。每根导管分担的浇筑面积应基本均等。钢筋笼就位后应及时浇筑混凝土。混凝土浇筑过程中，导管埋入混凝土面的深度宜在 2.0～4.0m，浇筑混凝土面的上升速度不宜小于 3m/h。

2. 逆作法❶

逆作法施工是以地面为起点，先建地下室的外墙和中间支撑柱，然后由上而下逐层建造梁、板或框架，利用它们做水平支承系统，进行下部地下工程的结构施工，同时按常规自下而上进行上部建筑物的施工。这种施工方法称为"逆作法"。

目前深基础采用逆作法施工的围护结构有地下连续墙、密排桩、钢板桩等，而使用最多的为地下连续墙。利用地下连续墙和中间支承桩进行逆作法施工，对于市区建筑密度大、施工场地狭窄、施工工期紧、软土地基面积大、邻近建筑物及周围环境对沉降变形敏感、三层或多于三层的地下室结构施工是十分有效的，如图 1-30 所示。

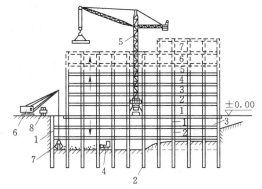

图 1-30　逆作法施工示意图

1—地下连续墙；2—中间支承桩；3—地下车库；4—小型推土机；5—塔式起重机；6—抓斗挖土机；7—抓斗；8—运土自卸汽车

（1）逆作法施工类型。

逆作法施工一般要根据工程地质、水文地质、建筑规模、地下室层数、地下室承重结构体系与基础选型、建筑物周围环境、施工机具、施工经验等因素确定逆作法施工方法，逆作法施工方法一般有封闭式逆作法施工、开敞式逆作法施工、"中顺边逆"法施工 3 种。

1）封闭式逆作法。先沿建筑物地下室轴线施工地下连续墙，同时施工中间支承桩。由地下连续墙和中间支承桩组成竖向承重体系，然后向下逐层开挖土方和浇筑各层地下结构，直至底板封底。由于地下一层的楼顶结构已完成，所以在各层地下结构施工的同时，可以向上逐层进行地上结构的施工。上下层数多时，大约可缩短施工总工期的 1/3。

2）开敞式逆作法。开敞式逆作法又称半逆作法施工，即在地面以下，从地面开始向地下室施工。其方法与封闭式逆作法相同，只是不同时向上进行地上结构的施工。这种施工方法对缩短施工工期很有限。

3）"中顺边逆"法。中顺边逆施工方法亦称为"中心岛——局部逆作法"，是以保留四周土方平衡围护结构侧压力，减小围护结构施工阶段的内力和变形，节省围护结构材料费用，使大量土方能进行机械化作业，加快施工进度。适用于建筑规模大，一至二层地下室工程，围护结构可采用地下连续墙兼作地下室承重外墙，亦可采用密排桩与内衬墙组成桩墙合

---

❶ 《建筑地基基础设计规范》GB 50007—2011 规定：

9.7.1　逆作法适用于支护结构水平位移有严格限制的基坑工程。根据工程具体情况，可采用全逆作法，半逆作法，部分逆作法。

9.7.4　当采用逆作法施工时，可采用支护结构体系与地下结构结合的设计方案：

1. 地下结构墙体作为基坑支护结构。

2. 地下结构水平构件（梁、板体系）作为基坑支护的内支撑。

3. 地下结构竖向构件作为支护结构支承柱。

一的地下室承重外墙。

其施工程序为：工程桩与基坑支护结构施工→地下一层以上土方开挖，基坑支护结构悬臂受力，继续开挖地下室中间（中心岛）地下二层至基础底板垫层底，地下二层中心岛外四周一跨土方保留，以平衡围护结构外侧压力→中心岛地下室基础及结构施工→边开挖中心岛外四周的保留土方，边加设中心岛与基坑支护结构间水平支撑→中心岛外地下室基础及结构施工→地下室结构施工完成→地上结构开始施工。

（2）逆作法施工过程。

1）逆作法竖向承重体系的施工❶。首先沿建筑物地下室外墙四周施工地下室永久性承重外墙围护结构；然后施工地下室的中间支承桩，中间支承桩的位置和数量，要根据地下室的结构布置和施工方案等详细考虑后经计算确定，一般布置在主体结构柱子位置或纵、横墙相交处。中间支承桩所承受的最大荷载，是地下室已修筑至最下一层而地面上已修筑至规定的最高层数时的荷载。

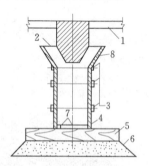

图 1 - 31　墙板浇筑时的模板

1—上层板；2—浇筑入仓口；
3—螺栓；4—模板；5—枕
木；6—砂垫层；7—插筋
用木条；8—钢模

竖向承重体系围护结构可以是地下连续墙兼作地下室承重外墙，也可以是密排桩与内衬墙组成桩墙合一的地下室承重外墙。一般情况下，软土地基宜优先采用地下连续墙；地质条件较好，地下水位较低（当地下水位较高，密排桩外围需加止水帷幕），地下层数不超过三层，可采用密排桩（人工挖孔桩或钻孔灌注桩）。

2）逆作法的楼层施工。竖向承重结构施工完后，施工地下室纵横框架梁和楼板。利用已施工并达到一定强度的地下室楼层梁板作为围护结构的内水平支撑，以满足继续往下开挖土方时抵抗土的侧压力，随之从上向下挖一层土方，利用地模或木模（钢模）浇筑下一层地下室楼层梁板结构，每一层留一定数量的混凝土楼板不浇筑，作为下层的出土口与下料口。

地下室楼层结构的浇筑方法主要有三种，第一种是支模方式浇筑梁板（见图 1 - 31）。用此方法施工时，混凝土的浇筑一般是从顶部的侧面入仓，为便于浇筑和保证连接处的密实性，应对竖向钢筋的间距作适当调整，同时还应把构件顶部的模板做成喇叭形。由于该方法上、下层构件的结合面在上层构件的底部，再加上地面土的沉降和刚浇混凝土的收缩，在结合面处易出现裂缝，为此，宜在结合面处的模板上预留若干压浆孔，以便用压力灌浆来消除缝隙，保证构件连接处的密实性。

第二种是采用土模方案［见图 1 - 32 (a)］。向下挖土至楼层结构设计标高后，将土面整平夯实，浇筑一层厚约 50mm 的素混凝土，然后刷一层隔离层，即成楼板模板。对于梁模板，若土质好时，可用土胎模，按梁断面挖出槽穴即可，若土质较差则应用模板搭设梁模板［见图 1 - 32 (b)］。该方法的楼层结构与柱子施工缝的处理如图 1 - 33 所示，为使下部柱

❶ 《建筑地基基础设计规范》GB 50007—2011 规定：

9.7.7　竖向支承结构的设计应符合下列规定：

1. 竖向支承结构宜采用一根结构柱对应布置一根临时立柱和立柱桩的形式（一柱一桩）。

2. 立柱应按偏心受压构件进行承载力计算和稳定性验算，立柱应进行单桩竖向承载力与沉降计算。立柱与立柱桩的设计计算除应符合本规范外，尚应符合国家现行建筑结构规范的有关规定。

3. 在主体结构底板施工之前，相邻立柱桩间以及立柱桩与邻近基坑围护墙之间的差异沉降不宜大于 1/400 柱距，且不宜大于 20mm。作为立柱桩的灌注桩宜采用桩端后注浆措施。

子易于浇筑，该模板宜呈斜面安装，柱子钢筋通穿模板向下伸出接头长度。在施工缝模板上面组装柱头模板与梁模板相连接，若土质好，柱头可用土胎模，否则应用模板搭设。

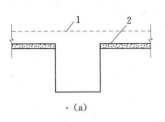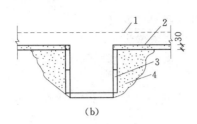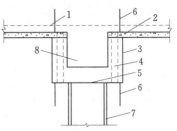

图 1-32　逆筑法施工时的梁、板模板
(a) 梁模用土胎模；(b) 用钢模板组成梁模
1—楼板面；2—素混凝土层与隔离层；
3—钢模板；4—填土

图 1-33　柱头模板与施工缝
1—楼板面；2—素混凝土层与隔离层；
3—柱头模板；4—预留浇筑孔；
5—施工缝；6—柱筋；
7—H 型钢；8—梁

第三种是内衬外包层的施工。地下室各层梁板结构与基础底板施工全部完成后，自下向上浇筑地下室四周内衬墙混凝土、中间支承桩外包混凝土、剪力墙混凝土以及留置的出土口与下料口的楼板混凝土等，最终完成地下室结构施工。

(3) 逆作法施工多层地下室的优点。

1) 可节省支护结构的支撑。对深度较大的多层地下室，若用传统方法施工，需设置强大的内部支撑或外部拉锚，这样会增加费用，而用逆作法施工时，土方开挖后是利用地下室结构本身来支撑，作为支护结构的连续墙可省去支护结构的临时支撑。

2) 可以缩短工程施工的总工期。对带多层地下室的高层建筑，按传统方法施工时，其总工期为地下结构工期加地上结构工期，再加上装修等所占之工期。而用"逆作法"施工时，一般只有地下第一层占绝对工期，其他各层地下室可与地上结构同时施工，不占绝对工期，因此可以缩短工程的总工期。地下结构层数越多，用逆作法施工，工期缩短越显著。

3) 基坑变形减小，对相邻建筑物的影响小。在逆作法施工中，是利用逐层浇筑的地下室结构作为周围支护结构的内部支撑。由于地下室结构与临时支撑相比刚度大得多，所以地下连续墙在侧压力作用下的变形就小得多。同时，由于中间支承桩的存在，使底板增加了支点，浇筑后的底板成为多跨连续板结构，与无中间支承桩的情况相比跨度较小，从而使底板的隆起的可能性减少。因此逆作法施工能减少基坑变形，且对相邻建 (构) 筑物、道路和地下管线等的影响减小。

4) 使底板设计更趋向合理。在地下结构中，钢筋混凝土底板要满足抗浮要求。用传统方法施工时，底板浇筑后支点少，跨度大，上浮力产生的弯矩值大，有时为了满足施工时的抗浮要求而需加大底板的厚度，或增强底板的配筋。而当地下和地上结构施工结束，上部荷载传下后，为满足抗浮要求而加厚的混凝土，反过来又作为自重荷载作用于底板上，因而使底板设计不尽合理。而用"逆作法"施工时，施工中底板的支点增多，跨度减小，比较容易满足抗浮要求，甚至可以减少底板配筋，使底板的结构设计更趋向合理。

(三) 基坑支护结构的维护

基坑开挖和支护结构使用期内，应按下列要求对基坑进行维护：

(1) 雨期施工时，应在坑顶、坑底采取有效的截排水措施；对地势低洼的基坑，应考虑周边汇水区域地面径流向基坑汇水的影响；排水沟、集水井应采取防渗措施。

（2）基坑周边地面宜作硬化或防渗处理。

（3）基坑周边的施工用水应有排放系统，不得渗入土体内。

（4）当坑体渗水、积水或有渗流时，应及时进行疏导、排泄、截断水源。

（5）开挖至坑底后，应及时进行混凝土垫层和主体地下结构施工。

（6）主体地下结构施工时，结构外墙与基坑侧壁之间应及时回填。

第六节　基　坑　降　水

开挖基坑时，流入坑内的地下水和地面水如不及时排走，不但会使施工条件恶化，造成土壁塌方，还会影响地基的承载力。基坑降水可分为集水井降水法和井点降水法。

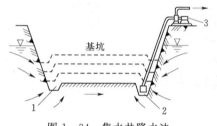

图 1-34　集水井降水法
1—排水沟；2—集水井；3—水泵

一、集水井降水

集水井降水（也称明排水）是在开挖基坑时，沿坑底周围开挖排水沟，在沟端设集水井，使基坑内的水，经排水沟流向集水井，然后用水泵抽走（见图 1-34）。

集水井应设置于基础范围之外，集水井间距，一般每隔 30～50m 设置一个。集水井的直径一般为 0.6～0.8m，井底应低于坑底 1～2m，并铺设碎石滤水层，防止由于抽水时间较长而将泥沙抽出。井壁可用竹、木等材料进行简易加固，排水用的水泵主要有离心泵、潜水泵等。

二、井点降水❶

井点降水就是在基坑开挖前，先在基坑周围埋设一定数量的滤水管（井），利用抽水设

---

❶ 《建筑地基基础设计规范》GB 50007-2011 规定：

9.9.3　基坑降水设计应包括下列内容：

1. 基坑降水系统设计应包括下列内容：
1）确定降水井的布置、井数、井深、井距、井径、单井出水量。
2）疏干井和减压井过滤管的构造设计。
3）人工滤层的设置要求。
4）排水管路系统。
2. 验算坑底土层的渗流稳定性及抗承压水突涌的稳定性。
3. 计算基坑降水域内各典型部位的最终稳定水位及水位降深随时间的变化。
4. 计算降水引起的对临近建、构筑物及地下设施产生的沉降。
5. 回灌井的设置及回灌系统设计。
6. 渗流作用对支护结构内力及变形的影响。
7. 降水施工、运营、基坑安全监测要求，除对周边环境的监测外，还应包括对水位和水中微细颗粒含量的监测要求。

《建筑基坑支护技术规程》JGJ 120—2012 规定：

7.3.1　基坑降水可采用管井、真空井点、喷射井点等方法，并宜按表 7.3.1 的适用条件选用。

表 7.3.1　　　　　　　　各种降水方法的适用条件

方　法	土　类	渗透系数（m/d）	降水深度（m）
管井	粉土、砂土、碎石土	0.1～200.0	不限
真空井点	黏性土、粉土、砂土	0.005～20.0	单级井点<6 多级井点<20
喷射井点	黏性土、粉土、砂土	0.005～20.0	<20

备抽水，使地下水位降落在基坑底以下，直至地下工程满足抗浮要求为止。井点降水有轻型井点、喷射井点、电渗井点、管井井点等。常用的降水形式见表 1-16。

表 1-16　　　　　　　　　　　　降水类型及适用条件

降　水　类　型	渗　透　系　数 （cm/s）	可能降低的水位深度 （m）
轻型井点 多级轻型井点	$10^{-2} \sim 10^{-5}$	$3 \sim 6$ $6 \sim 12$
喷射井点	$10^{-3} \sim 10^{-6}$	$8 \sim 20$
电渗井点	$< 10^{-6}$	宜配合其他形式降水使用
管井井管	$\geqslant 10^{-5}$	> 10

注　电渗作为单独的降水措施已不多，在渗透系数不大的地区，为改善降水效果，可用电渗作为辅助手段。

（一）轻型井点

轻型井点系统，就是沿基坑四周将许多井点管埋入蓄水层内，井点管上部与总管连接，真空抽水设备通过总管将地下水从井点管内不断抽出，将原有的地下水位降至坑底以下（0.5～1m）。此种方法用于土壤的渗透系数为 $10^{-2} \sim 10^{-5}$ cm/s 的土层中。

1. 轻型井点系统组成

如图 1-35 所示，轻型井点设备主要包括：井点管、滤管、集水总管、弯联管及真空抽水设备。滤管（图 1-36）直径为 38～50mm，长度为 1～1.5m；井点管管直径为 38～50mm，其长度为 3～7m；弯联管装有检修井点用阀门。

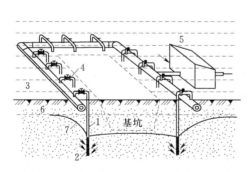

图 1-35　轻型井点降低地下水位全貌图
1—井点管；2—滤管；3—总管；4—弯联管；
5—水泵房；6—原地下水位线；
7—降低后地下水位线

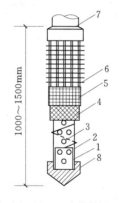

图 1-36　滤管构造
1—钢管；2—管壁上小孔；3—缠绕的
铁丝；4—细滤网；5—粗滤网；
6—粗铁丝保护网；7—井点
管；8—铸铁头

轻型井点真空抽水设备由真空泵、离心水泵和水气分离器组成，称为真空泵轻型井点；如果由射流泵、离心泵、循环水箱等组成，则称为射流泵轻型井点（见图 1-37）。利用离心泵将循环水箱中的水送入射流器内，由喷嘴喷出时，由于喷嘴处断面收缩而使水流速度骤增，压力骤降，使射流器空腔内产生部分真空，把井点管内的气、水吸上来进入水箱，待水

箱内的水位超过泄水口时即自动溢出，排到指定地点。●

射流泵井点系统的降水深度可达
6m，一般只能带动 30～40 根井点管，
采用两台离心泵和两个射流器联合工
作，能带动井点管 70 根，总管 100m，
基本上抵得上 W5 型真空泵机组，但真
空度略差。这种设备与真空泵轻型井点
相比，具有结构简单、制造容易、成本
低、耗电少、使用维修方便等优点。

2. 轻型井点的布置

（1）平面布置：当基槽宽度小于
6m，且降水深度不超过 5m 时，可采用
单排井点，井点管必须布置在地下水流
的上游一侧（见图 1-38）；当基槽宽度
大于 6m，且降水深度超过 5m 时，则宜
采用双排井点；当基坑面积较大时则应
采用环形井点（见图 1-39）。

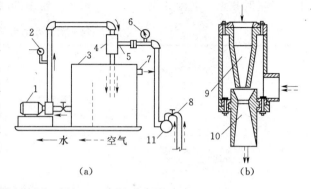

图 1-37 射流泵轻型井点设备工作简图
（a）总图；（b）射流器剖面图
1—离心泵；2—压力计；3—循环水箱；4—射流
器；5—进水管；6—真空表；7—泄水口；
8—井点管；9—喷嘴；10—喉
管；11—总管

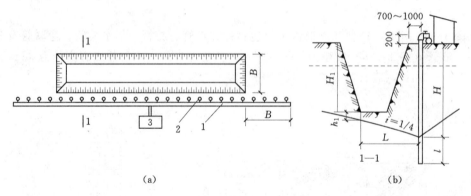

图 1-38 单排井点的布置
（a）平面布置；（b）高程布置
1—总管；2—井点管；3—泵站

（2）高程布置：轻型井点的降水深度，由于利用真空原理，从理论上讲可达 10.3m，但
由于管路系统的水头损失，其实际的降水深度一般不宜超过 6m。

井点管的埋置深度 H（不包括滤管），可按下式计算

$$H \geqslant H_1 + h + iL \qquad (1-18)$$

● 《建筑基坑支护技术规程》JGJ 120—2012 规定：

7.3.19 真空井点的构造应符合下列要求：

1. 井管宜采用金属管，管壁上渗水孔宜按梅花状布置，渗水孔直径宜取 12～18mm，渗水孔的孔隙率应大于 15%，
渗水段长度应大于 1.0m；管壁外应根据土层的粒径设置滤网。

2. 真空井管的直径应根据设计出水量确定，可采用直径 38～110mm 的金属管；井的成孔直径应满足填充滤料的要
求，且不宜大于 300mm。

3. 孔壁与井管之间的滤料宜采用中粗砂，滤料上方应使用黏土封堵，封堵至地面的厚度应大于 1m。

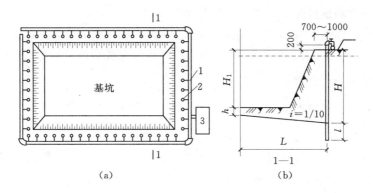

图 1-39 环形井点的布置

(a) 平面布置；(b) 高程布置

1—总管；2—井点管；3—泵站

式中 H_1——井点管埋设面至坑底面的距离，m；

h——降低后的地下水位距基坑中心底面的距离，一般为 0.5～1m；●

i——地下水降落坡度，环形井点为 1/10，单排井点为 1/4；

L——井点管至基坑中心的水平距离，m。（单排井点为井点管至基坑另一侧的距离，双排井点一般取基坑短边方向）

如"H＋井点管外露长度"不大于降水深度 6m 时，则可用一级井点；"H＋井点管外露长度"稍大于 6m 时，如降低井点管的埋置面，可满足降水深度要求时，仍可采用一级井点；当一级井点达不到降水深度要求时，则可采用二级井点（见图 1-40）。在确定井点埋置深度时，还要考虑井点管露出地面 0.2～0.3m，滤管必须埋在透水层内。

3. 轻型井点的计算

（1）井点系统的涌水量计算：井点系统所需井点的数量，是根据其涌水量来确定的；而井点系统的涌水量，则是按水井理论进行计算的。根据地下

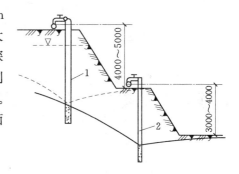

图 1-40 二级轻型井点

1—第一级井点管；2—第二级井点管

水有无压力，水井分为无压井和承压井。当水井底部达到不透水层时称完整井；否则，称为非完整井。水井的类型不同，其涌水量计算的方法亦不相同（见图 1-41）。

对于无压完整井的环状井点系统，涌水量计算公式为

$$Q=1.366K\frac{(2H-S)S}{\lg R-\lg X_0}\tag{1-19}$$

式中 Q——井点系统的涌水量，m^3/d；

K——土壤的渗透系数，m/d，因为渗透系数 K 的取值直接影响降水效果，所以最好

---

❶ 《建筑基坑支护技术规程》JGJ 120—2012 规定：

7.3.2 降水后基坑内的水位应低于坑底 0.5m。当主体结构有加深的电梯井、集水井时，坑底应按电梯井、集水井底面考虑或对其另行采取局部地下水控制措施。基坑采用截水结合坑外减压降水的地下水控制方法时，尚应规定降水井水位的最大降深值和最小降深值。

通过现场试验确定，查表仅作为参考；

H——含水层厚度，m，该值是随着季节变化的，在降水时应该考虑最大值；

S——基坑中心的水位降落值，m，根据高程布置完成后确定，$S=S'-iL$，S'为井点管中的水位降落值，L为滤管长度；

X_0——环状井点系统的假想圆半径，m，$X_0=\sqrt{\dfrac{F}{\pi}}$；

F——环状井点系统所包围的面积，需要考虑基坑下口（基础尺寸＋工作面，工作面可取 0.5～1.0m）和基坑放坡、井点管距基坑上口边的距离；

R——抽水影响半径，m，常用经验公式：$R=1.95S\sqrt{HK}$。

　　因为式（1-19）是把井点围成的区域看成一眼大水井，利用法国水利学家裘布依的水井理论积分而来的，所以它有一定的适用条件：降水基坑的长宽比不大于5，基坑宽度不大于2倍的抽水影响半径；如果不满足上述适用条件时，可把基坑分割成满足条件的区域，然后各区域分别计算各自的涌水量，再汇总出总涌水量。井点系统抽水后地下水位降落曲线稳定的时间视土壤的性质而定，一般为1～5d。

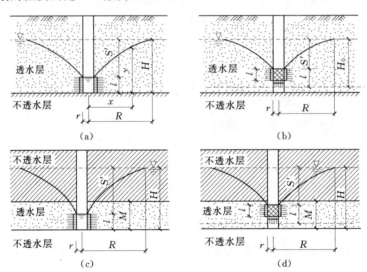

图 1-41　水井类型

(a) 无压完整井；(b) 无压非完整井；(c) 承压完整井；(d) 承压非完整井

　　无压非完整井的井点系统，地下水不仅从井的侧面流入，还从井底渗入，因此涌水量要比完整井大。为了简化计算，仍可采用式（1-19），仅将式中 H 换成有效深度 H_0；H_0 可查表 1-17，当算得的 H_0 大于实际含水层的厚度 H 时，则仍取 H 值。

表 1-17　　　　　　　　　　　抽水有效影响深度计算公式

$S'/(S'+l)$	0.2	0.3	0.5	0.8
H_0	$1.3(S'+l)$	$1.5(S'+l)$	$1.7(S'+l)$	$1.85(S'+l)$

　　对承压完整井井点系统涌水量按下式计算

$$Q=\frac{2.73KMS}{\lg R-\lg X_0} \tag{1-20}$$

式中　M——承压含水层厚度，m。

（2）确定井管数量[1]。

单根井管的最大出水量为

$$q = 65\pi dl\sqrt[3]{K} \tag{1-21}$$

式中　d——滤管直径，m；

　　　l——滤管长度，m；

　　　K——渗透系数，m/d。

井点最少数量由下式确定

$$n = 1.1\frac{Q}{q} \tag{1-22}$$

（3）抽水设备的选择。

真空泵有 W_5、W_6 型，使用时应验算水泵的流量是否大于井点系统的涌水量（应增大 $10\%\sim20\%$），即水泵流量 $Q_1 = 1.1Q$。水泵的扬程是否能克服集水箱中的真空吸力，以免抽不出水，所以水泵的最小吸水扬程 $h_S = (h + \Delta h)$，单位为 m。其中，h 为降水深度，单位为 m，近似取集水总管至滤管的深度；Δh 为水头损失值，单位为 m，包括进入滤管的水头损失、管路阻力及漏气损失等，近似取 $1\sim1.5$m。

采用 W_5 型泵时，总管长度不大于 100m，井点管数量约 80 根；采用 W_6 型泵时不大于 120m，井点管数量约 100 根。真空泵在抽水过程中所需的最低真空度 h_K 可由降水深度及各项水头损失计算得到，$h_K = 10(h + \Delta h)$，单位为 kPa。

【例 1-5】 某筏板基础施工，筏板尺寸为 20m×35m，基底标高为 -4.500m，自然地坪为 ±0.000；经工程勘测得知地质情况如下：地下表层土为 $0.8\sim0.9$m 厚的杂填土，其下为含黏土的粗砂土层（渗透系数 $K = 30$m/d），地面以下 12m 为不透水层；地下水位在地面以下 1.05m 处（见图 1-42）。要求：

（1）轻型井点系统的布置。

（2）计算涌水量。

（3）确定井点管数量和间距。

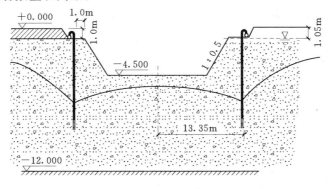

图 1-42　降水图

---

❶ 《建筑基坑支护技术规程》JGJ 120—2012 规定：

7.3.3　降水井在平面位置上应沿基坑周边形成闭合状。当地下水流速较小时，降水井宜等间距布置；当地下水流速较大时，在地下水补给方向宜适当减小降水井间距。对宽度较小的狭长形基坑，降水井也可在基坑一侧布置。

7.3.14　真空井点降水的井间距宜取 0.8mm~2.0m；喷射井点降水的井间距宜取 1.5~3.0m；当真空井点、喷射井点的井口至设计降水水位的深度大于 6m 时，可采用多级井点降水，多级井点上下级的高差宜取 4~5m。

分析：首先选择井点管尺寸，而后对井点系统进行布置和计算。在此取井点管长 6m，直径 50mm；滤管长 1.2m，直径 50mm。

（1）井点系统的布置。

根据筏板基础的尺寸，确定基坑下口尺寸：筏板基础每边留 0.6m 的工作面，则下口为 21.2m×36.2m。显然基坑长宽比小于 5，基坑宽度 21.2 小于 2 倍的抽水影响半径（见后计算），而且挖土机选用了反铲挖土机，基坑深 4.5m，不需分层开挖，所以该基坑可以采用环状（不开口）井点布置。

1）井点管平面布置。井点管距离基坑边 1.0m 布置。这样，基坑短边井点管中心至基坑中心的水平距离为：

$$L=(20/2+0.6)+4.5\times0.5+1.0=13.85m$$

2）井点管埋设深度布置。井点管上端外露地面 0.2m。

$$H\geqslant H_1+h+iL，所以 h\leqslant H-H_1-iL$$
$$h=(6-0.2)-4.5-13.85\times1/10=-0.085m<0.5m$$

要求降水深度为基坑中心下不小于 0.5m。

可见直接将总管埋设在自然地面不能满足降水深度要求，故改为先挖去一层土，使总管埋设面降低 1.0m。由于已接近地下水位面而且比自然地面低，所以在施工中要注意在挖去土的沟中布置一些集水井，用于排除汇集的地表水和可能出现的上涌地下水。此时降水后距基坑中心处 h 为：

$$L=(20/2+0.6)+(4.5-1.0)\times0.5+1.0=13.35m$$
$$h=(6-0.2)-(4.5-1.0)-13.35\times1/10=0.965m>0.5m（满足要求）$$

此时基坑中心处的水位降落值：

$$S=4.5+0.965-1.05=4.415m$$
$$S'=S+iL=4.415+13.35\times1/10=5.75m$$

（2）计算涌水量。

滤管下端在地面以下：$1.0+5.8+1.2=8m$，而不透水层位于 $-12.0m$ 处。故水井类型为无压非完整井，需确定抽水有效影响深度 H_0。

$S'/(S'+l)=5.75/(5.75+1.2)=0.83$，查表插入算得：

$$H_0=1.865(S'+l)=1.865(5.75+1.2)=12.96m>H=12-1.05=10.95m$$

所以取
$$H_0=H=10.95m$$

抽水影响半径：$R=1.95S\sqrt{H_0K}=1.95\times4.415\times\sqrt{10.95\times30}=156m$

环形井点的假想半径：$x_0=\sqrt{\dfrac{F}{\pi}}=\sqrt{\dfrac{1113.39}{3.14}}=18.83m$

其中 $F=(20+0.6\times2+3.5\times0.5\times2+1.0\times2)\times(35+0.6\times2+3.5\times0.5\times2+1.0\times2)$
$$=26.7\times41.7=1113.39m^2$$

基坑涌水量：

$$Q=1.366K\frac{(2H_0-S)S}{\lg R-\lg x_0}=1.366\times30\times\frac{(2\times10.95-4.415)\times4.415}{\lg156-\lg18.83}=3445m^3/d$$

（3）确定井点管数量 n 和间距 D。

$$q=65\pi dl\sqrt[3]{K}=65\times3.14\times0.05\times1.2\times\sqrt[3]{30}=38.05m^3/d$$

$$n=1.1\frac{Q}{q}=1.1\times\frac{3445}{38.05}\approx100\ 根$$

$$D=\frac{L}{n}=\frac{(26.7+41.7)\times2}{100}=\frac{136.8}{100}\approx1.37m$$

取 $D=1.2m$，则需井点管 114 根。

（4）抽水设备选用。

抽水设备所带动的总管长度为 136.8m，所以选 2 台 W5 型干式真空泵，所能带总管 $100\times2=200m>136.8m$，所能带井点 $80\times2=160$ 根>114 根（或选 4 台 QJD—45 型射流泵，排水量 $45\times4=180m^3/h>3445/24=144m^3/h$，所能带井点 $40\times4=160$ 根>114 根）。

水泵所需流量：$Q_1=1.1Q=1.1\times3445/2=1894.75m^3/d$

水泵的吸水扬程：$h_s\geqslant h+\Delta h=(6.0-0.2)+1.2=7.0m$

根据 Q_1、h_s，可查相关设备说明书确定离心泵型号。

（二）管井井点

管井又称深井，是由滤水井管、吸水管和抽水设备等组成。具有井距大、易于布置、排水量大、降水深（$>15m$）、降水设备和操作工艺简单、可代替多组轻型井点作用等特点。适用于渗透系数大（$>10^{-5}cm/s$）、土质为砂类土、地下水丰富、降水深、面积大、时间长的降水工程。

（1）井点构造及布置[1]。

管井井点构造如图 1-43 所示两种，一般沿工程基坑周围离边坡上口 $0.5\sim1.5m$ 呈环形布置，当基坑宽度较窄，亦可在一侧呈直线布置，但要布置在上水游。基坑开挖深 8m 以内，井距为 $10\sim15m$；8m 以上井距为 $15\sim20m$，每个管井单独用一台水泵不断抽水来降低地下水位。

（2）管井井点降水计算。

管井井点计算内容包括：井点系统总涌水量、管井井点进水过滤器需要的总长度、群井抽水单个管井井点过滤器浸水部分长度、群井总涌水量、选择抽水设备和管井井点的布置等。

1）管井井点系统总涌水量计算，管井井点涌水量的计算基本同轻型井点计算。

$$Q=1.366K\frac{(2H-S)S}{\lg R-\lg X_0}\qquad(1-23)$$

式中 R——抽水影响半径，m，$R=R_0+X_0$；

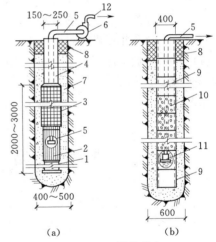

图 1-43 管井井点

(a) 钢管井点；(b) 混凝土管井点

1—沉砂管；2—钢筋焊接骨架；3—滤网；4—管身；

5—吸水管；6—离心泵；7—小砾石过滤层；

8—黏土封口；9—混凝土实管；10—混凝

土过滤管；11—潜水泵；12—出水管

---

[1] 《建筑基坑支护技术规程》JGJ 120—2012 规定：

7.3.18 管井的构造应符合下列要求：

1. 管井的滤管可采用无砂混凝土滤管、钢筋笼、钢管或铸铁管。

2. 滤管内径应按满足单井设计出水量要求而配置的水泵规格确定，宜大于水泵外径 50mm。滤管外径不宜小于 200mm。管井成孔直径应满足填充滤料的要求。

3. 井管与孔壁之间填充的滤料宜选用磨圆度好的硬质岩石的圆砾，不宜采用棱角形石渣料、风化料或其他黏质岩石成分的砾石。

R_0——管井影响半径，m，根据地层土质查《给水工程设计手册》。

2）管井进水过滤器需要总长度计算。

管井单位长度进水量

$$q=2\pi rl\frac{\sqrt{k}}{15} \tag{1-24}$$

管井进水过滤器需要总长度

$$L=\frac{Q}{q} \tag{1-25}$$

式中　k——渗透系数，m/s；

　　　l——过滤管长度，m；

　　　r——管井井点半径，m；

　　　Q——管井系统的总涌水量，m^3/d。

3）群井抽水单个管井过滤器长度计算。

浸水部分长度

$$h_0=\sqrt{H^2-\frac{Q}{\pi Kn}\times\ln\frac{X_0}{nr}} \tag{1-26}$$

式中　H——抽水影响半径为 R 点处的水位，m；

　　　n——管井数，个；

　　　X_0——管井井点系统的假想圆半径，m；

　　　r——管井井点半径，m。

4）群井涌水量计算。多个相互之间距离在影响半径范围内的管井井点同时抽水时的总涌水量计算

$$Q=1.366K\frac{(2H-S)S}{\lg R-\frac{1}{n}(\lg x_1,x_2,\cdots,x_n)} \tag{1-27}$$

式中　　　　S——井点群重心处水位降低值，m；

$x_1,x_2,\cdots,x_n$——各井点至井点群重心的距离，m。

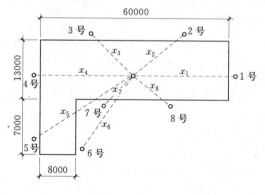

图 1-44　例题管井布置图

【例 1-6】　某办公楼平面为 L 形，尺寸如图 1-44 所示，该地基土层为粉土，已知渗透系数 $K=1.3$m/d；查《给水工程设计手册》知管井影响半径 $R=13$m，含水层厚度为 13.8m，其下为不透水层。要求建筑物中心的最低水位降低值 $S=6$m，已知管井井点管半径 $r=0.35$m，要求进行管井布置。

分析：根据平面计算假想半径：

$$X_0=\sqrt{\frac{A}{\pi}}=\sqrt{\frac{60\times13+7\times8}{3.14}}\approx17\text{m}$$

降水系统的总涌水量，可采用潜水完整井计算，那么抽水影响半径 $R=13+17=30$m。

管井系统总涌水量：

$$Q=1.366K\frac{(2H-S)S}{\lg R-\lg X_0}=1.366\times1.3\times\frac{(2\times13.8-6)\times6}{\lg30-\lg17}=932.9\text{m}^3/\text{d}=0.0108\text{m}^3/\text{s}$$

管井每米长度进水量：

$$q=2\pi rl\frac{\sqrt{k}}{15}=2\times3.14\times0.35\times1\times\frac{\sqrt{0.000015}}{15}=0.00057\text{m}^3/\text{s}$$

管井进水过滤器需要总长度计算：

$$L=\frac{Q}{q}=\frac{0.0108}{0.00057}\approx19\text{m}$$

选择 $n=8$ 个管井，取 $H=13.8-6=7.8$m。

则群井抽水单个管井过滤器浸水部分长度为：

$$h_0=\sqrt{H^2-\frac{Q}{\pi Kn}\times\ln\frac{x_0}{nr}}=\sqrt{7.8^2-\frac{932.9}{3.14\times1.3\times8}\times\ln\frac{17}{8\times0.35}}=3.0\text{m}$$

显然，满足 $nh_0=8\times3=24\geqslant19$m 条件，考虑工程的平面尺寸见表1，8 个管井布置位置如图 1-44 所示。8 个相互之间距离在影响半径范围内的管井井点同时抽水时的总涌水量计算：

$$Q=1.366K\frac{(2H-S)S}{\lg R-\frac{1}{n}(\lg x_1,x_2,\cdots,x_n)}$$

$$=1.366\times1.3\times\frac{(2\times13.8-6)\times6}{\lg30-\frac{1}{8}\times9.963}=992\text{m}^3/\text{d}\approx0.0114\text{m}^3/\text{s}$$

显然，该布置满足降水量要求。

表 1 　　　　　　　　　　　　　工 程 的 平 面 尺 寸

$x_1=30$m	$\lg x_1=1.477$	$x_5=34$m	$\lg x_5=1.532$
$x_2=10$m	$\lg x_2=1.000$	$x_6=30$m	$\lg x_6=1.477$
$x_3=10$m	$\lg x_3=1.000$	$x_7=10$m	$\lg x_7=1.000$
$x_4=30$m	$\lg x_4=1.477$	$x_8=10$m	$\lg x_8=1.000$
$\lg x_1,\lg x_2,\cdots,\lg x_8=1.477+1.000+\cdots+1.000=9.963$			

（三）喷射井点

当基坑开挖较深，降水深度超过 8m 时，宜采用喷射井点。喷射井点是在井点管内部装设特制的喷射器，用高压水泵或空气压缩机通过井点管中的内管向喷射器输入高压水（喷水井点）或压缩空气（喷气井点）。喷水井点在内管下端装有升水装置（喷射扬水器）与滤管相连（见图 1-45）。当高压水经内外管之间的环形空间由喷嘴喷出时，地下水即被吸入而压出地面。

喷射井点管布置、井点管的埋设等与轻型井点相同。基坑面积较大时，采用环形布置；基坑宽度小于 10m 时，采用单排线型布置；大于 10m 时做双排布置。井点间距一般为 2.0~3.5m，采用环形布置，施工设备进出口（道路）处的井点间距为 5~7m；冲孔直径为 400~600mm，冲孔深度比滤管底深 1m 以上。

该法由于具有设备较简单，排水强度大（其降水深度可达 8~20m），比使用多层轻型井点降水设备少，基坑土方开挖量节省，施工速度快，费用低等特点。

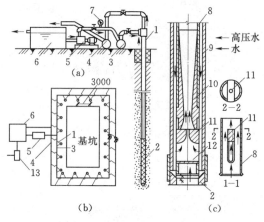

图 1-45 喷射井点

(a) 竖向布置；(b) 平面布置；(c) 喷射井管详图

1—喷射井管；2—滤管；3—进水总管；4—排水总管；

5—高压力泵；6—水池；7—压力计；8—内管；

9—外管；10—扩散器；11—喷嘴；

12—混合室；13—水泵

三、井点管的埋设与使用[1]

井水管的埋设可以利用冲孔或钻孔，井孔冲成后，立即拔出冲管，插入井点管，并在井点管与孔壁之间迅速填灌砂滤层，以防孔壁塌土。灌砂滤层一般宜选用干净粗砂，填灌均匀，并填至距滤管顶 1～1.5m 处用黏土封口，以防漏气。

井点安装完毕后，需进行试抽，以便检查抽水设备运转是否正常、管路有无漏气。

井点使用时，一般应连续抽水（特别是开始阶段）。若时抽时停，滤管易于堵塞，出水混浊并引起附近建筑物地基土颗粒流失而沉降、开裂。同时由于中途停抽，地下水回升，也可能引起基础上浮或边坡塌方等事故。抽水过程中，应调节离心泵的出水量，使抽吸排水保持均匀，达到细水长流。正常的出水规律是"先大后小，先混后清"。真空度是判断井点系统工作情况是否良好的尺度，必须经常观察检查。造成真空度不足的原因很多，但多是井点系统有漏气现象，应及时采取措施。

在抽水过程中，还应检查有无"死井"（工作正常的井管，用手触摸时，应有冬暖夏凉的感觉，或从弯联管上的透明阀门观察），如死井太多，严重影响降水效果时，应逐个用高压水冲洗或拔出重埋。为观察地下水位的变化，可在影响半径内设观察孔。

井点系统的拆除必须在地下室或地下结构物竣工并将基坑进行回填土后，计算最大地下水的浮托力小于已施工的结构自重后方可拆除，且底板混凝土必须要有一定的强度，防止因水浮力引起地下结构浮起或破坏底板。拔管后所留的孔洞应用砂或土填塞，对有防渗要求的地基基础，需在基础中设置止水套管，降水结束后除用补偿混凝土填堵套管外，还要用钢板

---

[1] 《建筑基坑支护技术规程》JGJ 120—2012 规定：

7.3.21 管井的施工应符合下列要求：

1. 管井的成孔施工工艺应适合地层特点，对不易塌孔、缩孔的地层宜采用清水钻进；钻孔深度宜大于降水井设计深度 0.3～0.5m。

2. 采用泥浆护壁时，应在钻进到孔底后清除孔底沉渣并立即置入井管、注入清水，当泥浆比重不大于 1.05 时，方可投入滤料；遇塌孔时不得置入井管，滤料填充体积不应小于计算量的 95%。

3. 填充滤料后，应及时洗井，洗井应充分直至过滤器及滤料滤水畅通，并应抽水检验降水的滤水效果。

7.3.22 真空井点和喷射井点的施工应符合下列要求：

1. 真空井点和喷射井点的成孔工艺可选用清水或泥浆钻进、高压水套管冲击工艺（钻孔法、冲孔法或射水法），对不易塌孔、缩孔的地层也可选用长螺旋钻机成孔；成孔深度宜大于降水井设计深度 0.5～1.0m。

2. 钻进到设计深度后，应注水冲洗钻孔、稀释孔内泥浆；滤料填充应密实均匀，滤料宜采用粒径为 0.4～0.6mm 的纯净中粗砂。

3. 成井后应及时洗孔，并应抽水检验井的滤水效果；抽水系统不应漏水、漏气。

4. 降水时真空度应保持在 55kPa 以上，且抽水不应间断。

焊接封口。尤其承压井。❶

四、周围环境保护

（1）地下水位下降以后，降水漏斗范围内会造成地面沉降，该影响范围较大，有时影响半径可达百米。在实际工程中，由于井点管滤网及砂滤层结构不良，把土层中的黏土颗粒、粉土颗粒甚至细砂同地下水一同抽出地面的情况也是经常发生的，这种现象会使地面不均匀沉降加剧，造成附近建筑物及地下管线的不同程度的下沉。地下水控制设计应满足下列要求：

1）地下工程施工期间，地下水位控制在基坑面以下 0.5～1.5m。

2）满足坑底突涌验算要求。

3）满足坑底和侧壁抗渗流稳定的要求。

4）控制坑外地面沉降量及沉降差，保证临近建、构筑物及地下管线的正常使用。

（2）防治措施❷。在高水位地区，开挖深基坑一方面要保证土方开挖及地下工程的施工，另一方面又要防范对周围环境的不利影响。因此，在降水的同时，应采取相应的措施，减少井点降水对周围建筑物及地下管线造成的影响。主要应该采取下列措施：

1）设置地下水位观测孔，在降水系统运转过程中随时检查观测孔中的水位，并对邻近建筑物、管线进行监测，发现沉降量达到报警值时，应及时采取措施。

2）降水施工时，应做好井点管滤网及砂滤层结构，防止抽水带走土层中的细颗粒。

3）如果施工区周围有湖、河、滨等储水体时，应在井点和储水体之间设置止水帷幕，以防抽水造成与储水体穿通，引起大量涌水带出土颗粒。

4）在建筑物和地下管线密集区或对地面沉降控制有严格要求的地区开挖深基坑，应尽可能采用止水帷幕，并进行坑内降水的方法，一方面可疏干坑内地下水，同时，可利用止水帷幕减少或切断坑外地下水的涌入，大大减小对周围环境的影响。

5）场地外缘设置回灌系统也是减小降水对周围环境影响的有效方法，回灌系统包括井点回灌和砂井回灌两种形式。

（3）流砂现象及其防治。

---

❶ 《建筑基坑支护技术规程》JGJ 120—2012 规定：

7.3.23 抽水系统在使用期的维护应符合下列规定：

1. 降水期间应对井水位和抽水量进行监测，当基坑侧壁出现渗水时，应采取有效疏排措施。

2. 采用管井时，应对井口采取防护措施，井口宜高于地面 200mm 以上，应防止物体坠入井内。

3. 冬季负温环境下，应对抽排水系统采取防冻措施。

7.3.24 抽水系统的使用期应满足主体结构的施工要求。当主体结构有抗浮要求时，停止降水的时间应满足主体结构施工期的抗浮要求。

❷ 《建筑基坑支护技术规程》JGJ 120—2012 规定：

7.3.25 当基坑降水引起的地层变形对基坑周边环境产生不利影响时，宜采用回灌方法减少地层变形量。回灌方法宜采用管井回灌，回灌应符合下列规定：

1. 回灌井应布置在降水井外侧，回灌井与降水井的距离不宜小于 6m；回灌井的间距应根据回灌水量的要求和降水井的间距确定。

2. 回灌井深度宜进入稳定水面以下 1m，回灌井过滤器应位于渗透性强的土层中，其长度不应小于降水井过滤器的长度。

3. 回灌水量应根据水位观测孔中水位变化进行控制和调节，回灌后的地下水位不应超过降水前的水位。采用回灌水箱时，其距地面的水头高度应根据回灌水量的要求确定。

4. 回灌用水应采用清水，宜用降水井抽水进行回灌。回灌水质应符合环境保护要求。

土质为细砂土或粉砂土时，如土方开挖施工方案不当，往往容易出现"流砂"的现象，即土颗粒随渗透水流一起不断从基坑边或基坑底冒出的现象。一旦出现流砂，不仅使施工条件恶化，基坑难以挖到设计标高，而且使地基的承载能力下降。严重时可以引起基坑边坡塌方、地面开裂沉陷、板桩崩塌，使临近建筑开裂、下沉、倾斜甚至倒塌。

流砂现象的产生是水在土中渗流所产生的动水压力对土体作用的结果。动水压力的大小 G_D 与水力坡度 I 成正比，比例系数是水的重度 γ_w，渗透压力的方向与渗透水流的切线方向相同。

当渗透水流向上时，土颗粒受到的向上作用力不仅有水的浮力作用，还有向上的动水压力。当 $G_D \geqslant \gamma'$ 时，则土粒处于悬浮状态，土颗粒往往会随渗流的水一起流动，涌入基坑，形成流砂。细颗粒、松散、饱和的非黏性土特别容易发生流砂现象。防治流砂的具体措施有以下几种。

1）枯水期施工。枯水期地下水位较低，基坑内外水位差小，动水压力小，不易产生流砂。

2）设止水帷幕❶。连续的止水支护结构形成封闭的止水帷幕增加地下水渗流路径，减少水力坡度，从而减少动水压力，防治流砂出现。

3）水下挖土。如不排（降）水可满足工程质量和施工安全要求，可采用水下挖土法。此时，动水压力非常小，不易出现流砂。

4）井点降水。井点降水使地下水位低于基坑底面以下，地下水的渗流向下，动水压力方向向下，水不渗入基坑，可有效防止流砂发生。

5）抢挖并抛大石块。分段抢挖土方，使挖土速度超过冒砂速度，在挖至标高后立即铺竹席并抛大石块，以平衡动水压力，将流砂压住。此法适用于治理局部的或轻微的流砂。

思 考 题

1. 土的工程性质有哪些？它们对土方工程施工有何影响？
2. 对场地平整设计标高 H_0 进行调整，应考虑哪些因素？
3. 土方调配应遵循哪些原则？调配区如何划分？平均运距怎样确定？
4. 土壁边坡支护体系有哪些种类？影响边坡稳定的因素？
5. 简述现浇地下连续墙、逆作法施工工艺原理？
6. 试述流砂形成的原因及防治流砂的途径和方法。
7. 试述井点降水法的种类及适用范围。
8. 基坑降水对周围环境有何影响？如何防治？

---

❶ 《建筑地基基础设计规范》GB 50007—2011 规定：

9.9.4 隔水帷幕设计应符合下列规定：

1. 采用地下连续墙或隔水帷幕隔离地下水，隔离帷幕渗透系数宜小于 1.0×10^{-4} m/d，竖向截水帷幕深度应插入下卧不透水层，其插入深度应满足抗渗流稳定的要求。

2. 对封闭式隔水帷幕，在基坑开挖前应进行坑内抽水试验，并通过坑内外的观测井观察水位变化、抽水量变化等确认帷幕的止水效果和质量。

3. 当隔水帷幕不能有效切断基坑深部承压含水层时，可在承压含水层中设置减压井，通过设计计算，控制承压含水层的减压水头，按需减压，确保坑底土不发生突涌。对承压水进行减压控制时，因降水减压引起的坑外地面沉降不得超过环境控制要求的地面变形允许值。

9. 挖土机有哪些类型？其工作特点和适用范围如何？

10. 影响填土压实的主要因素有哪些？怎样检查填土压实的质量？

习　　题

1. 某建筑物基坑土方体积为 2881.9m³，在附近有个容积为 1776m³ 弃土坑，用基坑挖出的土将大坑填满夯实后，还能剩下多少土？（$K_s = 1.26$，$K'_s = 1.05$）

2. 某基坑挖深为 5.5m，基坑体积为 $6.82 \times 10^3 \text{m}^3$，土的重度为 15kN/m³，最初可松性系数为 1.27。企业有 W_1 - 100 型履带式单斗反铲挖掘机，斗容量为 1m³，挖一斗土时间为 60s。根据施工进度计划安排，计划 5 天完成，每天 2 班。如用载重量为 10t 的自卸汽车向外运土，弃土位置距现场 8km，汽车平均速度为 25km/h。问选用履带式单斗反铲挖掘机 W_1 - 100 型几台？自卸汽车多少辆？

3. 如图所示，$a = 40\text{m}$，按填挖平衡原则确定厂地平整的设计标高，并计算方格 I 的土方量。

4. 某场地平整的方格网边长为 20m，角点的地面标高如下图所示，地面排水坡度 $i_x = 3\text{‰}$，$i_y = 2\text{‰}$，试确定场地平整达到挖填平衡的设计标高 H_0 和考虑排水坡度后的设计标高（H'_n）。

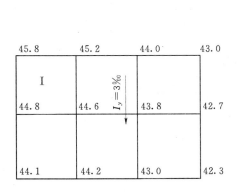

习题 3 图

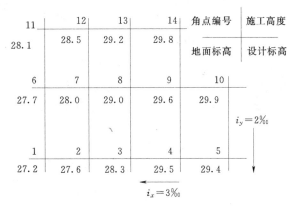

习题 4 图

5. 某工程设备基础施工基坑底宽 10m、长 15m、深 4.2m，边坡坡度为 1:0.5。经地质钻探查明，在靠近天然地面处有厚 0.5m 的黏土层，此土层下面为厚 7.4m 的极细砂层，再下面又是不透水的黏土层，地下水位在天然地面下 0.5m 处，渗透系数为 30m/d。现决定用一套轻型井点设备进行人工降低地下水位，然后开挖土方，试对该井点系统进行设计。

第二章 地基与基础工程

第一节 概 述

一、建（构）筑物对地基的要求

地基可分为天然地基和人工地基两大类。建（构）筑物对地基的要求可概括为地基承载力、地基变形和地基稳定性3个方面。

（一）地基承载力

地基承载力是地基土压力变形曲线线性变形段内规定的变形所对应的压力值，即地基承载力特征值。地基承载主要与土的抗剪强度有关，也与基础形式、大小和埋深、加荷速率等因素有关。例如当基础埋深较浅，荷载为缓慢施加的恒载时，将趋向于形成整体剪切破坏；若基础埋深较大，荷载是快速施加的，则趋向于形成冲切或局部剪切破坏。

（二）地基变形

在建（构）筑物的荷载作用下，地基产生沉降、位移变形。若地基变形超过允许值，将会影响建（构）筑物的安全与正常使用，严重的将造成建（构）筑物破坏。所以设计等级为甲级、乙级的建筑物，要求按地基变形设计。

在地基变形中，不均匀沉降超过允许值造成的工程事故比例最高，特别在深厚软黏土、湿陷性黄土、膨胀土、季节性冻土等地区。

1. 软弱地基变形的特点

（1）沉降大而不均匀。影响不均匀沉降的因素很多，如土质的不均匀、上部结构的荷载差异、建筑物复杂体型、建筑物间相邻影响、地下水位变化及建筑物周围开挖基坑等。

（2）沉降速率大。建筑物的沉降速率是衡量地基变形发展程度与状况的一个重要指标。沉降速率也随基础面积和荷载性质的变化而有所不同，并且随着时间的发展，逐渐衰减。一般在竣工半年至一年左右的时间内，是建筑物差异沉降发展最为迅速的时期，也是建筑物最容易出现裂缝的时期。在正常情况下，如沉降速率衰减到 0.05mm/d 以下时，一般认为沉降趋于稳定。

（3）沉降稳定历时长。建筑物沉降主要由于地基土受荷后，孔隙水压力逐渐消散，而有效应力不断增加所引起的。软土的渗透性低，孔隙水不易排除，建筑物沉降稳定历时均较长。有的建筑物建成后几年、十几年甚至几十年沉降尚未完全稳定。

2. 湿陷变形与胀缩变形

（1）湿陷变形是指湿陷性土浸水后产生附加沉降，其湿陷系数大于或等于 0.015，湿陷变形一般只出现在受水浸湿部位，而没有浸水部位则基本不附加变形，从而形成沉降差，整体刚度较大的房屋和构筑物，如烟囱、水塔等则易发生倾斜。当地基遇到多处湿陷时，基础往往产生较大弯曲变形，引起基础和管道折断。当给排水干管折断时，对周围建筑物还会构成更大的危害。

（2）膨胀土主要由亲水性矿物黏粒组成，同时具有显著的吸水膨胀和失水收缩特性，其自由膨胀率大于或等于 40%。

3. 冻涨变形❶

基础埋深浅于冻结深度时，在基础侧面作用着切向冻胀力 T，如图 2-1 所示，在基底作用着法向冻胀力 N。如果基础上荷载 F 和自重 G 不足以平衡法向和切向冻胀力，基础就被抬起来。融化时，冻胀力消失，冰变成水，土的强度降低，基础产生融陷。不论上抬还是融陷，一般是不均匀的，其结果必然造成建筑物的开裂破坏。

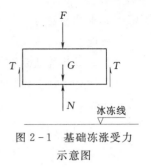

图 2-1 基础冻涨受力示意图

（三）地基稳定性

一般情况，平缓的地形上的建筑物，只要基础具有一定的埋深，地基满足承载力的要求，基础就不会出现滑移，但是对于高大的建筑物，当经常有水平荷载作用，或地基位于斜坡、不同厚度的软弱土层时，稳定性就要引起重视，防止建筑物倾覆、滑移失去稳定性。

位于稳定土坡坡顶上的建筑，要满足基础底面外边缘线至坡顶的水平投影距离不小于 2.5m。当建筑物基础存在浮力作用时需要进行抗浮稳定性验算，抗浮稳定性不满足设计要求时，可采用增加压重或设置抗浮桩；在整体满足抗浮稳定性而局部不满足时，也可采用增加结构刚度的措施。

（四）环境问题

1. 基础施工的环境效应。

打桩、钻孔灌注桩及深基坑开挖对周围已有邻近建筑物地基造成危害。

2. 地下水位变化。

由于地质、气候、水文、人类的生产活动等因素的作用，地下水位经常会有很大的变化。当地下水位在基础底面以下压缩层范围内上升时，水浸湿和软化岩土，从而使地基的强度降低、压缩性增大，建筑物就会产生过大沉降或不均匀沉降，最终导致倾斜或开裂。对于结构不稳定的土，如湿陷性黄土、膨胀土等影响尤为严重。

在土木工程施工地区，因为局部的抽水或排水，使周围的土木工程基础底面下的地下水位突然下降，从而引起相邻土木工程的地基变形。若地下水位在基础底面以下压缩层范围内

---

❶ 《建筑地基基础设计规范》GB 50007—2011 规定：

5.1.9 在冻胀、强冻胀、特强冻胀地基上，应采用下列防冻害措施：

1. 对在地下水位以上的基础，基础侧表面应回填不冻胀性的中、粗砂，其厚度不应小于 200mm；对在地下水位以下的基础，可采用桩基础、保温性基础、自锚式基础（冻土层下有扩大板或扩底短桩）；也可将独立基础或条形基础做成正梯形的斜面基础。

2. 宜选择地势高、地下水位低、地表排水条件好的建筑场地。对低洼场地，建筑物的室外地坪应高出自然地面 300～500mm。其范围不宜小于建筑四周向外各一倍冻结深度距离范围。

3. 应做好排水设施，施工和使用期间防止水浸入建筑地基。在山区应设截水沟或在建筑物下设置暗沟，以排走地表水和潜水。

4. 在强冻胀性和特强冻胀性地基上，其基础结构应设置钢筋混凝土圈梁和基础梁，并控制上部建筑的长高比。

5. 当独立基础联系梁下或桩基础承台下有冻土时，应在梁或承台下留有相当于该土层冻胀量的空隙。

6. 外门斗、室外台阶和散水坡等部位宜与主体结构断开，散水坡分段不宜超过 1.5m，坡度不宜小于 3%，其下宜填入非冻胀性材料。

7. 对跨年度施工的建筑，入冬前应对地基采取相应的防护措施；按采暖设计的建筑物，当冬季不能正常采暖，也应对地基采取保温措施。

下降时，水的渗流方向与土的重力方向一致，地基中的有效应力增加，基础就会产生附加沉降。如果地基土质不均匀，或者地下水位不是缓慢而均匀地下降，基础就会产生不均匀沉降，极易造成相邻建筑物倾斜，甚至开裂和破坏。

基坑开挖降水对环境有一定的影响，为了确保周边环境的安全和正常使用，施工降水过程中应对地下水位变化、周边地形、建筑物的变形、沉降、倾斜、裂缝和水平位移情况进行监测。

（五）地基验槽

基坑开挖后应进行基槽检验，基槽检验是对地质勘察地基的吻合检验，可用触探或其他方法。当发现与勘察报告和设计文件不一致或遇到异常情况时，应结合地质条件提出处理意见。以天然土层为地基持力层的浅基础，基槽检验工作应包括下列内容：

（1）验槽准备工作包括：熟悉勘察报告，了解拟建建筑物的类型和特点，研究基础设计等级及环境监测资料。当遇有下列情况时，应列为验槽的重点。

1）当持力土层的标高有较大的起伏变化时。

2）基础范围内存在两种以上不同成因类型的地层时。

3）基础范围内存在局部异常土质或坑穴、古井、老地基或古迹遗址时。

4）基础范围内遇有断层破碎带、软弱岩脉以及废弃河道、湖、沟、坑等不良地质条件时。

5）在雨季或冬季等不良气候条件下施工，基底土质可能受到影响时。

（2）验槽应首先核对基槽的平面位置、平面尺寸和槽底标高。验槽方法宜使用袖珍贯入仪等简便易行的方法为主，必要时可在槽底普遍进行轻便钎探，当持力层下埋藏有下卧砂层而承压水头高于基底时，则不宜进行钎探，以免造成涌砂。当施工发现岩土条件与勘察报告有较大差别或者验槽人员认为必要时，可有针对性地进行补充勘察工作。

（3）基槽检验报告是岩土工程的重要技术档案，应做到资料齐全，及时归档。

二、基础埋置深度

基础的埋置深度，一般根据建筑物的用途、有无地下室、设备基础和地下设施、基础的形式和构造、作用在地基上的荷载大小和性质、工程地质和水文地质条件、相邻建筑物的基础埋深、地基土冻胀和融陷的影响等确定。高层建筑基础的埋置深度除应满足地基承载力、变形要求外，位于岩石地基上的高层建筑，其基础埋深应满足抗滑稳定性要求；在抗震设防区，除岩石地基外，天然地基上的箱形和筏形基础其埋置深度不宜小于建筑物高度的1/15；桩箱或桩筏基础的埋置深度（不计桩长）不宜小于建筑物高度的1/18。季节性冻土地区基础埋置深度宜大于场地冻结深度。

基础宜埋置在地下水位以上，当必须埋置在地下水位以下时，应防止冒砂和地基土在施工时被扰动的技术措施。当基础埋置在易风化的岩层上，施工时应在基坑开挖后立即铺筑垫层。

一般新建建筑物的基础埋置深度不宜大于原有建筑基础。当新建建筑物基础埋置深度大于原有建筑基础时，两基础间应保持一定净距，其数值应根据原有建筑荷载大小、基础形式和土质情况确定。当上述要求不能满足时，应采取分段施工，设临时加固支撑措施或加固原有建筑物基础，临时加固支撑措施有打板桩、地下连续墙等支护措施。

三、沉降变形观测

建筑物沉降观测包括从施工开始，整个施工期内和使用期间对建筑物进行的沉降观测。并以实测资料作为建筑物地基基础工程质量检查的依据之一，建筑物施工的观测日期和次数，应根据施工进度确定，建筑物竣工后的第一年内，每隔 2～3 个月观测一次，以后适当延长至 4～6 个月，直至达到沉降变形稳定标准为止。其中下列建筑必须在施工期间及使用期间进行变形观测：

（1）地基基础设计等级为甲级的建筑物。❶

（2）软弱地基上的地基基础设计等级为乙级建筑物。

（3）处理地基上的建筑物。

（4）加层，扩建建筑物。

（5）受邻近深基坑开挖施工影响或受场地地下水等环境因素变化影响的建筑物。

（6）采用新型基础或新型结构的建筑物。

（7）需要积累经验或进行设计反分析的工程。

第二节　地　基　处　理❷

天然地基是否属于软弱地基或不良地基是相对的，天然地基是否需要进行地基处理取决

---

❶　《建筑地基基础设计规范》GB 50007—2011 规定：

3.0.1　地基基础根据地基复杂程度、建筑物规模和功能特征以及由于地基问题可能造成建筑物破坏或影响正常使用的程度分为 3 个设计等级，见表 3.0.1。

表 3.0.1　　　　　　　　　　　　　地基基础设计等级

设计等级	建筑和地基类型
甲级	重要的工业与民用建筑物 30 层以上的高层建筑 体型复杂，层数相差超过 10 层的高低层连成一体建筑物 大面积的多层地下建筑物（如地下车库商场运动场等） 对地基变形有特殊要求的建筑物 复杂地质条件下的坡上建筑物（包括高边坡） 对原有工程影响较大的新建建筑物 场地和地基条件复杂的一般建筑物 位于复杂地质条件及软土地区的二层及二层以上地下室的基坑工程 开挖深度大于 15m 的基坑工程 周边环境条件复杂、环境保护要求高的基坑工程
乙级	除甲级、丙级以外的工业与民用建筑物 除甲级、丙级以外的基坑工程
丙级	场地和地基条件简单、荷载分布均匀的七层及七层以下民用建筑及一般工业建筑物；次要的轻型建筑物。 非软土地区且场地地质条件简单、基坑周边环境条件简单、环境保护要求不高且开挖深度小于 5.0m 的基坑工程

❷　《建筑地基处理技术规范》JGJ 79—2012 规定：

3.0.1　在选择地基处理方案前，应完成下列工作：

搜集详细的岩土工程勘察资料、上部结构及基础设计资料等；根据工程的要求和采用天然地基存在的主要问题，确定地基处理的目的、处理范围和处理后要求达到的各项技术经济指标等；结合工程情况，了解当地地基处理经验和施工条件，对于有特殊要求的工程，尚应了解其他地区相似场地上同类工程的地基处理经验和使用情况等；调查邻近建筑、地下工程和有关管线等情况；了解建筑场地的环境情况。

3.0.3　地基处理方法的确定宜按下列步骤进行：

1. 根据结构类型、荷载大小及使用要求，结合地形地貌、地层结构、土质条件、地下水特征、环境情况和对邻近建筑的影响等因素进行综合分析，初步选出几种可供参考的地基处理方案，包括选择两种或多种地基处理措施组成的综合处理方案。

2. 对初步选出的各种地基处理方案，分别从加固原理、适用范围、预期处理效果、耗用材料、施工机械、工期要求和对环境的影响等方面进行技术经济分析和对比，选择最佳的地基处理方法。

3. 对已选定的地基处理方法，宜按建筑物地基基础设计等级和场地复杂程度，在有代表性的场地上进行相应的现场试验或试验性施工，并进行必要的测试，以检验设计参数和处理效果。如达不到设计要求时，应查明原因，修改设计参数或调整地基处理方法。

3.0.7　施工技术人员应掌握所承担工程的地基处理目的、加固原理、技术要求和质量标准等。施工中应有专人负责质量控制和监测，并做好施工记录。当出现异常情况时，必须及时会同有关部门妥善解决。施工过程中应进行质量监理，施工结束后必须按国家有关规定进行工程质量检验和验收。

于地基能否满足建（构）筑物对地基的要求。在土木工程建设中经常遇到的软弱土和不良土，其中主要包括：软黏土、杂填土、冲填土、饱和粉细砂、湿陷性黄土、泥炭土、膨胀土、多年冻土、盐渍土、岩溶、洞穴、山区地基以及垃圾掩埋土地基等。土木工程师在工程设计中，遇到天然地基不满足建（构）筑物对地基的强度、变形和稳定性要求时，为了保证其安全与正常使用，需要采用各种地基处理措施，形成人工地基。在确定地基处理措施时，应将上部结构、基础和地基视为一个整体，考虑它们的共同作用。

除了在上述各种软弱和不良地基上建造建（构）筑物时需要考虑地基处理外，当旧房改造、加层、道路加宽等造成荷载增大，原地基不能满足新改造建筑的要求时，也需要进行地基处理。

随着土木工程的不断发展，越来越多的土木工程向高、大方向发展，而采用天然地基又不经济（超深），通常采用地基处理的手段改良天然地基，以满足建（构）筑物对地基的要求。不同的建（构）筑物对地基的要求是不同的，各地区天然地基情况差别也是很大的，这就决定了地基处理问题的地域性、复杂性和多样性。地基处理方案是否恰当，不仅影响建筑物的安全和使用，而且对建设速度、工程造价有很大的影响。

土木工程常用地基处理方法见表 2-1。

表 2-1　　　　　　　　　　常用地基处理方法

编号	分类	处理方法	原理及作用	适用范围
1	换填垫层	砂石垫层，素土垫层，灰土垫层，矿渣垫层	以砂石、素土、灰土和矿渣等强度较高的材料，置换地基表层软弱土，提高持力层的承载力，扩散应力，减少沉降量	（1）软弱土层厚度不大的地基，适用于处理暗沟、暗塘等。（2）垫层厚度不宜超过3.0m
2	碾压夯实	重锤夯实，机械碾压，振动压实，强夯（动力固结）	利用压实原理，通过机械碾压、夯击，把表层地基土压实；强夯则利用强大的夯击能，在地基中产生强烈的冲击波和动应力，迫使土动力固结密实	适用于碎石土、砂土、粉土、低饱和度的黏性土、杂填土等，对饱和黏性土应慎重采用
3	预压法	堆载预压，真空预压，真空和堆载联合预压	在地基中增设竖向排水体，加速地基的固结和强度增长，提高地基的稳定性；加速沉降发展，使基础沉降提前完成	适用于处理饱和软弱土层；对于渗透性极低的泥炭土，必须慎重对待
4	振密挤密	振冲挤密，灰土挤密桩，砂桩，石灰桩，爆破挤密，夯实水泥土桩	采用一定的技术措施，通过振动或挤密，使土体的孔隙减少，强度提高；必要时，在振动挤密的过程中，回填砂、砾石、灰土、水泥土、素土等，与地基土组成复合地基，从而提高地基的承载力，减少沉降量	适用于处理松砂、粉土、杂填土及湿陷性黄土
5	置换及拌入	振冲置换，深层搅拌，高压喷射注浆，石灰桩等	采用专门的技术措施，以砂、碎石等置换软弱土地基中部分软弱土，或在部分软弱土地基中掺入水泥、石灰或砂浆等形成加固体，与未处理部分土组成复合地基，从而提高地基承载力，减少沉降量	黏性土、冲填土、粉砂、细砂等。振冲置换法对于不排水抗剪强度小于20kPa时慎用
6	加筋法	土钉墙、锚定板挡墙、加筋土挡墙和土工合成材料	在地基或土体中埋设强度较大的土工合成材料、钢片等加筋材料，使地基或土体能承受抗拉力，防止断裂，保持整体性，提高刚度，改变地基土体的应力场和应变场，从而提高地基的承载力，改善变形特性	软弱土地基、填土及陡坡填土、砂土
7	其他	注浆，冻结，托换技术，纠偏技术	通过独特的技术措施处理软弱土地基	根据实际情况确定

以下重点介绍复合地基。

复合地基是指部分土体被增强或被置换，形成的由地基土和增强体共同承担荷载的人工地基。

一、挤密桩复合地基

挤密桩法是指利用沉管、冲击、夯扩、振冲、振动沉管等方法在土中挤压、振动成孔，使桩孔周围土体得到挤密、振密，并向桩孔内分层填料，使天然地基密实的方法。适用于处理湿陷性黄土、砂土、粉土、素填土和杂填土等地基。

（一）挤密桩法分类

1. 按挤密桩的桩体填充材料分类

可分为土或灰土挤密桩法、石灰挤密桩法、碎（砂）石挤密桩法、渣土挤密桩法等。

2. 按施工方法不同分类

可以分为振冲挤密桩法、沉管挤密桩法和爆破挤密桩法等。

（1）振冲挤密桩法。该法是通过振动和高压水喷射的联合作用，在地基中形成很密实的桩体。

（2）沉管挤密桩法。包括振动沉管挤密桩法和锤击沉管挤密桩法。

振动沉管挤密桩法是在振动机的振动作用下，把钢套管打入设计深度，套管入土后，挤密了套管周围的土体，然后投入填料于孔中，振动密实而成桩。

锤击沉管挤密桩法是在锤击作用下，把钢套管打入设计深度，套管入土后，挤密了套管周围的土体，然后投入填料于孔中，进一步锤击密实而成桩。

（3）爆破挤密桩法。是将一定量的炸药埋入土中引爆后爆炸挤压成孔，无需打桩机械，工艺简便，特别适用于缺乏施工机械的地区和新建的工程场地。

（二）方法选择

当以消除地基土的湿陷性为主要目的时，宜选用土桩挤密法。当以提高地基土的承载力或增强其水稳性为主要目的时，宜选用灰土桩（或其他具有一定胶凝强度桩如二灰桩、水泥土桩等）挤密法。当以消除地基土液化为主要目的时，宜选用振冲或振动挤密法。本教材只介绍振冲挤密桩法。

（三）振冲挤密桩法

1. 振冲挤密桩法原理

振冲法的主要设备有振冲器、吊车和水泵。振冲器靠底端喷出的压力水（水压 400～600kPa）的冲击力和振冲器本身重量，使振冲器往下贯入土中。在这个过程中振冲器产生的水平振动力将挤密孔壁土层。当振冲器达到预定深度后，往孔内投粗料（如粗砂、砾石、碎石、矿渣等），并靠振冲器的水平振动力将粗粒填料挤入周围土层中。随着射水和水平振动力持续时间的延长，土层越来越密实，振冲器耗电随之加大，当电流达到规定值后，振冲器就可上提一定距离（30～35cm），再往孔内投料，重复上述过程，直到整个孔均被粗料填满并振冲到一定密实度为止。

2. 振冲挤密地基的设计

（1）地基处理范围应根据建筑物的重要性和场地条件确定，当用于多层建筑和高层建筑时，宜在基础外缘扩大 1～3 排桩。当要求消除地基液化时，在基础外缘扩大宽度不应小于基底下可液化土层厚度的 1/2，并不应小于 5m。

（2）桩位布置，对大面积满堂处理，宜用等边三角形布置；对单独基础或条形基础，宜用正方形、矩形或等腰三角形布置。

（3）振冲桩的间距应根据上部结构荷载大小和场地土层情况，并结合所采用的振冲器功率大小综合考虑。30kW 振冲器布桩间距可采用 1.3～2.0m；55kW 振冲器布桩间距可采用 1.4～2.5m；75kW 振冲器布桩间距可采用 1.5～3.0m。荷载大或对黏性土宜采用较小的间距，荷载小或对砂土宜采用较大的间距。桩的间距也可按照规范规定的公式计算确定。

（4）桩长的确定：当相对硬层埋深不大时，应按相对硬层埋深确定；当相对硬层埋深较大时，按建筑物地基变形允许值确定；在可液化地基中，桩长应按要求的抗震处理深度确定。桩长不宜小于 4m。

（5）在桩顶和基础之间宜铺设一层 300～500mm 厚的碎（砂）石垫层。

（6）振冲法桩体材料可用含泥量不大于 5% 的碎石、卵石、矿渣或其他性能稳定的硬质材料，不宜使用风化易碎的石料。常用的填料粒径为：30kW 振冲器 20～80mm；55kW 振冲器 30～100mm；75kW 振冲器 40～150mm。

（7）振冲桩的直径一般为 0.8～1.2m。

3. 振冲挤密地基的施工

振冲挤密桩施工过程如图 2-2 所示。

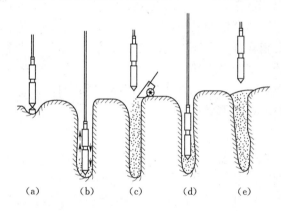

图 2-2 振冲挤密桩施工过程示意图
(a) 定位；(b) 振冲下沉；(c) 加填料；
(d) 振密；(e) 成桩

（1）清理平整施工场地，布置桩位。

（2）施工机具就位，使振冲器对准桩位。

（3）启动供水泵和振冲器，水压可用 200～600kPa，水量可用 200～400L/min，将振冲器徐徐沉入土中，造孔速度宜为 0.5～2.0m/min，直至达到设计深度。记录振冲器经各深度的水压、电流和留振时间。

（4）造孔后边提升振冲器边冲水直至孔口，再放至孔底，重复两三次扩大孔径并使孔内泥浆变稀，开始填料制桩。

（5）大功率振冲器投料可不提出孔口，小功率振冲器下料困难时，可将振冲器提出孔口填料，每次填料厚度不宜大于 50cm。将振冲器沉入填料中进行振密制桩，当电流达到规定的密实电流值和规定的留振时间后，将振冲器提升 30～50cm。

（6）重复以上步骤，自下而上逐段制作桩体直至孔口，记录各段深度的填料量、最终电流值和留振时间，并均应符合设计规定。

（7）关闭振冲器和水泵。

二、水泥土搅拌桩复合地基

水泥土搅拌桩复合地基是指以水泥作为固化剂的主要材料，通过深层搅拌机械，将固化剂和地基土强制搅拌形成增强体的复合地基。水泥土搅拌桩的施工工艺分为浆液搅拌法（以下简称湿法）和粉体搅拌法（以下简称干法）。适用于处理淤泥、淤泥质土、素填土、软—可塑黏性土、松散—中密粉细砂、稍密—中密粉土、松散—稍密中粗砂和砾砂、黄土等土层。不适用于含大孤石或障碍物较多且不易清除的杂填土、硬塑及坚硬的黏性土、密实的砂类土以及地下水渗流影响成桩质量的土层。当地基土的天然含水量小于 30％（黄土含水量小于 25％）、大于 70％时不应采用干法。寒冷地区冬季施工时，应考虑负温对处理效果的影响。水泥土搅拌法用于处理泥炭土、有机质含量较高或 pH 值小于 4 的酸性土、塑性指数大于 25 的黏土或在腐蚀性环境中以及无工程经验的地区采用水泥土搅拌法时，必须通过现场和室内试验确定其适用性。

水泥土搅拌法可采用单头、双头、多头搅拌或连续成槽搅拌形成水泥土加固体；湿法搅拌可插入型钢形成排桩（墙）。加固体形状可分为柱状、壁状、格栅状或块状等。

设计前应进行拟处理土的室内配比试验。针对现场拟处理的软弱层软土的性质，选择合适的固化剂、外掺剂及其掺量，为设计提供不同龄期、不同配比的强度参数。对竖向承载的水泥土强度宜取 90d 龄期试块的立方体抗压强度平均值；对承受水平荷载的水泥土强度宜取 28d 龄期试块的立方体抗压强度平均值。固化剂宜选用强度等级不低于 32.5 级的普通硅酸盐水泥（型钢水泥土搅拌墙不低于 42.5 级）。水泥掺量应根据设计要求的水泥土强度经试验确定；块状加固时水泥掺量不应小于被加固天然土质量的 7％，作为复合地基增强体时不应小于 12％，型钢水泥土搅拌墙（桩）不应小于 20％。

湿法的水泥浆水灰比可选用 0.45～0.55，应根据工程需要和土质条件选用具有早强、缓凝、减水以及节约水泥等作用的外掺剂；干法可掺加二级粉煤灰等材料。

（一）水泥土搅拌桩复合地基的设计

竖向承载搅拌桩的长度应根据上部结构对承载力和变形的要求确定，并应穿透软弱土层到达承载力相对较高的土层；设置的搅拌桩同时为提高抗滑稳定性时，其桩长应超过危险滑弧 2.0m 以上。

干法的加固深度不宜大于 15m；湿法及型钢水泥土搅拌墙（桩）的加固深度应考虑机械性能的限制。单头、双头加固深度不宜大于 20m，多头及型钢水泥土搅拌墙（桩）的深度不宜超过 35m。

竖向承载搅拌桩复合地基中的桩长超过 10m 时，可采用变掺量设计。在全桩水泥总掺量不变的前提下，桩身上部 1/3 桩长范围内可适当增加水泥掺量及搅拌次数；桩身下部 1/3 桩长范围内可适当减少水泥掺量。

竖向承载搅拌桩的平面布置可根据上部结构特点及对地基承载力和变形的要求，采用柱状、壁状、格栅状或块状等加固型式。桩可只在刚性基础平面范围内布置，独立基础下的桩数不宜少于 3 根。柔性基础应通过验算在基础内、外布桩。柱状加固可采用正方形、等边三角形等布桩型式。

（二）水泥土搅拌法施工

1. 施工工艺

水泥土搅拌法施工工艺流程如图 2－3 所示。

（1）搅拌机械就位、调平。

（2）预搅下沉至设计加固深度。

（3）边喷浆（粉）、边搅拌提升直至预定的停浆（灰）面。

（4）重复搅拌下沉至设计加固深度。

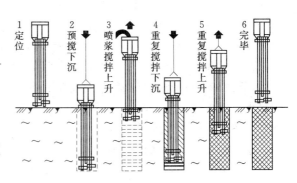

图 2－3 水泥土搅拌桩法施工工艺流程

（5）根据设计要求，喷浆（粉）或仅搅拌提升直至预定的停浆（灰）面。

（6）关闭搅拌机械。

在预（复）搅下沉时，也可采用喷浆（粉）的施工工艺，必须确保全桩长上下至少再重复搅拌一次。对地基土进行干法咬合加固时，如复搅困难，可采用慢速搅拌，保证搅拌的均匀性。

2. 湿法施工要求

（1）水泥浆液到达喷浆口的出口压力不应小于 10MPa。

（2）所使用的水泥都应过筛，制备好的浆液不得离析，泵送必须连续。

（3）搅拌机喷浆提升的速度和次数必须符合施工工艺的要求，并应有专人记录。

（4）当水泥浆液到达出浆口后，应喷浆搅拌 30s，在水泥浆与桩端土充分搅拌后，再开始提升搅拌头。

（5）搅拌机预搅下沉时不宜冲水，当遇到硬土层下沉太慢时，方可适量冲水，但应考虑冲水对桩身强度的影响。

（6）施工时如因故停浆，应将搅拌头下沉至停浆点以下 0.5m 处，待恢复供浆时再喷浆搅拌提升，若停机超过 3 小时，宜先拆卸输浆管路，并妥加清洗。

（7）壁状加固时，相邻桩的施工时间间隔不宜超过 24h。如间隔时间太长，与相邻桩无法搭接时，应采取局部补桩或注浆等补强措施。

3. 干法施工要求

（1）喷粉施工前应仔细检查搅拌机械、供粉泵、送气（粉）管路、接头和阀门的密封性、可靠性，送气（粉）管路的长度不宜大于 60m。

（2）搅拌头每旋转一周，其提升高度不得超过 16mm。

（3）搅拌头的直径应定期复核检查，其磨耗量不得大于 10mm。

（4）当搅拌头到达设计桩底以上 1.5m 时，应即开启喷粉机提前进行喷粉作业，当搅拌头提升至地面下 500mm 时，喷粉机应停止喷粉。

（5）成桩过程中因故停止喷粉，应将搅拌头下沉至停灰面以下 1m 处，待恢复喷粉时再喷粉搅拌提升。

三、旋喷桩复合地基

旋喷桩复合地基是指高压水泥浆通过钻杆有水平方向的喷嘴喷出，形成喷射流，以此切割土体并与土拌合形成水泥土增强体的复合地基。适用在淤泥、淤泥质土、一般黏性土、粉土、砂土、黄土、素填土等地基中采用；当土中含有较多的大粒径块石、大量植物根茎或有较高的有机质时，以及地下水流速过大和已涌水的工程，应根据现场试验结果确定其适应性。

高压旋喷桩施工根据工程需要和土质条件，可分别采用单管法、双管法和三管法。高压旋喷桩方案确定后，应结合工程情况进行现场试验、试验性施工确定施工参数及工艺。旋喷桩复合地基宜在基础和桩顶之间设置褥垫层。褥垫层厚度可取 200~300mm，其材料可选用中砂、粗砂、级配砂石等，最大粒径不宜大于 30mm。

旋喷桩复合地基施工要求：

（1）施工前应根据现场环境和地下埋设物的位置等情况，复核高压喷射注浆的设计孔位。

（2）高压旋喷注桩的施工参数应根据土质条件、加固要求通过试验或根据工程经验确定，并在施工中严格加以控制。单管法及双管法的高压水泥浆和三管法高压水的压力宜大于30MPa，流量大于 30L/min，气流压力宜取 0.7MPa，提升速度可取 0.1～0.2m/min。

高压喷射注浆，对于无特殊要求的工程宜采用强度等级为 32.5 级及以上的普通硅酸盐水泥，根据需要可加入适量的外加剂及掺合料。外加剂和掺合料的用量，应通过试验确定。水泥浆液的水灰比应按工程要求确定，可取 0.8～1.2，常用 0.9。

（3）高压喷射注浆的施工工艺：机具就位→钻孔→贯入喷射管→喷射注浆→拔管→冲洗→移动机具到下一孔位。

（4）喷射孔与高压注浆泵的距离不宜大于 50m。钻孔的位置与设计位置的偏差不得大于50mm。垂直度偏差不大于 1%。实际孔位、孔深和每个钻孔内的地下障碍物、洞穴、涌水、漏水及岩土工程勘察报告不符等情况均应详细记录。

（5）当喷射注浆管贯入土中，喷嘴达到设计标高时，即可喷射注浆。在喷射注浆参数达到规定值后，随即按旋喷的工艺要求，提升喷射管，由下而上旋转喷射注浆。喷射管分段提升的搭接长度不得小于 100mm。

（6）对需要局部扩大加固范围或提高强度的部位，可采用复喷措施。

（7）在高压喷射注浆过程中出现压力骤然下降、上升或冒浆异常时，应查明原因并及时采取措施。

（8）高压喷射注浆完毕，应及时拔出喷射管。为防止浆液凝固收缩影响桩顶高程，必要时可在原孔位采用冒浆回灌或第二次注浆等措施。

（9）施工中应做好泥浆处理，及时将泥浆运出或在现场短期堆放后作土方运出。

（10）施工中应严格按照施工参数和材料用量施工，用浆量和提升速度应采用自动记录装置，并如实做好各项施工记录。

四、夯实水泥土桩复合地基

夯实水泥土桩复合地基是指将水泥和土按比例拌合均匀，在孔内分层夯实形成增强体的复合地基。适用于处理地下水位以上的粉土、黏性土、素填土和杂填土等地基，可处理地基的厚度不宜大于 10m。

1. 夯实水泥土桩复合地基设计

（1）夯实水泥土桩复合地基处理地基的厚度（含桩顶垫层厚），应根据建筑场地的土质情况、工程要求和成孔及夯实设备等综合因素确定。当采用洛阳铲成孔工艺时，深度不宜大于 6m。

（2）桩孔直径宜为 300～600mm，可根据所选用的成孔设备或成孔方法确定。桩孔宜按等边三角形布置，桩孔之间的中心距离，可为桩孔直径的 2.0～4.0 倍。

（3）桩孔内的填料，应根据工程要求进行配比试验，夯实水泥土桩体强度宜取 28d 龄期试块的立方体抗压强度平均值。水泥与土的体积配合比，宜为 3∶7 或 2∶8。

（4）孔内填料应分层回填夯实，填料的平均压实系数 c 值，不应低于 0.97，其中压实系数最小值不应低于 0.94。

（5）桩顶标高以上应设置 100～300mm 厚的褥垫层。垫层材料可采用粗砂、中砂、碎石等，最大粒径不宜大于 20mm。褥垫层的夯填度不应大于 0.9。

2. 夯实水泥土桩复合地基施工

夯实水泥土桩复合地基施工过程如图 2-4 所示。

（1）成孔应按设计要求、成孔设备、现场土质和周围环境等情况，选用钻孔、洛阳铲成

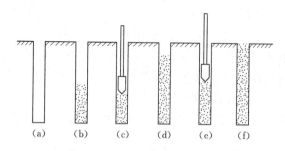

图 2-4　夯实水泥土桩施工过程示意图
(a) 成孔；(b) 填料；(c) 夯实；(d) 填料；
(e) 夯实；(f) 成桩

孔、人工挖孔等方法。

（2）桩顶设计标高以上的预留覆盖土层厚度不宜小于 0.5m。

（3）成孔和孔内回填夯实应符合下列要求：

1）宜选用机械成孔。

2）向孔内填料前，孔底应夯实；分段夯填时，夯锤落距和填料厚度应满足夯填密实度的要求。

3）土料有机质含量不应大于 5%，不得含有冻土和膨胀土，使用时应过 2mm 的筛，混合料含水量应满足最优含水量的偏差不大于 2%，土料和水泥应拌合均匀。

4）桩孔的垂直度偏差不宜大于 1.5%。

5）桩孔中心点的偏差不宜超过桩距设计值的 5%。

6）经检验合格后，应按设计要求，向孔内分层填入拌合好的水泥土，并应分层夯实至设计标高。

（4）铺设垫层前，应按设计要求将桩顶标高以上的预留松动土层挖除或夯（压）密实。垫层施工严禁扰动基底土层。

（5）施工过程中，应有专人监理成孔及回填夯实的质量，并应做好施工记录。如发现地基土质与勘察资料不符，应立即停止施工，待查明情况或采取有效措施处理后，方可继续施工。

（6）雨季或冬季施工，应采取防雨或防冻措施，防止填料受雨水淋湿或冻结。

五、水泥粉煤灰碎石桩复合地基

水泥粉煤灰碎石桩（简称 CFG 桩）复合地基是由水泥、粉煤灰、碎石等混合料加水拌合形成增强体的复合地基。

水泥粉煤灰碎石桩复合地基适用于处理黏性土、粉土、砂土和自重固结完成的素填土地基处理。对淤泥和淤泥质土应按地区经验或通过现场试验确定其适用性。

1. 水泥粉煤灰碎石桩复合地基优点

CFG 桩可全桩长发挥侧阻，桩端落在好的土层时可很好地发挥端阻作用，形成的复合地基置换作用强，复合地基承载力提高幅度大，复合模量高，地基变形小。由于 CFG 桩桩体材料可以掺入工业废料粉煤灰，不配钢筋，并可充分发挥桩间土的承载力，工程造价仅为桩基的 1/3～1/2，经济效益和社会效益显著。CFG 桩采用长螺旋钻孔管内泵压成桩工艺，具有无泥浆污染、无振动、低噪声等特点，且施工速度快，工期短，质量容易控制。该地基处理方法目前已广泛应用于建筑和公路工程的地基加固处理。

2. 水泥粉煤灰碎石桩复合地基设计

（1）水泥粉煤灰碎石桩应选择承载力和模量相对较高的土层作为桩端持力层。

（2）桩径：长螺旋钻中心压灌、干成孔和振动沉管成桩宜取 350～600mm；泥浆护壁钻孔灌注素混凝土成桩宜取 600～800mm；钢筋混凝土预制桩宜取 300～600mm。

（3）桩距应根据基础形式、设计要求的复合地基承载力和复合地基变形、土性、施工工艺确定。箱基、筏基和独立基础，桩距宜取 3～5 倍桩径；墙下条基单排布桩宜取 3～6 倍桩径。桩长范围内有饱和粉土、粉细砂、淤泥、淤泥质土层，采用长螺旋钻中心压灌成桩施工中可能发生窜孔时宜采用大桩距或采用跳打措施。

（4）桩顶和基础之间应设置褥垫层，褥垫层厚度宜取 0.4～0.6 倍桩径。褥垫材料宜用中砂、粗砂、级配砂石和碎石等，最大粒径不宜大于 30mm。

3．施工工艺选择

（1）长螺旋钻孔灌注成桩，适用于地下水位以上的黏性土、粉土、素填土、中等密实以上的砂土。

（2）长螺旋钻孔、管内泵压混合料灌注成桩，适用于黏性土、粉土、砂土、粒径不大于60mm 土层厚度不大于 4m 的卵石（卵石含量不大于 30％），以及对噪声或泥浆污染要求严格的场地。

（3）振动沉管灌注成桩，适用于粉土、黏性土及素填土地基。

（4）泥浆护壁成孔灌注成桩，适用于地下水位以下的黏性土、粉土、砂土、填土、碎石土及风化岩层；对桩长范围和桩端有承压水的土层，应首选该工艺。

4．施工注意事项

（1）长螺旋钻孔、管内泵压混合料成桩施工在钻至设计深度后，应掌握提拔钻杆时间，混合料泵送量应与拔管速度相配合，遇到饱和砂土或饱和粉土层，不得停泵待料；沉管灌注成桩施工拔管速度应按匀速控制，拔管速度应控制在 1.2～1.5m/min，如遇淤泥或淤泥质土，拔管速度应适当放慢；对遇有松散饱和粉土、粉细砂、淤泥、淤泥质土，当桩距较小时，防止窜孔宜采用隔桩跳打措施。

（2）施工桩顶标高高出设计桩顶标高不宜少于 0.5m；当施工作业面与有效桩顶标高距离较大时，宜增加混凝土灌注量，提高施工桩顶标高，防止缩径。

（3）冬期施工时混合料入孔温度不得低于 5℃，对桩头和桩间土应采取保温措施。

（4）清土和截桩时，应采取措施防止桩顶标高以下桩身断裂和桩间土扰动。

（5）褥垫层铺设宜采用静力压实法，当基础底面下桩间土的含水量较小时，也可采用动力夯实法，夯填度（夯实后的褥垫层厚度与虚铺厚度的比值）不得大于 0.9。

六、柱锤冲扩桩复合地基

柱锤冲扩桩法是采用直径 300～500mm、长度 2～6m、质量 1～8t 的柱状锤（简称柱锤，长径比 $L/d=7～12$），通过自行式起重机或步履式夯扩桩机或其他专用设备，将柱锤提升到距地基 5～10m 高度后下落，在地基土中冲击成孔，并重复冲击到设计深度，在孔内分层填料、分层夯实形成桩体，同时对桩间土进行挤密，形成复合地基。在桩顶部可设置 200～300mm 厚砂石垫层。

1．适用范围

柱锤冲扩桩复合地基适用于处理地下水位以上的杂填土、粉土、黏性土、素填土和黄土等地基，对地下水位以下饱和松软土层，应通过现场试验确定其适用性。地基处理深度不宜超过 10m，复合地基承载力特征值不宜超过 160kPa。

2．柱锤冲扩桩复合地基设计

（1）处理范围应大于基底面积。对一般地基，在基础外缘应扩大 1～3 排桩，并不应小于基底下处理土层厚度的 1/2。对可液化地基，处理范围可按上述要求适当加宽。

（2）桩位布置可采用正方形、矩形、三角形布置。常用桩距为 1.2～2.5m，或取桩径的2～3 倍。

（3）桩径可取 500～800mm，桩孔内填料量应通过现场试验确定。

（4）地基处理深度可根据工程地质情况及设计要求确定。对相对硬层埋藏较浅的土层，应深达相对硬土层；当相对硬层埋藏较深时，应按下卧层地基承载力及建筑物地基的变形允许值确定；对可液化地基，应按现行国家标准《建筑抗震设计规范》GB 50011—2010 的有关规定确定。❶

（5）在桩顶部应铺设 200～300mm 厚砂石垫层。

（6）桩体材料可采用碎砖三合土、级配砂石、矿渣、灰土、水泥混合土、干硬性混凝土等。当采用碎砖三合土时，其配合比（体积比）可采用生石灰：碎砖：黏性土为 1：2：4。当采用其他材料时，应经试验确定其适用性和配合比。

3. 柱锤冲扩桩复合地基施工

（1）清理平整施工场地，布置桩位。

（2）施工机具就位，使柱锤对准桩位。

（3）柱锤冲孔：根据土质及地下水情况可分别采用下述 3 种成孔方式。

1）冲击成孔：将柱锤提升一定高度，自动脱钩下落冲击土层，如此反复冲击，接近设计成孔深度时，可在孔内填少量粗骨料继续冲击，直到孔底被夯密实。

2）填料冲击成孔：成孔时出现缩颈或坍孔时，可分次填入碎砖和生石灰块，边冲击边将填料挤入孔壁及孔底，当孔底接近设计成孔深度时，夯入部分碎砖挤密桩端土。

3）复打成孔：当坍孔严重难以成孔时，可提锤反复冲击至设计孔深，然后分次填入碎砖和生石灰块，待孔内生石灰吸水膨胀、桩间土性质有所改善后，再进行二次冲击复打成孔。

当采用上述方法仍难以成孔时，也可以采用套管成孔，即用柱锤边冲孔边将套管压入土中，直至桩底设计标高。

（4）成桩：用标准料斗或运料车将拌合好的填料分层填入桩孔夯实。当采用套管成孔时，边分层填料夯实，边将套管拔出。锤的质量、锤长、落距、分层填料量、分层夯填度、夯击次数、总填料量等应根据试验或按当地经验确定。每个桩孔应夯填至桩顶设计标高以上至少 0.5m，其上部桩孔宜用原槽土夯封。施工中应作好记录，并对发现的问题及时进行

---

❶ 《建筑抗震设计规范》GB 50011—2010 规定：

3.3.4　地基和基础设计应符合下列要求：

1. 同一结构单元的基础不宜设置在性质截然不同的地基上。

2. 同一结构单元不宜部分采用天然地基部分采用桩基。

3. 地基为软弱黏性土、液化土、新近填土或严重不均匀土时，应根据地震时地基不均匀沉降或其他不利影响，并采取相应的措施。

4.3.2　地面下存在饱和砂土和饱和粉土时，除 6 度设防外，应进行液化判别；存在液化土层的地基，应根据建筑的抗震设防类别、地基的液化等级，结合具体情况采取相应的措施。

4.3.7　全部消除地基液化沉陷的措施应符合下列要求：

1. 采用桩基时，桩端伸入液化深度以下稳定土层中的长度（不包括桩尖部分），应按计算确定，且对碎石土，砾、粗、中砂，坚硬黏性土和密实粉土尚不应小于 0.8m，对其他非岩石土尚不宜小于 1.5m。

2. 采用深基础时，基础底面应埋入液化深度以下的稳定土层中，其深度不应小于 0.5m。

3. 采用加密法（如振冲、振动加密、挤密碎石桩、强夯等）加固时，应处理至液化深度下界；振冲或挤密碎石桩加固后，桩间土的标准贯入锤击数不宜小于本节 4.3.4 条规定的液化判别标准贯入锤击数临界值。

4. 用非液化土替换全部液化土层，或增加上覆盖非液化土层厚度。

5. 采用加密法或换土法处理时，在基础边缘以外的处理宽度，应超过基础底面下处理深度的 1/2 且不小于基础宽度的 1/5。

处理。

七、多桩型复合地基

多桩型复合地基是指由两种及两种以上不同材料增强体或由同一材料增强体而桩长不同时形成的复合地基，适用于处理存在浅层欠固结土、湿陷性土、液化土等特殊土，或场地土层具有不同深度持力层以及存在软弱下卧层，地基承载力和变形要求较高时的地基处理。

1. 多桩型复合地基的设计

（1）应考虑土层情况、承载力与变形控制要求、经济性、环境要求等选择合适的桩形及施工工艺进行多桩形复合地基设计。

（2）多桩型复合地基中，两种桩可选择不同直径、不同持力层；对复合地基承载力贡献较大或用于控制复合土层变形的长桩，应选择相对更好的持力层并应穿越软弱下卧层；对处理欠固结土的桩，桩长应穿越欠固结土层；对需要消除湿陷性的桩，应穿越湿陷性土层；对处理液化土的桩，桩长应穿越液化土层。

（3）对浅部存有较好持力层的正常固结土选择多桩型复合地基方案时，可采用刚性长桩与刚性短桩、刚性长桩与柔性短桩的组合方案。

（4）对浅部存在欠固结土，宜先采用预压、压实、夯实、挤密方法或柔性桩等处理浅层地基，而后采用刚性或柔性长桩进行处理的方案。

（5）对湿陷性黄土应根据黄土地区建筑规范对湿陷性的处理要求，选择压实、夯实或土桩、灰土桩、夯实水泥土桩等处理湿陷性，再采用刚性长桩进行处理的方案。

（6）对可液化地基，应根据建筑抗震设计规范对可液化地基的处理设计要求，采用碎石桩等方法处理液化土层，再采用刚性或柔性长桩进行处理的方案。

（7）对膨胀土地基采用多桩型复合地基方案时，应采用灰土桩等处理膨胀性，长桩宜穿越膨胀土层及大气影响层以下进入稳定土层，且不应采用桩身透水性较强的桩。

2. 多桩型复合地基的垫层设计

（1）对刚性长短桩复合地基应选择砂石垫层，垫层厚度宜取对复合地基承载力贡献较大桩直径的 1/2；对刚性桩与柔性桩组合的复合地基，垫层厚度宜取刚性桩直径的 1/2；对柔性长短桩复合地基及长桩采用微型桩的复合地基，垫层厚度宜取 100~150mm。

（2）对未完全消除湿陷性的黄土及膨胀土，宜采用灰土垫层，其厚度宜为 300mm。

3. 多桩型复合地基施工注意事项

（1）后施工桩不应对先施工桩产生使其降低或丧失承载力的扰动。

（2）对可液化土，应先处理液化，再施工提高承载力增强体桩。

（3）对湿陷性黄土，应先处理湿陷性，再施工提高承载力增强体桩。

（4）对长短桩复合地基，应先施工长桩后施工短桩。

第三节 桩 基 础

一、概述

桩基础是由设置于地基中的桩和联接于桩顶端的承台组成的基础，简称桩基。在一般房屋基础工程中，桩主要承受垂直的竖向荷载；但在港口、桥梁、近海钻采平台、支挡结构等工程中，桩还要承受侧向的风力、波浪力、土压力等水平荷载。

当场地浅层天然地基土质很差，或浅层天然地基无法承受建筑物荷载，或要严格控制建筑物不同部位的沉降时，常用桩基础解决这些问题。若考虑桩穿越软弱土层时能挤密加固软弱土层，则桩和周围土体构成人工复合地基（如水泥土、灰土、砂石等挤密桩）；若考虑通过桩将上部结构荷载传给坚硬土持力层，则桩成为深基础。

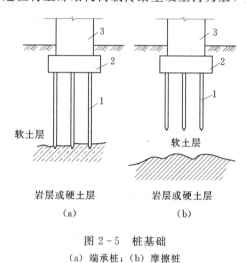

图 2-5 桩基础
(a) 端承桩；(b) 摩擦桩
1—桩；2—承台；3—上部结构

1. 桩基础分类

按承载性质，桩分为摩擦桩和端承桩。端承桩的桩顶竖向荷载主要由桩端可靠持力层承担 [见图 2-5 (a)]，摩擦桩的桩顶竖向荷载主要由桩的侧表面和土体之间的摩擦阻力承受 [见图 2-5 (b)]。按所用材料，桩可分为混凝土桩、钢桩和组合材料（例如闭口钢管混凝土）桩；按成桩方法，桩分为挤土桩（如打入预制桩）、非挤土桩（如灌注桩）、部分挤土桩（如预钻孔打入式预制桩、打入式敞口管桩）；按桩径大小，分为小桩（$d \leqslant 250mm$）、中等桩（$250mm < d < 800mm$）、大直径桩（$d \geqslant 800mm$）；按照施工方法的不同，桩可分为预制桩和灌注桩。

预制桩是在工厂或施工现场制成的各种材料和形式的桩，按桩的形状不同有方形桩、圆形桩、管桩。预应力混凝土空心桩按截面形式可分为管桩、空心方桩，按混凝土强度等级可分为预应力高强混凝土（PHC）桩、预应力混凝土（PC）桩。

灌注桩是在施工现场的桩位上先成孔，在桩孔内放入钢筋笼，浇筑混凝土而形成的桩。根据成孔方法的不同又可分为机械成孔灌注桩、人工挖孔灌注桩、水冲成孔灌注桩、套管成孔灌注桩和爆扩成孔灌注桩等。

2. 桩基等级

根据建筑规模、功能特征、对差异变形的适应性、场地地基和建筑物体型的复杂性以及由于桩基问题可能造成建筑破坏或影响正常使用的程度，应将桩基分为3个等级，见表2-2：

表 2-2 建 筑 桩 基 设 计 等 级

设 计 等 级	建 筑 类 型
甲级	重要的建筑 30 层以上或高度超过 100m 的高层建筑 体型复杂且层数相差超过 10 层的高低层（含纯地下室）连体建筑 20 层以上框架—核心筒结构及其他对差异沉降有特殊要求的建筑 场地和地基条件复杂的 7 层以上的一般建筑及坡地、岸边建筑对相邻既有工程影响较大的建筑
乙级	除甲级、丙级以外的建筑
丙级	场地和地基条件简单、荷载分布均匀的 7 层及 7 层以下的一般建筑

3. 桩型与成桩工艺选择

桩型与成桩工艺根据建筑结构类型、荷载性质、桩的使用功能、穿越土层、桩端持力层、地下水位、施工设备、施工环境、施工经验、制桩材料供应条件等进行选择，见表2-3。

表2-3 桩型与成桩工艺选择

桩类			桩径 桩身(mm)	桩径 扩大头(mm)	最大桩长(m)	穿越土层 一般黏性土及其填土	淤泥和淤泥质土	粉土	砂土	碎石土	季节性冻土膨胀土	黄土 非自重湿陷性黄土	自重湿陷性黄土	中间有硬夹层	中间有砂夹层	中间有砾石夹层	桩端进入持力层 硬黏性土	密实砂土	碎石土	软质岩石和风化岩石	地下水位 以上	以下	对环境影响 振动和噪声	排浆	孔缝有无挤密
非挤土成桩	干作业法	长螺旋钻孔灌注桩	300~800	—	28	○	×	○	△	×	○	○	△	×	△	×	○	○	△	△	○	×	无	无	无
		短螺旋钻孔灌注桩	300~800	—	20	○	×	○	△	×	○	○	△	×	△	×	○	△	×	×	○	×	无	无	无
		钻孔扩底灌注桩	300~600	800~1200	30	○	×	○	△	×	○	○	△	△	△	×	○	○	△	△	○	×	无	无	无
		机动洛阳铲成孔灌注桩	300~500	—	20	○	×	△	×	×	○	○	△	×	△	×	○	△	×	×	○	×	无	无	无
		人工挖孔扩底灌注桩	800~2000	1600~3000	30	○	×	△	△	△	○	○	△	△	△	△	○	○	△	△	△	△	无	无	无
	泥浆护壁法	潜水钻成孔灌注桩	500~800	—	50	○	○	△	△	×	○	○	△	×	△	×	○	○	△	×	○	○	无	有	无
		反循环钻成孔灌注桩	600~1200	—	80	○	○	○	△	△	○	○	△	△	△	△	○	○	○	△	○	○	无	有	无
		正循环钻成孔灌注桩	600~1200	—	80	○	○	○	△	△	○	○	△	△	△	△	○	○	○	△	○	○	无	有	无
		旋挖成孔灌注桩	600~1200	—	60	○	○	○	△	△	○	○	△	○	△	○	○	○	○	△	○	○	无	有	无
		钻孔扩底成孔灌注桩	600~1200	1000~1600	30	○	○	△	△	×	○	○	△	△	△	×	○	○	△	×	○	○	无	有	无
	套管护壁	贝诺托灌注桩	800~1600	—	50	○	○	○	○	△	○	○	△	△	△	△	○	○	○	△	○	○	无	无	无
部分挤土成桩	灌注桩	短螺旋钻孔灌注桩	300~800	—	20	○	△	○	△	×	○	○	△	×	△	×	○	△	×	×	○	×	无	无	有
		冲击成孔灌注桩	600~1200	—	50	○	○	○	○	△	○	○	△	△	△	△	○	○	○	△	○	○	有	有	有
		长螺旋钻孔压灌桩	300~800	—	25	○	△	○	△	×	○	○	△	×	△	×	○	○	△	×	○	○	无	无	有
		钻孔挤扩多支盘桩	700~900	1200~1600	40	○	△	○	△	×	○	○	×	△	△	×	○	○	△	×	○	○	无	无	有
	预制桩	钻孔打入式预制桩	500	—	50	○	○	△	△	×	○	△	×	△	△	×	○	○	△	×	○	○	有	无	有
		静压混凝土（预应力混凝土）敞口管桩	800	—	60	○	○	△	△	×	○	△	×	×	△	×	○	○	△	×	○	○	无	无	有
		H型钢桩	规格	—	80	○	○	△	△	×	○	△	×	△	△	×	○	○	△	×	○	○	有	无	有
		敞口钢管桩	600~900	—	80	○	○	△	△	△	○	△	×	△	△	△	○	○	△	×	○	○	有	无	有
挤土成桩	灌注桩	内夯沉管灌注桩	325、377	460~700	25	○	○	△	△	×	△	△	×	×	△	×	○	○	△	×	○	○	有	无	有
	预制桩	打入式混凝土预制桩	500×500	—	60	○	○	△	△	×	△	△	×	△	△	×	○	○	△	△	○	○	有	无	有
		闭口钢管桩，混凝土管桩	1000	—		○	○	△	△	×	△	△	×	△	△	×	○	○	△	×	○	○	有	无	有
		静压桩	1000	—	60	○	○	△	△	×	○	△	×	×	△	×	○	○	△	×	○	○	无	无	有

注 表中符号○表示比较合适；△表示有可能采用；×表示不宜采用。

二、钢筋混凝土预制桩

混凝土预制桩能承受较大的荷载、坚固耐久、施工速度快，是我国广泛应用的桩型之一，但其施工对周围环境影响较大。常用的为混凝土实心方桩、预应力混凝土空心管桩、钢管桩和锥形桩，其中以钢筋混凝土实心方桩和管桩应用较多。

其沉桩方法有锤击沉桩、振动沉桩、水冲成桩和静力压桩等。

（一）混凝土预制桩的制作

1. 钢筋混凝土预制桩的一般要求

混凝土预制桩的截面边长一般不小于 200mm；预应力混凝土预制实心桩的截面边长不小于 350mm。预制桩的混凝土强度等级不低于 C30；预应力桩不低于 C40；预制桩纵向钢筋的混凝土保护层厚度不小于 30mm。预制桩的桩身配筋应按吊运、打桩及桩在使用中受力等条件计算确定。预制桩的桩尖可将主筋合拢焊在桩尖辅助钢筋上，对于持力层为密实砂和碎石类土时，宜在桩尖处包以钢钣桩靴，加强桩尖。

2. 混凝土预制桩的制作

（1）预制长度。

混凝土单根桩或多节桩的单节预制长度，应根据桩架高度、制作场地、运输和装卸能力而定，如在工厂制作，长度不宜超过 12m；如在现场预制，长度不宜超过 30m。预制场地必须平整、坚实。

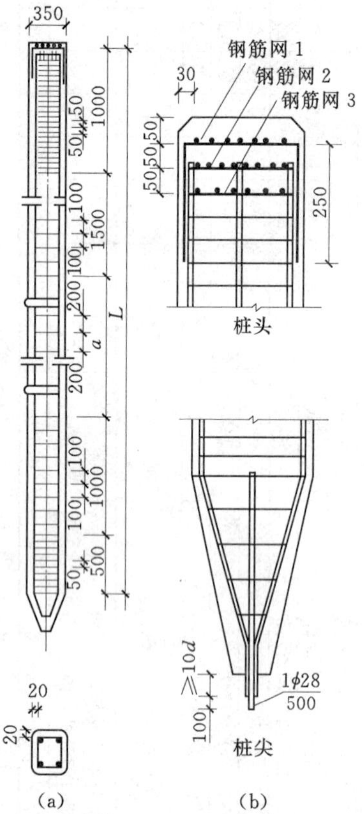

（2）多节桩接头。

桩的连接可采用焊接、法兰连接或机械快速连接（螺纹式、啮合式），焊接钢板宜采用低碳钢，焊条宜采用 E43，并应符合现行行业标准《建筑钢结构焊接技术规程》JGJ 81—2002 要求。接头宜采用探伤检测，同一工程检测量不得少于 3 个接头。法兰钢钣和螺栓宜采用低碳钢。电焊或法兰接桩时，接桩节点的竖向位置要避开土层中的硬夹层，同时避免在桩尖接近或处于硬持力层中时接桩。焊接的桩接头应自然冷却后方可继续锤击，自然冷却时间不宜少于 8min，严禁采用水冷却或焊好即施打，雨天焊接时，应采取可靠的防雨措施。

（3）桩身配筋。❶

桩身配筋与沉桩方法有关。锤击沉桩的纵向钢筋配筋率不宜小于 0.8%，桩的纵向钢筋直径不宜小于 $\phi14mm$，桩身宽度或直径大于或等于 350mm 时，纵向钢筋不应少于 8 根。纵向钢筋在同一截面内的接头数量不超过钢筋数量的 50%，在同一截面内，同一根钢筋不得有两个接头。同一截面指的是 $35d$（d 为主筋直径），并不得小于 500mm 的区段范围内。钢筋骨架的主筋连接宜采用对焊

图 2-6　钢筋混凝土预制桩
(a) 截面；(b) 桩头与桩尖

---

❶ 《建筑桩基技术规范》JGJ 94—2008 规定：
7.1.4　预制桩钢筋骨架的允许偏差应符合表 7.1.4 的规定。

和电弧焊，当钢筋直径不小于 20mm 时，宜采用机械接头连接，且满足《钢筋机械连接技术规程》JGJ 107—2010 的规定；箍筋直径为 $\phi 6 \sim 8mm$，间距不大于 200mm，在桩尖和桩顶 $4 \sim 5$ 桩径长度范围内箍筋应加密，间距不大于 100mm，并且在桩头要设置加强钢筋网片。桩的主筋、桩顶和桩尖处的配筋示例如图 2-6 所示。

（4）桩身混凝土浇筑。

预制桩的混凝土浇筑，宜从桩顶开始浇筑，严禁中断并应防止另一端的砂浆积聚过多。制桩模板宜采用钢模板，模板应具有足够刚度，并应平整，尺寸应准确。桩的浇筑先后次序应与打桩次序对应，以缩短养护时间。锤击预制桩，其粗骨料粒径宜为 $5 \sim 40mm$，且应在强度与龄期均达到要求后，方可锤击。重叠法制作预制桩时，必须在下层桩或邻桩的混凝土达到设计强度的 30％以上时方可进行，桩的重叠层数不应超过 4 层。

（二）钢筋混凝土预制桩起吊、运输和堆放

钢筋混凝土预制桩应在混凝土达到设计强度的 70％方可起吊；达到设计强度的 100％才能运输和打桩。如提前吊运，应采取措施并经验算合格后方可进行。运输过程中垫木与吊点应保持一致性，且各层垫木应上下对齐（见图 2-7）。

严禁在场地上以直接拖拉桩体方式代替装车运输。桩在施工现场的堆放场地应平整、坚实、排水良好，并不得产生不均匀沉陷。堆放时垫木的位置同运输要求，堆放层数不宜超过 4 层。

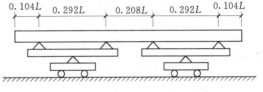

图 2-7　平台车运输示意图

桩在起吊和搬运时必须平稳，并且不得损坏。吊点应符合设计要求，如无设计规定，吊点位置的选择随桩长而异，原则是计算起吊弯矩最小，一般吊点的设置如图 2-8 所示。预制桩吊运时单吊点和双吊点的设置，应按吊点（或支点）跨间正弯矩与吊点处的负弯矩相等的原则进行布置。考虑预制桩吊运时可能受到冲击和振动的影响，计算吊运弯矩和吊运拉力时，可将桩身重力乘以 1.5 的动力系数。

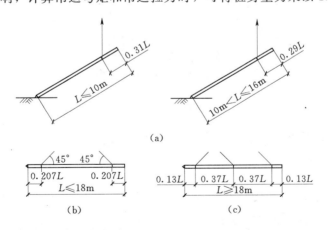

图 2-8　钢筋混凝土预制桩的合理吊点位置
（a）一点吊；（b）二点吊；（c）三点吊

（三）锤击沉桩打桩机械的选择

锤击沉桩打桩机具主要包括桩锤、桩架和动力装置 3 个部分。

1. 桩架

桩架是支持桩身和桩锤，在打桩过程中引导桩的方向，保证桩锤能沿着所要求方向打桩。桩架的形式多种多样，常用的通用桩架（能适应多种桩锤）有两种基本形式：一种是沿轨道行驶的多功能桩架；另一种是装在履带底盘上的桩架。

（1）多功能桩架（图 2-9）由立柱、斜撑、回转工作台、底盘及传动机构组成，它的机动性和适应性很大，在水平方向可作 360°回转，立柱可前后倾斜，底盘下装有铁轮，可在轨道上行走。这种桩架可适应各种预制桩，也可用于灌注桩施工。缺点是设备较庞大，现场组装和拆迁比较麻烦。

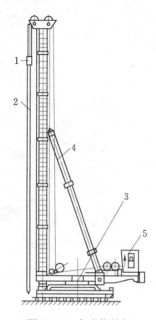

图 2-9　多功能桩架

1—柴油桩锤；2—混凝土预制桩；3—回转平台；4—撑杆；5—司机室

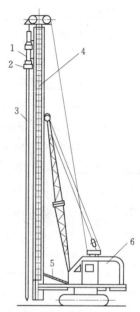

图 2-10　履带式桩架

1—桩锤；2—桩帽；3—桩；4—立柱；5—斜撑；6—车体

（2）履带式桩架（图 2-10）以履带式起重机为底盘，增加立柱和斜撑用以打桩，桩架灵活，移动方便，可适应各种预制桩施工，目前应用最多。

（3）桩架的高度 H 应满足

$$H \geqslant h_1 + h_2 + h_3 + h_4 \qquad (2-1)$$

式中　H——桩架的高度，m；

　　　h_1——桩长；

　　　h_2——滑轮组高度；

　　　h_3——桩锤高度；

　　　h_4——安装留量，可取 1～2m。

2. 桩锤

施工中常用的桩锤有落锤、单动汽锤、双动汽锤、柴油桩锤、液压锤和振动桩锤，液压锤是最新型桩锤。

（1）桩锤的适用范围及优缺点。

桩锤的适用范围及优缺点见表 2-4。

表 2-4　　　　　　　　　　　　　　　　桩锤适用范围及优缺点

桩锤种类	定义及适用范围	优　缺　点
落锤	落锤是指桩锤用人力或机械拉升，然后自由落下，利用自重夯击桩顶。宜打各种桩；土、含砾石的土和一般土层均可使用	构造简单、使用方便、冲击力大，能随意调整落距，但锤打速度慢，效率较低
单动汽锤	利用蒸汽或压缩空气的压力将锤头上举，然后由锤的自重向下冲击沉桩。适于打各种桩	构造简单、落距短，对设备和桩头不易损坏，打桩速度及冲击力较落锤大，效率较高
双动汽锤	利用蒸汽或压缩空气的压力将锤头上举及下冲，增加夯击能量。宜打各种桩，便于打斜桩；用压缩空气时可在水下打桩；也可用于拔桩	冲击次数多、冲击力大、工作效率高，可不用桩架打桩，但需锅炉或空压机，设备笨重，移动较困难
柴油锤	利用燃油爆炸，推动活塞，引起锤头跳动。宜用于打木桩、钢板桩；适于在过硬或过软的土中打桩	附有桩架、动力等设备，机架轻、移动便利、打桩快、燃料消耗少，有重量轻和不需要外部能源等优点；但有油烟和噪声污染
振动桩锤	利用偏心轮引起激振，通过刚性连接的桩帽传到桩上。宜于打钢板桩、钢管桩、钢筋混凝土和木桩；用于砂土、塑性黏土及松软砂黏土；卵石夹砂及紧密黏土中效果较差	沉桩速度快，适应性大，施工操作简易安全，能打各种桩并帮助卷扬机拔桩

（2）锤重的选用。

选择桩锤类型可参考表 2-4，同时应根据地质条件、桩型、桩的密集程度、单桩竖向承载力及现有施工条件等综合因素确定，施工时，需要通过现场试锤沉桩来验证所选择桩锤的正确性。选择锤重可参考表 2-5，实践证明：当桩锤重大于桩重的 1.5～2 倍，能取得较好的效果。

表 2-5　　　　　　　　　　　　　　　　锤　重　选　择　表

锤　型		柴油锤（t）						
		D25	D35	D45	D60	D72	D80	D100
锤的动力性能	冲击部分质量（t）	2.5	3.5	4.5	6.0	7.2	8.0	10.0
	总质量（t）	6.5	7.2	9.6	15.0	18.0	17.0	20.0
	冲击力（kN）	2000～2500	2500～4000	4000～5000	5000～7000	7000～10000	>10000	12000
	常用冲程（m）	1.8～2.3						
持力层	预制方桩、预应力管桩的边长或直径（mm）	350～400	400～450	450～500	500～550	550～600	600 以上	600 以上
	钢管桩直径（mm）	400		600	900	900～1000	900 以上	900 以上
黏性土、粉土	一般进入深度（m）	1.5～2.5	2.0～3.0	2.5～3.5	3.0～4.0	3.0～5.0		
	静力触探比贯入阻力 P 平均值（MPa）	4	5	>5	>5	>5		
砂土	一般进入深度（m）	0.5～1.5	1.0～2.0	1.5～2.5	2.0～3.0	2.5～3.5	4.0～5.0	5.0～6.0
	标准贯入击数 $N_{63.5}$（未修正）	20～30	30～40	40～45	45～50	50	>50	>50
锤的常用控制贯入度（cm/10 击）		2～3		3～5	4～8		5～10	7～12
设计单桩极限承载力（kN）		800～1600	2500～4000	3000～5000	5000～7000	7000～10000	>10000	>10000

注　1. 本表仅供选锤用。
　　　2. 本表适用于桩端进入硬土层一定深度的长度为 20～60m 的钢筋混凝土预制桩及长度为 40～60m 的钢管桩。

（3）动力装置。

动力装置的配置取决于所选的桩锤。如当选用蒸汽锤时，则需配备蒸汽锅炉和卷扬机。

（四）锤击沉桩施工

1. 准备工作

打桩前应处理地上、地下障碍物，必须处理好架空高压线，对场地进行平整压实，并满足打桩所需的地面承载，排水应畅通，接通现场的水、电管线；桩基轴线的定位点及水准点，应设置在不受打桩影响的地点，水准点设置不少于 2 个，在施工过程中可据此检查桩位的偏差以及桩的入土深度。沉桩前必须做好桩的质量检验工作。

桩打入时应符合下列规定：桩帽或送桩帽与桩周围的间隙应为 5~10mm；桩帽与桩之间应加设弹性衬垫，如硬木、麻袋、草垫等；桩锤、桩帽或送桩和桩身在同一中心线上；桩插入时的垂直度偏差不得超过 0.5%。

正式打桩前，最好进行打桩试验，以便检验设备和工艺是否符合要求，试桩数量不少于 2 根。

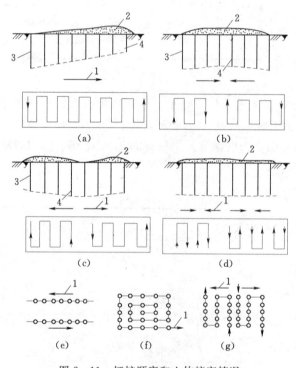

图 2-11 打桩顺序和土体挤密情况

(a) 逐排单向打设；(b) 自边缘向中央打设；(c) 自中部向两侧打设；(d) 分段相对打设；(e) 逐排打设；

(f) 自中央向边缘打设；(g) 分段打设

1—打设方向；2—土壤挤密情况；3—沉降量小；4—沉降量大

2. 打桩顺序[1]

打桩顺序合理与否，影响打桩速度、打桩质量，及周围环境。打桩顺序影响挤土方向，当土壤向一个方向挤压时，不仅使后面桩难以打入，而且在打中间桩时，还有可能使外侧已打的桩被挤压而浮起，最终会引起建筑物的不均匀沉降；一般情况下，根据桩的设计标高，先深后浅；根据桩的规格，先大后小，先长后短。当桩的中心距小于 4 倍桩径时，就要拟定打桩顺序。打桩顺序可分为：逐排打、自边缘向中央打、自中央向边缘打、分段打或跳打五种（图 2-11）。前两种打法仅适用于桩距较大（≥4 倍桩径），对于密集桩群，采用自中央向两边或向四周对称施打，对于大面积的桩群，宜分成几个区域，采用分段打，并由多台打桩机采用合理的顺序同时进行施工；当一侧毗邻建筑物时，由毗邻建筑物处向另一方向施打防止锤击沉桩过程中影响毗邻建筑物。对于同

---

❶ 《建筑桩基技术规范》JGJ 94—2008 规定：

7.4.9 为避免或减小沉桩挤土效应和对邻近建筑物、地下管线等的影响，施打大面积密集桩群时，可采取下列辅助措施：预钻孔沉桩，孔径约比桩径（或方桩对角线）小 50~100mm，深度视桩距和土的密实度、渗透性而定，深度宜为桩长的 1/3~1/2，施工时应随钻随打，桩架宜具备钻孔锤击双重性能；设置袋装砂井或塑料排水板，以消除部分超孔隙水压力，减少挤土现象。袋装砂井直径一般为 70~80mm，间距 1~1.5m，深度 10~12m，塑料排水板深度、间距与袋装砂井相同；设置隔离板桩或地下连续墙；开挖地面防震沟可消除部分地面震动，可与其他措施结合使用，沟宽 0.5~0.8m，深度按土质情况以边坡能自立为准；限制打桩速率；沉桩结束后，宜普遍实施一次复打；沉桩过程应加强邻近建筑物、地下管线等的观测、监护。

一排桩，必要时可采用间隔跳打的方式。

3. 打桩施工

打桩过程包括：桩架移动和定位、吊桩和定桩、打桩、截桩和接桩等。

打桩机就位后，将桩锤和桩帽吊起，然后吊桩并送至导杆内，垂直对准桩位缓缓插入土中。打桩时，应用导板夹具或桩箍将桩嵌固在桩架内。在桩锤和桩帽之间应加弹性衬垫，以防损伤桩顶。然后固定好桩帽和桩箍，使桩、桩帽、桩锤在同一铅垂线上，将桩锤缓落于桩顶上，经水平和垂直度校正后，开始沉桩。

开始沉桩时应低提低击（即以短落距轻击桩），待桩入土至一定深度且稳定后，再按要求的落距锤击，宜用"重锤低击"、"低提重打"，这样可使桩锤对桩头的冲击减小，也减小了回弹，桩头不易损坏，大部分能量都能用于沉桩。用落锤或单动汽锤打桩时，最大落距不宜大于1m，用柴油锤时，应使锤跳动正常。在打桩过程中，遇有贯入度剧变、桩身突然发生倾斜、移位或有严重回弹、桩顶或桩身出现严重裂缝或破碎等异常情况时，应暂停打桩，及时研究处理。

4. 打桩的质量控制

打桩的质量检查包括桩的偏差、最后贯入度与沉桩标高，桩顶、桩身是否打坏以及对周围环境有无造成严重危害。打桩是隐蔽工程，施工时，应注意做好打桩施工记录。

不同的桩锤，对入土深度控制的影响不同。落锤、单动汽锤或柴油锤，应测量记录桩身每贯入1m所需锤击的次数及桩锤落距的平均高度，当桩贯入深度接近设计标高时，则应实测每10击的桩入土深度，该贯入度适逢停锤时称为最后贯入度；双动汽锤或振动桩锤，应记录桩每贯入1m的工作时间（但每分钟锤击次数记入备注栏），当桩下沉接近设计标高时，应记录每分钟的贯入量。

桩停止锤击的控制原则如下：桩端（指桩的全断面）位于一般土层时，以控制桩端设计标高为主，贯入度为辅；桩端达到坚硬、硬塑的黏性土、中密以上粉土、砂土、碎石类土、风化岩时，以贯入度控制为主，桩端标高为辅；贯入度已达到而桩端标高未达到时，应继续锤击3阵，按每阵10击贯入度不大于设计规定的数值确认，设计和施工中所控制的贯入度是以合格的试桩数据为准，如无试桩资料，可按类似桩沉入类似土的贯入度作为参考。

对于设计等级为甲级的非嵌岩桩和非深厚坚硬持力层的建筑桩基、设计等级为乙级的体型复杂荷载分布显著不均匀或桩端平面以下存在软弱土层的建筑桩基、软土地基多层建筑减沉复合疏桩基础应进行沉降计算，在其施工过程及建成后使用期间，应进行系统的沉降观测直至沉降稳定。

5. 打桩过程中常遇到的问题

（1）打入深度不够、桩打不下或锤击时回弹：导致承载力不足；桩锤严重回弹，贯入度突然变小，则可能与土层中夹有较厚砂层或其他硬土层以及钢渣、孤石等障碍物有关，此时切勿盲目施打，应会同设计勘察部门共同研究解决。当桩顶或桩身已被打坏，锤的冲击能不能有效传给桩时，也会发生桩打不下的现象。

此外，由于土的固结作用，打桩过程中断停歇一段时间后再打，会使桩难以打入，因此应保证在各方面作好准备，保证施打的连续进行。

（2）最后贯入度太大：说明持力层不能满足要求。

（3）贯入度剧变：可能桩已折断或遇到与预计不一的土层或墓穴。

（4）桩身上拥、已就位桩身移位：往往因软土中桩距过小，打桩时周围土层受到急剧挤压扰动，其靠近地面的部分将在地表隆起和水平移动，当桩较密，打桩顺序又欠合理时，土体被压缩到极限，就会发生一桩打下，周围土体带动邻桩上升的现象。

（5）桩身倾斜：桩尖遇到倾斜基岩面，当桩顶不平、桩尖偏心、接桩不正、土中有障碍物时或桩与送桩纵轴线不一造成偏心都容易发生桩位偏斜，因此施工时应严格检查桩的就位质量。

（6）桩顶被击碎、桩身折断：桩头钢筋设置不合理、桩顶与桩轴线不垂直、混凝土强度低抗锤击力不足、桩尖通过过硬土层等都是造成锤击时严重偏心的原因，进而引起桩顶被击碎、桩身折断。锤击动能过大或接桩处连接质量差如焊缝不足、连接角钢脱落、接头有空隙等也是桩顶被击碎、桩身折断的主要原因。打桩时，桩顶破碎或桩身严重裂缝，应立即暂停，在采取相应的技术措施后，方可继续施打。

（7）桩出现水平裂缝：在软土中打桩，在桩顶以下 1/3 桩长范围内常会因反射的张力波使桩身受拉而引起水平裂缝。开裂的地方往往出现在吊点和混凝土缺陷处，这些地方容易形成应力集中。采用"重锤低击"和较软的桩垫可减少反射的张力波产生的拉应力。

（五）预制桩的其他沉桩施工方法

1. 静力压桩

静力压桩适用于软弱土层和邻近有不允许振动扰动的建（构）筑物的情况。这种沉桩方法无振动、无噪声、对周围环境影响小，适合在繁华的闹市中施工。

压桩时利用压桩架（型钢制作）的自重和配重，通过卷扬机的牵引传到桩顶，将桩逐节压入土中，静力压桩宜选择液压式和绳索式压桩工艺，宜根据单节桩的长度选用顶压式液压压桩机和抱压式液压压桩机。压力可达 5000kN，如图 2-12 所示。

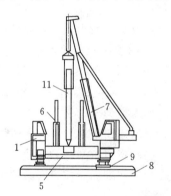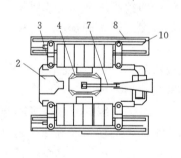

图 2-12 液压式静力压桩机

1—操纵室；2—电气控制台；3—液压系统；4—导向架；5—配重；6—夹持装置；7—吊桩把杆；8—支腿平台；9—横向行走与回转装置；10—纵向行走装置；11—桩

（1）静力压桩的施工工艺。

施工工艺流程：测量定位→压桩机就位→吊桩、插桩→桩身对中调直→静压沉桩→接桩→再静压沉桩→送桩→终止压桩→截桩或用送桩器压到指定标高。

压桩一般是分节压入，逐段接长。为此，桩需分节预制，每节桩的长度根据压桩架的高度而定。施工时，先将第一节桩压入土中，当其上端与压桩机操作平台齐平时，进行接桩，一般其上端距地面 2m 左右时将第二节桩接上。接桩后，将第二节桩继续压入土中。对每一根桩的压入，各工序应连续进行（见图 2-13）。如初压时桩身发生较大移位、倾斜；压入过程中桩身突然下沉或倾斜；桩顶混凝土破坏或压桩阻力剧变时，应暂停压桩。

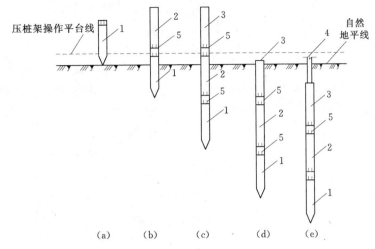

图 2-13　静力压桩的施工程序

(a) 准备压第一节桩；(b) 接第二节桩；(c) 接第三节桩；

(d) 该根桩压入地平线下；(e) 用送桩器压到指定标高

1—第一节桩；2—第二节桩；3—第三节桩；

4—送桩器；5—接桩处

压桩与打桩相比，由于避免了锤击应力，桩的混凝土强度及其配筋只要满足吊装弯矩和使用期受力要求就可以，因而桩的断面和配筋可以减小，同时压桩引起的桩周土体和水平挤动也小得多，因此压桩是软土地区一种较好的沉桩方法。

（2）静力压桩的施工注意事项。

1）压桩施工时应随时注意使桩保持轴心受压，接桩时也应保证上下接桩的轴线一致，第一节桩下压时垂直度偏差不应大于 0.5%，接桩时间要短，否则，会出现土体固结导致发生压不下去的施工质量事故。最大压桩力不得小于设计的单桩竖向极限承载力标准值，必要时可由现场试验确定。

2）当桩接近设计标高时，不可过早停压，否则，在补压时也会发生压不下去或压入过少的现象。

3）压桩过程中，当桩尖碰到夹砂层时，压桩阻力可能突然增大，可采取变频加压的方法。忽停忽开的办法，是解决穿过砂层的较好的方法。

4）当桩较密集，或地基为饱和淤泥、淤泥质土及黏性土时，应设置塑料排水板、袋装砂井消减超孔压或采取引孔等措施。在压桩施工过程中应对总桩数 10% 的桩设置上涌和水平偏位观测点，定时检测桩的上浮量及桩顶水平偏位值，若上涌和偏位值较大，应采取复压等措施。

2. 振动沉桩

振动法是利用振动锤沉桩（图 2-14），将桩与振动锤连接在一起，振动锤产生的振动力通过桩身带动土体振动，土颗粒受迫振动改变了土颗粒排列组织，使土体的内摩擦角减小、使桩表面与土体间的摩擦力减少，桩在自重和振动力共同作用下沉入土中。这种沉桩方法适用于在砂石、松散砂土及黄土和软土地基，尤其在砂土中施工效率较高。也适用于地下水位较高的地基，更适合于打钢板桩，同时借助起重设备可以拔桩。

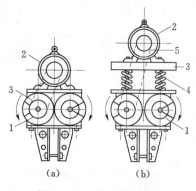

图 2-14　振动锤示意图

(a) 刚性锤；(b) 柔性锤

1—振动器；2—电动机；3—传送横梁；
4—弹簧；5—加荷板

3. 射水沉桩法

射水法沉桩又称水冲法沉桩，是将射水管附在桩身上，用高压水流束将桩尖附近的土体冲液化，以减少土对桩端的正面阻力，同时水流及土的颗粒沿桩身表面涌出地面，减少了土与桩身的摩擦力，使桩借自重（或稍加外力）沉入土中。但在沉桩附近有建筑物时，由于水的冲刷将会引起地基湿陷，所以在未采取有效防护措施前严禁用此法。射水法沉桩宜用于砂土和碎石土。

射水沉桩方法往往与锤击（或振动）法同时使用，具体选择应视土质情况：在砂夹卵石层或坚硬土层中，一般以射水为主，以锤击或振动为辅；在粉质黏土或黏土中，为避免降低承载力，一般以锤击或振动为主，以射水为辅，并应适当控制射水时间和水量。下沉空心桩，一般用单管内射水。当下沉较深或土层较密实，可用锤击或振动，配合射水；下沉实心桩，将射水管对称地装在桩的两侧，并能沿着桩身上下自由移动，以便在任何高度上射水冲土。施工时，射水管末端一般处于桩尖下 0.3～0.4m 处，射水管射出压力为 0.4MPa。

射水沉桩的设备包括：水泵、水源、输水管路和射水管。内外射水管的布置见图 2-15。水压与流量根据地质条件、桩锤或振动机具、沉桩深度和射水管直径、数目等因素确定，通常在沉桩施工前经过试桩选定。

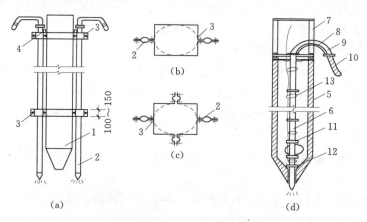

图 2-15　内、外射水管示意图

(a) 外射水管；(b) 两根射水管；(c) 4 根射水管；(d) 内射水管

1—预制实心桩；2—外射水管；3—夹箍；4—木楔；5—胶管；
6—两侧外射水管夹箍；7—管桩；8—内射水管；9—导向环；
10—挡砂板；11—钢丝绳保险；12—弯管；13—胶管

射水沉桩的施工要点是：吊插桩时要注意及时引送输水胶管，防止拉断与脱落；桩插正立稳后，压上桩帽桩锤，开始用较小水压，使桩靠自重下沉。初期控制桩身下沉不应过快，以免阻塞射水管嘴，并注意随时控制和校正桩的垂直度。下沉渐趋缓慢时，可开锤轻击。沉至一定深度（8～10m）已能保持桩身稳定后，可逐步加大水压和锤的冲击动能。沉桩至距设计标高一定距离（1～2m）停止射水，拔出射水管，进行锤击或振动，使桩下沉至设计要求标高。

三、混凝土灌注桩施工

混凝土灌注桩施工时无振动、无挤土、噪声小，宜在建筑物密集地区使用。与预制桩相比由于避免了锤击应力和沉桩的挤压应力，桩的混凝土强度及配筋只要满足承载力要求就可以，因而具有节约材料、成本低廉的特点，灌注桩能适应各种地层的变化，无需接桩。但成孔时有大量土渣或泥浆排出，在软土地基中易缩颈、断桩。

（一）混凝土灌注桩不同桩型的适用条件

混凝土灌注桩是一种直接在现场桩位上就地成孔，然后在孔内浇筑混凝土或安放钢筋笼再浇筑混凝土而成的桩。根据成孔方法的不同，灌注桩可以分为干作业成孔灌注桩、泥浆护壁成孔灌注桩、套管成孔灌注桩、夯扩沉管灌注桩、钻孔压浆桩、人工挖孔灌注桩、爆扩成孔灌注桩等。不同灌注桩桩型的适用条件：

（1）泥浆护壁钻孔灌注桩宜用于地下水位以下的黏性土、粉土、砂土、填土、碎石土及风化岩层。

（2）旋挖成孔灌注桩宜用于黏性土、粉土、砂土、填土、碎石土及风化岩层。

（3）冲孔灌注桩除宜用于上述地质情况外，还能穿透旧基础、建筑垃圾填土或大孤石等障碍物。在溶岩发育地区应慎重使用，采用时，应适当加密勘察钻孔。

（4）干作业钻、挖孔灌注桩宜用于地下水位以上的黏性土、粉土、填土、中等密实以上的砂土、风化岩层；在地下水位较高，有承压水的砂土层、滞水层、厚度较大的流塑状淤泥、淤泥质土层中不得选用人工挖孔灌注桩。

（5）沉管灌注桩宜用于黏性土、粉土和砂土。

（6）夯扩桩宜用于桩端持力层为埋深不超过 20m 的中低压缩性黏性土、粉土、砂土和碎石类土。

（7）住房城乡建设部发布的建筑业 10 项新技术推广灌注桩桩型：

1）灌注桩后注浆是指在灌注桩成桩后一定时间，通过预设在桩身内的注浆导管及与之相连的桩端、桩侧处的注浆阀注入水泥浆。

注浆目的：①加固桩底沉渣（虚土）和桩身泥皮；②对桩底和桩侧一定范围的土体注浆起到加固作用，从而增大桩侧阻力和桩端阻力。

优点：提高单桩承载力 40%～120%，桩基沉降减小 30%左右，节省工程造价。

2）长螺旋钻孔压灌桩：采用长螺旋钻机钻孔至设计标高，利用混凝土泵将混凝土从钻头底压出，边压灌混凝土边提升钻头直至成桩，然后利用振动装置将钢筋笼一次插入混凝土桩体，形成钢筋混凝土灌注桩。该桩适用于黏性土、粉土、砂土、填土、非密实的碎石类土、强风化岩。

优点：由于不需要泥浆护壁，无泥皮，无沉渣，无泥浆污染，施工速度快，造价较低。

（二）成孔的控制深度要求

（1）摩擦型桩：摩擦桩应以设计桩长控制成孔深度；端承摩擦桩必须保证设计桩长及桩端进入持力层深度。当采用锤击沉管法成孔时，桩管入土深度控制应以标高为主，以贯入度控制为辅。

（2）端承型桩：当采用钻（冲）、挖成孔时，必须保证桩端进入持力层的设计深度；当采用锤击沉管法成孔时，沉管深度控制以贯入度为主，以设计持力层标高对照为辅。

（三）钢筋笼制作、安装的质量要求

（1）分段制作的钢筋笼，其接头宜采用焊接或机械式接头（钢筋直径大于 20mm），并应遵守国家现行标准《钢筋机械连接通用技术规程》JGJ 107—2003、《钢筋焊接及验收规程》JGJ 18—2012 和《混凝土结构工程施工质量验收规范》GB 50204—2002（2011 版）的规定。

（2）加劲箍宜设在主筋外侧，主筋一般不设弯钩，根据施工工艺要求所设弯钩不得向内圆伸露，以免妨碍导管工作。

（3）钢筋笼的内径应比导管接头处外径大 100mm 以上。

（4）搬运和吊装时，应防止变形，安放要对准孔位，避免碰撞孔壁，就位后应立即固定。

（四）灌注桩混凝土的质量要求

（1）粗骨料可选用卵石或碎石，其最大粒径对于沉管灌注桩不宜大于 50mm，并不得大于钢筋间最小净距的 1/3；对于素混凝土桩，不得大于桩径的 1/4，并不宜大于 70mm。

（2）检查成孔质量合格后应尽快灌注混凝土。直径大于 1m 或单桩混凝土量超过 25m³ 的桩，每根桩桩身混凝土应留有 1 组试件；直径不大于 1m 的桩或单桩混凝土量不超过 25m³ 的桩，每个灌注台班不得少于 1 组；每组试件应留 3 件。

（3）水下灌注混凝土必须具备良好的和易性，配合比应通过试验确定；坍落度宜为 180～220mm；水泥用量不应少于 360kg/m³（掺粉煤灰除外）；水下灌注混凝土的含砂率宜为 40％～50％，并宜选用中粗砂；粗骨料的最大粒径应小于 40mm，并不得大于钢筋间距最小净距的 1/3。水下灌注混凝土宜掺外加剂。水下灌注混凝土至桩顶时，应适当超过桩顶设计标高，以保证在凿除含有泥浆的桩段后，桩顶标高和质量能符合设计要求。

水下灌注混凝土时，常用垂直导管灌注法进行水下施工。导管灌注法灌注水下混凝土的要求：

1）开始灌注混凝土时，导管底部至孔底的距离宜为 300～500mm。

2）应有足够的混凝土储备量，导管一次埋入混凝土灌注面以下不应少于 0.8m。

3）导管埋入混凝土深度宜为 2～6m，严禁将导管提出混凝土灌注面，并应控制提拔导管速度，应有专人测量导管埋深及管内外混凝土灌注面的高差，填写水下混凝土灌注记录。

4）灌注水下混凝土必须连续施工，每根桩的灌注时间应按初盘混凝土的初凝时间控制，对灌注过程中的故障应记录备案。

5）应控制最后一次灌注量，超灌高度宜为 0.8～1.0m，凿除泛浆高度后必须保证暴露的桩顶混凝土强度达到设计等级。

（五）混凝土灌注桩不同桩型的施工方法

1. 干作业机械成孔灌注桩施工

干作业成孔灌注桩适用于地下水位较低、在成孔深度内无地下水的土质，勿需护壁可直接取土成孔。目前干式成孔一般采用螺旋钻机，也有用洛阳铲成孔的。

（1）螺旋钻机成孔。

螺旋钻机由主机、滑轮组、螺旋钻杆、钻头、滑动支架、出土装置等组成，见图 2-16。其成孔效率高、无振动、无噪声，宜用于匀质黏土层，亦能穿透砂层，全叶片螺旋钻机成孔直径一般为 300～600mm，钻孔深度为 8～20m。成孔时螺旋钻机利用动力旋转钻杆，使钻头的螺旋叶片旋转切削土体，切下的土随钻头旋转并沿螺旋叶片上升而排出孔外，在软塑土层，含水量大时，可用疏纹叶片钻杆，以便较快地钻进。在可塑或硬塑黏土中，或含水量较小的砂土中应用密纹叶片钻杆。操作时要求钻杆垂直，钻孔过程中如发现钻杆摇晃或难钻进时，可能是遇到石块等异物，应立即停机检查。在钻进过程中，应随时清理孔口积土，遇到塌孔、缩孔等异常情况，应及时研究解决。螺旋钻机施工过程见图2-17。

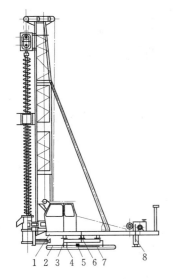

图2-16 步履式螺旋钻机

1—上底盘；2—下底盘；3—回转滚轮；4—行车滚轮；5—钢丝滑轮；6—回转轴；7—行车油缸；8—支腿

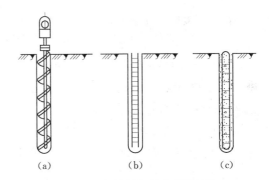

图2-17 螺旋钻机钻孔灌注桩施工过程示意图

(a) 钻机进行钻孔；(b) 放入钢筋骨架；(c) 浇筑混凝土

当螺旋钻机钻至设计标高时，在原位空转清土，停钻后提出钻杆弃土，钻出的土应及时清除，不可堆在孔口。钢筋骨架绑好后，一次整体吊入孔内。如过长可分段吊，两段焊接后再徐徐沉放孔内。钢筋笼吊放完毕，应及时灌注混凝土。灌注时应分层灌注分层捣实。

(2) 长螺旋钻孔压灌混凝土桩。

长螺旋钻孔压灌混凝土桩在国内外发展很快，这种施工工艺的原理是：先用螺旋钻机钻孔至设计标高后，边提升钻杆边通过长螺旋钻中空钻杆泵入混凝土，直至混凝土升至地下水位或无塌孔危险的位置处，提出全部钻杆后，向孔内沉放钢筋笼。施工工艺如图2-18所示。

提钻速度应根据土层情况确定，且应与混凝土泵送量相匹配，保证管内有一定高度的混凝土。混凝土灌桩的充盈系数宜为1.0～1.2。灌注桩的混凝土充盈系数是指一根桩实际灌注的混凝土量与按实际桩径计算的桩身体积之比。振动灌注桩和锤击式灌注桩的充盈系数一般为1.05～1.20；静压灌注桩一般为1.02～1.10。对充盈系数小于1的桩，应立即实行复打，但复打时应防止桩壁土体混入混凝土桩身内。泥浆护壁成孔灌注桩的混凝土充盈系数不得小于1，在一般土质中为1.1，在软土中为1.2～1.3。桩顶混凝土超灌高度不宜小于0.3～0.5m。

长螺旋钻孔压灌混凝土桩，连续一次成孔，多次由下而上高压注浆成桩，具有无振动、无噪声、无护壁泥浆排污的优点，又能在流砂、卵石、地下水位高、易塌孔等复杂地质条件下顺利成孔成桩，而且由于高压注浆时水泥浆的渗透扩散，解决了断桩、缩颈、桩间虚土等

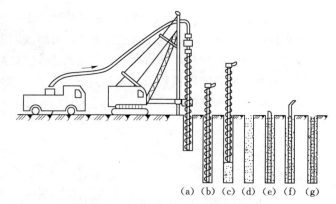

图 2-18 长螺旋钻孔压灌混凝土桩工艺流程
(a) 钻机就位;(b) 钻进至设计深度;(c) 边提钻边泵送混凝土;(d) 钻提出,泵送混凝土
至孔口;(e) 吊放钢筋笼;(f) 将桩身混凝土振捣密实;(g) 成桩

问题,还有局部膨胀扩径的特点,因此单桩承载力由摩擦力、支承力和端承力复合而成,比普通灌注桩的承载力大大提高。该法成桩的桩径为 300~1000mm,深度可达 50m。

2. 湿作业机械成孔灌注桩施工

软土地基的深层钻进,会遇到地下水问题。采用泥浆护壁湿作业成孔能够解决施工中地下水带来的孔壁塌落、钻具磨损发热及沉渣问题。泥浆的相对密度、黏度、含砂量、pH值、稳定性等要符合规定的要求。泥浆的选料既要考虑护壁效果,又要考虑经济性,尽可能使用当地材料。注入的泥浆比重控制在 1.1 左右,排出泥浆的比重宜为 1.2~1.4。

成孔机械有回转钻机、潜水钻机、冲击钻、冲抓锥成孔等,其中回转钻机是目前灌注桩施工用得最多的施工机械,该钻机配有移动装置,设备性能可靠,噪声和振动小,效率高,质量好。适用于松散土层、黏土层、砂砾层、软岩层等地质条件。

(1) 回转钻机成孔。

回转钻机是由动力装置带动钻机的回转装置转动,由钻头切削土壤。切削形成的土渣,通过泥浆循环排出桩孔。根据泥浆循环方式的不同,分为正循环和反循环。正循环回转钻机成孔的工艺如图 2-19 (a) 所示,泥浆由钻杆内部注入,并从钻杆底部喷出,携带钻下的土渣沿孔壁向上流动,由孔口将土渣带出流入沉淀池,经沉淀的泥浆流入泥浆池再注入钻杆,不断循环。当孔深不太深,孔径小于 800mm 时钻进效率比较高。

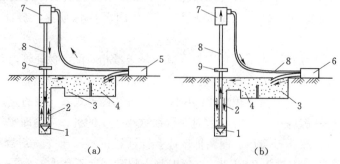

图 2-19 泥浆循环成孔工艺
(a) 正循环;(b) 反循环
1—钻头;2—泥浆循环方向;3—沉淀池;4—泥浆池;5—泥浆泵;
6—砂石泵;7—水龙头;8—钻杆;9—钻机回转装置

反循环回转钻机成孔的工艺如图 2-19 (b) 所示。泥浆由钻杆与孔壁间的环状间隙流入钻孔，然后，由砂石泵在钻杆内形成真空，使钻下的土渣由钻杆内腔吸出至地面而流向沉淀池，沉淀后流入泥浆池再流入钻孔。反循环工艺的泥浆上流的速度较高，排放土渣的能力强。这种成孔工艺是目前大直径成孔施工的一种有效的成孔工艺，因而应用较多。对孔深大于 30m 的端承型桩，宜采用反循环。

回转钻机钻孔前，应先在桩位孔口处埋设护筒，护筒的作用是固定桩孔位置、保护孔口、防止塌孔。护筒由 4～8mm 厚钢板制成，其内径比钻头直径大 100mm，埋在桩位处，埋入土中深度通常不宜小于 1.0～1.5m，特殊情况下埋深需要更大。其顶面应高出地面或水面 400～600mm，周围用黏土填实。在护筒顶部应开设 1～2 个溢浆口，在钻孔过程中，应保持护筒内泥浆液面高于地下水位。

在水深小于 3m 的浅水区域施工，可采用围堰筑岛埋设护筒，如图 2-20 所示。如岛底河床为淤泥或软土，宜挖除换以砂土；若排淤换土工作量大，则可用长护筒，使其沉入河底土层中。在水深超过 3m 的深水区，宜搭设工作平台（支架平台、浮船、围堰、木排、浮运沉井等），下沉护筒的定位导向架与下沉护筒如图 2-21 所示。

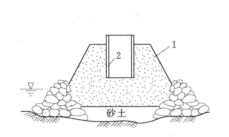

图 2-20 围堰筑岛埋设护筒
1—夯填黏土；2—护筒

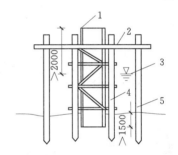

图 2-21 搭设平台固定护筒
1—护筒；2—工作平台；3—施工水位；
4—导向架；5—支架

（2）潜水钻机成孔。

潜水钻机是一种旋转式钻孔机械，其动力、变速机构和钻头连在一起，加以密封，因而可以下放至孔中地下水位以下进行切削土壤成孔（图 2-22）。用正、反循环工艺输入泥浆，进行护壁和将钻下的土渣排出孔外。潜水钻机成孔，也需先埋设护筒，其他施工过程皆与回转钻机成孔相似。

（3）冲击钻成孔。

冲击钻主要用于在岩土层中成孔，成孔时将冲锥式钻头提升一定高度后以自由下落的冲击力来破碎岩层，然后用掏渣筒来掏取孔内的渣浆（图 2-23）。

（4）冲抓锥成孔。

冲抓锥见图 2-24，锥头内有重铁块和活动抓片，下落松开卷扬机刹车，抓片张开，锥头自由下落冲入土中，然后开动卷扬机拉升锥头，此时抓片闭合抓土，将冲抓锥整体提升至地面卸土，依次循环成孔。

（5）套管成孔灌注桩施工。

套管成孔灌注桩又称为打拔管灌注桩，是采用锤击或振动的方法将一根与桩的设计尺寸相适应的钢套管沉入土中，将钢筋笼放入钢套管内，然后灌注混凝土，最后拔出套管，拔管时利用锤击（或振动）钢管将混凝土捣实成桩。利用锤击沉桩设备沉管的称为锤击沉管灌注桩；利用激振器的振动沉管的称为振动沉管灌注桩。套管成孔灌注桩施工过程如图 2-25 所示。

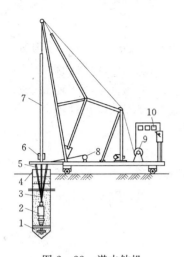

图 2-22 潜水钻机

1—钻头；2—潜水钻机；3—电缆；
4—护筒；5—水管；6—滚轮支点；
7—钻杆；8—电缆盘；9—卷扬机；
10—控制箱

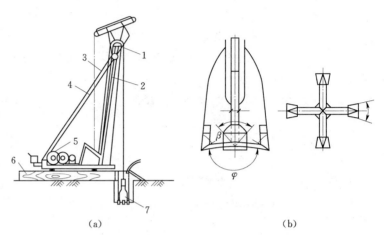

(a)　　　　　　　　(b)

图 2-23 冲击钻机成孔

(a) 冲击钻机成孔；(b) 十字形冲头

1—滑轮；2—主杆；3—拉索；4—斜撑；5—卷扬机；
6—垫木；7—十字形冲头

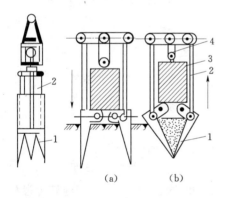

(a)　　　　(b)

图 2-24 冲抓锥头

(a) 抓土；(b) 提土

1—抓片；2—连杆；3—压重；4—油轮组

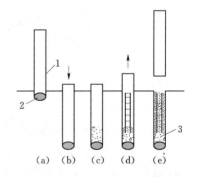

(a) (b) (c) (d) (e)

图 2-25 套管沉孔灌注桩施工过程

(a) 就位；(b) 沉套管；(c) 初灌混凝土；
(d) 下放钢筋笼、灌注混凝土；(e) 拔管成桩

1—钢管；2—桩靴；3—桩

锤击沉管灌注桩宜用于一般黏性土、淤泥质土、砂土和人工填土地基。锤击灌注桩施工时，用桩架吊起钢套管，合拢桩尖处活瓣（图 2-26）或对准预先设在桩位处的预制混凝土桩靴。套管与桩靴连接处要垫以麻、草绳，以防止地下水渗入管内。然后缓缓放下套管套进桩靴，压进土中。套管上端扣上桩帽，检查套管与桩帽、桩锤是否在一垂直线上，套管偏斜不大于 0.5％ 时，即可锤沉套管。先用低锤轻击，观察如无偏移后，才正常施打，直至符合设计要求的贯入度或沉入标高，并检查管内无泥浆或水进入后，即可用吊斗向套管内灌注混凝土。其设备如图 2-27 所示。

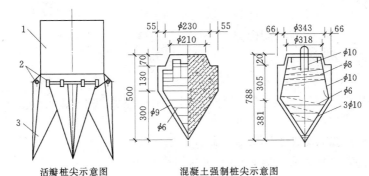

活瓣桩尖示意图　　　　混凝土强制桩尖示意图

图 2-26　活瓣桩尖示意图

1—钢套管；2—锁轴；3—活瓣

套管内混凝土应尽量灌满，然后开始拔管，拔管要均匀，不宜拔管过高。拔管时应保持连续密锤低击不停。控制拔出速度，对一般土层，以不大于 1m/min 为宜；在软弱土层及软硬土层交界处，应控制在 0.3～0.8m/min 以内。桩锤冲击频率，视锤的类型而定：单动汽锤采用反插拔管，频率不低于 50 次/min；自由落锤小落距轻击不得少于 40 次/min。在管底未拔至桩顶设计标高之前，倒打和轻击不得中断。拔管时还要经常探测混凝土的充盈系数，同时注意使管内的混凝土保持静压高度，一般不小于 2m，这样一直到全管拔出为止。

桩的中心距小于 4 倍桩管外径或小于 2m 时，均应跳打。中间空出的桩须待邻桩混凝土达到设计强度的 50% 以后方可施打，以防止因挤土而使已浇筑的桩发生桩身断裂。

为了提高桩的质量和承载能力，利用锤击打桩法拔管的方法，根据承载力的要求不同，可分别采用单打法、复打法和反插法。单打法可用于含水量较小的土层，且宜采用预制桩尖；反插法及复打法可用于饱和土层。

1）单打法。即一次拔管法。

图 2-27　锤击沉管灌注桩机械设备示意图

1—桩锤钢丝绳；2—桩管滑轮组；3—吊斗钢丝绳；
4—桩锤；5—桩帽；6—混凝土漏斗；7—桩管；
8—桩架；9—混凝土吊斗；10—回绳；
11—行驶用钢管；12—预制桩靴；
13—卷扬机；14—枕木

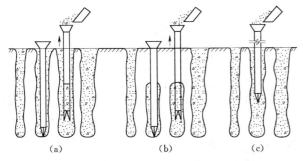

（a）　　　　　　（b）　　　　　　（c）

图 2-28　复打法示意图

（a）全部复打桩；（b）、（c）局部复打桩

2）复打法。常采用复打扩大灌注桩。复打就是在同一桩孔内进行两次单打，或根据要求进行局部复打，如图 2-28 所示。其施工顺序如下：在第一次灌注桩施工完毕，拔出套管后，清除管外壁上的污泥，再在原桩位埋预制桩靴或合好活瓣第二次沉管复打，使未凝固的混凝土向四周挤压扩大桩径，然后第二次灌注混凝土。拔管方

法与初打时相同。施工时要注意：前后两次沉管的轴线应一致；复打施工必须在第一次灌注的混凝土初凝之前进行，也有采用内夯管进行夯扩的施工方法。如配有钢筋，复打法第一次灌注混凝土前不能放置钢筋笼，应在第二次灌注混凝土前放置。

3）反插法。将钢管每提升0.5m，再下沉0.3m，（或提升1m，下沉0.5m），如此反复进行，直至拔离地面。此种方法，在淤泥层中可有效消除缩颈现象。

振动灌注桩的适用范围除与锤击灌注桩相同外，并适用于稍密及中密的碎石土地基。振动灌注桩采用振动锤或振动冲击锤沉管，其设备如图2-29所示，施工工艺流程如图2-30所示。施工前，先安装好桩机，将桩管下端活瓣合拢或套入桩靴，对准桩位，徐徐放下套管，压入土中，勿使偏斜，即可开动激振器沉管。桩管受振后与土体之间摩阻力减小，同时利用振动锤自重在套管上加压，套管即能沉入土中。

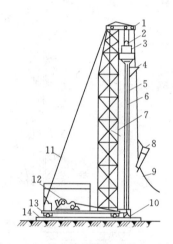

图2-29　振动沉管灌注桩桩机示意图

1—导向滑轮；2—滑轮组；3—激振器；4—混凝土漏斗；5—桩管；6—加压钢丝绳；7—桩架；8—混凝土吊斗；9—回绳；10—活瓣桩靴；11—缆风绳；12—卷扬机；13—行驶用钢管；14—枕木

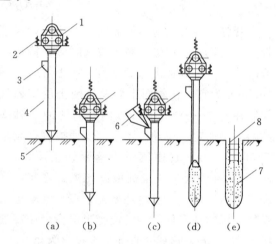

图2-30　振动沉管灌注桩工艺流程

(a) 就位；(b) 振动沉管；(c) 第一次灌注混凝土；(d) 边振边拔边继续灌注混凝土；(e) 成桩

1—振动锤；2—加压减震弹簧；3—加料口；4—桩管；5—活瓣桩尖；6—上料斗；7—混凝土桩；8—短钢筋骨架

沉管时，必须严格控制最后的贯入速度，其值按设计要求，或根据试桩和当地的施工经验确定。振动沉管灌注桩也可采用单打法、复打法或反插法施工。

单打施工时，在沉入土中的套管内灌满混凝土，开动激振器，振动5~10s，开始拔管，边振边拔。每拔0.5~1m，停拔振动5~10s，如此反复，直到套管全部拔出。在一般土层内拔管速度宜为1.2~1.5m/min，用活瓣桩尖时宜慢，用预制桩尖时可适当加快；在较软弱土层中，宜控制在0.6~0.8m/min。

振动沉管复打法、反插法施工要求与锤击沉管灌注桩相同。

3. 人工挖孔灌注桩施工

人工挖孔灌注桩的桩径一般为0.8~2.5m，桩深6~30m，直径较大的桩也称为墩。桩身直径大，有很高的强度和刚度，能穿过深厚的软土层直接支承在岩石或密实土层上。在地下水位高的软土地区开挖桩身，要注意隔水。否则，在开挖桩身时大量排水，会使地下水位大量下降，有可能造成附近周围地面的下沉，影响附近已有的建筑物和管线的安全。

人工开挖桩孔，为防止塌方造成事故，需制作护圈。否则对每一墩身则需事先施工围护，然后才能开挖。护圈多为钢筋混凝土现浇的，每开挖一段则浇筑一段护圈，如此反复向下挖至设计标高。人工挖孔时，一般由一人在孔内挖土，故桩的直径除应满足设计承载力要求外，还应满足人在下面操作的空间要求，所以桩径（不含护壁）不得小于 800mm。当桩净距小于 2 倍桩径且小于 2.5m 时，应采用间隔开挖，排桩跳挖的最小施工净距不得小于4.5m，孔深不宜大于 30m，桩底一般都有扩大头。图 2-31 为采用现浇钢筋混凝土护壁的人工挖孔桩施工示意图。混凝土护壁的厚度不宜小于 100mm，混凝土强度等级不得低于桩身混凝土强度等级，采用多节护壁时，上下节护壁间宜用钢筋拉结。

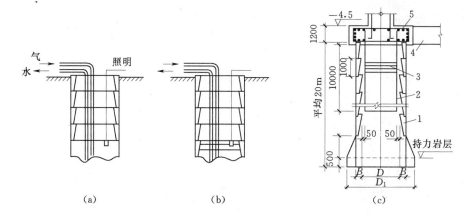

图 2-31　人工挖孔灌注桩施工

（a）在护圈保护下开挖土方；（b）支模板浇筑混凝土护圈；（c）浇筑混凝土桩墩

1—护壁；2—主筋；3—箍筋；4—承台梁；5—桩头

（1）人工挖孔灌注桩的优缺点。

设备简单；施工时无噪声，无振动，对施工现场周围的原有建筑物影响小；在挖孔时，可直接观察土层变化情况，直接检查成孔质量；易于清除孔底虚土；可同时开挖若干个桩孔加快施工进度；施工成本低等。特别在施工现场狭窄的市区修建高层建筑时，更显示其优越性。其缺点是劳动力消耗大，开挖效率低。人工开挖还需注意通风、照明和排水。

（2）井壁支护。

为确保人工挖（扩）孔桩施工过程中的安全，必须考虑防止土体坍滑的支护措施。支护的方法很多，常用的井壁护圈有下列几种。

1）混凝土护圈：采用这种护圈进行挖孔桩施工如图 2-32 所示，应分段开挖，分段浇筑混凝土护圈，到达井底设计标高后，再将桩的钢筋骨架放入护圈井筒内，然后灌筑桩基混凝土。护壁的结构形式为斜阶形，每阶高 1m 左右，护壁厚度一般为 100～200mm，可用素混凝土，土质较差时可加少量钢筋（环筋 $\phi10\sim12$，间距 200mm，竖筋 $\phi10\sim12$，间距400mm）。如果为素混凝土护壁时，一般每阶护壁插入下层护壁内 8 根 $\phi6\sim8$、长 1m 左右的直钢筋，使上下护壁有拉结，避免当某段护壁出现流砂、淤泥等情况造成护壁由于自重而塌陷的现象。浇筑护壁的模板宜用工具式弧形钢模板拼成，也可用喷射混凝土施工，以节省模板。

2）沉井护圈：沉井护圈（图 2-33）是先在桩位上制作钢筋混凝土井筒，然后在筒内挖土，沉井井筒靠其自重或附加荷载来克服筒壁与土壁之间的摩阻力，使其下沉至设计标高，再在筒内吊放钢筋笼，浇筑桩身混凝土。

3）钢套管护圈：钢套管护圈（图 2-34）是在桩位先测量定位并构筑井圈后，用桩锤将钢套管强行打入土层中至设计标高，再在钢套管的保护下，将套管内的土挖出并进行底部扩孔，吊放钢筋笼，浇筑桩基混凝土，待混凝土浇筑完毕，用振动锤和人字拔杆将钢管立即强行拔出移至下一桩位使用。也可边浇筑，边拔套管，以减少阻力。钢套管由 12～16mm 厚的钢板卷焊而成，长度由设计需求而定。采用这种方法施工，可穿越流砂等强透水层，可避免产生流砂和管涌现象，能保证施工安全进行。

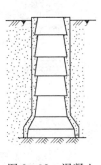
图 2-32 混凝土护圈挖孔

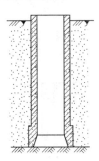
图 2-33 沉井护圈挖孔桩

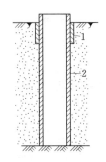
图 2-34 钢套管护圈挖孔桩
1—井圈；2—钢套管

（3）人工挖孔灌注桩施工工艺。

采用现浇混凝土分段护壁的人工挖孔桩的施工工艺流程如下：

按设计图纸放线、定桩位→开挖土方→测量控制→支设护壁模板→在模板顶放置操作平台→浇筑护壁混凝土→拆除护壁模板继续下一段的施工→……→桩扩大头施工→排除孔底渣土→钢筋笼吊放→浇筑桩身混凝土。

1）放线定位：按基础平面图，设置桩位轴线、定位点；在桩位四周撒灰线；测定高程水准点；放线工序完成后，办理预检手续。

2）开挖土方：桩孔采用分段开挖，每段高度视土壁直立的能力，一般以 0.8～1.0m 为一施工段，开挖直径为桩径加护壁厚度。挖土由人工从上到下逐段用镐、锹进行，遇坚硬土层用锤、钎破碎。扩底部分采取先挖桩身圆柱体，再按扩底尺寸从上到下削土修成设计的扩大头，修孔并清理孔底虚土。弃土装入吊桶或罗筐内。垂直运输则在孔口安支架、工字轨道、电葫芦等，用 10～20kN 慢速卷扬机提升。桩孔较浅时，用木吊架或木辘轳提升。

在地下水以下施工应及时用吊桶将泥水吊出。如遇大量渗水，则在孔底一侧挖集水坑，用高扬程潜水泵把水从桩孔排出。

3）测量控制：桩位轴线采取在地面设十字控制网、基准点，并引测到每个桩孔上口的护壁上，边挖边检查桩孔的垂直度和桩径大小。安装提升设备时，使吊桶的钢丝绳中心与桩孔中心线一致，以作挖土时粗略控制中心线用。

4）支设护壁模板：模板高度取决于挖土施工段的高度，一般为 1m，由 4 块或 8 块活动钢模板组合而成。护壁支模时，将桩控制轴线、高度引到第一节混凝土护壁上，每节以十字线对中，吊大线锤控制中心点位置，用尺杆找圆周，然后由基准点测量孔深。

5）设置操作平台：在模板顶放置操作平台，平台可用角钢和钢板制成半圆形，两个合起来即为一个整圆，用来临时放置混凝土拌合料和灌注护壁混凝土用。

6）灌注护壁混凝土：护壁混凝土要注意捣实，因它起着护壁与防水双重作用，在护壁混凝土中放入 8 根竖直插筋，上下护壁间搭接 50～75mm。

7）拆除模板继续下一段的施工：当护壁混凝土达到一定强度（按承受土的侧向压力计算）后，便可拆除模板，一般在常温情况下约 24h 可以拆除模板，再开挖下一段土方，然后继续支模灌注护壁混凝土，如此循环，直到挖到设计要求的深度。

8）钢筋笼吊放：钢筋笼就位，对质量 1000kg 以内的小型钢筋笼，可用带有小卷扬机和活动三脚拔杆等小型吊运机具吊放入孔就位；对直径、长度、重量大的钢筋笼，可用履带吊或汽车吊进行吊放；也可用塔式起重机吊放。

9）浇筑桩身混凝土：在灌注混凝土前，应先放置钢筋笼，垫设好保护层，灌注桩身混凝土坍落度一般为 8～10cm。并再次测量孔内虚土厚度，超过要求应进行清理。

（4）人工挖孔桩施工应采取下列安全措施：

1）孔内必须设置应急软爬梯供人员上下；使用的电葫芦、吊笼等应安全可靠，并配有自动卡紧保险装置，不得使用麻绳和尼龙绳吊挂或脚踏井壁凸缘上下。电葫芦宜用按钮式开关，使用前必须检验其安全起吊能力。

2）每日开工前必须检测井下的有毒、有害气体，并应有足够的安全防范措施。当桩孔开挖深度超过 10m 时，应有专门向下送风的设备，风量不宜少于 25L/s。

3）孔口四周必须设置护栏，护栏高度宜为 0.8m。

4）挖出的土石方应及时运离孔口，不得堆放在孔口周边 1m 范围内，机动车辆的通行不得对井壁的安全造成影响。

5）施工现场的一切电源、电路的安装和拆除必须由持证电工操作，电器必须严格接地、接零和使用漏电保护器。各孔用电必须分闸，严禁一闸多用。孔上电缆必须架空 2.0m 以上，严禁拖地和埋压土中，孔内电缆、电线必须有防磨损、防潮、防断等保护措施。照明应采用安全矿灯或 12V 以下的安全灯。并遵守《施工现场临时用电安全技术规范》（JGJ 46—2005）的规定。

桩基础施工相关规范链接

（一）《建筑地基基础工程施工质量验收规范》GB 50202—2002 规定：

5.1.5 工程桩应进行承载力检验。对于地基基础设计等级为甲级或地质条件复杂，成桩质量可靠性低的灌注桩，应采用静载荷试验的方法进行检验，检验桩数不应少于总数的 1%，且不应少于 3 根，当总桩数少于 50 根时，不应少于 2 根。

5.1.6 桩身质量应进行检验。对设计等级为甲级或地质条件复杂，成桩质量可靠性低的灌注桩，抽检数量不应少于总数的 30%，且不应少于 20 根；其他桩基工程的抽检数量不应少于总数的 20%，且不应少于 10 根；对混凝土预制桩及地下水位以上且终孔后经过核验的灌注桩，检验数量不应少于总桩数的 10%，且不得少于 10 根。每个柱子承台下不得少于 1 根。

（二）《建筑地基基础设计规范》GB 50007—2011 规定：

8.5.3 桩和桩基的构造，应符合下列要求：

1. 摩擦型桩的中心距不宜小于桩身直径的 3 倍；扩底灌注桩的中心距不宜小于扩底直径的 1.5 倍，当扩底直径大于 2m 时，桩端净距不宜小于 1m。在确定桩距时尚应考虑施工工艺中挤土等效应对邻近桩的影响。

2. 扩底灌注桩的扩底直径，不应大于桩身直径的 3 倍。

3. 桩底进入持力层的深度，根据地质条件、荷载及施工工艺确定，宜为桩身直径的 1～3 倍。在确定桩底进入持力层深度时，尚应考虑特殊土、岩溶以及震陷液化等影响。嵌岩灌注桩周边嵌入完整和较完整的未风化、微风化、中风化硬质岩体的最小深度，不宜小于 0.5m。

4. 布置桩位时宜使桩基承载力合力点与竖向永久荷载合力作用点重合。

5. 设计使用年限不少于 50 年时，非腐蚀环境中预制桩的混凝土强度等级不应低于 C30，预应力桩不应低于 C40，灌注桩的混凝土强度等级不应低于 C25；二 b 类至五类微腐蚀环境中不应低于 C30；在腐蚀环境中的桩，桩身混凝土的强度等级应符合 GB 50010 规定。水下灌注混凝土的桩身混凝土的强度等级不宜高于 C40。

6. 桩身混凝土的材料、最小水泥用量、水灰比、抗渗等级等应符合现行国家标准《混凝土结构设计规范》GB 50010、《工业建筑防腐蚀设计规范》GB 50046 及《混凝土结构耐久性设计规范》GB/T 50476 的有关规定。

7. 桩的主筋应经计算确定。预制桩的最小配筋率不宜小于 0.8%（锤击）、0.6%（静压），预应力桩不宜小于 0.5%；灌注桩最小配筋率不宜小于 0.2%～0.65%（小直径桩取大值）。桩顶以下 3～5 倍桩身直径范围内，箍筋宜适当加强加密。

8. 配筋长度：

1) 受水平荷载和弯矩较大的桩，配筋长度应通过计算确定。

2) 桩基承台下存在淤泥、淤泥质土或液化土层时，配筋长度应穿过淤泥、淤泥质土层或液化土层。

3) 坡地岸边的桩、8 度及 8 度以上地震区的桩、抗拔桩、嵌岩端承桩应通长配筋。

4) 钻孔灌注桩构造钢筋的长度不宜小于桩长的 2/3；桩施工在基坑开挖前完成时，其钢筋长度不宜小于基坑深度的 1.5 倍。

9. 桩身配筋可根据计算结果及施工工艺要求，可沿桩身纵向不均匀配筋。腐蚀环境中的灌注桩主筋直径不宜小于 16mm，非腐蚀性环境中灌注桩主筋直径不应小于 12mm。

10. 桩顶嵌入承台内的长度不宜小于 50mm。主筋伸入承台内的锚固长度不宜小于钢筋直径（HPB300）的 30 倍和钢筋直径（HRB335 和 HRB400）的 35 倍。对于大直径灌注桩，当采用一柱一桩时，可设置承台或将桩和柱直接连接。桩和柱的连接可按高杯口基础的要求选择截面尺寸和配筋，柱纵筋插入桩身的长度应满足锚固长度的要求。

1) 高杯口基础短柱的纵向钢筋，除满足计算要求外，在非地震区及抗震设防烈度低于 9 度地区，短柱四角纵向钢筋的直径不宜小于 20mm，并延伸至基础底板的钢筋网上。

2) 短柱长边的纵向钢筋，当长边尺寸小于或等于 1000mm 时，其钢筋直径不应小于 12mm，间距不大于 300mm；当长边尺寸大于 1000mm 时，其钢筋直径不应小于 16mm，间距不应大于 300mm，且每隔 1m 左右伸下一根并作 150mm 的直钩支承在基础底部的钢筋网上，其余钢筋锚固至基础底板顶面下 L_a 处。

3) 短柱短边每隔 300mm 应配置直径不小于 12mm 的纵向钢筋，且每边的配筋率不少于 0.05% 短柱的截面面积。短柱中的箍筋直径不应小于 8mm，间距不应大于 300mm；当抗震设防烈度为 8 度和 9 度时，箍筋直径不应小于 8mm，间距不应大于 150mm。

11. 灌注桩主筋混凝土保护层厚度不应小于 50mm；预制桩不应小于 45mm，预应力管桩不应小于 35mm；腐蚀环境中的灌注桩不应小于 55mm。

8.5.17 桩基承台的构造,除满足抗冲切、抗剪切、抗弯承载力和上部结构的要求外,尚应符合下列要求:

1.承台的宽度不应小于500mm。边桩中心至承台边缘的距离不宜小于桩的直径或边长,且桩的外边缘至承台边缘的距离不小于150mm。对于条形承台梁,桩的外边缘至承台梁边缘的距离不小于75mm。

2.承台的最小厚度不应小于300mm。

3.承台的配筋,对于矩形承台其钢筋应按双向均匀通长布置 [图8.5.17(a)] 钢筋直径不宜小于10mm,间距不宜大于200mm;对于三桩承台,钢筋应按三向板带均匀布置,且最里面的三根钢筋围成的三角形应在柱截面范围内 [图8.5.17(b)]。承台梁的主筋除满足计算要求外,尚应符合现行《混凝土结构设计规范》GB 50010—2010关于最小配筋率的规定,主筋直径不宜小于12mm,架立筋不宜小于10mm,箍筋直径不宜小于6mm [图8.5.17(c)];柱下独立桩基承台的最小配筋率不应小于0.15%。钢筋锚固长度自边桩内侧(当为圆桩时,应将其直径乘以0.886等效为方桩)算起,锚固长度不应小于35倍钢筋直径,当不满足时应将钢筋向上弯折,此时钢筋水平段的长度不应小于25倍钢筋直径,弯折段的长度不应小于10倍钢筋直径。

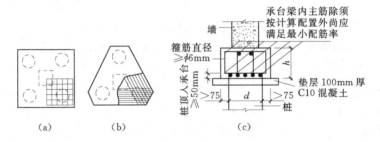

图 8.5.17 承台配筋示意图
(a) 矩形承台配筋;(b) 三桩承台配筋;(c) 承台梁配筋

4.承台混凝土强度等级不应低于C20,纵向钢筋的混凝土保护层厚度不应小于70mm,当有混凝土垫层时,不应小于40mm。

10.2.14 施工完成后的工程桩应进行桩身完整性检验和竖向承载力检验。承受水平力较大的桩应进行水平承载力检验,抗拔桩应进行抗拔承载力检验。

10.2.15 桩身完整性检验宜采用两种或多种合适的检验方法进行。直径大于800mm的混凝土嵌岩桩应采用钻孔抽芯法或声波透射法检测检测,检测桩数不得少于总桩数的10%,且不得少于10根,且每根柱下承台的抽检桩数不得少于1根。直径不大于800mm的桩及直径大于800mm的非嵌岩桩,可根据桩径和桩长的大小,结合桩的类型和当地经验采用钻孔抽芯法或声波透射法或动测法进行检测检测,检测桩数不应少于总桩数的10%,且不得少于10根。

10.2.16 竖向承载力检验的方法和数量可根据地基基础设计等级和现场条件,结合当地可靠的经验和技术确定。复杂地质条件下的工程桩竖向承载力的检验宜采用静载荷试验检,验桩数不得少于同条件下总桩数的1%,且不得少于3根。大直径嵌岩桩的承载力可根据终孔时桩端持力层岩性报告结合桩身质量检验报告核验。

(三)《建筑抗震设计规范》GB 50011—2010规定:

4.4.5 液化土和震陷软土中桩的配筋范围,应自桩顶至液化深度以下符合全部消除液化沉陷所要求的深度，其纵向钢筋应与桩顶部相同，箍筋应增强和加密。

（四）《建筑桩基技术规范》JGJ 94—2008 规定：

4.1.1　灌注桩应按下列规定配筋：

1. 配筋率：当桩身直径为 300～2000mm 时，正截面配筋率可取 0.65％～0.2％（小直径桩取高值）；对受荷载特别大的桩、抗拔桩和嵌岩端承桩应根据计算确定配筋率，并不应小于上述规定值。

2. 配筋长度：

1）端承型桩和位于坡地岸边的基桩应沿桩身等截面或变截面通长配筋。

2）桩径大于 600mm 的摩擦型桩配筋长度不应小于 2/3 桩长；当受水平荷载时，配筋长度尚不宜小于 $4.0/\alpha$（α 为桩的水平变形系数）。

3）对于受地震作用的基桩，桩身配筋长度应穿过可液化土层和软弱土层，进入稳定土层的深度不应小于本规范第 3.4.6 条规定的深度。

4）受负摩阻力的桩、因先成桩后开挖基坑而随地基土回弹的桩，其配筋长度应穿过软弱土层并进入稳定土层，进入的深度不应小于 2～3 倍桩身直径。

5）专用抗拔桩及因地震作用、冻胀或膨胀力作用而受拔力的桩，应等截面或变截面通长配筋。

3. 对于受水平荷载的桩，主筋不应小于 8ϕ12；对于抗压桩和抗拔桩，主筋不应少于 6ϕ10；纵向主筋应沿桩身周边均匀布置，其净距不应小于 60mm。

4. 箍筋应采用螺旋式，直径不应小于 6mm，间距宜为 200～300mm；受水平荷载较大桩基、承受水平地震作用的桩基以及考虑主筋作用计算桩身受压承载力时，桩顶以下 5d 范围内的箍筋应加密，间距不应大于 100mm；当桩身位于液化土层范围内时箍筋应加密；当考虑箍筋受力作用时，箍筋配置应符合现行国家标准《混凝土结构设计规范》GB 50010 的有关规定；当钢筋笼长度超过 4m 时，应每隔 2m 设一道直不小于 12mm 的焊接加劲箍筋。

4.1.2　桩身混凝土及混凝土保护层厚度应符合下列要求：

1. 桩身混凝土强度等级不得小于 C25，混凝土预制桩尖强度等级不得小于 C30。

2. 灌注桩主筋的混凝土保护层厚度不应小于 35mm，水下灌注桩的主筋混凝土保护层厚度不得小于 50mm。

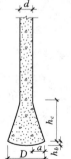

3. 四类、五类环境中桩身混凝土保护层厚度应符合国家现行标准《港口工程混凝土结构设计规范》JTJ 267、《工业建筑防腐蚀设计规范》GB 50046 的相关规定。

4.1.3　扩底灌注桩扩底端尺寸应符合下列规定（图 4.1.3）：

1. 对于持力层承载力较高、上覆土层较差的抗压桩和桩端以上有一定厚度较好土层的抗拔桩，可采用扩底；扩底端直径与桩身直径之比 D/d，应根据承载力要求及扩底端侧面和桩端持力层土性特征以及扩底施工方法确定；挖孔桩的 D/d 不应大于 3，钻孔桩的 D/d 不应/大于 2.5。

图 4.1.3　扩底桩构造

2. 扩底端侧面的斜率应根据实际成孔及土体自立条件确定 a/h_c 可取 1/4～1/2，砂土可取 1/4，粉土、黏性土可取 1/3～1/2。

3. 抗压桩扩底端底面宜呈锅底形，矢高 h_b 可取（0.15—0.20）D。

第四节 筏形基础与箱形基础

筏形基础是柱下或墙下连续的平板式或梁板式钢筋混凝土基础，箱形基础是由底板、顶板、侧墙及一定数量内隔墙构成的整体刚度较好的单层或多层钢筋混凝土箱体基础。这些基础形式整体刚度好、承载能力高。

筏形基础的混凝土强度等级不低于C30，箱形基础的混凝土强度等级不低于C25。当筏形基础或箱形基础下的天然地基承载力或沉降值不能满足设计要求时，往往采用桩筏或桩箱基础。桩上筏形与箱形基础的混凝土强度等级不低于C30；垫层混凝土强度等级不低于C10，垫层厚度不小于70mm。

箱基底板、筏板顶部跨中钢筋应全部连通，箱基底板和筏基的底部支座钢筋应分别有1/4和1/3贯通全跨，上下贯通钢筋的配筋率均不应小于0.15%；当筏板基础厚度大于2000mm时，宜在板厚中间设置直径不小于12mm、间距不大于300mm的双向钢筋网。

箱形基础、筏形的地下室施工完成后，要及时进行基坑回填，回填时在相对的两侧或四周同时进行并分层夯实，回填土的压实系数不应小于0.94。

一、筏形基础

筏形基础由整块钢筋混凝土平板或梁板组成，它在外形和构造上如同倒置的钢筋混凝土无梁楼盖或肋形楼盖，分为平板式和梁板式两类，平板式筏基如图2-35（b）所示，梁板式筏基如图2-35（a）所示，与梁板式筏基相比，平板式筏基具有抗冲切及抗剪切能力强的特点，且构造简单，施工便捷，经大量工程实践和部分工程事故分析，平板式筏基具有更好的适应性。这类基础由于扩大了基础底面积，整体性好，抗弯刚度大，可调整和避免结构物局部发生显著的不均匀沉降。

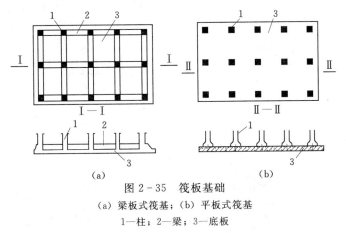

图2-35 筏板基础
（a）梁板式筏基；（b）平板式筏基
1—柱；2—梁；3—底板

（一）一般要求

筏形基础上有地下室时应采用防水混凝土，防水混凝土的抗渗等级应根据基础埋深及地下水的最大水头与防渗混凝土厚度的比值，按现行《地下工程防水技术规范》GB 50108—2008选用，但不应小于P6，必要时宜设架空排水层。基础及地下室的外墙、底板，当采用粉煤灰混凝土时，可采用60d或90d龄期的强度指标作为其混凝土材料设计强度，筏形基础应采用双向钢筋网片分别配置在板的顶面和底面，钢筋间距不应小于150mm，也不宜大于

300mm，受力钢筋直径不宜小于$\phi12mm$。梁板式筏基墙柱的纵向钢筋要贯通基础梁，并从梁上皮起满足锚固长度的要求。

平板筏基的板厚应满足受冲切承载力的要求。柱下板带中，柱宽及其两侧各0.5倍板厚且不大于1/4板跨的有效宽度范围内，其钢筋配置量不应小于柱下板带钢筋数量的1/2，平板式筏基柱下板带和跨中板带的底部钢筋应有1/2～1/3贯通全跨，且配筋率不应小于0.15%；顶部钢筋应按计算配筋全部连通。

采用大面积整体筏形基础时，与主楼连接的外扩地下室楼板板角，除配置两个垂直方向的上部钢筋外，尚应布置斜向上部构造钢筋，钢筋直径不应小于10mm、间距不应大于200mm，该钢筋伸入板内的长度不宜小于1/4的短边跨度；与基础整体弯曲方向一致的垂直于外墙的楼板上部钢筋以及主裙楼交界处的楼板上部钢筋，钢筋直径不应小于10mm、间距不应大于200mm，且钢筋的面积不应小于受弯构件的最小配筋率，钢筋的锚固长度不应小于30d。

筏形基础的地下室钢筋混凝土墙体内应设置双向钢筋，钢筋不宜采用光面圆钢筋，水平钢筋的直径不应小于12mm，竖向钢筋的直径不应小于10mm，间距不应大于200mm。筏板与地下室外墙的接缝、地下室外墙沿高度处的水平接缝应严格按施工缝要求施工，必要时可设通长止水带。

高层建筑筏形基础与裙房基础之间的构造应符合下列要求：

1）当高层建筑与相连的裙房之间设置沉降缝时，高层建筑的基础埋深应大于裙房基础的埋深至少2m。当不满足要求时必须采取有效措施。沉降缝地面以下处应用粗砂填实（图2-40）。

2）当高层建筑与相连的裙房之间不设置沉降缝时，宜在裙房一侧设置后浇带，后浇带的位置宜设在距主楼边柱的第二跨内。后浇带混凝土宜根据实测沉降值并计算后期沉降差能满足设计要求后方可进行浇筑（见图2-36）。

3）当高层建筑与相连的裙房之间不允许设置沉降缝和后浇带时，高层建筑及与其紧邻一跨裙房的筏板应采用相同厚度，裙房筏板的厚度宜从第二跨裙房开始逐渐变化，应同时满足主、裙楼基础整体性和基础板的变形要求。

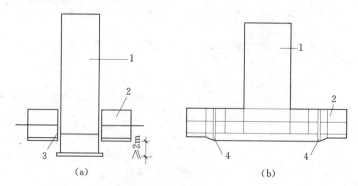

图2-36 高层建筑与相连的裙房之间沉降缝、后浇带设置示意
(a) 设置沉降缝；(b) 设置后浇带
1—高层；2—裙房及地下室；3—室外地坪以下用粗砂填实；4—后浇带

（二）施工工艺

1. 工艺流程

基坑降水（若有）→基坑开挖→验槽→垫层施工→筏基边240mm砖胎模施工（外防外

贴保护墙施工）→后浇带设置→地下防水平面施工（→地下防水立面外防内贴施工与砖胎模）→平面、立面防水保护层施工→筏基底部钢筋连接（优选直螺纹机械连接）与绑扎→梁板式筏基的梁底部钢筋连接（优选直螺纹机械连接）与绑扎→底部钢筋保护层垫设、架立筏板上层钢筋马凳→筏基上部钢筋连接（优选直螺纹机械连接）与绑扎→梁板式筏基的梁上部钢筋连接（优选直螺纹机械连接）与绑扎→柱、墙插筋定位→外墙及基坑模板支设→止水带安装→筏基混凝土浇筑。

2. 主要工序注意的问题

(1) 绑底板下层网片钢筋。

1) 根据在防水保护层弹好的钢筋位置线，先铺下层网片的长向钢筋，钢筋接头尽量采用机械连接，要求接头在同一截面相互错开 50%，同一根钢筋在 35d 或 500mm 的长度内不得有两个接头。

2) 后铺下层网片上面的短向钢筋，钢筋接头尽量采用机械连接、要求接头在同一截面相互错开 50%，同一根钢筋尽量减少接头。

3) 绑扎加强筋：根据图纸设计依次绑扎局部加强筋。

(2) 绑扎地梁钢筋。

1) 在下层水平主钢筋上，画出箍筋间距。箍筋与主筋要垂直，箍筋的接头，即弯钩叠合处沿梁水平筋交错布置绑扎在受压区。

2) 地梁也可在槽上预先绑扎好后，根据已划好的梁位置线用塔吊直接吊装到位。与底板钢筋绑扎牢固。但必须注意地梁钢筋笼骨不得出现变形。

(3) 绑扎底板上层网片钢筋。

1) 铺设铁马凳：马凳用剩余短料焊制成，马凳短向放置，间距 1.2～1.5m。

2) 绑扎上层钢筋下铁：先在马凳上绑架立筋，在架立筋上划好的钢筋位置线，按图纸要求，顺序放置上层钢筋的下铁，钢筋接头尽量采用机械连接，要求接头在同一截面相互错开 50%，同一根钢筋尽量减少接头。

3) 绑扎上层钢筋上铁：根据在上层下铁上划好的钢筋位置线，顺序放置上层钢筋，钢筋接头尽量采用机械连接，要求接头同上层钢筋下铁。

4) 绑扎暗柱、墙体插筋：根据柱、墙体位置线，将插筋绑扎就位，并和底板钢筋点焊固定，一般要求插筋甩出底板面的长度≥45d，暗柱绑扎两道箍筋，墙体绑扎一道水平筋。

5) 垫保护层：保护层垫块间距为 600mm，梅花型布置。

6) 成品保护：绑扎钢筋时钢筋不能直接抵到外砖模上，并注意保护防水。钢筋绑扎前，保护墙内侧防水必须甩浆做保护层，保护墙上部的防水卷材要浮铺油毡加盖红机砖保护，以免防水卷材在钢筋施工时被破坏。

(4) 240mm 砖胎模。

1) 砖胎模砌筑前，先在垫层面上放线，砌筑时要求拉直线，砖模内侧、墙顶面抹 15mm 厚的水泥砂浆并压光，同时阴阳角做成圆弧形。

2) 底板外墙侧模采用 240mm 厚砖胎模，高度同底板厚度，当兼作外墙部分模板时，因为外墙施工缝一般留在底板上 300mm 处，考虑止水带的施工，砖胎模高度以底板厚度加 450mm 为宜，内侧及顶面采用 1:2.5 水泥砂浆抹面。

3) 考虑混凝土浇筑时侧压力较大，砖胎模外侧面必须进行支撑加固，支撑间距不大于 1.5m。

（三）后浇带的设置

后浇带的设置详见第四章内容。

二、箱形基础[1]

箱形基础由底板、剪力墙、顶板三部分组成，如图2-37所示。箱形基础的平面尺寸应根据地基土承载力和上部结构布置以及荷载大小等因素确定。

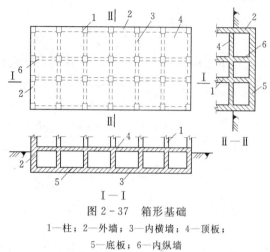

图2-37　箱形基础
1—柱；2—外墙；3—内横墙；4—顶板；
5—底板；6—内纵墙

基础长度超过40m时，宜设置后浇带，当主楼与裙房为整体基础，采用后浇带时，后浇带的处理方法同筏形基础与裙房基础之间的构造要求，后浇带及整体基础底面的防水处理应同时做好，并注意保护。后浇带保留时间应根据沉降分析确定。

高层建筑同一结构单元内箱形基础的埋置深度宜一致，且不得局部采用箱形基础。抗震设防区天然土质地基上的箱形埋深不宜小于建筑物高度的1/15；当桩与箱基底板或筏板连接时，桩箱或桩筏基础的埋置深度（不计桩长）不宜小于建筑物高度的1/18。

（一）一般要求及构造

箱形基础的底板和顶板构造同筏形基础，箱形基础的墙体构造要求为：墙体内应设置双层钢筋，每层钢筋的竖向和水平钢筋的直径不应小于10mm，间距不应大于200mm。除上部为剪力墙外，内外墙的墙顶处宜配置两根直径不小于20mm的通长构造钢筋。洞口上过梁的高度不宜小于层高的1/5，洞口面积不宜大于柱距与箱形基础全高乘积的1/6，墙体洞口周围应设置加强钢筋，洞口四周附加钢筋面积不应小于洞口内被切断钢筋面积的1/2，且不少于2根直径为14mm的钢筋，此钢筋应从洞口边缘处延长40倍钢筋直径。

当箱基的外墙设有窗井时，窗井的分隔墙应与内墙连成整体，视作箱形基础伸出的挑梁，窗井底板应按支承在箱基外墙、窗井外墙和分隔墙上的单向板或双向板计。与高层建筑相连的门厅等低矮单元基础，可采用从箱形基础挑出的基础梁方案，如图2-38所示，挑出长度不宜大于0.15倍箱基宽度，并考虑偏心影响。挑出部分下面应采取挑梁自由下沉的措施。

底层柱与箱形基础交接处，柱边和墙边或柱角和八字角之间的净距不宜小于50mm，柱下三面或四面有箱形基础墙的内柱，除四角钢筋应直通基底外，其余钢筋可终止在顶板底面以下40倍钢筋直径处；外柱、与剪力墙相连的柱及其他内柱的纵向钢筋应直通到基底，对

---

❶ 《高层建筑混凝土结构技术规程》JGJ 3—2010规定：

12.3.21　……箱形基础的顶板和底板钢筋配置除符合计算要求外，纵横方向支座钢筋尚应有1/3~1/2的钢筋连通，跨中钢筋按实际需要的配筋全部连通。钢筋接头宜采用机械连接；采用搭接接头时，搭接长度应按受拉钢筋考虑。

12.3.22　箱形基础的顶板、底板及墙体均应采用双层双向配筋。墙体的竖向和水平钢筋直径均不应小于10mm，间距均不应大于200mm。除上部为剪力墙外，内、外墙的墙顶处宜配置两根直径不小于20mm的通长构造钢筋。

12.3.23　上部结构底层柱纵向钢筋伸入箱形基础墙体的长度应符合下列要求：

1. 柱下三面或四面有箱形基础墙的内柱，除柱四角纵向钢筋直通到基底外，其余钢筋可伸入顶板底面以下40倍纵向钢筋直径处。

2. 外柱、与剪力墙相连的柱及其他内柱的纵向钢筋应直通到基底。

预制长柱，应设置杯口，按高杯口基础设计要求处理。

箱基防水采用密实混凝土刚性防水，外围结构混凝土强度等级不应低于 C15，抗渗等级不应低于 P6，必要时可采用架空隔水层方法或柔性防水方案。箱基在施工、使用阶段均应验算抗浮稳定性，地下水对箱形基础的浮力，一般不考虑折减，抗浮安全系数 Kw 宜取 1.2。

当高层建筑箱形基础下天然地基承载力或沉降变形不能满足设计要求时，可采用桩加箱形或筏形基础，桩的纵向钢筋锚入箱基或筏基底板内的长度不宜小于钢筋直径的 $35d$ 倍，对于抗拔桩基不应少于钢筋直径的倍 $45d$。

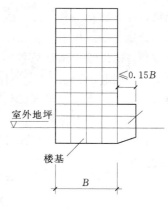

图 2-38 箱基挑出部分

（二）施工工艺

1. 工艺流程

箱基底板后浇带留设→箱基底板钢筋绑扎及柱、墙插筋→箱基底板及箱基墙体施工缝以下墙体混凝土施工→箱基墙体施工缝以上墙体施工→箱基顶板模板支设、设备安装或留洞→箱基顶板钢筋绑扎及混凝土浇筑。

2. 主要工序应注意的问题

（1）箱基底板施工同筏基，注意墙柱预埋甩出钢筋必须用塑料套管加以保护，避免混凝土污染钢筋。

（2）施工缝以下墙体模板安装。

由于箱型基础底板与墙体一般分开施工，且一般具有防水要求，考虑防水、应力集中、施工缝留设的要求，一般在施工箱基底板时，要施工一定高度的墙体，所以墙体施工缝一般留在距底板顶部不小于 30cm 处，此处的止水带安装是关键。因此，墙体模板必须和底板模板同时安装一部分。这部分模板一般高度为 600mm 即可。采用吊模施工内侧模板，在内侧模板底部用钢筋马凳支撑，内侧模板和外侧模板用穿墙螺栓加以连接，外侧模板用斜撑与基坑侧壁撑牢。如底板中有基础梁，则梁侧模全部采用吊模施工，梁与梁之间用钢管加以锁定，如图 2-39 所示。

图 2-39 箱型基础底板与墙体的施工缝示意图

（3）施工缝以上墙体的施工工艺详见钢筋混凝土章节。

（三）施工监测

1. 抗浮监测

筏板和箱型基础施工期间抗浮问题尤为突出，在施工中一般通过施工降排水和地下水位监测解决和控制，但这一点往往被施工技术人员忽视。近年来，因施工期间停止降水，地下水位过早升高而发生的工程问题常有发生。如：某工程设有 4 层地下室，因场区地下水位较高。采取施工降水措施。但结构施工至 ±0.000 时，施工停止了降水，也未通知设计人。两个月后，发现整个地下室上浮，最大处可达 20cm。因此施工期间的抗浮问题应该引起重视，同时作好地下水位监测，确保工程安全。

2. 内外温差监测

混凝土结构在建设和使用过程中出现不同程度、不同形式的裂缝，这是一个相当普遍的现象，筏板和箱型基础的底板一般是大体积混凝土，其结构出现裂缝更普遍。在全国调查的高层建筑地下结构中，底板出现裂缝的现象占调查总数的 20% 左右，地下室的外墙混凝土出现裂缝的现象占调查总数的 80% 左右。据裂缝原因分析，属于由变形（温度、湿度、地基沉降）引起的约占 80% 以上，属于荷载引起的约占 20% 左右。为避免筏板和箱型基础在浇筑过程中，由于水泥水化热引起的混凝土内部温度和温度应力的剧烈变化，从而导致混凝土发生裂缝，需对筏板和箱型基础混凝土表面和内部的温度进行监测。采取有效措施控制因水化热引起的升温速度、内外温差及降温速度，防止混凝土出现有害的温度裂缝（包括混凝土收缩）。

第五节 扩 展 基 础

一、扩展基础的类型

扩展基础包括有筋扩展基础和无筋扩展基础，无筋扩展基础系指由砖、毛石、混凝土或毛石混凝土、灰土和三合土等材料组成的墙下条形基础，或柱下独立基础。具有施工简单、就地取材等特点，适用于多层民用建筑和轻型厂房。一般该基础采用的材料抗压强度高，抗拉、抗剪强度低，因此当基础出现挠曲变形时，内拉应力就会超过材料的抗拉强度，在基础的一边（条形基础）或一角（柱下独立基础）产生裂缝。裂缝发展很快，随后基底反力和基础内力重分布，其他部分也相继出现裂缝，直至裂缝贯通，基础破坏。所以，无筋扩展基础在工程建设中应用较少。

有筋扩展基础系指钢筋混凝土基础，包括墙下条形基础、柱下条形基础、柱下独立基础、预制柱下杯形基础、预制柱下高杯形基础几种。钢筋混凝土基础具有较大的抗拉、抗弯能力，相对于无筋扩展基础具有一定的柔性。在多层砖混结构、单层或多层框架结构中常被采用。

柱下基础多做成对称式，但对某些偏心荷载下的柱基，或两相邻柱过近时，也可做成不对称的，即偏心基础。基础剖面可做成台阶式或角锥形。

墙下条形基础一般做成无暗梁的锥形，若地基软弱或不均匀，可加暗梁以调整不均匀沉降。常用的基础类型剖面及支模方法参见表 2-6。

表 2-6　　　　　　常用的扩展基础类型剖面及支模形式

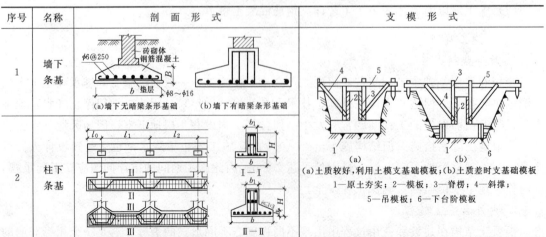

序号	名称	剖面形式	支模形式
1	墙下条基	(a)墙下无暗梁条形基础　　(b)墙下有暗梁条形基础	(a)土质较好，利用土模支基础模板；(b)土质差时支基础模板
2	柱下条基	I-I　　II-II	1—原土夯实；2—模板；3—脊楞；4—斜撑；5—吊模板；6—下台阶模板

续表

序号	名称	剖 面 形 式	支 模 形 式
3	柱下独立基础	(a)台阶形　　(b)锥形	第一阶侧板　挡水 第二阶侧板 轿杠木 木桩　撑木
4	杯形基础	焊接网　焊接网	(a)
5	高杯基础及双杯基础	$\phi12@200$　$\phi8@300$ 双杯口基础($t\leqslant400m$)	(b)　　(c) (a) 杯形基础模板；(b) 整体式杯芯模板； (c) 装配式杯芯模板 1—侧板；2—立档；3—吊帮方木；4—斜撑； 5—托木；6—杯芯侧板；7—挟芯板

二、扩展基础的构造

扩展基础的构造，应符合下列要求：

（1）锥形基础的边缘高度，不宜小于 200mm；且两个方向的坡度不宜大于 1∶3；阶梯形基础的每阶高度，宜为 300～500mm；垫层的厚度不宜小于 70mm；垫层混凝土强度等级不宜低于 C10。

（2）扩展基础受力钢筋最小配筋率不应小于 0.15％，底板受力钢筋的最小直径不宜小于 10mm；间距不宜大于 200mm，也不宜小于 100mm。墙下钢筋混凝土条形基础纵向分布钢筋的直径不宜小于 8mm，间距不大于 300mm；每延米分布钢筋的面积应不小于受力钢筋面积的 15％。当有垫层时钢筋保护层的厚度不小于 40mm；无垫层时不小于 70mm；混凝土强度等级不应低于 C20。

三、扩展基础的施工注意事项

（1）在混凝土浇灌前应先行验槽，基坑尺寸应符合设计要求，对局部软弱土层应挖除，用灰土或砂砾回填夯实与基底相平，注意要和原地基的压缩变形保持一致，不能出现软硬不同的地基。在地基或基土上浇筑混凝土时，应清除淤泥和杂物，并应有排水和防水措施。对干燥的黏性土，应用水湿润；对未风化的岩石，应用水清洗，但其表面不得留有积水。

（2）垫层混凝土在验槽后应立即浇筑，以保护地基。当垫层素混凝土达到一定强度后，在其上弹线、支模、铺放钢筋。

（3）钢筋上的泥土、油污，模板内的垃圾、杂物应清除干净。木模板应浇水湿润，缝隙应堵严，基坑积水应排除干净。

（4）混凝土自高处倾落时，其自由倾落高度不应超过 2m，如高度超过 2m，应设料斗、漏斗、串筒、斜槽、溜管，以防止混凝土产生分层离析。

（5）混凝土宜分段分层灌筑，每层厚度应符合钢筋混凝土的施工技术规定。各段各层间应互相衔接，每段长 2～3m，使远段远层呈阶梯形推进，并注意先使混凝土充满模板边角，然后浇灌中间部分。

（6）混凝土应连续浇灌，以保证结构良好的整体性，如必须间歇，间歇时间不应超过相关规定。

思 考 题

1．建筑物对地基的要求有哪些？

2．土木工程常用地基处理方法有哪些？

3．试述钢筋混凝土预制桩的制作、起吊、运输、堆放等环节的主要工艺要求。

4．为什么要确定打桩顺序？打桩顺序和哪些因素有关？试分析打桩顺序、土壤挤压与桩距的关系。

5．桩锤有哪几种类型？桩锤的工作原理和适用范围是什么？

6．什么情况下控制贯入度或桩头设计标高？

7．正循环回转钻成孔和反循环回转钻成孔，泥浆循环有何区别？有何优缺点？

8．试述沉管灌注桩的施工工艺。其常见的质量问题有哪些？如何预防？

9．什么是沉管灌注桩的复打法？起什么作用？

10．套管成孔灌注桩施工中常遇到哪些质量问题？如何处理？

11．预制桩和灌注桩的特点和各自的适用范围是什么？

12．筏型基础有哪两种类型，各有哪些构造要求？试述筏型基础的施工工艺。

13．简述后浇带的留设原因？留设方法？

14．箱型基础和筏型基础有什么区别？试述箱型基础的施工工艺。

第三章 砌 体 工 程

第一节 脚 手 架 工 程

脚手架是在施工现场为安全防护以及方便工人操作等而搭设的上料、堆料与防护用的临时施工作业架。

对脚手架的基本要求是：构造合理，有足够的强度、刚度、稳定性和可靠的安全防护措施；搭拆方便，能多次周转使用；因地制宜，就地取材，尽量节约材料；有足够的宽度，能满足工人操作，材料堆放及运输的需要。脚手架的宽度一般为1.5～2.0m。另外，脚手架所用材料的规格、质量应符合有关规定，搭设后要严格验收，且在使用过程中应经常检查，防止失稳。

脚手架的种类很多，按用途可分为操作脚手架，防护用脚手架，承重和支撑用脚手架；按其搭设位置分为外脚手架和里脚手架两大类；按其所用材料分为木脚手架，竹脚手架与金属脚手架；按其构造形式分为多立杆式、门式、吊式、挂式、悬挑式、附着升降式以及用于楼层间操作的工具式脚手架等；按其封闭状况分为敞开式脚手架、局部封闭式脚手架、半封闭式脚手架和全封闭式脚手架。

一、外脚手架

外脚手架的形式有多立杆式、门式、悬挑式、吊式、挂式、附着升降式脚手架等。

（一）多立杆式脚手架

多立杆式外脚手架是最常用的一种落地式脚手架，现多用钢管搭设，可搭成单排或双排。

钢管多立杆式脚手架有扣件式和碗扣式两种。扣件式钢管脚手架各杆件之间是用扣件连接起来的，扣件基本形式有三种，如图3-1所示。碗扣式钢管脚手架其杆件接点处采用碗扣连接，如图3-2所示，碗扣式钢管脚手架，构件全部轴向连接，力学性能好，连接可靠，组成的脚手架整体性好。由于碗扣是固定在钢管上的，不存在扣件丢失问题，但造价高。

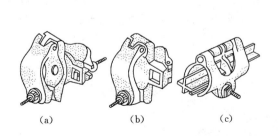

图3-1 扣件形式
（a）旋转扣件；（b）直角扣件；（c）对接扣件

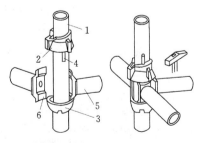

图3-2 碗扣接头
1—立杆；2—上碗扣；3—下碗扣；4—限位
销；5—横杆；6—横杆接头

1. 扣件式钢管脚手架

扣件式钢管脚手架可搭成单排或双排，双排脚手架较为常用，如图3-3所示。

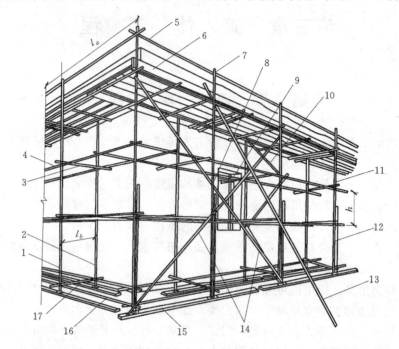

图3-3　双排扣件式钢管脚手架各杆件位置

1—外立杆；2—内立杆；3—横向水平杆；4—纵向水平杆；5—栏杆；
6—挡脚板；7—直角扣件；8—旋转扣件；9—连墙件；10—横向
斜撑；11—主立杆；12—副立杆；13—抛撑；14—剪刀撑；
15—垫板；16—纵向扫地杆；17—横向扫地杆

（1）扣件式钢管脚手架构造要求。

1）扣件式钢管脚手架搭设高度。单排脚手架搭设高度不应超过24m；双排脚手架搭设高度不宜超过50m，高度超过50m的双排脚手架，应采用分段搭设等措施。

2）纵向水平杆、横向水平杆构造。

a. 纵向水平杆应设置在立杆内侧，单根杆长度不应小于3跨；纵向水平杆接长应采用对接扣件连接或搭接[1]。

b. 作业层上非主节点处的横向水平杆，宜根据支承脚手板的需要等间距设置，最大间距不应大于纵距的1/2；当使用冲压钢脚手板、木脚手板、竹串片脚手板时，双排脚手架的横向水平杆两端均应采用直角扣件固定在纵向水平杆上；当使用竹笆脚手板时，双排脚手架的横向水平杆的两端，应用直角扣件固定在立杆上。

---

❶　《建筑施工扣件式钢管脚手架安全技术规范》JGJ 130—2011规定：

6.2.1　纵向水平杆的构造应符合下列规定：

（1）纵向水平杆宜设置在立杆内侧，其长度不宜小于3跨。

（2）纵向水平杆接长宜采用对接扣件连接或搭接。并应符合下列规定：

1）两根相邻纵向水平杆的接头不应设置在同步或同跨内；不同步或不同跨两个相邻接头在水平方向错开的距离不应小于500mm；各接头中心至最近主节点的距离不宜大于纵距的1/3。

2）搭接长度不应小于1m，应等间距设置3个旋转扣件固定；端部扣件盖板边缘至搭接纵向水平杆杆端的距离不应小于100mm。

c. 主节点处必须设置一根横向水平杆，用直角扣件扣接且严禁拆除。

3）立杆构造[1]。

a. 每根立杆底部宜设置底座或垫板。

b. 脚手架必须设置纵、横向扫地杆。纵向扫地杆应采用直角扣件固定在距钢管底端不大于200mm处的立杆上。横向扫地杆应采用直角扣件固定在紧靠纵向扫地杆下方的立杆上。

c. 脚手架立杆基础不在同一高度上时，必须将高处的纵向扫地杆向低处延长两跨与立杆固定，高低差不应大于1m。靠边坡上方的立杆轴线到边坡的距离不应小于500mm（见图3-4）。

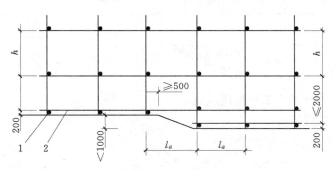

图3-4 纵、横向扫地杆构造
1—横向扫地杆；2—纵向扫地杆

d. 单、双排脚手架底层步距均不应大于2m。

e. 单排、双排与满堂脚手架立杆接长除顶层顶步外，其余各层各步接头必须采用对接扣件连接。

f. 脚手架立杆顶端栏杆宜高出女儿墙上端1m，宜高出檐口上端1.5m。

4）连墙件构造。

a. 脚手架连墙件设置的位置、数量应按专项施工方案确定。

b. 脚手架连墙件数量的设置除应满足本规范的计算要求外，还应符合表3-1的规定。

表3-1　　　　　　　　　　　　连墙件布置最大间距

搭设方法	高度	竖向间距（m）	水平间距（m）	每根连墙件覆盖面积（m²）
双排落地	≤50m	$3h$	$3 l_a$	≤40
双排悬挑	>50m	$2h$	$3 l_a$	≤27
单排	≤24m	$3h$	$3 l_a$	≤40

注　h—步距；l_a—纵距。

---

[1] 《建筑施工扣件式钢管脚手架安全技术规范》JGJ 130—2011规定：

6.3.6　脚手架立杆的对接、搭接应符合下列规定：

1. 当立杆采用对接接长时，立杆的对接扣件应交错布置，两根相邻立杆的接头不应设置在同步内，同步内隔一根立杆的两个相隔接头在高度方向错开的距离不宜小于500mm；各接头中心至主节点的距离不宜大于步距的1/3。

2. 当立杆采用搭接接长时，搭接长度不应小于1m，并应采用不少于2个旋转扣件固定。端部扣件盖板的边缘至杆端距离不应小于100mm。

c. 开口型脚手架的两端必须设置连墙件，连墙件的垂直间距不应大于建筑物的层高，并且不应大于4m。

d. 连墙件必须采用可承受拉力和压力的构造。对高度24m以上的双排脚手架，应采用刚性连墙件与建筑物连接❶。

5）剪刀撑构造。双排脚手架应设置剪刀撑与横向斜撑，单排脚手架应设置剪刀撑。单、双排脚手架剪刀撑的设置应符合下列规定：

a. 每道剪刀撑跨越立杆的根数应按表3-2的规定确定。每道剪刀撑宽度不应小于4跨，且不应小于6m，斜杆与地面的倾角应在45°～60°之间。

表 3-2　　　　　　　　　剪刀撑跨越立杆的最多根数

剪刀撑斜杆与地面的倾角 α	45°	50°	60°
剪刀撑跨越立杆的最多根数 n	7	6	5

b. 剪刀撑斜杆的接长应采用搭接或对接。

c. 剪刀撑斜杆应用旋转扣件固定在与之相交的横向水平杆的伸出端或立杆上，旋转扣件中心线至主节点的距离不应大于150mm。

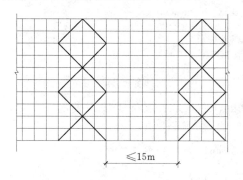

图 3-5　高度24m以下剪刀撑布置

d. 高度在24m及以上的双排脚手架应在外侧全立面连续设置剪刀撑；高度在24m以下的单、双排脚手架，均必须在外侧两端、转角及中间间隔不超过15m的立面上，各设置一道剪刀撑，并应由底至顶连续设置，如图3-5所示。

6）横向斜撑构造。双排脚手架横向斜撑的设置应符合下列规定：

a. 横向斜撑应在同一节间，由底至顶层呈之字型连续布置。

b. 高度在24m以下的封闭型双排脚手架可不设横向斜撑，高度在24m以上的封闭型脚手架，除拐角应设置横向斜撑外，中间应每隔6跨距设置一道。

c. 开口型双排脚手架的两端均必须设置横向斜撑。

---

❶ 《建筑施工扣件式钢管脚手架安全技术规范》JGJ 130—2011规定：

6.4.3　连墙件的布置应符合下列规定：

1. 应靠近主节点设置，偏离主节点的距离不应大于300mm。

2. 应从底层第一步纵向水平杆处开始设置，当该处设置有困难时，应采用其他可靠措施固定。

3. 应优先采用菱形布置，或采用方形、矩形布置。

6.4.4　开口型脚手架的两端必须设置连墙件，连墙件的垂直间距不应大于建筑物的层高，并且不应大于4m。

6.4.5　连墙件中的连墙杆应呈水平设置，当不能水平设置时，应向脚手架一端下斜连接。

6.4.6　连墙件必须采用可承受拉力和压力的构造。对高度24m以上的双排脚手架应采用刚性连墙件与建筑物连接。

6.4.7　当脚手架下部暂不能设连墙件时应采取防倾覆措施。当搭设抛撑时，抛撑应采用通长杆件，并用旋转扣件固定在脚手架上，与地面的倾角应在45°～60°之间；连接点中心至主节点的距离不应大于300mm。抛撑应在连墙件搭设后方可拆除。

6.4.8　架高超过40m且有风涡流作用时，应采取抗上升翻流作用的连墙措施。

（2）扣件式钢管脚手架的搭设。

1）施工准备工作。脚手架搭设前，应按专项施工方案向施工人员进行交底❶。立杆垫板或底座底面标高宜高于自然地坪 50～100mm。脚手架基础经验收合格后，应按施工组织设计或专项方案的要求放线定位。

2）搭设顺序。铺设垫板→摆放纵向扫地杆→逐根树立立杆，随即与纵向扫地杆扣紧→搭设横向扫地杆，并在紧靠纵向扫地杆下方处与立杆扣紧→搭设第 1 步纵向水平杆，并与立杆扣紧→搭设第 1 步横向水平杆，并与纵向水平杆扣紧→搭设第 2 步纵向水平杆→搭设第 2 步横向水平杆→搭设临时抛撑→搭设第 3 步、第 4 步的纵向水平杆和横向水平杆→固定连墙件→接长立杆→搭设剪刀撑→铺脚手板→搭设防护栏杆→挂安全网。

3）搭设要点。

a. 单、双排脚手架必须配合施工进度搭设，一次搭设高度不应超过相邻连墙件以上两步；如果超过相邻连墙件以上两步，无法设置连墙件时，应采取撑拉固定等措施与建筑结构拉结。

b. 底座、垫板均应准确地放在定位线上；垫板应采用长度不少于 2 跨、厚度不小于 50mm、宽度不小于 200mm 的木垫板。

c. 脚手架立杆、纵向水平杆、横向水平杆搭设时必须满足规范规定❷。

d. 连墙件的安装应随脚手架搭设同步进行，不得滞后安装；当单、双排脚手架施工操作层高出相邻连墙件以上两步时，应采取确保脚手架稳定的临时拉结措施，直到上一层连墙件安装完毕后再根据情况拆除。

e. 脚手架剪刀撑与双排脚手架横向斜撑应随立杆、纵向和横向水平杆等同步搭设，不

---

❶《建筑施工扣件式钢管脚手架安全技术规范》JGJ 130—2011 规定：

7.1.2 应按本规范的规定和脚手架专项施工方案要求对钢管、扣件、脚手板、可调托撑等进行检查验收，不合格产品不得使用。

7.1.3 经检验合格的构配件应按品种、规格分类，堆放整齐、平稳，堆放场地不得有积水。

7.1.4 应清除搭设场地杂物，平整搭设场地，并应使排水畅通。

❷《建筑施工扣件式钢管脚手架安全技术规范》JGJ 130—2011 规定：

7.3.4 立杆搭设应符合下列规定：

1. 相邻立杆的对接连接应符合本规范第 6.3.6 条的规定。

2. 脚手架开始搭设立杆时，应每隔 6 跨设置一根抛撑，直至连墙件安装稳定后，方可根据情况拆除。

3. 当架体搭至有连墙件的主节点时，在搭设完该处的立杆、纵向水平杆、横向水平杆后，应立即设置连墙件。

7.3.5 脚手架纵向水平杆搭设应符合下列规定：

1. 脚手架纵向水平杆应随立杆按步搭设，并应采用直角扣件与立杆固定。

2. 纵向水平杆的搭设应符合本规范第 6.2.1 条的构造规定。

3. 在封闭型脚手架的同一步中，纵向水平杆应四周交圈设置，并应用直角扣件与内外角部立杆固定。

7.3.6 脚手架横向水平杆搭设应符合下列规定：

1. 搭设横向水平杆应符合本规范第 6.2.2 条的构造规定。

2. 双排脚手架横向水平杆的靠墙一端至墙装饰面的距离不宜大于 100mm。

7.3.11 扣件安装应符合下列规定：

1. 扣件规格必须与钢管外径相同。

2. 螺栓拧紧扭力矩不应小于 40N·m，且不应大于 65N·m。

3. 在主节点处固定横向水平杆、纵向水平杆、剪刀撑、横向斜撑等用的直角扣件、旋转扣件的中心点的相互距离不应大于 150mm。

4. 对接扣件开口应朝上或朝内。

5. 各杆件端头伸出扣件盖板边缘长度不应小于 100mm。

得滞后安装。

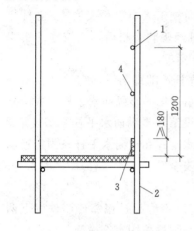

图3-6 栏杆与挡脚板构造
1—上栏杆；2—外立杆；3—挡
脚板；4—中栏杆

f. 脚手板应铺满、铺稳，离墙面的距离不应大于150mm；作业层端部脚手板探头长度应取150mm，其板的两端均应用直径3.2mm的镀锌钢丝固定在支承杆件上。

g. 作业层、斜道的栏杆和挡脚板均应搭设在外立杆的内侧，上栏杆上皮高度应为1.2m，中栏杆应居中设置，挡脚板高度不应小于180mm，如图3-6所示。

（3）扣件式钢管脚手架的拆除。

1）脚手架拆除应按专项方案施工，拆除前应做好下列准备工作：

a. 应全面检查脚手架的扣件连接、连墙件、支撑体系等是否符合构造要求。

b. 应根据检查结果补充完善脚手架专项方案中的拆除顺序和措施，经审批后方可实施。

c. 拆除前应对施工人员进行交底。

d. 应清除脚手架上杂物及地面障碍物。

2）单、双排脚手架拆除作业必须由上而下逐层进行，严禁上下同时作业；连墙件必须随脚手架逐层拆除，严禁先将连墙件整层或数层拆除后再拆脚手架；分段拆除高差大于两步时，应增设连墙件加固。

3）当脚手架拆至下部最后一根长立杆的高度（约6.5m）时，应先在适当位置搭设临时抛撑加固后，再拆除连墙件。当单、双排脚手架采取分段、分立面拆除时，对不拆除的脚手架两端，应先按规范的有关规定设置连墙件和横向斜撑加固。

4）架体拆除作业应设专人指挥，当有多人同时操作时，应明确分工、统一行动，且应具有足够的操作面。

5）卸料时各构配件严禁抛掷至地面。

6）运至地面的构配件应及时检查、整修与保养，并应按品种、规格分别存放。

（4）扣件式钢管脚手架的检查与验收。

1）扣件进入施工现场应检查产品合格证，并应进行抽样复试，技术性能应符合现行国家标准《钢管脚手架扣件》GB 15831—2006的规定。扣件在使用前应逐个挑选，有裂缝、变形、螺栓出现滑丝的严禁使用。

2）脚手架使用中，应定期检查下列内容：

a. 杆件的设置和连接，连墙件、支撑、门洞桁架等的构造是否符合规范和专项施工方案的要求。

b. 地基是否积水、底座松动、立杆悬空。

c. 扣件螺栓是否松动。

d. 高度在24m以上的双排、满堂脚手架、20m以上满堂支撑架，其立杆的沉降与垂直度的偏差是否符合规范规定。

e. 安全防护措施是否符合规范要求。

f. 是否超载使用。

（5）扣件式钢管脚手的安全管理❶。

1）作业层上的施工荷载应符合设计要求，不得超载。不得将模板支架、缆风绳、泵送混凝土和砂浆的输送管等固定在架体上；严禁悬挂起重设备，严禁拆除或移动架体上安全防护设施。

2）当有六级强风及以上风、浓雾、雨或雪天气时应停止脚手架搭设与拆除作业。雨、雪后上架作业应有防滑措施，并应扫除积雪。

3）脚手板应铺设牢靠、严实，并应用安全网双层兜底。施工层以下每隔10m应用安全网封闭。

4）单、双排脚手架、悬挑式脚手架沿架体外围应用密目式安全网全封闭，密目式安全网宜设置在脚手架外立杆的内侧，并应与架体绑扎牢固。

5）搭拆脚手架时，地面应设围栏和警戒标志，并应派专人看守，严禁非操作人员入内。

2. 碗扣式钢管脚手架

碗扣式钢管脚手架是我国参考国外经验自行研制的一种多功能脚手架，其杆件节点处采用碗扣连接，由于碗扣是固定在钢管上的，构件全部轴向连接，力学性能好，其连接可靠，组成的脚手架整体性好，不存在扣件丢失问题。在我国近年来发展较快，现已广泛用于房屋、桥梁、涵洞、隧道、烟囱、水塔、大坝、大跨度棚架等多种工程施工中，取得了显著的经济效益。

碗扣式钢管脚手架由钢管立杆、横杆、碗扣接头等组成。其基本构造和搭设要求与扣件式钢管脚手架类似，不同之处主要在于碗扣接头。碗扣接头（图3-2）是由上碗扣、下碗扣、横杆接头和上碗扣的限位销等组成。在立杆上焊接下碗扣和上碗扣的限位销，将上碗扣套入立杆内。在横杆和斜杆上焊接插头。组装时，将横杆和斜杆插入下碗扣内，压紧和旋转上碗扣，利用限位销固定上碗扣。碗扣间距600mm，碗扣处可同时连接9根横杆，可以互相垂直或偏转一定角度。可组成直线形、曲线形、直角交叉形式等多种形式。碗扣接头具有很好的强度和刚度，下碗扣轴向抗剪的极限强度为166.7kN，横杆接头的抗弯能力好，在跨中集中荷载作用下达6～9kN·m。

（二）门式脚手架

门式脚手架是不仅可作为外脚手架，也可作为移动式里脚手架或满堂脚手架，还可用于搭设垂直运输的井架。门式脚手架因其几何尺寸已标准化，所以具有结构合理，受力性能好，施工中装拆方便，安全可靠，经济实用等特点。

门式钢管脚手架的主要构件由立杆、横杆及加强杆焊接组成，如图3-7（a）所示，通过与其他配件（包括连接棒、锁销、交叉支撑、水平架、挂扣式脚手板、底座与托座等）及

---

❶ 《建筑施工扣件式钢管脚手架安全技术规范》JGJ 130—2011规定：

9.0.1 扣件式钢管脚手架安装与拆除人员必须是经考核合格的专业架子工。架子工应持证上岗。

9.0.2 搭拆脚手架人员必须戴安全帽、系安全带、穿防滑鞋。

9.0.3 脚手架的构配件质量与搭设质量，应按本规范第8章的规定进行检查验收，并应确认合格后使用。

9.0.4 钢管上严禁打孔。

9.0.14 当在脚手架使用过程中开挖脚手架基础下的设备基础或管沟时，必须对脚手架采取加固措施。

9.0.16 临街搭设脚手架时，外侧应有防止坠物伤人的防护措施。

9.0.17 在脚手架上进行电、气焊作业时，必须有防火措施和专人看守。

9.0.18 工地临时用电线路的架设及脚手架接地、避雷措施等，应按现行行业标准《施工现场临时用电安全技术规范》JGJ 46—2005的有关规定执行。

加固件接组合，再配上斜梯、栏杆等即组成上下步相通的脚手架，如图 3-7（b）所示。

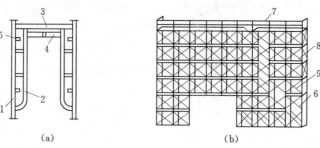

图 3-7 门式脚手架

（a）门架；（b）整片脚手架

1—立杆；2—立杆加强杆；3—横杆；4—横杆加强杆；5—锁销；

6—梯子；7—栏杆；8—脚手板；9—交叉支撑

门式脚手架的构造要求以及搭设必须遵守有关规范规定❶：

（1）不同型号的门架与配件严禁混合使用。

（2）门式脚手架的内侧立杆离墙面净距不宜大于 150mm；当大于 150mm 时，应采取内设挑架板或其他隔离防护的安全措施。

（3）门式脚手架顶端栏杆宜高出女儿墙上端或檐口上端 1.5m。

（4）门式脚手架的底层门架下端应设置纵、横向通长的扫地杆。纵向扫地杆应固定在距门架立杆底端不大于 200mm 处的门架立杆上，横向扫地杆宜固定在紧靠纵向扫地杆下方的门架立杆上。

（5）连墙件设置的位置、数量应按专项施工方案确定，并应按确定的位置设置预埋件。

（6）在门式脚手架的转角处或开口型脚手架端部，必须增设连墙件，连墙件的垂直间距不应大于建筑物的层高，且不应大于 4.0m。

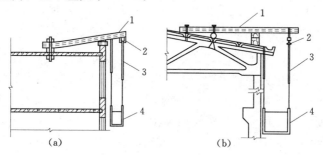

图 3-8 吊式脚手架示意图

（a）在平屋顶的安装；（b）在坡屋顶的安装

1—挑梁；2—吊环；3—吊索；4—吊篮

---

❶ 《建筑施工门式钢管脚手架安全技术规范》JGJ 128—2010 中规定：

6.5.4 连墙件应靠近门架的横杆设置，居门架横杆不宜大于 200mm。连墙件应固定在门架的立杆上。

6.5.5 连墙件宜水平设置，当不能水平设置时，与脚手架连接的一端，应低于与建筑结构连接的一端，连墙杆的坡度宜小于 1:3。

6.8.3 搭设门式脚手架的地面标高宜高于自然地坪标高 50～100mm。

7.3.4 门式脚手架连墙件的安装必须符合下列规定：

1. 连墙件的安装必须随脚手架搭设同步进行，严禁滞后安装。

2. 当脚手架操作层高出相邻连墙件以上两步时，在连墙件安装完毕前必须采用确保脚手架稳定的临时拉结措施。

（三）吊式脚手架

吊式脚手架（见图 3-8）又称吊篮，是一种能自升的悬吊式脚手架，主要由悬挑部件、吊篮、操作平台、升降设备等组成，适用于外墙装修。悬吊支承点设置在主体结构上，悬挑构件的安设务必牢固可靠，以防出现倾翻事故。吊篮的升降有手扳葫芦升降、电动葫芦升降、卷扬机升降等方式。

（四）挂式脚手架

挂式脚手架（见图 3-9）为外挂防护架，在主体结构施工阶段使用，随主体结构逐层向上施工，用塔吊吊升悬挂在结构上，主要适用于全现浇剪力墙结构，也可用于框架、框剪结构的施工。

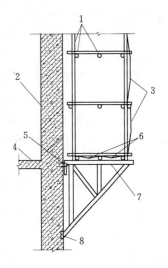

图 3-9　挂式脚手架示意图
1—钢管脚手架；2—钢筋混凝土墙（或柱）；3—竖向安全网；4—现浇楼板；5—预埋挂环；6—水平安全网；7—三角挂架；8—预埋件

（五）悬挑式脚手架

悬挑式脚手架简称挑架，适用于高层建筑主体阶段的施工。是在建筑结构边缘向外伸出临时悬挑结构来支承外脚手架，并将脚手架的荷载传递给建筑结构。悬挑式脚手架的关键是悬挑支承结构（挑梁），它必须有足够的强度、刚度和稳定性，并能将脚手架的荷载传递给建筑结构。架体可用扣件式钢管脚手架、碗扣式钢管脚手架和门式脚手架等搭设，一般为双排，架体高度可依据施工要求、结构承载力和塔吊的提升能力（当采取塔吊分段整体提升时）确定，最高可搭设至 12 步，约 20m 高，可同时进行 2～3 层作业。

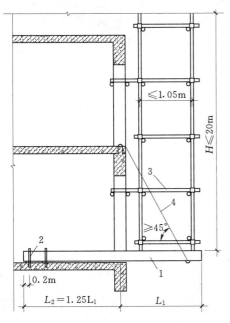

图 3-10　型钢悬挑脚手架
1—型钢悬挑梁；2—预埋钢环；3—连墙件；4—钢丝绳

1. 挑梁形式

（1）悬挂式挑梁，型钢挑梁一端固定在结构上，另一端用拉杆或拉绳拉结到结构的可靠部位上。拉杆或拉绳应有收紧措施，以使在收紧以后承担脚手架荷载。

（2）下撑式挑梁，其挑梁受拉。

（3）桁架式挑梁，一般采用型钢制作支撑三角桁架，通过螺栓与结构连接，螺栓穿在刚性墙体或柱的预留孔洞或预埋套管中，可以方便地拆除和重复使用。

目前，常用的悬挑式脚手架多为工字钢挑梁，如图 3-10 所示，楼板上预埋钢环对挑梁进行固定。

2. 型钢悬挑脚手架构造

（1）一次悬挑脚手架高度不宜超过 20m。

（2）型钢悬挑梁宜采用双轴对称截面的型钢。悬挑钢梁型号及锚固件应按设计确定，钢梁截面高度不应小于 160mm。悬挑梁尾端应在两处及以上固定于钢筋混凝土梁板结构上。锚固型钢悬挑梁的 U 形钢筋拉环或锚固螺栓直径不宜小于 16mm❶。

（3）型钢悬挑梁悬挑端应设置能使脚手架立杆与钢梁可靠固定的定位点，定位点离悬挑梁端部不应小于 100mm。

（4）锚固位置设置在楼板上时，楼板的厚度不宜小于 120mm。如果楼板的厚度小于 120mm 应采取加固措施。

（5）悬挑梁间距应按悬挑架架体立杆纵距设置，每一纵距设置一根。

（6）悬挑架的外立面剪刀撑应自下而上连续设置。剪刀撑、横向斜撑、连墙件设置应符合规范的规定。

（7）锚固型钢的主体结构混凝土强度等级不得低于 C20。

（六）附着升降式脚手架

附着升降式脚手架（亦称爬架）是指采用各种形式的架体结构及附着支承结构、依靠设置于架体上或工程结构上的专用升降设备实现沿建筑物的外墙升降的施工脚手架。这种脚手架吸收了吊脚手架和挂脚手架的优点，具有成本低、使用方便和适应性强等特点，建筑物越高，其经济效益越显著，近年来已成为高层和超高层建筑施工脚手架的主要形式。

附着升降式脚手架主要由架体结构、提升设备、附着支撑结构和防倾、防坠装置等组成。按爬升方式可分为套管式、悬挑式、互爬式和导轨式等，图 3-11 所示为套管式附着升降脚手架。其升降方法有整体升降和分段升降两种，前者是建筑物四周的外脚手架连成一体，由提升设备整体升降；后者是将脚手架按单元分别升降。

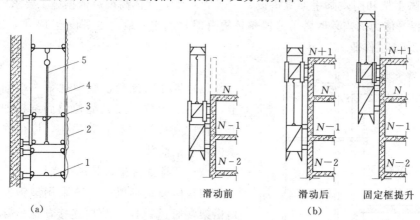

图 3-11　套管式附着升降脚手架示意图
(a) 套管式附着升降脚手架的基本结构；(b) 套管式附着升降脚手架的升降原理
1—固定框；2—滑动框；3—纵向水平杆；4—安全网；5—提升机具

---

❶ 《建筑施工扣件式钢管脚手架安全技术规范》JGJ 130—2011 规定：

6.10.3　用于锚固的 U 形钢筋拉环或螺栓应采用冷弯成型。U 形钢筋拉环、锚固螺栓与型钢间隙应用钢楔或硬木楔楔紧。

6.10.4　每个型钢悬挑梁外端宜设置钢丝绳或钢拉杆与上一层建筑结构斜拉结。钢丝绳、钢拉杆不参与悬挑钢梁受力计算；钢丝绳与建筑结构拉结的吊环应使用 HPB300 级钢筋，其直径不宜小于 20mm，吊环预埋锚固长度应符合现行国家标准《混凝土结构设计规范》GB 50010—2010 中钢筋锚固的规定。

6.10.5　悬挑钢梁悬挑长度应按设计确定，固定段长度不应小于悬挑段长度的 1.25 倍。型钢悬挑梁固定端应采用 2 个（对）及以上 U 形钢筋拉环或锚固螺栓与建筑结构梁板固定，U 形钢筋拉环或锚固螺栓应预埋至混凝土梁、板底层钢筋位置，并应与混凝土梁、板底层钢筋焊接或绑扎牢固，其锚固长度应符合现行国家标准《混凝土结构设计规范》GB 50010—2010 中钢筋锚固的规定。

1. 附着升降脚手架的架体尺寸

(1) 架体高度不应大于 5 倍楼层高。

(2) 架体宽度不应大于 1.2m。

(3) 直线布置的架体支承跨度不应大于 8m；折线或曲线布置的架体支承跨度不应大于 5.4m。

(4) 整体式附着升降脚手架架体的悬挑长度不得大于 1/2 水平支承跨度和 3m；单片式附着升降脚手架架体的悬挑长度不应大于 1/4 水平支承跨度。

(5) 升降和使用工况下，架体悬臂高度均不应大于 6.0m 和 2/5 架体高度。

(6) 架体全高与支承跨度的乘积不应大于 110m²。

2. 附着升降脚手架的安全防护要求

(1) 架体外侧必须用密目安全网（≥800 目/100cm²）围挡；密目安全网必须可靠固定在架体上。

(2) 架体底层的脚手板必须铺设严密，且应用平网及密目安全网兜底。应设置架体升降时底层脚手板可折起的翻板构造，保持架体底层脚手板与建筑物表面在升降和正常使用中的间隙，防止物料坠落。

(3) 在每一作业层架体外侧必须设置上、下两道防护栏杆（上杆高度 1.2m，下杆高度 0.6m）和挡脚板（高度 180mm）。

(4) 单片式和中间断开的整体式附着升降脚手架，在使用工况下，其断开处必须封闭并加设栏杆；在升降工况下，架体开口处必须有可靠的防止人员及物料坠落的措施。

附着升降脚手架在每次升降以及拆卸前应根据专项施工组织设计要求对施工人员进行安全技术交底。附着升降式脚手架的制作以及安装、拆除必须遵守有关规定❶。

二、里脚手架

搭设于建筑物内部的脚手架称为里脚手架。里脚手架在每砌筑完一个楼层的墙体后，就将其转移到上一层楼上去重新搭设。由于里脚手架装拆频繁，故要求其结构轻便灵活、装拆方便，一般多采用工具式里脚手架。常用的工具式里脚手架有折叠式、支柱式、门架式等。

（一）折叠式里脚手架

根据材料不同，分为角钢、钢管和钢筋折叠式里脚手架。图 3-12 所示为角钢折叠式里脚手架，其架设间距，砌墙时不超过 2m，粉刷时不超过 2.5m，可以搭设两步脚手架，第一步高约 1m，第二步高约 1.65m。钢管和钢筋折叠式里脚手架的架设间距，砌墙时不超过

---

❶ 《建筑施工工具式脚手架安全技术规范》JGJ 202—2010 规定：

第 4.6.3 条 安装时应符合下列规定：

1. 相邻竖向主框架的高差应不大于 20mm。

2. 竖向主框架和防倾导向装置的垂直偏差不应大于 5‰，且不得大于 60mm。

3. 预留穿墙螺栓孔和预埋件应垂直于建筑结构外表面，其中心误差应小于 15mm。

4. 连接处所需要的建筑结构混凝土强度应由计算确定，但不应小于 C10。

第 4.8.3 条 附着升降脚手架在使用过程中严禁进行下列作业：

1. 利用架体吊运物料。2. 在架体上拉结吊装缆绳（索）。3. 在架体上推车。4. 任意拆除结构件或松动连结件。5. 拆除或移动架体上的安全防护设施。6. 利用架体支撑模板或卸料平台。7. 其他影响架体安全的作业。

第 4.9.4 条 拆除作业应在白天进行。遇 5 级及以上大风和大雨、大雪、浓雾和雷雨等恶劣天气时，不得进行拆除作业。

1.8m，粉刷时不超过 2.2m。

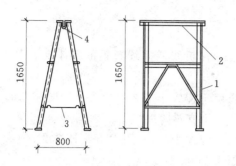

图 3-12　角钢折叠式里脚手架

1—立柱；2—横楞；3—挂钩；4—铰链

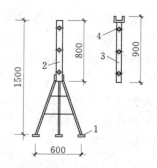

图 3-13　套管式支柱

1—支脚；2—立管；3—插管；4—销孔

（二）支柱式里脚手架

支柱式里脚手架由若干支柱和横杆组成，图 3-13 所示为套管式支柱，将插管插入立管中，以销孔间距调节高度，在插管顶端的凹形支托内搁置方木横杆，横杆上铺设脚手板。其搭设间距砌墙时不超过 2.0m，粉刷时不超过 2.5m。架设高度一般为 1.5～2.1m。

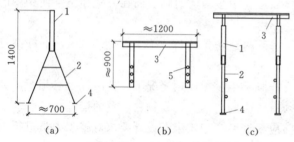

图 3-14　门架式里脚手架

（a）A 形支架；（b）门架；（c）安装示意

1—立管；2—支脚；3—门架；4—垫板；5—销孔

（三）门架式里脚手架

门架式里脚手架由两片 A 形支架与门架组成，如图 3-14 所示。适用于砌墙和粉刷，其架设高度为 1.5～2.4m，A 形支架的间距，砌墙时不超过 2.2m，粉刷时不超过 2.5m。

第二节　砌　体　工　程　施　工

砌体工程是指用砌筑砂浆将块材（砖或各种砌块）粘结成整体，以满足使用功能或承受荷载。这种结构虽然取材易、造价低、施工简便、但其自重大；用小块体组砌，多为手工操作劳动强度大，生产率低，且烧砖废田。因而采用轻质、高强、空心、大块、多功能的新型墙体材料是现代砌筑工程应用的重点。

一、砖

砌筑工程所用的砖种类较多，根据制作方法的不同，有烧结砖和非烧结砖两大类。

（一）烧结砖

烧结砖是以黏土、页岩、煤矸石、粉煤灰为主要原料，经压制成型、焙烧而成。常用的有以下几种。

1. 烧结普通砖

即实心砖，其规格为 240mm×115mm×53mm，根据抗压强度分为 MU10、MU15、

MU20、MU25、MU30 五个强度等级。

2.烧结多孔砖

烧结多孔砖的规格较多，其长度有 290mm、240mm，宽度有 190mm、180mm、175mm、140mm、115mm，厚度有 115mm、90mm，孔型多为竖孔，此外还有长条孔、圆孔、椭圆孔、方形孔、菱形孔等。其抗压强度等级同烧结普通砖，可用于砌筑承重墙。

3.烧结空心砖

烧结空心砖的孔洞率大于 35％，孔形主要有矩形条孔、方形孔及菱形孔，其尺寸规格较多，长度有 290mm、240mm，宽度有 190mm、180mm、175mm、140mm，厚度有 115mm、90mm。抗压强度等级较低，分为 MU2.0、MU3.0、MU5.0 三个强度等级，因而只能用于非承重砌体。

（二）非烧结砖

非烧结砖一般采用蒸汽养护或蒸压养护的方法生产，根据主要原材料的不同，分为灰砂砖、粉煤灰砖、煤渣砖、炉渣砖、煤矸石砖等。

1.蒸压灰砂砖

是以石灰和砂为主要原料，经坯料制备、压制成型、蒸压养护而制成的实心砖或空心砖（孔洞率大于 15％）。现主要以实心砖为主，其长度为 240mm，宽度有 115mm、180mm，高度有 175mm、115mm、103mm、53mm 等。按力学性能分为 MU10、MU15、MU20、MU25 四个抗压强度等级。

2.蒸压粉煤灰砖

是以粉煤灰、石灰、石膏以及骨料为原料的实心砖。主要规格有：240mm×115mm×53mm、400mm×115mm×53mm。按力学性能分为 MU10、MU15、MU20、MU25 四个抗压强度等级。

3.混凝土多孔砖

混凝土多孔砖是以水泥为胶结材料，以砂、石等为主要集料，加水搅拌、成型、养护制成的一种多排小孔的混凝土砖。其孔洞率等于或大于 25％，孔的尺寸小而数量多，大部分用于建筑物的围护结构、隔墙，少量用于承重结构。按强度等级分为 MU10、MU15、MU20、MU25、MU30。混凝土多孔砖的外型尺寸为直角六面体。主规格尺寸为 240mm×115mm×90mm，其他规格尺寸为：240mm×190mm×180mm，115mm×90mm×53mm。

二、砌块

目前我国砌块的种类规格较多，按有无孔洞分有实心砌块和空心砌块两种。按规格分有小型砌块、中型砌块和大型砌块，砌块高度在 115～380mm 称小型砌块；高度在 380～980mm 的称中型砌块；高度大于 980mm 称大型砌块。按制作原料可分为粉煤灰硅酸盐砌块、煤矸石硅酸盐空心砌块、混凝土空心砌块、炉渣空心砌块等。按用途分有承重砌块和非承重砌块。

（一）承重砌块

以普通混凝土小型空心砌块为主，它有竖向方孔，主规格尺寸为 390mm×190mm×190mm，还有一些辅助规格的砌块以配合使用，最小壁肋厚度为 30mm。按力学性能分为 MU3.5、MU5、MU7.5、MU10、MU15、MU20 六个强度等级。砌块可以制作成半封底和不封底两种，半封底的砌块用于一般砌体，不封底的砌块主要用于填实插筋砌体。

（二）非承重砌块

主要包括蒸压加气混凝土砌块、轻骨料混凝土小型空心砌块、粉煤灰硅酸盐砌块及各种工业废渣砌块等。

（1）蒸压加气混凝土砌块 A 系列尺寸为 600mm×75（100、125、150、200、250、300）mm×200（250、300）mm；B 系列尺寸为 600mm×60（120、180、240）mm×240（300）mm，强度等级分为 MU1、MU2、MU2.5、MU3.5、MU5、MU7.5、MU10 七个级别。

（2）粉煤灰硅酸盐砌块的主规格尺寸为 880mm×380mm×240mm 和 880mm×430mm×240mm 两种，需用其他规格尺寸时，可由供需双方协商确定。强度等级分为 MU5、MU7.5、MU10、MU15，其中常用的有 MU10 和 MU15 两个级别。

（3）其他工业废渣砌块，规格不一，以主规格尺寸为 390mm×190mm×190mm 的居多，其强度等级也各不相同，最高的可达 MU10，最低的为 MU2.5。

三、砌筑砂浆

（一）分类

按组成材料不同可以分为水泥砂浆、水泥混合砂浆和非水泥砂浆三类。

1. 水泥砂浆

用水泥和砂拌合成的水泥砂浆具有较高的强度和耐久性，但和易性差，多用于高强度和潮湿环境的砌体中。

2. 水泥混合砂浆

为了节约水泥和改善砂浆性能，在水泥砂浆中掺入一定数量的石灰膏而成的水泥混合砂浆具有一定的强度和耐久性，且和易性和保水性好，其多用于一般砌体中。

3. 非水泥砂浆

不含有水泥的砂浆，如石灰砂浆、黏土砂浆等，其强度低且耐久性差，可用于简易或临时建筑的砌体中。

（二）对砂浆组成原材料的要求

1. 水泥

（1）水泥进场时应对其品种、等级、包装或散装仓号、出厂日期进行检查，并应对其强度、安定性进行复验。

（2）当在使用中对水泥质量有怀疑或水泥出厂超过 3 个月（快硬硅酸盐水泥超过 1 个月）时，应复查试验，并按其复验结果使用。

（3）不同品种的水泥，不得混合使用。

2. 砂浆用砂

砂浆用砂宜采用过筛中砂，不应混有草根、树叶、树枝、塑料、煤块、炉渣等杂物。砂中含泥量、泥块含量、石粉含量、云母、轻物质、有机物、硫化物、硫酸盐及氯盐含量（配筋砌体砌筑用砂）等应符合现行行业普通混凝土用砂标准的有关规定。

3. 砂浆用水

拌制砂浆用水的水质，应符合现行行业混凝土用水标准的有关规定。

4. 掺合料

拌制水泥混合砂浆的粉煤灰、建筑生石灰、建筑生石灰粉及石灰膏应符合现行行业标准的有关规定。建筑生石灰、建筑生石灰粉熟化为石灰膏，其熟化时间分别不得少于 7d 和

2d，严禁使用脱水硬化的石灰膏。建筑生石灰粉、消石灰粉不得代替石灰膏配制水泥石灰砂浆。因为脱水硬化的石灰膏、消石灰粉不能起塑化作用又影响砂浆强度，故不应使用。建筑生石灰粉由于其细度有限，在砂浆搅拌时直接干掺起不到改善砂浆和易性及保水的作用。

5. 外加剂

在砂浆中掺入的砌筑砂浆增塑剂、早强剂、缓凝剂、防冻剂、防水剂等砂浆外加剂，其品种和用量应经有资质的检测单位检验和试配确定。

（三）砂浆的强度等级

砂浆的强度等级是用边长为 70.7mm 的立方体试块，以标准养护，龄期为 28d 的抗压强度为准，可分为 M20、M15、M10、M7.5、M5、M2.5 六个等级。施工中不应采用强度等级小于 M5 水泥砂浆替代同强度等级水泥混合砂浆，如需替代，应将水泥砂浆提高一个强度等级。

（四）砂浆的稠度和保水性

砌筑用砂浆的种类、强度等级应符合设计要求，此外还应有适宜的稠度和良好的保水性。砂浆的稠度越大，流动性越好，流动性好的砂浆便于操作，使灰缝平整、密实，从而既可提高劳动生产率，又能保证砌筑质量。砂浆的稠度应符合表 3-3 的规定。

表 3-3　　　　　　　　　　　砌筑砂浆的稠度

砌 体 种 类	砂浆稠度（mm）
烧结普通砖砌体 蒸压粉煤灰砖砌体	70～90
混凝土实心砖、混凝土多孔砖砌体 普通混凝土小型空心砌块砌体 蒸压灰砂砖砌体	50～70
烧结多孔砖、空心砖砌体 轻骨料小型空心砌块砌体 蒸压加气混凝土砌块砌体	60～80
石砌体	30～50

注　1. 采用薄灰砌筑法砌筑蒸压加气混凝土砌块砌体时，加气混凝土粘结砂浆的加水量按照其产品说明书控制。砌筑其他块体时，其砌筑砂浆的稠度可根据块体吸水特性及气候条件确定。
　　2. 薄层砂浆砌筑法即采用蒸压加气混凝土砌块粘结砂浆砌筑蒸压加气混凝土砌块墙体的施工方法，水平灰缝厚度和竖向灰缝宽度为 2～4mm。简称薄灰砌筑法。

保水性能较好的砂浆被砖吸走的水分少，可保持良好的工作性能，易使砌体灰缝饱满均匀、密实，并能提高水硬性砂浆的强度。为改善砂浆的保水性，可在砂浆中掺石灰膏、粉煤灰、磨细生石灰粉等无机塑化剂或皂化松香（微沫剂）等有机塑化剂。

（五）砂浆的拌制和使用

配制砌筑砂浆时，组分材料应采用质量计量，水泥及各种外加剂配料的允许偏差为±2%；砂、粉煤灰、石灰膏等配料的允许偏差为±5%。

现场拌制的砂浆应随拌随用，拌制的砂浆应 3h 内使用完毕；当施工期间最高气温超过 30℃时，应在 2h 内使用完毕。预拌砂浆及蒸压加气混凝土砌块专用砌筑砂浆的使用时间应按照厂方提供的说明书确定。

砌筑砂浆应采用机械搅拌，搅拌时间必须满足规范规定，其中水泥砂浆和水泥混合砂浆不得少于 120s；水泥粉煤灰砂浆和掺用外加剂的砂浆不得少于 180s。

（六）砂浆的强度检验❶

四、砖砌体工程施工

建筑施工中常用的砖砌体包括烧结普通砖、烧结多孔砖、混凝土多孔砖、混凝土实心砖、蒸压灰砂砖、蒸压粉煤灰砖等。

（一）对砖的技术要求

（1）砖的品种、强度等级必须符合设计要求，无裂纹、翘曲、掉角和断裂现象。用于清水墙、柱表面的砖，尚应边角整齐、色泽均匀。

（2）为预防墙体早期开裂，砌体砌筑时混凝土多孔砖、混凝土实心砖、蒸压灰砂砖、蒸压粉煤灰砖等块体的产品龄期不应小于 28d。

（3）有冻胀环境和条件的地区，地面以下或防潮层以下的砌体，不宜采用多孔砖。

（4）适宜的含水率不仅可以提高砖与砂浆之间的粘结力，提高砌体的抗剪强度，也可以使砂浆强度保持正常增长，提高砌体的抗压强度。同时，适宜的含水率还可以使砂浆在操作面上保持一定的摊铺流动性能，便于施工操作，有利于保证砂浆的饱满度。

砌筑烧结普通砖、烧结多孔砖、蒸压灰砂砖、蒸压粉煤灰砖砌体时，砖应提前 1～2d 适度湿润，严禁采用干砖或处于吸水饱和状态的砖砌筑，块体湿润程度宜符合下列规定：

1）烧结类块体的相对含水率（含水率与吸水率的比值）为 60％～70％。

2）混凝土多孔砖及混凝土实心砖不需要浇水湿润，但在气候干燥炎热的情况下，宜在砌筑前对其喷水湿润。其他非烧结类块体的相对含水率 40％～50％。

（5）不同品种的砖不得在同一楼层混砌。

（二）砖墙砌筑的组砌形式

普通砖墙厚度有半砖、一砖、一砖半和二砖等，组砌形式通常有一顺一丁、三顺一丁、梅花丁、全顺砌法、全丁砌法和两平一侧砌法等，如图 3-15 所示。

---

❶ 《砌体结构工程施工质量验收规范》GB 50203—2011 规定：

4.0.12 砌筑砂浆试块强度验收时其强度合格标准应符合下列规定：

1. 同一验收批砂浆试块强度平均值应大于或等于设计强度等级值的 1.10 倍。

2. 同一验收批砂浆试块抗压强度的最小一组平均值应大于或等于设计强度等级值的 85％。

1）砌筑砂浆的验收批，同一类型、强度等级的砂浆试块应不少于 3 组；同一验收批砂浆只有一组或二组试块时，每组试块抗压强度的平均值应大于或等于设计强度等级值的 1.1 倍；对于建筑结构的安全等级为一级或设计使用年限为 50 年及以上的房屋，同一验收批砂浆试块的数量不得少于 3 组。

2）砂浆强度应以标准养护，28d 龄期的试块抗压强度为准。

3）制作砂浆试块的砂浆稠度应与配合比设计一致。

抽检数量：每一检验批且不超过 250m³ 砌体的各类、各强度等级的普通砌筑砂浆，每台搅拌机应至少抽检一次。验收批的预拌砂浆、蒸压加气混凝土砌块专用砂浆，抽检可为 3 组。

检验方法：在砂浆搅拌机出料口或在湿拌砂浆的储存容器出料口随机取样制作砂浆试块（现场拌制的砂浆，同盘砂浆只应制作一组试块），试块标养 28d 后作强度试验。预拌砂浆中的湿拌砂浆稠度应在进场时取样检验。

4.0.13 当施工中或验收时出现下列情况，可采用现场检验方法对砂浆或砌体强度进行实体检测，并判定其强度：

1. 砂浆试块缺乏代表性或试块数量不足。

2. 对砂浆试块的试验结果有怀疑或有争议。

3. 砂浆试块的试验结果，不能满足设计要求。

4. 发生工程事故，需要进一步分析事故原因。

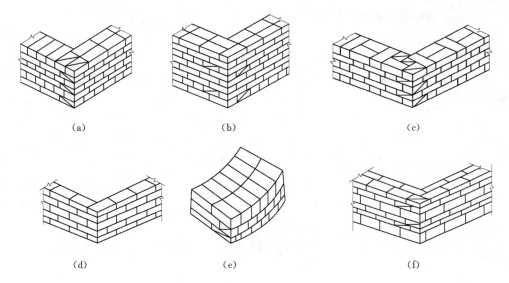

图 3-15　普通砖墙的组砌形式

（a）一顺一丁；（b）三顺一丁；（c）梅花丁；（d）全顺砌法；（e）全丁砌法；（f）两平一侧

1. 一顺一丁砌法

也称满丁满条组砌法，由一皮顺砖、一皮丁砖组砌而成，上下皮之间竖向灰缝都相互错开 1/4 砖长。这种砌法砌筑效率高，易掌握，易控制墙面平整，但对砖的规格要求较高。适用于砌一砖墙、一砖半墙及二砖墙，是最常用的一种组砌形式。

2. 三顺一丁砌法

三顺一丁砌法是采用三皮顺砖间隔一皮丁砖的组砌方法。上下皮顺砖搭接半砖长，丁砖与顺砖搭接 1/4 砖长，同时要求山墙与檐墙的丁砖层不在同一皮砖上，以利于错缝搭接。这种砌法的优点是砍砖少，砌筑效率高，能利用部分半砖；缺点是顺砖层易向外挤出，出现"游墙"，整体性较差。适用于砌一砖墙、一砖半墙。

3. 梅花丁砌法

同一皮砖上采用两块顺砖夹一块丁砖的砌法，上下两皮砖的竖向灰缝错开 1/4 砖长。这种砌法整体性较好，灰缝整齐美观，但砌筑效率较低。适用于砌一砖墙及一砖半墙，尤其是清水墙。

4. 其他砌法

全顺砌法：适用于半砖墙的砌筑。这种组砌方法，从墙的立面看，每皮砖均为顺砖，各砖错缝均为 1/2 砖长。

全丁砌法：适用于圆形烟囱与窨井的砌筑。这种组砌方法，从墙的立面看，每一皮砖均为丁砖，各砖错缝为 1/4 砖。

两平一侧砌法：适用于 180mm 或 300mm 厚砖墙的砌筑。这种组砌方法是采用二皮砖平砌与一皮砖侧砌的顺砖相隔砌成。

（三）砖墙的砌筑工艺

砖墙砌筑工艺一般是：找平、弹线、摆砖样、立皮数杆、盘角、挂线、砌筑、勾缝、楼层轴线标高引测及检查等工序。

1. 找平、弹线

砌砖墙前，应先在基础防潮层或楼面上用水泥砂浆或 C15 细石混凝土找平，然后弹出墙身中心轴线、边线及门窗洞口位置。

2. 摆砖样

摆砖样也称摆底，是在弹好轴线的基面上按组砌方式用干砖试摆，借助灰缝调整，尽量使门窗洞口、附墙垛等处符合砖的模数，以尽可能减少砍砖，并使砌体灰缝均匀，组砌得当。

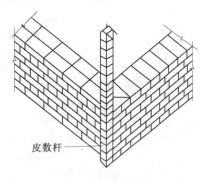

图 3-16 立皮数杆

3. 立皮数杆

皮数杆是一层楼墙体的标志杆，其上划有每皮砖和灰缝的厚度以及门窗洞口、过梁、楼板、梁底等的标高，用以控制砌体的竖向尺寸。皮数杆一般立在墙的转角处及纵横墙交接处，如墙身长度很长，可每隔 10～15m 再立一根。立皮数杆时，应使皮数杆上所示标高线与抄平所确定的设计标高相吻合，具体形式如图 3-16 所示。

4. 盘角、挂线

墙角是确定墙面横平竖直的主要依据，故可以根据皮数杆先砌墙角部分，并保证其垂直平整，称为盘角。盘角时应做到随砌随盘，每盘一次角不要超过 5 皮砖，并且要随时吊靠，如发现偏差应及时纠正。还要对照皮数杆的皮数和标高砌筑，做到水平灰缝一致。

挂线又称甩麻线、挂准线。砌筑墙体中间部分时，主要依靠挂线来保证砌筑质量，防止出现螺丝墙。砌一砖墙可以单面挂线，砌一砖半及其以上的墙体则应双面挂线。

5. 砌筑

砌筑墙体的操作方法各地不一，但为保证砌筑质量，一般以"三一"砌筑法为宜，即一铲灰、一块砖、一挤揉。对砌筑质量要求不高的墙体，也可采用铺浆法砌筑。砌砖工程当采用铺浆法砌筑时，铺浆长度不得超过 750mm；施工期间气温超过 30℃时，铺浆长度不得超过 500mm。砌墙时，还要有整体观念，隔层的砖缝要对直，相邻的上下层砖缝要错开，防止"游丁走缝"。

6. 勾缝

勾缝是砌清水墙的最后一道工序，具有保护墙面和增加墙面美观的作用。内墙面可采用砌筑砂浆随砌随勾缝，称为原浆勾缝；外墙面应待砌完整个墙体后，再用细砂拌制 1∶1.5 的水泥砂浆或加色砂浆勾缝，称加浆勾缝。勾缝的形式主要有平缝、凹缝、斜缝、凸缝等几种，如图 3-17 所示。

勾缝前，应清除墙面上粘结的砂浆、灰尘等，并洒水湿润。勾缝顺序应从上而下，先勾横缝，后勾竖缝。勾好的横缝和竖缝要深浅一致、横平竖直，不得有瞎缝、丢缝、裂缝和粘结不牢等现象。

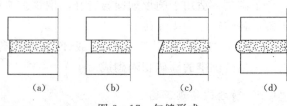

图 3-17 勾缝形式
(a) 平缝；(b) 凹缝；(c) 斜缝；(d) 凸缝

7. 楼层轴线引测及标高控制

砌上层墙时，应先弹出该层墙轴线，这可利用引测在外墙面上的墙身轴线，用经纬仪或线锤把墙身轴线引测到楼层上去。各层墙轴线应重合。

各层标高除可用皮数杆控制外，还可用在室内弹出的水平线来控制。即当底层砌到一定高度后，用水准仪根据龙门板上的±0.000标高，在室内墙角引测出标高控制点，一般比室内地坪高200～500mm（多为500mm），然后根据该控制点弹出水平线，用以控制过梁、圈梁及楼板的标高。第二层墙体砌到一定高度后，先从底层水平线用钢尺往上量出第二层水平线的第一个标志，然后以此标志为准，定出各墙面的水平线，以控制第三层的标高，依次类推。但各层轴线及标高均应从首层引测，以避免误差累积。

（四）砌筑的质量要求及保证措施

砖砌体质量的好坏取决于组成原材料质量和砌筑质量，故砌体应采用符合质量要求的原材料，还必须有良好的砌筑质量，以使砌体有良好的整体性、稳定性和良好的受力性能。

1. 砌筑工程质量的基本要求

砌筑工程质量的基本要求是：横平竖直，厚薄均匀，砂浆饱满，上下错缝，内外搭砌，接槎可靠。

（1）横平竖直、厚薄均匀。

砖砌体抗压性能好，而抗剪抗拉性能差。为使砌体均匀受压，不产生剪切及水平推力，墙、柱等承受竖向荷载的砌体，其灰缝应横平竖直，厚薄均匀，否则，在竖向荷载作用下，沿水平灰缝与砖块的结合面会产生剪应力。当剪应力超过抗剪强度时，灰缝受剪破坏，随之对相邻砖块形成推力或挤压作用，致使结构受力情况恶化。

横平，即要求每一皮砖必须在同一水平面上。为此，首先应将基础或楼面找平，砌筑时严格按皮数杆层层挂水平准线并要拉紧，将每皮砖砌平，砌不平出现"螺丝墙"，影响墙体受力。竖直，即竖向灰缝（隔皮灰缝）必须垂直对齐。砖砌体水平灰缝厚度和竖向灰缝宽度宜为10mm，不得小于8mm，也不应大于12mm。水平灰缝过厚不仅易使砖块浮滑，墙身侧倾，同时由于砌体受压时，砂浆和砖的横向膨胀不一致，而使砖块受拉，且灰缝越厚，则砖块拉力越大，砌体强度降低越多。当灰缝过薄时，则会降低砖块之间的粘结力。

（2）砂浆饱满。

为保证砖块均匀受力和使块体紧密结合，要求水平灰缝砂浆饱满，否则砖块不能均匀传力，而产生弯曲、剪切破坏作用。砂浆饱满程度以砂浆饱满度表示，为保证砌体的抗压强度，要求砖墙水平灰缝砂浆饱满度不低于80%。竖向灰缝对砌体的抗压强度影响不大，但对抗剪强度有明显影响，况且竖缝砂浆饱满，可避免透风漏水，改善保温性能，竖向灰缝宜采用挤浆或加浆方法使其饱满，不得出现透明缝、瞎缝和假缝。砖柱水平灰缝和竖向灰缝饱满度不得低于90%。

（3）上下错缝、内外搭砌❶

为提高砌体的整体性、稳定性和承载能力，砖块排列应遵守上下错缝、内外搭砌的原则，应避免出现连续的竖向"通缝"。错缝或搭砌长度一般不小于60mm，同时还应考虑砌

---

❶　《砌体工程施工质量验收规范》GB 50203—2011规定：

5.3.1　砖砌体组砌方法应正确，内外搭砌，上、下错缝。清水墙、窗间墙无通缝；混水墙中不得有长度大于300mm的通缝，长度200～300mm的通缝每间不超过3处，且不得位于同一面墙体上。砖柱不得采用包心砌法。

条文说明：本条是从确保砌体结构整体性和有利于结构承载出发，对组砌方法提出的基本要求，施工中应予满足，"通缝"指上下二皮砖搭接长度小于25mm的部位。建议建材有关部门和单位能生产七分头砖，长度为178mm。这样可给施工带来方便，提高砌筑效率，确保工程质量，同时减少碎砖垃圾。转角、门窗立边、砖柱等部位，都要使用"七分头砖"）。

筑方便，砍砖少的要求。对于砖柱严禁采用包心砌法。

（4）接槎可靠。

接槎是指相邻砌体不能同时砌筑而又必须设置的临时间断，以便于先、后砌筑的砌体之间的接合。为保证砌体的整体性，砖砌体的转角处和交接处应同时砌筑。严禁无可靠措施的内外墙分砌施工。在抗震设防烈度为8度及8度以上的地区，对不能同时砌筑而又必须留置的临时间断处应砌成斜槎，普通砖砌体斜槎水平投影长度不应小于高度的2/3。多孔砖砌体的斜槎长高比不应小于1/2。斜槎高度不得超过一步脚手架的高度。如图3-18（a）所示，斜槎操作简便，接槎砂浆饱满，质量容易得到保证。非抗震设防及抗震设防烈度为6度、7度地区的临时间断处，当不能留斜槎时，除转角处外，可留直槎，但直槎必须做成凸槎，如图3-18（b）所示，并加设拉结钢筋。每120mm墙厚放置1ϕ6拉结钢筋，间距沿墙高不应超过500mm，埋入长度从留槎处算起每边均不应小于500mm，对抗震设防烈度6度、7度的地区，不应小于1000mm，末端应有90°弯钩。

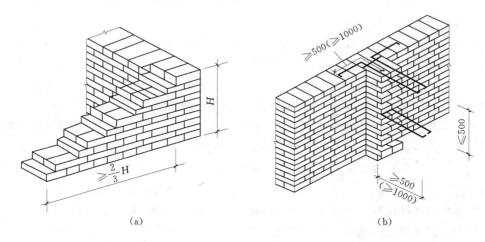

图3-18　砖墙接槎
(a) 斜槎；(b) 直槎

2. 保证质量措施

（1）雨天不宜在露天砌筑墙体，对下雨当日砌筑的墙体应进行遮盖。继续施工时，应复核墙体的垂直度，如果垂直度超过允许偏差，应拆除重新砌筑。正常施工条件下，砖砌体、小砌块砌体每日砌筑高度宜控制在1.5m或一步脚手架高度内，石砌体不宜超过1.2m。

（2）为保证墙面垂直、平整，砌筑过程中应随时检查，作到"三皮一吊、五皮一靠"。

（3）房屋相邻部分高差较大时，应先建高层部分。分段施工时，砌体相邻施工段的高差，不得超过一层楼，也不得大于4m。

（4）多孔砖的孔洞应垂直于受压面砌筑。

（5）砌体施工时，楼面和屋面堆载不得超过楼板的允许荷载值。施工层进料口楼板下，宜采取临时加撑措施。

（6）砖墙体砌筑时，各层承重墙的最上一皮砖应砌丁砖层，以使楼板支承点牢靠稳定，锚固和受力均较合理。在梁或梁垫的下面，变截面砖砌体的台阶水平面及砌体的挑出层（挑檐、腰线）等处，也应用丁砖层砌筑，以保证砌体的整体强度。

（7）在墙上留置临时施工洞口，其侧边离交接处墙面不应小于500mm，洞口净宽度不应超过1m。抗震设防烈度为9度的地区建筑物的临时施工洞口位置，应会同设计单位确定。临时施工洞口应做好补砌。

（8）设计要求的洞口、管道、沟槽应于砌筑时正确留出或预埋，未经设计同意，不得打凿墙体和在墙体上开凿水平沟槽。不应在截面长边小于500mm的承重墙体、独立柱内埋设管线。

（9）宽度超过300mm的洞口上部，应设置钢筋混凝土过梁。砖过梁底部的模板及其支架拆除时，灰缝砂浆强度不应低于设计强度的75%。

（10）弧拱式及平拱式过梁的灰缝应砌成楔形缝，拱底灰缝宽度不宜小于5mm；拱顶灰缝宽度不应大于15mm，拱体的纵向及横向灰缝应填实砂浆；平拱式过梁拱脚下面应伸入墙内不小于20mm；砖砌平拱过梁底应有1‰的起拱，如图3-19所示。

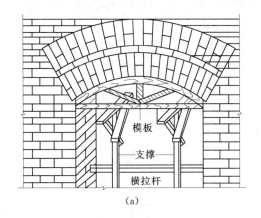

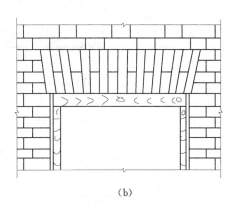

（a） （b）

图3-19 砖过梁
（a）弧拱式；（b）平拱式

（11）搁置预制梁、板的砌体顶面应找平，安装时应坐浆。当设计无具体要求时，应采用1:2.5的水泥砂浆。这是保证梁、板的均匀传力、结构安全的一项重要施工技术措施。

（12）设置在潮湿环境或有化学侵蚀性介质的环境中的砌体灰缝内的钢筋应采取防腐措施。

（13）在某些墙体或部位不得留置脚手眼❶。

1）120mm厚墙、清水墙、料石墙、独立柱和附墙柱。

2）过梁上与过梁呈60°的三角形范围及过梁净跨度1/2的高度范围内。

3）宽度小于1m的窗间墙。

4）门窗洞口两侧石砌体300mm，其他砌体200mm范围内；转角处石砌体600mm，其他砌体450mm范围内。

5）梁或梁垫下及其左右500mm范围内。

6）设计不允许设置脚手眼的部位。

7）轻质墙体，夹心复合墙外叶墙。

---

❶ 此条也适用于砌块砌体和石砌体。

（14）墙和柱的允许自由高度❶。

3. 砖砌体工程的质量检验❷

五、混凝土小型空心砌块砌体施工

近年来，我国采用新型墙体材料建成了一大批具有不同风格和不同墙体构造类型的建筑物，使墙体改革工作发展到了一个新的阶段。

砌块的生产工艺简单；设备系通用机械，投资少、收效快；成本可接近或低于黏土砖。采用由粉煤灰（或其他工业废渣）、混凝土为主要原材料制作的中、小型块体代替普通黏土砖施工，劳动生产率比黏土砖高两倍多，施工进度加快；而且可以大量利用工业废渣，节约

---

❶ 《砌体工程施工质量验收规范》GB 50203—2011 规定：

3.0.12　尚未施工楼板或屋面的墙或柱，其抗风允许自由高度不得超过表 3.0.12 的规定。如超过表中限值时，必须采用临时支撑等有效措施。

表 3.0.12　　　　　　　　　　**墙和柱的允许自由高度**　　　　　　　　　　单位：m

墙（柱）厚（mm）	砌体密度>1600（kg/m³）			砌体密度 1300～1600（kg/m³）		
	风载（kN/m²）			风载（kN/m²）		
	0.3（7级风）	0.4（8级风）	0.5（9级风）	0.3（7级风）	0.4（8级风）	0.5（9级风）
190	—	—	—	1.4	1.1	0.7
240	2.8	2.1	1.4	2.2	1.7	1.1
370	5.2	3.9	2.6	4.2	3.2	2.1
490	8.6	6.5	4.3	7.0	5.2	3.5
620	14.0	10.5	7.0	11.4	8.6	5.7

注　1. 本表适用于施工处相对标高 H 在 10m 范围的情况。如 10m<H≤15m，15m<H≤20m 时，表中的允许自由高度应分别乘以 0.9、0.8 的系数；如果 H>20m 时，应通过抗倾覆验算确定其允许自由高度。

　　2. 当所砌筑的墙有横墙或其他结构与其连接，而且间距小于表中相应墙、柱的允许自由高度的 2 倍时，砌筑高度可不受本表的限制。

　　3. 当砌体密度小于 1300kg/m³ 时，墙和柱的允许自由高度应另行验算确定。

❷ 《砌体工程施工质量验收规范》GB 50203—2011 规定：

5.3.3　砖砌体尺寸、位置的允许偏差及检验应符合表 5.3.3 的规定：

表 5.3.3　　　　　　　　　　**砖砌体尺寸、位置的允许偏差及检验**

序号	项目			允许偏差（mm）	检验方法	抽检数量
1	轴线位移			10	用经纬仪和尺或用其他测量仪器检查	承重墙、柱全数检查
2	基础、墙、柱顶面标高			±15	用水准仪和尺检查	不应小于 5 处
3	墙面垂直度	每层		5	用 2m 托板尺检查	不应小于 5 处
		全高	10m	10	用经纬仪、吊线和尺或其他测量仪器检查	外墙全部阳角
			10m	20		
4	表面平整度	清水墙、柱		5	用 2m 靠尺和楔形塞尺检查	不应小于 5 处
		混水墙、柱		8		
5	水平灰缝平直度	清水墙		7	拉 5m 线和尺检查	不应小于 5 处
		混水墙		10		
6	门窗洞口高、宽（后塞口）			±10	用尺检查	不应小于 5 处
7	外墙下下窗口偏移			20	以底层窗口为准，用经纬仪或吊线检查	不应小于 5 处
8	清水墙游丁走缝			20	以每层第一皮砖为准，用吊线和尺检查	不应小于 5 处

堆放废渣的场地，不用耕作土。另外，建筑物自重减轻到 $1\sim0.4t/m^2$，墙体厚度减薄，可增加建筑使用面积 4%～8%。

建筑施工中常用的混凝土小型空心砌块包括普通混凝土小型空心砌块和轻骨料混凝土小型空心砌块（以下简称小砌块），这两种砌块砌体的构造和施工要求基本一致。

（一）砌体构造要求

（1）对室内地面以下的砌体，应采用普通混凝土小砌块和不低于 M5 的水泥砂浆。

（2）5 层及 5 层以上民用建筑的底层墙体，应采用不低于 MU5 的混凝土小砌块和 M5 的砌筑砂浆。

（3）在墙体的下列部位，应用 C20 混凝土灌实砌块的孔洞。

1）底层室内地面以下或防潮层以下的砌体。

2）无圈梁的楼板支承面以下的一皮砌块。

3）没有设置混凝土垫块的屋架、梁等构件支承面下，高度不应小于 600mm，长度不应小于 600mm 的区域。

4）挑梁支承面下，距墙中心线每边不应小于 300mm，高度不应小于 600mm 的砌体。

（4）小砌块墙体应孔对孔、肋对肋、错缝搭砌。单排孔小砌块的搭接长度应为块体长度的 1/2。多排孔小砌块的搭接长度可适当调整，但不宜小于砌块长度的 1/3，且不应小于 90mm。当搭砌长度不满足上述要求时，应在水平灰缝内设置不少于 $2\phi4$ 的焊接钢筋网片（横向钢筋的间距不宜大于 200mm），网片每端均应超过该垂直缝，其长度不得小于 300mm。

（5）砌块墙与后砌隔墙交接处，应沿墙高每隔 400mm 在水平灰缝内设置不少于 $2\phi4$、横筋间距不大于 200mm 的焊接钢筋网片，钢筋网片伸入后砌隔墙内不应小于 600mm，如图 3-20 所示。

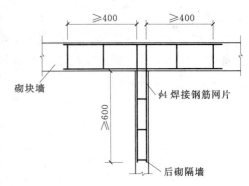

图 3-20 砌块墙与后砌隔墙交接处钢筋网片

（二）砌块排列设计

为减少施工中的现场切锯工作量，避免浪费，并便于备料，砌块砌筑前均应进行砌块排列设计，并画出砌块排列图。砌块排列设计应按下列原则：

（1）排列时，根据门窗洞口位置，过梁、构造柱位置，楼层高度，砌块规格和灰缝厚度等统筹考虑。

（2）砌筑符合错缝搭接的原则，搭砌长度不得小于块高的 1/3，且不应小于 150mm，当搭砌长度不足时，应在水平灰缝内设 $2\phi4$ 的钢筋片。外墙转角处及纵横墙交接处，应交错咬槎砌筑。

（3）尽量采用主规格砌块，减少辅助规格砌块的种类与数量，避免采用异型砌块；应尽量少镶砖或不镶砖，局部必须镶砖时，应尽可能分散布置；探索出排列规律，减少砌块生产厂砌块生产品种。

（4）混凝土小型空心砌块排列应使墙体具有良好的受力性能，满足结构设计规范对排列的要求，尽量做到孔对孔、肋对肋地排，以提高砌块墙体的整体性和良好的受力状态。

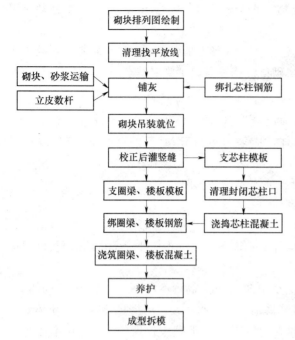

图 3-21　混凝土小型空心砌块砌体施工工艺流程

（三）小砌块施工

1. 混凝土小型空心砌块砌体施工工艺流程，如图 3-21 所示。

2. 混凝土小型空心砌块砌体施工质量保证措施

（1）施工时所用的小砌块的产品龄期不应小于 28d。

（2）砌筑小砌块时，应清除表面污物、剔除外观质量不合格的小砌块。承重墙体使用的小砌块应完整、无缺损、无裂缝。

（3）砌筑小砌块砌体，宜选用专用小砌块砌筑砂浆。

（4）小砌块应将生产时的底面朝上反砌于墙上。小砌块墙体宜逐块坐（铺）浆砌筑。

（5）砌筑普通混凝土小型空心砌块砌体时，不需要对小砌块浇水湿润，如遇天气干燥炎热，宜在砌筑前对其喷水湿润。对轻骨料混凝土小砌块，应提前浇水湿润，块体的相对含水率宜为 40%～50%。雨天及小砌块表面有浮水时，不得施工。

（6）空心砌块墙的转角处，纵、横墙砌块应相互搭砌，即纵、横墙砌块均应隔皮端面露头，如图 3-22 所示。砌块墙的丁字交接处，应使横墙砌块隔皮端面露头，为避免出现通缝，应在纵墙上交接处砌一块三孔的大规格砌块，砌块的中间孔正对横墙露头砌块靠外的孔洞，如图 3-23 所示。

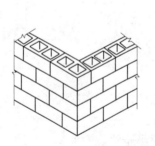

图 3-22　混凝土空心砌块
墙转角砌法

图 3-23　混凝土空心砌块墙
T 字交接处砌法

（7）墙体转角处和纵横墙交接处应同时砌筑。临时间断处应砌成斜槎，斜槎水平投影长度不应小于斜槎高度。一般斜槎高度不超过一步脚手架的高度，如图 3-24（a）所示。如留斜槎有困难，除外墙转角处及抗震设防地区砌体临时间断处不应留直槎外，可从砌体面伸出 200mm 砌成直槎，并应沿墙高每隔 600mm 设 2Φ6 钢筋或钢筋网片拉结，拉结钢筋或网片伸入墙内的长度应不小于 600mm 如图 3-24（b）所示。施工洞口可预留直槎，但在洞口砌筑和补砌时，应在直槎上下搭砌的小砌块，孔洞内用强度等级不低于 C20（或 Cb20）的混凝土灌实。

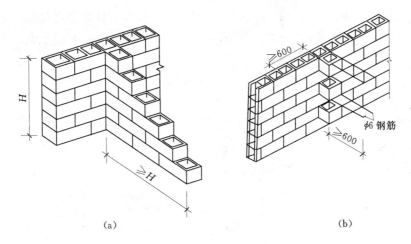

图 3-24 混凝土小型空心砌块墙接槎

(a) 斜槎；(b) 直槎

六、配筋砌体工程

在国外，配筋砌体已有 100 多年的历史，已经建成许多多层、十几层乃至 20 多层的高层建筑，并经受了地震的考验。我国从 20 世纪 80 年代初期开始，已经在一些地区进行了高层配筋小砌块砌体的研究及试点，这些砌体是利用小砌块竖向孔洞和专用的带水平沟槽的异型小砌块配置钢筋，并浇筑混凝土，而使砌块砌体结构性能大大改善。

配筋砌体是由配置钢筋的砌体作为建筑物主要受力构件的结构，是网状配筋砌体柱、水平配筋砌体墙、砖砌体和钢筋混凝土面层或钢筋砂浆面层组合砌体柱（墙）、砖砌体和钢筋混凝土构造柱组合墙和配筋小砌块砌体剪力墙结构的统称。常用配筋砌体包括面层和砖组合砌体、构造柱和砖组合砌体、网状配筋砖砌体、配筋砌块砌体、芯柱和砌块组合砌体等。

（一）面层和砖组合砌体

1. 构造要求

面层和砖组合砌体由砖砌体、混凝土或砂浆面层以及钢筋等组成，如图 3-25 所示。

砖砌体，所用砖的强度等级不宜低于 MU10，砌筑砂浆强度等级不得低于 M7.5。混凝土面层厚度应大于 45mm，混凝土强度等级应采用 C20。竖向受力钢筋宜采用 HPB300 级钢筋，受力钢筋的直径不应小于 8mm，距砖砌体表面的距离不应小于 5mm。箍筋的直径，不宜小于 4mm 及 0.2 倍的受压钢筋直径，并不宜大于 6mm。箍筋的间距，不应大于 20 倍受压钢筋的直径及 500mm，并不应小于 120mm。

2. 砌体施工工艺

（1）砌砖，铺筋。砌筑砖砌体，同时按照箍筋或拉结钢筋的竖向间距，在水平灰缝中铺置箍筋或拉结钢筋。

图 3-25 面层和砖组合砌体

（2）绑扎钢筋。将纵向受力钢筋与箍筋绑牢，在组合砖墙中，将纵向受力箍筋与拉结钢筋绑牢，将水平分布钢筋与纵向受力钢筋绑牢。

（3）支设模板。在面层部分的外围分段支设模板，每段支模高度宜在 500mm 以内。

（4）浇灌混凝土或砂浆。浇水润湿模板及砖砌体面，分层浇灌混凝土或砂浆，并用插棒捣实。

（5）拆模。待面层混凝土或砂浆的强度达到其设计强度的 30％ 以上，方可拆除模板。如有缺陷应及时修整。

（二）构造柱和砖组合砌体

1. 构造要求

构造柱和砖组合砌体由钢筋混凝土构造柱、砖墙以及拉结钢筋等组成，如图 3-26 所示。

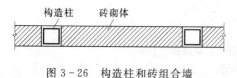

图 3-26　构造柱和砖组合墙

构造柱和砖组合墙的房屋，应在纵横墙交接处、墙端部和较大洞口的洞边设置构造柱，其间距不宜大于 4m。各层洞口宜设置在对应位置，并宜上下对齐。

构造柱和砖组合墙的房屋，应在基础顶面、有组合墙的楼层处设置现浇钢筋混凝土圈梁。圈梁的截面高度不宜小于 240mm。

构造柱必须牢固地生根于基础或圈梁上，砌筑墙体时应保证构造柱截面尺寸，构造柱最小截面可采用 240mm×180mm。构造柱与圈梁连接处，构造柱的纵筋应穿过圈梁，保证构造柱纵筋上下贯通，且层与层之间构造柱不得相互错位。

砖墙所用砖的强度等级不宜低于 MU10，砌筑砂浆强度等级不得低于 M5。构造柱的混凝土强度等级不应低于 C15，钢筋宜用 HPB300 级钢筋。钢筋混凝土保护层厚度宜为 20mm，且不小于 15mm。

砖墙与构造柱的连接处应砌成马牙槎，每个马牙槎沿高度方向的尺寸不宜超过 300mm（5 皮砖高），每个马牙槎退进应不小于 60mm，故可留四退四进的大马牙槎，从每层柱脚开始，先退后进，如图 3-27 所示。砖墙与构造柱连接处，应按要求砌入拉结钢筋，拉结钢筋的数量为每 120mm 墙厚放置一根 φ6 钢筋，间距沿墙高不得超过 500mm，每边伸入墙内均不应小于 600mm，且钢筋末端应做成 90°弯钩。

2. 砌体施工

构造柱和砖组合墙的施工程序应为先砌墙后浇筑混凝土构造柱。构造柱施工程序为：绑扎钢筋、砌砖墙、支模板、浇混凝土、拆模。

支模时，模板必须与所在墙的两侧严密贴紧，防止漏

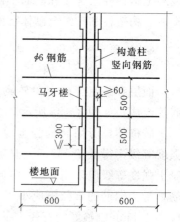

图 3-27　砖墙的马牙槎布置

浆。构造柱在浇筑混凝土前，应清除干净钢筋上的干砂浆块，清除柱内落地灰、砖渣等杂物。构造柱底部（圈梁面上）应留出 2 皮砖高的孔洞，以便清除模板内的杂物，清除后封闭。先在结合面处注入适量与构造柱混凝土配比相同的水泥砂浆，然后分层浇筑混凝土，并振捣密实。振捣时，应避免触碰墙体，严禁通过墙体传振。

（三）网状配筋砖砌体

网状配筋砖砌体有配筋砖柱、墙，即在砖砌体的水平灰缝中配置钢筋网，如图 3-28 所示。钢筋网可采用方格网或连弯网，钢筋网中钢筋的间距，不应大于 120mm，并不应小于30mm。钢筋网在砖砌体中的竖向间距，不应大于五皮砖高，并不应大于 400mm。

设置钢筋网的水平灰缝厚度，应保证钢筋上下至少各有2mm 厚的砂浆层。在配置钢筋网的水平灰缝中，应先铺一半厚的砂浆层，放入钢筋网后再铺一半厚砂浆层，使钢筋网居于砂浆层厚度中间。网状配筋砖砌体外表面宜用 1：1 水泥砂浆勾缝或进行抹灰。

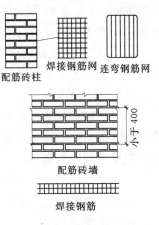

图 3-28 网状配筋砖砌体

（四）配筋砌块砌体

配筋砌块砌体有配筋砌块剪力墙、配筋砌块柱。

配筋砌块砌体，所用砌块强度等级不应低于 MU10；砌筑砂浆强度等级不应低于M7.5；灌孔混凝土强度等级不应低于 C20。

配筋砌块剪力墙应在墙的转角、端部和孔洞的两侧配置竖向连续的钢筋，钢筋直径不宜小于 12mm；应在洞口的底部和顶部设置不小于 $2\Phi10$ 的水平钢筋，其伸入墙内的长度不宜小于 $35d$ 和 400mm（d 为钢筋直径）。配筋砌块柱截面边长不宜小于 400mm，纵向钢筋（见图 3-29）的直径不宜小于 12mm，数量不少于 4 根。

配筋砌块砌体施工前，应按设计要求，将所配置钢筋加工成型，砌块的砌筑应与钢筋设置互相配合。砌块的砌筑应采用专用的小砌块砌筑砂浆和专用的小砌块灌孔混凝土。灰缝中钢筋外露砂浆保护层厚度不宜小于 15mm。

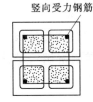 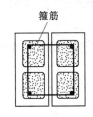

图 3-29 配筋砌块柱配筋

（五）芯柱和砌块组合砌体

1. 构造要求

（1）砌块墙体的下列部位宜设置芯柱。

1）在外墙转角、楼梯间四角的纵横墙交接处的 3 个孔洞，宜设置素混凝土芯柱。

2）5 层及 5 层以上的房屋，应在上述部位设置钢筋混凝土芯柱。

（2）芯柱的构造要求如下：

1）芯柱截面不宜小于 120mm ×120mm，宜用不低于 C20 的细石混凝土浇灌。

2）钢筋混凝土芯柱每孔内插竖筋不应小于 $1\phi10$（抗震设防地区不应小于$1\phi12$），底部应伸入室内地面下 500mm或与基础圈梁锚固，顶部与屋盖圈梁锚固。

3）在钢筋混凝土芯柱处，沿墙高

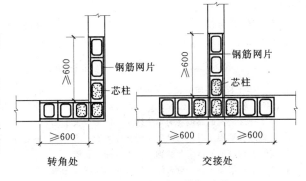

图 3-30 芯柱沿墙钢筋网片设置

每隔 600mm 应设 $\phi4$ 钢筋网片拉结，每边伸入墙体不小于 600mm（见图 3-30），抗震设防地区不小于 1000mm。

4）芯柱应沿房屋的全高贯通，在楼盖处应贯通，不得削弱芯柱截面尺寸，并与各层圈梁整体现浇，上下楼层的插筋可在楼板面上搭接，搭接长度不小于 40 倍插筋直径。

2. 芯柱施工❶

小砌块砌体的芯柱混凝土不得漏灌。振捣芯柱时的震动力对墙体的整体性带来不利影响，为此规定浇灌芯柱混凝土时，砌筑砂浆强度必须大于 1MPa。对于素混凝土芯柱，可在砌筑砌块的同时浇灌芯柱混凝土。

（1）在芯柱部位，每层楼的第一皮砌块，应采用开口小砌块或 U 形小砌块砌筑，以形成清理口，为便于施工操作，开口一般应朝向室内，以便清理杂物、绑扎和固定钢筋。

（2）浇筑混凝土前，从清理口掏出孔洞内的落地灰等杂物，校正钢筋位置；并用水冲洗孔洞内壁，将积水排出，用混凝土预制块封闭清理口。

（3）为了保证混凝土密实，应分层浇灌混凝土，并分层用插入式混凝土振动器加以捣实。

（4）浇捣后的芯柱混凝土上表面，应低于最上一皮砌块表面（上口）50～80mm，以使圈梁与芯柱交接处形成一个暗键或上下层混凝土得以结合密实，加强抗震能力。

（六）配筋砌体工程的质量检验

（1）钢筋的品种、规格和数量应符合设计要求。检查钢筋的合格证书、钢筋性能试验报告、隐蔽工程记录。

（2）构造柱、芯柱、组合砌体构件、配筋砌体剪力墙构件的混凝土或砂浆的强度等级应符合设计要求。各类构件每一检验批砌体至少应做一组试块并检查混凝土或砂浆试块试验报告。

（3）构造柱位置及垂直度的允许偏差的规定。

七、填充墙砌体工程

目前可以砌筑填充墙的砌体材料主要包括烧结空心砖、蒸压加气混凝土砌块、轻骨料混凝土小型空心砌块等。轻骨料混凝土小型空心砌块的构造、施工工艺及质量要求同普通混凝土小型空心砌块。

（一）空心砖墙

空心砖墙应侧砌，其孔洞呈水平方向，上下皮垂直灰缝相互错开 1/2 砖长。空心砖墙底部宜砌 3 皮烧结普通砖，如图 3-31 所示。

空心砖墙与烧结普通砖交接处，应以普通砖墙引出不小于 240mm 长与空心砖墙相接，并每隔 2 皮空心砖高交接处的水平灰缝中设置 $2\phi6$ 钢筋作为拉结筋，拉结钢筋在空心砖墙中

---

❶ 《砌体工程施工质量验收规范》GB 50203—2011 规定：

6.1.15　芯柱混凝土宜选用专用小砌块灌孔混凝土。浇筑芯柱混凝土应符合下列规定：

1. 每次连续浇筑的高度宜为半个楼层，但不应大于 1.8m。

2. 浇筑芯柱混凝土时，砌筑砂浆强度应大于 1MPa。

3. 清除孔内掉落的砂浆等杂物，并用水冲淋孔壁。

4. 浇筑芯柱混凝土前，应先注入适量与芯柱混凝土相同的去石混凝土。

5. 每浇筑 400～500mm 高度捣实一次，或边浇筑边捣实。

的长度不小于空心砖长加 240mm，如图 3-32 所示。

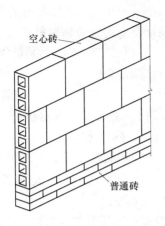

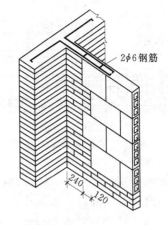

图 3-31　空心砖墙　　　　　　　图 3-32　空心砖墙与普通砖墙交接

　　空心砖墙的转角处，应用烧结普通砖砌筑，砌筑长度角边不小于 240mm。空心砖墙砌筑不得留置斜槎或直槎，中途停歇时，应将墙顶砌平。在转角处、交接处，空心砖与普通砖应同时砌起。空心砖墙中不得留置脚手眼，不得对空心砖进行砍凿。

　　（二）蒸压加气混凝土砌块墙

　　1. 构造要求

　　加气混凝土砌块一般不得使用于建筑物标高±0.000 以下及制品表面温度高于 800℃ 的部位；也不得使用于受酸碱化学物质侵蚀的部位。

　　加气混凝土砌块外墙墙面水平方向的凹凸部分（如线脚、雨罩、出檐、窗台等），应做泛水和滴水，以避免积水。墙表面应做饰面保护层。

　　后砌的非承重墙、填充墙或隔墙与外承重墙相交处，应沿墙高 900～1000mm 与外墙以 3φ4 钢筋拉结，且每边伸入墙内的长度不得小于 700mm。

　　2. 砌筑施工工艺

　　砌筑的主要工序为：基层清理、铺灰、砌块吊装就位、校正、灌竖缝、镶砖等。

　　（1）基层清理。将楼地面（基层）和混凝土柱（墙）面的灰渣清扫干净，基层高出的部分应剔除平整，基层轻微凹陷部分用水泥砂浆填补平整，基层应验收合格。

　　（2）铺灰。灰缝应横平竖直，砂浆饱满，铺灰宜用加气混凝土砌块砌筑专用砂浆，其中又分为适用于"薄灰砌筑法"的蒸压加气混凝土砌块粘结砂浆、适用于非"薄灰砌筑法"的蒸压加气混凝土砌块砌筑砂浆。蒸压加气混凝土砌块粘结砂浆的粘性强，保水性好，水平灰缝厚度和竖向灰缝厚度为 2～4mm，较采用一般砌筑砂浆，可节省材料，提高施工效率，并可减少灰缝处"热桥"的不利影响，提高节能效果，且砌筑质量能符合规范要求，近些年已得到推广使用。

　　（3）砌块吊装就位。由于砌块重量不大，而块数多，为充分发挥起重机的效能，一般将简易起重机台灵架置于地面或楼面吊装该层砌块；吊完一层后，再转移至上一层，台灵架的转移可由塔吊来完成。砌块及砂浆则用塔吊或带起重臂的井架作垂直运输。用井架时，还需借助于少先吊、手推车或砌块车进行地面及楼面的水平运输，如图 3-33 所示。

　　吊装时应从转角处或砌块定位处开始，按砌块排列图依次吊装。为减少台灵架的移动，

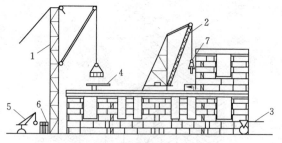

图 3-33　砌块吊装示意图

1—井架；2—台灵架；3—杠杆车；4—砌块车；

5—少先吊；6—砌块；7—砌块夹

常根据台灵架的起重半径及建筑物开间的大小，按 1～2 开间划分施工段，逐段吊装，段间应留阶梯形斜搓。

（4）校正。砌块吊装就位后，如发现偏斜、高低不同时，可用人工校正，直至校正为止。如人工不能校正，应将砌块吊起，重新铺平灰缝砂浆，再重新安装。不得用石块或楔块等垫在砌块底部，以求平整。

（5）灌浆。校正后即灌竖缝，应做到随砌随灌，灌缝应密实。超过 30mm 的竖缝应用强度等级不低于 C15 的细石混凝土灌实。砌块灌缝后，不得碰撞或撬动，如发生错位，应重新铺砌。

（6）镶砖。用于较大的竖缝和梁底找平，镶砖的强度不应低于 MU10。砖间的灰缝厚为 6～15mm，砖与砌块间的竖缝为 15～30mm。在两砌块之间凡是不足 145mm 的竖直缝不得镶砖，而需用与砌块强度等级相同的细石混凝土灌注。

（三）填充墙砌体质量的保证措施及检验

1. 质量保证措施

（1）砌筑填充墙时，轻骨料混凝土小型空心砌块和蒸压加气混凝土砌块的产品龄期不应小于 28d，填充墙砌筑砂浆的强度等级不宜低于 M5❶。

（2）烧结空心砖、蒸压加气混凝土砌块、轻骨料混凝土小型空心砌块等的运输、装卸过程中，严禁抛掷和倾倒；进场后应按品种、规格堆放整齐，堆置高度不宜超过 2m。

（3）蒸压加气混凝土砌块在运输与堆放中应防止雨淋。吸水率较小的轻骨料混凝土小型空心砌块及采用薄灰砌筑法施工的蒸压加气混凝土砌块，砌筑前不应对其浇（喷）水浸润。在气候干燥炎热的情况下，对吸水率较小的轻骨料混凝土小型空心砌块宜在砌筑前喷水湿润。采用普通砌筑砂浆砌筑填充墙时，烧结空心砖、吸水率较大的轻骨料混凝土小型空心砌块应提前 1～2d 浇（喷）水湿润。蒸压加气混凝土砌块采用蒸压加气混凝土砌块砌筑砂浆或普通砌筑砂浆砌筑时，应在砌筑当天对砌块砌筑面喷水湿润❷。块体湿润程度宜符合下列规定：

---

❶ 《砌体结构设计规范》GB 50003—2011 规定：

6.3.3　填充墙的构造设计，应符合下列规定：

1. 填充墙宜选用轻质块体材料。

2. 填充墙砌筑砂浆的强度等级不宜低于 M5。

3. 填充墙墙体墙厚不应小于 90mm。

4. 用于填充墙的夹心复合砌体，其两肢块体之间应有拉结。

❷ 蒸压加气混凝土砌块吸水率可达 70%，为降低蒸压加气混凝土砌块砌筑时的含水率，减少墙体的收缩，有效控制收缩裂缝产生，蒸压加气混凝土砌块出釜后堆放及运输中应采取防雨措施。

由于加气混凝土与水泥砂浆材料的膨胀与收缩存在着一定差异，加气混凝土又是一种多孔质吸水的材料，传统水泥砂浆难以与加气混凝土粘牢。加气混凝土砌块专用砂浆，其中又分为适用于"薄灰砌筑法"的蒸压加气混凝土砌块粘结砂浆、适用于非"薄灰砌筑法"的蒸压加气混凝土砌块砌筑砂浆。蒸压加气混凝土砌块粘结砂浆的黏性强，保水性好，使用蒸压加气混凝土砌块粘结砂浆砌筑蒸压加气混凝土砌块时，砌块不需浇（喷）水湿润。

蒸压加气混凝土砌块具有初始吸水速度较快，后期吸水速度缓慢的特性，当砌筑砂浆的保水性不特别好时，摊铺在砌筑面的砂浆中的一部分水分会较快被吸掉，导致上层砌块铺砌质量不良。因此，应在砌筑前适当对砌块进行湿润。但是，对砌块的湿润应该针对蒸压加气混凝土砌块的吸水特点，不宜过早进行，而宜在砌筑的当天对砌块的砌筑面喷水湿润，以免砌块过多吸水加大砌块上墙后的收缩。

1）烧结空心砖的相对含水率 $60\%\sim70\%$ 。

2）吸水率较大的轻骨料混凝土小型砌块、蒸压加气混凝土砌块的相对含水率 $40\%\sim50\%$ 。

（4）在厨房、卫生间、浴室等处采用轻骨料混凝土小型空心砌块、蒸压加气混凝土砌块砌筑墙体时，墙底部宜现浇混凝土坎台等，其高度宜为 $150mm$ ❶ 。

（5）填充墙拉结筋处的下皮小砌块宜采用半盲孔小砌块或用混凝土灌实孔洞的小砌块，薄灰砌筑法施工的蒸压加气混凝土砌块砌体，拉结筋应放置在砌块上表面设置的沟槽内。

（6）蒸压加气混凝土砌块、轻骨料混凝土小型空心砌块不应与其他块体混砌，不同强度等级的同类砌块也不得混砌。但窗台处和因安装门窗需要，在门窗洞口处两侧填充墙上、中、下部可采用其他块体局部嵌砌❷。

（7）砌筑填充墙时应错缝搭砌，蒸压加气混凝土砌块搭砌长度不应小于砌块长度的 $1/3$ ，且不应小于 $150mm$ 。轻骨料混凝土小型空心砌块搭砌长度不应小于 $90mm$ 。竖向通缝不应大于 2 皮。当某些部位搭接无法满足要求时，可在水平灰缝中设置 2 根 $\phi4$ 的钢筋网片加强，长度不小于 $500mm$ 。

（8）填充墙的水平灰缝厚度和竖向灰缝宽度应正确。烧结空心砖、轻骨料混凝土小型空心砌块砌体的灰缝应为 $8\sim12mm$ 。蒸压加气混凝土砌块砌体当采用水泥砂浆、水泥混合砂浆或蒸压加气混凝土砌块砌筑砂浆时，水平灰缝厚度及竖向灰缝宽度不应超过 $15mm$ 。当蒸压加气混凝土砌块砌体采用蒸压加气混凝土砌块粘结砂浆进行薄灰砌筑法施工时，水平灰缝厚度和竖向灰缝宽度宜为 $2\sim4mm$ 。

（9）填充墙砌体砌筑，应待承重主体结构检验批验收合格后进行。填充墙与承重主体结构间的空（缝）隙部位施工，应在填充墙砌筑 14d 后进行。

2. 填充墙砌体质量的检验

填充墙砌体质量检验应符合《砌体工程施工质量验收规范》GB 50203—2011 的规定。

八、安全施工技术

（一）砌砖工程

1. 作业前

（1）作业前，必须检查作业环境是否符合安全要求，道路是否畅通，机具是否完好、牢固，安全设施和防护用品是否齐全，检查合格后，方可作业。

（2）冬季施工时，应先清除脚手板上的冰霜、积雪，清除后，方可作业。

2. 作业时

（1）砌基础时，应注意检查基坑土质变化，堆放砖块材料应离坑边 1m 以上。

（2）深基坑有档板支撑时，应设上下爬梯，操作人员不得踩踏砌体和支撑，作业运料

---

❶ 经多年的工程实践，当采用轻骨料混凝土小型空心砌块或蒸压加气混凝土填充墙施工时，除多水房间外，可不需要在墙底部另砌烧结普通砖或多孔砖、普通混凝土小型空心砌块、现浇混凝土坎台等。浇筑一定高度混凝土坎台的目的，主要是考虑有利于提高多水房间填充墙墙底的防水效果。混凝土坎台高度宜为 150m，是考虑踢脚线（板）便于遮盖填充墙底有可能产生的收缩裂缝。

❷ 在填充墙中，由于蒸压加气混凝土砌块砌体，轻骨料混凝土小型空心砌块砌体的收缩较大，作出不应混砌的规定，以免不同性质的块体组合在一起易引起收缩裂缝产生。对于窗台处和因构造需要，在填充墙底、顶部及填充墙门窗洞口两侧上、中、下局部处，采用其他块体嵌砌和填塞时，由于这些部位的特殊性，不会对墙体裂缝产生附加的不利影响。

时，不得碰撞支撑。

（3）砌体超过 1.2m 时，应搭设脚手架，高度超过 4m 时，采用里脚手架必须搭设安全网，采用外脚手架应设护栏和挡脚板、安全网。

（4）脚手上堆放材料不得超过规定荷载标准值。堆砖高度不得超过 3 层，同一块脚手板上的操作人员不得超过两人。

（5）不准站在墙顶上做划线、刮缝及清扫墙面，或检查大角垂直等作业。

（6）不准用不稳固的工具或物体在脚手板上垫高操作，不准勉强在超过胸部的墙上砌砖。

（7）同一垂直面内上下交叉作业时，必须设安全隔板，下方操作人员必须戴好安全帽。

（8）砍砖时，应面向内打，防止碎砖跳出伤人。垂直传递砖块时，脚手上的站人板宽度应不小于 60cm。

（9）已砌好的山墙，应用临时联系杆放置在各跨山墙上，使其联系稳定，或采用其他有效的加固措施。

（10）垂直运输的吊笼、绳索具等，必须满足负荷要求，吊运时不得超载。

（11）用起重机吊砖时，应用砖笼吊运。吊砂时，料斗不能装得过满。

（12）砖料运送小车的前后距离，平道上不小于 2m，坡道上不小于 10m。

3. 作业后

应对砌好的墙体做防雨措施，避免雨水冲走砂浆，作业后造成砌体倒塌。

（二）砌块工程

1. 作业前

（1）必须检查各起重机、夹具、绳索、脚手架以及其他施工安全设施。尤其应重点检查夹具的灵活性可靠性能，剪刀夹具悬空吊起后是否自动拉拢，夹板齿或橡胶块是否磨损，夹板齿槽内是否有垃级杂物。

（2）检查灰浆泵的管道是否畅通，压力表、安全阀是否灵敏可靠，输浆管各部门插口应拧紧、卡牢，管路应顺直。

（3）应先清除在机械、脚手板上的冰霜、积雪，清除后方可作业。

（4）在大风、大雨、冰冻等恶劣天气后，应检查砌体是否有垂直度变化，是否有裂缝产生，是否有不均匀下沉等。

2. 作业时

（1）夹具的夹板应夹在砌块的中心线上，如砌块歪斜，应撬正后再夹。

（2）砌块吊运时吊钩下不得站人或进行其他操作；吊装时，不得在下层楼面进行其他任何工作。

（3）台灵架吊装砌块或其他构件时，应掌握被吊物的重心，起重量应严格控制在允许范围内，吊装较重构件时，台灵架应加稳绳。台灵架吊装，应严格控制起重杆的回转半径和变幅角度，不准起吊在台灵架前支柱之后的砌块或其他构件，不准放长吊索拖拉砌块或构件，起吊砌块后作水平回转时，应由操作人员牵引。起吊后，发现砌块破裂，且有下落危险时，严禁继续起吊。

（4）堆放砌块的场地应平整，无杂物。在楼面卸下、堆放砌块时，应避免冲击，严禁倾卸和撞击楼板。砌块的备量不准超过楼板的允许承载能力，否则应采取相应的加固措施。

（5）砌块吊装就位，应待砌体放稳后，方可松开夹具。就位的砌块，应立即进行竖缝灌浆，对稳定性较差的窗间墙、独立柱和挑出墙面较多的部位，应加临时支撑。台风季节应及时进行圈梁施工、加盖楼板或采取其他稳固措施。

（6）砌块作业时，不准站在墙身上进行砌筑、划线、检查墙面平整度和垂直度、裂缝、清扫墙面等作业。

（7）在砌块砌体上，不宜拉缆风绳，不宜吊挂重物，不宜作其他临时设施的支承点。

（8）砌块施工采用内脚手时，应在房屋四周按规定要求设置安全网，并随施工高度上升。

（9）不准在墙顶或架上修凿石材，避免震动墙体影响质量或石片掉落伤人。石块不得往下抛掷，运石上下时，脚手板应牢固，并钉有防滑条及扶手栏杆。

（10）冬季施工时，严禁起吊与其他材料冻结在一起的砌块。

3. 作业后

作业结束后，应将脚手板和砌体上的碎块、灰浆清扫干净，注意清扫时应防止碎块掉落伤人，并应对砌好的墙体做好防雨措施。

第三节　砌体工程冬期施工

砌体工程冬期施工[1]时，砌体砂浆会在负温下冻结，砂浆中的水泥由于水分冻结而停止水化作用，这将影响砂浆后期强度和粘结力。且砂浆体积膨胀，产生冻胀应力，使水泥石结构遭受破坏。解冻后，砂浆的强度虽仍可继续增长，但其最终强度将显著降低，而且由于砂浆的压缩变形大，砌体沉降量大，稳定性也随之降低。实践证明，砂浆的用水量越多，遭受冻结越早，气温越低，冻结时间越长，灰缝越厚，则冻结的危害程度也越大，反之，越小。当砂浆具有20%以上的设计强度后再遭冻结，则冻结对砂浆的最终强度影响不大。

因此，砌体在冬期施工时，必须拟定合理的施工方案，采取有效的措施，尽可能减少冻害程度。砌筑工程冬期施工常用方法有掺外加剂法、暖棚法。

一、对材料的要求[2]

砖和砌块在砌筑前，应清除表面污物、冰雪等，不得使用遭水浸和受冻后表面结冰、污

---

[1] 《砌体工程施工质量验收规范》GB 50203—2011 规定：

10.0.1 当室外日平均气温连续 5 天稳定低于 5℃时，砌体工程应采取冬期施工措施。

注：①气温根据当地气象资料确定；②冬期施工期限以外，当日最低气温低于 0℃时，也应按本章的规定执行。

[2] 《砌体工程施工质量验收规范》GB 50203—2011 规定：

10.0.4 冬期施工所用材料应符合下列规定：

1. 石灰膏、电石膏等应防止受冻。如遭冻结，应经融化后使用。

2. 拌制砂浆用砂，不得含有冰块和大于 10mm 的冻结块。

3. 砌体用块体不得遭水浸冻。

10.0.5 冬期施工砂浆试块的留置，除应按常温规定要求外，尚应增加 1 组与砌体同条件养护的试块，用于检验转入常温 28d 的强度。如有特殊需要，可另外增加相应龄期的同条件养护试块。

10.0.6 地基土有冻胀性时，应在未冻的地基上砌筑，并应防止在施工期间和回填土前地基受冻。

10.0.7 冬期施工中砖、小砌块浇（喷）水湿润应符合下列规定：

1. 烧结普通砖、烧结多孔砖、蒸压灰砂砖、蒸压粉煤灰砖、烧结空心砖、吸水率较大的轻骨料混凝土小型空心砌块在气温高于 0℃条件下砌筑时，应浇水湿润；在气温低于、等于 0℃条件下砌筑时，可不浇水，但必须增大砂浆稠度。

2. 普通混凝土小型空心砌块、混凝土多孔砖、混凝土实心砖及采用薄灰砌筑法的蒸压加气混凝土砌块施工时，不应对其浇（喷）水湿润。

3. 抗震设防烈度为 9 度的建筑物，当烧结普通砖、烧结多孔砖、蒸压粉煤灰砖、烧结空心砖无法浇水湿润时，如无特殊措施，不得砌筑。

10.0.8 拌合砂浆时水的温度不得超过 80℃，砂的温度不得超过 40℃。

染的砖和砌块；冬期施工不得使用无水泥配制的砂浆，水泥宜用普通硅酸盐水泥；现场拌制砂浆所用的砂中不得含有直径大于 10mm 的冻结块或冰块；石灰膏、电石膏等材料应有保温措施，遭冻结时应经冻融后方可使用；为使砂浆有一定的正温度，拌合前水及砂可预先加热，但水的加热温度不得超过 80℃，防止水温过高，拌制时使水泥产生假凝现象，砂加热温度不得超过 40℃，砂浆稠度宜较常温适当增大，且不得二次加水调整砂浆和易性。

二、外加剂法

外加剂法是在水泥砂浆或水泥混合砂浆中掺入一定数量的外加剂，以降低冰点，使砂浆中的水分在一定的负温下不冻结，水泥继续水化，砂浆强度能继续缓慢增长的施工方法。采用外加剂配制砂浆时，可采用氯盐或亚硝酸盐等外加剂，氯盐应以氯化钠为主，当气温低于 −15℃ 时，可与氯化钙复合使用。对配筋砌体或有预埋铁件的砌体，为防止铁件锈蚀，可采用氯化钠＋亚硝酸钠复合抗冻化学剂。抗冻化学剂的掺量应符合规范的规定。

（一）外加剂法适用范围

外加剂法适用于工业与民用建筑的一般建筑工程，但由于氯盐会使砌体产生析盐、吸湿现象，并对钢筋和预埋铁件有锈蚀作用，故下列工程不允许采用外加剂法施工：

（1）对装饰工程有特殊要求的建筑物。

（2）使用湿度大于 80％ 的建筑物。

（3）配筋、钢埋件无可靠的防腐处理措施的砌体。

（4）接近高压电线的建筑物（如变电所、发电站等）。

（5）经常处于地下水位变化范围内以及在地下未设防水层的结构。

（二）外加剂法施工要点

（1）采用外加剂法配制的砌筑砂浆，当设计无要求，且最低气温等于或低于 −15℃ 时，砂浆强度等级应较常温施工提高一级。外加剂法的砌筑砂浆出罐温度不宜超过 35℃，砌筑时的最低温度不应低于 5℃。砌块砌筑时宜采用水泥混合砂浆，稠度控制在 50～60mm。

（2）掺外加剂法砌筑砂浆中的氯盐对钢筋和预埋铁件有锈蚀作用，故钢筋和预埋铁件表面涂刷防锈涂料，涂樟丹漆 2～3 道或防锈漆 2 道；也可涂热沥青或水泥净浆，形成防氯离子锈蚀的保护层。氯盐砂浆中复掺引气型外加剂时，应在氯盐砂浆搅拌的后期掺入。根据《建筑工程冬期施工规程》JGJ/T 104—2011 规定，氯盐外加剂掺量应符合表 3-4 的规定。

表 3-4　　　　　　　　　氯盐外加剂掺量

氯盐及砌体材料种类		日最低气温℃			
		≥−10	−11～−15	−16～−20	−21～−25
单掺氯化钠（％）	砖、砌块	3	5	7	—
	石材	4	7	10	—
复掺（％）	氯化钠　砖、砌块	—	—	5	7
	氯化钙　石材	—	—	2	3

（3）严禁使用已遭冻结的砂浆，不准以热水掺入冻结砂浆内重新搅拌使用，也不宜在砌筑时向砂浆内掺水使用。为保证砌体质量，不允许在有冻胀性的冻土地基上砌筑。氯盐砂浆砌体施工时每日砌筑高度不宜超过 1.2m，墙体留置的洞口，距交接墙处不应小于 50cm。

（4）每日砌筑后，应在砌体表面覆盖保温材料。

三、暖棚法

暖棚法适用于地下工程、基础工程以及量小又急需砌筑使用的砖体结构。

采用暖棚法施工时，砖石和砂浆在砌筑时的温度不应低于5℃，而距离所砌的结构底面0.5m处的棚内温度也不应低于5℃。

砌体在暖棚内的养护时间根据暖棚内的温度应按表3-5确定。

表3-5　　　　　　　　　　　　　暖棚法砌体的养护时间

暖棚内温度（℃）	5	10	15	20
养护时间（d）	≥6	≥5	≥4	≥3

思 考 题

1. 对脚手架的基本要求是什么？

2. 脚手架如何分类？分为哪几类？

3. 外脚手架的形式有哪些？哪种最常用？

4. 扣件式钢管脚手架的扣件基本形式有哪些？

5. 悬挑式脚手架的挑梁形式有哪些？目前最常用的悬挑式脚手架采用什么方式？

6. 附着升降式脚手架按爬升方式可分为哪几类？

7. 常用的工具式里脚手架有哪些形式？

8. 双排扣件式钢管脚手架如何设置纵、横向扫地杆？

9. 双排扣件式钢管脚手架如何设置连墙件？

10. 双排扣件式钢管脚手架如何设置剪刀撑和横向斜撑？

11. 试述扣件式钢管脚手架的搭设顺序？

12. 拆除脚手架应注意哪些问题？

13. 简述各类砌体砌筑施工工艺。

14. 各类砌体砌筑质量有哪些要求？影响砌体质量的因素有哪些？

15. 砖砌体临时间断处的接槎方式有哪几种？各有什么要求？

16. 什么是皮数杆？有何作用？其位置及间距是如何规定的？

17. 简述加气混凝土砌块及混凝土空心小砌块的施工要点。

18. 常用配筋砌体包括哪些种类？芯柱和构造柱有哪些构造要求？简述其施工要点？

19. 砖砌体冬期施工有什么要求？常用哪些方法？

20. 外加剂法施工有什么特点？适用范围怎样？应注意什么问题？

第四章 钢筋混凝土工程

钢筋混凝土的结构包括框架结构、剪力墙结构、框架—剪力墙结构、筒体结构等，混凝土结构施工方法有装配和现浇混凝土两种，现浇混凝土的完整施工工艺如图4-1所示。基于环保和混凝土质量稳定性问题，目前国内大部分建筑工程施工现场采用商品混凝土，现场制备混凝土的工程项目越来越少。

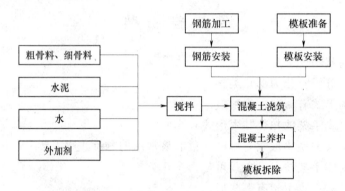

图4-1 普通钢筋混凝土结构工程的施工工艺流程

第一节 钢 筋 工 程

钢筋在混凝土结构中扮演着骨架作用，应用高强钢筋可以减少钢筋用量，减少混凝土结构施工中钢筋加工和连接工作量，改善钢筋密集的现状，有利于混凝土浇筑施工。高强钢筋是指抗拉屈服强度达到400MPa级及以上的钢筋，新修订的《混凝土结构设计规范》GB 50010—2010首次将500MPa级钢筋列入，并要求优先使用400MPa级钢筋。

一、钢筋的种类

（一）钢筋的种类

根据钢筋屈服强度特征值，钢筋的种类分为300、335、400、500级，钢筋化学成分和碳当量符合钢筋混凝土用钢标准GB 1499的规定。钢筋牌号的构成及其含义见表4-1。

表4-1   钢 筋 牌 号

类别	牌号	牌号构成	英文字母含义
热轧光圆钢筋	HPB300	由HPB+屈服强度特征值构成	HPB—Hot rolled Plain Bars，热轧光圆钢筋的英文缩写
普通热轧带肋钢筋	HRB335	由HRB+屈服强度特征值构成	HRB—Hot rolled Rib-bed Bars，热轧带肋钢筋的英文缩写
	HRB400		
	HRB500		

类别	牌号	牌号构成	英文字母含义
细晶粒热轧 带肋钢筋	HRBF335 HRBF400 HRBF500	由 HRBF＋屈服强度特征值构成	HRBF—在热轧带肋钢筋的英文缩写后加"细"（Fine）首位字母

1. 钢筋的牌号

热轧带肋钢筋 HRB335、HRB400、HRB500 分别以 3、4、5 表示；细晶粒热轧钢筋 HRBF335、HRBF400、HRBF500 分别以 C3、C4、C5 表示；厂名以汉语拼音字头表示，公称直径毫米数以阿拉伯数字表示。

对于有较高要求的抗震结构用钢筋，在规定的钢筋牌号后加 E。对按一、二、三级抗震等级设计的框架和斜撑构件中，纵向受力钢筋应采用符合下列规定的抗震结构用钢筋[1]。

（1）钢筋的抗拉强度实测值与屈服强度实测值的比值不应小于 1.25。

（2）钢筋的屈服强度实测值与屈服强度标准值的比值不应大于 1.30。

（3）钢筋的最大力下总伸长率不应小于 9%。

钢筋产品标准按性能确定钢筋的牌号和强度级别，并以相应的符号表达，见表 4-2。

表 4-2　　　　　　　　　普通钢筋的种类及相关参数

牌　号	符号	公称直径 d（mm）	屈服强度标准值 f_{yk}	极限强度标准值 f_{stk}
HPB300	Φ	6～22	300	420
HPB335 HRBF335	Φ Φ^F	6～50	335	455
HRB400 HRBF400 RRB400	Φ Φ^F Φ^R	6～50	400	540
HRB500 HRBF500	Φ Φ^F	6～50	500	630

2. 钢筋混凝土结构的钢筋选用

（1）纵向受力普通钢筋宜采用 HRB400、HRB500、HRBF400、HRBF500 钢筋，也可采用 HPB300、HRB335、HRBF335、RRB400 钢筋；RRB400 余热处理带肋钢筋不宜用作重要部位的受力钢筋，不应用于直接承受疲劳荷载的构件。

（2）梁、柱纵向受力普通钢筋应采用 HRB400、HRB500、HRBF400、HRBF500 钢筋。

（3）箍筋宜采用 HRB400、HRBF400、HPB300、HRB500、HRBF500 钢筋，也可采用 HRB335、HRBF335 钢筋。

（4）预应力筋宜采用预应力钢丝、钢绞线和预应力螺纹钢筋。

---

[1]　《混凝土结构设计规范》GB 50010—2010 第 11.2.3 条文说明：对按一、二、三级抗震等级设计的各类框架构件（包括斜撑构件），要求纵向受力钢筋检验所得的抗拉强度实测值（即实测最大强度值）与受拉屈服强度的比值（强屈比）不小于 1.25，目的是当结构某部位出现较大塑性变形或塑性铰后，钢筋在大变形条件下具有必要的强度潜力，保证构件的基本抗震承载力；要求钢筋受拉屈服强度实测值与钢筋的受拉强度标准值的比值（屈强比）不应大于 1.3，主要是为了保证"强柱弱梁"、"强剪弱弯"设计要求的效果不致因钢筋屈服强度离散性过大而受到干扰；钢筋最大力下的总伸长率不应小于 9%，主要为了保证在抗震大变形条件下，钢筋具有足够的塑性变形能力。

（二）钢筋的检验

1. 检验批

现行国家标准《钢筋混凝土用钢　第2部分：热轧带肋钢筋》GB 1499.2—20071×G1—2009规定：同一牌号、同一炉罐号、同一规格的钢筋，每批重量不大于60t。超过60t的部分，每增加40t（或不足40t的余数），增加一个拉伸试验试样和一个弯曲试验试样。

允许同一牌号、同一冶炼方法的不同炉罐号组成混合批，各炉罐号含碳量之差不大于0.02%，含锰量之差不大于0.15%。混合批的重量不大于60t。

由于工程量、运输条件和各种钢筋的用量等的差异，很难对各种钢筋的进场检查数量作出统一规定。实际检查时，若有关标准中只有对产品出厂检验数量的规定，则在进场检验时，检查数量可按下列情况确定：

（1）当一次进场的数量大于该产品的出厂检验批量时，应划分为若干个出厂检验批量，然后按出厂检验的抽样方案执行。

（2）当一次进场的数量小于或等于该产品的出厂检验批量时，应作为一个检验批量，然后按出厂检验的抽样方案执行。

（3）对连续进场的同批钢筋，当有可靠依据时，可按一次进场的钢筋处理。

2. 检验方法

钢筋的包装、标志、质量证明书应符合《型钢验收、包装、标志及质量证明书的一般规定》GB/T 2101—2008的有关规定，钢筋进场应检查产品合格证、出厂检验报告和进场复验报告，产品合格证、出厂检验报告是对产品质量的证明资料，通常应列出产品的主要性能指标；进场复验报告是进场抽样检验的结果，并作为判断材料能否在工程中应用的依据，验收内容包括钢筋标牌、重量偏差检验和外观检查，并按照有关规定取样，进行机械性能试验，并按照品种、批号及直径分批验收。

钢筋是以质量偏差交货❶（直径6～12mm为±7%，直径14～20mm为±5%，直径22～50mm为±4%），钢筋可按理论质量交货，也可按实际质量交货。按理论质量交货时，理论质量为钢筋长度乘以表4-3标准中钢筋的每米理论质量。

表4-3　　钢筋的公称直径、公称截面面积及理论重量

公称直径（mm）	6	8	10	12	14	16	18	20	22	25	28	32	36	40	50
公称横截面面积（mm²）	28.27	50.27	78.54	113.1	153.9	201.1	254.5	314.2	380.1	490.9	615.8	804.2	1018	1257	1964
理论质量（kg/m）	0.222	0.395	0.617	0.888	1.21	1.58	2(2.11)	2.47	2.98	3.85(4.10)	4.83	6.31(6.65)	7.99	9.87(10.34)	15.42(16.28)

注　表中理论质量密度为7.85g/cm³计算，括号内为预应力螺纹钢筋的数值。

（1）外观检查要求热轧钢筋表面不得有裂缝、结疤和折叠，表面凸块不得超过横肋的最大高度，外形尺寸应符合规定；钢绞线表面不得有折断、横裂和相互交叉的钢丝，并无润滑

---

❶　《混凝土结构工程施工质量验收规范》GB 50204—2002（2011版）规定：

第5.2.1条钢筋进场时，应按国家现行相关标准的规定抽取试件作力学性能和重量偏差检验，检验结果必须符合有关标准的规定。检查数量：按进场的批次和产品的抽样检验方案确定。检验方法：检查产品合格证、出厂检验报告和进场复验报告。

剂、油漬和锈坑；钢筋应平直、无损伤，表面不得有裂纹、油污、颗粒状或片状老锈。

（2）做机械性能试验时，热轧钢筋、钢绞线应从每批外观尺寸检查合格的钢筋中任选两根，每根取两个试件分别进行拉伸试验（包括屈服点、抗拉强度和伸长率的测定）和冷弯试验。如有一项试验结果不符合规定，则应从同一批钢筋另取双倍数量的试件重做各项试验，如果仍有一个试件不合格，则该批钢筋为不合格品。

（3）钢筋在运输和存放时，不得损坏包装和标志，并应按牌号、规格、出炉批次分别挂牌堆放，并标明数量。室外堆放时，应采用避免钢筋锈蚀的措施。

（4）当发现钢筋脆断、焊接性能不良或力学性能显著不正常等现象时，应停止使用该批钢筋，并对该批钢筋进行化学成分检验或其他专项检验。

二、钢筋的加工

钢筋加工过程包括除锈、调直、切断、镦头、弯曲、连接（焊接、机械连接和绑扎）等。

（一）钢筋除锈

钢筋的表面应洁净。油漬、漆污和用锤敲击时能剥落的浮皮、铁锈等应在使用前清除干净。在焊接前，焊点处的浮锈应清除干净。钢筋的除锈，一般可通过以下两个途径：

（1）在钢筋冷拉或调直过程中除锈。

（2）用机械方法除锈，如采用电动除锈机除锈，对钢筋的局部除锈较为方便。此外，还可采用手工除锈（用钢丝刷、砂盘）。

在除锈过程中发现钢筋表面的氧化铁皮鳞落现象严重并已损伤钢筋截面，或在除锈后钢筋表面有严重的麻坑、斑点伤蚀截面时，应降级使用或剔除不用。

（二）钢筋调直 ❶

钢筋宜采用无延伸功能的机械设备进行调直，也可采用冷拉方法调直。当采用冷拉方法调直时，HPB300光圆钢筋的冷拉率不宜大于4%，HRB、HRBF及RRB400带肋钢筋的冷拉率不宜大于1%。钢筋调直过程中不应损伤带肋钢筋的横肋，不应有局部弯折。

1. 钢筋调直

在调直细钢筋时，要根据钢筋的直径选用调直模和传送压辊，并要正确掌握调直模的偏移量和压辊的压紧程度。调直筒两端的调直模一定要在调直前后导孔的轴心线上，这是钢筋能否调直的一个关键。

2. 数控钢筋调直切断机

数控钢筋调直切断机是在原有调直机的基础上应用电子控制仪，准确控制钢丝断料长度，并自动计数。该机的工作原理如图4-2所示。钢筋数控调直切断机断料精度高（偏差仅约1~2mm），采用此机时，要求钢筋表面光洁，以免钢筋移动时速度不匀，影响切断长度的精确性。

3. 卷扬机冷拉方法调直

卷扬机冷拉方法调直如图4-3所示，两端采用地锚承力。该法设备简单，宜用于施工

---

❶ 《混凝土结构工程施工质量验收规范》GB 50204—2002（2011版）规定：

5.3.3条文说明：盘条供应的钢筋使用前需要调直。调直宜优先采用机械方法，以有效控制调直钢筋的质量；也可采用冷拉方法，但应控制冷拉伸长率，以免影响钢筋的力学性能。

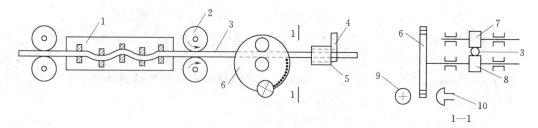

图 4-2　数控钢筋调直切断机工作简图

1—调直装置；2—牵引轮；3—钢筋；4—上刀口；5—下刀口；6—光电盘；

7—压轮；8—摩擦轮；9—灯泡；10—光电管

现场或小型构件厂。

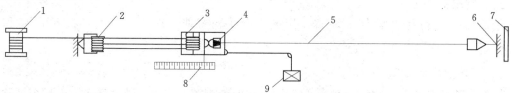

图 4-3　卷扬机拉直设备布置

1—卷扬机；2—滑轮组；3—冷拉小车；4—钢筋夹具；5—钢筋；

6—地锚；7—防护壁；8—标尺；9—荷重架

（三）钢筋切断

切断钢筋的方法分机械切断和人工切断两种。切断钢筋机械如图 4-4 和图 4-5 所示，钢筋切断机切断钢筋时，要先将机械牢稳地固定，并仔细检查刀片有无裂纹，刀片是否固紧，安全防护罩是否齐全牢固。进料要在活动刀片后退时进料，不要在刀片前进时进料。进料时，手与刀口的距离不应小于 150mm，切断短钢筋时要使用套管或夹具，禁止剪切超过机器剪切能力规定的钢筋和烧红的钢筋，需用人工切断钢筋时，要视钢筋粗细采用不同方法。钢筋切断时，应将同规格钢筋根据不同长度长短搭配，统筹下料，减少损耗。

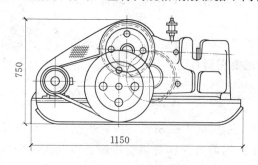

图 4-4　CQ40 型钢筋切断机

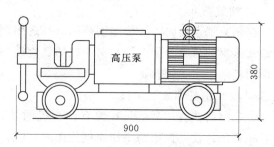

图 4-5　DYQ32B 电动液压切断机

机械连接、对焊、电渣压力焊、气压焊等接头，要求钢筋接头断面平整，所以宜采用无齿锯切断，尽量不用钢筋切断机切断，钢筋切断机切断的断面呈马蹄状，影响连接质量。

（四）钢筋弯曲成型

钢筋弯曲有机械弯曲和手工弯曲两种。钢筋弯曲成型是钢筋加工中的一道主要工序，要求弯曲加工的钢筋形状正确，便于绑扎安装。

在进行弯曲操作前，首先应熟悉弯曲钢筋的规格、形状和各部分的尺寸，以便确定弯曲方法、准备弯曲工具。粗钢筋弯曲加工、形状复杂的钢筋加工时，必须先划线，按不同的弯曲角度扣除其弯曲量度差，应先试弯一根，检查是否符合设计要求，并核对钢筋划线、扳距是否合适，经调整合适后，方可成批加工。

1. 钢筋弯曲机

钢筋弯曲机包括减速机、大齿轮、小齿轮、弯曲盘面，如图 4-6 所示，支承销轴固定在机床上，中心销轴和压弯销轴装在工作圆盘上，圆盘回转时便将钢筋弯曲。为了弯曲各种直径的钢筋，在工作盘上有几个孔，用以插入不同直径的销轴，不同直径钢筋相应地更换不同直径的销轴。

2. 钢筋的弯曲规定

(1) 钢筋弯弧内直径规定。

1) HPB300 级光圆钢筋的弯弧内直径 D 不应小于钢筋直径的 2.5 倍；末端弯钩的平直部分长度不应小于钢筋

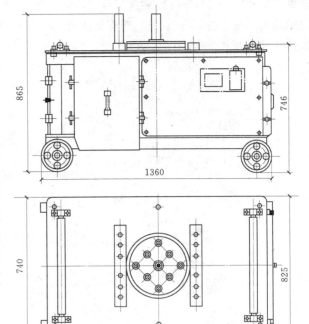

图 4-6　GW-40 型钢筋弯曲机

直径的 3 倍。受压光圆钢筋末端可不作弯钩，如图 4-7 所示。

2) HRB335 级、HRB400 级钢筋的弯弧内直径不应小于钢筋直径的 4 倍。弯钩的弯后平直部分长度应符合设计要求，如图 4-8 所示。

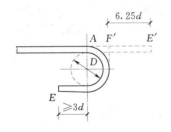

图 4-7　钢筋末端 180°弯钩示意图

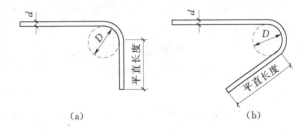

图 4-8　受力钢筋弯折

(a) 90°；(b) 135°

3) 直径小于 28mm 的 500MPa 级带肋钢筋的弯弧内直径不应小于钢筋直径的 6 倍，直径大于或等于 28mm 的 500MPa 级带肋钢筋的弯弧内直径不应小于钢筋直径的 7 倍。

4) 框架结构的顶层端节点，对梁上部纵向钢筋、柱外侧纵向钢筋在节点角部弯折处，当钢筋直径小于 28mm 时，弯弧内直径不宜小于钢筋直径的 12 倍；钢筋直径大于或等于 28mm 时，弯弧内直径不宜小于钢筋直径的 16 倍。

5) 箍筋弯折处的弯弧内直径不应小于纵向受力钢筋直径。

(2) 箍筋弯钩、拉钩构造要求。除焊接封闭环式箍筋外，连续螺旋箍筋和连续复合螺旋箍筋的末端应做弯钩，弯钩形式应符合设计要求。当设计无具体要求时，对一般结构，弯折角度不应小于 90°，弯折后平直部分长度不应小于箍筋直径的 5 倍；对有抗震设防，箍筋弯钩的弯折角度不应小于 135°，弯折后平直部分长度不应小于箍筋直径的 10 倍和 75mm 的较大值；箍筋及拉筋弯钩的构造要求如图 4-9 所示。

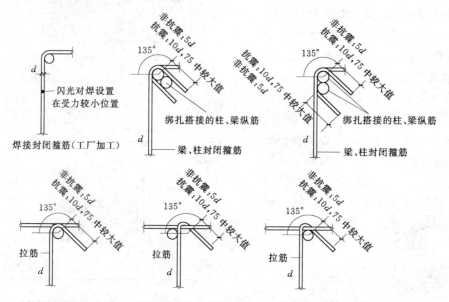

图 4-9 封闭箍筋及拉筋弯钩构造

（五）钢筋的连接

受运输工具长度的限制，当钢筋直径不大于 12mm 时，一般以圆盘形式供货；当钢筋直径大于 12mm 时，则以直条形式供货，直条长度一般为 6～12m，由此带来了混凝土结构施工中不可避免的钢筋连接问题。目前钢筋的连接方法有焊接连接、机械连接和绑扎连接三类。抗震设防的混凝土结构，纵向受力钢筋连接的位置宜避开梁端、柱端箍筋加密区，如必须在此连接时，应采用机械连接或焊接。要求进行疲劳验算的构件，其纵向受拉钢筋不得采用绑扎搭接接头，也不宜采用焊接接头。

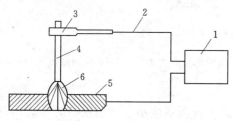

图 4-10 电弧焊示意图

1—电源；2—导线；3—焊钳；4—焊条；

5—被焊钢筋；6—焊条的溶敷金属

1. 焊接连接

（1）焊接连接种类。

焊接连接是利用焊接技术将钢筋连接起来的传统钢筋连接方法，要求对焊工进行专门培训，持证上岗；施工受气候、电流稳定性的影响，接头质量不如机械连接可靠。钢筋焊接常用方法有电弧焊、闪光对焊、电阻点焊、埋弧压力焊、气压焊和电渣压力焊等。❶

---

❶ 《钢筋焊接及验收规程》JGJ 18—2012 规定：

当环境温度低于 -20℃时，不宜进行各种焊接；雨天、雪天不宜在现场进行施焊，必须施焊时，应采取有效遮蔽措施，焊后未冷却接头不得碰到冰雪；在现场进行闪光对焊或电弧焊，当超过 8m/s（四级）风速时，应采取挡风措施。进行气压焊，当超过 5m/s（三级）风速时，应采取挡风措施。

1）电弧焊。电弧焊是以焊条作为一极，钢筋为另一极，利用焊接电流通过产生的电弧热进行焊接的一种熔焊方法，如图 4-10 所示。

电弧焊所使用的弧焊机有直流与交流之分，常用的交流弧焊机有：BX-300、BX-500型；直流电弧焊机有：AX-300、AX-500型。

电弧焊所用焊条直径为 1.6～5.8mm，长度为 215～400mm，焊条的选用和钢筋牌号、电弧焊接头型式有关，电弧焊所采用的焊条，应符合现行国家标准《非合金钢及细晶粒钢焊条》GB/T 5117—2012 或《热强钢焊条》GB/T 5118—2012 的规定，其型号应根据设计确定。

电弧焊的接头形式有搭接接头、帮条接头、坡口（剖口）接头等。电弧焊连接的形式、适用范围与质量验收见表 4-4。

表 4-4　　　　　　　　　　　　电弧焊连接的形式与适用范围

电弧焊法	接头示意图	适用范围	
		钢筋牌号	钢筋直径（mm）
搭接	（a）双面焊缝　　（b）单面焊缝		
帮条	（a）双面焊缝　　（b）单面焊缝	HPB300 HRB335 HRBF335 HRB400 HRBF400 HRB500 HRBF500 RRB400W 帮条钢筋宜与被连接主筋同级别、同直径	10～22 10～40 10～40 10～32 10～25
坡口	（a）坡口平焊　　（b）坡口立焊		
角焊塞焊	（a）角焊　　（b）穿孔塞焊	当钢筋直径为 6～25mm 时，可采用角焊；当钢筋直径为 20～28mm 时，宜采用穿孔塞焊。角焊缝焊脚 K 不小于 0.5d（HPB300 级钢筋）～0.6d（HRB335 级以上钢筋）	

2）闪光对焊。闪光对焊是利用电阻热使钢筋接头接触点金属熔化，产生强烈飞溅，形成闪光，迅速顶锻完成的一种压焊方法，如图 4-11 所示。闪光对焊可分为连续闪光焊、预

热闪光焊、闪光→预热→闪光焊三种工艺。可根据钢筋牌号、直径和所用焊机容量(kV·A)选用。

连续闪光焊：工艺过程包括连续闪光和顶锻过程，即先将钢筋夹在焊机电极钳口上，然后闭合电源，使两端钢筋轻微接触，形成"金属过梁"。过梁进一步加热，产生金属蒸气飞溅形成闪光现象。而后再徐徐移动钢筋，保持接头轻微接触，形成连续闪光过程，接头也同时被加热，接头熔化后，随即施加适当的轴向压力迅速顶锻，使两根钢筋对焊成为一体。连续闪光焊一般用于焊接直径在 22mm 以内的 HPB300、HRB335、RRBF335，20mm 以内 HRB400 和 RRBF400 级钢筋。

预热闪光焊：在连续闪光焊接之前，增加一次预热过程。适用于焊接直径 22mm 以上 HPB300、HRB335，直径 20mm 以上 HRB400 和 RRB400 级，钢筋端面较平整的钢筋。HRB500 级钢筋焊接时，应采用预热闪光焊或闪光→预热闪光焊工艺，当接头拉伸试验结果发生脆性断裂或弯曲试验不能达到规定要求时，尚应在焊机上进行焊后热处理。

闪光→预热→闪光焊：即在预热闪光焊前再增加一次闪光过程，使钢筋预热均匀。闪光→预热→闪光焊比较适应焊接直径大于 25mm、且端面不够平整的钢筋，这是闪光对焊中最常用的一种方法。

3）电渣压力焊。电渣压力焊是将两钢筋安放成竖向对接形式，利用焊接电流通过两钢筋端面间隙，在焊剂中形成电弧过程和电渣过程，产生电弧热和电阻热熔化钢筋，再加压完成的一种压焊方法，如图 4-12 所示。电渣压力焊焊接工艺包括引弧、造渣、电渣和顶锻四个过程。

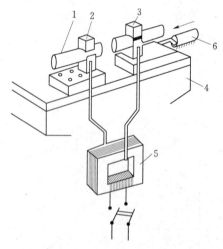

图 4-11　钢筋闪光对焊

1—钢筋；2—固定电极；3—可动电极；4—机座；5—变压器；6—轴向顶锻装置

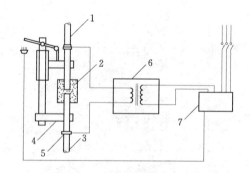

图 4-12　电动凸轮式钢筋自动电渣压力焊示意图

1—上钢筋；2—焊药盒；3—下钢筋；4—焊接夹具；5—焊钳；6—焊接电源；7—控制箱

引弧过程是在通电后迅速将上钢筋提起 2～4mm 以引弧。造渣过程是靠电弧的高温作用，将钢筋端头的凸出部分不断烧化；电渣过程是在渣池形成一定深度后，将上钢筋缓缓插入渣池中，由于电流直接通过渣池，产生大量的电阻热，使渣池温度升到近 2000℃，将钢筋端头迅速而均匀地熔化，在停止供电的瞬间，对钢筋施加挤压力，把焊口部分熔化的金属、熔渣及氧化物等杂质全部挤出结合面形成焊接接头。主要用于柱、墙等现浇混凝土结构中直径差在 9mm 以内，直径为 12～32mm 的竖向或斜向（倾斜度不大于 10°）受力钢筋的连接，不得在竖向焊接后用于梁、板等构件中作水平钢筋使用，不宜用于 RRB400 级钢筋的连接；在供电条件差、电压不稳、雨季或防火要求高的场合应慎用。

两根同牌号、不同直径的钢筋可进行闪光对焊、电渣压力焊或气压焊，闪光对焊时其径差不得超过 4mm，电渣压力焊或气压焊时，其径差不得超过 7mm。焊接工艺参数可在大、小直径钢筋焊接工艺参数之间偏大选用，两根钢筋的轴线应在同一直线上。对接头强度的要求，应按较小直径钢筋计算。

4）其他几种焊接方法简介。

a. 电阻点焊：就是将两钢筋安放成交叉叠接形式，压紧于两电极之间，利用电阻热熔化母材金属，加压形成焊点的一种压焊方法。

b. 钢筋气压焊：采用氧、乙炔火焰或氧液化石油气火焰（或其他火焰），对两钢筋对接处加热，使其达到热塑性状态后，加压完成的一种压焊方法。

c. 钢筋二氧化碳气体保护电弧焊：以焊丝作为一极，钢筋为另一极，并以 CO_2 气体作为电弧介质，保护金属熔滴、焊接熔池和焊接区高温金属的一种熔焊方法。

d. 箍筋闪光对焊：将待焊箍筋两端以对接形式安放在对焊机上，利用电阻热使接触点金属熔化，产生强烈闪光和飞溅，迅速施加顶锻力，焊接形成封闭环式箍筋的一种压焊方法。

e. 预埋件钢筋埋弧压力焊：将钢筋与钢板安放成 T 形接头形式，利用焊接电流通过，在焊剂层下产生电弧，形成熔池，加压完成的一种压焊方法。

f. 预埋件钢筋埋弧螺柱焊：用电弧螺柱焊焊枪夹持钢筋，使钢筋垂直对准钢板，采用螺柱焊电源设备产生强电流、短时间的焊接电弧，在熔剂层保护下使钢筋焊接端面与钢板产生熔池后，适时将钢筋插入熔池，形成 T 形接头的焊接方法。

（2）钢筋焊接头的质量检验。

1）检验批。

a. 在现浇混凝土结构中，应以 300 个同牌号钢筋、同型式接头作为一批，当同一台班内焊接的接头数量较少，可在一周之内累计计算，累计仍不足 300 个接头时，应按一批计算；在房屋结构中，应在不超过连续二楼层中 300 个同牌号钢筋、同型式接头作为一批。

封闭环式箍筋闪光对焊接头，以 600 个同牌号、同直径的接头作为一批，只做拉伸试验。

b. 力学性能检验时，在柱、墙的竖向钢筋连接中，应从每批接头中随机切取 3 个接头做拉伸试验；在梁、板的水平钢筋连接中，应另切取 3 个接头做弯曲试验。

c. 在同一批中若有 3 种不同直径的钢筋焊接接头，应在最大直径钢筋接头和最小直径钢筋接头中分别切取 3 个试件进行拉伸试验。

2）质量检验。

质量检验与检收应包括外观质量检查和力学性能检验，并划分为主控项目和一般项目两类。焊接接头力学性能检验应为主控项目，焊接接头的外观质量检查应为一般项目。外观检查和力学性能试验质量检验评定见表 4-5。

表 4 - 5　　　　　　　　　　　　　　　焊接接头质量检验评定

焊接方式	外 观 检 查	力 学 性 能 试 验
电弧焊	①焊缝表面应平整，不得有凹陷或焊瘤；②焊接接头区域不得有肉眼可见的裂纹；③焊缝余高应为 2～4mm；④咬边深度、气孔、夹渣等缺陷允许值及接头尺寸的允许偏差，应符合规范的规定	①力学性能检验时，应从每批接头中随机切取 6 个接头，其中 3 个做拉伸试验，3 个做弯曲试验。②钢筋闪光对焊接头、电弧焊接头、电渣压力焊接头、气压焊接头、箍筋闪光对焊接头、预埋件钢筋 T 形接头的拉伸试验结果评定如下：当 3 个试件均断于钢筋母材，呈延性断裂，其抗拉强度不小于该牌号钢筋抗拉强度标准值；或 2 个试件断于钢筋母材，呈延性断裂，其抗拉强度不小于该牌号钢筋抗拉强度标准值，另一个试件断于焊缝，呈脆性断裂，其抗拉强度不小于该牌号钢筋抗拉强度标准值的 1.0 倍时，应评定该批接头拉伸实验合格。
闪光对焊	①闪光对焊接头表面不得有肉眼可见的裂纹；②与电极接触处的钢筋表面不得有烧伤；③接头处的弯折角度不得大于 20°；④接头处的钢筋轴线偏移量不得大于 0.1 倍钢筋直径，也不得大于 1mm	不符合上述条件时，应进行复验。复验时，应再切取 6 个试件进行试验。试验结果，若有 4 个或 4 个以上试件断于母材，呈延性断裂，其抗拉强度均不小于该牌号钢筋抗拉强度标准值，另两个或两个以下试件断于焊缝，呈脆性断裂，其抗拉强度均不小于该牌号钢筋抗拉强度标准值的 1.0 倍，应评定该检验批接头拉伸试验复验合格。
电渣压力焊	①四周焊包凸出钢筋表面的高度，直径 25 的钢筋不得小于 4mm，直径 28 及以上的钢筋不得小于 6mm；②钢筋与电极接触处，应无烧伤缺陷；③接头处的弯折角不得大于 2°；接头处的轴线偏移不得大于 1mm；④外观检查不合格的接头，应切除重焊或采取补强措施	③ 钢筋闪光对焊接头、气压焊接头进行弯曲试验时，当弯曲至 90°，有 2 个或 3 个试件外侧（含焊缝和热影响区）未发生裂，应评定该批接头弯曲试验合格。当有 2 个试件发生破裂，应进行复验。当有 3 个试件发生破裂，则判定该批接头为不合格。复验时，应再加取 6 个试件。复验结果，当不超过 2 个试件发生破裂，应评定该批接头为合格。（当试件发生宽度达到 0.5mm 的裂纹时，应认定已经破裂）

2. 机械连接[●]

钢筋机械连接就是通过钢筋与机加工连接件的机械咬合作用或钢筋端面的承压作用，将一根钢筋中的力传递至另一根钢筋的连接方法。

（1）钢筋机械连接种类。

20 世纪 80 年代，钢筋机械连接的概念在我国就已出现，相继出现了套筒挤压连接、锥螺纹套筒连接、直螺纹套筒连接、活塞式组合带肋钢筋连接等技术。现行规程《钢筋机械连接技术规程》JGJ 107—2010 描述了套筒挤压连接、锥螺纹套筒连接、直螺纹套筒连接三种。

1）套筒挤压连接。这是我国最早出现的一种钢筋机械连接方法。套筒径向挤压连接是将两根待接钢筋插入优质钢套筒，用液压挤压设备沿径向挤压钢套筒，使之产生塑性变形，依靠变形后的钢套筒与被连接钢筋纵、横肋产生的机械咬合作用使套筒与钢筋成为整体的连接方法，如图 4-13 所示。这种方法适用于直径 18～40mm 的带肋钢筋的连接，所连接的两

[●] **《钢筋机械连接技术规程》JGJ 107—2010 规定：**

3.0.4　钢筋机械连接接头应根据抗拉强度、残余变形以及高应力和大变形条件下反复拉压性能的差异，分为下列 3 个性能等级：Ⅰ级接头抗拉强度等于被连接钢筋的实际拉断强度或不小于 1.10 倍钢筋抗拉强度标准值，残余变形小并具有高延性及反复拉压性能。Ⅱ级接头抗拉强度不小于被连接钢筋抗拉强度标准值，残余变形小并具有高延性及反复拉压性能。Ⅲ级接头抗拉强度不小于连接钢筋屈服强度标准值的 1.25 倍，残余变形小并具有一定的延性及反复拉压性能。

4.0.1　结构设计图纸中应列出设计选用的钢筋接头等级和应用部位。接头等级的选定应符合下列规定：

1.混凝土结构中要求充分发挥钢筋强度或对延性要求高的部位应优先选用Ⅱ级接头。当在同一连接区段内必须实施 100%钢筋接头的连接时，应采用Ⅰ级接头。2.混凝土结构中钢筋应力较高但对延性要求不高的部位可采用Ⅲ级接头。

根钢筋的直径之差不宜大于 5mm。该方法具有接头性能可靠、质量稳定、不受气候的影响、连接速度快、安全、无明火、节能等优点。但设备笨重，工人劳动强度大，不适合在高密度布筋的场合使用。

2）锥螺纹套筒连接。锥螺纹套筒连接是将两根待接钢筋端头用套丝机加工出锥形丝扣，然后用带锥形内丝的钢套筒将钢筋两端拧紧的连接方法，如图 4-14 所示。

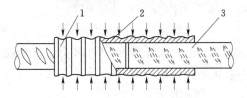

图 4-13　钢筋套筒径向挤压连接
1—压痕；2—钢套筒；3—变形钢筋

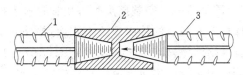

图 4-14　钢筋锥螺纹套筒连
1—已连接的钢筋；2—锥螺纹套筒；
3—未连接的钢筋

钢筋锥螺纹的加工是在钢筋套丝机上进行。为保证丝扣精度，对已加工的丝扣端要用牙形规及卡规逐个进行自检，要求钢筋丝扣的牙形必须与牙形规吻合，丝扣完整牙数不得小于规定值。锥螺纹套筒加工宜在专业工厂进行，以保证产品质量。

钢筋锥螺纹连接预先将套筒拧入钢筋的一端，连接钢筋时，将已拧套筒的钢筋拧到被连接的钢筋上，并用扭力扳手按规定的力矩值连接钢筋，扭力扳手是保证钢筋连接质量的测力扳手，它可以按照钢筋直径大小规定的力矩值，把钢筋与连接套筒拧紧，直至扭力扳手的力矩值达到调定的力矩值，并随手画上油漆标记，以防有的钢筋接头漏拧。

3）直螺纹套筒连接。直螺纹套筒连接是将两根待接钢筋端头切削或滚压出直螺纹，然后用带直内丝的钢套筒将钢筋两端拧紧的连接方法，如图 4-15 所示。该方法是综合了套筒挤压连接和锥螺纹连接的优点，是目前工程应用最广泛的粗钢筋连接方法。

按螺纹丝扣加工工艺不同，可分为镦粗直螺纹套筒连接、滚压直螺纹套筒连接和剥肋滚压直螺纹套筒连接三种。

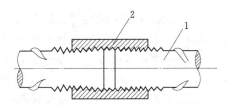

图 4-15　钢筋直螺纹连接接头剖面图
1—待接钢筋；2—套筒

（2）钢筋机械连接的质量检验❶。

接头安装前检查连接件产品合格证及套筒生产批号标识；产品合格证应包括适用钢筋直径和接头性能等级、套筒类型、生产单位、生产日期以及可追溯产品原材料力学性能和加工

---

❶　《钢筋机械连接技术规程》JGJ 107—2010 规定：

6.1.2　直螺纹接头的现场加工应符合下列规定：

①钢筋端部应切平或镦平后加工螺纹；②镦粗头不得有与钢筋轴线相垂直的横向裂纹；③钢筋丝头长度应满足企业标准中产品设计要求，公差应为 0～2.0p；（p 为螺距）④钢筋丝头应满足 6f 级精度要求，应用专用螺纹量规检验，通规能顺利旋入并达到要求的拧入长度，止规旋入不得超过 3p。抽检数量 10%，检验合格率不应小于 95%。

7.0.2　钢筋连接工程开始前，应对不同钢筋生产厂的进场钢筋进行接头工艺检验；施工过程中，更换钢筋生产厂时，应补充进行工艺检验，工艺检验应符合下列规定：

①每种规格钢筋的接头试件不应少于 3 根；②每根试件的抗拉强度和 3 根试件的残余变形的平均值符合规程表 3.0.5 和 3.0.7 的规定；③接头试件在测量残余变形后可再进行抗拉强度试验，并宜按本规程附录 A 表 A.1.3 中的单向拉伸加载制度进行试验；④第一次工艺检验中一根试件抗拉强度或三根试件的残余变形平均值不合格时，允许再抽三根试件进行复检，复检仍不合格时判为工艺检验不合格。

质量的生产批号。

1）型式检验与工艺检验。工程中应用钢筋机械接头时，应由该技术提供单位提交有效的型式检验报告，钢筋连接工程开始前，应对不同钢筋生产厂的进场钢筋进行接头工艺检验；施工过程中，更换钢筋生产厂时，应补充进行工艺检验。

2）检验批。同一施工条件下采用同一批材料的同等级、同型式、同规格接头，以 500 个接头为一个验收批进行检验与验收，不足 500 个接头也作为一个验收批。

3）质量检验。安装接头时可用管钳扳手拧紧，应使钢筋丝头在套筒中央位置相互顶紧。标准型接头安装后的外露螺纹不宜超过 $2p$。安装后用扭力扳手校核拧紧扭矩，拧紧扭矩值应符合《钢筋机械连接技术规程》JGJ 107—2010 规定。校核用扭力扳手和安装用扭力扳手应区分使用，校核用扭力扳应每年校核一次，准确度级别应选用 10 级❶。

质量检验与检收应包括外观质量检查和力学性能检验，并划分为主控项目和一般项目两类。力学性能检验应为主控项目，外观质量检查应为一般项目。

a．螺纹接头安装每一验收批，抽取其中 10％的接头进行拧紧扭矩校核，拧紧扭矩值不合格数超过被校核接头数的 5％时，应重新拧紧全部接头，直到合格为止。

b．对接头的每一验收批，均应在工程结构中随机抽 3 个试件做抗拉强度试验，按设计要求的接头性能等级进行评定。当 3 个试件检验结果均符合现行行业标准《钢筋机械连接技术规程》中的强度要求时，该验收批为合格。如有一个试件的抗拉强度不符合要求，应再取 6 个试件进行复检。复检中如仍有一个试件检验结果不符合要求，则该验收批试件应评为不合格。

现场截取抽样试件后，原接头位置的钢筋可采用同等规格的钢筋进行搭接连接，或采用焊接补接。

（3）钢筋机械连接或焊接接头的有关规定❷。

结构构件中纵向受力钢筋的连接接头宜设置在受力较小部位，宜相互错开，当受力钢筋采用机械连接接头或焊接接头时，设置在同一构件的接头钢筋机械连接区段的长度为 $35d$（焊接接头且不小于 500mm），d 为连接钢筋的较小直径；凡接头中点位于该连接区段长度内的连接接头均属于同一连接区段。同一连接区段内，纵向受力钢筋的接头面积百分率应符合设计要求。

1）柱纵向钢筋应贯穿中间层的中间节点或端节点，接头应设在节点区以外，每层柱第一个钢筋接头位置距楼地面高度不宜小于 500mm、柱高的 1/6 及柱截面长边（或直径）的较大值；连续梁、板的上部钢筋接头位置宜设置在跨中 1/3 跨度范围内，下部钢筋接头位置

---

❶ 《扭矩扳子检定规程》JJG 707—2003 规定 5 级误差为 5％，10 级误差为 10％。

❷ 《混凝土结构设计规范》GB 50010—2010 规定：

8.4.7　纵向受力钢筋的机械连接接头宜相互错开。钢筋机械连接区段的长度为 $35d$，d 为连接钢筋的较小直径。凡接头中点位于该连接区段长度内的连接接头均属于同一连接区段。位于同一连接区段内的纵向受力钢筋的接头面积百分率不宜大于 50％；但对板、墙、柱及预制构件的拼接处，可根据实际情况放宽。纵向受压钢筋的接头百分率可不受限制。机械连接套筒的横向净间距不宜小于 25mm；套筒处箍筋的间距仍应满足相应的构造要求。直接承受动力荷载结构构件中的机械连接接头，除应满足设计要求的疲劳性能外，位于同一连接区段内的纵向受力钢筋接头面积百分率不应大于 50％。

8.4.9　需进行疲劳验算的构件，其纵向受拉钢筋不得采用绑扎搭接接头，也不宜采用焊接接头，除端部锚固外不得在钢筋上焊有附件。当直接承受吊车荷载的钢筋混凝土吊车梁、屋面梁及屋架下弦的纵向受拉钢筋采用焊接接头时，应符合下列规定：

1．应采用闪光接触对焊，并去掉接头的毛刺及卷边；2．同一连接区段内纵向受拉钢筋焊接接头面积百分率不应大于 25％，焊接接头连接区段的长度应取为 $45d$，d 为纵向受力钢筋的较大直径；3．疲劳验算时，焊接接头应符合本规范第 4.2.6 条疲劳应力幅限值的规定。

宜设置在支座 1/3 范围内。

2) 结构构件中纵向受力钢筋的连接接头宜设置在受力较小部位，当需要在高应力部位设置接头时，在同一连接区段内Ⅲ级接头的接头百分率不应大于 25%。Ⅱ级接头的接头百分率不应大于 50%。

接头不宜设置在有抗震设防要求的框架梁端、柱端的箍筋加密区；当无法避开时，应采用Ⅱ级接头或Ⅰ级接头，且接头百分率不应大于 50%；

3) 同一纵向受力钢筋不宜设置两个或两个以上的接头。接头末端至钢筋弯起点的距离不应小于钢筋公称直径的 10 倍。

4) 细晶粒热轧带肋钢筋以及直径大于 28mm 的带肋钢筋，其焊接应经试验确定；余热处理钢筋不宜焊接。

3. 绑扎搭接[1]

一般一级框架梁采用机械连接，二、三、四级可采用绑扎搭接或焊接连接；混凝土结构中受力钢筋的连接接头宜设置在受力较小处。钢筋绑扎搭接接头连接区段的长度为 1.3 倍搭接长度，凡搭接接头中点位于该连接区段长度内的搭接接头均属于同一连接区段（图 4-16）。

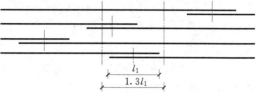

图 4-16 连接区段长度内的绑扎搭接接头

在同一根受力钢筋上宜少设接头。在结构的重要构件和关键传力部位，纵向受力钢筋不宜设置连接接头。轴心受拉及小偏心受拉杆件的纵向受力钢筋不得采用绑扎搭接；其他构件中的钢筋采用绑扎搭接时，受拉钢筋直径不宜大于 25mm，受压钢筋直径不宜大于 28mm。

（1）绑扎搭接长度[2]。

纵向受拉钢筋绑扎搭接接头的搭接长度，应根据位于同一连接区段内的钢筋搭接接头面

---

[1] 《混凝土结构设计规范》GB 50010—2010 规定：

8.4.3 同一构件中相邻纵向受力钢筋的绑扎搭接接头宜互相错开。钢筋绑扎搭接接头连接区段的长度为 1.3 倍搭接长度，凡搭接接头中点位于该连接区段长度内的搭接接头均属于同一连接区段。同一连接区段内纵向受力钢筋搭接接头面积百分率为该区段内有搭接接头的纵向受力钢筋与全部纵向受力钢筋截面面积的比值。当直径不同的钢筋搭接时，按直径较小的钢筋计算。位于同一连接区段内的受拉钢筋搭接接头面积百分率：对梁类、板类及墙类构件，不宜大于 25%；对柱类构件，不宜大于 50%。当工程中确有必要增大受拉钢筋搭接接头面积百分率时，对梁类构件，不宜大于 50%；对板、墙、柱及预制构件的拼接处，可根据实际情况放宽。并筋采用绑扎搭接连接时，应按每根单筋错开搭接的方式连接。接头面积百分率应按同一连接区段内所有的单根钢筋计算。并筋中钢筋的搭接长度应按单筋分别计算。

[2] 《混凝土结构设计规范》GB 50010—2010 规定：

11.1.7 混凝土结构构件的纵向受力钢筋的锚固和连接除应符合本规范第 8.3 节和第 8.4 节的有关规定外，尚应符合下列要求：

1. 纵向受拉钢筋的抗震锚固长度 l_{aE} 应按下式计算：

$$l_{aE} = \zeta_{aE} l_a \qquad (11.1.7-1)$$

式中 ζ_{aE}——纵向受拉钢筋抗震锚固长度修正系数，对一、二级抗震等级取 1.15，对三抗震等级取 1.05，对四抗震等级取 1.00；

l_a——纵向受拉钢筋的锚固长度，按本规范第 8.3.1 条确定。

2. 当采用搭接连接时，纵向受拉钢筋的抗震搭接长度 l_{lE} 应按下列公式计算：

$$l_{lE} = \zeta_l l_{aE} \qquad (11.1.7-2)$$

式中 ζ_l——纵向受拉钢筋搭接长度修正系数，按本规范第 8.4.4 条确定。

3. 纵向受力钢筋的连接可采用绑扎搭接、机械连接或焊接。

4. 纵向受力钢筋连接的位置宜避开梁端、柱端箍筋加密区；当无法避开时，应采用机械连接或焊接。

5. 混凝土构件位于同一连接区段内的纵向受力钢筋接头面积百分率不宜超过 50%。

积百分率按式（4-1）计算，且不应小于 300mm。

$$l_l = \zeta_l l_a \tag{4-1}$$

式中　l_l——纵向受拉钢筋的搭接长度；

　　　ζ_l——纵向受拉钢筋的搭接长度修正系数，按表 4-6 取用，中间接头面积百分率通过内插取值。

表 4-6　　　　　　　　　　纵向受拉钢筋的搭接长度修正系数

纵向搭接钢筋接头面积百分率（%）	≤25	≤50	≤100
ζ_l	1.2	1.4	1.6

构件中的纵向受压钢筋当采用搭接连接时，其受压搭接长度不应小于纵向受拉钢筋搭接长度的 70%，且不应小于 200mm。

（2）构造设置。

在梁、柱类构件的纵向受力钢筋搭接长度范围内，应按设计要求配置箍筋。当设计无具体要求时，应符合下列规定：

1）在梁、柱类构件的纵向受力钢筋搭接长度范围内保护层厚度不大于 5d 时，搭接长度范围内应配置横向构造钢筋，箍筋直径不应小于搭接钢筋较大直径的 0.25 倍。

2）对梁、柱、斜撑等构件箍筋间距不应大于 5d，对板、墙等平面构件箍筋间距不应大于 10d，且均不应大于 100mm，此处 d 为搭接钢筋的直径。

3）同一构件中相邻纵向受力钢筋的绑扎搭接接头宜相互错开。绑扎搭接接头中钢筋的横向净距不应小于钢筋直径，且不应小于 25mm。

4）当柱中纵向受力钢筋直径大于 25mm 时，应在搭接接头两个端面处 100mm 范围内各设置二个箍筋，其间距宜为 50mm。

5）柱类构件的纵向受力钢筋搭接范围要避开柱端的箍筋加密区。

6）需进行疲劳验算的构件，其纵向受拉钢筋不得采用绑扎搭接接头。

三、钢筋下料

钢筋加工前应根据图样进行配料计算，算出各种钢筋的下料长度、总根数及钢筋总重量，然后编制钢筋配料单，作为钢筋备料、加工的依据。

施工图中注明的钢筋尺寸是钢筋的外轮廓尺寸（即从钢筋的外皮到外皮量得的尺寸），称为钢筋的外包尺寸。在钢筋制备安装后，也是按外包尺寸验收。

钢筋在制备前是按直线下料，如果下料长度按外包尺寸总和进行计算，则加工后钢筋的尺寸必然大于设计要求的外包尺寸，这是因为钢筋在弯曲时，外皮伸长，内皮缩短，轴线长度不变，钢筋的外包尺寸和轴线长度之间存在一个差值，称为"量度差值"，按外包尺寸总和下料是不准确的。只有钢筋的直线段部分，其外包尺寸等于轴线长度。因此，钢筋下料时，其下料长度应为各段外包尺寸之和减去弯曲处的量度差值，再加上末端弯钩的增长值。

（一）钢筋中部弯曲处的量度差值

钢筋中部弯曲处的量度差值与钢筋弯弧内直径及弯曲角度有关。如图 4-17 所示。

弯折处的外包尺寸为：

$$A'B' + B'C' = 2A'B' = 2\left(\frac{D}{2} + d\right)\tan\frac{\alpha}{2}$$

弯折处的轴线尺寸为：

$$ABC=\left(\frac{D}{2}+\frac{d}{2}\right)\frac{\alpha\pi}{180}=(D+d)\frac{\alpha\pi}{360}$$

外包尺寸与轴线尺寸弯折处量度差值为：

$$\Delta=2\left(\frac{D}{2}+d\right)\tan\frac{\alpha}{2}-(D+d)\frac{\alpha\pi}{360} \qquad (4-2)$$

由上式，弯心直径 $D=4d$，当弯曲 45°时，HRB335 级、HRB400 级带肋钢筋量度差值取为 $0.5d$，则

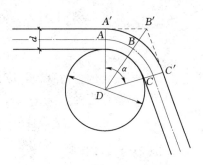

图 4-17 钢筋弯折处量度
差值计算简图

$$
\begin{aligned}
\Delta &=2\left(\frac{D}{2}+d\right)\tan\frac{\alpha}{2}-(D+d)\frac{\alpha\pi}{360}\\
&=\left(6\times\tan\frac{45}{2}-5\times\frac{45\times3.14}{360}\right)d\\
&=\left(6\times0.414-5\times3.14\times\frac{1}{8}\right)d=0.52d
\end{aligned}
$$

同理，当弯折 30°时，量度差取 $0.3d$；当弯折 60°时，量度差取 $1d$；当弯折 90°时，量度差取 $2d$；当弯折 135°时，量度差取 $3d$。

（二）钢筋末端弯钩下料长度的增长值

1. 钢筋末端弯钩增长值

（1）受拉光圆钢筋末端需要作 180°弯钩，如图 4-7 所示。

当弯曲直径 $D=2.5d$ 时：$AE'=\frac{\pi}{2}(2.5d+d)+3d=8.5d$

钢筋的外包尺寸是 A 量到 F'：$AF'=\frac{D}{2}+d=\frac{1}{2}(2.5d)+d=2.25d$

故每一个 180°弯钩，钢筋下料时应增加的长度（增长值）为：

$$AE'-AF'=8.5d-2.25d=6.25d（包括量度差值）$$

（2）当 HRB335 级、HRB400 级带肋钢筋末端采用 90°弯锚时，如图 4-18 所示，平直端长度为 $12d$，弯曲直径 $D=4d$ 时，钢筋下料时应增加的长度（增长值）为：

$$BC=(A'D'+弯钩末端平直段长度)-AB$$
$$BC=A'D'+12d-3d=2\pi\times2.5d/4+12d-3d=12.93d（取~13d） \qquad (4-3)$$

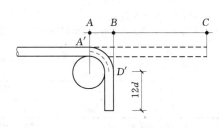

图 4-18 端部 90°弯钩计算简图

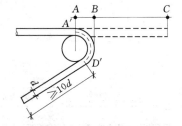

图 4-19 端部 135°弯钩计算简图

2. 箍筋、拉钩末端弯钩增长值

箍筋、拉钩弯钩的形式有 90°和 135°，有抗震要求的结构箍筋弯钩应按图 4-19 加工，一个 135°弯钩增长值为：

$$BC=(A'D'+弯钩末端平直段长度)-AB$$

$$=\frac{3\pi}{8}(D+d)-\left(\frac{D}{2}+d\right)+弯钩末端平直段长度$$

$$=0.68D+0.18d+弯钩末端平直段长度 \tag{4-4}$$

式中　D——弯钩的弯曲直径，应大于受力钢筋直径，且不小于箍筋直径的 2.5 倍；

　　　d——箍筋直径。

（三）受力钢筋锚固❶

1. 钢筋的锚固长度

受拉钢筋基本锚固长度 L_{ab}、L_{abE} 见表 4-7。

表 4-7　　　　　　　　　　　受拉钢筋基本锚固长度 L_{ab}、L_{abE}

钢筋种类	抗震等级	混凝土强度等级								
		C20	C25	C30	C35	C40	C45	C50	C55	≥C60
HPB300	一、二级（l_{abE}）	$45d$	$39d$	$35d$	$32d$	$29d$	$28d$	$26d$	$25d$	$24d$
	三级（l_{abE}）	$41d$	$36d$	$32d$	$29d$	$26d$	$25d$	$24d$	$23d$	$22d$
	四级（l_{abE}） 非抗震（l_{ab}）	$39d$	$34d$	$30d$	$28d$	$25d$	$24d$	$23d$	$22d$	$21d$
HRB335 HRBF335	一、二级（l_{abE}）	$44d$	$38d$	$33d$	$31d$	$29d$	$26d$	$25d$	$24d$	$24d$
	三级（l_{abE}）	$40d$	$35d$	$31d$	$28d$	$26d$	$24d$	$23d$	$22d$	$22d$
	四级（l_{abE}） 非抗震（l_{ab}）	$38d$	$33d$	$29d$	$27d$	$25d$	$24d$	$22d$	$21d$	$21d$
HRB400 HRBF400 RRB400	一、二级（l_{abE}）	—	$46d$	$40d$	$37d$	$33d$	$32d$	$31d$	$30d$	$29d$
	三级（l_{abE}）	—	$42d$	$37d$	$34d$	$30d$	$29d$	$28d$	$27d$	$26d$
	四级（l_{abE}） 非抗震（l_{ab}）	—	$40d$	$35d$	$32d$	$29d$	$28d$	$27d$	$26d$	$25d$
HRB500 HRBF500	一、二级（l_{abE}）	—	$55d$	$49d$	$45d$	$41d$	$39d$	$37d$	$36d$	$35d$
	三级（l_{abE}）	—	$50d$	$45d$	$41d$	$38d$	$36d$	$34d$	$33d$	$32d$
	四级（l_{abE}） 非抗震（l_{ab}）	—	$48d$	$43d$	$39d$	$36d$	$34d$	$32d$	$31d$	$30d$

❶《混凝土结构设计规范》GB 50010—2010 规定：

8.3.1　当计算中充分利用钢筋的抗拉强度时受拉钢筋的锚固长度应按下列公式计算：

1. 普通钢筋基本锚固长度 $l_{ab}=\alpha f_y/f_t$；预应力钢筋基本锚固长度：$l_{ab}=\alpha f_{py}/f_t$；式中 f_y、f_{py} 普通钢筋、预应力钢筋的抗拉强度设计值；f_t 混凝土轴心抗拉强度设计值；d 锚固钢筋的公称直径；α 锚固钢筋外形系数按表 8.3.1 取用：

表 8.3.1　　　　　　　　　　钢筋的外形系数

钢筋类型	光面钢筋	带肋钢筋	螺旋肋钢丝	三股钢绞线	七股钢绞线
α	0.16	0.14	0.13	0.16	0.17

注　光面钢筋其末端应做180°弯钩，弯后平直段长度不应小于3d，但作受压钢筋时可不做弯钩。

2. 受拉钢筋的锚固长度：$l_a=\zeta_a l_{ab}$，式中，l_a——受拉钢筋的锚固长度，不应小于200mm；ζ_a——锚固长度修正系数。

8.3.2条纵向受拉普通钢筋的锚固长度修正系数 ζ_a 应按下列规定取用：

1. 当带肋钢筋的公称直径大于25mm 时取1.10；2. 环氧树脂涂层带肋钢筋取1.25；3. 施工过程中易受扰动的钢筋取1.10；4. 当纵向受力钢筋的实际配筋面积大于其设计计算面积时，修正系数取设计计算面积与实际配筋面积的比值，但对有抗震设防要求及直接承受动力荷载的结构构件，不应考虑此项修正；5. 锚固钢筋的保护层厚度为3d 时修正系数可取0.80，保护层厚度为5d 时修正系数可取0.70，中间按内插取值，此处 d 为锚固钢筋的直径。

2. 钢筋的锚固规定

（1）当纵向受拉普通钢筋末端采用弯钩或机械锚固措施时，包括弯钩或锚固端头在内的锚固长度（投影长度）可取为基本锚固长度 l_{ab} 的 60%，弯钩和机械锚固的形式和技术要求见表 4-8 的规定，形式如图 4-20 所示。

表 4-8　　　　　　　　　弯钩和机械锚固的形式和技术要求

锚固形式	技 术 要 求
90°弯钩	末端 90°弯钩，弯钩内径 $4d$，弯后直段长度 $12d$
135°弯钩	末端 135°弯钩，弯钩内径 $4d$，弯后直段长度 $5d$
一侧贴焊锚筋	末端一侧贴焊长 $5d$ 同直径钢筋
两侧贴焊锚筋	末端两侧贴焊长 $3d$ 同直径钢筋
焊端锚板	末端与厚度 d 的锚板穿孔塞焊
螺栓锚头	末端旋入螺栓锚头

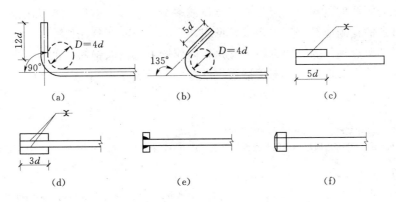

图 4-20　弯钩和机械锚固的形式

（a）90°弯钩；（b）135°弯钩；（c）一侧贴焊锚筋；（d）两侧贴焊锚筋；（e）穿孔塞焊锚板；（f）螺栓锚头

（2）混凝土结构中的纵向受压钢筋，当计算中充分利用其抗压强度时，锚固长度不应小于相应受拉锚固长度的 70%。受压钢筋不应采用末端弯钩和一侧贴焊锚筋的锚固措施。

（3）纵向受力钢筋的抗震基本锚固长度：

$$l_{abE} = \zeta_{aE} l_{ab} \qquad (4-5)$$

（4）纵向受力钢筋的抗震锚固长度：

$$l_{aE} = \zeta_{aE} l_a \qquad (4-6)$$

式中　ζ_{aE}——纵向受拉钢筋锚固长度修正系数，对一、二级抗震等级取 1.15，对三级抗震等级取 1.05，对四级抗震等级取 1.00。

3. 梁柱节点锚固规定

框架梁的破坏一般都发生在梁端节点附近，在地震和竖向荷载的共同作用下，梁端弯矩、剪力均为最大且为反复受力，从靠近柱边的梁顶面和底面开始出现贯通的竖向裂缝或交叉的斜裂缝，按"强剪弱弯"的原则，框架梁与框架柱间的连接一般做成刚接，目前，通常通过加密箍筋保证斜截面强度。

梁柱节点是保证框架有效抵御地震作用的关键部位，它的破坏是剪切脆性破坏，变形能力极差，且同时使交于节点的梁、柱失效。采取"强节点强锚固"、"强柱弱梁"措施，避免钢筋锚固失效和粘结破坏，并使梁先于柱屈服，但柱端出现塑性铰是不能避免的，可通过强剪弱弯措施以保证柱端塑性铰达到预期塑性转动之前，柱端塑性铰区不出现剪切破坏。强柱弱梁型框架通常比弱柱强梁型框架的变形能力大。

为解决上述结构受力问题，《混凝土结构设计规范》GB 50010—2010 规定了一些构造措施：

（1）梁上部纵向钢筋伸入节点的锚固。

1）当采用直线锚固形式时，锚固长度不应小于 l_a，且应伸过柱中心线，伸过的长度不宜小于 $5d$，d 为梁上部纵向钢筋的直径。

2）当柱截面尺寸不满足直线锚固要求时，梁上部纵向钢筋也可采用机械锚头或 90°弯锚的锚固方式，见表 4-9 中（a）、（b）图。

（2）柱纵向钢筋应贯穿中间层的中间节点或端节点，接头应设在节点区以外。柱纵向钢筋在顶层中节点的锚固应符合下列要求，见表 4-9 中（c）、（d）图。❶

（3）顶层端节点柱外侧纵向钢筋可弯入梁内作梁上部纵向钢筋；也可将梁上部纵向钢筋与柱外侧纵向钢筋在节点及附近部位搭接，搭接方式见表 4-9 中（e）、（f）图。❷

---

❶ 《混凝土结构设计规范》GB 50010—2010 规定：

9.3.6 柱纵向钢筋应贯穿中间层的中间节点或端节点，接头应设在节点区以外。柱纵向钢筋在顶层中节点的锚固应符合下列要求：

1. 柱纵向钢筋应伸至柱顶，且自梁底算起的锚固长度不应小于 l_a。

2. 当截面尺寸不满足直线锚固要求时，可采用 90°弯折锚固措施。此时，包括弯弧在内的钢筋垂直投影锚固长度不应小于 $0.5l_{ab}$，弯折部分在弯折平面内包含弯弧段的水平投影长度不宜小于 $12d$。

3. 当截面尺寸不足时，也可采用带锚头的机械锚固措施。此时，包含锚头在内的竖向锚固长度不应小于 $0.5l_{ab}$。

4. 当柱顶有现浇楼板且板厚不小于 100mm 时，柱纵向钢筋也可向外弯折，弯折后的水平投影长度不宜小于 $12d$。

❷ 《混凝土结构设计规范》GB 50010—2010 规定：

9.3.7 顶层端节点柱外侧纵向钢筋可弯入梁内作梁上部纵向钢筋；也可将梁上部纵向钢筋与柱外侧纵向钢筋在节点及附近部位搭接，搭接方式：

1. 搭接接头可沿顶层端节点外侧及梁端顶部布置，搭接长度不应小于 $1.5l_{ab}$。其中，伸入梁内的柱外侧钢筋截面面积不宜小于其全部面积的 65%；梁宽范围以外的柱外侧钢筋宜沿节点顶部伸至柱内边锚固。当柱外侧纵向钢筋位于柱顶第一层时，钢筋伸至柱内边后宜向下弯折不小于 $8d$ 后截断，d 为柱纵向钢筋的直径；当柱外侧纵向钢筋位于柱顶第二层时，可不向下弯折。当现浇板厚度不小于 100mm 时，梁宽范围以外的柱外侧纵向钢筋也可伸入现浇板内，其长度与伸入梁内的柱纵向钢筋相同。

2. 当柱外侧纵向钢筋配筋率大于 1.2%时，伸入梁内的柱纵向钢筋应满足本条第 1 款规定且宜分两批截断，截断点之间的距离不宜小于 $20d$，d 为柱外侧纵向钢筋的直径。梁上部纵向钢筋应伸至节点外侧并向下弯至梁下边缘高度位置截断。

3. 纵向钢筋搭接接头也可沿节点柱顶外侧直线布置，此时，搭接长度自柱顶算起不应小于 $1.7l_{ab}$。当梁上部纵向钢筋的配筋率大于 1.2%时，弯入柱外侧的梁上部纵向钢筋应满足本条第 1 款规定的搭接长度，且宜分两批截断，其截断点之间的距离不宜小于 $20d$，d 为梁上部纵向钢筋的直径。

4. 当梁的截面高度较大，梁、柱纵向钢筋相对较小，从梁底算起的直线搭接长度未延伸至柱顶即已满足 $1.5l_{ab}$ 的要求时，应将搭接长度延伸至柱顶并满足搭接长度 $1.7l_{ab}$ 的要求；或者从梁底算起的弯折搭接长度未延伸至柱内侧边缘即已满足 $1.5l_{ab}$ 的要求时，其弯折后包括弯弧在内的水平段的长度不应小于 $15d$，d 为柱纵向钢筋的直径。

表 4 - 9　　　　　　　　　　　　　　　**受力钢筋末端锚固弯钩示意**

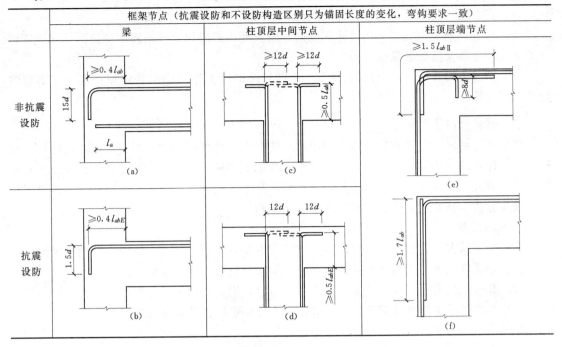

	框架节点（抗震设防和不设防构造区别只为锚固长度的变化，弯钩要求一致）		
	梁	柱顶层中间节点	柱顶层端节点
非抗震设防	(a)	(c)	(e)
抗震设防	(b)	(d)	(f)

4）框架中间层中间节点或连续梁中间支座，梁的上部纵向钢筋应贯穿节点或支座，梁的下部纵向钢筋宜贯穿节点或支座。当必须锚固时，应符合图 4 - 21（a）、（b）的要求：❶

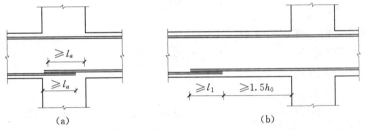

图 4 - 21　框架梁下部纵向钢筋伸入端节点的锚固

（a）下部纵向钢筋在节点中直线锚固；（b）下部纵向钢筋在节点或支座范围外的搭接

（四）钢筋下料计算

根据水平投影尺寸进行钢筋下料长度计算时，应根据投影尺寸、锚固长度、混凝土保护

---

❶ 《混凝土结构设计规范》GB 50010—2010 规定：

9.3.5　框架中间层中间节点或连续梁中间支座，梁的上部纵向钢筋应贯穿节点或支座，梁的下部纵向钢筋宜贯穿节点或支座。当必须锚固时，应符合下列锚固要求：

1. 当计算中不利用该钢筋的强度时，其伸入节点或支座的锚固长度对带肋钢筋不小于 $12d$，对光面钢筋不小于 $15d$，d 为钢筋的最大直径。

2. 当计算中充分利用钢筋的抗压强度时，钢筋应按受压钢筋锚固在中间节点或中间支座内，其直线锚固长度不应小于 $0.7l_a$。

3. 当计算中充分利用钢筋的抗拉强度时，钢筋可采用直线方式锚固在节点或支座内，锚固长度不应小于钢筋的受拉锚固长度 l_a。

4. 当柱截面尺寸不足时，宜采用钢筋端部加锚头的机械锚固措施，也可采用 90°弯折锚固的方式。

5. 钢筋也可在节点或支座外梁中弯矩较小处设置搭接接头，搭接长度的起始点至节点或支座边缘的距离不小于 $1.5h_0$。

层厚度、中部弯曲处的量度差值和弯钩增加长度等综合考虑，见第二节例题 4-2。

（1）直钢筋下料长度＝构件净跨度长度＋锚固长度＋弯钩增加长度。

（2）弯起钢筋下料长度＝构件净跨度内直段长度＋斜段长度＋锚固水平投影长度＋弯钩增加长度－中部弯曲处的量度差值。

（3）箍筋下料长度＝（构件截面周长－8 倍的保护层 $4d_{箍筋}$）＋弯钩增加长度－中部弯曲处的量度差值。

四、钢筋代换[1]

当钢筋的品种、级别或规格需作变更时，应办理设计变更文件。当进行钢筋代换时，除应符合设计要求的构件承载力以外，尚应综合考虑不同钢筋牌号的性能差异对最大力下的总伸长率、裂缝宽度验算、抗震构造要求、最小配筋率、钢筋间距、保护层厚度、钢筋锚固长度、接头面积百分率及搭接长度等构造要求的影响。

1. 代换原则

当施工中遇有钢筋的品种或规格与设计要求不符时，可参照以下原则进行钢筋代换：

（1）等强度代换：当构件受强度控制时，钢筋可按强度相等原则进行代换。

（2）等面积代换：当构件按最小配筋率配筋时，钢筋可按面积相等原则进行代换。

（3）当构件受裂缝宽度或挠度控制时，代换后应进行裂缝宽度或挠度验算。

2. 等强代换方法

$$n_2 \geqslant \frac{n_1 d_1^2 f_{y1}}{d_2^2 f_{y2}} \tag{4-7}$$

式中　n_1——原设计钢筋根数；

d_1——原设计钢筋直径；

f_{y1}——原设计钢筋抗拉强度设计值；

n_2——代换钢筋根数；

d_2——代换钢筋直径；

f_{y2}——代换钢筋抗拉强度设计值。

【例 4-1】 某现浇 800mm×300mm 的混凝土梁，原设计的底部纵向受力钢筋采用 HRB335 级 25 钢筋，共计 6 根，分两排布置，下排为 4 根，上排为 2 根。现拟改用 HRB400 级 22 钢筋，求所需 HRB400 级 22 钢筋根数。

解： 本题属于直径不同、强度等级不同的钢筋代换，采用式（4-7）计算：

$$n_2 \geqslant \frac{n_1 d_1^2 f_{y1}}{d_2^2 f_{y2}} = \frac{6 \times 25^2 \times 300}{22^2 \times 360} = 6.5，取 7 根。$$

下排 5 根、上排 2 根，由于梁宽为 300mm，能够满足钢筋净距要求。

3. 等面积代换方法

$$A_{s1} = A_{s2} \tag{4-8}$$

---

[1] 《混凝土结构工程施工质量验收规范》GB 50204—2002（2011 版）规定：

第 5.1.1 条 在施工过程中，当施工单位缺乏设计所要求的钢筋品种、级别或规格时，可进行钢筋代换。为了保证对设计意图的理解不产生偏差，规定当需要作钢筋代换时应办理设计变更文件，以确保满足原结构设计的要求，钢筋代换由设计单位负责。

第 5.5.1 条 受力钢筋的品种、级别、规格和数量对结构构件的受力性能有重要影响，必须符合设计要求。

《混凝土结构工程施工规范》GB 50666—2011 规定：

第 5.1.3 条 当需要进行钢筋代换时，应办理设计变更文件。

式中　A_{s1}——原设计钢筋的截面计算面积；

　　　A_{s2}——拟代换钢筋的截面计算面积。

4. 构件截面的有效高度影响

钢筋代换后，有时由于受力钢筋根数减少而减少排数、根数增多而增加排数，则构件截面的有效高度 h_0 变化，通常对这种影响需要进行截面强度复核。

对矩形截面的受弯构件，可根据弯矩相等，按下式复核截面强度。

$$N_2\left(h_{02}-\frac{N_2}{2f_cb}\right)\geqslant N_1\left(h_{01}-\frac{N_1}{2f_cb}\right) \qquad (4-9)$$

式中　N_1——原设计的钢筋合力，等于 $A_{S1}f_{y1}$（A_{S1} 为原设计钢筋的截面面积，f_{y1} 为原设计钢筋的抗拉强度设计值）；

　　　N_2——代换钢筋合力，同上；

　　　h_{01}——原设计钢筋的合力点至构件截面受压边缘的距离；

　　　h_{02}——代换钢筋的合力点至构件截面受压边缘的距离；

　　　f_c——混凝土的抗压强度设计值；

　　　b——构件截面宽度。

5. 代换注意事项

钢筋代换时，必须充分了解设计意图和代换材料性能，并严格遵守现行混凝土结构设计规范的各项规定；凡重要结构中的钢筋代换应征得设计单位同意。

（1）对某些重要构件，如吊车梁、薄腹梁、桁架下弦等，不宜用 HPB300 级光圆钢筋代替 HRB335、HRB400、HRB500 级带肋钢筋。

（2）钢筋代换后，应满足配筋构造规定，如钢筋的最小直径、间距、根数、锚固长度等。

（3）同一截面内，可同时配有不同种类和直径的代换钢筋，但每根钢筋的拉力差不应过大（如同品种钢筋的直径差值一般不大于 5mm），以免构件受力不均。

（4）梁的纵向受力钢筋与弯起钢筋应分别代换，以保证正截面与斜截面强度。

（5）偏心受压构件（如框架柱、有吊车厂房柱、桁架上弦等）或偏心受拉构件作钢筋代换时，不取整个截面配筋量计算，应按受力（受压或受拉）分别代换。

（6）当构件受裂缝宽度控制时，如以小直径钢筋代换大直径钢筋，强度等级低的钢筋代替强度等级高的钢筋，则可不作裂缝宽度验算。

五、并筋及钢筋净距

为解决粗钢筋及配筋密集引起设计、施工的困难，构件中的受力钢筋可采用并筋（钢筋束）的配置形式。并筋等效直径适用规范中钢筋间距、保护层厚度、裂缝宽度验算、钢筋锚固长度、搭接接头面积百分率及搭接长度等有关的计算及构造规定。

1. 并筋等效直径

按截面积相等原则计算，相同直径的二并筋等效直径可取为 1.41 倍单根钢筋直径；三并筋等效直径可取为 1.73 倍单根钢筋直径，二并筋可按纵向或横向的方式布置；三并筋宜按品字形布置，并均按并筋的重心作为等效钢筋的重心。

直径 28mm 及以下的钢筋并筋数量不应超过 3 根；直径 32mm 的钢筋并筋数量宜为 2 根；直径 36mm 及以上的钢筋不应采用并筋。

2. 钢筋净距

梁上部钢筋水平方向的净间距不应小于 30mm 和 1.5d；梁下部钢筋水平方向的净间距不应小于 25mm 和 d。当下部钢筋多于 2 层时，2 层以上钢筋水平方向的中距应比下面 2 层的中距增大一倍，各层钢筋之间的净间距不应小于 25mm 和 d，d 为钢筋的最大直径；

柱中纵向钢筋的净间距不应小于 50mm，且不宜大于 300mm，如图 4-22 所示。当不能满足钢筋净间距要求时，在配筋密集区域宜采用并筋的配筋形式。

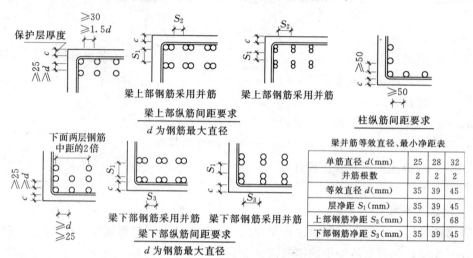

梁并筋等效直径、最小净距表

单筋直径 d(mm)	25	28	32
并筋根数	2	2	2
等效直径 d(mm)	35	39	45
层净距 S_1(mm)	35	39	45
上部钢筋净距 S_2(mm)	53	59	68
下部钢筋净距 S_3(mm)	35	39	45

图 4-22 钢筋净间距要求

六、钢筋的安装

1. 钢筋网片、骨架制作前的准备工作

钢筋网片、骨架制作成型的正确与否，直接影响着结构构件的受力性能。因此必须重视并妥善组织这一技术工作。

（1）熟悉施工图纸。在学习施工图纸时，要明确各个单根钢筋的形状及各个细部的尺寸，确定各类结构的绑扎程序。如发现图纸中有错误或不当之处，应及时与工程设计部门联系解决。

（2）核对钢筋配料单及料牌。熟悉施工图纸的同时，应核对钢筋配料单及料牌，再根据料单和料牌，核对钢筋半成品的钢号、形状、直径和规格数量是否正确，有无错配、漏配及变形。

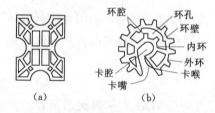

图 4-23 控制混凝土保护层用的塑料卡
(a) 塑料垫块；(b) 塑料环圈

（3）保护层的设置，保护层指结构构件中钢筋外边缘至构件表面范围用于保护钢筋的混凝土。保护层的垫设方法有水泥砂浆保护层垫块、钢筋撑脚、塑料垫块和塑料环圈（图 4-23）。通常每隔 1m 放置一个，呈梅花形交错布置。

（4）划钢筋位置线。板的钢筋，在模板上划钢筋位置线；柱的箍筋，在两根对角线主筋上划点；梁的箍筋，在架立筋上划点；基础的钢筋，在双向各取一根钢筋上划点或在固定架上划线。钢筋接头的划线，应根据下料单，结合规范对有关接头位置、数量的规定，使其错开，并在模板上划线。

（5）研究钢筋安装顺序，确定施工方法。在熟悉施工图纸的基础上，要仔细研究钢筋安装的顺序，特别是在比较复杂的钢筋安装工程中，应先研究逐根钢筋穿插就位的顺序，并与模板工联系讨论支模与绑扎钢筋的配合关系，以降低绑扎难度。

2. 钢筋网片骨架的制作与安装

由于受到钢筋网片、骨架运输条件和变形控制的限制，多采用在现场进行绑扎安装钢筋的方法。现场绑扎安装钢筋时，要根据不同构件的特点和现场条件，确定绑扎顺序。如：在框架结构中总是先绑柱，其次是主梁、次梁、过梁，再最后是楼板钢筋。钢筋绑扎的要求：

（1）墙、柱、梁钢筋骨架中各垂直面钢筋网交叉点应全部扎牢，交叉点应采用20～22号铁丝绑扣；板上部钢筋网的交叉点应全部扎牢，底部钢筋网除边缘部分外可间隔交错扎牢。

（2）框架节点处梁纵向受力钢筋宜置于柱纵向钢筋内侧；次梁钢筋宜放在主梁钢筋上面；剪力墙中水平分布钢筋宜放在外部，并在墙边弯折锚固。

（3）梁、柱的箍筋弯钩及焊接封闭箍筋的对焊点应沿纵向受力钢筋方向错开设置。构件同一截面，焊接封闭箍筋的对焊接头面积百分率不宜超过50%。

（4）采用复合箍筋时，箍筋外围应封闭。梁类构件复合箍筋内部宜选用封闭箍筋，单数肢也可采用拉筋；柱类构件复合箍筋内部可部分采用拉筋。当拉筋设置在复合箍筋内部不对称的一边时，沿纵向受力钢筋方向的相邻复合箍筋应交错布置。

（5）填充墙构造柱纵向钢筋宜与框架梁钢筋共同绑扎，但不同时浇筑。

（6）钢筋安装应采用定位件固定钢筋的位置，并宜采用专用定位件。混凝土框架梁、柱保护层内，不宜采用金属定位件。

3. 钢筋网片、骨架的质量检查验收

钢筋网片，骨架绑扎安装完毕后，浇筑混凝土前应进行验收，并做好隐蔽工程记录。检查的内容主要有以下几方面：

（1）钢筋的级别、直径、根数、间距、位置和预埋件的规格、位置、数量是否与设计图相符，要特别注意悬挑结构如阳台、挑梁、雨篷等的上部钢筋位置是否正确，浇筑混凝土时是否会被踩下。

（2）钢筋接头位置、数量、搭接长度是否符合规定。

（3）钢筋绑扎是否牢固，钢筋表面是否清洁，有无污物、铁锈等。

（4）混凝土保护层是否符合要求等。

4. 节材措施

（1）钢筋吊凳控制上层板筋保护层及板厚施工工法就是一个非常好的节材措施。具体工法简述如下：

采用钢筋吊凳控制上层板筋保护层及板厚，在完成混凝土浇筑后，取出钢筋吊凳。传统的方法是采用钢筋马凳或垫块撑起，钢筋马凳属于一次性投入，土木工程中现浇楼面钢筋马凳材料用量为每建筑平方米约0.6kg左右，假设一个10000m²的项目，采用该工法可以节约钢筋6t，而且工人加工传统的钢筋马凳难以控制尺寸，偏差较大，成本较高。该施工工法，不仅变一次性投入为多次周转，而且从一定程度上杜绝了钢筋的低价值应用。具体钢筋吊凳如图4-24所示。

（2）钢筋选用HRB400级及以上的高强钢筋，采取钢筋直螺纹连接，节约钢筋。钢筋

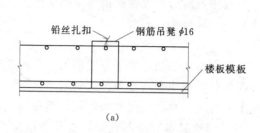
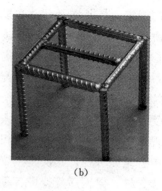

（a）（b）

图 4-24 钢筋吊凳

（a）钢筋吊凳控制上层板筋保护层及板厚示意图；（b）钢筋吊凳实物照片

短料作为明沟盖板、防护栏杆支架等综合再利用等措施，提高材料利用率。

第二节 平面整体设计施工图

一、一般规定

（1）按平法设计绘制的施工图，一般是由各类结构构件的平法施工图和标准构造详图两个部分构成。但对于复杂的房屋建筑，尚需要增加模板、开洞和预埋件等平面图。只有在特殊情况下，才增加剖面配筋图。

（2）在平法施工图上表示各构件尺寸和配筋的方式，分为平面注写方式、列表注写方式和截面注写方式三种。

（3）在平法施工图上，应注明各结构层楼地面标高、结构层高及相应的结构层号等。

（4）为了确保施工人员准确无误识读平法标注的施工图，在具体工程的结构设计总说明中必须注明所选用平法标准图的图集号，以免在施工中用错版本，现行平法标准图为11G101系列。

二、梁平法施工图

1. 梁平法标注方式

梁平法标注系在梁平面布置图上，分别在不同编号的梁中各选一根表达。

注写方法分为别集中标注与原位标注两类（图 4-25）。集中标注表达梁的通用数值，原位标注表达梁的特殊数值。当集中标注中的某项数值不适用梁的某部位时，则将该项数值原位标注。施工时，原位标注取值优先。

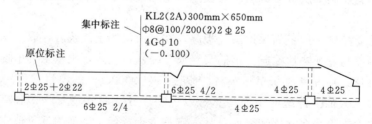

图 4-25 梁平面注写示例

2. 梁集中标注的内容

梁集中标注有五项必注值及一项选注值（集中标注可以从梁的任一跨引出），规定如下：

（1）梁编号为必注值，由梁类型代号、序号、跨数及有无悬挑代号组成。例 KL2（2A）表示第 2 榀框架梁，两跨，一端有悬挑（A 为一端悬挑，B 为两端悬挑）。

（2）梁截面尺寸为必注值，用 $b \times h$ 表示；当为加腋梁时，用 $b \times h$、$GYc_1 \times c_2$ 表示竖向加腋，用 $b \times h$、$PYc_1 \times c_2$ 表示水平加腋，其中 c_1 为腋长，c_2 为腋高；当有悬挑且根部和端部的高度不同时，用斜线分隔根部与端部的高度值，即为 $b \times h_1/h_2$。

（3）梁箍筋，包括钢筋级别、直径、加密区与非加密区间距及肢数，该项为必注值。箍筋加密区与非加密区的不同间距及肢数需用斜线"/"分隔，箍筋肢数应写在括号内。

例如，$\phi 8@100$（4）$/200$（2）表示箍筋为 HPB300 级钢筋，直径 8mm，加密区间距 100mm，四肢箍，非加密区间距为 200mm，两肢箍。

（4）梁上部贯通筋或梁架立筋根数为必注值，所注根数应根据结构受力要求及箍筋肢数等构造要求而定。当同排钢筋中既有贯通筋又有架立筋时，应用加号"＋"将贯通筋和架立筋相连。注写时须将角部纵筋写在加号前面，架立筋写在加号后面的括号内。

例如，$2\phi 22 + (4\phi 12)$ 表示 $2\phi 22$ 为贯通筋，$4\phi 12$ 为架立筋。

当梁的上部纵筋和下部纵筋均为贯通筋且多数跨配筋相同时，此项可加注下部钢筋的配筋值，用分号"；"隔开。

例如，$3\phi 22；3\phi 20$ 表示梁的上部配置 $3\phi 22$ 的贯通筋，梁的下部配置 $3\phi 20$ 的贯通筋。

（5）梁侧面纵向构造钢筋或受扭钢筋。当梁腹板高度大于 450mm，需配置纵向构造钢筋，用"G"表示。例如，G4ϕ12，表示在梁的侧面共配置 4 根构造钢筋，每侧面 2 根。当梁侧面需配置抗扭纵筋时，用"N"表示。例如，N4ϕ20，表示在梁的侧面共配置 4 根抗扭纵筋，每侧面 2 根。侧面纵向构造钢筋如图 4-26 所示。

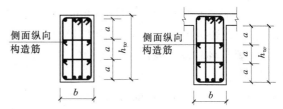

图 4-26　侧面纵向构造钢筋

1）当 $h_w \geqslant 450$mm 时，需要在梁的两个侧面沿高度配置纵向构造钢筋，间距 $a \leqslant 200$mm。

2）梁侧面纵向构造筋和拉筋，分为一级抗震和二至四级抗震等级。梁侧面构造纵筋和受扭纵筋的搭接与锚固长度取值；梁侧面构造钢筋其搭接与锚固长度可取为 $15d$，梁侧面受扭纵向钢筋其搭接长度为 L_l 或 L_{lE}，其锚固长度与方式同框架梁下部纵筋。

（6）梁顶面标高高差、该项为选注值。梁顶面标高的高差，系指相对于结构层楼面标高的高差值。有高差时，须将其写入括号内，无高差时不注。

3. 梁原位标注的内容规定

（1）梁支座上部纵筋含贯通筋在内的所有纵筋，当上部纵筋多于一排时，用斜线"/"将各排纵筋自上而下分开；当同排纵筋有两种直径时，用加号"＋"将两种直径的纵筋相连；当梁中间支座两边的上部纵筋不同时，须在支座两边分别标注，相同时，只标注一侧。

（2）梁下部纵筋多于一排时，用斜线"/"隔开；当同排纵筋有两种直径时，用加号"＋"相连；当梁下部纵筋不全部伸入支座时，将梁支座下部纵筋减少数量写在括号内，例如，6 Φ 25 2(─2)/4，表示上排为 2 Φ 25，且不伸入支座，下排为 4 Φ 25，全部伸入支座。

（3）附加箍筋或吊筋，将其直接画在平面图中的主梁上，用线引注总配筋值。

（4）当在梁上集中标注的内容不适用于某跨或悬挑部分时，将其不同数值原位标注在该跨或该悬挑部位。

4．梁端箍筋的加密区

（1）梁端箍筋的加密区长度、箍筋最大间距和箍筋最小直径，应按表 4 - 10 采用；梁端设置的第一个箍筋距框架节点边缘不应大于 50mm。非加密区的箍筋间距不宜大于加密区箍筋间距的 2 倍。

表 4 - 10　　　　　　　　　　框架梁梁端箍筋加密区构造

抗震等级	加密区长度 （mm）	箍筋最大间距 （mm）	最小直径 （mm）
一级	2 倍梁高和 500 中的较大值	纵向钢筋直径的 6 倍，梁的 1/4 和 100 中的最小值	10
二级	1.5 倍梁高和 500 中的较大值	纵向钢筋直径的 8 倍，梁的 1/4 和 100 中的最小值	8
三级		纵向钢筋直径的 8 倍，梁的 1/4 和 150 中的最小值	8
四级		纵向钢筋直径的 8 倍，梁的 1/4 和 150 中的最小值	6

注　箍筋直径大于 12mm、数量不少于 4 肢且肢距不大于 150mm 时，一、二级的最大间距应允许适当放宽，但不得大于 150mm。

（2）箍筋肢距要求：

1）当梁、柱短边尺寸大于 400mm，单排纵向受压钢筋多于 3 根，短边尺寸不大于 400mm 但各边纵向钢筋多于 4 根时，应设置复合箍筋，箍筋肢距不大于 300mm。

2）梁、柱箍筋加密区长度内的箍筋肢距：一级抗震等级不宜大于 200mm 和 20 倍箍筋直径的较大值；二、三级抗震等级不宜大于 250mm 和 20 倍箍筋直径的较大值；每隔一根纵向钢筋宜在两个方向有箍筋或拉筋约束，当采用拉筋且箍筋与纵向钢筋有绑扎时，拉筋宜紧靠纵向钢筋并勾住箍筋。

三、柱平法施工图

柱平法施工图是在柱平面布置图上采用列表注写方式或截面注写方式表达。

1．列表注写方式

列表注写方式系在柱平面布置图上，分别在同一编号的柱中选择一个（有时需要选择几个）截面标注几何参数；在柱表中注写柱编号、柱段起止标高、几何尺寸（含柱截面对轴线的偏心情况）与配筋的具体数值，并配以各种柱截面形状及其箍筋类型图，见表 4 - 11。

表 4 - 11　　　　　　　　　　　柱　　表

柱号	标高	$b \times h$ （圆柱 直径 D）	b_1	b_2	h_1	h_2	全部纵筋	角筋	b 边一侧中部筋	h 边一侧中部筋	箍筋类型号	箍筋	备注
KZ1	-0.030-19.470	750×700	375	375	150	550	24 Φ 25				1(5×4)	Φ 10@100/200	─
	19.470-37.470	650×600	325	325	150	450		4 Φ 22	5 Φ 22	4 Φ 20	1(4×4)	Φ 10@100/200	
	37.470-59.070	550×500	275	275	150	350		4 Φ 22	5 Φ 22	4 Φ 20	1(4×4)	Φ 8@100/200	
XZ1	-0.030-8.670	·					8 Φ 25				按标准构造详图	Φ 10@100	③×Ⓑ轴 KZ1 中设置

注写柱纵筋，分角筋、截面 b 边中部筋和 h 边中部筋（对于采用对称配筋的矩形截面柱，可仅注写一侧中部筋）。各边根数相同时，将纵筋注写在全部纵筋一栏中。

注写箍筋类型号及箍筋肢数、箍筋级别、直径和间距等。当为抗震设计时，用斜线"/"区分柱端箍筋加密区与柱身非加密区长度范围内箍筋的不同间距。

具体工程所设计的各种箍筋类型图以及箍筋复合的具体方式，需画在表的上部或图中的适当位置，并在其上标注与表中相对应的 b、h 和类型号。

2. 截面注写方式

截面注写方式系在柱平面布置图的柱截面上，分别在同一编号的柱中选择一个截面，直接注写截面尺寸和配筋。当纵筋采用两种直径时，需再注写截面各边中部筋的具体数值（对于采用对称配筋的矩形截面柱，可仅在一侧注写中部筋），如图 4-27 所示。

3. 框架柱和框支柱上、下两端箍筋加密要求

（1）框架柱和框支柱上、下两端箍筋应加密，加密区的箍筋最大间距和箍筋最小直径应符合表 4-12 的规定；一级抗震等级框架柱的箍筋直径大于 12mm 且箍筋肢距不大于 150mm 及二级抗震等级框架柱的直径不小于 10mm 且箍筋肢距不大于 200mm 时，除底层柱下端外，箍筋间距应允许采用 150mm；四级抗震等级框架柱剪跨比不大于 2 时，箍筋直径不应小于 8mm。

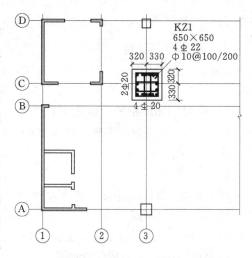

图 4-27 37.470-59.07 柱平法施工图

表 4-12 柱端箍筋加密区构造

抗震等级	箍筋最大间距（mm）	箍筋最小直径（mm）
一级	纵向钢筋直径的 6 倍和 100 中的较小值	10
二级	纵向钢筋直径的 8 倍和 100 中的较小值	8
三级	纵向钢筋直径的 8 倍和 150（柱根 100）中的较小值	8
四级	纵向钢筋直径的 8 倍和 150（柱根 100）中的较小值	6（柱根 8）

注　柱根系指底层柱下端的箍筋加密区范围。

（2）框架柱的箍筋加密区长度，应取柱截面长边尺寸（或圆形截面直径）、柱净高的 1/6 和 500mm 中的最大值；一、二级抗震等级的角柱应沿柱全高加密箍筋。框支柱和剪跨比不大于 2 的框架柱应在柱全高范围内加密箍筋，且箍筋间距应符合一级抗震等级的要求；底层柱根箍筋加密区长度应取不小于该层柱净高的 1/3；当有刚性地面时，除柱端箍筋加密区外尚应在刚性地面上、下各 500mm 的高度范围内加密箍筋。

（3）其他构造要求：

1）箍筋直径不应小于 $d/4$，且不应小于 6mm，d 为纵向钢筋的最大直径。

2）箍筋间距不应大于 400mm 及构件截面的短边尺寸，且不应大于 15d，d 为纵向钢筋的最小直径。

3）柱中全部纵向受力钢筋的配筋率大于 3% 时，箍筋直径不应小于 8mm，间距不应大于 10d，且不应大于 200mm。箍筋末端应做成 135°弯钩，且弯钩末端平直段长度不应小于

$10d$，d 为纵向受力钢筋的最小直径。

4）有抗震要求时，在箍筋加密区外，箍筋的体积配筋率不宜小于加密区配筋率的一半；对一、二级抗震等级，箍筋间距不应大于 $10d$；对三、四级抗震等级，箍筋间距不应大于 $15d$，此处，d 为纵向钢筋直径。

四、剪力墙平法施工图

剪力墙平法施工图是在剪力墙平面布置图上采用列表注写方式或截面注写方式表达。两种注写方式具体表达，与柱平法施工图标注类似，从略。

五、钢筋下料计算

【例 4-2】 已知某五层框架办公楼，抗震等级为三级，层高 3.6m，柱距为 6.9m，柱 600mm×600mm，梁柱混凝土均为 C25，其中两等跨连续梁 KL2 如图 1 所示。柱配筋为：主筋 16 根 HRB400 钢筋，箍筋 HPB300 Φ8@100/200，混凝土保护层厚度为 25mm；试计算 KL2 上部通长钢筋的下料长度及 KL2 箍筋的下料总长度，并绘制通长钢筋配料图（钢筋接长全部采用机械连接）。

解：

（1）根据 11G101 平面整体表示规定，图 1 的信息是：

1）该框架梁断面为 300mm×650mm，箍筋为直径 8mm 的 HPB300 钢筋双支箍，加密区间距为 100mm，非加密区间距为 200mm，上下受力筋均为 HRB400 钢筋，梁两个侧面配置 4 根直径 10mm 的 HPB300 腰筋。

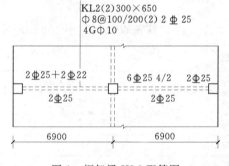

图 1　框架梁 KL2 配筋图

2）上配筋：

梁上部贯通筋为 2 根直径为 25mm 的 HRB400 钢筋。

a. 左支座处上配筋为 2 根直径为 25mm 和 2 根直径为 22mm 的 HRB400 钢筋。

b. 中间支座左右配筋为 6 根直径为 25mm 的 HRB400 钢筋，双排布置，其中有 2 根为通长钢筋。

c. 右支座配筋为 2 根直径为 25mm 的 HRB400 通长钢筋。

3）下配筋：第一跨、第二跨均为 2 根直径为 25mm 的钢筋置。

（2）钢筋保护层[●]为 25mm，受力钢筋距构件表面为：25+8=33mm。

（3）抗震等级为三级，ζ_{aE} 取 1.05。

（4）梁端锚固长度的计算

1）查表 4-7，混凝土强度等级为 C25，HRB400 钢筋的抗震锚固长度 $l_{aE}=42d=1050$mm，或

$$l_{aE} = \xi_{aE}l_a = \xi_{aE}\xi_a l_{ab} = \alpha\xi_{aE}\xi_a \frac{f_y}{f_t}d = 0.14 \times 1.05 \times 1.0 \times \frac{360}{1.27} \times 25 = 1041.7\text{mm}$$

2）柱顺梁方向为：$h_c - A = 600 - (25+8+25+30) = 512$mm < 1050mm，直锚尺寸不够。根据钢筋混凝土设计规范要求，梁上部纵向钢筋采用 90°弯折锚固的方式，其锚固长度

● 保护层是指结构构件中钢筋外边缘至构件表面范围用于保护钢筋的混凝土，即构件表面到箍筋的距离。

（包含弯弧在内）水平投影长度不应小于 420mm（$0.4l_{abE}=0.4×42×25=420$mm），且应伸过柱中心线，伸过的长度不宜小于 $5d$，d 为梁上部纵向钢筋的直径。弯折钢筋在弯折平面内包含弯弧段的投影长度不应小于 $15d$（平直端长度为 $12d$）。

末端采用 90°弯锚时，如图 4-20（a）所示，平直端长度为 $12d$，弯曲直径 $D=4d$ 时，钢筋下料时应增加的长度（增长值）为 $13d$（已扣除了量度差）。

（5）下料长度计算详见表 1。

表 1　　　　　　　　　　　　下 料 计 算 表

钢筋部位及其名称	下料计算公式
上部通长筋 a_1 a_2 a_3 a_2 a_3 a_4 L净长 Ln_1 Ln_2	下料长度＝各跨轴线长度之和－左支座内侧 a_2－右支座内侧 a_3＋左右锚固 左、右支座锚固长度的取值判断： 1. 当 $h_c-A>L_{aE}$ 时，直锚长度取 $Max(L_{aE}，0.5h_c+5d)$ 2. 当 $h_c-A≤L_{aE}$ 且 $h_c-A≥0.4L_{abE}$ 时，90°弯锚，取 $h_c-A+13d$ A（梁筋弯、断点距柱外边的距离）＝保护层＋箍筋直径＋柱外侧最大钢筋直径＋钢筋最小净距（柱主筋直径、30 取大值）
该例题框架梁的上部通长筋为 2 根 25mm 的 HRB400 钢筋： 14274 300 ⌐‾‾‾‾‾‾‾‾⌐ 300	1. $A=25+8+25+30=88$mm 2. 水平段锚固长度＝$600-88=512$mm 3. 弯折锚固的方式，其锚固长度＝$512+13d=512+13×25=837$mm 4. 上部通长钢筋的下料长度： $6900×2-300×2+837×2=14874$mm，其中弯钩平直长度为 $12d=300$mm
箍筋下料长度 50 50 50 ≥1.5h_b ≥1.5h_b ≥1.5h_b ≥500 ≥500 ≥500 （加密区）（加密区）（加密区） 二至四级抗震等级框架梁 KL、WKL	1. 箍筋下料长度＝$(B-2×$保护层$+H-2×$保护层$)×2$－量度差×3＋2×弯钩增长值 2. 单跨箍筋个数＝$2×[($加密区长度$-50)/$加密间距$+1]$＋（非加密区长度/非加密间距-1） 3. 箍筋加密区长度取值： （1）当结构为一级抗震时，加密长度为 $Max(2×$梁高，$500)$ （2）当结构为二至四级抗震时，加密长度为 $Max(1.5×$梁高，$500)$ 4. 135°弯钩增长值＝$0.68D+0.18d+$弯钩末端平直段长度（弯弧内直径 D 取 $2.5d$，并不小于纵向受力钢筋直径。） 5. 90°量度差近似取 $2d$
框架梁断面为 300mm×650mm，箍筋 HPB300 钢筋双支箍直径为 8mm，加密区间距为 100mm，非加密区间距为 200mm，抗震等级为三级，加密长度为 Max（1.5×梁高，500）＝975mm	1. 135°弯钩增长值＝$0.68D+0.18d+$弯钩末端平直段长度＝$0.68×25+0.18×8+10×8=98.44$mm。（弯弧内直径取主筋直径 25mm） 2. 箍筋下料长度＝$(300-2×25+650-2×25-2×8)×2-2×8×3+2×98.44=1818.9$mm 3. 箍筋个数＝$2×2×[(975-50)/100+1]_{取整}+2×[(6900-300×2-50×2-975×2)/200-1]_{取整}=80$ 个 4. 箍筋总下料长度为 $1848.9×80=147910$mm

第三节 模 板 工 程

在建筑工程施工中，模板工程的造价大约占钢筋混凝土工程总造价的 20％～30％，劳动量占 30％～40％，工期占 50％左右，因此，模板技术的先进性对加快施工速度、提高工程质量、降低工程成本、提高劳动生产率等有着十分重要的意义。

一、模板体系的组成

1. 模板体系的组成

模板体系由面板、支架和连接件三部分组成。面板是直接接触新浇混凝土的承力板，包括拼装的板和加肋楞带板。支架是支撑面板用的楞梁、立柱、斜撑、剪刀撑和水平拉条等构件的总称。连接件是面板与楞梁的连接、面板自身的拼接、支架结构自身的连接和其中二者相互间连接所用的零配件。包括卡销、螺栓、扣件、卡具、拉杆等。

2. 模板体系的要求

（1）保证工程结构构件各部分形状尺寸和相互位置的正确。

（2）模板及其支架应具有足够的承载能力、刚度和稳定性，能可靠地承受新浇筑混凝土的重量、侧压力以及施工荷载。

（3）构造简单、装拆方便、重量轻，便于钢筋的绑扎、安装和混凝土的浇筑、养护等要求。

（4）模板面板必须平整、光滑，接缝应严密，不得漏浆。

（5）因地制宜，合理选材，做到用料经济，通用性强，并能多次周转使用。

二、模板的种类

模板按所用的材料不同，分为木模板、钢模板、钢框木（竹）组合模板、胶合板模板、塑料模板、玻璃钢模板、铝合金模板、预应力混凝土薄板模板、轻质绝热永久性泡沫模板、建筑用菱镁钢丝网复合模板等。此外，还有一种以纸基加胶或浸塑制成的各种直径和厚度的圆形筒模和半圆形筒模，它们可方便锯割成使用长度，用于在墙板中设置各种管径的预留孔道和构造圆柱模板。

1. 组合钢模板

组合钢模板是一种工具式定型模板，由钢模板、连接件和支承件三部分组成，如图 4 - 28 所示。

2. 胶合板模板

胶合板模板包括木胶合板模板和竹胶合板模板。

（1）木胶合板模板。❶

模板用的木胶合板通常由 5、7、9、11 层等奇数层单板经热压固化而胶合成型，其表板和内层板对称地配置在中心层或板芯的两侧，最外层表板的纹理方向和胶合板面的长向平行，因此，整张胶合板的长向为强方向，短向为弱方向，使用时须加以注意。

混凝土模板用的木胶合板属具有高耐气候、耐水性的 I 类胶合板，胶粘剂为酚醛树脂

---

❶ 《混凝土模板用胶合板》GB/T 17656—2008 规定：

3.2.1 相邻两层单板的木纹应互相垂直。中心层两侧对称层的单板应为同一树种或物理力学性能相似的树种和同一厚度。

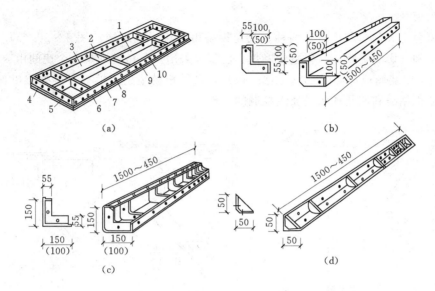

图 4-28 钢模板类型

(a) 平面模板；(b) 阳角模板；(c) 阴角模板；(d) 连接角模；

1—中纵肋；2—中横肋；3—面板；4—横肋；5—插销孔；6—纵肋；

7—凸棱；8—凸鼓；9—U形卡孔；10—钉子孔

胶，主要用桦木、马尾松、云南松、落叶松等树种加工。

（2）竹胶合板模板。

竹胶合板是一组竹片铺放成的单板相互垂直组坯胶合而成的板材。制作混凝土模板用竹胶合板，具有收缩率小、膨胀率和吸水率低以及承载能力大的特点，是目前市场上应用最广泛的模板之一。

3. 大模板

大模板是采用定型化的设计和工厂加工制作而成的一种工具式模板，它的单块模板面积较大，通常是以一面现浇混凝土墙体为一块模板。施工时配以相应的吊装和运输机械，用于现浇钢筋混凝土墙体。由于它的工厂化、机械化施工程度高，综合经济技术效益好，因而被广泛应用于各种剪力墙结构的多高层建筑、桥墩和筒仓等结构体系中。

大模板由面板构架系统、支撑系统、操作平台系统及连接件等组成。根据大模板对墙面的分块方式的不同，可分为平模、角模和筒形模（又叫筒子模）三种类型，现按模板类型分述其构造如下：

（1）墙模。

墙模（图 4-29）一般取房间的一个墙面为一块模板，其板面构架系统由面板、横肋和竖肋组成。面板所用的材料有钢板、胶合板、木板、木纤维板、铝板等。横肋和竖肋一般用 6.5～8 号槽钢。

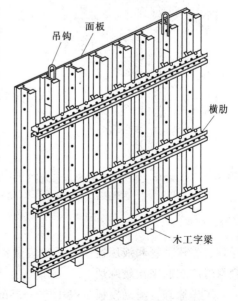

图 4-29 墙模构造示意图

（2）角模。

角模可分为大角模和小角模两种。大角模是由两块平模组成［图4－30（a）］，模板拼缝在墙面中间，影响美观，装拆也较麻烦，已很少采用。小角模则是一个房间由4块平模和4个等边角钢组装而成［图4－30（b）、（c）］，采用角模施工，模板拼接处难以保证平整，在接缝处墙面错缝和凹凸现象是质量控制的重点。

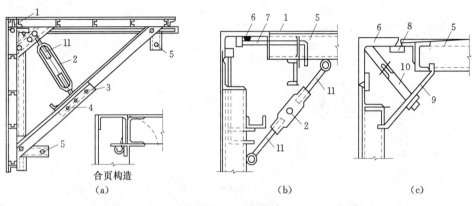

图4－30　角模示意图

（a）大角模；（b）带合页小角模；（c）不带合页小角模

1—合页；2—花篮螺丝；3—固定销子；4—活动销子；5—调整用螺旋千斤顶；
6—小角模；7—转动铁拐；8—平模；9—扁铁；10—压板；11—转动拉杆

（3）筒形模。

主要由钢架、墙面模板和小角模组成。如图4－31所示为由3块墙面模板（另一墙面为外墙，采用预制大型墙板）和4个小角模组成的筒形模。每块墙面模板用2个吊轴悬挂在钢架的立柱上，墙面模板可沿吊轴作少量水平移动以便于拆模起吊。花篮螺丝拉杆和支杆用以调整和固定墙面模板与钢架之间的相对位置。钢架上部铺上木板即为操作平台。钢架4根立柱下端各设有一个调整螺栓，用以调整模板高度和垂直度。

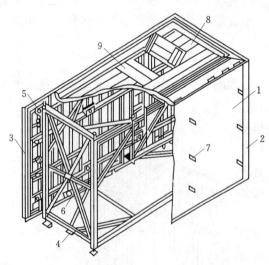

图4－31　筒形模构造示意图

1—墙面模板；2—内角模；3—外角模；4—钢架；
5—吊轴；6—支杆；7—穿墙螺栓；8—操作
平台；9—出入孔

4．液压滑升模板

液压滑升模板简称滑模，滑模由模板系统、操作平台系统和提升系统三部分组成，模板系统能随混凝土的浇筑向上滑升。模板系统用于成型混凝土，包括模板、围圈和提升架组成；平台系统是施工操作场所，包括操作平台、辅助平台、内外吊脚手架；滑升系统是滑升动力装置，包括支承杆、液压千斤顶、高压油管和液压控制台。滑模设备一次性投资较多，耗钢量较大，对建筑物截面变化频繁施工起来比较麻烦。

工作原理：滑动模板（高1.5～1.8m）通过围圈与提升架相连，固定在提升架上的千斤顶（35～120kN）通过支承杆（ϕ25 钢筋～ϕ48 钢管）承受全部荷载并提供滑升动力。滑升施工时，依次在模板内分层（30～45cm）绑扎钢筋、浇筑混凝土，并滑升模板。滑升模板时，整个滑模装置沿不断接长的支承杆向上滑升，直至设计标高。

液压滑升模板用于现场浇筑高耸的构筑物和建筑物，尤其适于浇筑烟囱、筒仓、电视塔、双曲线冷却塔、竖井、沉井和剪力墙体系等截面变动较小的混凝土结构。

5. 爬升模板

爬升模板（简称爬模），是一种适用于现浇钢筋混凝土竖向、高耸建（构）筑物施工的模板工艺，其工艺优于液压滑模。

爬模按爬升方式可分为"有架爬模"（模板爬架子、架子爬模板）和"无架爬模"（模板爬模板）；按爬升设备可分为电动爬模和液压爬模。液压爬模自带液压顶升系统，液压系统可使模板架体与导轨间形成互爬，从而使液压自爬模稳步向上爬升，液压自爬模在施工过程中无需其他起重设备，操作方便，爬升速度快，安全系数高。是高层建筑剪力墙结构、框架结构核心筒、大型柱、桥墩、桥塔、高耸构筑物等现浇钢筋混凝土结构工程首选模板体系，液压爬模的技术要点详见《液压爬升模板工程技术规程》JGJ 195—2010。

由于自爬的模板上还可悬挂脚手架，所以可省去结构施工阶段的外脚手架，因此其经济效益较好。图 4-32 所示为构筑物墙体爬模示意图，在建筑工程中，由于有各层楼板，所以一般只进行外模爬升，内模为普通剪力墙大模板与爬升模板配套。

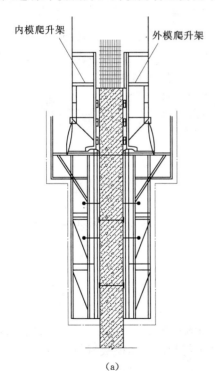

（a）　　　　　　　　　　　　　　　　　　（b）

图 4-32　构筑物墙体爬模示意图

（a）爬升示意图；（b）爬升模板施工照片

6. 隧道模

隧道模系由大模板和台模相结合而构成，可用作同时浇筑墙体和楼板的混凝土。它由顶板、墙板、横梁、支撑和滚轮等组成，用后放松支撑，使模板回缩，可从开间内整体移出。

每个房间的模板，先用若干个单元角模联结成半隧道模，再由两个半隧道模拼成门型模板。脱模后形似矩形隧道，故称隧道模。隧道模最适用于标准开间，对于非标准开间，可以通过加入插板或台模结合而使用。它还可解体改装做其他模板使用。其使用效率较高、施工周期短。

7. 台模

台模又称飞模、桌模，是现浇钢筋混凝土楼板的一种大型工具式模板。一般是一个房间一块台模，在施工中可以整体脱模和转运，利用起重机从浇筑完的楼板下吊出，转移至上一楼层。台模适用于各种结构的现浇混凝土楼板的施工，单座台模面板的面积从 $2\sim6m^2$ 到 $60m^2$ 以上。台模的优点是整体性好，混凝土表面容易平整，施工进度快。

8. 钢框胶合板模板

钢框胶合板模板是以钢材或铝材为周边框架，以木胶合板或竹胶合板作面板，并加焊若干钢肋承托面板的一种新型工业化组合模板，亦称板块组合式模板。支撑其板面的框架均在工厂铆焊定型，施工现场使用时，只进行板块式模板单元之间的组合。

图 4-33　模壳安装示意图

板块式组合模板依据其模板单元面积和重量的大小，可分为轻型和重型两种。在结构构造上，这两种模板的主要区别是边框的截面形状不同。轻型边框是板式实心截面，而重型边框是箱形空心截面。

9. 塑料和玻璃钢模壳

模壳是用于钢筋混凝土现浇密肋楼板的一种工具式模板，如图 4-33 所示。目前我国的模壳，主要采用聚丙烯塑料和玻璃纤维增强塑料制成，配置以钢支柱（或门架）、钢（或木）龙骨等支撑系统，使模板施工的工业化程度大大提高，特别适用于大空间、大柱网的工业厂房、仓库、商场和图书馆等公共建筑。

塑料和玻璃钢模壳具有可按设计尺寸和形状加工、质轻、坚固、耐冲击、不腐蚀、施工简便、周转次数高以及拆模后混凝土表面光滑等优点，特别适合用于密肋楼板的模板工程。

10. 永久性模板

永久性模板，又称一次性消耗模板，即在现浇混凝土结构浇筑后模板不再拆除，其中有的模板与现浇结构叠合后组合成共同受力构件。

（1）永久性模板的优点。

永久性模板具有施工工序简化、操作简便、改善了劳动条件、不用或少用模板支撑、节约模板支拆用工量和加快施工进度等优点。

此外，由于永久性模板均为预制构件，可因地制宜地选用制造模板材料，在保证模板结构性能的同时，充分开发利用工业废料，如矿渣、粉煤灰等，推动模板材料从传统材料向新型复合材料过渡发展，因而永久性模板有很好的发展前景。

（2）永久性模板的材料。

用来作为永久性模板的材料主要有以下几类：压型（镀锌）钢板类，钢丝（或钢筋）网混凝土薄板类，挤压成型的聚苯乙烯泡沫板类，木材（或竹材）水泥板类，FRP（纤维增强聚合物）板类等。

压型钢板（图 4-34）做永久性模板，其构造型式为：钢梁上铺设压型板＋栓钉＋钢筋

＋混凝土。混凝土浇筑完后直接浇筑上一层。压型板也不再拆除，作为楼板结构的一部分永久保留。楼层结构由栓钉将钢筋混凝土、压型钢板和钢梁组合成整体结构（图4-35）。这种结构的特点是：简单、高强、安全、美观、耐用；可以减少模板的支设与拆除，提高工效；还可多层次同时施工，有利于立体交叉作业；同时压型钢板作为底模，便于设备管道、电气线路的开洞处理；易于保证工程质量，而且施工方便、快速。

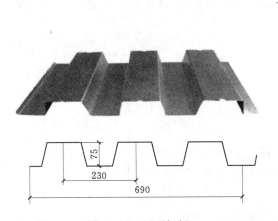

图4-34　压型钢板

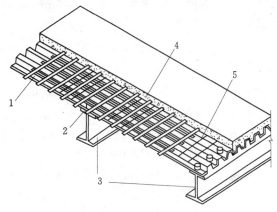

图4-35　压型钢板永久性模板构造
1—压型钢板；2—栓钉；3—钢梁；
4—混凝土；5—横向钢筋

三、模板系统设计

模板及支架的形式和构造应根据工程结构形式、荷载大小、地基土类别、施工设备和材料供应等条件确定。

（一）模板系统设计内容

（1）模板及支架的选型及构造设计。

（2）模板及支架上的荷载及其效应计算。

（3）模板及支架的承载力、刚度和稳定性验算。

（4）模板及支架的抗倾覆验算。

（5）绘制模板及支架施工图。

（二）模板系统荷载设计

1. 荷载标准值❶

（1）模板及支架自重标准值G_{1k}：应根据模板施工图确定。有梁楼板及无梁楼板的模板及支架的自重标准值G_{1k}可按表4-13采用。

表 4-13　　　　　　　　　　模板及支架的自重标准值G_{1k}　　　　　　　　　单位：kN/m^2

项　目　名　称	木模板	定型组合钢模板
无梁楼板的模板及小楞	0.30	0.50
有梁楼板模板（包含梁的模板）	0.50	0.75
楼板模板及支架（楼层高度为4m以下）	0.75	1.10

---

❶ 《混凝土结构工程施工规范》GB 50666—2011附录A。

（2）新浇筑混凝土自重标准值 G_{2k}：宜根据混凝土实际重力密度 γ_c 确定，普通混凝土 γ_c 可取 $24kN/m^3$。

（3）钢筋自重标准值 G_{3k}：应根据施工图确定。对一般梁板结构，楼板的钢筋自重可取 $1.1kN/m^3$，梁的钢筋自重可取 $1.5kN/m^3$。

（4）新浇筑混凝土对模板的最大侧压力标准值 G_{4k}：采用插入式振动器且浇筑速度不大于 $10m/h$、混凝土坍落度不大于 $180mm$ 时，可按下列公式分别计算，并应取其中的较小值：

$$F=0.28\gamma_c t_0 \beta V^{\frac{1}{2}} \tag{4-10}$$

$$F=\gamma_c H \tag{4-11}$$

式中　F——新浇筑混凝土作用于模板的最大侧压力标准值，kN/m^2；

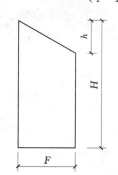

$\quad\gamma_c$——混凝土的重力密度，kN/m^3；

$\quad t_0$——新浇筑混凝土的初凝时间，h，可按实测确定；当缺乏试验资料时，可采用 $t_0=200/(T+15)$ 计算，T 为混凝土的温度，℃；

$\quad\beta$——混凝土坍落度影响修正系数：当坍落度大于 $50mm$ 且不大于 $90mm$ 时，β 取 0.85；坍落度大于 $90mm$ 且不大于 $130mm$ 时，β 取 0.9；坍落度大于 $130mm$ 且不大于 $180mm$ 时，β 取 1.0；

图 4-36　混凝土侧压力分布图

h—有效压头高度；H—模板内混凝土总高度；F—最大侧压力

$\quad V$——浇筑速度，取混凝土浇筑高度（厚度）与浇筑时间的比值，m/h；

$\quad H$——混凝土侧压力计算位置处至新浇筑混凝土顶面的总高度，m。

当浇筑速度大于 $10m/h$，或混凝土坍落度大于 $180mm$ 时，侧压力标准值 G_{4k} 可按式（4-11）计算。

混凝土侧压力的计算分布图形如图 4-36 所示。图中 h 为有效压头高度，m，$h=F/\gamma_c$。

（5）施工人员及施工设备产生的荷载标准值 Q_{1k}：可按实际情况计算，且不应小于 $2.5kN/m^2$。

（6）混凝土下料产生的水平荷载标准值 Q_{2k}：可按表 4-14 采用，其作用范围可取为新浇筑混凝土侧压力的有效压头高度 h 之内。

表 4-14　　　　　　　混凝土下料产生的水平荷载标准值 Q_{2k}　　　　　　单位：kN/m^2

下　料　方　式	水平荷载
溜槽、串筒、导管或泵管下料	2
吊车配备斗容器下料或小车直接倾倒	4

（7）泵送混凝土或不均匀堆载等因素产生的附加水平荷载标准值 Q_{3k}：可取计算工况下竖向永久荷载标准值的 2%，并应作用在模板支架上端水平方向。

（8）风荷载标准值 Q_{4k}：可按现行国家标准《建筑结构荷载规范》GB 50009—2012 的有关规定确定，此时基本风压可按 10 年一遇的风压取值，但基本风压不应小于 $0.20kN/m^2$。

2. 荷载基本组合的效应设计值

模板及支架的荷载基本组合的效应设计值，可按下式计算：

$$S = 1.35\alpha \sum_{i\geqslant 1} S_{G_{ik}} + 1.4\psi_{cj} \sum_{j\geqslant 1} S_{Q_{jk}} \qquad (4-12)$$

式中　$S_{G_{ik}}$——第 i 个永久荷载标准值产生的效应值；

　　　$S_{Q_{jk}}$——第 j 个可变荷载标准值产生的效应值；

　　　α——模板及支架的类型系数：对侧面模板，取 0.9；对底面模板及支架，取 1.0；

　　　ψ_{cj}——第 j 个可变荷载的组合值系数，宜取 $\psi_{cj} \geqslant 0.9$。

3. 荷载组合

模板及支架应根据施工过程中各种受力工况进行结构分析，并确定其最不利的作用效应组合。参与模板及支架承载力计算的各项荷载如表 4-15 所示。

表 4-15　　　　　　　　　　**参与模板及支架承载力计算的各项荷载**

	计算内容	参与荷载项
模板	底面模板的承载力	$G_1+G_2+G_3+Q_1$
	侧面模板的承载力	G_4+Q_2
支架	支架水平杆及节点的承载力	$G_1+G_2+G_3+Q_1$
	立杆的承载力	$G_1+G_2+G_3+Q_1+Q_4$
	支架结构的整体稳定	$G_1+G_2+G_3+Q_1+Q_3$ $G_1+G_2+G_3+Q_1+Q_4$

注　表中的"+"仅表示各项荷载参与组合，而不表示代数相加。

（三）模板及支架的承载力计算

模板及支架结构构件应按短暂设计状况进行承载力计算。承载力计算应符合下式要求：

$$\gamma_0 S \leqslant \frac{R}{\gamma_R} \qquad (4-13)$$

式中　γ_0——结构重要性系数，对重要的模板及支架宜取 $\gamma_0 \geqslant 1.0$；对一般的模板及支架应取 $\gamma_0 \geqslant 0.9$；

　　　S——模板及支架按荷载基本组合计算的效应设计值，可按式（4-12）计算；

　　　R——模板及支架结构构件的承载力设计值，应按国家现行有关标准计算；

　　　γ_R——承载力设计值调整系数，应根据模板及支架重复使用情况取用，不应小于 1.0。

（四）模板及支架的变形要求

模板及支架的变形验算应符合下列规定：

$$a_{fG} \leqslant a_{f,\lim} \qquad (4-14)$$

式中　a_{fG}——按永久荷载标准值计算的构件变形值；

　　　$a_{f,\lim}$——构件变形限值。

模板及支架的变形限值应根据结构工程要求确定，并宜符合下列规定：

（1）对结构表面外露的模板，其挠度限值宜取为模板构件计算跨度的 $1/400$。

（2）对结构表面隐蔽的模板，其挠度限值宜取为模板构件计算跨度的 $1/250$。

（3）支架的轴向压缩变形限值或侧向挠度限值，宜取为计算高度或计算跨度的 $1/1000$。

（五）模板支架抗倾覆验算

模板支架的高宽比不宜大于 3；当高宽比大于 3 时，应加强整体稳固性措施，并应进行支架的抗倾覆验算。

模板支架应按混凝土浇筑前和混凝土浇筑时两种工况进行抗倾覆验算。支架的抗倾覆验算应满足下式要求：

$$\gamma_0 M_0 \leqslant M_r \tag{4-15}$$

式中　M_0——支架的倾覆力矩设计值，按荷载基本组合计算，其中永久荷载的分项系数取 1.35，可变荷载的分项系数取 1.4；

　　　　M_r——支架的抗倾覆力矩设计值，按荷载基本组合计算，其中永久荷载的分项系数取 0.9，可变荷载的分项系数取 0。

（六）模板结构构件长细比

支架结构中钢构件的长细比不应超过表 4-16 规定的容许值。

表 4-16　支架结构钢构件容许长细比

构件类别	容许长细比
受压构件的支架立柱及桁架	180
受压构件的斜撑、剪刀撑	200
受拉构件的钢杆件	350

（七）其他规定

（1）承载力计算应采用荷载效应基本组合的设计值，变形验算可仅采用永久荷载标准值。

（2）多层楼板连续支模时，应分析多层楼板间荷载传递对支架和楼板结构的影响。

（3）支架立柱或竖向模板支承在土层上时，应按现行国家标准《建筑地基基础设计规范》GB 50007—2011 的有关规定对土层进行验算；支架立柱或竖向模板支承在混凝土结构构件上时，应按现行国家标准《混凝土结构设计规范》GB 50010—2010 的有关规定对混凝土结构构件进行验算。

（4）采用钢管和扣件搭设的支架设计时，应符合下列规定：

1）钢管和扣件搭设的支架宜采用中心传力方式。

2）单根立杆的轴力标准值不宜大于 12kN，高大模板支架单根立杆的轴力标准值不宜大于 10kN。

3）立杆顶部承受水平杆扣件传递的竖向荷载时，立杆应按不小于 50mm 的偏心距进行承载力验算，高大模板支架的立杆应按不小于 100mm 的偏心距进行承载力验算。

4）支承模板的顶部水平杆可按受弯构件进行承载力验算。

5）扣件抗滑移承载力验算，可按现行行业标准《建筑施工扣件式钢管脚手架安全技术规范》JGJ 130—2011 的有关规定执行。

（5）采用门式、碗扣式、盘扣式或盘销式等钢管架搭设的支架，应采用支架立柱杆端插入可调托座的中心传力方式，其承载力及刚度可按国家现行有关标准的规定进行验算。

（八）现浇混凝土模板简易计算

【例 4-3】　某框架办公楼的底层矩形柱，截面尺寸为 800mm×800mm，柱高为 4.5m，混凝土坍落度为 160mm，浇筑速度 $V=4$m/h，浇筑时气温 $T=25$℃，试对柱模进行设计。

设计：柱模板选用规格为 2440mm×1220mm×15mm 的覆面竹胶合板，根据《建筑施工模板安全技术规范》（JGJ 162—2008）可知，其弹性模量为 $E=9898$N/mm²，抗弯强度设计值 $f_m=35$N/mm²。模板外沿竖向布置 5 根 50mm×100mm 的方木（红松），间距为

$(800-2\times25)/4=188\mathrm{mm}$，其弹性模量为 $E=9000\mathrm{N/mm^2}$，$f_m=13\mathrm{N/mm^2}$，如图 4 – 37 (a) 所示。柱箍采用 2[$80\times43\times5$ 的轧制槽钢，其截面积为 $A=2\times1024\mathrm{mm^2}$，截面惯性矩为 $I=2\times101.3\times10^4\mathrm{mm^4}$，截面最小抵抗矩为 $W=2\times25.3\times10^3\mathrm{mm^3}$，弹性模量为 $E=2.06\times10\mathrm{N/mm^2}$，柱箍间距取为 600mm。

1. 荷载计算

（1）新浇筑混凝土对模板侧面的压力标准值 G_{4k}：

$$F=0.28\gamma_c t_0\beta V^{\frac{1}{2}}=0.28\times24\times\frac{200}{25+15}\times1.0\times4^{\frac{1}{2}}=67.2\mathrm{kN/m^2}$$

$$F=\gamma_c H=24\times4.5=108\mathrm{kN/m^2}$$

取上两计算小值，则 $G_{4k}=67.2\mathrm{kN/m^2}$。

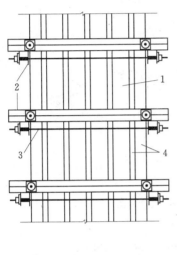
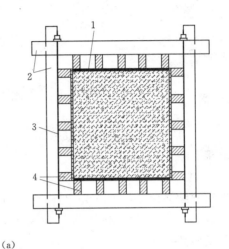

(a)

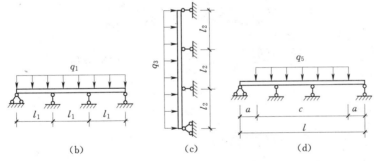

(b)　　　　　(c)　　　　　(d)

图 4 – 37　柱模板构造及计算简图

（a）柱模板构造图；（b）柱模计算简图；（c）木楞计算简图；（d）柱箍计算简图

1—柱模板；2—柱箍；3—对拉螺栓；4—木楞

（2）混凝土下料产生的水平荷载标准值 Q_{2k}：

采用泵送混凝土，泵管下料，取 $Q_{2k}=2\mathrm{kN/m^2}$。

（3）荷载效应基本组合的设计值：

由下式计算：

$$S=1.35\alpha\sum_{i\geqslant1}S_{G_{ik}}+1.4\psi_{cj}\sum_{j\geqslant1}S_{Q_{jk}}$$

取 $\alpha=0.9$，$\psi_{cj}=0.9$。

则 $\qquad S=1.35\times0.9\times67.2+1.4\times0.9\times2=84.168\text{kN/m}^2$

2. 验算模板

可按三跨连续梁计算,如图 4 - 37 (b) 所示。

取 1m 高模板作为计算单元,则线荷载为:

$$q_1=84.168\times1=84.168\text{kN/m}, \quad q_2=67.2\times1=67.2\text{kN/m}$$

(1) 强度验算:

$$M=0.1q_1l_1^2=0.1\times84.168\times188^2=297483\text{N}\cdot\text{mm}$$

$$W=\frac{bh^2}{6}=\frac{1000\times15^2}{6}=37500\text{mm}^3$$

$$\sigma=\frac{M}{W}=\frac{297483}{37500}=7.933\text{N/mm}^2<35\text{N/mm}^2$$

满足要求。

(2) 挠度验算:

$$I=\frac{1}{12}bh^3=\frac{1}{12}\times1000\times15^3=281250\text{mm}^4$$

$$a_{fG}=\frac{0.677q_2l_1^4}{100EI}=\frac{0.677\times67.2\times188^4}{100\times9898\times281250}=0.204\text{mm}<a_{f,\lim}=\frac{188}{400}=0.47\text{mm}$$

满足要求。

3. 验算木楞

可按 3 跨连续梁计算,如图 4 - 37 (c) 所示。

$$q_3=84.168\times0.188=15.824\text{kN/m}, \quad q_4=67.2\times0.188=12.634\text{kN/m}$$

(1) 强度验算:

$$M=0.1q_3l_2^2=0.1\times15.824\times600^2=569664\text{N}\cdot\text{mm}$$

$$W=\frac{bh^2}{6}=\frac{50\times100^2}{6}=83333\text{mm}^3$$

$$\sigma=\frac{M}{W}=\frac{569664}{83333}=6.836\text{N/mm}^2<13\text{N/mm}^2$$

满足要求。

(2) 挠度验算:

$$I=\frac{1}{12}bh^3=\frac{1}{12}\times50\times100^3=4166667\text{mm}^4$$

$$a_{fG}=\frac{0.677q_4l_2^4}{100EI}=\frac{0.677\times12.634\times600^4}{100\times9.0\times10^3\times4166667}=0.296\text{mm}<a_{f,\lim}=\frac{600}{400}=1.5\text{mm}$$

满足要求。

4. 验算柱箍

计算线荷载,$q_5=84.168\times0.6=50.501\text{kN/m}, \quad q_6=67.2\times0.6=40.32\text{kN/m}$

如图 4 - 37 (d) 所示,取 $c=800\text{mm}$,$a=123\text{mm}$,$l=c+2a=800+2\times123=1046\text{mm}$

(1) 强度验算:

$$M=\frac{q_5c(2l-c)}{8}=\frac{50.501\times800\times(2\times1046-800)}{8}=6524729.2\text{N}\cdot\text{mm}$$

$$\sigma=\frac{M}{W}=\frac{6524729.2}{2\times25.3\times10^3}=128.947\text{N/mm}^2<f=215\text{N/mm}^2$$

满足要求。

（2）挠度验算：

$$a_{fG} = \frac{q_6 c(8l^3 - 4c^2 l + c^3)}{384EI} = \frac{40.32 \times 800 \times (8 \times 1046^3 - 4 \times 800^2 \times 1046 + 800^3)}{384 \times 2.06 \times 10^5 \times 2 \times 101.3 \times 10^4}$$

$$= 1.407\text{mm} < a_{f,\lim} = \frac{1046}{400} = 2.615\text{mm}$$

满足要求。

5. 确定螺栓

每根螺栓受到的拉力为：

$$N = \frac{1}{2}q_5 c = \frac{1}{2} \times 50.501 \times 0.8 = 20.200\text{kN}$$

螺栓需要净截面积 $\quad A_0 = \dfrac{N}{f_t^b} = \dfrac{20200}{170} = 118.824\text{mm}^2$

选用 M16 螺栓，$A_0 = 144\text{mm}^2$，满足要求。

四、模板系统的安装与拆除

模板系统的安装与拆除应严格遵守《建筑施工模板安全技术规范》JGJ 162—2008 及《混凝土结构工程施工规范》GB 50666—2011 的相关规定。

（一）模板系统的安装

1. 模板安装构造规定

（1）模板安装应按设计与施工说明书顺序拼装。木杆、钢管、门架等支架立柱不得混用。

（2）竖向模板和支架立柱支承部分安装在基土上时，应加设垫板，垫板应有足够强度和支承面积，且应中心承载。基土应坚实，并应有排水措施，对特别重要的结构工程要采用防止支架柱下沉的措施。

（3）现浇钢筋混凝土梁、板，当跨度大于 4m 时，模板应起拱；当设计无具体要求时，起拱高度宜为全跨长度的 1/1000～3/1000。

（4）现浇多层或高层房屋和构筑物，安装上层模板及其支架应符合下列规定：

1）下层楼板应具有承受上层施工荷载的承载能力，否则应加设支撑支架。

2）上层支架立柱应对准下层支架立柱，并应在立柱底铺设垫板。

3）当采用悬臂吊模板、桁架支模方法时，其支撑结构的承载能力和刚度必须符合设计构造要求。

2. 安装模板要求

安装模板应保证工程结构和构件各部分形状、尺寸和相互位置的正确，防止漏浆，构造应符合模板设计要求。模板应具有足够的承载能力、刚度和稳定性，应能可靠承受新浇混凝土自重和侧压力以及施工过程中所产生的荷载。

（1）梁和板的立柱，纵横向间距应相等或成倍数。

（2）木立柱底部应设垫木，顶部应设支撑头。钢管立柱底部应设垫木和底座，顶部应设可调支托，U 形支托与楞梁两侧间如有间隙，必须楔紧，其螺杆伸出钢管顶部不得大于 200mm，螺杆外径与立柱钢管内径的间隙不得大于 3mm，安装时应保证上下同心。

（3）在立柱底距地面 200mm 高处，沿纵横水平方向应按纵下横上的程序设扫地杆。可调支托底部的立柱顶端应沿纵横向设置一道水平拉杆。扫地杆与顶部水平拉杆之间的间距，在满足模板设计所确定的水平拉杆步距要求条件下，进行平均分配确定步距后，在每一步距处纵横向应各设一道水平拉杆。当层高在 8～20m 时，在最顶步距两水平拉杆中间应加设一道水平拉杆；当层高大于 20m 时，在最顶两步距水平拉杆中间应分别增加一道水平拉杆。所有水平拉杆的端部均应与四周建筑物顶紧顶牢。无处可顶时，应于水平拉杆端部和中部沿竖向设置连续式剪刀撑。

（二）模板系统的拆除

1. 模板系统的拆除

（1）拆模的顺序和方法应按模板的设计规定进行。当设计无规定时，可采取先支的后拆、后支的先拆、先拆非承重模板、后拆承重模板，并应从上而下进行拆除。拆下的模板不得抛扔，应按指定地点堆放。

（2）已拆除了模板的结构，应在混凝土强度达到设计强度值后方可承受全部设计荷载。若在未达到设计强度以前，需在结构上加置施工荷载时，应另行核算，强度不足时，应加设临时支撑。

（3）对于多层楼板模板的立柱，当上层及以上楼板正在浇筑混凝土时，下层楼板立柱的拆除，应根据下层楼板结构混凝土强度的实际情况，经过计算确定。

（4）底模及其支架拆除时的混凝土强度应符合设计要求；当设计无具体要求时，混凝土强度应符合表 4-17 的规定。

表 4-17　　　　　　　　　　底模拆除时的混凝土强度要求

构件类型	构件跨度（m）	达到设计的混凝土立方体抗压强度标准值的百分率（%）
板	≤2	≥50
	>2，≤8	≥75
	>8	≥100
梁、拱、壳	≤8	≥75
	>8	≥100
悬臂构件	—	≥100

（5）侧模拆除时的混凝土强度应能保证其表面及棱角不受损伤。

2. 早拆模板体系

近些年在建筑工程中广泛使用的早拆模板体系，可以加快模板的周转速度、缩短工期。

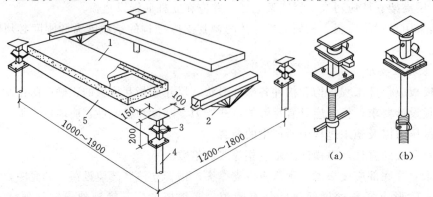

图 4-38　早拆模板体系

（a）使用状态；（b）降落状态

1—模板块；2—托梁；3—升降头；4—可调支柱；5—跨度定位杆

早拆模板体系由模板块、托梁、升降头、可调支柱、支撑系统等组成（图4-38）。可调钢支柱是其主要部件之一，其上端安装有升降头［也称早拆柱头，如图4-38（a）、（b）所示］，当新浇混凝土达设计强度的50％时，既可通过升降头的使用拆除模板，投入周转，但支柱仍然继续支撑混凝土结构，待混凝土强度增长到足以承担自重和施工荷载时（达到设计强度的75％或100％）再将支柱拆除。

第四节 混 凝 土 工 程

混凝土是以胶凝材料、水、细骨料、粗骨料，外加剂和矿物掺合料等多组分材料按适当比例混合，经过均匀拌制、密实成型、养护硬化而成的。

混凝土按施工工艺分为：预拌混凝土、现场搅拌混凝土、离心成型混凝土、喷射混凝土、泵送混凝土等；按拌合料的流动程度分为：干硬性混凝土、半干硬性混凝土、塑性混凝土、流动性混凝土、大流动性混凝土、自流平混凝土等。

混凝土强度等级❶应按立方体抗压强度标准值确定。立方体抗压强度标准值系指按标准方法制作、养护的边长为150mm的立方体试件，在28d或设计规定龄期以标准试验方法测得的具有95％保证率的抗压强度值。

一、混凝土的配料

（一）原材料的质量要求

1. 水泥

常用的水泥的种类有：硅酸盐水泥、普通硅酸盐水泥、矿渣硅酸盐水泥、火山灰质硅酸盐水泥、粉煤灰硅酸盐水泥和复合硅酸盐水泥。

水泥品种与强度等级的选用应根据设计、施工要求以及工程所处环境确定。对于一般建筑结构及预制构件的普通混凝土，宜采用普通硅酸盐水泥；高强混凝土和有抗渗、抗冻融要求的混凝土宜采用硅酸盐水泥或普通硅酸盐水泥；有预防混凝土碱-骨料反应要求的混凝土工程宜采用碱含量低于0.6％的水泥；大体积混凝土宜采用中、低热硅酸盐水泥或低热矿渣硅酸盐水泥，用于生产混凝土的水泥温度不宜高于60℃。

水泥进场❷时，应按不同厂家、不同品种和强度等级、出厂日期分批存储，防止混掺使

---

❶《混凝土结构设计规范》GB 50010—2010规定：

第4.1.2条 素混凝土结构的混凝土强度等级不应低于C15；钢筋混凝土结构的混凝土强度等级不应低于C20；采用强度等级400MPa及以上的钢筋时，混凝土强度等级不应低于C25。预应力混凝土结构的混凝土强度等级不宜低于C40，且不应低于C30。承受重复荷载的钢筋混凝土构件，混凝土强度等级不应低于C30。

第11.2.1条 混凝土结构构件抗震设计时，混凝土结构的混凝土强度等级应符合下列规定：

1. 剪力墙不宜超过C60；其他构件，9度时不宜超过C60，8度时不宜超过C70。

2. 框支梁、框支柱以及一级抗震等级的框架梁、柱及节点，不应低于C30；其他各类结构构件，不应低于C20。

❷《混凝土结构工程施工质量验收规范》GB 50204—2002（2011版）规定：

第7.2.1条 水泥进场时应对其品种、级别、包装或散装仓号、出厂日期等进行检查，并应对其强度、安定性及其他必要的性能指标进行复验，其质量必须符合现行国家标准《硅酸盐水泥、普通硅酸盐水泥》（GB 175）等的规定。当在使用中对水泥质量有疑问或水泥出厂超过三个月（快硬硅酸盐水泥超过一个月）时，应进行复验，并按复验结果使用。钢筋混凝土结构、预应力混凝土结构中，严禁使用含氯化物的水泥。检查数量：按同一生产厂家、同一等级、同一品种、同一批号且连续进场的水泥，袋装不超过200t为一批，散装不超过500t为一批，每批抽样不少于一次。检验方法：检查产品合格证、出厂检验报告和进场复验报告。

用，并应采取防潮措施；出现结块的水泥不得用于混凝土工程；水泥出厂超过3个月（硫铝酸盐水泥超过45d），应进行复检，合格者方可使用。强度、安定性是水泥的重要性能指标，进场时应作复验，其质量应符合现行国家标准的要求。水泥是混凝土的重要组成成分，若其中含有氯化物，可能引起混凝土结构中钢筋的锈蚀，故应严格控制。

2. 细骨料

细骨料按其产源可分天然砂、人工砂。按砂的粒径可分为粗砂、中砂和细砂。

细骨料质量主要控制项目应包括颗粒级配、细度模数、含泥量、泥块含量、坚固性、氯离子含量和有害物质含量；海砂主要控制项目除应包括上述指标外尚应包括贝壳含量；人工砂主要控制项目除应包括上述指标外尚应包括石粉含量和压碎值指标，人工砂主要控制项目可不包括氯离子含量和有害物质含量。细骨料质量应符合现行行业标准《普通混凝土用砂、石质量及检验方法标准》JGJ 52—2006 的规定；混凝土用海砂应符合现行行业标准《海砂混凝土应用技术规范》JGJ 206—2010 的有关规定。细骨料的应用应符合下列规定：

（1）混凝土宜采用中砂，且 $300\mu m$ 筛孔的颗粒通过量不宜少于15%，人工砂中的石粉含量应符合相关规定，不宜单独采用特细砂作为细骨料配制混凝土。

（2）对于有抗渗、抗冻或其他特殊要求的混凝土，砂中的含泥量和泥块含量分别不应大于 3.0% 和 1.0%；坚固性检验的质量损失不应大于 8%。

（3）对于高强混凝土，砂的细度模数宜控制在 2.6～3.0 范围之内，含泥量和泥块含量分别不应大于 2.0% 和 0.5%。

（4）钢筋混凝土和预应力混凝土用砂的氯离子含量分别不应大于 0.06% 和 0.02%。混凝土用海砂应经过净化处理。海砂氯离子含量不应大于 0.03%，贝壳含量应符合相关规定。海砂不得用于预应力混凝土。

（5）河砂和海砂应进行碱—硅酸反应活性检验；人工砂应进行碱—硅酸反应活性检验和碱—碳酸盐反应活性检验；对于有预防混凝土碱—骨料反应要求的工程，不宜采用有碱活性的砂。

3. 粗骨料❶

普通混凝土所用的粗骨料可分为碎石和卵石。粗骨料应符合现行行业标准《普通混凝土用砂、石质量及检验方法标准》JGJ 52—2006 的规定。粗骨料质量主要控制项目应包括颗粒级配、针片状颗粒含量、含泥量、泥块含量、压碎值指标和坚固性，用于高强混凝土的粗骨料主要控制项目还应包括岩石抗压强度。《混凝土质量控制标准》GB 50164—2011 的规定，粗骨料在应用方面应符合下列规定：

（1）混凝土粗骨料宜采用连续级配。

（2）对于混凝土结构，粗骨料最大公称粒径不得大于构件截面最小尺寸的 1/4，且不得

---

❶ 《混凝土结构工程施工规范》GB 50666—2011 规定：

7.2.5 强度等级为C60及以上的混凝土所用骨料除应符合本规范第7.2.3和7.2.4条的规定外，尚应符合下列规定：

1. 粗骨料压碎指标的控制值应经试验确定；

2. 粗骨料最大粒径不宜超过25mm，针片状颗粒含量不宜大于8.0%，含泥量不应大于0.5%，泥块含量不应大于0.2%；

3. 细骨料细度模数宜控制为2.6～3.0，含泥量不应大于2.0%，泥块含量不应大于0.5%。

7.2.6 对于有抗渗、抗冻融或其他特殊要求的混凝土，宜选用连续级配的粗骨料，最大粒径不宜大于40mm，含泥量不应大于1.0%，泥块含量不应大于0.5%；所用细骨料含泥量不应大于3.0%，泥块含量不应大于1.0%。

大于钢筋最小净间距的 3/4；对混凝土实心板，骨料的最大公称粒径不宜大于板厚的 1/3，且不得大于 40mm；对于大体积混凝土，粗骨料最大公称粒径不宜小于 31.5mm。

（3）对于有抗渗、抗冻、抗腐蚀、耐磨或其他特殊要求的混凝土，粗骨料中的含泥量和泥块含量分别不应大于 1.0% 和 0.5%；坚固性检验的质量损失不应大于 8%。

（4）对于高强混凝土，粗骨料的岩石抗压强度应至少比混凝土设计强度高 30%；最大公称粒径不宜大于 25mm，针片状颗粒含量不宜大于 5% 且不应大于 8%；含泥量和泥块含量分别不应大于 0.5% 和 0.2%。

（5）对粗骨料或用于制作粗骨料的岩石，应进行碱活性检验，包括碱—硅酸反应活性检验和碱—碳酸盐反应活性检验；对手有预防混凝土碱-骨料反应要求的混凝土工程，不宜采用有碱活性的粗骨料。

4. 矿物掺合料

用于混凝土中的矿物掺合料可包括粉煤灰、粒化高炉矿渣粉、硅灰、沸石粉、钢渣粉、磷渣粉；可采用两种或两种以上的矿物掺合料按一定比例混合使用。粉煤灰应符合现行国家标准《用于水泥和混凝土中的粉煤灰》GB/T 1596 的有关规定，粒化高炉矿渣粉应符合现行国家标准《用于水泥和混凝土中的粒化高炉矿渣粉》GB/T 18046 的有关规定，钢渣粉应符合现行国家标准《用于水泥和混凝土的钢渣粉》GB/T 20491 的有关规定，其他矿物掺合料应符合相关现行国家标准的规定并满足混凝土性能要求；矿物掺合料的放射性应符合现行国家标准《建筑材料放射性核素限量》GB 6566 的有关规定。矿物掺合料的应用应符合下列规定：

（1）掺用矿物掺合料的混凝土，宜采用硅酸盐水泥和普通硅酸盐水泥。

（2）在混凝土中掺用矿物掺合料时，矿物掺合料的种类和掺量应经试验确定。矿物掺合料宜与高效减水剂同时使用。

（3）对于高强混凝土或有抗渗、抗冻、抗腐蚀、耐磨等其他特殊要求的混凝土，不宜采用低于 II 级的粉煤灰。

（4）对于高强混凝土和有耐腐蚀要求的混凝土，当需要采用硅灰时，不宜采用二氧化硅含量小于 90% 的硅灰。

（5）矿物掺合料存储时，应有明显标记，不同矿物掺合料以及水泥不得混杂堆放，应防潮防雨，并应符合有关环境保护的规定；矿物掺合料存储期超过 3 个月时，应进行复检，合格者方可使用。

5. 水

拌制混凝土宜采用饮用水；当采用其他水源时，水质应符合国家现行标准《混凝土拌合用水标准》JGJ 63 的规定。混凝土用水主要控制项目应包括 pH 值、不溶物含量、可溶物含量、硫酸根离子含量、氯离子含量、水泥凝结时间差和水泥胶砂强度比。当混凝土骨料为碱活性时，主要控制项目还应包括碱含量。混凝土用水的应用应符合下列规定：

（1）未经处理的海水严禁用于钢筋混凝土和预应力混凝土。

（2）当骨料具有碱活性时，混凝土用水不得采用混凝土企业生产设备洗涮水。

海水可用于拌制素混凝土，但不得用于拌制钢筋混凝土和预应力混凝土。有饰面要求的混凝土也不应用海水拌制。

6. 外加剂

外加剂的种类繁多，按其作用不同可分为减水剂（塑化剂）、引气剂（加气剂）、促凝刺、缓凝剂、防水剂、抗冻剂、保水剂、膨胀剂和阻锈剂等。

外加剂的送检样品应与工程大批量进货一致，并应按不同的供货单位、品种和牌号进行标识，单独存放；粉状外加剂应防止受潮结块，如有结块，应进行检验，合格者应经粉碎至全部通过 $600\mu m$ 筛孔后方可使用；液态外加剂应储存在密闭容器内，并应防晒和防冻，如有沉淀等异常现象，应经检验合格后方可使用。

混凝土中掺用外加剂的质量及应用技术应符合现行国家标准《混凝土外加剂》GB 8076、《混凝土外加剂应用技术规范》GB 50119 等和有关环境保护的规定。预应力混凝土结构中，严禁使用含氯化物的外加剂。钢筋混凝土结构中，当使用含氯化物的外加剂时，混凝土中氯化物的总含量应符合现行国家标准《混凝土质量控制标准》GB 50164 的规定❶。

（二）原材料的进场检验

混凝土原材料进场时，供方应按规定批次向需方提供质量证明文件。质量证明文件应包括型式检验报告、出厂检验报告与合格证等，外加剂产品还应提供使用说明书，散装水泥应按每 500t 为一个检验批；袋装水泥应按每 200t 为一个检验批；粉煤灰或粒化高炉矿渣粉等矿物掺合料应按每 200t 为一个检验批；硅灰应按每 30t 为一个检验批；砂、石骨料应按每 400m³ 或 600t 为一个检验批；外加剂应按每 50t 为一个检验批；水应按同一水源不少于一个检验批。

（三）混凝土配合比

混凝土应按国家现行标准《普通混凝土配合比设计规程》JGJ 55—2011 的有关规定，根据混凝土强度等级、耐久性和工作性等要求进行配合比设计。

合理的混凝土配合比应能满足两个基本要求：既要保证混凝土的设计强度，又要满足施工所需要的和易性。普通混凝土的配合比，应按国家有关标准进行计算，并通过试配确定。对于有抗冻、抗渗等要求的混凝土，尚应符合相关的规定❷。

---

❶ 《混凝土质量控制标准》GB 50164—2011 规定：

2.5.2 外加剂质量主要控制项目应包括掺外加剂混凝土性能和外加剂匀质性两方面，混凝土性能方面的主要控制项目应包括减水率、凝结时间差和抗压强度比，外加剂匀质性方面的主要控制项目应包括 pH 值、氯离子含量和碱含量；引气剂和引气减水剂主要控制项目还应包括含气量；防冻剂主要控制项目还应包括含气量和 50 次冻融强度损失率比；膨胀剂主要控制项目还应包括凝结时间、限制膨胀率和抗压强度。

2.5.3 外加剂的应用除应符合现行国家标准《混凝土外加剂应用技术规范》GB 50119 的有关规定外，尚应符合下列规定：

1. 在混凝土中掺用外加剂时，外加剂应与水泥具有良好的适应性，其种类和掺量应经试验确定。

2. 高强混凝土宜采用高性能减水剂；有抗冻要求的混凝土宜采用引气剂或引气减水剂；大体积混凝土采用缓凝剂或缓凝减水剂；混凝土冬期施工可采用防冻剂。

3. 外加剂中的氯离子含量和碱含量应满足混凝土设计要求。

4. 宜采用液态外加剂。

❷ 《混凝土结构工程施工规范》GB 50666—2011 规定：

7.3.8 混凝土配合比的试配、调整和确定应按下列步骤进行：

1. 采用工程实际使用的原材料和计算配合比进行试配。每盘混凝土试配量不应小于 20L；

2. 进行试拌，并调整砂率和外加剂掺量等使拌合物满足工作性要求，提出试拌配合比；

3. 在试拌配合比的基础上，调整胶凝材料用量，提出不少于 3 个配合比进行试配。根据试件的试压强度和耐久性试验结果，选定设计配合比；

4. 应对选定的设计配合比进行生产适应性调整，确定施工配合比；

5. 对采用搅拌运输车运输的混凝土，当运输时间可能较长时，试配时应控制混凝土坍落度经时损失值。

7.3.9 施工配合比应经有关人员批准。混凝土配合比使用过程中，应根据反馈的混凝土动态质量信息，及时对配合比进行调整。

混凝土配合比设计应采用工程实际使用的原材料，并应满足国家现行标准的有关要求；配合比设计应以干燥状态骨料为基准，细骨料含水率应小于 0.5%，粗骨料含水率应小于 0.2%。

（1）配合比控制。首次使用、使用间隔时间超过 3 个月的混凝土配合比应进行开盘鉴定，其工作性应满足设计配合比的要求。开始生产时应至少留置一组标准养护试件，作为验证配合比的依据。

开盘鉴定应符合下列规定：

1）生产使用的原材料与配合比设计所使用原材料的一致性。

2）出机混凝土工作性与配合比设计要求的一致性，且能应满足施工要求。

3）混凝土强度满足设计要求。

4）混凝土耐久性能满足设计要求。

（2）拌合物性能。混凝土拌合物性能应满足设计和施工要求。混凝土的工作性，应根据结构形式、运输方式和距离、泵送高度、浇筑和振捣方式以及工程所处环境条件等确定。

混凝土拌合物的稠度可采用坍落度、维勃稠度或扩展度表示。坍落度检验适用于坍落度不小于 10mm 的混凝土拌合物，维勃稠度检验适用于维勃稠度 5～30s 的混凝土拌合物，扩展度适用于泵送高强混凝土和自密实混凝土。泵送混凝土拌合物坍落度设计值不宜大于 180mm。泵送高强混凝土的扩展度不宜小于 500mm。

（四）混凝土施工配料

《混凝土结构工程施工质量验收规范》GB 50204—2002 第 7.3.3 条规定：混凝土拌制前，应测定砂、石含水率并根据测试结果调整材料用量，提出施工配合比。原材料的计量应按重量计，水和外加剂溶液可按体积计，其允许偏差应符合表 4-18 的规定。

表 4-18　　　　　　　　　混凝土原材料计量允许偏差　　　　　　　　　　　%

原材料品种	水泥	细骨料	粗骨料	水	掺合料	外加剂
每盘计量允许偏差	±2	±3	±3	±1	±2	±1
累计计量允许偏差	±1	±2	±2	±1	±1	±1

注　1. 现场搅拌时原材料计量允许偏差应满足每盘计量允许偏差要求。
　　2. 累计计量允许偏差指每一运输车中各盘混凝土的每种材料计量称的偏差。该项指标仅适用于采用计算机控制计量的搅拌站。
　　3. 骨料含水率应经常测定，雨雪天施工应增加测定次数。

混凝土设计配合比是根据完全干燥的粗细骨料制定的，但实际使用的砂、石骨料一般都含有一些水分，而且含水量亦经常随气象条件发生变化。所以，在拌制时应及时测定粗细骨料的含水率，并将设计配合比换算为骨料在实际含水量情况下的施工配合比。[❶]

【例 4-4】　已知设计配合比为 $C : S : G : W = 439 : 566 : 1202 : 193$；经测定砂子含水率 W_S 为 3%，石子的含水率 W_G 为 1%，求每立方米混凝土的材料用量。

解：

水泥：$C' = 439\text{kg}$（不变）

砂：$S' = S(1 + W_s) = 566(1 + 3\%) = 583\text{kg}$

---

❶　《混凝土结构工程施工规范》GB 50666—2011 规定：

第 7.4.1 条　当粗、细骨料的实际含水量发生变化时，应及时调整粗、细骨料和拌合用水的用量。

石子：$G' = G(1 + W_G) = 1202(1 + 1\%) = 1214kg$

水：$W' = W - SW_s - GW_G = 193 - 566 \times 3\% - 1202 \times 1\% = 164kg$

故施工配合比为 $439:583:1214:164$。

求出混凝土施工配合比后，根据工地现有搅拌机的装料容量确定搅拌时原材料的一次投料量。如搅拌机的出料容量为400L时，则每搅拌一次（即一盘）的装料数量为：

水泥：$439 \times 0.4 = 175.6kg$（实用150kg，即3袋水泥）

砂子：$583 \times \dfrac{150}{439} = 199.2kg$

石子：$1214 \times \dfrac{150}{439} = 414.8kg$

水：$164 \times \dfrac{150}{439} = 56kg$

二、混凝土的制备

（一）混凝土的制备

混凝土的制备就是水泥、粗细骨料、水、外加剂等原材料混合在一起进行均匀拌合的过程。搅拌后的混凝土要求匀质，且达到设计要求的和易性和强度。混凝土搅拌机应符合现行国家标准《混凝土搅拌机》GB/T 9142 的有关规定，混凝土搅拌宜采用强制式搅拌机。

1. 搅拌机

目前普遍使用的搅拌机根据其搅拌机理可分为自落式搅拌机和强制式搅拌机两大类。自落式搅拌机正逐渐被强制式搅拌机所替代。

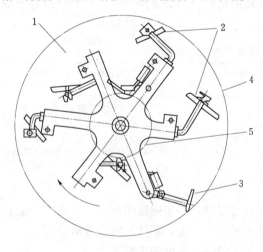

图 4-39　立轴强制式搅拌机构造图
1—搅拌盘；2—拌合铲；3—刮刀；
4—外筒壁；5—内筒壁

强制式搅拌机是利用搅拌筒内运动着的叶片强迫物料朝着各个方向运动，由于各物料颗粒的运动方向、速度各不相同，相互之间产生剪切滑移而相互穿插、扩散，从而在很短的时间内，使物料拌合均匀，其搅拌机理被称为剪切搅拌机理。强制式搅拌机适用于搅拌坍落度在 3cm 以下的普通混凝土和轻骨料混凝土。强制式搅拌机在构造上可分为立轴式和卧轴式两类。

立轴式搅拌机的搅拌筒为一个水平放置的圆盘，圆盘有内外筒壁，内筒壁轴心装有立轴，立轴上又装有搅拌叶片，一般为 2～3 组，当立轴旋转时，叶片即带动物料按复杂的轨迹运动，搅拌强烈，在短时间内即可完成搅拌。其构造如图 4-39 所示。

卧轴式搅拌机可分为单轴式和双轴式两类，双轴式为双筒双轴工作，生产效率更高。卧轴式搅拌机具有体积小、容量大、搅拌时间短、生产效率高等优点，卧轴式搅拌机构造如图 4-40 所示。

2. 搅拌制度

（1）装料容积。

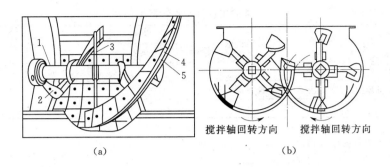

（a） （b）

图 4-40 卧轴强制式搅拌机构造

（a）拌筒内部构造；（b）双轴卧式构造

1—搅拌轴；2—侧叶片；3—搅拌臂；4—小叶片；5—衬带

装料容积指的是搅拌一罐混凝土所需各种原材料松散体积之和。一般来说装料容积是搅拌筒几何容积的 1/2～1/3，强制式搅拌机可取上限，自落式搅拌机可取下限。

搅拌完毕混凝土的体积称为出料容积，一般为搅拌机装料容积的 0.55～0.75。目前，搅拌机上标明的容积一般为出料容积。

（2）装料顺序。

在确定混凝土各种原材料的投料顺序时，应考虑到如何才能保证混凝土的搅拌质量。减少机械磨损和水泥飞扬，减少混凝土的粘罐现象，降低能耗和提高劳动生产率等。目前采用的装料顺序有一次投料法、二次投料法等。

一次投料法：是将砂、石、水泥依次放入料斗后再和水一起进入搅拌筒进行搅拌。这种方法工艺简单、操作方便。当采用自落式搅拌机时常用的加料顺序是先倒石子，再加水泥，最后加砂。这种加料顺序的优点就是水泥位于砂石之间，进入拌筒时可减少水泥飞扬，同时砂和水泥先进入拌筒形成砂浆可缩短包裹石子的时间，也避免了水向石子表面聚集产生的不良影响，可提高搅拌质量。

二次投料法：可分为预拌水泥砂浆法和预拌水泥净浆法。预拌水泥砂浆法是指先将水泥、砂和水投入拌筒搅拌 1～1.5min 后加入石子再搅拌 1～1.5min。预拌水泥净浆法是先将水和水泥投入拌筒搅拌 1/2 搅拌时间，再加入砂石搅拌到规定时间。实验表明，由于预拌水泥砂浆或水泥净浆对水泥有一种活化作用，因而搅拌质量明显高于一次加料法。若水泥用量不变，混凝土强度可提高 15% 左右，或在混凝土强度相同的情况下，可减少水泥用量约 15%～20%。

当采用强制式搅拌机搅拌轻骨料混凝土时，若轻骨料在搅拌前已经预湿，则合理的加料顺序应是：先加粗细骨料和水泥搅拌 30s，再加水继续搅拌到规定时间；若在搅拌前轻骨料未经预湿，则先加粗、细骨料和总用水量的 1/2 搅拌 60s 后，再加水泥和剩余 1/2 用水量搅拌到规定时间。

（3）搅拌时间。

搅拌时间指的是从全部原材料装入拌筒时起，到开始卸料时为止的时间。一般来说，随着搅拌时间的延长，混凝土的匀质性有所增加，相应地混凝土的强度也随着有所提高。但时间过长，将导致混凝土出现离析现象，多耗费电能，增加机械磨损，降低搅拌机生产效率。我国规范规定不同情况下搅拌混凝土的最短时间见表 4-19。

表 4-19   **混凝土搅拌的最短时间**

混凝土坍落度 (mm)	搅拌机机型	搅拌机出料量（L）		
		<250	250~500	>500
≤40	强制式	60	90	120
>40 且<100	强制式	60	60	90
≥100	强制式	60		

注 1. 混凝土搅拌的最短时间系指全部材料装入搅拌筒中起，到开始卸料止的时间。
    2. 当掺有外加剂与矿物掺合料时，搅拌时间应适当延长。
    3. 采用自落式搅拌机时，搅拌时间宜延长 30s。
    4. 当采用其他形式的搅拌设备时，搅拌的最短时间也可按设备说明书的规定或经试验确定。

对于双卧轴强制式搅拌机，可在保证搅拌均匀的情况下适当缩短搅拌时间。混凝土搅拌时间应每班检查两次。

（二）混凝土搅拌站

搅拌站是生产混凝土的场所，根据混凝土生产能力、工艺安排、服务对象的不同，搅拌站可分为施工现场临时搅拌站和大型预拌混凝土搅拌站两类。

1. 施工现场临时搅拌站

如图 4-41 所示为一个简易的现场混凝土搅拌站示意图，其设备简单，安拆方便，不需要专门的设备，采用人工上料。平面布置时水泥库布置在搅拌机的一侧、地表水流向的上游，注意防潮；砂、石布置较为灵活，只是需尽量靠近搅拌机的上料平台，由于石子用量较多，宜先布置且离磅秤和料斗较近。各种原材料的堆放位置都要便于运输，可直接卸货，不需倒运。

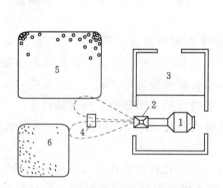

图 4-41 现场小型混凝土搅拌站
1—搅拌机；2—上料斗；3—水泥库；
4—磅秤；5—石料堆；6—砂堆

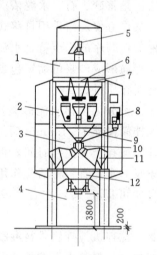

图 4-42 单阶式混凝土搅拌站
1—料仓层；2—称量层；3—搅拌层；
4—底层；5—旋转布料器；6—水
泥料仓；7—砂、石料仓；8—集
中控制室；9—集料斗；10—两
路滑槽；11—搅拌机；
12—混凝土漏斗

2. 大型混凝土搅拌站

大型混凝土搅拌站有单阶式和双阶式两种。

单阶式混凝土搅拌站是由皮带螺旋输送机等运输设备一次将原材料提升到需要高度后，靠自重下落，依次经过储料、称量、集料、搅拌等程序，完成整个搅拌生产流程，如图 4-42 所示。单阶式搅拌站具有工作效率高、自动化程度高、占地面积小等优点，但一次投资大。

双阶式混凝土搅拌站是将原材料一次提升后，依靠材料的自重完成储料、称量、集料等工艺，再经第二次提升进入搅拌机进行搅拌，如图 4-43 所示。双阶式搅拌站的建筑物总高度较小，运输设备较简单，和单阶式相比投资相对要少，但材料需经两次提升进入拌筒，其生产效率和自动化程度较低，占地面积较大。

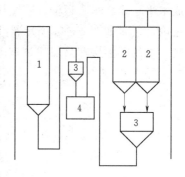

图 4-43　双阶式混凝土搅拌站

1—水泥仓；2—骨料储料斗；

3—称量系统；4—搅拌机

三、混凝土运输

1. 混凝土运输要求

混凝土自搅拌机中卸出后，应及时运至浇筑地点，为保证混凝土的质量，对混凝土运输的要求是：

（1）混凝土运输过程中，要能保持良好的均匀性，应控制混凝土不离析、不分层，并应控制混凝土拌合物性能满足施工要求。

（2）混凝土运输过程中，必须保证混凝土具有设计配合比所规定的坍落度。当采用搅拌罐车运送混凝土拌合物时，卸料前应采用快档旋转搅拌罐不少于 20s；因运距过远、交通或现场等问题造成坍落度损失较大而卸料困难时，可采用在混凝土拌合物中掺入适量减水剂并快档旋转搅拌罐的措施，减水剂掺量应有经试验确定的预案。

（3）混凝土拌合物从搅拌机卸出至施工现场接收的时间间隔不宜大于 90min。混凝土在初凝之前必须浇入模板内，并捣实完毕。

（4）场内输送道路应尽量平坦，以减少运输时的振荡，避免造成混凝土分层离析。同时还应考虑布置环形回路，施工高峰时宜设专人管理指挥，以免车辆互相拥挤阻塞。临时架设的桥道要牢固，桥板接头须平顺。

（5）当采用搅拌罐车运送混凝土拌合物时，搅拌罐在冬期应有保温措施。

（6）当采用泵送混凝土时，混凝土运输应保证混凝土连续泵送，并应符合现行行业标准《混凝土泵送施工技术规程》JGJ/T 10—2011 的有关规定。

2. 运输工具

混凝土运输大体可分为地面运输、垂直运输和楼面运输三种。

地面运输工具有双轮手推车、机动翻斗车、混凝土搅拌运输车和自卸汽车。双轮手推车和机动翻斗车多用于路程较短的现场内运输。当混凝土需要量较大、远距离运输时，则多采用混凝土搅拌运输车。

楼面运输可用手推车、皮带运输机，也可以用塔式起重机、混凝土泵等。楼面运输应保证模板和钢筋不发生变形和位移，防止混凝土离析等。

（1）井架。井架用于建筑高度不大于 45m 的工业与民用建筑，井架装有升降平台，用双轮手推车将混凝土推到升降平台，然后提升到施工的楼层上。再将手推车沿铺在楼面上的跳板推到浇筑地点。

（2）塔式起重机。塔式起重机工作幅度大，当搅拌机在其工作幅度范围之内，则可以完成水平运输和垂直运输。若搅拌站较远，可用翻斗车将混凝土从搅拌站运到起重机起重范围之内，装入如图4-44所示料斗，运至浇筑地点直接浇入模板内。这种垂直运输方式效率较高，可用于多层和高层建筑施工。

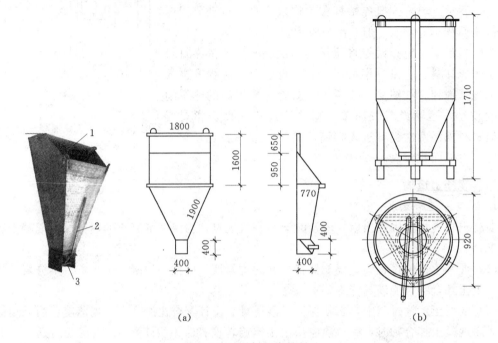

图4-44 混凝土浇筑料斗

(a) 卧式料斗；(b) 立式料斗

1—入料口；2—手柄；3—卸料口的扇形门

（3）混凝土搅拌运输车。混凝土搅拌输送车是一种用于长距离水平输送混凝土的机械，如图4-45所示。采用搅拌罐车运送混凝土拌合物时，混凝土搅拌运输车装料前，必须将拌筒内积水倒净，卸料前应采用快档旋转搅拌罐不少于20s，因运距过远、交通或现场等问题造成坍落度损失较大而卸料困难时，可采用在混凝土拌合物中掺入适量减水剂并快档旋转搅拌罐的措施，减水剂掺量应有经试验确定的预案。混凝土搅拌运输车在运输途中，拌筒应保持慢速转动，在运输和浇筑成型过程中严禁加水。混凝土搅拌运输车的现场行驶道路，应符合下列规定：

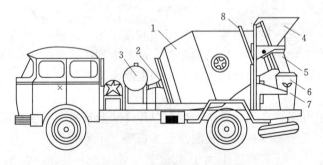

图4-45 混凝土搅拌运输车

1—搅拌筒；2—轴承座；3—水箱；4—进料斗；5—卸料槽；
6—引料槽；7—托轮；8—轮圈

1）宜设置循环行车道，并应满足重车行驶要求。

2）车辆出入口处，宜设置交通安全指挥人员。

3）夜间施工时，现场交通出入口和运输道路上应有良好照明，危险区域应设安全标志。

在长距离运输时，也可将配合好的混凝土干料装入筒内，在运输途中加水搅拌，以减少因长途运输而引起的混凝土坍落度损失。

（4）混凝土泵。混凝土泵是将混凝土搅拌运输车或储存料斗中的混凝土，利用泵的压力将混凝土沿管道直接输送到浇筑地点。它可以同时完成水平和垂直运输，并可经布料杆布料。混凝土泵具有输送能力大、速度快、效率高、能连续作业等特点，是目前混凝土运输的重要方法。

混凝土泵的类型很多，应用最广泛的是液压活塞式混凝土泵，如图 4 - 46 所示。

将混凝土泵装在汽车上就成为混凝土泵车，车上还装有可以伸缩或曲折的布料杆，其末端是一软管，可将混凝土直接送到浇筑地点。混凝土泵车可以自由行驶到浇筑位置，使用十分方便，特别适用于基础工程和多层建筑的混凝土的浇筑。

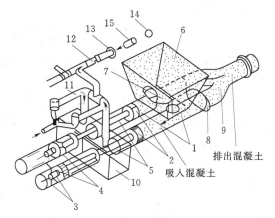

图 4 - 46　液压活塞式混凝土泵工作原理
1—混凝土缸；2—混凝土活塞；3—液压缸；4—液压活塞；5—活塞杆；6—受料斗；7—吸入端水平片阀；8—排除端竖直片阀；9—Y 形输送管；10—水箱；11—水洗装置换向阀；12—水洗用高压软管；13—水洗用法兰；14—海绵球；15—清洗活塞

1）混凝土泵的选择。在选择混凝土泵和计算泵送能力时，通常是将混凝土输送管的各种工作状态（包括直管、弯管、锥形管、软管、管接头和截止阀）换算成水平长度。换算长度可按表 4 - 20 换算。混凝土输送管道的配管整体水平换算长度，应不超过计算所得的最大水平泵送距离。混凝土泵的最大水平输送距离可以参照产品的性能表（曲线）确定，必要时可以由试验确定，也可以根据计算确定。

混凝土泵的台数，可根据混凝土浇筑体积量、单机的实际平均输出量和施工作业时间，按下式计算：

$$N_2 = Q/(Q_1 \times T_o) \tag{4-16}$$

式中　N_2——混凝土泵数量，其结果取整，小数进位；

　　Q——混凝土浇筑体积量，m^3；

　　Q_1——每台混凝土泵的实际平均输出量，m^3/h；

　　T_o——混凝土泵送施工作业时间，h。

重要工程的混凝土泵送施工，混凝土泵所需台数，除根据计算确定外，宜有一定台数的备用。

2）混凝土泵的布置要求。混凝土泵或泵车布置停放的地点要有足够平整、坚实的场地，以保证混凝土搅拌输送车的供料、调车的方便；应尽可能靠近浇筑地点在使用布料杆工作时，应使浇筑部位尽可能地在布料杆的工作范围内，尽量少移动泵车即能完成浇筑；为便于混凝土泵、泵车、搅拌输送车的清洗，其停放位置应接近排水设施，并且供水、供电方便；在混凝土泵的作业范围内，不得有碍阻物、高压电线，同时要有防范高空坠物的措施；多台混凝土泵或泵车同时浇筑时，选定的位置要使其各自承担的浇筑最接近，最好能同时浇筑完毕，避免留置施工缝。

表 4 - 20　　　　　　　　混凝土输送管的水平换算长度

管类别或布置状态	换算单位	管　规　格		水平换算长度（m）
向上垂直管	每米	管径（mm）	100	3
			125	4
			150	5
倾斜向上管（倾角 α）	每米	管径（mm）	100	$\cos\alpha + 3\sin\alpha$
			125	$\cos\alpha + 4\sin\alpha$
			150	$\cos\alpha + 5\sin\alpha$
垂直向下及倾斜向下管	每米			1
锥形管	每根	锥径变化（mm）	175→150	4
			150→125	8
			125→100	16
弯管（张角 β≤90°）	每只	弯曲半径（mm）	500	$2\beta/15$
			1000	0.1β
胶管	每根	长 3m～5m		20

当在施工高层建筑或高耸构筑物采用接力泵泵送混凝土时，接力泵的设置位置应使上、下泵的输送能力匹配。设置接力泵的楼面或其他结构部位，应验算其结构所能承受的荷载，必要时应采取加固措施。

3）输送管路系统设计[1]。混凝土输送管路系统设计，要根据工程和施工场地特点、混凝土浇筑方案，合理选择配管方法和泵送工艺。管路系统的设计应保证安全施工，便于清洗、排除故障和装拆维修。

a. 混凝土输送管的规格应根据粗骨料最大粒径进行配套选用，见表 4 - 21。在同一管线中，要采用相同管径的混凝土输送管，使用无龟裂、无凹凸损伤和无弯折的管段，配管尽量要短，少用弯管和软管，输送管应具有与泵送条件相适应的强度，输送管的接头应严密，并能快速装拆。

表 4 - 21　混凝土输送管管径与粗骨料最大粒径的关系

粗骨料最大粒径（mm）		输送管最小管径（mm）
卵石	碎石	
31.5	20	100
40	31.5	125
50	40	150

---

[1] 《混凝土泵送施工技术规程》JGJ/T 10—2011 规定：

5.2.3　混凝土输送管的规格应根据粗骨料最大粒径、混凝土输出量和输送距离以及输送难易程度等进行选择。混凝土输送管应符合《无缝钢管尺寸、外形、重量及允许偏差》GB/T 13579 的有关规定，常用规格可参照附录 D 选用；输送管强度应与泵送条件相适应。

5.2.6　倾斜向下配管时，应在斜管上端设排气阀；当高差大于 20m 时，应在斜管下端设 5 倍高差长度的水平管，如条件限制，可增加弯管或环形管，满足 5 倍高差长度要求。

5.2.7　混凝土输送管应可靠地固定，不得直接支撑在钢筋、模板及预埋件上，并应符合下列规定：

1. 水平管的固定支撑宜具有一定离地高度；2. 每条垂直管应有二个或二个以上固定点；3. 不得将输送管固定在脚手架上，如现场条件受限可另搭设专用支承架；4. 垂直管下端的弯管不应作为支承点使用，宜设钢支撑承受垂直管重量；5. 管道接头卡箍处不得漏浆。

b. 垂直向上配管时，地面水平管折算长度不宜小于垂直管长度的 1/5，且不宜小于 15m；垂直泵送高度超过 100m 时，在混凝土泵出料口处设置截止阀，以防混凝土拌合物反流。

　　c. 倾斜向下配管时，应在斜管上端设排气阀，向下泵送混凝土时，应先把输送管上气阀打开，待输送管下段混凝土有了一定压力时，方可关闭气阀，以防产生气锤。

　　d. 混凝土输送管的固定应可靠稳定，水平管宜每隔一定距离用支架固定，支架有一定的离地高度；每根垂直管不得少于两个固定点，垂直管下端的弯管，不应作为上部管道的支撑点，宜设钢支撑承受垂直管重量，垂直管支架应与结构牢固连接。支架不得支承在脚手架上。

　　e. 在风雨或暴热天气输送混凝土，容器上应加遮盖，以防进水或水分蒸发。夏季最高气温超过 40℃ 时，宜用湿罩布、湿草袋等遮盖混凝土输送管的隔热措施，避免阳光照射。严寒季节施工，宜用保温材料包裹混凝土输送管，防止管内混凝土受冻，并保证混凝土的入模温度。

　　f. 当输送高度超过混凝土泵的最大输送距离时，可用接力泵（后继泵）进行泵送。

　　g. 应定期检查管道特别是弯管等部位的磨损情况，以防爆管。

四、混凝土成型

　　混凝土成型就是将混凝土拌合料浇筑在符合设计尺寸要求的模板内，加以捣实，使其具有良好的密实性，达到设计要求的强度。

　　（一）混凝土浇筑

　　1. 浇筑前施工准备

　　浇筑前要根据工程对象、结构特点，结合具体条件，制定混凝土浇筑的施工方案。混凝土浇筑前应检查和控制模板、钢筋、保护层和预埋件等的尺寸、规格、数量和位置，检查模板支撑的稳定性以及模板接缝的严密情况。对模板内的垃圾、木片、刨花、锯屑、泥土和钢筋上的油污等杂物，应清除干净。模板和隐蔽工程项目应分别进行预检和隐蔽验收，符合要求后，方可进行浇筑。检查安全设施、劳动配备是否妥当，能否满足浇筑速度的要求。

　　浇筑前应检查混凝土送料单，核对混凝土配合比，确认混凝土强度等级，检查混凝土运输时间，测定混凝土坍落度，必要时还应测定混凝土扩展度，在确认无误后再进行混凝土浇筑。

　　在混凝土浇筑期间，要保证水、电、照明不中断。随时掌握天气的变化情况，特别在雷雨台风季节和寒流突然袭击之际，应准备好在浇筑过程中所必须的抽水设备和防雨、防暑、防寒等物资。

　　2. 混凝土的浇筑

　　混凝土浇筑应保证混凝土的均匀性和密实性。混凝土浇筑过程中，要保证混凝土保护层厚度及钢筋位置的正确性。不得踩踏钢筋，不得移动预埋件和预留孔洞的原来位置。如发现偏差和位移，应及时校正。特别要重视竖向结构的保护层和板、雨篷结构负弯矩部分钢筋的位置。

　　混凝土运输、输送入模的过程宜连续进行，从运输到输送入模的延续时间不宜超过规定时间，掺早强型减水外加剂、早强剂的混凝土以及有特殊要求的混凝土，应根据设计及施工要求，通过试验确定允许时间。混凝土应在初凝前浇筑完毕，如已有初凝现象，则应进行一次强力搅拌，才能入模；混凝土在浇筑过程中严禁加水，散落的混凝土严禁用于结构浇筑。如混凝土在浇筑前有离析现象，亦须重新拌合才能浇筑。

（1）泵送浇筑混凝土。

1）泵送混凝土原材料。泵送混凝土所采用的原材料应符合下列规定：

a. 水泥：泵送混凝土宜选用硅酸盐水泥、普通硅酸盐水泥、矿渣硅酸盐水泥和粉煤灰硅酸盐水泥。

b. 粗骨料：宜采用连续级配，其针片状颗粒含量不宜大于 10%；粗骨料的最大公称粒径与输送管径之比宜符合表 4 - 22 的规定。

表 4 - 22　　　　　　　　　　　　粗骨料的最大公称粒径与输送管径之比

粗骨料品种	泵送高度（m）	粗骨料最大公称粒径与输送管径之比
碎石	＜50	≤1:3.0
	50～100	≤1:4.0
	＞100	≤1:5.0
卵石	＜50	≤1:2.5
	50～100	≤1:3.0
	＞100	≤1:4.0

c. 细骨料：宜采用中砂，其通过公称直径 $315\mu m$ 筛孔的颗粒含量不宜少于 15%，并应有良好的级配。细骨料对混凝土拌合物的可泵性也有很大影响。混凝土拌合物之所以能在输送管中顺利流动，主要是由于粗骨料被包裹在砂浆中，而由砂浆直接与管壁接触起到的润滑作用。

外加剂：泵送混凝土应掺用泵送剂或减水剂，并宜掺用矿物掺合料。对于大体积混凝土结构，为防止产生收缩裂缝，还可掺入适量的膨胀剂。

2）泵送混凝土配合比设计。❶ 泵送混凝土配合比设计应根据混凝土原材料、混凝土运输距离、混凝土泵与混凝土输送管径、泵送距离、气温等具体施工条件试配。必要时，应通过试泵送确定泵送混凝土的配合比。泵送混凝土应掺适量外加剂，并应符合国家现行标准《混凝土泵送剂》JC 473—2001 的规定。

为使混凝土泵送时的阻力最小，泵送混凝土应具有良好的流动性。保持泵送混凝土具有合适的坍落度是泵送混凝土配合比设计的重要内容，入泵送坍落度不宜小于 10cm，对不同泵送高度，入泵时混凝土的坍落度，可按表 4 - 23 选用。

---

❶ 《普通混凝土配合比设计规程》JGJ 55—2011 规定：

7.4.4 条文说明：泵送混凝土出机到泵送时间段内的坍落度经时损失值可以通过调整外加剂进行控制，通常坍落度经时损失控制在 30mm/h 以内比较好。

《混凝土泵送施工技术规程》JGJ/T 10—2011 规定：

3.2.3 泵送混凝土的用水量与胶凝材料总量之比不宜大于 0.6。

3.2.4 泵送混凝土的砂率宜为 35%～45%。

3.2.5 泵送混凝土的胶凝材料用量不宜小于 300kg/m³。

3.2.6 泵送混凝土掺加外加剂的品种和掺量宜由试验确定，不得任意使用。

3.2.7 掺用引气型外加剂的泵送混凝土的含气量不宜大于 4%。

3.2.8 掺粉煤灰的泵送混凝土配合比设计，必须经过试配确定，并应符合国家现行标准的有关规定。

表 4 - 23　　　　　　　　　　　混凝土入泵坍落度与泵送高度关系表

最大泵送高度（m）	30	60	100	400	400 以上
入泵坍落度（mm）	100～140	140～160	160～180	180～200	200～220

3）泵送。❶ 采用泵送输送管浇筑混凝土时，宜由远而近浇筑；采用多根输送管同时浇筑时，其浇筑速度宜保持一致；混凝土浇筑的布料点宜接近浇筑位置，应采取减少混凝土下料冲击的措施，并应符合下列规定：

①宜先浇筑竖向结构构件，后浇筑水平结构构件。②区域结构平面有高差时，宜先浇筑低区部分再浇筑高区部分。

泵送混凝土时，如输送管内吸入了空气，应立即反泵吸出混凝土至料斗中重新搅拌，排出空气后再泵送。❷

混凝土泵送即将结束前，应正确计算尚需用的混凝土数量，并应及时告知混凝土供应厂家。泵送过程中，废弃的和泵送终止时多余的混凝土，应按预先确定的处理方法和场所，及时进行妥善处理。泵送完毕时，应将混凝土泵和输送管清洗干净。

（2）混凝土浇筑倾落高度。

浇筑柱、墙模板内的混凝土浇筑倾落高度应符合下列规定：粗骨料粒径大于 25mm 时，倾落高度不大于 3m；粗骨料粒径小于等于 25mm 时，倾落高度不大于 6m。当不能满足上述规定时，应加设串筒、溜管、溜槽等装置。

（3）水平与竖向结构混凝土强度不一致的浇筑方法。

柱、墙混凝土设计强度等级高于梁、板混凝土设计强度等级时，混凝土浇筑应符合下列规定：

1）柱、墙混凝土设计强度比梁、板混凝土设计强度高一个等级时，柱、墙位置梁、板高度范围内的混凝土经设计单位同意，可采用与梁、板混凝土设计强度等级相同的混凝土进行浇筑。

2）柱、墙混凝土设计强度比梁、板混凝土设计强度高两个等级及以上时，应在交界区域采取分隔措施。分隔位置应在低强度等级的构件中，且距高强度等级构件边缘不应小于 500mm。

3）宜先浇筑高强度等级混凝土，后浇筑低强度等级混凝土。

---

❶ 《混凝土泵送施工技术规程》JGJ/T 10—2011 规定：

第 6.2.6 条　经泵送清水检查，确认混凝土泵和输送管中无异物后，应采用下列浆液中的一种润滑混凝土泵和输送管内壁：①水泥净浆；② 1∶2 水泥砂浆；③与混凝土内除粗骨料外的其他成分相同配合比的水泥砂浆。润滑用浆料泵出后应分散布料，不得集中浇筑在同一处。

第 6.2.7 条　开始泵送时，混凝土泵应处于慢速、匀速并随时可反泵的状态。泵送速度，应先慢后快，逐步加速。同时，应观察混凝土泵的压力和各系统的工作情况，待各系统运转正常后，方可以正常速度进行泵送。

第 6.2.8 条　混凝土泵送应连续进行，如因故必须中断时，其中断时间不得超过混凝土从搅拌至浇筑完毕所允许的延续时间。在混凝土泵送过程中，有计划中断时，应在预先确定的中断浇筑部位，停止泵送；且中断时间不宜超过 1h。

❷ 《混凝土泵送施工技术规程》JGJ/T 10—2011 规定：

6.2.12　当混凝土泵出现压力升高且不稳定、油温升高、输送管明显振动等现象而泵送困难时，不得强行泵送，并应立即查明原因，采取措施排除故障。

6.2.13　当输送管被堵塞时，应采取下列方法排除：

①重复进行反泵和正泵，逐步吸出混凝土至料斗中，重新搅拌后泵送。

②用木槌敲击等方法，查明堵塞部位，将混凝土击松后，重复进行反泵和正泵，排除堵塞。

③当上述两种方法无效时，应在混凝土卸压后，拆除堵塞部位的输送管，排出混凝土堵塞物后，方可接管，新接管道也应提前润湿。

（4）消除裂缝的浇筑工艺方法。

1）浇筑竖向结构混凝土结构前，底部应先浇入 50～100mm 厚与混凝土成分相同的水泥砂浆，以避免出现烂根现象。

2）混凝土浇筑后，在混凝土初凝前和终凝前宜分别对混凝土裸露表面进行抹面处理，并覆盖塑料薄膜，以消除干缩裂缝。

3）混凝土拌合物入模温度不应低于 5℃，且不应高于 35℃，现场环境温度高于 35℃ 时宜对金属模板进行洒水降温，以消除温度裂缝。

4）为消除温度裂缝也可采用混凝土分层浇筑的方法，混凝土浇筑过程应分层进行，分层浇筑应符合表 4-24 规定的分层振捣厚度要求，上层混凝土应在下层混凝土初凝之前浇筑完毕。当底层混凝土初凝后浇筑上一层混凝土时，应按施工缝的要求进行处理。

3. 施工缝

为保证混凝土的整体性，混凝土浇筑工作应连续进行，混凝土运输、浇筑及间歇的全部时间不应超过混凝土的初凝时间。当不能一次连续浇筑时或由于技术上或施工组织上原因必须间歇时，其间歇时间超过表 4-25 的规定时，可留设施工缝。

表 4-24 混凝土分层振捣的最大厚度

振捣方法	混凝土分层振捣最大厚度
振动棒	振动棒作用部分长度的 1.25 倍
表面振动器	200mm
附着振动器	根据设置方式，通过试验确定

表 4-25 运输、输送入模及其间歇
总的时间限值 单位：min

条件	气 温	
	≤25℃	>25℃
不掺外加剂	180	150
掺外加剂	240	210

施工缝是指在混凝土浇筑过程中，因设计要求或施工需要分段浇筑而在先、后浇筑的混凝土之间所形成的新旧混凝土接茬。

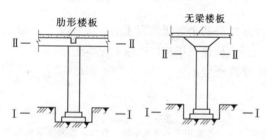

图 4-47 浇筑柱的施工缝位置图
注：I—I、II—II 表示施工缝位置

施工缝的留设位置应在混凝土浇筑之前确定。一般宜留设在结构受剪力较小且便于施工的位置。受力复杂的结构构件或有防水抗渗要求的结构构件，施工缝留设位置应经设计单位认可。施工缝的留设规定：

（1）水平施工缝的留设位置应符合下列规定，如图 4-47 所示。

1）柱、墙施工缝可留设在基础、楼层结构顶面，柱施工缝与结构上表面的距离宜为 0～100mm，墙施工缝与结构上表面的距离宜为 0～300mm。

2）柱、墙施工缝也可留设在楼层结构底面，施工缝与结构下表面的距离宜为 0～50mm；当板下有梁托时，可留设在梁托下 0～20mm。

3）高度较大的柱、墙、梁以及厚度较大的基础可根据施工需要在其中部留设水平施工缝；必要时，可对配筋进行调整，并应征得设计单位认可。

4）特殊结构部位留设水平施工缝应征得设计单位同意。

（2）垂直施工缝留设位置应符合下列规定，如图 4-48 所示。

1）有主次梁的楼板施工缝应留设在次梁跨度中间的 1/3 范围内。

2）单向板施工缝应留设在平行于板短边的任何位置。

3）楼梯梯段施工缝宜设置在梯段板跨度端部的 1/3 范围内。

4）墙的施工缝宜设置在门洞口过梁跨中 1/3 范围内，也可留设在纵横交接处。

5）特殊结构部位留设垂直施工缝应征得设计单位同意。

（3）施工缝处混凝土浇筑。

在施工缝处继续浇筑前，为解决新旧混凝土的结合问题，应对已硬化的施工缝表面进行处理。施工缝处的混凝土应细致捣实，使新旧混凝土紧密结合。

1）结合面应采用粗糙面；结合面应清除浮浆、疏松石子、软弱混凝土层，并应清理干净。

2）结合面处应采用洒水方法进行充分湿润，并不得有积水。

3）施工缝处已浇筑混凝土的强度不应小于 1.2MPa。

4）柱、墙水平施工缝水泥砂浆接浆层厚度不应大于 30mm，接浆层水泥砂浆应与混凝土浆液同成分。

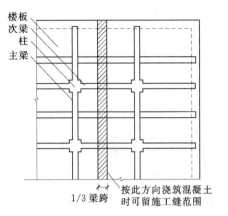

图 4-48　浇筑有主次梁楼板
施工缝位置图

（二）混凝土捣实成型

混凝土入模时呈疏松状，里面含有大量的空洞与气泡，必须采用适当的方法在其初凝前捣实成型。捣实成型方法主要有以下几种。

1. 振捣法

混凝土振捣应能使模板内各个部位混凝土密实、均匀，不应漏振、欠振、过振，混凝土振捣应采用插入式振动棒、平板振动器或附着振动器，必要时可采用人工辅助振捣。

混凝土的振动机械的构造原理基本相同，如图 4-49 所示，主要是利用偏心锤的高速旋转，使振动设备因离心力而产生振动。

（1）插入式振动棒。内部振动器又称插入式振动器，它由电动机、软轴和振动棒三部分组成，如图 4-49（a）所示。工作时依靠振动棒插入混凝土产生振动力而捣实混凝土。插入式振动器是工地用得最多的一种，常用以振捣梁、柱、墙等尺寸较小而深度较大构件。

插入式振动器的振捣方法有垂直振捣和斜向振捣两种，插入式振动器垂直振捣的操作要点是："直上和直下，快插与慢拔"，振动器插点要均匀排列，可采用"行列式"或"交错式"的次序移动，防止漏振；每次移动两个插点的间距不宜大于振动器作用半径的 1.5 倍（振动器的作用半径一般为 300～400mm）；振

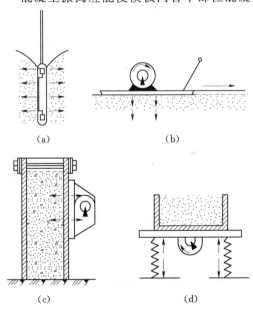

（a）　　　　　　（b）

（c）　　　　　　（d）

图 4-49　振动器的原理
（a）插入式振动棒；（b）表面振动器；
（c）附着振动器；（d）振动台

动棒与模板的距离，不应大于其作用半径的 0.5 倍，并应避免碰撞钢筋、模板、芯管、吊环、预埋件等。混凝土振捣时间要掌握好，振动时间过短，不能使混凝土充分捣实，过长，则可能产生分层离析，以混凝土不下沉、气泡不上升、表面泛浆为准。

（2）表面振动器。表面振动器又称平板振动器，它将一个带有偏心块的电动振动器安装在一块平板上，通过平板与混凝土表面接触将振动力传给混凝土达到捣实的目的。平板可用木板或铁板制成，尺寸依具体需要而定。由于平板振动器是放在混凝土表面进行振捣，其作用深度较小（150～250mm），因此仅适用于表面积大而平整、厚度小的结构，如楼板、路面等。

（3）附着振动器。附着式振动器是直接安装在模板外侧的横档或竖档上，利用偏心块旋转时所产生的振动力通过模板传递给混凝土，使之振实。附着式振动器体积小、结构简单、操作方便。可以改制成平板振动器。它的缺点是振动作用的深度小（约 250mm），因此仅适用于钢筋较密、厚度较小以及不宜使用插入式振动器的结构和构件中，并要求模板有足够的刚度。一般要求混凝土的水灰比亦比内部振动器的大一些。

（4）振动台。振动台是一个支承在弹性支座上的工作平台，在平台下面装有振动机构，当振动机构运转时，即带动工作台作强迫振动，从而使在工作台上制作构件的混凝土得到振实。振动台是成型工艺中生产效率较高的一种设备。是预制构件常用的振动机械。利用振动台生产构件，当混凝土厚度小于 200mm 时，可将混凝土一次装满振捣；如厚度大于 200mm 则可分层浇筑，每层厚度不大于 200mm，亦可随浇随振。

2. 离心法

离心法成型，就是将装有混凝土的钢制模板放在离心机上，当模板旋转时，由于摩擦力和离心力的作用，使混凝土分布于模板的外侧内壁，并将混凝土中的部分水分排出，使混凝土密实。适用于管柱、管桩、电杆及上下水管等构件的生产。

采用离心法成型，石子最大粒径不应超过构件壁厚的 1/3～1/4，并不得大于 15～20mm；砂率应为 40%～50%；水泥用量不应低于 350kg/m³，且不宜使用火山灰水泥；坍落度控制在 30～70mm 以内。

五、混凝土的养护

混凝土浇筑后应及时进行保湿养护，养护的目的是为混凝土硬化创造必需的湿度、温度条件，防止水分过早蒸发或冻结，防止混凝土强度降低和出现收缩裂缝、剥皮、起砂、冻涨等现象，保证水泥水化作用能正常进行，确保混凝土质量。保湿养护可采用洒水、覆盖、喷涂养护剂等方式。选择养护方式应考虑现场条件、环境温湿度、构件特点、技术要求、施工操作等因素。

混凝土养护方法主要有自然养护、加热养护和蓄热养护。其中蓄热养护多用于冬期施工，而加热养护除用于冬期施工外，常用于预制构件养护，本书只介绍自然养护。

自然养护是指在自然气温条件下（高于＋5℃），对混凝土采取覆盖、浇水润湿、挡风、保温等养护措施。对于一般塑性混凝土应在浇筑后 10～12h 内（炎夏时缩短至 2～3h），对高强混凝土应在浇筑后 1～2h 内，即用麻袋、草帘、锯末或砂进行覆盖，并及时浇水养护，以保持混凝土具有足够润湿状态。

（1）混凝土的养护时间。

混凝土浇筑完毕后，应按施工技术方案及时采取有效的养护措施，混凝土的养护时间应符合下列规定：

1）采用硅酸盐水泥、普通硅酸盐水泥或矿渣硅酸盐水泥配制的混凝土，不应少于7d。采用其他品种水泥时，养护时间应根据水泥性能确定。

2）采用缓凝型外加剂、大掺量矿物掺合料配制的混凝土，不应少于14d。

3）抗渗混凝土、强度等级C60及以上的混凝土，不应少于14d。

4）后浇带混凝土的养护时间不应少于14d。

5）地下室底层墙、柱和上部结构首层墙、柱宜适当增加养护时间。

6）基础大体积混凝土养护时间应根据施工方案确定。

（2）洒水养护。

1）洒水养护宜在混凝土裸露表面覆盖麻袋或草帘后进行，也可采用直接洒水、蓄水等养护方式，洒水养护应保证混凝土处于湿润状态。

2）浇水次数应能保持混凝土处于湿润状态，混凝土拌合及养护用水应符合现行行业标准《混凝土用水标准》JGJ 63—2006的有关规定。

3）当日最低温度低于5℃时，不应采用洒水养护。

（3）覆盖养护。

1）覆盖养护宜在混凝土裸露表面覆盖塑料薄膜、塑料薄膜加麻袋、塑料薄膜加草帘进行。

2）塑料薄膜应紧贴混凝土裸露表面，塑料薄膜内应保持有凝结水。

3）覆盖物应严密，覆盖物的层数应按施工方案确定。

（4）喷涂养护剂养护。

1）应在混凝土裸露表面喷涂覆盖致密的养护剂进行养护。

2）养护剂应均匀喷涂在结构构件表面，不得漏喷；养护剂应具有可靠的保湿效果，保湿效果可通过试验检验。

3）养护剂使用方法应符合产品说明书的有关要求。

（5）不同构件的养护规定。

1）基础大体积混凝土裸露表面应采用覆盖养护方式；当混凝土构件内40～100mm位置的温度与环境温度的差值小于25℃时，可结束覆盖养护。覆盖养护结束但尚未到达养护时间要求时，可采用洒水养护方式直至养护结束。

2）柱、墙混凝土养护方法应符合下列规定：①地下室底层和上部结构首层柱、墙混凝土带模养护时间，不宜少于3d；带模养护结束后可采用洒水养护方式继续养护，必要时也可采用覆盖养护或喷涂养护剂养护方式继续养护；②其他部位柱、墙混凝土可采用洒水养护；必要时，也可采用覆盖养护或喷涂养护剂养护。

（6）混凝土强度达到1.2MPa前，不得在其上踩踏、堆放物料、安装模板及支架。

六、混凝土的质量检查

为了保证混凝土的质量，必须对混凝土生产的各个环节进行检查，检查内容包括：水泥品种及等级、砂石的质量及含泥量、混凝土配合比、搅拌时间、坍落度、混凝土的振捣等环节。检查混凝土质量应做抗压强度试验，当有特殊要求时，还需做混凝土的抗冻性、抗渗性等试验。混凝土质量控制标准符合《混凝土质量控制标准》GB 50164—2011相关规定。

原材料进场时，应按规定批次验收型式检验报告、出厂检验报告或合格证等质量证明文件，外加剂产品还应具有使用说明书。

混凝土强度试样应在混凝土的浇筑地点随机取样，预拌混凝土的出厂检验应在搅拌地点取样，交货检验应在交货地点取样。试件的取样频率和数量应符合下列规定：

（1）每 100 盘，但不超过 $100m^3$ 的同配合比的混凝土，取样次数不应少于一次。

（2）每一工作班拌制的同配合比的混凝土不足 100 盘和 $100m^3$ 时其取样次数不应少于一次。

（3）当一次连续浇筑的同一配合比混凝土超过 $1000m^3$ 时，每 $200m^3$ 取样不应少于一次。

（4）对房屋建筑，每一楼层、同一配合比的混凝土，取样不应少于一次，每次取样应至少留置一组标准养护试件，同条件养护试件的留置组数应根据实际需要确定。

混凝土抗压强度通过试块做抗压强度试验判定，每组 3 个试件应由同一盘或同一车的混凝土中就地取样制作成边长 15cm 的立方体。当试块用于评定结构或构件的强度时，试块必须进行标准养护，即在温度为 $20 \pm 3 ℃$ 和相对湿度为 90％以上的潮湿环境中养护 28d。当试块作为施工的辅助手段，用于检查结构或构件的强度以确定拆模、出池、吊装、张拉及临时负荷时，应将试块置于测定构件同等条件下养护。并按下列规定确定该组试件的混凝土强度代表值：取 3 个试块强度的算术平均值；当 3 个试块强度中的最大值或最小值与中间值之差超过中间值的 15％时，取中间值；当 3 个试块强度中的最大值和最小值与中间值之差均超过 15％时，该组试块不应作为强度评定的依据。

混凝土强度应分批进行验收。同一验收批的混凝土应由强度等级相同、龄期相同以及生产工艺和配合比基本相同且不超过 3 个月的若干组混凝土试块组成，并按单位工程的验收项目划分验收批，每个验收项目应按混凝土强度检验评定标准确定。同一验收批的混凝土强度，应以同批内全部标准试件的强度代表值来评定。根据《混凝土强度检验评定标准》GB/T J50107—2010 的规定，评定方法如下。

（一）统计方法评定

（1）当混凝土的生产条件在较长时间内能保持一致，且同一品种、同一强度等级混凝土的强度变异性能保持稳定时，一个检验批的样本容量应为连续的 3 组试件，其强度应同时满足下列要求：

$$m_{f_{cu}} \geqslant f_{cu,k} + 0.7\sigma_0 \tag{4-17}$$

$$f_{cu,min} \geqslant f_{cu,k} - 0.7\sigma_0 \tag{4-18}$$

检验批混凝土立方体抗压强度的标准差按下式计算：

$$\sigma_0 = \sqrt{\frac{\sum_{i=1}^{n} f_{cu,i}^2 - nm_{f_{cu}}^2}{n-1}} \tag{4-19}$$

当混凝土强度等级不高于 C20 时，其强度的最小值尚应满足下式要求：

$$f_{cu,min} \geqslant 0.85 f_{cu,k} \tag{4-20}$$

当混凝土强度等级高于 C20 时，其强度的最小值尚应满足下式要求：

$$f_{cu,min} \geqslant 0.90 f_{cu,k} \tag{4-21}$$

式中　$m_{f_{cu}}$——同一检验批混凝土立方体抗压强度的平均值，N/mm^2；

　　　$f_{cu,k}$——混凝土立方体抗压强度标准值，N/mm^2；

　　　σ_0——检验批混凝土立方体抗压强度的标准差，N/mm^2，不应小于 $2.5N/mm^2$；

　　　$f_{cu,min}$——同一检验批混凝土立方体抗压强度的最小值，N/mm^2；

$f_{cu,i}$——前一检验期内同一品种、同一强度等级的第 i 组混凝土试件的立方体抗压强度代表值，N/mm^2；该检验期不应少于 60d，也不应大于 90d；

n——前一检验期内的样本容量，在该期间内样本容量不应少于 45。

（2）当样本容量不少于 10 组时，其强度应同时满足下列要求：

$$m_{f_{cu}} \geq f_{cu,k} + \lambda_1 \cdot S_{f_{cu}} \tag{4-22}$$

$$f_{cu,\min} \geq \lambda_2 \cdot f_{cu,k} \tag{4-23}$$

$$S_{f_{cu}} = \sqrt{\frac{\sum_{i=1}^{n} f_{cu,i}^2 - n m_{f_{cu}}^2}{n-1}} \tag{4-24}$$

式中　$S_{f_{cu}}$——同一检验批混凝土立方体抗压强度的标准差，N/mm^2。当 $S_{f_{cu}}$ 的计算值小于 2.5N/mm^2 时，取 2.5N/mm^2；

λ_1，λ_2——合格判定系数，按表 4-26 取用；

n——本检验期内的样本容量。

表 4-26　　　　　　　　　　　混凝土强度的合格判定系数

试件组数	10~14	15~19	≥20
λ_1	1.15	1.05	0.95
λ_2	0.90	0.85	

（二）非统计方法评定

当样本容量小于 10 组时，采用非统计方法评定混凝土强度，混凝土的强度必须同时满足下列要求：

$$m_{f_{cu}} \geq \lambda_3 \cdot f_{cu,k} \tag{4-25}$$

$$f_{cu,\min} \geq \lambda_4 \cdot f_{cu,k} \tag{4-26}$$

式中　λ_3，λ_4——合格判定系数，按表 4-27 取用。

七、混凝土冬期施工

为防止新浇筑混凝土受冻，须采取一系列防范措施，提前做好各种准备，以保证混凝土的质量。《建筑工程冬期施工规程》JGJ/T 104—2011第 1.0.3 条定义：根据当地多年气象资料统计，当室外日平均气温连续 5d 稳定低于 5℃即进入冬期施工；当室外日平均气温连续 5d 高于 5℃时解除冬期施工。

表 4-27　混凝土强度的非统计法合格判定系数

试件组数	<C60	≥C60
λ_3	1.15	1.1
λ_4	0.95	

（一）临界强度

《建筑工程冬期施工规程》JGJ/T 104—2011 第 2.0.2 条定义：冬期浇筑的混凝土在受冻以前必须达到的最低强度，这一强度值通常称为混凝土冬期施工的临界强度。

临界强度与水泥的品种、施工方法、混凝土强度等级、混凝土品种有关。

（1）采用蓄热法、暖棚法、加热法等施工的普通混凝土，采用硅酸盐水泥、普通硅酸盐水泥配制时，受冻临界强度不小于混凝土设计强度等级值的 30%；矿渣、粉煤灰、火山灰质、复合硅酸盐水泥配制的混凝土为 40%。

（2）当室外最低气温不低于 −15℃时，采用综合蓄热法、负温养护法施工的混凝土，受冻临界强度不得小于 4.0MPa；当室外最低气温不低于 −30℃ 时，采用负温养护法施工的混凝土受冻临界强度不得小于 5.0MPa。

（3）对于强度等级等于或高于 C50 的混凝土，受冻临界强度不宜小于混凝土设计强度等级值的 30%。

（4）对于有抗渗要求的混凝土，受冻临界强度不宜小于混凝土设计强度等级值的 50%。

（5）对于有抗冻耐久性要求的混凝土，受冻临界强度不宜小于混凝土设计强度等级值的 70%。

（二）冬期施工的工艺要求

1. 混凝土材料选择及要求

配制冬期施工的混凝土，应优先选用硅酸盐水泥或普通硅酸盐水泥。混凝土最小水泥用量不宜低于 280kg/m³，水胶比不应大于 0.55。强度等级不大于 C15 的混凝土，其水胶比和最小水泥用量可不受以上限制。采用蒸汽养护，宜选用矿渣硅酸盐水泥。

冬期浇筑的混凝土，宜使用无氯盐类防冻剂。对抗冻性要求高的混凝土，宜使用引气剂或引气减水剂。掺用防冻剂、引气剂或引气减水剂的混凝土施工，应符合国家标准的规定。

2. 混凝土材料的加热

冬期拌制混凝土时应优先采用加热水的方法，当水加热仍不能满足要求时，再对细骨料进行加热。水及细骨料的加热温度应根据热工计算确定，一般情况，水泥强度等级小于 42.5MPa，拌合水及细骨料的加热最高温度分别不大于 80℃、60℃，水泥强度等级不小于 42.5MPa 时，加热最高温度下浮 20℃。

3. 混凝土的搅拌

搅拌前，应用热水或蒸汽冲洗搅拌机，搅拌时间应较常温延长 50%。投料顺序为先投入骨料和已加热的水，然后再投入水泥。水泥不应与 80℃ 以上的水直接接触，避免水泥假凝。混凝土拌合物的出机温度不宜低于 10℃，入模温度不得低于 5℃。对搅拌好的混凝土应经常检查其温度及和易性，若有较大差异，应检查材料加热温度和骨料含水率是否有误，并及时加以调整。在运输过程中要防止混凝土热量的散失和冻结。

4. 混凝土的浇筑

混凝土在浇筑前，应清除模板和钢筋上的冰雪和污垢，并不得在强冻胀性地基上浇筑混凝土；当在弱冻胀性地基上浇筑混凝土时，基土不得遭冻；当在非冻胀性地基土上浇筑混凝土时，混凝土在受冻前，其抗压强度不得低于临界强度。

当分层浇筑大体积结构时，已浇筑层的混凝土温度，在被上一层混凝土覆盖前，不得低于按热工计算的温度，且不得低于 2℃。

对加热养护的现浇混凝土结构，混凝土的浇筑程序和施工缝的位置，应能防止在加热养护时产生较大的温度应力；当加热温度在 40℃ 以上时，应征得设计人员的同意。

（三）混凝土冬期养护方法

混凝土冬期养护方法有蓄热法、综合蓄热法、蒸汽加热法、电热法、暖棚法以及掺外加剂法等。本书只介绍前两种。

（1）蓄热法：混凝土浇筑后，利用原材料加热及水泥水化热的热量，通过适当保温延缓混凝土冷却，使混凝土冷却到 0℃ 以前达到临界强度的施工方法。

当室外最低温度不低于−15℃时，地面以下的工程，或表面系数 M❶ 不大于 $5m^{-1}$ 的结构，宜采用蓄热法养护。对结构易受冻的部位，应加强保温措施。

（2）综合蓄热法：掺早强剂或早强型外加剂的混凝土浇筑后，利用原材料加热及水泥水化热的热量，通过适当保温，延缓混凝土冷却，使混凝土温度降到 0℃ 或设计规定温度前达到预期要求强度的施工方法。

室外最低温度不低于−15℃时，对于表面系数为 $5m^{-1}$～$15m^{-1}$ 的结构，宜采用综合蓄热法养护，围护层散热系数宜控制在 $50kJ/(m^3 \cdot h \cdot K)$～$200kJ/(m^3 \cdot h \cdot K)$ 之间。

混凝土浇筑后应采用塑料布等防水材料对裸露表面覆盖并保温。对边、棱角部位的保温层厚度应增大到表面部位的 2～3 倍，混凝土在养护期间应防风、防失水。

第五节　大　体　积　混　凝　土

大体积混凝土❷一般多为建筑物、构筑物的基础，如钢筋混凝土箱形基础、筏形基础等。

工程实践表明：混凝土的温升和温差与表面系数有关，单面散热的结构断面最小厚度在 75cm 以上，双面散热的结构断面最小厚度在 100cm 以上，水化热引起的混凝土内外最大温差预计可能超过 25℃，应按大体积混凝土施工。大体积混凝土应符合下列要求：

（1）大体积混凝土宜采用后期强度作为配合比、强度评定的依据。基础混凝土可采用龄期为 60d（56d）、90d 的强度等级；柱、墙混凝土强度等级不小于 C80 时，可采用龄期为 60d（56d）的强度等级。采用混凝土后期强度应经设计单位认可。

（2）大体积混凝土的结构配筋除应满足结构强度和构造要求外，还应结合大体积混凝土的施工方法配置控制温度和收缩的构造钢筋。

（3）大体积混凝土置于岩石类地基上时，宜在混凝土垫层上设置滑动层。

（4）设计中宜采用减少大体积混凝土外部约束的技术措施。

（5）设计中宜根据工程的情况提出温度场和应变的相关测试要求。

一、大体积混凝土配合比设计

1. 原材料

（1）水泥：选用水化热低的水泥，并宜掺加粉煤灰、矿渣粉和高性能减水剂，控制水泥用量，大体积混凝土施工所用水泥 3d 天的水化热不宜大于 240kJ/kg，7d 天的水化热不宜大于 270kJ/kg。当混凝土有抗渗指标要求时，所用水泥的铝酸三钙含量不宜大于 8%；所用水泥在搅拌站的入机温度不应大于 60℃。

（2）骨料：细骨料宜采用中砂，其细度模数宜大于 2.3，含泥量不大于 3%；粗骨料宜选用粒径 5～31.5mm，并连续级配，含泥量不大于 1%；应选用非碱活性的粗骨料；当采用非泵送施工时，粗骨料的粒径可适当增大。

（3）外加剂：外加剂的品种、掺量应根据工程所用胶凝材料经试验确定；应提供外加剂

---

❶　混凝土结构表面系数是用来判别大体积混凝土的依据，用 M 表示，单位为 $1/m$，$M=F/V$，F 为构件的冷却面面积（外漏可散热的表面面积），V 为构件的体积。

❷　《大体积混凝土施工规范》GB 50496—2009 规定：

2.1.1　大体积混凝土：混凝土结构物实体最小几何尺寸不小于 1m 的大体量混凝土，或预计会因混凝土中胶凝材料水化引起的温度变化和收缩而导致有害裂缝产生的混凝土。

对混凝土后期收缩性能的影响报告；耐久性要求较高或寒冷地区的大体积混凝土，宜采用引气剂或引气减水剂。

2. 配合比设计

大体积混凝土配合比的设计除应符合工程设计所规定的强度等级、耐久性、抗渗性、体积稳定性等要求外，还应进行水化热、泌水率、可泵性等对大体积混凝土控制裂缝所需的技术参数的试验。

大体积混凝土配合比设计中，水胶比不宜大于 0.55，砂率宜为 38%～42%，拌合物泌水量宜小于 10L/m³，拌和水用量不宜大于 175kg/m³，入模坍落度不低于 160mm。

混凝土和易性宜采用掺合料和外加剂改善，粉煤灰掺量不宜超过胶凝材料用量的 40%，矿渣粉的掺量不宜超过胶凝材料用量的 50%，粉煤灰和矿渣粉掺合料的总量不宜大于混凝土中胶凝材料用量的 50%。

大体积混凝土宜采用预拌混凝土，其质量应符合国家现行标准《预拌混凝土》GB/T 14902—2003 的有关规定，并应满足施工工艺对入模坍落度、入模温度等的技术要求。在同一工程同时使用多厂家制备的预拌混凝土进行施工时，要求各厂家的原材料、配合比、材料计量、外加剂品种、制备工艺和质量检验必须相同。

二、大体积混凝土浇筑方案

大体积混凝土结构整体性要求较高，通常不允许留施工缝。因此，分层浇筑方案必须保证混凝土搅拌、运输、浇筑、振捣各工序协调配合，并在此基础上，根据结构大小，钢筋疏密等具体情况，选用浇筑方案。

（1）全面分层，如图 4-50（a）所示。在整个结构内全面分层浇筑混凝土，要做到第一层全部浇筑完毕，在初凝前浇筑第二层，如此逐层进行，直至浇筑完成。采用此方案，结构平面尺寸不宜过大，施工时从短边开始，沿长边进行。必要时亦可从中间向两端或从两端向中间同时进行。

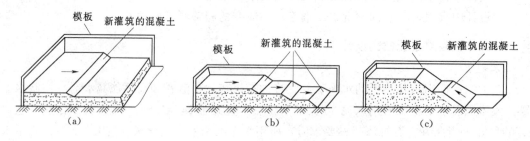

图 4-50　大体积混凝土浇筑方案
(a) 全面分层；(b) 分段分层；(c) 斜面分层

（2）分段分层，如图 4-50（b）所示。混凝土从底层开始浇筑，进行一定距离后回来浇筑第二层，如此依次向上浇筑以上各层。分段分层浇筑方案适用于厚度不太大而面积或长度较大的结构。

（3）斜面分层，如图 4-50（c）所示。适用于结构的长度超过厚度 3 倍的情况。斜面坡度为 1∶3，斜面分层浇筑顺序宜从低处开始，沿长边方向自一端向另一端方向浇筑，一般采用斜面式薄层浇捣，利用自然流淌形成斜坡，分层振捣密实，以利于混凝土的水化热的散失。如此依次向前浇筑以上各层，浇筑时应采取防止混凝土将钢筋推离设计位置的措施。边角处要多加注意，防止漏振，振捣棒不宜靠近模板振捣，且要尽量避免碰撞钢筋、止水带、预埋件等。

三、大体积混凝土的裂缝防治措施

大体积混凝土的裂缝防治，一般从控制混凝土的水化温升、延缓降温速率、减小混凝土收缩、提高混凝土的极限拉伸强度、改善约束条件等方面全面考虑。

大体积混凝土结构由于其结构截面大，水泥用量多，水泥水化所释放的水化热会产生较大的温度变化和收缩作用，由此形成的温度收缩应力是导致钢筋混凝土产生裂缝的主要原因。这种裂缝有表面裂缝和贯通裂缝两种，这两种裂缝都属有害裂缝。大体积混凝土的裂缝防治主要措施：

（1）合理选择原材料，降低水泥水化热。

1）水泥应选用水化热低和凝结时间长的水泥，如低热矿渣硅酸盐水泥、中热硅酸盐水泥、矿渣硅酸盐水泥、粉煤灰硅酸盐水泥、火山灰质硅酸盐水泥等；当采用硅酸盐水泥或普通硅酸盐水泥时，应采取相应措施延缓水化热的释放。

2）粗骨料宜采用连续级配，细骨料宜采用中砂。

3）大体积混凝土应掺用缓凝剂、减水剂和减少水泥水化热的掺合料，在拌合混凝土时，还可掺入适量的微膨胀剂或膨胀水泥，使混凝土得到补偿收缩，减少混凝土的温度应力。

4）大体积混凝土在保证混凝土强度及坍落度要求的前提下，应提高掺合料及骨料的含量，以降低每立方米混凝土的水泥用量。例如：在厚大无筋或少筋的大体积混凝土中，掺加总量不超过 20％的大石块，减少混凝土的用量，以达到节省水泥和降低水化热的目的。

（2）降低混凝土内外温度差。

1）要合理安排施工顺序，控制混凝土温度在浇筑过程中浇筑速度，用多台输送泵同时进行浇筑时，输送泵管布料点间距不宜大于 10m，并宜由远而近浇筑。用汽车布料杆输送浇筑时，应根据布料杆工作半径确定布料点数量，各布料点浇筑速度应保持均衡。

2）不能避开炎热天气时，可采用低温水或冰水搅拌混凝土，对骨料进行预冷、覆盖、遮阳等措施，运输工具如具备条件也应搭设避阳设施，以降低混凝土拌合物的入模温度。

3）在混凝土入模时，采取措施改善和加强模内的通风，加速模内热量的散发；在基础内部预埋冷却水管，通入循环冷却水，强制降低混凝土内温度。

（3）改善约束条件，削减温度应力。采取分层或分块浇筑大体积混凝土，合理设置水平或垂直施工缝，或在适当的位置设置施工后浇带，以放松约束程度，减少每次浇筑长度，在基础与垫层之间设置滑动层，如采用平面浇沥青胶、铺砂、刷热沥青或铺卷材。

贯通裂缝一般出现在超长大体积混凝土中，一般通过分层浇筑、留设后浇带分段浇筑或跳仓法施工方案，控制浇筑长度、改善约束条件的办法预防贯通裂缝的发生。

（4）增加抵抗温度应力的构造配筋。在大体积混凝土基础内设置必要的温度配筋，在截面突变和转折处，增加斜向构造配筋，以改善应力集中，防止裂缝的出现。

（5）加强施工中的温度控制。大体积混凝土宜对施工阶段大体积混凝土浇筑体的温度应力及收缩应力进行试算，并确定施工阶段大体积混凝土浇筑体的升温峰值，里表温差及降温速率的控制指标，制定相应的温控技术措施。施工中要加强测温和温度监测与管理，实行信息化控制，随时控制混凝土内的温度变化，及时调整保温及养护措施，使混凝土的温度梯度不至过大，以有效控制有害裂缝的出现。

（6）改进施工工艺，消除表面裂缝。表面裂缝是由于混凝土表面和内部的散热条件不同、温度外低内高，形成了温度梯度，使混凝土内部产生压应力，表面产生拉应力，表面的拉应力超过混凝土抗拉强度而引起的。混凝土的表面收缩裂缝一般通过二次振捣多次搓平的方法，必要时可在混凝土表层设置钢丝网，减少表面收缩裂缝。具体方法是振捣完后先用长刮杠刮平，待表面收浆后，用木抹再搓平表面，并覆盖塑料薄膜。在终凝前掀开塑料薄膜再进行搓平，要求搓压3遍，最后一遍抹压要掌握好时间。混凝土搓平完毕后立即用塑料布覆盖养护，浇水养护时间为14d。

四、后浇带的设置❶

后浇带是为在现浇钢筋混凝土结构施工过程中，为了消除由于混凝土内外温差、收缩、不均匀沉降可能产生有害裂缝，而设置的临时施工间断，后浇带内的钢筋不得间断，后浇带的宽度应考虑施工简便，避免应力集中，一般其宽度为80～100cm。通过近年来的工程实践，设置后浇带的方法是一种防止大体积混凝土温度收缩裂缝的有效措施。

设计中，当地下地上均为现浇结构时，后浇带应贯通地下及地上结构，遇梁断梁，遇墙断墙（钢筋不断），一般在设计图中要标定留缝位置，后浇带应尽力设在梁或墙中内力较小位置，尽量避开主梁位置，具体位置需经过设计单位认可，基本和施工缝留设要求一致。

1. 后浇带间距

后浇带间距首先应考虑能有效地削减温度收缩应力，其次考虑与施工缝结合，在正常施工条件下，后浇带的间距约为30～40m。

2. 后浇带支模

后浇带的垂直支架系统宜与其他部位分开设置。后浇带拆模时，混凝土强度应达到设计强度的100％，但对改变结构受力的后浇带，如梁的截断处，不得撤除竖向支撑系统。

3. 后浇带的宽度及构造

后浇带一般宽度为800～1000mm左右，在后浇带处，钢筋应贯通。后浇带两侧应采用钢筋支架和钢丝网隔断，也可用快易收口网进行支挡。后浇带内要保持清洁，防止钢筋锈蚀或被压弯、踩弯。并应保证后浇带两侧混凝土的浇筑质量。后浇带可做成平接式、企口式、台阶式，如图4-51所示。

当地下室有防水要求时，地下室后浇带不宜采用平接式留成直槎，在后浇带处应做好后浇带与整体基础连接处的防水处理。

---

❶　《高层建筑混凝土结构技术规程》JGJ 3—2011规定：

12.2.3　高层建筑地下室不宜设置变形缝，当超过伸缩缝最大间距时，可每隔30m～40m设置贯通顶板、底部及墙板的施工后浇带，带宽不宜小于800mm；后浇带可设置在柱距三等分的中间范围内以及剪力墙附近，其方向宜与梁正交，沿竖向应在结构同跨内；底板及外墙的后浇带宜增设附加防水层；后浇带浇灌时间宜滞后2个月以上，其混凝土强度等级应提高一级，并宜采用无收缩混凝土，低温入模。

《高层建筑筏形与箱形基础技术规范》JGJ 6—2011规定：

第7.4.2条　当筏形与箱形基础的长度超过40m时，应设置永久性的沉降缝和温度收缩缝，当不设置永久性的沉降缝和温度收缩缝时，应采取设置沉降后浇带、温度后浇带、诱导缝或用微膨胀混凝土、纤维混凝土浇筑基础等措施。

7.4.3　后浇带的宽度不宜小于800mm，在后浇带处，钢筋应贯通。后浇带两侧应采用钢筋支架和钢丝网隔断。保持带内的清洁，防止钢筋锈蚀或被压弯、踩弯。并应保证后浇带两侧混凝土的浇筑质量。

7.4.5　沉降后浇带混凝土浇筑之前。其两侧宜设置临时支护，并应限制施工荷载，防止混凝土浇筑及拆除模板过程中，支撑松动、移位。

7.4.6　沉降后浇带应在其两侧的差异沉降趋于稳定后再浇筑混凝土。

7.4.7　温度后浇带从设置到浇筑混凝土的时间不宜少于2个月。

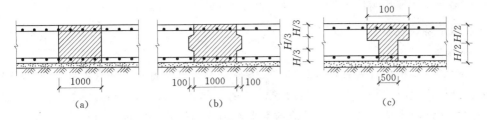

图 4-51　后浇带构造图

(a) 平接式；(b) 企口式；(c) 台阶式

4. 后浇带的浇筑

后浇缝保留时间一般不应少于 40d，后浇带浇筑混凝土前，应将缝内的杂物清理干净，无论何种形式的后浇带界面，在处理前都必须凿毛清理干净，涂刷界面剂，同时进行钢筋的除锈工作。后浇带宜选用早强、补偿收缩混凝土浇筑，并覆盖养护，补偿收缩混凝土一般采用掺加铝粉配制混凝土或掺加 UEA 微膨胀剂的混凝土。当现场缺乏这类掺加剂时，亦可采用普通水泥拌制的混凝土，但要求混凝土比原结构的强度等级提高一个等级，长期潮湿养护。

五、大体积混凝土模板系统要求

大体积混凝土的模板和支架系统除应按国家现行有关标准的规定进行强度、刚度和稳定性验算外，同时还应结合大体积混凝土的养护方法进行保温构造设计。

大体积混凝土的拆模时间应满足国家现行有关标准对混凝土的强度要求，当模板作为保温养护措施的一部分时，其拆模时间应根据《大体积混凝土施工规范》GB 50496—2009 规定的温控要求确定。

施工中必须注意拆模后后浇带处支撑安全，近几年由于后浇带处支撑问题，出现了大量的工程质量事故，这是由于在未进行后浇带混凝土的浇筑及后浇带混凝土未达到强度前，如果撤除底模的支撑架后，后浇带处许多结构构件是处于悬臂状态，故其底模的支撑架的强度、刚度、稳定性，直接影响结构安全，所以后浇带处的支撑架不能随便拆卸。

六、大体积混凝土养护

大体积混凝土应进行保温保湿养护，在混凝土浇筑完毕初凝前，宜立即进行喷雾养护工作，尚应及时按温控技术措施的要求进行保温养护，应专人负责保温养护工作，保湿养护的持续时间不得少于 14d，应经常检查塑料薄膜或养护剂涂层的完整情况，保持混凝土表面湿润。

在保温养护过程中，应对混凝土浇筑体的里表温差和降温速率进行现场监测，当实测结果不满足温控指标的要求时，应及时调整保温养护措施。当混凝土的表面温度与环境最大温差小于 20℃时，保温覆盖层可撤除。对于混凝土的泌水宜采用抽水机抽吸或在侧模上开设泌水孔排除。

第六节　水下混凝土施工

深基础、沉井与沉箱的封底等，常需要进行水下浇筑混凝土，地下连续墙及钻孔灌注桩一般是在护壁泥浆中浇筑混凝土。水下混凝土浇筑的方法很多，常用的有导管法、压浆法和袋装法，以导管法应用最广。

一、水下浇筑混凝土

1. 导管法

（1）导管法是将导管装置在浇筑部位，导管顶部有贮料漏斗，导管由起重设备吊住，可以升降，开始浇筑时导管底部要接近浇筑部位的底部，一般为300mm。浇筑前，导管下口处以铅丝吊住的隔水球塞密封，然后在导管和贮料斗内储备一定量的混凝土拌和物后，剪断铅丝使混凝土在自重作用下迅速推出球塞冲向基底，冲出的混凝土向四周扩散并埋没导管口，将管口包住，形成混凝土堆，管外混凝土面不断被管内的混凝土挤压上升。

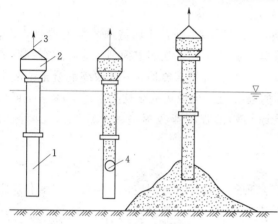

图4-52　导管法浇筑水下混凝土示意图
1—导管；2—承料漏斗；3—提升机具；4—球塞

（2）浇筑过程中，导管内必须充满混凝土，并保持导管底口始终埋在已浇的混凝土内。边均衡地浇筑混凝土，边缓缓提升导管，导管下口必须始终保持在混凝土表面之下不小于1～1.5m，直至结束（图4-52）。

（3）水下浇筑的混凝土量较大，将导管法与混凝土泵结合使用可以取得较好的效果。

2. 压浆法

压浆法是在水下清理基底、安放模板并封密接缝后，填放粗骨料，埋置压浆管，然后用砂浆泵压送砂浆，施工方法同预填骨料压浆混凝土。

3. 袋装法

袋装法是将混凝土拌和物装入麻袋到半满程度，缝扎袋口，依次沉放，堆筑在水中预定地点。堆筑时要交错堆放，互相压紧，以增加稳定性。有的国家使用一种水溶性薄膜材料的袋子，柔性较好，并有助于提高堆筑体的整体性。在浇筑水下混凝土时，水下清基、立模、堆砌等工作均需有潜水员配合作业。

二、导管法施工

导管由每段长度为1.5～2.5m（脚管2～3m）、管径200～300mm，壁厚3～6mm的钢管，导管接头用法兰盘加止水胶垫与螺栓连接而成。承料漏斗位于导管顶端，漏斗上方装有振动设备以防混凝土在导管中阻塞。提升机具用来控制导管的提升与下降，常用的提升机具有卷扬机、电动葫芦、起重机等。球塞可用橡胶、泡沫塑料等制成。

施工时，进入导管的第一批混凝土拌合物，能否使导管底部埋入混凝土内一定深度，是顺利浇注水下混凝土的关键环节。因此，在施工时还应注意以下事项：

（1）首批混凝土数量，应满足导管埋入混凝土内的深度不得小于1m，事先应对导管的第一批混凝土的用量进行正确计算，保证混凝土的供应量应大于导管内混凝土必须保持的高度和开始浇筑时导管埋入混凝土堆内必须的埋置深度所要求的混凝土量。

（2）导管插入混凝土中的深度，与浇注质量密切相关，其最佳深度与混凝土浇注强度和拌合物的性质有关。在施工时，随着管外混凝土面的上升，导管也逐渐提高，但提管速率不能过快，必须保证导管下端始终埋入混凝土内，其最小埋入深度参见表 4-28，其最大埋置深度不宜超过 1.5m。

（3）混凝土与水接触的表面为同一层面，其上升速度能在混凝土初凝前浇注到到所需高度。混凝土浇筑的最终高程应高于设计标高约 100mm，以便清除强度低的表层混凝土（清除应在混凝土强度达到 $2\sim2.5N/mm^2$ 后进行）。

表 4-28	导管的最小埋入深度
混凝土水下浇筑深度 （m）	导管埋入混凝土的最小深度 （m）
≤10	0.8
10～15	1.1
15～20	1.3
>20	1.5

（4）在整个浇筑过程中，直到混凝土顶面接近设计标高时，才可将导管提起，换插到另一浇筑点。严格控制导管提升高度，且只能上下升降，不能左右移动，以避免造成管内进水事故。

每根导管的作用半径一般不大于 3m，所浇混凝土覆盖面积不宜大于 30m²，当面积过大时，可用多根导管同时浇筑。混凝土浇筑应从最深处开始，相邻导管下口的标高差不应超过导管间距的 1/15～1/20，并保证混凝土表面均匀上升。

（5）在浇注过程中，要防止混凝土混入泥浆或环境水，影响水下混凝土的质量。

（6）水下混凝土必须连续浇筑，不能中断，以减少环境水对混凝土的不利影响。

（7）混凝土拌合物还要求和易性好，流变性保持能力强，有较好的黏聚性和保水性，以及在运输和浇注中具有抵抗泌水和离析的能力，故混凝土中水泥用量宜适当增加，砂率应不少于 40%，泌水率控制在 1%～2% 以内；粗骨料粒径不得大于导管的 1/5 或钢筋间距的 1/4，并不宜超过 60mm；混凝土水灰比应为 0.55～0.66；坍落度为 150～180 mm，开始时采用低坍落度，正常施工则用较大的坍落度，且维持坍落度的时间不得少于 1h，以便混凝土靠自重和自身的流动实现密实成型。

（8）导管的提升须采用机械提升设备（如吊车、卷扬机、电动葫芦等）。以确保浇注过程的快速、高效作业，避免混凝土堵管的发生。

（9）导管法浇筑水下混凝土前，必须做好施工前的准备工作，方可开盘浇筑混凝土，尤其是施工中的人员、设备必须准备充分。同时，施工中拆卸导管的速度要快速，尽量缩短停、歇混凝土泵时间。

第七节　钢管、型钢混凝土

钢管、型钢混凝土结构的施工质量要求和验收标准应按现行国家标准《钢结构工程施工质量验收规范》GB 50205—2001、《钢结构工程施工规范》GB 50755—2012、《混凝土结构工程施工质量验收规范》GB 50204—2002（2011 版）、《钢管混凝土施工质量验收规范》GB 50628—2010、《钢管混凝土结构设计与施工规程》CECS 28—2012、《型钢混凝土组合结构技术规程》JGJ 138—2001 中的相关规定执行。

一、钢管混凝土结构施工

钢管混凝土即将普通混凝土填入薄壁圆形钢管内而形成的组合结构，如图 4-53 所示。钢管混凝土可借助内填混凝土增强钢管壁的稳定性，又可借助钢管对核心混凝土的约束作用，使核心混凝土处于三向受压状态，从而使核心混凝土具有更高的抗压强度和抗变形能力。近年来，随着理论研究的深入和新施工工艺的发展，工程应用日益广泛。钢管混凝土结

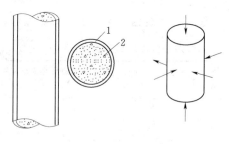

图 4-53 钢管混凝土
1—钢管；2—混凝土

构按照截面形式的不同可以分为矩形钢管混凝土结构、圆钢管混凝土结构和多边形钢管混凝土结构等，其中，矩形钢管混凝土结构和圆钢管混凝土结构应用较广。

近 20 年来，随着建筑物高度的增加，钢管高强混凝土和钢管超高强混凝土结构的应用得到快速的发展。一般把混凝土强度等级在 C50 以下的钢管混凝土称为普通钢管混凝土；混凝土强度等级在 C50 以上的钢管混凝土称为钢管高强混凝土；混凝土强度等级在 C100 以上的钢管混凝土称为钢管超高强混凝土。

钢管混凝土最适合大跨、高层、重载和抗震抗爆结构的受压杆件。钢管可用直缝焊接的钢管、螺旋形缝焊接钢管和无缝钢管。钢管直径不得小于 100mm，壁厚不宜小于 4mm。钢管混凝土结构的混凝土强度等级不宜低于 C30。

1. 钢管制作[●]

钢管可用卷制焊接钢管，焊接时长直焊缝与螺旋焊缝均可。卷管方向应与钢板压延方向一致。卷管内径对 Q235 钢不应小于钢板厚度的 35 倍；对 16Mn 钢不应小于钢板厚度的 40 倍。卷制钢管前，应根据要求将板端开好坡口。坡口端应与管轴严格垂直。焊接钢管的焊条型号，应与主体金属强度相适应。钢管混凝土结构中的钢管对核心混凝土起套箍作用，焊缝应达到与母材等强。焊缝质量应满足《钢结构工程施工质量验收规范》GB 50205—2001 中一级焊缝的要求。

2. 钢管柱拼接组装

根据运输条件，柱段长度一般以不长于 12m 为宜。钢管对接应严格保持焊后肢管平直，应特别注意焊接变形对肢管的影响，一般宜用分段反向焊接顺序，分段施焊应尽量保持对称。肢管对接间隙应适当放大 0.5～2.0mm，以抵消收缩变形。

焊接前，小直径钢管采用点焊定位；大直径钢管可另用附加钢筋焊于钢管外壁作临时固定，固定点的间距以 300mm 为宜，且不少于 3 点；钢管对接焊接过程中如发现电焊定位处的焊缝出现微裂缝，则该微裂缝部位须全部铲除重焊。为确保连接处的焊缝质量，可在管内接缝处设置附加衬管，宽度为 20mm，厚度为 3mm，且与管内壁保持 0.5mm 的膨胀间隙，以确保焊缝的质量。

格构柱的肢管与腹杆连接尺寸和角度必须准确。腹杆与肢管连接处的间隙应按板全展开图进行放样。焊接时，根据间隙大小选用合适的焊条直径。肢管与腹杆的焊接次序应考虑焊

● 《钢管混凝土结构设计与施工规程》CECS 28—2012 规定：

8.2.1 采用成品无缝钢管或焊接钢管应具有产品出厂合格证书。

8.2.2 施工单位自行卷制的钢管，所采用的板材应平直，表面未受冲击，未锈蚀，当表面有轻微锈蚀、麻点、划痕等缺陷时，其深度不得大于钢板厚度负偏差值的 1/2，钢管壁厚的负偏差不应超过设计壁厚的 3%。

8.2.3 钢管焊缝宜优先采用全熔透自动焊。焊缝质量应满足现行国家标准《钢结构工程施工及验收规范》GB 50205 中一级焊缝的质量要求。水平向（与钢管垂直）焊缝应满足二级焊缝的质量要求。

8.2.12 钢管拼接加长接缝处应设置附加内衬管。当钢管壁厚 $t \leqslant 16$mm 时，衬管壁厚不小于钢管壁厚；当钢管壁厚 $t > 16$mm 时，衬管壁厚不小于 16mm。内衬管宽度不宜小于 200mm，外径宜比上层钢管内径小 4mm。内衬管与钢管间的角焊缝高不应小于 0.7 倍衬管壁厚，并应满足三级焊缝的质量要求。

接变形的影响。所有钢管构件必须在所有焊缝检查后方能按设计要求进行防腐处理。

3. 钢管柱吊装

吊装时应注意减少吊装荷载作用下的变形，吊点位置应根据钢管本身的强度和稳定性验算后确定。必要时，应采取临时加固措施。

吊装钢管柱时，上口应包封，防止异物落入管内。采用预制钢管混凝土构件时，应待管内混凝土达到设计强度的 50% 后方可进行吊装。钢管柱吊装就位后，应立即进行校正并加以临时固定，以保证构件的稳定性，就位垂直度允许偏差应符合表 4-29 的规定。❶

表 4-29　　　　　　　　　钢管混凝土构件安装垂直度允许偏差　　　　　　　　　　　（mm）

项　　目		允许偏差	检验方法
单层	单层钢管混凝土构件的垂直度	$h/1000$，且不应大于 10.0	经纬仪、全站仪检查
多层及高层	主体结构钢管混凝土构件的整体垂直度	$H/2500$，且不应大于 30.0	经纬仪、全站仪检查

注　h 为单层钢管混凝土构件的高度，H 为多层及高层钢管混凝土构件全高。

4. 管内混凝土浇筑

管内混凝土可采用泵送顶升浇灌法、立式手工浇捣法或高位抛落无振捣法。

（1）泵送顶升浇灌法：在钢管接近地面的适当位置安装一个带闸门的进料支管，直接与泵车的输送管相连，由泵车将混凝土连续不断地自下而上灌入钢管，无须振捣。钢管直径宜大于或等于泵径直径的两倍。

（2）立式手工浇捣法：混凝土自钢管上口浇筑，用振捣器振捣。管径大于 350mm 者用内部振动器，每次振动时间不少于 30s，一次浇筑高度不宜超过 2m。当管径小于 350mm 时可用附着在钢管上的外部捣动器捣实。外部捣动器的位置应随混凝土浇灌的进展加以调整。外部捣动器的工作范围，以钢管横向振幅不小于 0.3mm 为有效。振幅可用百分表实测。振捣时间不小于 1min。一次浇灌的高度不应大于振捣器的有效工作范围和 2~3m 柱长。

（3）立式高位抛落无振捣法：利用混凝土下落时产生的动能达到振实混凝土的目的。它适用于管径大于 350mm，高度不小于 4m 的情况。对于抛落高度不足 4m 的区段，应用内部振动器振实。

混凝土浇筑宜连续进行，需留施工缝时，应将管口封闭，以免水、油和杂物落入。当浇筑至钢管顶端时，可使混凝土稍为溢出，再将留有排气水的层间横隔板或封顶板紧压在管端，随即进行点焊。待混凝土达到 50% 设计强度时，再将层间横隔板或封顶板按设计要求进行补焊。管内混凝土的浇筑质量，可用敲击钢管的方法进行初步检查，如有异常，可用超声脉冲技术检测。对不密实的部位，可用钻孔压浆法进行补强，然后将钻孔补焊封牢。

（4）钢管混凝土结构浇筑要点。钢管混凝土宜采用自密实混凝土浇筑，采用粗骨料粒径不大于 25mm 的高流态混凝土或粗骨料粒径不大于 20mm 的自密实混凝土时，混凝土最大倾落高度不宜大于 9m，倾落高度大于 9m 时，应采用串筒、溜槽、溜管等辅助装置进行浇筑；在混凝土浇筑前，在钢管适当位置应留有足够的排气孔，排气孔孔径不应小于 20mm，浇筑混凝土应加强排气孔观察，并应在确认浆体流出和浇筑密实后再封堵排气孔。

钢管混凝土浇筑方法分混凝土从管顶向下浇筑和混凝土从管底顶升浇筑两种，混凝土从

❶　《钢管混凝土工程施工质量验收规范》GB 50628—2010 规定：
4.4.6　钢管混凝土构件垂直度允许偏差应符合表 4.4.6 的规定。检查数量：同批构件抽查 10%，且不少于 3 件。

管底顶升浇筑时，应在钢管底部设置进料输送管，进料输送管应设止流阀门，止流阀门可在顶升浇筑的混凝土达到终凝后拆除。

二、型钢混凝土结构施工

由混凝土包裹型钢做成的结构称为型钢混凝土结构。型钢混凝土中的型钢，除采用轧制型钢外，还广泛采用焊接型钢，配合使用钢筋和钢箍。型钢混凝土可做成多种构件，能组成各种结构，可代替钢结构和钢筋混凝土结构应用于工业和民用建筑中。

型钢混凝土构件的型钢材料宜采用牌号 Q235 - B. C. D 级的碳素结构钢，以及牌号 Q345 - B. C. D. E 级的低合金高强度结构钢，其质量标准应分别符合现行国家标准《碳素结构钢》GB/T 700—2006 和《低合金高强度结构钢》GB/T 1951—2008 的规定。

型钢混凝土框架柱的型钢，宜采用实腹式宽翼缘的 H 形轧制型钢和各种截面型式的焊接型钢，非地震区或设防烈度为 6 度地区的多高层建筑，可采用带斜腹杆的格构式焊接型钢（图 4 - 54）。

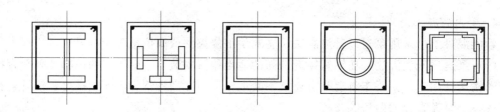

图 4 - 54　型钢混凝土柱中的型钢截面配筋形式

型钢混凝土中型钢不受含钢率的限制，型钢在混凝土浇筑之前已形成钢结构，具有较大的承载能力，能承受构件自重和施工荷载，可将模板悬挂在型钢上，模板不需设支撑，简化支模，加快施工速度。在高层建筑中型钢混凝土不必等待混凝土达到一定强度就可以继续施工上层，可缩短工期。由于无临时立柱，为进行设备安装提供了可能；型钢混凝土结构具有良好的抗震性能。型钢混凝土结构较钢结构在耐久性、耐火性等方面均胜一筹。

（一）型钢混凝土结构构造

型钢混凝土组合结构构件中，纵向受力钢筋直径不宜小于 16mm 纵筋与型钢的净间距不宜小于 30mm，其纵向受力钢筋的最小锚固长度、搭接长度应符合国家标准《混凝土结构设计规范》GB 50010—2010 的要求。考虑地震作用组合的型钢混凝土组合结构构件，宜采用封闭箍筋，其末端应有 135°弯钩，弯钩端头平直段长度不应小于 10 倍箍筋直径。型钢的混凝土保护层最小厚度：对梁不宜小于 100mm，且梁内型钢翼缘离两侧距离之和（$b_1 + b_2$）不宜小于截面宽度的 1/3，对柱不宜小于 120mm（图 4 - 55）。

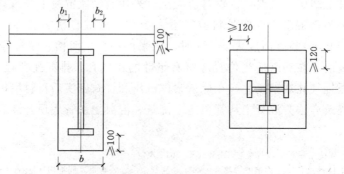

图 4 - 55　型钢的混凝土保护层最小厚度

1. 型钢混凝土梁

型钢混凝土梁的实腹式型钢一般为工字形，可用轧制工字钢和 H 型钢。但大多是用钢板焊制的，焊成的截面可根据需要设计，上下翼缘不必相等，沿梁全长也不必强求一律，以充分发挥材料的性能为前提。有时用两根槽钢做成实腹式截面，便于穿过管道或剪力墙的钢筋。空腹式型钢截面一般用角钢焊成桁架，腹杆可用小角钢或圆钢，圆钢以直径不宜小于其长度的 1/40。当上下弦杆间距大于 600mm 时，腹杆宜用角钢。框架梁的型钢，应与柱子的型钢做成刚性连接。梁的自由端要设置专门的锚固件，将钢筋焊在型钢上，或用角钢、钢板做成刚性支座。

2. 型钢混凝土柱

型钢多用钢板焊接而成，十字形截面用于中柱，T 字形截面用于边柱，L 形截面用于角柱。空腹式型钢柱一般由角钢或 T 形钢作为纵向受力构件，以圆钢或角钢作腹杆形成桁架型钢柱，也可用钢板作为缀板型钢柱。

3. 梁柱节点

梁柱节点设计和施工都应重视。图 4-56 为实腹式型钢截面常用的几种梁柱节点形式。

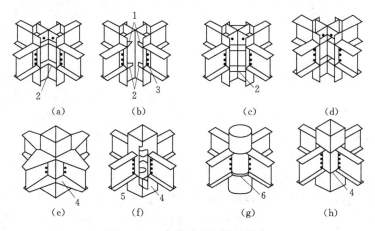

图 4-56 实腹式型钢梁柱节点

（a）水平加劲板式；（b）水平加角加劲板式；（c）垂直加劲板式；（d）梁翼缘贯通式；
（e）外隔板式；（f）内隔板式；（g）加劲环式；（h）贯通隔板式
1—主筋贯通孔；2—加劲板；3—箍筋贯通孔；4—隔板；5—留孔；6—加劲环

（二）型钢混凝土结构施工

1. 型钢和钢筋施工 ❶

型钢骨架施工遵守钢结构的有关规范和规程。安装柱的型钢骨架时，先在上下型钢骨架连接处进行临时连接，纠正垂直偏差后再进行焊接或高强螺栓固定，然后在梁的型钢骨架安装后，要再次观测和纠正因荷载增加、焊接收缩或螺栓松紧不一而产生的垂直偏差。

为使梁柱接头处的钢筋贯通且互不干扰，加工柱的型钢骨架时，在型钢腹板上要预留穿钢筋的孔洞，而且要相互错开，如图 4-57 所示。预留孔洞的孔径，既要便于穿钢筋，又不

---

❶ 《型钢混凝土组合结构技术规程》JGJ 138—2001 规定：

10.0.4 钢结构的安装应严格按图纸规定的轴线方向和位置定位，受力和孔位应正确；吊装过程中应使用经纬仪严格效准垂直度，并及时定位。安装的垂直度、现场吊装误差应符合现行国家标准《钢结构工程施工质量验收规范》GB 50205 的规定。

要过多削弱型钢腹板，一般预留孔洞的孔径较钢筋直径大 4～6mm 为宜。

在梁柱接头处和梁的型钢翼缘下部，由于浇筑混凝土时有部分空气不易排出，或因梁的型钢翼缘过宽妨碍浇筑混凝土，为此要在一些部位预留排除空气的孔洞和混凝土浇筑孔，如图 4-58 所示。

型钢混凝土结构的钢筋绑扎，与钢筋混凝土结构中的钢筋绑扎基本相同。由于柱的纵向钢筋不能穿过梁的翼缘，因此柱的纵向钢筋只能设在柱截面的四角或无梁的位置。

在梁柱节点部位，柱的箍筋从型钢梁腹板上已留好的孔中穿过，然后将分段箍筋用电弧焊焊接。不宜将箍筋焊在梁的腹板上，因为节点处受力较复杂。

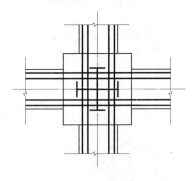

图 4-57 梁柱接头处穿钢筋预留孔的位置

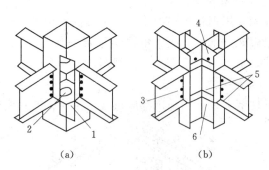

(a)　　　(b)

图 4-58 梁柱接头处预留孔洞位置
1—柱内加劲肋板；2—混凝土浇筑孔；3—箍筋通过孔；
4—梁主筋通过孔；5—排气孔；6—柱腹板加劲肋

2. 模板安装与混凝土浇筑

施工中可利用型钢骨架来承受混凝土的重量和施工荷载，可降低模板费用和加快施工。可将梁底模用螺栓固定在型钢梁或角钢桁架的下弦上，可完全省去梁下的支撑。楼盖模板可用钢框木模板和快拆体系支撑，达到加速模板周转的目的。

施工时有关型钢骨架的安装，应遵守钢结构有关的规范和规程，型钢混凝土结构的混凝土浇筑，应遵守混凝土施工的规范和规程。在梁柱接头处和梁型钢翼缘下部等混凝土不易充分填满处，要仔细进行浇筑和捣实，浇筑时要保证其密实度和防止开裂。

《型钢混凝土组合结构技术规程》JGJ 138—2001 规定：型钢混凝土组合结构的混凝土强度等级不宜小于 C30，型钢混凝土粗骨料最大粒径不应大于型钢外侧混凝土保护层厚度的 1/3，且不宜大于 25mm；混凝土浇筑应有充分的下料位置，浇筑应能使混凝土充盈整个构件各部位；型钢周边混凝土浇筑宜同步上升，混凝土浇筑高差不应大于 500mm。

思 考 题

1. 简述钢筋混凝土施工工艺过程。
2. 试述钢筋的焊接方法。
3. 简述钢筋机械连接方法，如何保证焊接质量？
4. 如何计算钢筋的下料长度？
5. 试述钢筋代换的原则及方法？
6. 试述模板体系的基本要求是什么？

7. 现浇结构拆模时应注意哪些问题？

8. 爬升模板有哪些爬升方式？如何爬升？

9. 模板设计应考虑哪些荷载？各项荷载标准值如何确定？

10. 混凝土配料时为什么要进行施工配合比换算？如何换算？

11. 混凝土运输有何要求？混凝土浇筑时应注意哪些事项？

12. 试述施工缝、后浇带留设的原则和处理方法。

13. 大体积混凝土施工应注意哪些问题？

14. 如何进行水下混凝土浇筑？

15. 简述钢管、型钢混凝土的施工工艺

16. 如何检查和评定混凝土的质量？

17. 为什么要规定冬期施工的"临界温度"？冬期施工应采用哪些措施？

习　　题

1. 已知某 C20 混凝土的试验室配合比为 0.61：1：2.54：5.12（水：水泥：砂：石），每立方米混凝土水泥用量 310kg。经测定砂的含水率为 4%，石子的含水率为 2%。试求该混凝土的施工配合比。若用 JZ250 型混凝土搅拌机，试计算拌制一盘混凝土，各种材料的需用量。水泥按袋装考虑。

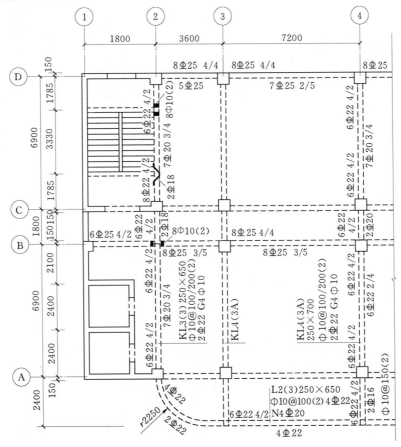

习题 2 图

2. 已知某抗震 7 度设防地区工程的梁配置平面图见下图，其中梁混凝土设计强度等级为 C25，保护层为 25mm，求 KL4 钢筋的下料长度？

3. 有现浇混凝土楼板净长 5.7m，净宽 4.5m，板厚 300mm，试进行模板系统设计。

4. 已知有一钢筋混凝土墙高 2.9m，混凝土坍落度为 160mm，浇筑时气温 $T=25℃$，混凝土浇筑速度为 2.5m/h，试计算作用于侧模的混凝土侧压力。

5. 已知有一个 3m 高钢筋混凝土柱，截面 600mm×600mm，混凝土坍落度为 170mm，浇筑速度 $v=2.5m/h$，浇筑时气温 $T=20℃$，试对柱模进行设计。

第五章 预应力混凝土工程施工

第一节 概 述

近年来，随着预应力混凝土设计理论和施工工艺与设备的不断完善和发展，高强材料性能的不断改进，预应力混凝土得到进一步的推广应用。预应力混凝土与普通混凝土相比，具有抗裂性好、刚度大、材料省、自重轻、结构寿命长等优点，为建造大跨度结构创造了条件。预应力混凝土已由单个预应力混凝土构件发展到整体预应力混凝土结构，广泛用于土建、桥梁、管道、水塔、电杆和轨枕等领域。

目前我国大吨位锚固体系与张拉设备的开发与完善，金属螺旋管（波纹管）留孔技术的开发与无粘结预应力成套技术的发展（包括开发了环向、竖向和超长束预应力工艺），将我国现代预应力技术从构件推向结构新阶段。采用预应力混凝土大柱网结构，满足高层建筑下部大空间功能的要求；无粘结预应力平板技术，可比梁板结构降低层高 0.2～0.4m，具有显著的经济和社会效益。由于研制开发了环向、竖向和超长束预应力工艺，使预应力混凝土技术用于高耸构筑物成为可能。如居世界第三、第四、第五位的上海东方明珠电视塔（高450m）、天津电视塔（高 415.2m）和北京中央电视塔（高 405m），均采用了上述技术。采用预应力技术建造整体装配式板柱结构（简称 IMS 体系），已用于北京建筑设计研究院科研楼和北京工业大学基础楼（均为 12 层）以及成都珠峰宾馆（15 层）。近几年，我国预应力技术在解决特大跨度钢结构建筑中（如北京西站 45m 跨钢桁架门楼），对节约钢材和提高结构刚度，均发挥了重要作用。

一、预应力混凝土的分类

按施加预应力的方式分为机械张拉和电热张拉；按施加预应力的时间分为先张法、后张法。在后张法中，按预应力筋与构件混凝土是否粘结又分为有粘结和无粘结。

二、预应力高强钢材的品种 ❶

预应力高强钢材包括预应力钢丝、预应力钢绞线、热处理钢筋、精轧螺纹钢筋、冷扎带肋钢筋。热处理钢筋如图 5-1 所示，精轧螺纹钢筋如图 5-2 所示。无粘结预应力筋，由钢绞线或 7ϕ5 高强钢丝涂包而成。预应力筋进场时，按现行国家标准《预应力混凝土用钢绞线》GB/T 5224—2003/XG1—2008 等的规定抽取试件作力学性能检验，其质量必须符合有关标准的规定 ❷。预应力筋应按进场批次和产品的抽样检验方案确定检验批，进行进场

---

❶ 《混凝土结构工程施工规范》GB 50666—2011 规定：

第 6.2.1 条 条文说明 预应力筋系施加预应力的钢丝、钢绞线和精轧螺纹钢筋等的总称。与预应力筋相关的国家现行标准有：《预应力混凝土用钢绞线》GB/T 5224、《预应力混凝土用钢丝》GB/T 5223、《中强度预应力混凝土用钢丝》YB/T 156、《预应力混凝土用螺纹钢筋》GB/T 20065、《无粘结预应力钢绞线》JG 161 等。

❷ 《混凝土结构工程施工质量验收规范》GB 50204—2002（2011 版）规定：

第 6.2.1 条 预应力筋进场时，应按现行国家标准《预应力混凝土用钢绞线》GB/T 5224 等的规定抽取试件作力学性能检验，其质量必须符合有关标准的规定。检查数量：按进场的批次和产品的抽样检验方案确定。检验方法：检查产品合格证、出厂检验报告和进场复验报告。

复验。

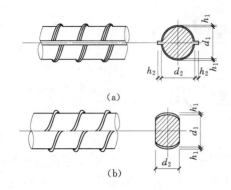

图 5-1　热处理钢筋的外形
（a）带纵肋；（b）无纵肋

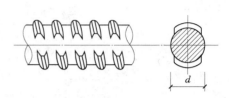

图 5-2　精轧螺纹钢筋

第二节　先张法施工

先张法是在浇筑混凝土前张拉预应力筋，并将张拉的预应力筋用夹具临时锚固在台座或钢模上，然后浇筑混凝土，待混凝土养护达到不低于混凝土设计强度值的 75%，保证预应力筋与混凝土有足够的粘结时，放松并切断预应力筋，借助于混凝土与预应力筋的粘结，对混凝土施加预应力的施工工艺，如图 5-3 所示。先张法一般适用于在固定的预制厂生产中小型构件。

一、台座

台座在先张法构件生产中是主要的承力构件，它必须具有足够的承载能力、刚度和稳定性，以免因台座的变形、倾覆和滑移而引起预应力的损失，以确保先张法生产构件的质量。台座的形式繁多，因地制宜，但一般可分为墩式台座和槽式台座两种。

（一）墩式台座

墩式台座由承力台墩、台面与横梁三部分组成，其长度宜为 50～150m。台座的承载力应根据构件张拉力的大小，可按台座每米宽的承载力为 200～500kN 设计台座。

1. 承力台墩

承力台墩一般埋置在地下，由现浇钢筋混凝土做成。台座应具有足够的承载力、刚度和

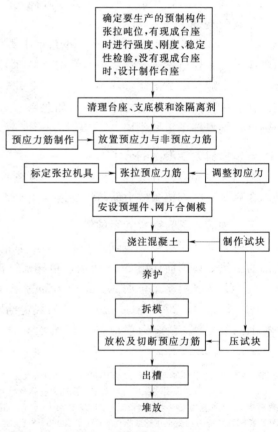

确定要生产的预制构件张拉吨位,有现成台座时进行强度、刚度、稳定性检验,没有现成台座时,设计制作台座

清理台座、支底模和涂隔离剂

预应力筋制作　放置预应力与非预应力筋

标定张拉机具　张拉预应力筋　调整初应力

安设预埋件、网片合侧模

浇注混凝土　制作试块

养护

拆模

放松及切断预应力筋　压试块

出槽

堆放

图 5-3　先张法施工工艺流程

稳定性。台墩的稳定性验算包括抗倾覆验算和抗滑移验算。

2. 台面

台面一般是在夯实的碎石垫层上浇筑一层厚度为 60～100mm 的混凝土而成。是预应力混凝土构件成型的胎模。台面伸缩缝可根据当地温差和经验设置，一般约为 10m 设置一条，也可采用预应力混凝土滑动台面，不留施工缝。

3. 横梁

台座的两端设置固定预应力钢丝的钢制横梁，一般用型钢制作，在设计横梁时，除考虑在张拉力的作用下有一定的强度外，应特别注意其变形，以减少预应力损失。

（二）槽式台座

槽式台座由钢筋混凝土压杆、上下横梁及台面组成。台座的长度一般不超过 50m，承载力可大于 1000kN 以上，适用于张拉吨位较大的大型构件，如吊车梁、屋架等。为了便于浇筑混凝土和蒸汽养护，槽式台座一般低于地面。在施工现场还可利用已预制的柱、桩等构件装配成简易的槽式台座。

二、张拉设备及夹具

（一）张拉设备

先张法构件生产中，常采用的预应力筋有钢丝或钢筋两种。张拉预应力钢丝时，一般直接采用卷扬机或电动螺杆张拉机。张拉预应力钢筋时，在槽式台座中常采用四横梁式成组张拉装置，用千斤顶张拉。

张拉设备应装有测力仪表，以准确建立张拉力。张拉设备应由专人使用和保管，并定期维护与标定。预应力筋张拉机具设备及仪表，应定期维护和校验。张拉设备应配套标定，并配套使用。张拉设备的标定期限不应超过半年。当在使用过程中出现反常现象时或在千斤顶检修后，应重新标定❶。

（二）夹具❷

预应力筋张拉后用锚固夹具将预应力筋直接锚固于横梁上，锚固夹具可以重复使用，要求工作可靠、加工方便、成本低或多次周转使用。预应力钢丝的锚固夹具常采用圆锥齿板式锚固夹具，预应力钢筋常采用螺丝端杆锚固钢筋。

为了使钢筋张拉时达到设计控制应力，夹具应具有良好的自锚性能，不能在锚固装置达极限拉力时出现肉眼可见的裂缝和破坏。夹具应有良好的放松性能且能多次重复使用。

1. 钢丝夹具

钢丝夹具种类繁多，一般分为锚固夹具和张拉夹具。当在预制厂以机组流水法或传送带

---

❶ 《混凝土结构工程施工质量验收规范》GB 50204—2002（2011 版）规定：

第 6.1.2　预应力筋张拉机具设备及仪表，应定期维护和校验。张拉设备应配套标定，并配套使用。张拉设备的标定期限不应超过半年。当在使用过程中出现反常现象时或在千斤顶检修后，应重新标定。注：1 张拉设备标定时，千斤顶活塞的运行方向应与实际张拉工作状态一致；2 压力表的精度不应低于 1.5 级，标定张拉设备用的试验机或测力计精度不应低于±2%。

❷ 《预应力筋用锚具、夹具和连接器应用技术规程》JGJ 85—2010 规定：

第 2.1.2 条夹具定义：夹具是在先张法预应力混凝土构件生产过程中，用于保持预应力筋的拉力并将其固定在生产台座（或设备）上的工具性锚固装置；在后张法结构或构件张拉预应力筋过程中，在张拉千斤顶或设备上夹持预应力筋的工具性锚固装置。

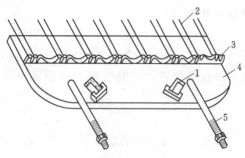

图 5-4　镦头梳筋板夹具

1—张拉钩槽口；2—钢丝；3—钢丝镦头；
4—活动梳筋板；5—锚固螺杆

法生产预应力多孔板时，还可以在钢模上用镦头梳筋板夹具成批张拉。钢丝两端镦粗，一端卡在固定梳筋板上，另一端卡在张拉端的活动梳筋板上。在长线台座上生产刻痕钢丝配筋的预应力薄板时，成组钢丝张拉用的镦头梳筋板夹具如图 5-4 所示。

2. 钢筋夹具

单根钢筋夹具可采用螺杆式夹具或夹片式夹具，钢筋还可通过对焊机将端头热镦或冷镦成镦头锚。

三、预应力筋的张拉

（一）张拉控制应力 σ_{con}

预应力筋张拉应根据设计规定的张拉控制应力进行。钢筋张拉控制应力不能过高，否则会使钢筋应力接近破坏应力，易发生脆性破坏。预应力钢筋的张拉控制应力值 σ_{con} 应符合表 5-1 规定。

表 5-1　　　　　　　　　　预应力钢筋的张拉控制应力

预应力钢筋种类	消除应力钢丝、钢绞线	中强度预应力钢丝	预应力螺纹钢筋
张拉控制应力值 σ_{con}	$\leqslant 0.75 f_{ptk}$	$\leqslant 0.70 f_{ptk}$	$\leqslant 0.85 f_{pyk}$

注　f_{ptk}—预应力筋极限强度标准值；f_{pyk}—预应力螺纹钢筋屈服强度标准值。消除应力钢丝、钢绞线、中强度预应力钢丝的张拉控制应力值不应小于 $0.4 f_{ptk}$；预应力螺纹钢筋的张拉应力控制值不宜小于 $0.5 f_{pyk}$。

当符合下列情况之一时，上述张拉控制应力限值可提高 $0.05 f_{ptk}$ 或 $0.05 f_{pyk}$：

（1）要求提高构件在施工阶段的抗裂性能而在使用阶段受压区内设置的预应力钢筋。

（2）要求部分抵消由于应力松弛、摩擦、钢筋分批张拉以及预应力钢筋与张拉台座之间的温差等因素产生的预应力损失。

（二）张拉程序

预应力钢筋的张拉程序主要根据构件类型、张拉锚固体系，松弛损失取值等因素确定。分为以下 3 种情况。

（1）设计时松弛损失按一次张拉程序取值：$0 \rightarrow \sigma_{con}$ 锚固。

（2）$0 \rightarrow 1.05\sigma_{con}$（持荷 2min）$\rightarrow \sigma_{con} \rightarrow$ 锚固。

（3）设计时松弛损失按超张拉程序，但采用锥销锚具或夹片锚具：$0 \rightarrow 1.03\sigma_{con}$。

以上各种张拉操作程序，均可分级加载。对曲线束，一般以 $0.2\sigma_{con}$ 为起点，分二级加载（$0.6\sigma_{con}$、$1.0\sigma_{con}$）或四级加载（$0.4\sigma_{con}$、$0.6\sigma_{con}$、$0.8\sigma_{con}$ 和 $1.0\sigma_{con}$），每级加载均应量测伸长值。从 $0 \rightarrow 1.05\sigma_{con}$ 或从 $0 \rightarrow 1.03\sigma_{con}$ 超张拉的目的在于补足钢筋应力损失。

（三）预应力值校核

当采用应力控制方法张拉时，应校核预应力筋的伸长值。实际伸长值与设计计算理论伸长值的相对允许偏差为 $\pm 6\%$。实际张拉时通常采用张拉力控制方法，但为了确保张拉质量，还应对实际伸长值进行校核，相对允许偏差 $\pm 6\%$ 是基于工程实践提出的，有利于保证张拉质量。

预应力钢丝张拉时，伸长值不作校核。预应力钢丝内力的检测，一般在张拉锚固后1h进行。此时，锚固损失已完成，钢筋松弛损失也部分产生。检测时预应力设计规定值应在设计图纸上注明，当设计无规定时，可按表5-2取用。

表 5-2　　　　　　　　　　钢丝预应力值检测时的设计规定值

张　拉　方　法	检　测　值
长线张拉	$0.94\sigma_{con}$
短线张拉	$(0.91\sim 0.93)\sigma_{con}$

（四）张拉注意事项

（1）张拉时，张拉机具与预应力筋应在一条直线上，同时在台面上每隔一定距离放一根圆钢筋头或相当于保护层厚度的其他垫块，以防止预应力筋因自重而下垂，接触隔离剂污染预应力筋。

（2）顶紧锚塞时，用力不要过猛，以防钢丝折断；在拧紧螺母时，应注意压力表读数始终保持所需的张拉力。

（3）多根预应力筋同时张拉时，必须事先调整初应力，使相互间的应力一致。预应力筋张拉锚固后的实际预应力值与设计规定的检验值的相对允许偏差为±5%。

（4）预应力筋张拉完毕后，对设计位置的偏差不得大于5mm，也不得大于构件截面积最短边长的4%。

（5）《混凝土结构工程施工质量验收规范》GB 50204—2002（2011版）第6.4.4条规定：张拉过程中应避免预应力筋断裂或滑脱；当发生断裂或滑脱时，对先张法预应力构件，在浇筑混凝土前发生断裂或滑脱的预应力筋必须予以更换。

（6）台座两端应有防护设施。张拉时沿台座长度方向每隔4~5m放一个防护架，两端严禁站人，也不准许进入台座。

四、预应力筋放张

预应力筋放张时，混凝土强度应符合设计要求；当设计无具体要求时，不应低于设计的混凝土立方体抗压强度标准值的75%[1]。

（一）放张顺序

先张法预应力筋的放张顺序应符合下列规定：

（1）宜采取缓慢放张工艺进行逐根或整体放张。

（2）对轴心受压构件，所有预应力筋宜同时放张。

（3）对受弯或偏心受压的构件，应先同时放张预压应力较小区域的预应力筋，再同时放张预压应力较大区域的预应力筋。

（4）当不能按本条（1）～（3）款的规定放张时，应分阶段、对称、相互交错放张。

（5）放张后，预应力筋的切断顺序，宜从张拉端开始逐次切向另一端。

（二）放张

放张前，应拆除侧模，使放张时构件能自由压缩，否则将损坏模板或使构件开裂。预应

---

[1]　《混凝土结构工程施工质量验收规范》GB 50204—2002（2011版）规定：

第6.4.1预应力筋张拉或放张时，混凝土强度应符合设计要求；当设计无具体要求时，不应低于设计的混凝土立方体抗压强度标准值的75%。检查数量：全数检查。检验方法：检查同条件养护试件试验报告。

力筋的放张工作，应缓慢进行，防止冲击。

对预应力筋为钢丝或细钢筋的板类构件，放张时可直接用钢丝钳或氧炔焰切割，并宜从生产线中间处切断，以减少回弹量，且有利于脱模；对每一块板，应从外向内对称放张，以免构件扭转两端开裂，对预应力筋为数量较少的粗钢筋的构件，可采用乙炔焰在烘烤区轮换加热每根粗钢筋，使其同步升温，此时钢筋内力徐徐下降，外形慢慢伸长，待钢筋出现缩颈，即可切断。此法应采取隔热措施，防止烧伤构件端部混凝土。

对预应力筋配置较多的构件，不允许采用剪断或割断等方式突然放张，以避免最后放张的几根预应力筋产生过大的冲击而断裂，致使构件开裂。为此应采用千斤顶逐根放张，防止先放张的预应力筋引起后放张的预应力筋内力增大，而造成最后几根拉不动或拉断。

第三节 后 张 法 施 工

后张法是先制作构件（或块体），并在预应力筋的位置预留出相应的孔道，待混凝土强

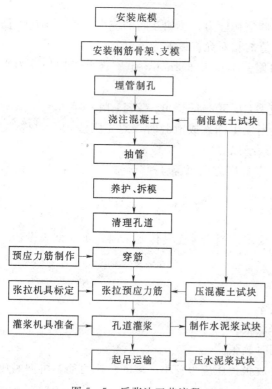

图 5-5 后张法工艺流程

度达到设计规定的数值后，穿入预应力筋并施加预应力，最后进行孔道灌浆，张拉力由锚具传给混凝土构件而使之产生预压力。后张法工艺流程如图 5-5 所示。后张法不需要台座设备，大型构件可分块制作，运到现场拼装，利用预应力筋连成整体。因此，后张法灵活性大；但工序较多，锚具耗钢量较大。对于块体拼装构件，还应增加块体验收、拼装、立缝灌浆和连接板焊接等工序。

一、锚具

《预应力筋用锚具、夹具和连接器应用技术规程》JGJ 85—2010 第 2.1.1 条定义：锚具是在后张法结构构件中，用于保持预应力筋的拉力并将其传递到结构上所用的永久性锚固装置。

（一）常用锚具

锚具的类型很多，各有其一定的适用范围，按使用锚具常分为单根钢筋的锚具、成束钢筋的锚具、钢丝束的锚具等。

1. 单根钢筋锚具

（1）螺丝端杆锚具。由螺丝端杆、螺母及垫板组成（图 5-6）。是单根预应力粗钢筋张拉端常用的锚具。此锚具也可作先张法夹具使用，电热张拉时也可采用。型号有 LM18～LM36，适用于直径 18～36mm 的预应力筋。

螺丝端杆锚具的特点是将螺丝端杆与预应力筋对焊成一个整体，用张拉设备张拉螺丝杆，用螺母锚固预应力钢筋。螺丝端杆锚具的强度不得低于预应力钢筋的抗拉强度实测值。

螺丝端杆可采用与预应力钢筋同级冷拉钢筋制作，也可采用冷拉或热处理 45 号钢制作。

端杆的长度一般用320mm，当构件长度超过30m时，一般采用370mm；其净截面积应大于或等于所对焊的预应力钢筋截面面积。对焊应在预应力钢筋冷拉前进行，以检验焊接质量。冷拉时螺母的位置应在螺丝端杆的端部，经冷拉后螺丝端杆不得发生塑性变形。

（2）帮条锚具。由衬板和三根帮条焊接而成（图5-7），是单根预应力粗钢筋非张拉端用锚具。帮条采用与预应力钢筋同级别的钢筋，衬板采用3号钢。

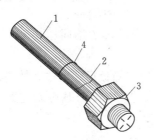

图5-6 螺丝端杆锚具

1—钢筋；2—螺丝端杆；

3—螺母；4—焊缝

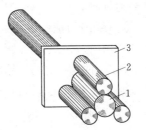

图5-7 帮条锚具

1—预应力钢筋；2—帮条；3—垫板

帮条安装时，三根帮条应互成120°，其与衬板相接触的截面应在一个垂直平面上，以免受力时产生扭曲。帮条的焊接可在预应力钢筋冷拉前或冷拉后进行，施焊方向应由里向外，引弧及熄弧均应在帮条上，严禁在预应力钢筋上引弧，并严禁将地线搭在预应力钢筋上。

（3）精轧螺纹钢筋锚具。由螺母和垫板组成端头锚具直接采用螺母，无需另焊接螺丝端杆，适用于锚固直径25mm和32mm的高强精轧螺纹钢筋。

（4）单根钢绞线锚具。由锚环与夹片组成（图5-8）。夹片形状为三片式，斜角为4°。夹片的齿形为"短牙三角螺纹"，这是一种齿顶较宽、齿高较矮的特殊螺纹，强度高、耐腐性强。适用于锚固直径为12～15mm的钢绞线，也可用作先张法夹具。锚具尺寸按钢绞线直径而定。

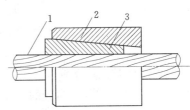

图5-8 单根钢绞线锚具

1—钢绞线；2—锚环；3—夹片

2. 预应力钢筋束锚具

（1）KT-Z型锚具（可锻铸铁锥型锚具）。由锚环与锚塞组成（图5-9）。适用于锚固3～6根直径12mm的冷拉螺纹钢筋与钢绞线束。锚环和锚塞均用KT37-12或KT35-10可锻铸铁铸造成型。

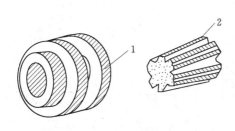

图5-9 KT-Z型锚具

1—锚环；2—锚塞

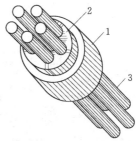

图5-10 JM12型锚具

1—锚环；2—夹片；3—钢筋束

（2）JM锚具。由锚环与夹片组成（图5-10）。JM型锚具的夹片属于分体组合型，组合起来的夹片形成一个整体截锥形楔块，可以锚固多根预应力筋，因此锚环是单孔的。锚固时，用穿心式千斤顶张拉钢筋后随即顶进夹片。JM型锚具的特点是尺寸小、端部不需扩孔，锚下构造简单，但对吨位较大的锚固单元不能胜任，故JM型锚具主要用于锚固3～6根直径为12mm的钢筋束与4～6根直径为12～15mm的钢绞线束，也可兼做工具锚用，但以使用专用工具锚为好。

JM型锚具根据所锚固的预应力筋的种类、强度及外形的不同，其尺寸、材料、齿形及硬度等有所差异，使用时应注意。

（3）XM型锚具。由锚板和夹片组成（图5-11）。锚板尺寸由锚孔数确定，锚孔沿锚板圆周排列，中心线倾角1:20，与锚板顶面垂直。夹片为120°，均分斜开缝三片式。开缝沿轴向的偏转角与钢绞线的扭角相反。

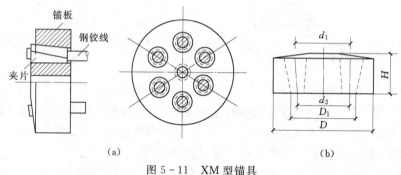

图5-11　XM型锚具

（a）装配图；（b）锚板

XM型锚具适用于锚固1～12根直径为15mm的钢绞线，也可用于锚固钢丝束。其特点是每根钢绞线都是分开锚固的，任何一根钢绞线的锚固失效（如钢绞线拉断、夹片碎裂等），不会引起整束锚固失效。

XM型锚具可作工具锚与工作锚使用。当用于工具锚时，可在夹片和锚板之间涂抹一层固体润滑剂（如石墨、石蜡等），以利夹片松脱。用于工作锚时，具有连续反复张拉的功能，可用行程不大的千斤顶张拉任意长度的钢绞线。

（4）QM型锚具。由锚板与夹片组成（图5-12）。但与XM型锚具不同之点：锚孔是直的，锚板顶面是平的，夹片垂直开缝，备有配套喇叭形铸铁垫板与弹簧圈等。由于灌浆孔设在垫板上，锚板尺寸可稍小。

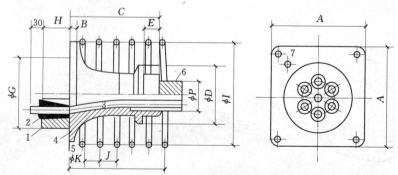

图5-12　QM型锚具及配件

1—锚板；2—夹片；3—钢绞线；4—铸铁垫板；5—弹簧圈；6—预留孔道用的波纹管；7—灌浆孔

QM 型锚具适用于锚固 4～31 根直径为 12mm 和 3～19 根直径为 15mm 钢绞线束。QM 型锚具备有配套自动工具锚，张拉和退出十分方便。张拉时要使用 QM 型锚具的配套限位器。

（5）固定端用镦头锚具。由锚固板和带镦头的预应力筋组成（图 5-13）。当预应力钢筋束一端张拉时，在固定端可用这种锚具代替 KT-Z 型锚具或 JM 型锚具，以降低成本。

3. 预应力钢丝束锚具

（1）锥形螺杆锚具。由锥形螺杆、套筒、螺母、垫板组成（图 5-14）。适用于锚固 14 ～28 根直径为 5mm 钢丝束。使用时，先将钢丝束均匀整齐地紧贴在螺杆锥体部分，然后套上套筒，用拉杆式千斤顶使端杆锥通过钢丝挤压套筒，从而锚紧钢丝。由于锥形螺杆锚具不能自锚，必须事先加力顶压套筒才能锚固钢丝。锚具的预紧力取张拉力的 120%～130%。

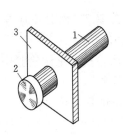
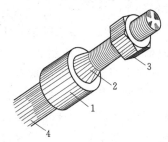

图 5-13　固定端镦头锚具

1—预应力筋；2—镦粗头；3—锚固板

图 5-14　锥形螺杆锚具

1—套筒；2—锥形螺杆；3—螺母；4—钢丝

（2）钢丝束镦头锚具。适用于锚固任意根数直径为 5mm 钢丝束。镦头锚具的型式与规格，可根据需要自行设计。常用的镦头锚具为 A 型和 B 型（图 5-15）。A 型由锚环与螺母组成，用于张拉端；B 型为锚板，用于固定端；利用钢丝两端的镦头进行锚固。

锚环与锚板采用 45 号钢制作，螺母采用 30 号钢或 45 号钢制作。锚环与锚板上的孔数由钢丝根数而定，孔洞间距应力求准确，尤其要保证锚环内螺纹一面的孔距准确。

（3）钢质锥型锚具（又称弗氏锚具）由锚环和锚塞组成（图 5-16）。适用锚固 6 根、12 根、18 根与 24 根直径为 5mm 钢丝束。

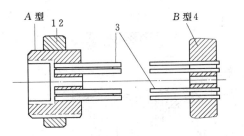
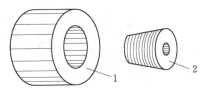

图 5-15　钢丝束镦头锚具

1—锚环；2—螺母；3—钢丝束；4—锚板

图 5-16　钢质锥型锚具

1—锚环；2—锚塞

（二）锚具质量检验

《预应力筋用锚具、夹具和连接器应用技术规程》JGJ 85—2010 第 5.0.1 条规定：锚具产品进场验收时，除应按合同核对锚具的型号、规格、数量及适用的预应力筋品种、规格和强度等级外，尚应核对下列文件：

1）锚具产品质量保证书，其内容应包括：产品的外形尺寸，硬度范围，适用的预应力筋品种、规格等技术参数，生产日期、生产批次等；产品质量保证书应具有可追溯性。

2）按本规程附录 A 进行的锚固区传力性能检验报告。

《预应力筋用锚具、夹具和连接器应用技术规程》JGJ 85—2010 第 5.0.3 条规定：

（1）外观检查：应从每批中抽 2% 且不应少于 10 套样品，其外形尺寸应符合产品质量保证书所示的尺寸范围，且表面不得有裂纹及锈蚀；当有下列情况之一时，应对本批产品的外观逐套检查，合格者方可进入后续检验：

1）当有一个零件不符合产品质量保证书所示的外形尺寸，应另取双倍数量的零件重做检查，仍有一件不合格。

2）当有一个零件表面有裂纹或夹片、锚孔锥面有锈蚀。对配套使用的锚垫板和螺旋筋可按上述方法进行外观检查，但允许表面有轻度锈蚀。

（2）硬度检验：对有硬度要求的锚具零件，应从每批中抽取 3% 的且不应少于 5 套样品（多孔夹片式锚具的夹片，每套应超抽取 6 片）进行检验，硬度值应符合产品质量保证书的规定；当有一个零件不符合时，应另取双倍数量的零件重做检验；在重做检验中如仍有一个零件不符合，应对该批产品逐个检验，符合者方可进入后续检验。

（3）静载锚固性能试验：应在外观检查和硬度检验均合格的锚具中抽取样品，与相应规格和强度等级的预应力筋组装成 3 个预应力筋-锚具组装件。可按本规程附录 B 的规定进行静载锚固性能试验。

《预应力筋用锚具、夹具和连接器应用技术规程》JGJ 85—2010 第 5.0.14 条规定：进场验收时，每个检验批的锚具不宜超过 2000 套，每个检验批的连接器不宜超过 500 套，每个检验批的夹具不宜超过 500 套。获得第三方独立认证的产品，其检验批的批量可扩大 1 倍。

二、张拉机械

（一）拉杆式千斤顶

拉杆式千斤顶（图 5-17）适用于张拉以螺丝端杆锚具为张拉锚具的粗钢筋，张拉以锥型螺杆锚具为张拉锚具的钢丝束，拉杆式千斤顶的构造及工作过程。

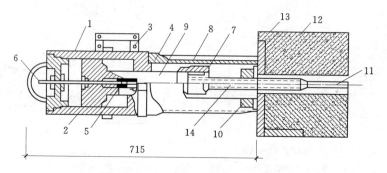

图 5-17　拉杆式千斤顶构造示意图

1—主缸；2—主缸活塞；3—主缸油嘴；4—副缸；5—副缸活塞；6—副缸油嘴；
7—连接器；8—顶杆；9—拉杆；10—螺帽；11—预应力筋；12—混凝土构件；
13—预埋钢板；14—螺丝端杆

拉杆式千斤顶张拉预应力筋时，首先使连接器与预应力筋的螺丝端杆相连接，顶杆支撑在构件端部的预埋钢板上。高压油进入主缸时，则推动主缸活塞向左移动，并带动拉杆和连接器以及螺丝端杆同时向左移动，对预应力筋进行张拉。达到张拉力时，拧紧预应力筋的螺帽，将预应力筋锚固在构件的端部。高压油再进入副缸，推动副缸使主缸活塞和拉杆向右移动，使其恢复初始位置。此时主缸的高压油流回高压泵中去，完成一次张拉过程。

（二）锥锚式双作用千斤顶

锥锚式双作用千斤顶（图5-18）适用于张拉以KT-Z型锚具为张拉锚具的钢筋束和钢绞线束，张拉以钢质锥型锚具为张拉锚具的钢丝束。

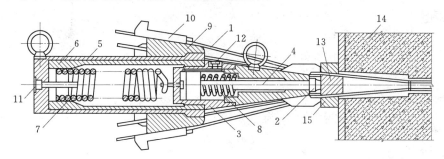

图5-18　锥锚式双作用千斤顶构造示意图

1—预应力筋；2—顶压头；3—副缸；4—副缸活塞；5—主缸；6—主缸活塞；
7—主缸拉力弹簧；8—副缸压力弹簧；9—锥形卡环；10—楔块；11—主缸
油嘴；12—副缸油嘴；13—锚塞；14—构件；15—锚环

（三）YC-60型穿心式千斤顶

YC-60型穿心式千斤顶（图5-19）适用于张拉各种形式的预应力筋，是目前我国预应力混凝土构件施工中应用最为广泛的张拉机械。YC-60型穿心式千斤顶加装撑脚、张拉杆和连接器后，就可以张拉以螺丝端杆锚具为张拉锚具的单根粗钢筋，张拉以锥型螺杆锚具和DM5A型墩头锚具为张拉锚具的钢丝束。YC-60型穿心式千斤顶增设顶压分束器，就可以张拉以KT-Z型锚具为张拉锚具的钢筋束和钢绞线束。

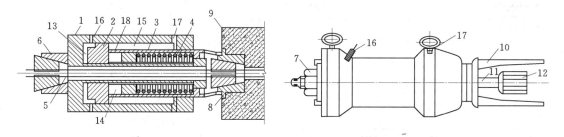

图5-19　YC-60型穿心式千斤顶的构造示意图

1—张拉油缸（即张拉活塞）；2—顶压油缸；3—顶压活塞；4—弹簧；5—预应力筋；6—工具锚；
7—螺帽；8—锚环；9—构件；10—撑脚；11—张拉杆；12—连接器；
13—张拉工作室；14—顶压工作油室；15—张拉回程油室；
16—张拉缸油嘴；17—顶压缸油嘴；18—油孔

三、预应力筋制作

预应力筋的制作，主要根据所用预应力钢材品种、锚（夹）具形式及生产工艺等确定。

预应力筋的下料长度应由计算确定。计算时应考虑结构的孔道长度、锚夹具厚度、千斤顶长度、焊接接头或镦头的预留量、冷拉伸长率、弹性回缩值、张拉伸长值等。

（一）单根预应力粗钢筋下料长度

（1）当预应力筋两端采用螺丝端杆锚具［图 5 - 20（a）］时，其成品全长 L（包括螺丝端杆在内冷拉后的全长）为

$$L = l_1 + 2l_2 \qquad (5-1)$$

其中，l_2 按下式计算：

张拉端：
$$l_2 = 2H + h + 5 \text{(mm)} \qquad (5-2)$$

锚固端：
$$l_2 = H + h + 10 \text{(mm)}$$

式中　l_1——构件孔道长度；

　　　l_2——螺丝端杆伸出构件外的长度；

　　　H——螺母高度；

　　　h——垫板厚度。

预应力筋钢筋部分的成品长度 l_4 为

$$l_4 = l - 2l_5 \qquad (5-3)$$

式中　l_5——螺丝端杆长度。

预应力筋钢筋部分的下料长度为

$$l = \frac{l_1 + 2l_2 - 2l_5}{(1+\delta)(1-\delta_1)} + nd \qquad (5-4)$$

式中　δ——钢筋冷拉拉长率（由试验确定）；

　　　δ_1——钢筋冷拉弹性回缩率（由试验确定）；

　　　n——对焊接头的数量（包括钢筋与螺丝端杆的对焊接头）；

　　　d——对焊预应力筋钢筋直径。

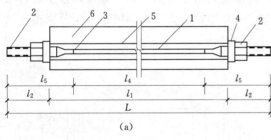

（a）

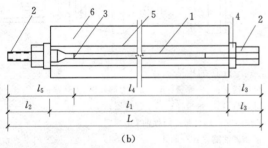

（b）

图 5 - 20　粗钢筋下料长度计算示意图
(a) 两端用螺丝端杆锚具；(b) 一端用螺丝端杆锚具
1—预应力钢筋；2—锚具；3—对焊接头；4—垫板；
5—孔道；6—混凝土构件

（2）当预应力筋一端用螺丝端杆，另一端用帮条（或镦头）锚具时，如图 5 - 20（b）所示，其成品全长 L 为

$$L = l + l_2 + l_3$$

预应力筋钢筋部分的下料长度为

$$l = \frac{l_1 + l_2 - l_5 + l_3}{(1+\delta)(1-\delta_1)} + nd \qquad (5-5)$$

式中　l_3——镦头或帮条锚具长度（包括垫板厚度 h）。

为保证质量，冷拉宜采用控制应力的方法。若在一批钢筋中冷拉率分散性较大时，应尽可能把冷拉率相近的钢筋对焊在一起，以保证钢筋冷拉应力的均匀性。

【例 5 - 1】　21m 预应力屋架的孔道长为 20.80m，预应力筋为冷拉 HRB500 钢筋，直径为 22mm，每根长度为 9m，实测冷拉率为 4%，弹性回缩率 $\delta_1 =$ 0.4%，张拉应力为 $0.85f_{pyk}$。螺丝端杆

长为 320mm，帮条长为 50mm，垫板厚为 16mm。计算：

（1）两端用螺丝端杆锚具锚固时预应力筋的下料长度？

（2）一端用螺丝端杆，另一端为帮条锚具时预应力筋的下料长度？

（3）预应力筋的张拉力为多少？

解：（1）螺丝端杆锚具，两端同时张拉，螺母厚度取 36mm，垫板厚度取 16mm，则螺丝端杆伸出构件外的长度 $l_2=2H+h+5=2\times36+16+5=93$mm；对焊接头个数 $n=2+2=4$；每个对焊接头的压缩量为钢筋直径，两端用螺丝端杆锚具锚固时预应力筋的下料长度为

$$l=\frac{l_1+2l_2-2l_5}{(1+\delta)(1-\delta_1)}+nd=19727\text{mm}$$

（2）帮条长为 50mm，垫板厚 15mm，则预应力筋的成品长度为

$$L=l_1+l_2+l_3=20800+93+(50+15)=20958\text{mm}$$

预应力筋（不含螺丝端杆锚具）冷拉后长度为

$$L_0=L-l_5=20958-320=20638\text{mm}$$

$$L'=\frac{L_0}{[(1+\delta)(\gamma-\delta_1)]}+nd=\frac{20638}{[(1+0.04)(1-0.004)]}+4\times22=20009\text{mm}$$

（3）预应力筋的张拉力为

$$F_P=\sigma_{\text{con}}\cdot A_P=0.85\times500\times3.14/4\times22^2=161475\text{N}=161.475\text{kN}$$

（二）预应力钢丝束下料长度

（1）采用钢质锥形锚具，以锥锚式千斤顶张拉时，如图 5-21 所示，钢丝的成品长度 L 为：

两端张拉：$\qquad\qquad\qquad L=l+2(l_4+l_5+80)$ $\qquad\qquad\qquad$（5-6）

一端张拉：$\qquad\qquad\qquad L=l+2(l_4+80)+l_5$ $\qquad\qquad\qquad$（5-7）

式中　l_4——锚环厚度；

$\qquad l_5$——千斤顶分丝头至卡盘外端距离，对 YZ850 型千斤顶为 470mm。

（2）采用镦头锚具，以拉杆式或穿心式千斤顶在构件上张拉时，如图 5-22 所示，钢丝的成品长度 L 为：

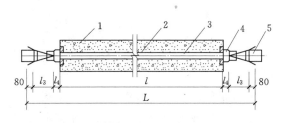

图 5-21　采用钢质锥形锚具时钢丝下料长度计算简图　图 5-22　采用镦头锚时钢丝下料长度计算简图
　　1—混凝土构件；2—孔道；3—钢丝束；4—钢质　　　　1—混凝土构件；2—孔道；3—钢丝束；
　　锥形锚具；5—锥锚式千斤顶　　　　　　　　　　　4—锚环；5—螺母；6—锚板

两端张拉：$\qquad\qquad L=l+2h_1+2b-(H-H_1)-\Delta L-c$ $\qquad\qquad$（5-8）

一端张拉：$\qquad\qquad L=l+2h_1+2b-0.5(H-H_1)-\Delta L-c$ $\qquad\qquad$（5-9）

式中　h_1——锚环底部厚度或锚板厚度；

$\qquad b$——钢丝镦头留量，对 Φ^s5 取 10mm；

$\qquad H_1$——螺母高度；

$\qquad H$——锚环高度；

ΔL——钢丝束张拉伸长值，是 L 的函数；

　　c——张拉时构件混凝土的弹性压缩值，轴压构件易于计算，其他不易计算者可估算或实测。

（3）采用锥形螺杆锚具，以拉杆式千斤顶在构件上张拉（图 5-23）时，钢丝的成品长度 L 为：

$$L=l+2l_2-2l_1+2(l_6+a) \tag{5-10}$$

式中　l_6——锥形螺杆锚具的套筒长度；

　　a——钢丝伸出套筒的长度，取 $a=20\text{mm}$。

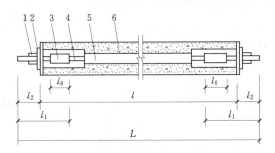

图 5-23　采用锥形螺杆锚具时钢丝下
料长度计算简图

1—螺母；2—垫板；3—锥形螺杆锚具；4—钢丝束；

5—孔道；6—混凝土构件

图 5-24　钢筋束下料长度计算简图

1—混凝土构件；2—孔道；3—钢筋束；4—夹片式工作锚；

5—穿心式千斤顶；6—夹片式工具锚

（三）钢筋束或钢绞线束的下料长度

当采用夹片式锚具，以穿心式千斤顶在构件上张拉（图 5-24）时，钢筋束钢绞线束的成品长度 L 为：

两端张拉：
$$L=l+2(l_7+l_8+l_9+100) \tag{5-11}$$

一端张拉：
$$L=l+2(l_7+100)+l_8+l_9 \tag{5-12}$$

式中　l_7——夹片式工作锚厚度；

　　l_8——穿心式千斤顶长度；

　　l_9——夹片式工具锚厚度。

（四）下料❶

钢丝、钢绞线、热处理钢筋及冷拉Ⅳ级预应力筋应采用砂轮锯或切断机切断，不得采用电弧切割；用砂轮切割机下料具有操作方便，效率高、切口规则无毛头等优点，尤其适合现场使用。当钢丝束两端采用镦头锚具时，同一束中各根钢丝长度的差不应大于钢丝长度的 1/5000，且不应大于 5mm。当成组张拉长度不大于 10m 的钢丝时，同组钢丝长度的差不得大于 2mm。为了达到这一要求，钢丝下料可用钢管限位法或牵引索在拉紧状态下进行。

---

❶《混凝土结构工程施工质量验收规范》GB 50204—2002（2011 版）规定：

6.3.4 条文说明　预应力筋常采用无齿锯或机械切断机切割。当采用电弧切割时，电弧可能损伤高强度钢丝、钢绞线，引起预应力筋断裂，故应禁止采用。对同一束中高强钢丝下料长度的极差（最大值与最小值之差）的规定，仅适用于钢丝束两端均采用镦头锚具的情况，目的是为了保证同一束中各根钢丝的预加力均匀一致。本章中，对规定抽样检查项目，应在全数观察的基础上，对重要部位和观察难以判定的部位进行抽样检查。检查数量：每工作班抽查预应力筋总数的 3%，且不少于 3 束。检验方法：观察，钢尺检查。

钢筋束、热处理钢筋和钢绞线是成盘状供应的，长度较长，不需对焊接长。其制作工序是：开盘、下料和编束。矫直回火钢丝放开后是直的，可直接下料。钢绞线在出厂前经过低温回火处理，因此在进场后无须预拉。钢绞线下料前应在切割口两侧各 50mm 处用 20 号铁丝绑扎牢固，以免切割后松散。

四、后张法的施工工艺

（一）预留孔道

1. 预应力筋孔道布置❶

预应力筋的孔道形状有直线、曲线和折线三种。孔道的直径与布置，主要根据预应力混凝土构件或结构的受力性能，并参考预应力筋张拉锚固体系特点与尺寸确定。后张法预应力筋预留孔道的规格、数量、位置和端头除应符合设计要求外，尚应符合下列规定：预留孔道的定位应牢固，浇筑混凝土时不应出现移位和变形；孔道应平顺，端部的预埋锚垫板应垂直于孔道中心线；成孔用管道应密封良好，接头应严密且不得漏浆；灌浆孔的间距：对预埋金属螺旋管不宜大于 30m；对抽芯成形孔道不宜大于 12m；在曲线孔道的曲线波峰部位应设置排气兼泌水管，必要时可在最低点设置排水孔；灌浆孔及泌水管的孔径应能保证浆液畅通。

（1）孔道直径：对粗钢筋，孔道的直径应比预应力筋直径、钢筋对焊接头处外径或需穿过孔道的锚具或连接器外径大 10～15mm。

对钢丝或钢绞线，孔道的直径应比预应力束外径或锚具外径大 5～10mm，且孔道面积应大于预应力筋面积的两倍。

（2）孔道布置：预应力筋孔道之间的净距不应小于 50mm，孔道至构件边缘的净距不应小于 40mm，凡需起拱的构件，预留孔道宜随构件同时起拱。

（3）灌浆孔的间距：对预埋金属螺旋管不宜大于 30m；对抽芯成形孔道不宜大于 12m。

2. 孔道成型方法

预应力筋的孔道可采用钢管抽芯、胶管抽芯和预埋管等方法成型。对孔道成型的基本要求是：孔道的尺寸与位置应正确，孔道应平顺，接头不漏浆，端部预埋钢板应垂直于孔道中心线等。孔道成型的质量，对孔道摩阻损失的影响较大，应严格把关。

（1）钢管抽芯法：钢管抽芯用于直线孔道。钢管表面必须圆滑，预埋前应除锈、刷油，如用弯曲的钢管，转动时会沿孔道方向产生裂缝，甚至塌陷。钢管在构件中用钢筋井字架（图 5-25）固定位置，井字架每隔 1.0～1.5m 一个，与钢筋骨架扎牢。两根钢管接头处可用 0.5mm 厚铁皮做成的套管连接（图 5-26），套管内表面要与钢管外表面紧密贴合，以防漏浆堵塞孔道。抽管前每隔 10～15min 应转管一次。

抽管时间与水泥的品种、气温和养护条件有关。抽管宜在混凝土初凝之后，终凝以前进行，以用手指按压混凝土表面不显指纹时为宜。抽管过早，会造成坍孔事故；太晚，混凝土与钢管粘结牢固，抽管困难，甚至抽不出来。常温下抽管时间约在混凝土灌筑后 3～5h。抽管顺序宜先上后下地进行，抽管时必须速度均匀、边抽边转，并与孔道保持一直线。抽管后，应及时检查孔道情况，并做好孔道清理工作，防止以后穿筋困难。

---

❶ 《混凝土结构工程施工质量验收规范》GB 50204—2002（2011 版）规定：

6.3.6 条文说明　浇筑混凝土时，预留孔道定位不牢固会发生移位，影响建立预应力的效果。为确保孔道成型质量，除应符合设计要求外，还应符合本条对预留孔道安装质量作出的相应规定。对后张法预应力混凝土结构中预留孔道的灌浆孔及泌水管等的间距和位置要求，是为了保证灌浆质量。检查数量：全数检查。检验方法：观察，钢尺检查。

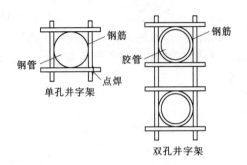

图 5-25　固定钢管或胶管位置用的井字架

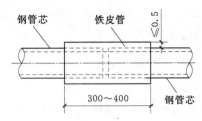

图 5-26　铁皮套管

（2）胶管抽芯法：留孔用胶管采用 5～7 层帆布夹层、壁厚 6～7mm 的普通橡皮管，可用于直线、曲线或折线孔道。使用前，把胶管一头密封，勿使漏水漏气。密封的方法是将胶管一端外表面削去 1～3 层胶皮及帆布，然后将外表面带有粗丝扣的钢管（钢管一端用铁板密封焊牢）插入胶管端头孔内，再用 20 号铅丝在胶管外表面密缠牢固，铅丝头用锡焊牢（图 5-27），胶管另一端接上阀门，其接法与密封基本相同（图 5-28）。

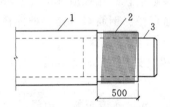

图 5-27　胶管封端
1—胶管；2—20 号铅丝密扎；
3—钢管堵头

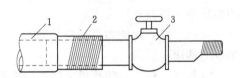

图 5-28　胶管与阀门连接
1—胶管；2—20 号铅丝密扎；3—阀门

固定胶管位置用的钢筋井字架，一般每隔 600mm 放置一个，并与钢筋骨架扎牢。然后充水（或充气）加压到 0.5～0.8N/mm² 此时胶皮管直径可增大约 3mm。浇捣混凝土时，振动棒不要碰胶管，并应经常检查水压表的压力是否正常，如有变化必须补压。

抽管前，先放水降压，待胶管断面缩小与混凝土自行脱离即可抽管。抽管时间比抽钢管略迟。抽管顺序一般为先上后下，先曲后直。在没有充气或充水设备的单位或地区，也可在胶皮管内满塞细钢筋，能收到同样效果。

（3）预埋管法：预埋管法可采用薄钢管，镀锌钢管与金属螺旋管（波纹管）等。金属螺旋管具有重量轻、刚度好、弯折方便、连接容易、与混凝土粘结良好等优点，可做成各种形状的预应力筋孔道，是现代后张预应力筋孔道成型用的理想材料，镀锌钢管仅用于施工周期长的超高竖向孔道或有特殊要求的部位。

（二）预应力筋张拉方式

预应力筋张拉时，混凝土强度应符合设计要求。当设计无具体要求时，不应低于设计的混凝土立方体抗压强度标准值的 75%。根据预应力混凝土结构特点、预应力筋形状与长度，以及施工方法的不同，预应力筋张拉方式有以下几种。

1. 一端张拉方式

张拉设备放置在预应力筋一端的张拉方式。适用于长度小于 30m 的直线预应力筋与锚固损失影响长度 $L_f \geqslant L/2$（L 为预应力筋长度）的曲线预应力筋。

2. 两端张拉方式

张拉设备放置在预应力筋两端的张拉方式。适用于长度大于 30m 的直线预应力筋与锚固损失影响长度 $L_f<L/2$ 的曲线预应力筋。当张拉设备不足或由于张拉顺序安排关系，也可先在一端张拉完成后，再移至另端张拉，补足张拉力后锚固。

3. 分批张拉方式

对配有多束预应力筋的构件或结构分批进行张拉的方式。由于后批预应力筋张拉所产生的混凝土弹性压缩对先批张拉的预应力筋造成预应力的损失，所以先批张拉的预应力筋张拉力应加上该弹性压缩损失值或将弹性压缩损失平均值统一增加到每根预应力筋的张拉力内。

4. 分段张拉方式

在多跨连续梁板分段施工时，通长的预应力筋需要逐段进行张拉的方式。对大跨度多跨连续梁，在第一段混凝土浇筑与预应力筋张拉锚固后，第二段预应力筋利用锚头连接器接长，以形成通长的预应力筋。

5. 分阶段张拉方式

在后张法预应力梁等结构中，为了平衡各阶段的荷载，采取分阶段逐步施加预应力的方式。所加荷载不仅是外载（如楼层重量），也包括由内部体积变化（如弹性压缩、收缩与徐变）产生的荷载。梁在跨中处下部与上部应力应控制在容许范围内。这种张拉方式具有应力、挠度与反拱容易控制、材料省等优点。

6. 补偿张拉方式

在早期预应力损失基本完成后，再进行张拉的方式。采用这种补偿张拉，可克服弹性压缩损失，减少钢材应力松弛损失，混凝土收缩徐变损失等，以达到预期的预应力效果。此法在水利工程与岩土锚杆中应用较多。

（三）预应力筋张拉顺序

预应力筋的张拉顺序，应使混凝土不产生超应力、构件不扭转与侧弯、结构不变位等为目的；因此，对称张拉是一项重要原则；同时，还应考虑到尽量减少张拉设备的移动次数。如图 5-29 所示预应力混凝土屋架下弦杆钢丝束的张拉顺序。钢丝束的长度不大于30m，采用一端张拉方式。图 5-29（a）预应力筋为两束，用两台千斤顶分别设置在构件两

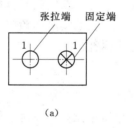
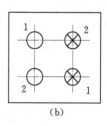

图 5-29 屋架下弦杆预应力筋张拉顺序
（a）两束；（b）四束
1、2—预应力筋分批张拉顺序

端对称张拉，一次完成。图 5-29（b）预应力筋为四束，需要分两批张拉，用两台千斤顶分别张拉对角线上的两束，然后张拉另两束。由于分批张拉引起的预应力损失，统一增加到先批张拉的预应力筋的张拉力内。

（四）平卧重叠构件张拉

后张法预应力混凝土屋架等构件一般在施工现场平卧重叠制作，重叠层数为 3～4 层。其张拉顺序宜先上后下逐层进行。为了减少上下层之间因摩擦引起的预应力损失，可逐层加大张拉力。

（五）张拉程序

张拉程序同先张法。

（六）张拉伸长值校核

预应力筋张拉时，通过伸长值的校核，可以综合反映张拉力是否足够，孔道摩阻损失是否偏大，以及预应力筋是否有异常现象等。因此，对张拉伸长值的校核，要引起重视。

预应力筋张拉伸长值的量测，应在建立初应力之后进行。其实际伸长值 $\Delta L_实$ 应等于：

$$\Delta l_实 = \Delta L_1 + \Delta L_2 - A - B - C \tag{5-13}$$

式中　ΔL_1——从初应力至最大张拉力之间的实测伸长值；

　　　ΔL_2——初应力以下的推算伸长值；

　　　A——张拉过程中锚具楔紧引起的预应力筋内缩值；

　　　B——千斤顶体内预应力筋的张拉伸长值；

　　　C——施加应力时，后张法混凝土构件的弹性压缩值（其值微小时可略去不计）。

预应力筋的计算伸长值 $\Delta l_计$，mm，可按下式计算：

$$\Delta l_计 = \frac{F_p l}{A_p E_s} \tag{5-14}$$

式中　F_p——预应力筋的平均张拉力，kN，直线筋取张拉端的拉力；两端张拉的曲线筋取张拉端的拉力与跨中扣除孔道摩阻力损失后的平均值；

　　　l——预应力筋的长度，mm；

　　　A_p——预应力筋的截面面积，mm；

　　　E_s——预应力筋的弹性模量，kN/mm^2。

根据规范的规定：如实际伸长值比计算伸长值超出限值，应暂停张拉，在采取措施予以调整后，方可继续张拉。此外，在锚固时应检查张拉端预应力筋的内缩值，以免由于锚固引起的预应力损失超过设计值。如实测的预应力筋内缩量大于规定值，则应改善操作工艺，更换锚具或采取超张拉办法弥补。

（七）张拉注意事项 ❶

（1）张拉时应认真做到孔道、锚环与千斤顶同轴对中，防止孔道摩擦损失。

（2）采用锥锚式千斤顶张拉钢丝束时，先使千斤顶张拉缸进油，至压力表略有起动时暂停，检查每根钢丝的松紧并进行调整，然后再打紧楔块。

（3）工具锚的夹片，应注意保持清洁和良好的润滑状态。新的工具锚夹片第一次使用前，应在夹片背面涂上润滑剂，以后每使用 5 次，应将工具锚上的挡板连同夹片一同卸下，

---

❶《混凝土结构工程施工质量验收规范》GB 50204—2002（2011 版）规定：

6.5.3 条文说明　锚具外多余预应力筋常采用无齿锯或机械切断机切断。实际工程中，也可采用氧-乙炔焰切割方法切断多余预应力筋，但为了确保锚具正常工作及考虑切断时热影响可能波及锚具部位，应采取锚具降温等措施。考虑到锚具正常工作及可能的热影响，本条对预应力筋外露部分长度作出了规定。切割位置不宜距离锚具太近，同时也不应影响构件安装。检查数量：在同一检验批内，抽查预应力筋总数的 3%，且不少于 5 束。检验方法：观察，钢尺检查。

6.5.2 条文说明　封闭保护应遵照设计要求执行，并在施工技术方案中作出具体规定。后张预应力筋的锚具多配置在结构的端面，所以常处于易受外力冲击和雨水浸入的状态，此外，预应力筋张拉锚固后，锚具及预应力筋处于高应力状态，为确保暴露于结构外的锚具能够永久性地正常工作，不致受外力冲击和雨水浸入而遭受破损和腐蚀，应采取防止锚具锈蚀和遭受机械损伤的有效措施。检查数量：在同一检验批内，抽查预应力筋总数的 5%，且不少于 5 处。检验方法：观察，钢尺检查。

涂上一层润滑剂，以防夹片在退楔时卡住。润滑剂可采用石墨、二硫化钼、石蜡等。

（4）多根钢绞线束夹片锚固体系如遇到个别钢绞线滑移，可更换夹片，用小型千斤顶单根张拉。多根钢丝同时张拉时，构件截面中断丝和滑脱钢丝的数量不得大于钢丝总数 3%，且每束不得超过一根。

（5）每根构件张拉完毕后，应检查端部和其他部位是否有裂缝，并填写张拉记录表。

（6）后张法预应力筋锚固后外露部分宜采用机械方法切割，其外露长度不宜小于预应力筋直径的 1.5 倍，且不宜小于 30mm。长期外露锚具，可涂刷防锈油漆，或用混凝土封裹，以防腐蚀。

（7）锚具的封闭保护应符合设计要求；当设计无具体要求时，应符合下列规定：应采取防止锚具腐蚀和遭受机械损伤的有效措施；凸出式锚固端锚具的保护层厚度不应小于 50mm。

（8）外露预应力筋的保护层厚度：处于正常环境时，不应小于 20mm；处于易受腐蚀的环境时，不应小于 50mm。

（八）孔道灌浆❶

预应力筋张拉后处于高应力状态，对腐蚀非常敏感，所以应尽早进行孔道灌浆。灌浆是对预应力筋的永久性保护措施。故要求水泥浆饱满、密实，完全裹住预应力筋。灌浆质量的检验应着重于现场观察检查，必要时采用无损检查或凿孔检查。此外，试验研究证明，在预应力筋张拉后立即灌浆，可减少预应力松弛损失。因此，对孔道灌浆的质量，必须重视。

1. 灌浆材料

配制灌浆用水泥浆应采用强度等级不低于 42.5 级普通硅酸盐水泥；灌浆用水泥浆的水灰比不应大于 0.45，搅拌后 3h 泌水率不宜大于 2%，且不应大于 3%。泌水应能在 24h 内全部重新被水泥吸收。当需要增加孔道灌浆的密实性时，水泥浆中可掺入对预应力筋无腐蚀作用的外加剂（如掺入占水泥重量 0.25% 的木质素磺酸钙、0.25% 的 FDN、0.5% 的 NNO，一般可减水 10%～15%，泌水小、收缩小、早期强度高；而掺入 0.05‰ 的铝粉，可使水泥浆获得 2%～3% 膨胀率，提高孔道灌浆饱度同时也能满足强度要求），灌浆用水泥浆的抗压强度不应小于 30N/mm²。对空隙大的孔道，可采用砂浆灌浆。

2. 灌浆施工

灌浆顺序应先下后上，以免上层孔道漏浆把下层孔道堵塞；直线孔道灌浆，应从构件的一端到另一端；在曲线孔道中灌浆，应从孔道最低处开始向两端进行。用连接器连接的多跨连续预应力筋的孔道灌浆，应张拉完一跨随即灌注一跨，不得在各跨全部张拉完毕后，一次连续灌浆。灌浆工作应缓慢均匀地进行，不得中断，并应排气通顺；在孔道两端冒出浓浆并封闭排气孔后，宜再继续加压至 0.5～0.6N/mm²，稍后再封闭灌浆孔。

不掺外加剂的水泥浆，可采用二次灌浆法。二次灌浆时间要掌握恰当，一般在水泥浆泌水基本完成、初凝尚未开始时进行（夏季约 30～45min，冬季约 1～2h）。

---

❶ 《混凝土结构工程施工质量验收规范》GB 50204—2002（2011 版）规定：
6.5.4 条文说明 本条规定浇灌浆用水泥水灰比的限值，其目的是为了在满足必要的水泥浆稠度的同时，尽量减小泌水率，以获得饱满、密实的灌浆效果。水泥浆中水的泌出往往造成孔道内的空腔，并引起预应力筋腐蚀。2% 左右的泌水一般可被水泥浆吸收，因此应按本条的规定控制泌水率。如果有可靠的工程经验，也可以提供以往工程中相同配合比的水泥浆性能试验报告。检查数量：同一配合比检查一次。检验方法：检查水泥浆性能试验报告。

预应力混凝土的孔道灌浆，应在常温下进行。在低温灌浆前，宜通入 50℃ 的温水，洗净孔道并提高孔道周边的温度（应在 5℃ 以上）；灌浆时水泥的温度宜为 10～25℃；水泥浆的温度在灌浆后至少有 5d 保持在 5℃ 以上；且应养护到强度不小于 15N/mm²。此外，在水泥浆中加适量的加气剂、减水剂、甲基酒精以及采取二次灌浆工艺，都有助于免除冻害。

第四节　无粘结预应力混凝土工程施工

《无粘结预应力混凝土结构技术规程》JGJ 92—2004 第 2.1.1 条定义：无粘结预应力筋是采用专用防腐润滑油和塑料涂包的单根预应力钢绞线，其与被施加预应力的混凝土之间可保持相对滑动。

无粘结预应力混凝土施工是将预先加工好的无粘结预应力筋和普通钢筋一样直接放置在模板内，然后浇注混凝土，待混凝土达到设计规定强度后，进行张拉锚固的一种施工工艺。这种施工工艺与普通后张法施工的区别在于不需在放置预应力筋的部位预留孔道和穿筋，预应力筋张拉完毕后，也不需进行孔道灌浆。广泛应用于各种结构的梁与连续梁、双向连续平板和密肋板中。

一、无粘结预应力筋的生产❶

无粘结预应力筋是指施加预应力后沿全长与周围混凝土不粘结的预应力筋。它由预应力钢材、涂料层和护套层组成，如图 5-30 所示。

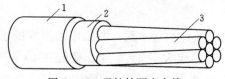

图 5-30　无粘结预应力筋
1—塑料护套；2—油脂；3—钢绞线或钢丝束

无粘结预应力筋一般由钢丝、钢绞线等钢材制作成束使用。

无粘结预应力筋的涂料层应具有良好的化学稳定性，对周围材料无侵蚀作用；不透水，不吸湿，抗腐蚀性能强；润滑性能好，摩擦阻力小；在规定温度范围内高温（70℃）不流淌，低温（−20℃）不变脆，并有一定韧性。目前一般选用 1 号和 2 号建筑油脂作为涂料层使用。

护套材料应具有足够的韧性，抗磨及抗冲击性，对周围材料应无侵蚀作用，在规定的温度范围内，低温应不脆化，高温化学稳定性好。宜采用高密度聚乙烯，有可靠实践经验时，也可采用聚丙烯，但不得采用聚氯乙烯。

钢丝束（7φs5）、钢绞线涂料层的涂敷，以及护套的制作应一次完成，一般有缠丝工艺和挤塑涂层工艺两种制作方法。缠丝工艺是在缠丝机上连续作业完成编束、涂油、镦头、缠塑料布和切断等工艺。挤塑涂层工艺设备主要由放线盘、给油装置、塑料挤出机、水冷装置、牵引机、收线机等组成，如图 5-31 所示。钢丝束（或钢绞线）经给油装置涂油后，通过塑料挤出机的机头出口处，塑料熔融物被挤成管状包覆在钢绞线上，经冷却水槽塑料套管硬化，即形成无粘结预应力筋；牵引机继续将钢绞线牵引至收线装置，自动排列成盘卷，适

---

❶ 《无粘结预应力混凝土结构技术规程》JGJ 92—2004 规定：

6.1.1　单根无粘结预应力筋的制作应采用挤塑成型工艺，并由专业化工厂生产，涂料层的涂敷和护套的制作应连续一次完成，涂料层防腐油脂应完全填充预应力筋与护套之间的环形空间。无粘结预应力筋的涂包质量应符合现行行业标准《无粘结预应力钢绞线》JG 161 的规定。

6.1.2　挤塑成型后的无粘结预应力筋应按工程所需的长度和锚固形式进行下料和组装；并应采取措施防止防腐油脂从筋的端头溢出，沾污非预应力钢筋等。

用于专业化生产单根钢绞线或 7ϕ^s5 钢丝束。

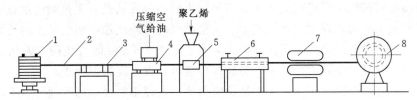

图 5-31　挤塑涂层工艺生产线

1—放线盘；2—钢绞线；3—滚动支架；4—给油装置；5—塑料挤出机；

6—水冷装置；7—牵引机；8—收线装置

无粘结预应力筋应连续生产，钢绞线或钢丝束中的每根钢丝应由整根钢丝组成，不得有接头与死弯。无粘结预应力筋应具有良好的伸直性，盘内径不宜小于 2000mm。无粘结预应力筋出厂时，每盘上都挂有标牌，并附有出厂说明书。无粘结预应力筋的涂包质量应符合无粘结预应力钢绞线标准的规定[❶]。

无粘结预应力筋进场时应每个用户每次同规格订货为一检验批（每批重量不大于 30t）逐盘检查。产品外观应油脂饱满均匀，不漏涂；护套圆整光滑，松紧恰当。油脂与塑料护套检查，每批抽样三根。每根长 1m，称出产品重后，用刀剖开塑料护套，分别用柴油清洗擦净，再分别用天平称出钢材与塑料护套重，即得油脂重；再用千分卡量取塑料每段端口最薄和最厚处的两个厚度取平均值。

二、无粘结预应力混凝土施工工艺

1. 无粘结预应力筋铺设与固定[❷]

无粘结预应力筋的铺设，通常是在底部钢筋铺设后进行。梁和单向板中无粘结预应力筋的铺设比较简单，与非预应力筋铺设基本相同。在双向板中，无粘结预应力筋需要配置成两个方向的悬垂曲线。无粘结筋相互穿插，施工操作较为困难，必须事先编出无粘结筋的铺设顺序。其方法是将各向无粘结筋各搭接点的标高标出，对各搭接点相应的两个标高分别进行比较，若一个方向某一无粘结筋的各点标高均分别低于与其相交的各筋相应点标高时，则此筋可先放置。按此规律编出全部无粘结筋的铺设顺序。

无粘结预应力筋的铺设应符合下列要求：无粘结预应力筋的定位应牢固，浇筑混凝土时不应出现移位和变形；端部的预埋锚垫板应垂直于预应力筋；内埋式固定端垫板不应重叠，锚具与垫板应贴紧；无粘结预应力筋成束布置时应能保证混凝土密实并能裹住预应力筋；无粘结预应力筋的护套应完整，局部破损处应采用防水胶带缠绕紧密。

无粘结预应力筋应严格按设计要求的曲线形状就位并固定：在双向连续平板中，各无粘结筋曲线高度的控制点用铁马凳垫好并扎牢，跨中部位的无粘结筋可直接绑扎在板的底部钢

---

❶ 《混凝土结构工程施工质量验收规范》GB 50204—2002（2011 版）规定：

6.2.2 条文说明：无粘结预应力筋的涂包质量对保证预应力筋防腐及准确地建立预应力非常重要。涂包质量的检验内容主要有涂包层油脂用量、护套厚度及外观。当有工程经验，并经观察确认质量有保证时，可仅作外观检查。检查数量：每 60t 为一批，每一批抽取一组试件。检验方法：观察，检查产品合格证、出厂检验报告和进场复验报告。注：当有工程经验，并经观察认为质量有保证时，可不作油脂用量和护套厚度的进场复验。

❷ 《混凝土结构工程施工质量验收规范》GB 50204—2002（2011 版）规定：

6.3.8 条文说明：实际工程中常将无粘结预应力筋成束布置，以便于施工控制，但其数量及排列形状应能保证混凝土能够握裹预应力筋。此外，内埋式挤压锚具在使用中常出现垫板重叠、垫板与锚具脱离等现象，故本条作出了相应规定。检查数量：全数检查。检验方法：观察。

筋上。无粘结筋的水平位置应保持顺直。

张拉端模板应按施工图中规定的无粘结预应力筋的位置钻孔。张拉端的承压板应采用钉子固定在端模板上或用点焊固定在钢筋上。无粘结预应力曲线筋或折线筋末端的切线应与承压板相垂直，曲线段的起始点至张拉锚固点应有不小于300mm的直线段。无粘结预应力铺设固定完毕后，应进行隐蔽工程验收，当确认合格后，方可浇筑混凝土。

混凝土浇筑时，严禁踏压撞碰无粘结预应力筋、支撑钢筋及端部预埋件，张拉端与固定端混凝土必须振捣密实。

2. 无粘结预应力筋张拉❶

无粘结预应力筋张拉前，应清理承压板面，并检查承压板后面的混凝土质量。如有空鼓现象，应在无粘结预应力筋张拉前修补。

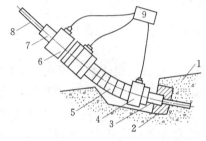

图5-32　变角张拉装置
1—凹口；2—锚垫板；3—锚具；4—液压顶压器；5—变角块；6—千斤顶；7—工具锚；8—预应力筋；9—油泵

无粘结预应力筋张拉与普通预应力钢丝束张拉相似，张拉程序一般采用为 $0 \rightarrow 103\%\sigma_{con}$。板中的无粘结筋一般采用前卡式千斤顶单根依次张拉，并用单孔夹片锚具锚固。梁中的无粘结筋宜对称张拉。

当无粘结预应力筋长度超过30m时，宜采取两端张拉；当筋长超过60m时，宜采取分段张拉和锚固。如遇到摩擦损失较大，则宜先松动一次再张拉。

在梁板顶面或墙壁侧面的斜槽内张拉无粘结预应力筋时，宜采用变角张拉装置。

变角张拉装置是由顶压器、变角块、千斤顶等组成，见图5-32。其关键部位是变角块，每一变角块的变角量为5°，安装变角块时要注意块与块之间的槽口搭接，一定要保证变角轴线向结构外侧弯曲。

无粘结预应力筋张拉伸长值校核与有粘结预应力筋相同；对超长无粘结筋由于张拉初期的阻力大，初拉力以下的伸长值比常规推算伸长值小，应通过试验修正。

3. 无粘结预应力筋锚固

(1) 在平板中单根无粘结预应力筋的张拉端可设在边梁或墙体外侧，有凸出式（图5-33）或凹入式（图5-34）作法，前者利用外包钢筋混凝土圈梁封裹，后者利用掺膨胀剂的砂浆封口。承压钢板的参考尺寸为80mm×80mm×12mm或90mm×90mm×12mm，根据预应力筋规格与锚固区混凝土强度确定。螺旋筋为 $\phi6$ 钢筋，螺旋直径70mm，可直接点焊在承压钢板上。

---

❶ 《无粘结预应力混凝土结构技术规程》JGJ 92—2004规定：

6.3.2　安装张拉设备时，对直线的无粘结预应力筋，应使张拉力的作用线与无粘结预应力筋中心线重合；对曲线的无粘结预应力筋，应使张拉力的作用线与无粘结预应力筋中心线末端的切线重合。

6.3.3　无粘结预应力筋的张拉控制应力不宜超过 $0.75f_{ptk}$，并应符合设计要求。如需提高张拉控制应力值时，不应大于钢绞线抗拉强度标准值的80%。

6.3.4　当施工需要超张拉时，无粘结预应力筋的张拉程序宜为：从应力为零开始张拉至1.03倍预应力筋的张拉控制应力 σ_{con} 锚固。此时，最大张拉应力不应大于钢绞线抗拉强度标准值的80%。

6.3.5　当采用应力控制方法张拉时，应校核无粘结预应力筋的伸长值，当实际伸长值与设计计算伸长值相对偏差超过±6%时，应暂停张拉，查明原因并采取措施予以调整后，方可继续张拉。

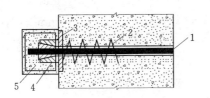

图 5-33 张拉端凸出式构造

1—无粘结预应力筋；2—螺旋筋；

3—承压钢板；4—夹片锚具；

5—混凝土圈梁

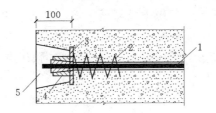

图 5-34 凹入式构造

1—无粘结预应力筋；2—螺旋筋；

3—承压钢板；4—夹片锚具；

5—砂浆

（2）在梁中成束布置的无粘结预应力筋，宜在张拉端分散为单根布置，承压钢板上预应力筋的间距为 60～70mm。当一块钢板上预应力筋根数较多时，宜采用钢筋网片。网片采用 $\phi 6$～$\phi 8$ 钢筋 4～6 片。

（3）无粘结预应力筋的固定端可利用镦头锚板或挤压锚具采取内埋式作法，如图 5-35 所示。

对多根无粘结预应力筋，为避免内埋式固定端应力集中使混凝土开裂，可采取错开位置锚固。

（4）当无粘结预应力筋搭接铺设，分段张拉时，预应力筋的张拉端设在板面的凹槽处，其固定端埋设在板内。在

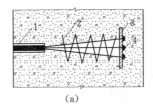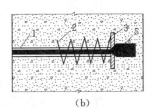

（a） （b）

图 5-35 无粘结预应力筋固定端内埋式构造

（a）钢丝束镦头锚板；（b）钢绞线挤压锚具

1—无粘结筋；2—螺旋筋；3—承压钢板；

4—冷镦头；5—挤压锚具

预应力筋搭接处，由于无粘结筋的有效高度减少而影响截面的抗弯能力，可增加非预应力钢筋补足。

无粘结预应力筋的锚固区，必须有严格的密封防护措施，严防水汽进入锈蚀预应力筋。一般是在锚具与承压板表面涂以防水涂料。为了使无粘结筋端头全封闭，在锚具端头涂防腐润滑油脂后，罩上封端塑料盖帽，或在两端留设的孔道内注入环氧树脂水泥砂浆，其抗压强度不低于 35MPa，灌浆时同时将锚头封闭。

无粘结预应力筋保护层的最小厚度，考虑耐火要求，应符合表 5-3 与表 5-4 的规定。

表 5-3　　　　　　　　　　　板的混凝土保护层最小厚度　　　　　　　　　　　单位：mm

约束条件	耐火极限（h）			
	1	1.5	2	3
简支	25	30	40	55
连续	20	20	25	30

表 5-4　　　　　　　　　　　梁的混凝土保护层最小厚度　　　　　　　　　　　单位：mm

约束条件	梁宽	耐火极限（h）			
		1	1.5	2	3
简支	200	45	50	65	采取特殊措施
	≥300	40	45	50	65
连续	200	40	40	45	50
	≥300	40	40	40	45

注 当混凝土保护层厚度不能满足表列要求时，应使用防火涂料。

对无粘结预应力混凝土平板，混凝土平均预压应力不宜小于 $1.0N/mm^2$，也不宜大于 $3.5N/mm^2$。在裂缝控制较严的情况下，平均预压应力值应不小于 $1.4N/mm^2$。对抵抗收缩与温度变形的预应力筋，混凝土平均预压应力值不宜小于 $0.7N/mm^2$。

思　考　题

1. 试述预应力后张拉法施工过程中可能发生的预应力损失及其防止或补偿方法。

2. 后张预应力筋张拉过程中可能发生哪几方面的预应力损失？

3. 试述后张法预应力平卧叠浇构件的张拉要求。

4. 预应力混凝土的主要施工工艺及其施工过程如何？

5. 锚具和夹具有哪些种类？其适用范围如何？

6. 预应力的张拉程序有几种？为什么要超张拉？

7. 先张法台座种类主要有哪几种？设计台座时主要要验算什么？

8. 千斤顶为什么要配套校验？常用校验方法有哪几种？如何校验？

9. 后张法孔道留设方法有几种？留设孔道时应注意哪些问题？

10 预应力筋张拉时为什么要校核其伸长值？如何量测？理论伸长值如何计算？

11. 根据预应力张拉和锚固阶段的应力分布规律，说明采用一端张拉和两端张拉基本原理？

12. 后张法孔道灌浆的作用是什么？对灌浆材料的要求如何？怎样设置灌浆孔和泌水孔？

13. 无粘结筋的张拉端和锚固端的构造如何？铺设无粘结筋时应注意哪些问题？

14. 试比较先张法与后张法施工工艺的不同特点及其适用范围。

15. 先张法的张拉控制应力与后张法有何不同？为什么？

16. 在张拉程序中为什么要超张拉、持荷 2min？建立张拉程序的依据是什么？

17. 先张法施工中预应力筋放张时应注意哪些问题？

18. 什么叫无粘结张拉？施工中应注意哪些问题？

习　题

1. 某预制厂的钢筋混凝土墩式台座如下图所示，台面宽 6m；台面混凝土为 C20，厚度 10cm（混凝土容积密度为 $25000kN/m^3$）。现需在其上张拉 6 组预应力筋，每组筋的总拉应力为 300kN，试计算该台座的稳定性和台面的承载能力能否满足需要。

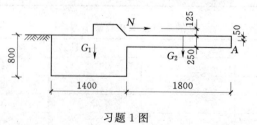

习题 1 图

2. 现有一批采用先张法制作的 1.5m×6m 预应力大型面板，预应力筋为 2 根 $\Phi^1 14$，单

根钢筋截面面积 $A_s = 113mm$，$f_{ptk} = 450 \ N/mm^2$。

试求：（1）预应力筋张拉控制应力 σ_{con}。

（2）确定张拉程序并计算单根预应力筋的张拉力 P_j。

3. 某单层工业厂房预应力屋架跨度 24m，后张法施工，其下弦截面如图所示，孔道长度 23800mm，预应力筋为 4 根冷拉 HRB400 级Φ^l25 粗钢筋，两端为螺丝端杆锚具，螺杆长 320mm，外露长度 120mm，螺母厚度 45mm，垫板厚度 16mm。进场的钢筋长度均为 9m 一根，经对焊接长（每个接头压缩量取 25mm）、冷拉制成。冷拉时实测冷拉率为 4.2%，弹性回缩率为 0.4%，试计算制作每根预应力筋所需的钢筋下料长度。

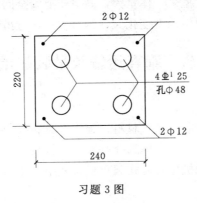

习题 3 图

第六章　土木工程结构安装工程

　　将土木工程结构构件分别在施工现场或工厂预制成型，用起重机械在施工现场把它们吊运并安装到设计位置上，形成装配式结构，此即土木工程结构安装工程。

　　土木工程结构安装工程类型多，体量大，高空作业安全问题突出，要求协同配合施工的专业工种多，构件在吊装过程中内力变化大，需对构件进行吊装验算。

第一节　垂直运输及吊装起重设施

一、垂直运输设施

　　土木工程施工过程中，大量的建筑材料、施工工具和各种构配件均需要运到各楼层的施工操作面上才能完成施工。因此，合理选择垂直运输机械是建筑工程中最先需要解决的问题之一。目前，常用的垂直运输机械有塔式起重机、井架、龙门架、施工电梯等。

　　（一）塔式起重机

　　塔式起重机的塔身直立，起重臂安在塔身顶部可作 360°回转，具有提升、回转、水平运输等功能。它具有较高的起重高度、工作幅度和起重能力、工作速度快、生产效率高、机械运转安全可靠、操作和装拆方便、在完成垂直运输的同时完成水平运输等优点，是重要的垂直运输设备，尤其在土木工程结构施工时吊运长、大、重的物料时有明显的优势。

　　1. 塔式起重机分类

　　塔式起重机按行走机构、变幅方式、回转机构位置及爬升方式的不同可分成轨道式、附着式和内爬式塔式起重机。

　　（1）轨道式塔式起重机。轨道式塔式起重机能负荷行走，能同时完成水平运输和垂直运输，且能在直线和曲线轨道上运行，但因需要铺设轨道，装拆及转移耗费工时多，台班费较高。常用的型号有 QT1-2、QT1-6、QT60/80、QT20 型等。QT60/80 塔式起重机为上回转动臂变幅式起重机（图 6-1），起重量 10t，起重力矩 600～800kN·m，起升高度可达 70m 左右，其起重性能见表 6-1。

表 6-1　　　　　　　　　QT60/80 型塔式起重机起重性能

塔级	臂长(m)	幅度(m)	起重量(t)	起升高度(m)	塔级	臂长(m)	幅度(m)	起重量(t)	起升高度(m)	塔级	臂长(m)	幅度(m)	起重量(t)	起升高度(m)
高塔 600kN·m	30	30	2	50	中塔 700kN·m	30①	30	2	40	低塔 800kN·m	30②	30	2	30
		14.6	4.1	68			14.6	4.1	58			14.6	4.1	48
	25	25	2.4	49		25	25	2.8	39		25	25	3.2	29
		12.3	4.9	65			12.3	5.7	55			12.3	6.5	45
	20	20	3	48		20	20	3.5	38		20	20	4	28
		10	6	60			10	7	50			10	8	40
	15	15	4	47		15	15	4.7	37		15	15	5.3	27
		7.7	7.8	56			7.7		46			7.7	10.4	36

　　①　30m 臂杆为加长臂，只作 600kN·m 使用；
　　②　该机是以北京地区情况设计的，工作风压 250Pa，非工作风压 450Pa，对其他地区，如沿海风大地区，使用时应作稳定验算。

（2）附着式塔式起重机。附着式塔式起重机是固定在配套
独立基础上的起重机械，塔身可借助顶升系统自行向上接高，
故也称自升式塔式起重机。每隔20m左右采用附着支架装置，
将塔身固定在建筑物上，以保持稳定。图6-2所示为QTZ160
型附着式塔式起重机，其主要起重技术性能见表6-2。附着式
塔式起重机的自升系统包括顶升套架、长行程液压千斤顶、承
座、顶升横梁及定位销等。液压千斤顶的缸体安装在塔顶底部
的承座上，其顶升过程分为5个步骤（图6-3）：

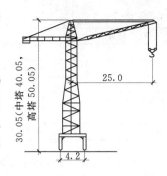

图6-1 QT60/80塔式起重机

1）将标准节吊到摆渡小车上，并将过渡节与塔身标准节
相连的螺栓松开，准备顶升。

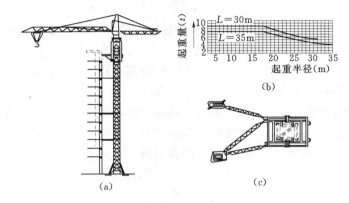

图6-2 QTZ160型塔式起重机

（a）全貌图；（b）性能曲线；（c）锚固装置图

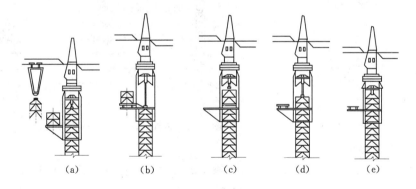

图6-3 附着式塔式起重机的自升过程

（a）准备状态；（b）顶升塔顶；（c）推入标准节；（d）安装标准节；
（e）塔顶与塔身连成整体

2）开动液压千斤顶，将塔式起重机上部结构包括顶升套架向上升到超过一个标准节的
高度，然后用定位销将套架固定，这时，塔式起重机的重量便通过定位销传给塔身。

3）将液压千斤顶回缩，形成引进空间，此时便将装有标准节的摆渡车推入。

4）用千斤顶顶起接高的标准节，退出摆渡小车，将待接的标准节平稳地落到下面的塔
身上，用螺栓拧紧。

5）拔出定位销，下降过渡节，使之与已接高的塔身连成整体。

表 6－2　　　　　　　　　QTZ160 型附着式塔式起重机起重性能

幅度（m）	起重量（t）	起升高度（m）	
65	1.6	行走式	53
60	2		
55	2.5	固定式	50
50	3.2		
45	3.7	附着式	200
2.5	10		

　　近年来，国内外新型塔式起重机不断涌现。国内研制的有 QT15、QT25、QT45、QT60、QT80、QT100、QTZ200 和 QT250 等塔吊。QT250 型起重臂长 60m，最大起重量达 16t，最大起重高度 160m，可用于超高层建筑施工。

　　（3）内爬式塔式起重机。

　　内爬式塔式起重机（图 6－4）是安装在建筑物内部电梯井或特设开间的结构上，借助爬升机构随建筑物的升高而向上爬升的起重机械。一般每隔 1～2 层楼爬升一次。其特点是塔身短，不需轨道和附着装置，不占施工场地；但全部荷载均由建筑物承受，拆卸时需在屋面架设辅助起重设备；且缺点是司机视线受阻，操作不便。

　　内爬式塔式起重机由底座、套架、塔身、塔顶、起重臂和平衡臂等组成。内爬式塔式起重机的爬升过程如图 6－5 所示，先用起重钩将套架提升到一个塔位处予以固定［图 6－5（b）］，然后松开塔身底座梁与建筑物骨架的连接螺栓，收回支腿，将塔身提至需要位置［图 6－5（c）］；最后旋出支腿，扭紧连接螺栓，即可再次进行安装作业。

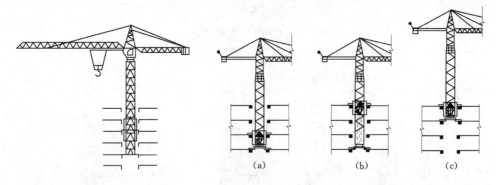

（a）　　　　　　（b）　　　　　　（c）

图 6－4　内爬式塔式起重机　　　　图 6－5　内爬式塔式起重机爬升过程示意图

　　2. 塔式起重机的安装❶

　　（1）安装、拆卸、加节或降节作业时，塔机的最大安装高度处的风速不应大于 13m/s。

---

❶ 《塔式起重机安全规程》GB 5144—2006 规定：

3.4　塔机应保证在工作和非工作状态时，平衡重及压重在其规定位置上不位移、不脱落，平衡重块之间不得互相撞击。当使用散粒物料作平衡重时应使用平衡重箱，平衡重箱应防水，保证重量准确、稳定。

10.1　塔机安装、拆卸及塔身加节或降节作业时，应按使用说明书中有关规定及注意事项进行。

10.1.1　架设前应对塔机自身的架设机构进行检查，保证机构处于正常状态。

10.1.2　塔机在安装、增加塔身标准节之前应对结构件和高强度螺栓进行检查，若发现下列问题应修复或更换后方可进行安装：

a) 目视结构件裂纹及焊缝裂纹；b) 连接件的轴、孔严重磨损；c) 结构件母材严重锈蚀；d) 结构件整体或局部塑性变形，销孔塑性变形。

10.1.3　小车变幅的塔机在起重臂组装完毕准备吊装之前，应检查起重臂的连接销轴、安装定位板等是否连接牢固、可靠。当起重臂的连接销轴轴端采用焊接挡板时，则在锤击安装销轴后，应检查轴端挡板的焊缝是否正常。

（2）塔机的尾部与周围建筑物及其外围施工设施之间的安全距离不小于0.6m。

（3）有架空输电线的场合，塔机的任何部位与输电线的安全距离，应符合表6-3的规定。如因条件限制不能保证表6-3中的安全距离，应与有关部门协商，并采取安全防护措施后方可架设。

（4）两台塔机之间的最小架设距离应保证处于低位塔机的起重臂端部与另一台塔机的塔身之间至少有2m的距离；处于高位塔机的最低位置的部件（吊钩升至最高点或平衡重的最低部位）与低位塔机中处于最高位置部件之间的垂直距离不应小于2m。

表6-3   塔机与输电线的安全距离

安全距离（m）	电压（kV）				
	<1	1~15	20~40	60~110	220
沿垂直方向	1.5	3.0	4.0	5.0	6.0
沿水平方向	1.0	1.5	2.0	4.0	6.0

（二）井架

井架稳定性好、运输量大，是砌体工程施工中最常用的垂直运输设施。为扩大起重运输的服务范围，常在井架上根据需要安装起重臂，臂长5~10m。井架起重量一般为0.5~1.0t，搭设高度可达40m，但需设缆风绳保持井架的稳定，若为附墙式井架可不设缆风绳，设附墙连接件。

常用的井架有木井架、扣件式钢管井架、门架组合井架、型钢井架、碗扣式钢管井架等，图6-6为型钢井架。一般井架为单孔，但也有双孔或多孔井架。井架内设吊盘（或混凝土料斗）；两孔或多孔井架可以分别设置吊盘和混凝土料斗，以满足同时运输多种材料需要。

（三）龙门架❶

龙门架是由两个矩形截面的格构式钢结构立柱及天轮、横梁组成的门式架，在龙门架上装设滑轮（天轮及地轮）、导轨、吊盘（上料平台）、安全装置以及起重索、缆风绳等即构成一个完整的垂直运输体系（图6-7）。龙门架刚度和稳定性较差，一般适用于低层或多层建筑。

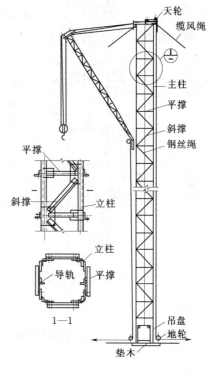

图6-6　型钢井架

❶　《龙门架及井架物料提升机安全技术规范》JGJ 88—2010中规定：

3.0.7　在各停层平台处，应设置显示楼层的标志。

4.1.7　井架式物料提升机的架体，在各停层通道相连接的开口处应采取加强措施。

4.1.10　物料提升机自由端高度不宜大于6m；附墙架间距不宜大于6m。

8.3.2　当物料提升机安装高度大于或等于30m时，不得使用缆风绳。

11.0.3　物料提升机严禁载人。

11.0.4　物料应在吊笼内均匀分布，不应过度偏载。

11.0.5　不得装载超出吊笼空间的超长物料，不得超载运行。

11.0.11　作业结束后，应将吊笼返回最底层停放，控制开关应扳至零位，并应切断电源，锁好开关箱。

龙门架一般单独设置，在有外脚手架的情况下，可设在脚手架的外侧或转角部位，在垂直脚手架的方向需设置缆风绳并设置附墙连接件。与龙门架相接的脚手架加设必要的剪刀撑予以加强。

龙门架起重高度为 $15\sim30m$，起重量为 $0.6\sim1.2t$，不能做水平运输，因此，在地面、楼面上均要配手推车进行水平运输。

对于井架及龙门架高度在 15m 以下时，在顶部设一道缆风绳，每角一根；15m 以上每增高 $7\sim10m$ 增设一道。缆风绳用 $7\sim9mm$ 的钢丝绳，缆风绳与地面成 $45°$ 夹角。缆风锚碇要牢固。

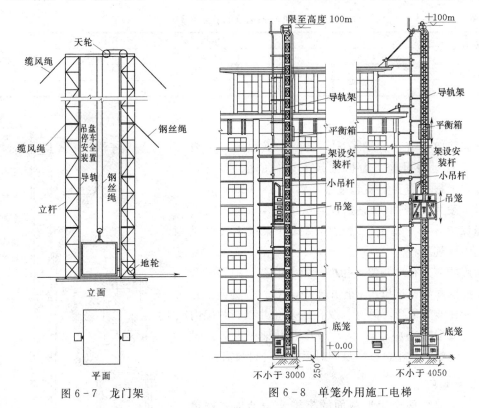

图 6-7 龙门架　　　　　　　图 6-8 单笼外用施工电梯

（四）施工升降机[❶]

外用施工升降机是高层建筑施工中主要的垂直运输设备（图 6-8）。它附着在外墙或其

---

❶ 《建筑施工升降机安装、使用、拆卸安全技术规程》JGJ215—2010 中规定：

4.2.22 施工升降机最外侧边缘与外面架空输电线路的边线之间，应保持安全操作距离。应符合表 4.2.22 的规定。

表 4.2.22　　　　　　　　　　　　最小安全操作距离

外电线电路电压（kV）	<1	1~10	35~110	220	330~500
最小安全操作距离（m）	4	6	8	10	15

5.2.13 施工升降机运行通道内不得有障碍物。不得利用施工升降机的导轨架、横竖支撑、层站等牵拉或悬挂脚手架、施工管道、绳缆标语、旗帜等。

5.2.27 施工升降机使用过程中，运载物料的尺寸不应超过吊笼的界限。

5.2.34 当在施工升降机运行中由于断电或其他原因中途停止时，可进行手动下降。吊笼手动下降速度不得超过额定运行速度。

6.0.1 拆卸前应对施工升降机的关键部件进行检查，当发现问题时，应在问题解决后方能进行拆卸作业。

6.0.4 夜间不得进行施工升降机的拆卸作业。

他结构部位上，随建筑物升高，电梯架设高度可达 100m 以上。常用的外用电梯一般为人、货两用，梯笼可载 12~15 人或载重 1.0~1.2t。

外用施工升降机主要由底笼（外笼）、驱动机构、安全装置、附墙架、起重装置和起重拔杆等构成。按驱动方式可分为齿条驱动和绳轮驱动两种。齿条驱动电梯又有单吊箱（笼）式和双吊箱（笼）式两种，并装有可靠的限速装置，适于 20 层以上建筑工程使用；绳轮驱动电梯为单吊箱（笼），无限速装置，轻巧便宜，适于 20 层以下的建筑工程使用。施工电梯的使用的一般要求：

（1）严禁使用未经验收或验收不合格的施工升降机，其每班首次运行时，应空载、满载试运行，将梯笼升离地面 1m 左右停车，检查制动器灵敏性，确认正常后方可投入运行。

（2）施工升降机额定载重量、额定乘员数标牌应置于吊笼内醒目位置。严禁在超过额定载重量或额定乘员数的情况下使用施工升降机。

（3）在施工升降机作业范围内设置明显的安全警示标志，电梯底笼周围 2.5m 范围内，必须设置防护栏杆。各停靠层的过桥通道应平整牢固，出入口处应设置安全可靠的强制式闸门，电梯应按规定单独安装接地保护和避雷装置。

（4）施工升降机地面通道上方应搭设防护棚。当建筑物高度超过 24m 时，应设置双层防护棚。

（5）当遇大雨、大雪、大雾、施工升降机顶部风速大于 20m/s 或导轨架、电缆表面结有冰层时，不得使用施工升降机，并将梯笼降到底层。

（6）当施工升降机未切断总电源开关前，司机不能离开操纵岗位。作业后，将电梯降到底层，各控制开关拨到零位，切断电源，锁好开关箱、吊笼门和地面防护围栏门。

（7）施工升降机的安装、使用应符合《建筑施工升降机安装、使用、拆卸安全技术规程》JGJ 215—2010 的有关规定：

1）施工升降机的安装作业范围应设置警戒线及明显的警示标志。非作业人员不得进入警戒范围。任何人不得在悬吊物下方行走或停留。

2）安装作业中应统一指挥，明确分工。危险部位安装时应采取可靠的防护措施。当指挥信号传递困难时，应使用对讲机等通信工具进行指挥。

3）当遇大雨、大雪、大雾或风速大于 13m/s 等恶劣天气时，应停止安装作业。

二、吊装起重设施

起重机械在结构吊装施工中起主导作用，是保证建筑工程施工工期、质量等的关键因素之一。起重机械的选择合理与否直接影响到整个施工现场的管理乃至工程的成本。建筑结构吊装施工常用的起重机械有：桅杆式起重机、自行式起重机等几大类。

（一）桅杆式起重机

桅杆式起重机制作简单，装拆方便，起重量较大（可达 100t 以上），受地形限制小，能用于其他起重机械不能安装的一些特殊结构设备；缺点是服务半径小，移动困难，需要拉设较多的缆风绳。适用于安装工程量集中，结构重量大，以及现场狭窄的情况。

桅杆式起重机按其构造不同，可分为独脚拔杆、人字拔杆、悬臂拔杆和牵缆式拔杆起重机等。

1. 独脚拔杆

独脚拔杆由拔杆、起重滑轮组、卷扬机、缆风绳和锚碇等组成（图 6-9）。使用时，拔杆应保持不大于 10°的倾角，以便吊装的构件不致碰撞拔杆。缆风绳数量一般为 6～12 根，与地面夹角为 30°～45°，角度过大则对拔杆产生较大的压力。拔杆起重能力，应按实际情况加以验算。木独脚拔杆常用圆木制作，圆木梢直径 20～32cm，起重高度为 15m 以内，起重量 10t 以下；钢管独脚拔杆，一般起重高度在 30m 以内，起重量可达 30t；金属格构式独脚拔杆起重高度达 70～80m，起重量可达 100t 以上。

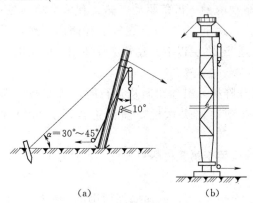

图 6-9　独脚拔杆
(a) 木拔杆；(b) 金属格构式拔杆

2. 人字拔杆

人字拔杆由两根圆木或钢管或格构式构件，在顶部相交成 20°～30°夹角，用钢丝绳绑扎或铁件铰接成人字形（图 6-10），下悬起重滑轮组，底部设有拉杆或拉绳，以平衡拔杆本身的水平推力。拔杆下端两脚距离约为高度的 1/2～1/3。人字拔杆的优点是侧向稳定性好，缆风绳较少；缺点是构件起吊后活动范围小。

3. 悬臂拔杆

在独脚拔杆的中部或 2/3 高度处装上一根起重臂，即成悬臂拔杆。起重杆可以回转和起伏，可以固定在某一部位，亦可根据需要沿杆升降（图 6-11）。其特点是有较大的起重高度和相应的起重半径；悬臂起重杆左右摆动角度大（120°～270°），使用方便。但因起重量较小，故多用于轻型构件的吊装。

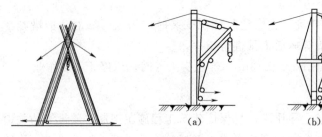

图 6-10　人字拔杆

图 6-11　悬臂拔杆
(a) 一般形式；(b) 带加劲杆；(c) 起重臂杆可沿拔杆升降

4. 牵缆式拔杆起重机

在独脚拔杆的下端装上一根可以回转和起伏的起重臂而组成（图 6-12）。整个机身可作 360°回转，具有较大的起重半径和起重量，并有较好的灵活性。该起重机的起重量一般为 15～60t，起重高度可达 80m，多用于构件多、重量大且集中的结构安装工程。其缺点是缆风绳用量较多。

（二）自行式起重机

常用的自行式起重机有履带式起重机、汽车式起重机和轮胎式起重机三种。

1. 履带式起重机

（1）履带式起重机的构造及特点。

履带式起重机由行走机构、回转机构、机身及起重臂等部分组成（图 6－13）。行走机构为两条链式履带；回转机构为装在底盘上的转盘，使机身可回转 360°。起重臂下端铰接于机身上，随机身回转，顶端设有两套滑轮组（起重及变幅滑轮组），钢丝绳通过起重臂顶端滑轮组连接到机身内的卷扬机上，起重臂可分节制作并接长。

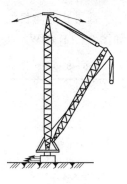

图 6－12　牵缆式
拔杆起重机

履带式起重机操作灵活，使用方便，有较大的起重能力，在平坦坚实的道路上还可负载行走，更换工作装置后可成为挖土机或打桩机，是一种多功能机械。但履带式起重机行走速度慢，对路面破坏性大，在进行长距离转移时，应用平板拖车或铁路平板车运输。

在结构安装工程中，常用的履带式起重机有国产 W_1-50 型、W_1-100 型、W_1-200 型和西北 78D（80D）型以及一些进口机械，不同型号履带式起重机的外形尺寸见表 6－4。

（2）履带式起重机的技术性能。

履带式起重机主要技术性能包括 3 个主要参数：起重量 Q、起重半径 R、起重高度 H。起重量不包括吊钩、滑轮组的重量，起重半径 R 指起重机回转中心至吊钩的水平距离，起重高度 H 是指起重吊钩中心至停机面的垂直距离。

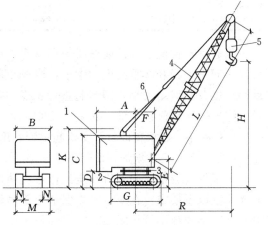

图 6－13　履带式起重机

1—机身；2—行走机构；3—回转机构；4—起重臂；5—起重滑轮组；6—变幅滑轮组

表 6－4　　　　　　　　　　履带式起重机外型尺寸　　　　　　　　　单位：mm

符号	名　　称	型　　号			
		W_1-50	W_1-100	W_1-200	西北 78D（80D）
A	机身尾部到回转中心距离	2900	3300	4500	3450
B	机身宽度	2700	3120	3200	3500
C	机身顶部到地面的距离	3220	3675	4125	—
D	机身底部到地面的高度	1000	1045	1190	1220
E	起重臂下铰中心距地面的高度	1555	1700	2100	1850
F	起重臂下铰中心至回转中心距离	1000	1300	1600	1340
G	履带长度	3420	4005	4950	4500（4450）
M	履带架宽度	2850	3200	4050	3250（3500）
N	履带板宽度	550	675	800	680（760）
J	行走底架距地面高度	300	275	390	310
K	机身上部支架距地面高度	3480	4170	6300	4720（5270）

履带式起重机的主要技术性能见表 6-5。起重机的技术性能还可以用性能曲线表示，如图 6-14 为 W_1-50 型起重机的性能曲线。

表 6-5　　　　　　　　　　　　　履带式起重机性能参数表

参　数		单位	型　号										
			W_1-50			W_1-100		W_1-200			西北 78D（80D）			
起重臂长度		m	10	18	18m 带鸟嘴	13	23	15	30	40	18.3	24.4	30.25	37
最大起重半径		m	10.0	17.0	10.0	12.5	17.0	15.5	22.5	30.0	18	18	17	17
最小起重半径		m	3.7	4.5	6.0	4.23	6.5	4.5	8.0	10.0	4.7	7.5	8	10
起重量	最小起重半径时	t	10.0	7.5	2.0	15	8.0	50.0	20.0	8.0	20.0	10	9	3
	最大起重半径时	t	2.6	1.0	1.0	3.5	1.7	8.2	4.3	1.6	3.3	2.9	3.5	1.0
起重高度	最小起重半径时	m	9.2	17.2	17.2	11.0	19.0	12.0	26.8	36.0	18	23	29.1	36.0
	最大起重半径时	m	3.7	7.6	14.0	5.8	16.0	3.0	19.0	25.0	7	16.4	24.3	34.0

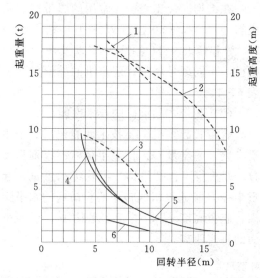

图 6-14　W_1-50 型起重机的性能曲线
1—起重臂长 18m 带鸟嘴时起重高度曲线；2—起重臂长 18m 时起重高度曲线；3—起重臂长 10m 时起重高度曲线；4—起重臂长 10m 时起重量曲线；5—起重臂长 18m 时起重量曲线；6—起重臂长 18m 带鸟嘴时起重量曲线

从起重机性能表和性能曲线中可看出：起重量、起重半径和起重高度的大小，取决于起重臂长度及其仰角大小。即当起重臂长度一定时，仰角的增加、起重量、起重高度增加，而起重半径减小。起重臂仰角不变，起重臂长度、起重半径、起重高度增加，而起重量减小。

为了保证履带式起重机安全工作，在使用上要注意以下要求：在安装时需保证起重吊钩中心与臂架顶部定滑轮之间有一定的最小安全距离，一般为 2.5~3.5m。起重机工作时的地面允许最大坡度不应超过 3°，臂杆的最大仰角一般不得超过 78°。起重机不宜同时进行起重和旋转操作，也不宜边起重边改变臂架的幅度。起重机如必须负载行驶，荷载不得超过允许起重量的 70%，且道路应坚实平整，施工场地应满足履带对地面的压强要求（当空车停置时为 80~100kPa，空车行驶时为 100~190kPa，起重时为 170~300kPa）。若起重机在松软土壤上面工作，宜采用枕木或钢板焊成的路基箱垫好道路，以加快施工速度。起重机负载行驶时重物应在行走的正前方向，离地面不得超过 50cm，并拴好拉绳。

（3）履带式起重机稳定验算。

履带式起重机在正常条件下工作，机身可以保持稳定。当起重机进行超载吊装或接长臂杆时，为了保证起重机在吊装过程中不发生倾覆事故，应对起重机进行整机稳定验算。

履带式起重机稳定性应以起重机处于最不利工作状态即车身与行驶方向垂直的位置进行验算，图 6-15 所示情况的稳定性最差，此时应以履带中心 A 为倾覆点，分别按以下条件进行验算。

1）当考虑吊装荷载及附加荷载时。

稳定性安全系数：$K_1 = M_稳/M_倾 \geqslant 1.15$　（6-1）

2）当仅考虑吊装荷载，不考虑附加荷载时。

稳定安全系数：$K_2 = M_稳/M_倾 \geqslant 1.4$　（6-2）

3）起重臂接长验算。

当起重机的起重高度或起重半径不能满足需要时，则可采用接长臂杆的方法予以解决。此时起重机的最大起重量 Q' 可根据 $\sum M_A = 0$ 求得（图6-15）。

当计算 Q' 值大于所吊构件重量时，即满足稳定安全条件；反之，则应采取相应措施，如增加平衡

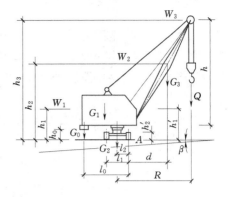

图6-15　履带式起重机稳定性验算

重，或在起重臂顶端拉设两根临时性缆风绳，以加强起重机的稳定性。必要时，尚应考虑对起重机其他部件的验算和加固。

2. 汽车式起重机

汽车式起重机常用于构件运输、装卸和结构吊装，其特点是转移迅速，对路面损伤小；但吊装时需使用支腿，不能负载行驶，也不适于在松软或泥泞的场地上工作。

我国生产的汽车式起重机有 Q_2 系列、QY 系列等。如 QY-32 型汽车式起重机（图6-16），臂长32m，最大起重量32t，起重臂分四节，外面一节固定，里面三节可以伸缩，可用于一般工业厂房的结构安装。

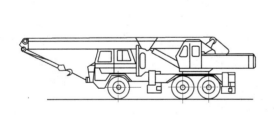

图6-16　汽车式起重机

图6-17　轮胎式起重机

3. 轮胎式起重机

轮胎式起重机在构造上与履带式起重机基本相似，但其行走装置采用轮胎。起重机构及机身装在特制的底盘上，能全回转。随着起重量的大小不同，底盘上装有若干根轮轴，配有4~10个或更多个轮胎，并有可伸缩的支腿（图6-17）；起重时，利用支腿增加机身的稳定，并保护轮胎。必要时，支腿下可加垫块，以扩大支承面。

轮胎式起重机的特点与汽车式起重机相同。我国常用的轮胎式起重机有 QL_3 系列及 QLY 系列等，均可用于一般工业厂房结构安装。

（三）索具设备

结构吊装工程施工中除了起重机外，还要使用许多辅助工具及设备，如卷扬机、钢丝

绳、滑轮组、横吊梁等。

1. 卷扬机

在建筑施工中常用的卷扬机有快速和慢速两种。快速卷扬机又有单筒和双筒之分，其牵引力为 4～50kN；慢速卷扬机多为单筒式，其牵引力为 30～200kN。卷扬机的主要技术参数为卷筒牵引力、钢丝绳的速度和卷筒绳容量。

卷扬机在使用时必须用地锚予以固定，以防止工作时产生滑移或倾覆。根据受力大小，固定卷扬机的方法分为螺栓锚固法、水平锚固法、立桩锚固法和压重锚固法四种（图 6-18）。

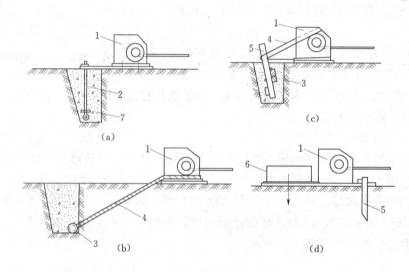

图 6-18　卷扬机的固定方法
（a）螺栓锚固法；（b）水平锚固法；（c）立桩锚固法；（d）压重锚固法
1—卷扬机；2—地脚螺栓；3—横梁；4—拉索；5—桩；6—压重；7—压板

2. 滑轮组

滑轮组是由一定数量的定滑轮和动滑轮以及绕过它们的绳索组成。滑轮组具有省力和改变力的方向的功能，是起重机械的重要组成部分。滑轮组中共同负担构件重量的绳索根数，称为工作线数。通常，滑轮组的名称，以组成滑轮组的定滑轮与动滑轮的数目表示，如由 5 个定滑轮和 4 个动滑轮组成的滑轮组称为五四滑轮组。

滑轮组钢丝绳跑头拉力 S，可按下式计算

$$S = KQ \tag{6-4}$$

式中　S——跑头拉力，kN；

　　　Q——计算荷载；

　　　K——滑轮组省力系数；（当钢丝绳从定滑轮绕出：$K = f^n(f-1)/(f^n-1)$；当钢丝绳从动滑轮绕出：$K = f^{n-1}(f-1)/(f^n-1)$；f 为单个滑轮的阻力系数。对青铜轴套轴承 $f=1.04$，对滚珠轴承 $f=1.02$，对无轴套轴承 $f=1.06$；n 为工作线数。）

3. 钢丝绳

结构吊装施工中常用的钢丝绳是先由若干根钢丝捻成股；再由若干股围绕绳芯捻成绳，

其规格有 6×19 和 6×37 等（6 股，每股分别由 19、37 根钢丝捻成）。前者钢丝粗、较硬、不易弯曲，多用作缆风绳；后者钢丝细，较柔软，多用作起重用索。

钢丝绳的容许拉力应满足下式要求：

$$S \leqslant \alpha R / K \tag{6-5}$$

式中　　S——钢丝绳容许拉力，N；

α——钢丝绳破断拉力换算系数（或受力不均匀系数）。当钢丝绳为 6×19 时，α 取 0.85，为 6×37 时，α 取 0.82；为 6×61 时，α 取 0.80；

R——钢丝绳的破断拉力总和；

K——钢丝绳安全系数，按表 6-6 取值。

表 6-6　　　　　　　　　　　　钢丝绳安全系数 K

用途	安全系数	用途	安全系数
作缆风绳	3.5	作吊索、无弯曲时	6~7
用于手动起重设备	4.5	作捆绑吊索	8~10
用于电动起重设备	5~6	用于载人升降机	14

4. 横吊梁

横吊梁亦称铁扁担，常用于柱和屋架等构件的吊装。用横吊梁吊柱可使柱身保持垂直，便于安装；用横吊梁吊屋架则可降低起吊高度和减少吊索的水平分力对屋架的压力。

横吊梁有滑轮横吊梁、钢板横吊梁、桁架横吊梁和钢管横吊梁等，如图 6-19 所示。滑轮横吊梁由吊环、滑轮和轮轴等部分组成。一般用于吊装 8t 以内的柱。钢板横吊梁由 Q235 钢板制作而成，一般用于 10t 以下柱的吊装。桁架横吊梁用于双机抬吊安装柱子。钢管横吊梁的钢管长 6~12m，一般用于吊屋架。

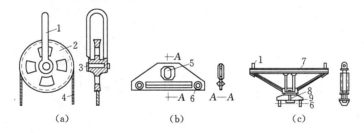

图 6-19　横吊梁

(a) 滑轮横吊梁；(b) 钢板横吊梁；(c) 桁架横吊梁

1—吊环；2—滑轮；3—轮轴；4—吊索；5—挂钩孔；6—挂吊索的孔眼；

7—桁架；8—转轴；9—横梁

第二节　单层工业厂房结构安装

单层工业厂房结构一般由大型预制钢筋混凝土柱（或大型钢组合柱、轻钢柱）、预制吊车梁和连系梁、预制屋面梁（或屋架）、预制天窗架和屋面板组成。结构安装工程主要是采用起重机械安装上述厂房结构构件。

在拟定单层工业厂房结构安装方案时，首先应根据厂房的平面尺寸、跨度大小、结构特

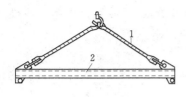

图 6-20　钢管横吊梁

1—吊索；2—钢管

点、构件的类型、重量、安装的位置标高、设备基础施工方案（封闭式或敞开式施工）、现有起重机械的性能、以及施工现场的具体条件等来合理选择起重机械，使其能满足起重量、起重高度和起重半径的要求。根据所选起重机械的性能，确定构件吊装工艺、结构安装方法、起重机开行路线和停机位置，据此进行构件现场预制的平面布置和就位布置。

一、准备工作

厂房结构安装前的准备工作包括平整场地、修筑临时道路、敷设水电管线、吊索吊具的准备、构件的制作、就位排放、基础的准备、构件安装前的准备等。

（一）基础的准备

钢筋混凝土柱一般为杯形基础，其准备工作主要是在柱吊装前对杯底抄平和在杯口顶面弹线。杯底抄平，对所有杯形基础底面标高进行测量，确定杯底找平的标高和尺寸，以保证安装后柱牛腿顶面标高的准确和一致。在实际施工中，杯底标高在制作时一般比设计要求低 50mm，以便柱子长度有误差时能进行调整。

杯底抄平与调整的方法如图 6-21 所示。首先在杯口内壁抄平弹出比杯口顶面设计标高低 100mm 的水平准线，用尺测量杯底实际标高尺寸 H_1（大柱应测量 4 个角点，小柱可测中间一点）。牛腿顶面设计标高 H_2 与杯底实际标高 H_1 的差即是柱根底面至牛腿顶面的应有长度 L_1，再与柱实际制作长度 L_2 相比，得出制作长度的误差值，即杯底标高调整值 ΔH。用水泥砂浆或细石混凝土垫筑调整至所需标高处。在基础杯口顶面上弹出纵、横定位轴线，作为柱对位、校正的依据（图 6-22）。

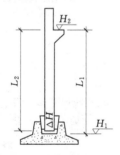

图 6-21　杯形基础杯底抄平与调整

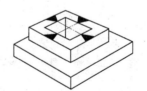

图 6-22　基础的准线

（二）构件的准备

1. 构件的运输和堆放

单层工业厂房的大型构件，一般在施工现场就地制作，以减少大型构件运输的困难。其他小型构件多在预制厂制作，运至现场进行就位排放。

现场预制构件时，应按照构件吊装的方法确定预制排放的位置，尽可能在预制位置原地起吊，避免二次排放和搬运。制作时应遵守钢筋混凝土工程的有关规定，预制构件码放和运输时的支承位置和方法应符合设计的要求。

由预制厂制作的构件应采用适宜的车辆，直接运送到构件安装的地点。钢筋混凝土预制构件的起运强度不得低于设计强度等级的 75%，运输过程中构件不能产生过大变形，也不得发生倾倒或损坏。行车应平稳减少颠簸，构件的装卸要平稳，堆放的支垫位置要正确，堆放场地应坚实可靠，以免因局部沉陷引起构件断裂。对于屋架等截面较小的构件应进行必要的加固，以免在起吊、扶直和安装过程中产生变形裂缝等事故。

2. 构件的检查

进入现场预制构件，其外观质量、尺寸偏差及结构性能应符合设计的要求。

预制构件在吊装前，要严格检查构件的各部位尺寸、形状、清理预埋铁件和插筋。按设计要求在构件和相应的支承结构上标志中心线、标高等控制尺寸，按标准图或设计文件校核预埋件及连接钢筋等，并作出标志。

3. 构件的弹线与编号

构件经检查及清理后，吊装之前要在构件表面弹出吊装准线，作为构件对位、校正的依据。对形状复杂的构件，尚需标出它的重心及绑扎点的位置。

（1）柱子应在柱身的 3 个面上弹出吊装准线（图 6-23）：矩形截面柱按几何中心线弹；工字形截面柱，为便于观测及避免视差，则应靠柱边弹吊装准线。柱身所弹吊装准线的位置应与基础杯口面上所弹的吊装准线相吻合，此外，在柱顶与牛腿面上要弹出屋架及吊车梁安装准线。

（2）屋架上弦顶面应弹出几何中心线，并从跨度中央向两端分别弹出天窗架、屋面板或檩条的吊装准线，端头应弹出屋架的纵、横吊装准线。

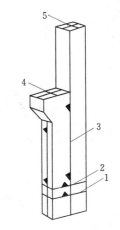

图 6-23　柱的吊装准线
1—基础顶面线；2—地坪标
高线；3—柱子中心线；
4—吊车梁对位线；
5—柱顶中心线

（3）梁的两端及顶面应弹出几何中心线。

在构件弹线的同时，应根据设计图纸将构件进行编号。对不易辨别上下、左右的构件，还应在构件上加以注明，以免吊装时搞错。

二、构件的吊装工艺

单层工业厂房预制构件的吊装工艺过程包括绑扎、起吊、对位、临时固定、校正、最后固定等。上部构件吊装需要搭设脚手台，以供安装操作人员使用。

（一）柱的吊装

1. 柱的绑扎

柱的绑扎方法、绑扎位置和绑扎点数，应根据柱的形状、长度、截面、配筋、起吊方法和起重机性能等因素确定。由于柱起吊时吊离地面的瞬间由自重产生的弯矩最大，其最合理的绑扎点位置，应按柱子产生的正负弯矩绝对值相等的原则来确定。一般中小型柱（自重13t 以下）大多数绑扎一点；重型柱或配筋少而细长的柱（如抗风柱），为防止起吊过程中柱的断裂，常需绑扎两点甚至三点。对于有牛腿的柱，其绑扎点应选在牛腿以下 200mm处；工字形断面和双肢柱，应选在矩形断面处，否则应在绑扎位置用方木加固翼缘，防止翼缘在起吊时损坏。根据柱起吊后柱身是否垂直，分为斜吊法和直吊法。

（1）斜吊绑扎法。

当柱平卧起吊的抗弯强度满足要求时，可采用斜吊绑扎法（图 6-24）。此法的特点是柱不需翻身，起重钩可低于柱顶，当柱身较长，起重机臂长不够时，用此法较方便，但因柱身倾斜，就位对中比较困难。

（2）直吊绑扎法。

当柱平卧起吊的抗弯强度不足时，吊装前需先将柱翻身后再绑扎起吊，这时就要采取直吊绑扎法（图 6-25）。此法吊索从柱子两侧引出，上端通过卡环或滑轮挂在铁扁担上，柱身成垂直状态，便于插入杯口，就位校正。但由于铁扁担高于柱顶，须用较长的起重臂。

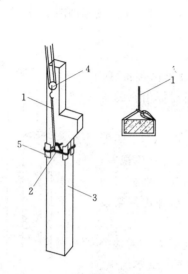

图 6-24 柱的斜吊绑扎法
1—吊索；2—活络卡环；3—柱；
4—滑车；5—方木

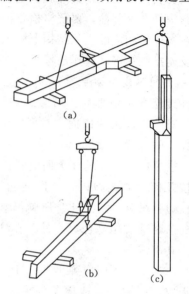

图 6-25 柱的翻身及直吊绑扎法
（a）柱翻身时绑扎法；（b）柱直吊时
绑扎法；（c）柱的吊升

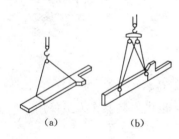

图 6-26 柱的两点绑扎法
（a）斜吊；（b）直吊

此外，当柱较重较长、需采用两点起吊时，也可采用两点斜吊和直吊绑扎法（图 6-26）。

2. 柱的吊升

根据柱在吊升过程中的特点，柱的吊升可分为旋转法和滑行法两种。对于重型柱还可采用双机抬吊的方法。

（1）旋转法。

旋转法一般是在采用带起重臂杆的起重机时选用。吊升特点是边升钩、边回转臂杆，使柱子以下端为支点旋转成竖直状态，随即插入基础杯口。这种方法操作简单，柱身受震动小且生产效率高。

柱的平面布置方法应满足旋转法吊装要求：即原则上应使绑扎点、柱脚、杯基中心三点共弧，也就是三点都在起重机工作半径的圆弧上。同时柱脚靠近杯口，尽可能加快安装速度。旋转法的平面布置如图 6-27 所示。

（2）滑行法。

滑行法可用于有臂杆和无臂杆的不同起重机进行柱的吊装。滑行法吊柱的特点是吊钩对准杯口，只提升吊钩而臂杆不转动，柱随吊钩提升逐渐竖直滑向杯口，竖直后即吊入杯口。这种方法因柱脚与地面滑动摩擦力大而受震动，可在柱的下端垫一枕木或滚筒，拉一溜绳，以减小阻力。滑行法可以起吊较重、较长的柱子，适用于现场较窄或采用桅杆式起重机吊装。

滑行法柱的布置特点：柱的绑扎点（牛腿下部）靠近杯口，要求绑扎点和杯口中点共弧

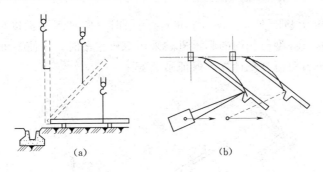

图 6-27 旋转法吊柱示意图
(a) 柱吊升过程；(b) 柱平面布置

（所谓两点共弧），以便使柱吊离地面后稍作旋转即可落入杯口内（图 6-28）。

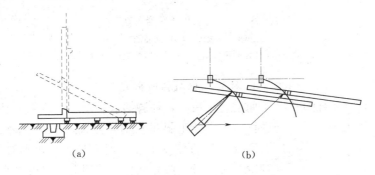

图 6-28 滑行法吊柱示意图
(a) 柱吊升过程；(b) 柱平面布置

（3）双机抬吊。

当柱的重量较大，使用一台起重机无法吊装时，可以采用双机抬吊。双机抬吊仍可采用旋转法和滑行法。

双机抬吊旋转法，是用一台起重机抬柱的上吊点，另一台抬柱的下吊点，柱的布置应使两个吊点与基础中心分别处于起重半径的圆弧上，两台起重机并列于柱的一侧（图 6-29）。起吊时，两机同时同速升钩，将柱吊离地面为 $m+0.3m$，然后两台起重机起重臂同时向杯口旋转，此时，从动起重机 A 只旋转不提升，主动起重机 B 则边旋转边升钩直至柱直立，双机以等速缓慢落钩，将柱插入杯口中。

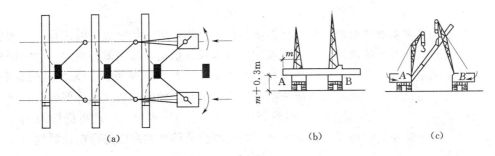

图 6-29 双机抬吊旋转法
(a) 柱的平面布置；(b) 双机同时提升吊钩；(c) 双机同时向杯口旋转

双机抬吊滑行法其柱的平面布置与单机起吊滑行法基本相同。两台起重机停放位置相对而立，其吊钩均应位于基础上方（图6-30）。起吊时，两台起重机以相同的升钩、降钩、旋转速度工作，故宜选择型号相同的起重机。采用双机抬吊时，为使各机的负荷均不超过该机的起重能力，应进行负荷分配计算，保证吊装安全。

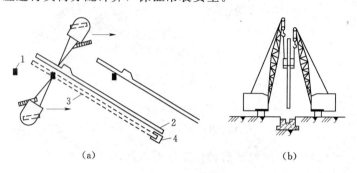

图6-30　双机抬吊滑行法

（a）俯视图；（b）立面图

1—基础；2—柱预制位置；3—柱翻身后位置；4—滚动支座

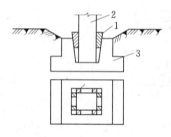

图6-31　柱的临时固定

1—楔块；2—柱子；3—基础

3. 柱的对位与临时固定

如用直吊法时，柱脚插入杯口后，应悬离杯底30～50mm处进行对位。若用斜吊法时，则需将柱脚基本送到杯底，然后在吊索一侧的杯口中插入两个楔子，再通过起重机回转使其对位。对位时，应先从柱子四周向杯口放入8只楔块，并用撬棍拨动柱脚，使柱的吊装准线对准杯口上的吊装准线，并使柱基本保持垂直。

柱子对位后，应先将楔块略为打紧，待松钩后观察柱子沉至杯底后的对中情况，若已符合要求即可将楔块打紧，使之临时固定（图6-31）。当柱基杯口深度与柱长之比小于1/20，或具有较大牛腿的重型柱时，还应增设带花篮螺丝的缆风绳或加斜撑措施来加强柱临时固定的稳定性。

4. 柱的校正

柱的校正包括平面位置、垂直度和标高的校正。标高的校正应在与柱基杯底找平时同时进行，故吊装时只需校正柱的平面位置和垂直度。

柱子安装位置的准确性和垂直度的精度，影响着吊车梁和屋架等构件的安装质量，必须进行严格的校正并使其误差限制在规范允许的范围内。

柱的平面位置和垂直度的校正是互相影响的两个过程，应互相呼应同时进行。平面位置的校正是以基础顶面所弹的轴线、中心线或辅助线为校核依据，采用敲打楔块（另一侧松楔块）办法进行校正。柱身垂直度校正是以柱身弹出的中心线（或辅助线）为校核的基准线，通常利用两台经纬仪观测柱的相邻两面的中心线是否垂直。倾斜度超过允许偏差时，可用螺旋千斤顶平顶法（图6-32）或钢管支撑斜顶法（图6-33）来校正，也可借助缆风绳来校正，校正垂直偏差时要同时松开或打紧楔块，防止硬拉或硬推柱身引起弯曲或裂缝。

5. 柱的最后固定

柱经过校正后立即进行最后固定。其方法是在柱脚与杯口的空隙内浇筑比柱子混凝土强度等级高一级的细石混凝土。混凝土应分两次浇筑，首次浇至楔底，待混凝土强度达到设计强度等级的25％后，再拔掉楔块浇至杯口顶面，并加强养护，待第二次浇筑混凝土强度达到70%后，方能在柱上安装其他构件。

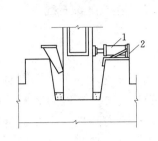

图6-32 螺旋千斤顶校正法
1—螺旋千斤顶；2—千斤顶支座

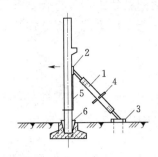

图6-33 钢管支撑斜顶法
1—钢管；2—头部摩擦板；3—底板；
4—转动手柄；5—钢丝绳；6—卡环

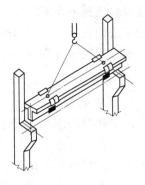

图6-34 吊车梁吊装

（二）吊车梁的吊装

吊车梁一般用两点绑扎，对称起吊（图6-34）。就位时要使吊车梁上所弹安装准线对准牛腿顶面弹出的轴线（十字线）。吊车梁较高时应与柱牢固拉结。

吊车梁的校正多在屋盖吊装完毕后进行。吊车梁校正的内容包括平面位置、垂直度和标高的校正。吊车梁的标高取决于柱牛腿标高，在柱吊装前已经调整，如仍存在偏差，可待安装吊车轨道时进行调整。吊车梁的垂直度可用垂球检测，偏差在支座处加薄钢板垫平。

吊车梁的平面位置的校正，主要是校核吊车梁的纵向轴线，常用通线法和平移轴线法进行校正。通线法（俗称拉钢丝法）如图6-35所示。根据柱的定位轴线在厂房两端地面上测设吊车梁轴线桩，用经纬仪将吊车梁轴线投测到端

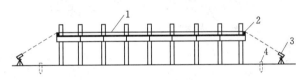

图6-35 通线法校正吊车梁轴线
1—通线；2—横杆；3—经纬仪；4—轴线桩

柱的横杆上，在横杆投测点上拉钢丝通线（此线即是吊车梁轴线），依此逐一检查和拨正吊车梁的轴线。

平移轴线法是在柱列边设置经纬仪（图6-36），逐根将杯口上柱的吊装准线投射到吊车梁顶面处的柱身上（或在各柱侧面放一条与吊车梁中线距离相等的校正基准线），并做出

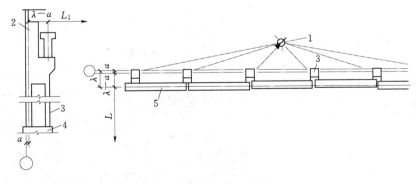

图6-36 平移轴线法校正吊车梁
1—经纬仪；2—标志；3—柱；4—柱基；5—吊车梁

标志，若标志线至柱定位轴线的距离为 a，则标志到吊车梁定位轴线的距离应为 $\lambda - a$（λ 为柱定位轴线到吊车梁定位轴线之间的距离，一般 $\lambda = 750\text{mm}$）。可据此来逐根拨正吊车梁的安装中心线，并检查两列吊车梁之间的轨距是否符合要求。

吊车梁校正合格后，应立即进行最后固定，焊好连接钢板并浇筑接头处细石混凝土。

（三）屋架的吊装

1. 屋架的绑扎

屋架起吊的绑扎点应选择在屋架上弦节点处，且左右对称，并高于屋架重心。吊索与水平线的夹角不宜小于 $45°$，否则应采用横吊梁。屋架吊点的数目和位置与屋架的形式及跨度有关，一般屋架跨度在 18m 以内者多用两点绑扎；其跨度超过 18m 者可用四点绑扎；跨度等于和大于 30m 者，则应四点绑扎并采用横吊梁辅助吊装，以减小吊索高度和吊装时对杆件的压力；屋架跨度过大且构件刚度较差时，应对腹杆及下弦进行加固；对于组合屋架，因其刚度差、下弦不能承受压力，故绑扎时也应用横吊梁，屋架绑扎如图 6-37 所示。

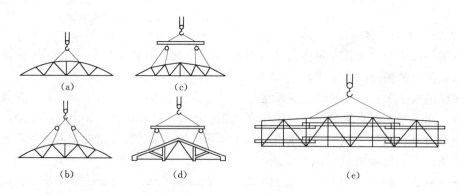

图 6-37 屋架绑扎

（a）跨度≤18m 时；（b）跨度≥18m 时；（c）跨度≥30m 时；

（d）三角形组合屋架；（e）屋架加固

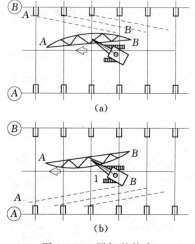

图 6-38 屋架的扶直

（a）正向扶直；

（b）反向扶直（虚线表示屋架排放位置）

2. 屋架的扶直与就位

钢筋混凝土屋架都平卧叠制，屋架在吊装时必须翻身扶直排放。即把平卧制作的屋架扶成竖立状态，然后吊放在设计好的位置上，准备吊升；扶直屋架时，由于起重机与屋架相对位置不同，可分为正向扶直与反向扶直。

（1）正向扶直。

起重机立于屋架下弦一边，首先以吊钩对准屋架中心，收紧吊钩，然后略提升起重臂使屋架脱模，接着升钩起臂，使屋架以下弦为轴缓缓转为直立状态，如图 6-38（a）所示。

（2）反向扶直。

是起重机立于屋架上弦一边，首先以吊钩对准屋架中心，收紧吊钩，接着升钩并降低起重臂，使屋架以下弦为轴缓缓转为直立状态，如图 6-38（b）所示。

这两种方法的不同点是在扶直过程中，一为升钩起臂，一为升钩降臂，以保持吊钩始终在屋架上弦的垂直上方。起重机升臂易于降臂，且操作较安全，故应尽可能采用正向扶直。

屋架扶直后，应立即进行就位（后面详述）。屋架就位位置，当与屋架预制位置在起重机开行路线的同一侧时，叫同侧就位［6-38（a）］；当与屋架预制位置不是在起重机开行路线的同一侧时，叫异侧就位［6-38（b）］。

3. 屋架的吊升、对位与临时固定

屋架吊升时离开地面约500mm后，应停车检查吊索是否稳妥，然后旋转至安装位置下方，再沿垂直方向吊升超过柱顶约300mm，然后缓缓落在柱顶就位，力求对准柱顶的轴线，同时检查和调整屋架的间距和垂直度，随后做好临时固定，稳妥后起重机才能脱钩。

第一榀屋架的临时固定必须可靠。一方面一榀屋架形成不稳定结构，侧向稳定性很差，另外第二榀屋架要以它为依托进行固定，所以第一榀的固定是关键且难度较大。常见的临时固定方法有两种：一种是利用4根缆风绳从两侧将屋架拉牢；另一种是与已安装好的抗风柱连接固定。第二榀及以后各榀屋架的固定，常采用工具式卡具临时固定到前一榀屋架上。工具式卡具还可用于校正屋架间距。屋架的临时固定如图6-39所示。

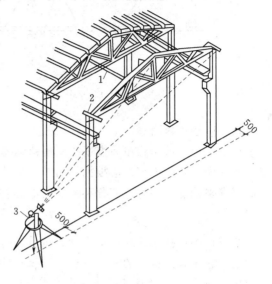

图6-39 屋架的临时固定与校正
1—工具式支撑；2—卡尺；3—经纬仪

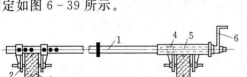

图6-40 屋架校正器
1—钢管；2—撑脚；3—屋架上弦；4—螺母；
5—螺杆；6—摇把

4. 屋架的校正和最后固定

屋架主要校正垂直度，可用经纬仪或锤球进行检测。用经纬仪检查屋架垂直度时，预先在屋架上弦两端和中央固定3根方木，并在方木上画出距上弦中心线定长（一般为500mm）的标志。在地面上作一条平行于屋架横向轴线，且与其间距为 a 的辅助线，利用辅助线支经纬仪测定3根方木上的标志是否在同一垂直面上。如偏差值超出规范规定，应用屋架校正器（图6-40）加以纠正，并将屋架支座用铁片垫实，最后进行焊接固定。

（四）天窗架及屋面板的吊装

天窗架常采用单独吊装；也可与屋架拼装成整体同时吊装，以减少高空作业，但对起重机的起重量和起重高度要求较高。天窗架单独吊装时，需待两侧屋面板安装后进行，并应用工具式夹具或绑扎圆木进行临时加固（图6-41）。

屋面板的吊装，一般多采用一钩多块迭吊或平吊法（图6-42），以发挥起重机的效能，提高生产率。吊装顺序，应由两边檐口左右对称逐块吊向屋脊，避免屋架承受半跨荷载。屋面板对位后，应立即焊接固定，并应保证有3个角点焊接。

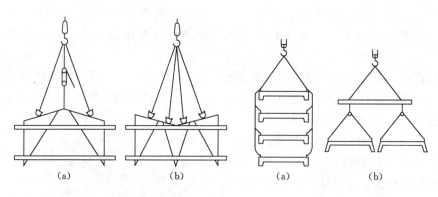

图 6-41 天窗架的绑扎   图 6-42 屋面板吊装

(a) 两点绑扎；(b) 四点绑扎   (a) 多块迭吊；(b) 多块平吊

三、结构吊装方案

单层工业厂房结构吊装方案主要解决起重机的选择，结构吊装方法，确定起重机的开行路线和平面布置等内容。应根据厂房结构形式，构件的尺寸、重量、安装高度，工程量和工期的要求来确定，同时应充分利用现有的起重设备。

（一）起重机的选择

起重机的选择包括起重机类型、型号、臂长及起重机数量的确定，是结构安装工程的重要问题，它关系到构件的吊装方法，起重机的开行路线和停机点、构件的平面布置等问题。

1. 起重机类型的选择

起重机的类型主要是根据厂房的结构特点、跨度、构件重量、吊装高度、吊装方法及现有起重设备条件等来确定。要综合考虑其合理性、可行性和经济性。一般中小型厂房跨度不大，构件的重量及安装高度也不大，厂房内的设备多在厂房结构安装完毕后进行安装，所以多采用履带式起重机、轮胎式起重机或汽车式起重机，以履带式起重机应用最为普遍。缺乏上述起重设备或地形限制自行式起重机难以到达的地方，可采用桅杆式起重机（独脚拔杆、人字拔杆等）。重型厂房跨度大，构件重，安装高度大，厂房内的设备往往要同结构吊装穿插进行，所以一般采用大型履带式起重机、轮胎式起重机、重型汽车式起重机，以及重型塔式起重机与其他起重机械配合使用。

2. 起重机型号的选择

确定起重机的类型以后，要根据构件的尺寸、重量及安装高度来确定起重机型号。所选定的起重机的3个工作参数起重量 Q、起重高度 H、起重半径 R 要满足构件吊装的要求。一台起重机一般都有几种不同长度的起重臂，在厂房结构吊装过程中，如各构件的起重量、起重高度相差较大时，可选用同一型号的起重机，以不同的臂长进行吊装，充分发挥起重机的功能。

（1）起重量。

起重机的起重量必须大于或等于所安装构件的重量与索具重量之和，即：

$$Q \geqslant Q_1 + Q_2 \tag{6-6}$$

式中 Q——起重机的起重量，kN；

       Q_1——构件的重量，kN；

       Q_2——索具的重量（包括临时加固件重量），kN。

（2）起重高度。

起重机的起重高度必须满足所吊装的构件的安装高度要求，如图 6-43 所示，即：

$$H \geqslant h_1 + h_2 + h_3 + h_4 \tag{6-7}$$

式中　H——起重机的起重高度（从停机面算起至吊钩中心），m；

h_1——安装支座表面高度（从停机面算起），m；

h_2——安装间隙，视具体情况而定，但不小于 0.3m；

h_3——绑扎点至构件起吊后底面的距离，m；

h_4——索具高度（从绑扎点到吊钩中心距离），m。

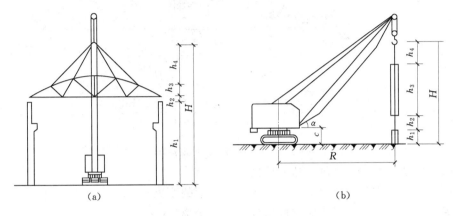

图 6-43　起重高度计算简图

（a）安装屋架；（b）安装柱子

（3）起重半径。

起重半径的确定，可以按 3 种情况考虑：

1）一般情况下，当起重机可以不受限制地开到构件吊装位置附近去吊构件时，对起重半径没有什么要求，可根据计算的起重量 Q 及起重高度 H，查阅起重机工作性能表或曲线图来选择起重机型号及起重臂长度，并可查得在一定起重量 Q 及起重高度 H 下的起重半径 R，作为确定起重机开行路线及停机点的依据。

2）在某些情况下，当起重机停机位置受到限制而不能直接开到构件吊装位置附近去吊装构件时，需根据实际情况确定起吊时的最小起重半径 R，根据起重量 Q、起重高度 H 及起重半径 R 三个参数，查阅起重机工作性能表或曲线来选择起重机的型号及起重臂长，所选择的起重机必须同时满足计算的起重量 Q、起重高度 H 及起重半径 R 的要求。

3）当起重机的起重臂需跨过已安装好的构件去吊装构件时（如跨过屋架去吊装屋面板），为了不使起重臂与已安装好的构件相碰，需求出起重机起吊该构件的最小臂长 L 及相应的起重半径 R，并据此及起重量 Q 和起重高度 H 查起重机性能表或曲线，来选择起重机的型号及臂长。

确定起重机的最小臂长，可用数解法，也可用图解法。

a. 数解法。

由图 6-44（a）所示的几何关系，起重臂长 L 可表示为其仰角 α 的函数：

$$L \geqslant l_1 + l_2 = \frac{h}{\sin\alpha} + \frac{f+g}{\cos\alpha} \tag{6-8}$$

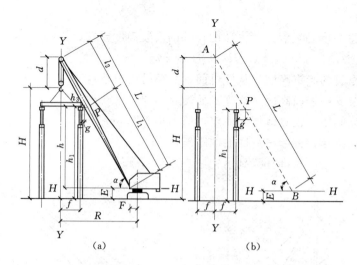

图 6-44 吊装屋面板时，起重机最小臂长计算简图

(a) 数解法；(b) 图解法

式中 h——起重臂下铰点至吊装构件支座顶面的高度，m，$h=h_1-E$；

h_1——安装支座表面高度（从停机面算起），m；

E——初步选定的起重机的臂下铰点至停机面的距离，m；

f——起重钩需跨过已安装好的构件的水平距离，m；

g——起重臂轴线与已安装好构件间的水平距离（至少取 1m），m。

确定最小起重臂长度，就是求式（6-8）中 L 的极小值，令 $\mathrm{d}L/\mathrm{d}\alpha=0$，即

$$\frac{\mathrm{d}L}{\mathrm{d}\alpha}=\frac{-h\cos\alpha}{\sin^2\alpha}+\frac{(f+g)\sin\alpha}{\cos^2\alpha}=0 \qquad (6-9)$$

解式（6-9）得

$$\alpha=\arctan\sqrt[3]{\frac{h}{f+g}}$$

且应满足

$$\alpha\geqslant\alpha_{\min}=\arctan\frac{H-h_1+d}{f+g} \qquad (6-10)$$

式中 H——起重高度，m；

d——吊钩中心至定滑轮中心的最小距离，视起重机型号而定，一般取 $2.5\sim3.5\mathrm{m}$；

$\alpha_{\min}$——满足起重高度要求的起重臂最小仰角。

α 取两者中较大值。将 α 值代入式（6-8），即得最小起重臂长。

b. 图解法。

如图 6-44（b）所示，可按以下步骤求最小臂长：

第一步，按一定比例（不小于 1∶200）画出欲吊装厂房一个节间的纵剖面图，并画出起重机吊装屋面板时起重钩位置处的垂线 $Y—Y$；画平行于停机面的线 $H—H$，该线距停机面的距离为 E（E 为初步选定的起重机的臂下铰点至停机面的距离）。

第二步，自屋架顶面中心线向起重机方向水平量出一距离 $g=1\mathrm{m}$，定出 P 点；按满足吊装要求的起重臂上定滑轮中心线的最小高度，在垂线 $Y—Y$ 上定出 A 点（A 点距停机面的距离为 $H+d$）。

第三步，连接 A、P 两点，其延长线与 $H—H$ 相交于一点 B，线段 AB 即起重臂的轴线长度。然后，以 P 点为圆心，向顺时针方向略旋转与 $Y—Y$、$H—H$ 相交后得线段 A_1B_1。比较 AB 与 A_1B_1，若 $A_1B_1 < AB$ 则应继续旋转，以找到其最小值 A_iB_i，所得的最小值 A_iB_i 即为最小起重臂长度 L_{min}。若始终都有 $A_iB_i > AB$，则 AB 即为最小起重臂长度 L_{min}。

根据数解法或图解法所求得的最小起重臂长度为理论值 L_{min}，查起重机的性能表或性能曲线，从规定的几种臂长中选择一种臂长 $L > L_{min}$ 即为吊装屋面板时所选的起重臂长度。

根据实际采用的 L 及相应的 α 值，计算起重半径 R。

$$R = F + L\cos\alpha \tag{6-11}$$

按计算出的 R 值及已选定的起重臂长度 L 查起重机工作性能表或曲线，复核起重量 Q 及起重高度 H，如满足要求，即可根据 R 值确定起重机吊装屋面板时的停机位置。

（二）结构吊装方法

单层工业厂房结构吊装方法，要考虑整个厂房结构全部预制构件的总体安装顺序。安装方法应在结构安装方案中确定，以指导厂房结构构件的制作、排放和安装。厂房结构安装方法通常分为分件吊装法（俗称大流水）和综合吊装法（俗称节间法）。

1. 分件吊装法

分件吊装法是指起重机每开行一次仅吊装一种（或两种）构件，厂房结构的全部构件需要起重机多次开行才能完成装配工作。例如，第一次开行吊装全部柱子，并进行校正和最后固定；第二次开行吊装吊车梁、连系梁及柱间支撑；第三次开行吊装屋架、天窗架、屋面板及屋面支撑等。

分件吊装时应根据所吊构件确定起重机的起重参数，以充分发挥机械效能。分件吊装法的优点是：由于每次吊装一种构件，构件可以分批进场，供应亦较单一，构件的平面布置比较简单，现场不致拥挤；吊装时不需要经常更换索具，工人操作熟练可加快吊装速度；此外，由于两种构件吊装的时间间隔长，能为柱的校正和永久固定的混凝土养护留出充裕时间。所以，分件吊装法是单层厂房结构安装的常用方法。其缺点是不能为后续工作及早提供工作面，起重机的开行路线长。

2. 综合吊装法

综合吊装法是指起重机在跨内一次开行中，分节间（4 根柱和屋盖等全部构件为一节间）安装完所有各种类型构件。即先吊装 4～6 根柱子，随即加以校正和最后固定，接着安装吊车梁、连系梁、屋架、屋面板等构件。安装完一个节间所有构件后，起重机再移至下一节间进行安装。

综合吊装法的优点是：起重机开行路线短，停机次数少，可以为后续工作创造工作面，有利于组织立体交叉平行流水作业，以加快工程进度。其缺点是：因一次停机要吊装多种构件，索具更换频繁，影响吊装效率；轻重构件同时吊装，起重机性能不能充分发挥；构件的校正要相互穿插进行，时间紧迫校正困难；构件类型多，供应紧张，平面布置困难较大；安装技术比较复杂，必须要有严密的施工组织，否则会造成施工混乱。所以在吊装轻型厂房结构、钢结构或采用桅杆起重机时才可能采用，一般中型以上的厂房用得较少。

（三）起重机的开行路线及停机位置

起重机开行路线及停机位置与起重机性能、构件的尺寸及重量、构件的平面布置、构件的供应方式及吊装方法等多种因素有关。采用分件吊装法，起重机开行路线有以下几种。

1. 跨内开行和跨外开行

吊装柱时，起重机开行路线有跨内开行和跨外开行，跨内开行又有跨边开行和跨中开行，究竟用哪种，应根据具体条件确定。

（1）跨内开行。

1）当起重半径 $\dfrac{L}{2} \leqslant R < \sqrt{\left(\dfrac{L}{2}\right)^2 + \left(\dfrac{b}{2}\right)^2}$（$L$ 为厂房跨度，b 为柱距）时，起重机可沿跨中开行，停机点位置在以基础中心为圆心，以 R 为半径的圆弧与跨中开行路线的交点处，每个停机点可吊装 2 根柱，如图 6-45（a）所示；

2）当起重半径 $R \geqslant \sqrt{\left(\dfrac{L}{2}\right)^2 + \left(\dfrac{b}{2}\right)^2}$ 时，起重机沿跨中开行，停机点在该柱网对角线中点处，每个停机点可吊装 4 根柱子，如图 6-45（b）所示；

3）当起重半径 $R < \sqrt{a^2 + \left(\dfrac{b}{2}\right)^2}$ 时（a 为开行路线至柱列纵轴线距离，$a \leqslant R$），起重机需沿跨边开行，每个停机点只吊 1 根柱，如图 6-45（c）所示；

4）当 $R \geqslant \sqrt{a^2 + \left(\dfrac{b}{2}\right)^2}$ 时，停机点在开行路线上柱距中点处，如图 6-45（d）所示，每个停机点可吊装 2 根柱子。

（2）跨外开行。

1）当起重半径 $R < \sqrt{a^2 + \left(\dfrac{b}{2}\right)^2}$ 时，每个停机点吊 1 根柱子，如图 6-45（e）所示；

2）当 $R \geqslant \sqrt{a^2 + \left(\dfrac{b}{2}\right)^2}$ 时，则一个停机点可吊 2 根柱子，如图 6-45（f）所示。

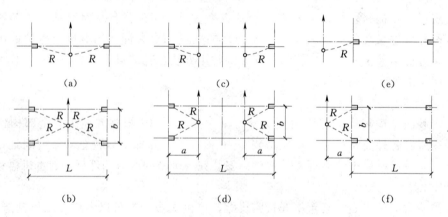

图 6-45 吊装柱时起重机的开行路线及停机位置
(a)、(b) 跨中开行；(c)、(d) 跨边开行；(e)、(f) 跨外开行

2. 跨中开行

屋架扶直就位及吊装屋架、屋面板等屋面构件时，起重机大多沿跨中开行。

当厂房具有多跨并列，且有纵横跨时，可先吊装各纵向跨，后吊装横向跨，以保证在各纵向跨吊装时，起重机械、运输车辆通畅。如各纵跨有高低跨时，则应先吊装高跨，然后逐步向两边吊装。

当厂房面积较大或多跨时，为加速工程进度，可将厂房划分为若干施工段，选用多台起重机同时进行施工。每台起重机可独立作业，负责完成一个区段的全部吊装工作，也可选用不同性能的起重机协同作业，分别吊装柱和屋盖系统，组织大流水施工。

（四）构件的平面布置

构件的平面布置与吊装方法、起重机性能、构件制作方法有关。在选定起重机型号，确定施工方案后，可根据施工现场实际情况制定。

1. 预制阶段的构件平面布置

（1）柱子的布置。

柱子的布置一般可视厂房场地条件决定起重机沿柱列跨内或跨外开行，而柱子也随之排放在跨内或跨外。起重机开行路线距柱列轴线的距离取决于起重机的起重半径和机车回转的安全要求，以保证柱子能顺利插入杯口内。柱子的布置方式有斜向布置和纵向布置两种。

1）斜向布置。采用旋转法吊柱子时，柱宜斜向布置，按三点共弧或两点共弧布置。按三点共弧作斜向布置时，其预制位置可采用图 6-46 所示的作图方法确定。其步骤如下：

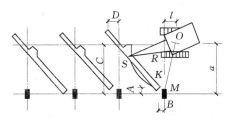

图 6-46 柱子斜向布置方法之一
（三点共弧）

a. 确定起重机开行路线到柱基中线的距离 a，其值不应超过起重机吊装该柱时的最大起重半径 R，也不能小于起重机的最小起重半径 R_{min}，即 $R_{min} < a \leq R$。此外还应注意起重机回转时其尾部不得与周围构件相碰；开行路线不宜通过回填土地段。综合上述条件便可确定 a 值，并在图上画出吊装柱时起重机的开行路线。

b. 确定起重机的停机位置。以柱基中心 M 为圆心、以吊装该柱的起重半径 R 为半径画弧，交起重机开行路线于 O 点，O 点即为吊装该柱的停机点。

c. 确定柱预制位置。以停机点 O 为圆心、以 R 为半径画弧，在靠近柱基的弧线上选一点 K 做柱脚中心的位置；再以 K 为圆心，以柱脚到吊点距离为半径画弧，与 OM 半径所画弧相交于 S，连接 KS，以 KS 为中心线，按柱尺寸画出柱的模板图，即为柱的预制位置图。同时标出柱顶、柱脚与柱到纵横线的距离 A、B、C、D，作为支模的依据。

布置柱子时尚应注意牛腿的朝向。当柱子在跨内预制或就位时，牛腿应朝向起重机；若柱子布置在跨外，牛腿则应背向起重机。

若场地限制或柱过长，难以做到三点共弧时，可按两点共弧布置。一种是将柱脚与柱基安排在起重半径 R 的同一圆弧上，将吊点放在圆弧之外，如图 6-47（a）所示。吊装时先用较大的起重半径 R' 吊起柱子，并升臂。当起重臂由 R' 变为 R 后，停止升臂，再按旋转法吊装柱。另一种是将吊点与柱基安排在起重半径 R 的同一圆弧上，柱脚可斜向任意方向，如图 6-47（b）所示。吊装时，柱可用旋转法或滑行法吊升。

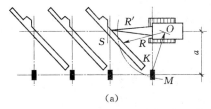

（a）

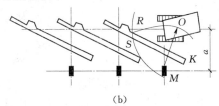

（b）

图 6-47 柱子斜向布置方法之二（两点共弧）
（a）柱脚与柱基两点共弧；（b）吊点与柱基两点共弧

2）纵向布置。吊装柱子采用滑行法时，柱子可以纵向布置，预制时与厂房纵轴平行排列（图6-48）。若柱长小于12m，可以排成一行，为了节约模板及场地，对于矩形柱可以采用叠浇；如果柱长大于12m，可以排成两行进行预制，也可采用叠浇。起重机停在两柱基中间，每停机一次，可吊装2根。柱子排放的位置应把吊点放在以R为半径的圆弧线上。

（2）屋架的布置。屋架一般在跨内平卧叠浇进行预制，每叠3～4榀。布置方式有三种：斜向布置、正反斜向布置、正反纵向布置（图6-49）。

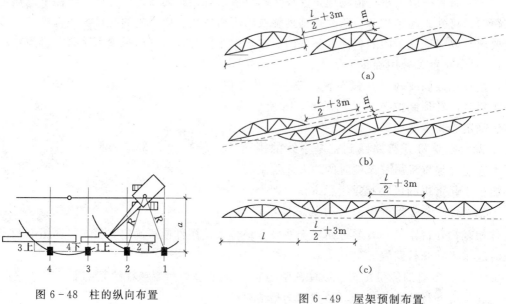

图6-48　柱的纵向布置

图6-49　屋架预制布置
（a）斜向布置；（b）正反斜向布置；（c）正反纵向布置

上述三种布置形式中，应优先考虑采用斜向布置，因为它便于屋架的扶直和就位。只有当场地受限制时，才用后两种布置形式。

在屋架预制布置时，还应考虑屋架扶直就位要求及扶直的先后顺序，应将先扶直的放在上层。另外也要考虑屋架两端的朝向、预埋件的位置等，要符合吊装时对朝向的要求。

（3）吊车梁的布置。

吊车梁可靠近柱基顺纵轴方向或略为倾斜布置，也可以插在柱的空档中预制。如有运输条件，一般在工厂制作。

2.吊装阶段的平面布置

由于柱子在预制阶段已按吊装阶段的堆放要求进行了布置，所以柱子在两个阶段的布置是一致的。一般先吊柱子，以便空出场地布置其他构件。所以吊装阶段构件的布置，主要是指屋架扶直就位以及吊车梁、连系梁、屋面板等构件的运输就位。

（1）屋架的扶直就位。

屋架扶直后，用起重机把屋架吊起并移放在吊装前最近的便于操作位置，叫就位。屋架就位时应考虑安装顺序，两端朝向。屋架就位方式一般有两种：斜向就位和纵向就位。

1）斜向就位。屋架靠柱边斜向就位，可按下述作图方法确定其就位位置，如图6-50

所示。

a. 确定起重机吊装屋架时的开行路线及停机位置。吊装屋盖系统构件时，起重机一般沿跨中开行。在图上画出开行路线。然后以欲吊装的某轴线（例如②轴线）屋架的中点 M_2 为圆心，以所选择的起重半径 R 为半径画弧线交开行路线于 O_2 点，O_2 点即为吊装②轴线屋架时的停机点。

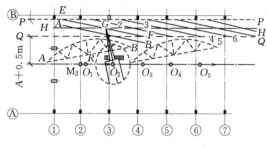

图 6-50 屋架靠柱边斜向就位

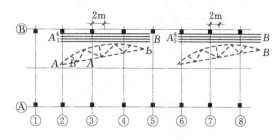

图 6-51 屋架成组纵向就位

b. 确定屋架的就位范围。屋架宜靠柱边就位，即可利用柱子作为屋架就位后的临时支撑。但是要求屋架离开柱边的净距不小于 0.2m。当场地受限制时，屋架端头也可少许伸出跨外一些。这样，首先可以定出屋架就位的外边线 $P—P$。起重机在吊装时要回转，若起重机尾部至回转中心距离为 A，则在距离起重机开行路线 $A+0.5m$ 范围内不宜有构件堆放，由此可定出内边线 $Q—Q$。在 $P—P$ 和 $Q—Q$ 两虚线间即为屋架的就位范围，根据实际需要定 $Q—Q$。

c. 确定屋架的就位位置。屋架实际就位范围确定之后，画出 $P—P$ 与 $Q—Q$ 的中心线 $H—H$，屋架就位后的中点均应在 $H—H$ 线上。以②轴线屋架的停机点 O_2 为圆心，以起重半径 R 为半径，画弧线交 $H—H$ 线于 G 点，G 点即为②轴线屋架就位后的中点。再以 G 点为圆心，以屋架跨度的 $1/2$ 为半径，画弧交 $P—P$、$Q—Q$ 两线于 E 和 F 两点，连接 E、F 即为②轴线屋架就位的位置。其他屋架就位位置均应平行此屋架，端点相距 6m。只有①轴线的屋架，当已安装好抗风柱时，需要退到②轴线屋架就位位置附近就位。屋架就位后，应用 8 号铁丝、支撑等与已安装好柱或其他固定体拉紧撑牢，以保持稳定。

2）纵向就位。屋架纵向就位，一般以 4～5 榀为一组靠柱边顺轴线纵向排列（图 6-51）。屋架与柱之间、屋架与屋架之间的净距不小于 0.2m，每组之间应留出 3m 左右的间距，作为横向通道。每组屋架就位中心线，应安排在该组屋架倒数第二榀吊装轴线之后 2m 处，这样可以避免在已安装好的屋架下绑扎和起吊屋架，起吊以后也不会和已安装好的屋架相碰。

3. 吊车梁、连系梁和屋面板的运输堆放

单层工业厂房的吊车梁、连系梁和屋面板等，一般在预制厂集中生产，然后运至工地安装。构件运至现场后，应按施工组织设计规定位置，按编号及吊装顺序进行堆放。

吊车梁、连系梁的就位位置，一般在其吊装位置的柱列附近，跨内跨外均可，条件允许时也可随运输随吊装。

屋面板则由起重机吊装时的起重半径确定。当在跨内布置时，应后退 3～4 个节间靠柱边堆放；在跨外布置时，应后退 1～2 个节间靠柱边堆放，每 6～8 块为一叠，并应支垫平稳。

第三节　装配式框架结构吊装

对于高层装配式建筑，由于高度较大，只有采用自升式塔式起重机才能满足起重高度的要求。自升式塔式起重机可布置在房屋内，随着房屋的升高往上爬升；亦可附着在房屋外侧。布置时，应尽量使建筑平面和构件堆场位于起重半径范围内。图 6-52 所示为某 10 层公寓采用自升式塔式起重机的施工平面布置。

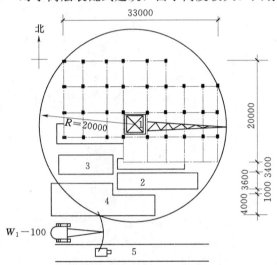

图 6-52　自升塔式起重机吊装框架结构
1—自升式塔式起重机；2—墙板堆放区；3—楼板堆放区；
4—柱、梁堆放区；5—运输道路

一、安装方法

采用吊装机械的性能及流水方式不同，又可分为分层综合安装法与竖向综合安装法。

分层综合安装法［图 6-53（a）］，就是将多层房屋划分为若干施工层，起重机在每一施工层中只进行一次，首先安装一个节间的全部构件，再依次安装第二节间、第三节间等。待一层构件全部安装完毕并最后固定后，再依次按节间安装上一层构件。

竖向综合安装法，是从底层直至顶层把第一节间的构件全部安装完毕后，再依次安装第二节间、第三节间等各层的构件［图 6-53（b）］。

二、柱的吊装与校正

各层的截面应尽量保持不变，以便于预制和吊装。柱的长度一般以 1~2 层楼高为一节，也可以 3~4 层为一节。柱与柱的接头宜设在弯矩较小的地方或梁柱节点处，每层楼的柱接头应设在同一标高上，以便统一构件的规格，减少构件型号。

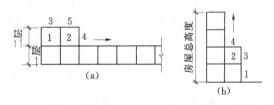

图 6-53　综合安装法
（a）分层综合安装法；（b）竖向综合安装法

框架柱由于长细比过大，吊装时必须合理选择吊点位置和吊装方法，以避免产生吊装断裂现象。在一般情况下，当柱长在 10m 以内时，可采用一点绑扎起吊；对于 14~20m 的长柱，则应采用两点绑扎起吊，并应进行吊装验算。

柱的校正应按 2~3 次进行，首先在脱钩后电焊前进行初校；在柱接头电焊后进行初校；在柱接头电焊后进行第二次校正，观测焊接应力变形所引起的偏差。此外，在梁和楼板安装后还需检查一次，以消除焊接应力和荷载产生的偏差。柱在校正时，力求下节柱准确，以免导致上层柱的积累偏差。上节柱底部中心线对准下节柱顶部中心线的中点（图 6-54），即 $a/2$ 处，以此类推。

对于细而长的框架柱，在阳光的照射下，温差对垂直度的影响较大，在校正时，必须考虑温差的影响，其措施有以下几点：

（1）在无阳光影响的时候（如阴天、早震、晚间）进行校正。

（2）在同一轴线上的柱，可选择第一根柱（称标准柱）在无温差影响下精确校正，其余柱均以此柱作为校正标准。

（3）预留偏差（图6-55）。其方法是在无温差条件下弹出柱的中心线，在有温差条件下校正 $L/2$ 处的中心线，使其与杯口中心线垂直，测得柱顶偏移值为 Δ；再在同方向将柱顶增加偏移值 Δ，当温差消失后该柱回到垂直状态。

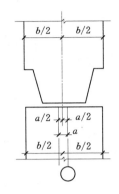

图6-54 上下节柱校正
时中心线偏差调整
a—下节柱顶部中心线偏差；
b—柱宽

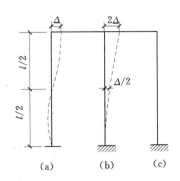

图6-55 柱校正预留偏差简图

三、构件接头

在多层装配式框架结构中，构件接头的质量直接影响整个结构的稳定和刚度，必须加以充分重视。

1. 柱的接头类型

柱的接头类型有榫接头、插入接和浆锚接头三种。

榫式接头（图6-56），是上下柱预制时各向外伸出一定长度（不小于 $25d$）的钢筋，上柱底部带有突出的榫头，柱安装时使钢筋对准，用剖口焊焊接，然后用比柱混凝土强度等级高25%的补偿混凝土浇筑接头。待接头混凝土达到75%强度等级后，再吊装上层构件。榫式接头，要求柱预制时最好采用通长钢筋，以免钢筋错位难以对接；钢筋焊接时，应注重焊接质量和施焊方法，避免产生过大的焊接应力造成接头偏移和构件裂缝；接头灌浆要求饱满密实，不致下沉、收缩而产生空隙或裂纹。

浆锚接头（图6-57），是在上柱底部外伸4根长300～700mm的锚固钢筋；下柱顶部预留4个深约350～750mm、孔径约（2.5～4）d（d 为锚固筋直径）的浆锚孔。接头前，先浆锚孔清洗干净，并注入快凝砂浆；在下节柱的顶面满铺10mm厚的砂浆；最后把上柱锚固筋插入孔内，使上下柱连成整体。也可采用先插入锚固筋，然后进行灌浆或压浆工艺。

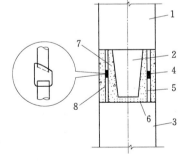

图6-56 榫式接头
1—上柱；2—上柱榫头；3—下柱；
4—剖口焊；5—下柱外伸钢筋；
6—砂浆；7—上柱外伸钢筋；
8—后浇接头混凝土

插入式接头（图6-58），是将上节柱做成榫头，下节柱顶部做成杯口，上节柱插入杯口后，用水泥砂浆灌实成整体。此种接头不用焊接，安装方便，但在偏心受压时，必须采取构造措施，以防受拉边产

267

生裂缝。

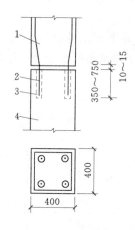

图 6-57 浆锚接头

1—上柱；2—上柱外伸锚固钢筋；

3—浆锚孔；4—下柱

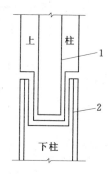

图 6-58 插入式接头

1—榫头纵向钢筋；2—下柱

2. 装配式框架中梁与柱接头

（1）整浇式节点形式。

整浇式节点分为 A 型构造（图 6-59）和 B 型构造（图 6-60）。A 型构造要求梁端下部纵向受力钢筋在节点内焊接连接，适用于抗震等级为二级的多层框架结构；B 型构造为梁端下部纵向受力钢筋在节点内弯折锚固，适用于非抗震及抗震等级为二、三级的多层框架结构。

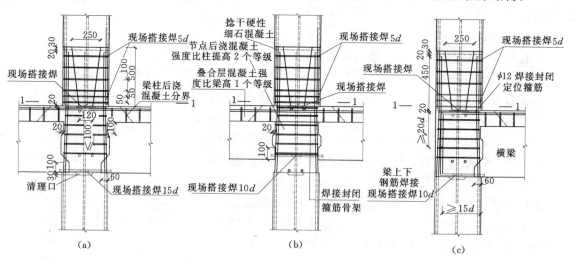

图 6-59 整浇式节点（A 型构造）

（a）横向中柱节点；（b）纵向中柱节点；（c）横向边柱中点

对抗震等级为三级但伸进节点核芯区的梁端下部纵向受力钢筋直径大于 25mm 或为 3 根时，宜采用 A 型构造。整浇式节点应符合下列构造要求：

1）柱截面尺寸不宜小于 400mm×400mm，也不宜大于 600mm×600mm；柱下端榫头截面尺寸不应小于 120mm×120mm；节点核芯区混凝土强度等级不宜低于 C30。

2）节点核芯区箍筋宜采用预制焊接封闭骨架。

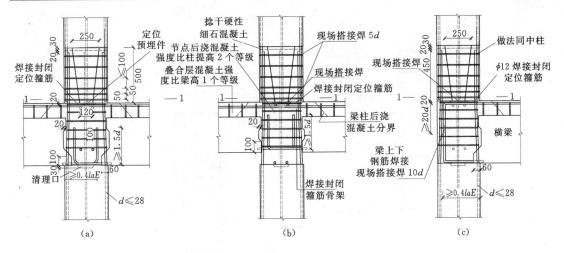

图 6-60　整浇式节点（B 型构造）

(a) 横向中柱节点；(b) 纵向中柱节点；(c) 横向边柱节点

3）核芯区现浇混凝土顶部，应设置直径 12mm 的焊接封闭定位箍筋，并与叠合梁上部钢筋绑牢或焊牢，用以控制柱顶面伸出钢筋的位置。

4）对于顶层边柱节点，叠合梁的上部钢筋多于梁下部钢筋时，边柱柱顶需预埋锚筋伸出，与叠合梁上部钢筋焊接。

5）当节点处柱截面纵向钢筋总根数多于 4 根时，需根据抗震要求设置复合箍筋。

6）捻缝用的细石混凝土等度等级不应低于柱混凝土的强度等级，水灰比不宜大于 0.3，并宜采用无收缩快硬硅酸盐水泥配制。

（2）现浇柱预制梁节点。

现浇柱预制梁节点分为 A 型（图 6-61）、B 型（图 6-62）、C 型（图 6-63）和 D 型（图 6-64）构造。A 型构造用于抗震等级为二级的多层框架结构；B 型和 C 型适用于非抗震及抗震等级为二、三级的多层框架结构。

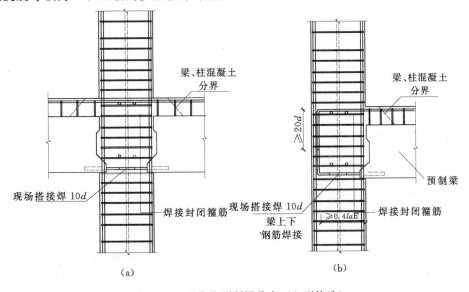

图 6-61　现浇柱预制梁节点（A 型构造）

(a) 中柱节点；(b) 边柱节点

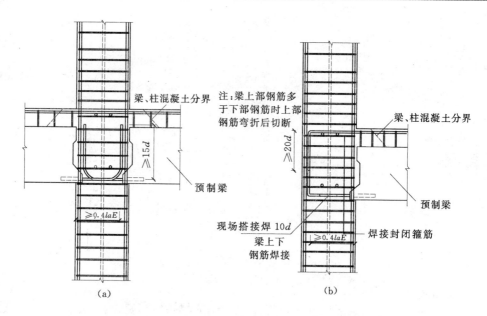

图 6-62 现浇柱预制梁节点（B 型构造）

（a）中柱节点；（b）边柱节点

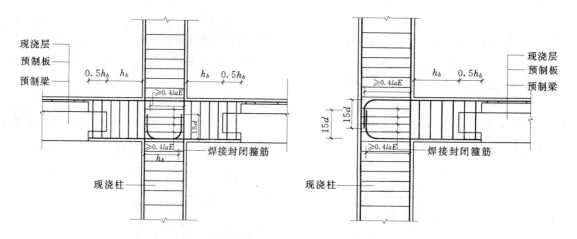

图 6-63 现浇柱预制梁节点（C 型构造）

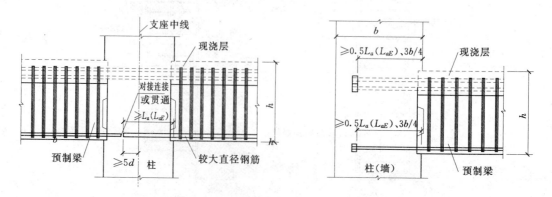

图 6-64 现浇柱预制梁节点（D 型构造）

现浇柱预制梁节点除柱子采用现浇外，节点核芯区混凝土强度等级、构造与整浇式节点相同，并应进行施工吊装阶段梁端斜截面抗裂验算。

思　考　题

1. 试述垂直运输方式的分类、构造及性能。

2. 塔式起重机有哪几种类型，各有何特点？

3. 试述履带式起重机的主要技术参数及其相互关系，如何使用起重机的特性曲线及性能表？

4. 如何对履带式起重机进行稳定验算？

5. 单层工业厂房结构吊装前的准备工作是什么？

6. 起重机开行路线与构件预制平面布置和就位平面布置有何关系？

7. 试比较分件分件吊装和综合吊装的优缺点。

8. 试比较旋转法和滑行法的优缺点及适用范围，对柱的布置各有何要求？

9. 当柱采用双机抬吊时，应注意什么问题？试述双机抬吊的方法。

10. 在设备及施工场地许可的条件下，下列的吊装方案中宜优先考虑哪一种，简单说明理由。

（a）预制柱：斜向布置与纵向布置；（b）屋架扶直：正向扶直与反向扶直。

11. 屋架绑扎时，吊索与水平面夹角应如何选取？为什么？

12. 对屋架预制布置有何要求，其布置方式有哪几种？试比较其优缺点。

13. 屋架的吊点如何选择？对屋架绑扎有何要求？在哪种情况下应采用横吊梁？

14. 装配式框架中梁与柱的整浇式接头有哪几种，分别在哪种情况下采用？

第七章 钢 结 构 工 程

钢结构主要指由钢板、热轧型钢、薄壁型钢、钢管等构件组合而成的结构。由于钢结构具有强度高、结构轻、施工周期短和精度高等特点，因而在土木工程中被广泛采用。钢结构主要用于工业厂房、高层建筑、大跨屋面结构、桥梁工程等。

第一节 钢 结 构 加 工

一、钢结构加工图

钢结构是目前使用得较多的一种结构形式，其结构施工图比较复杂。钢结构施工图的识读重点和难点是构件之间连接构造的识读，在识读钢结构施工图时一定要将各种图结合起来看，一般钢结构加工图包括：钢结构设计总说明、构件布置图、构件详图、构件序号和材料表。

1. 钢结构设计总说明

（1）钢材、螺栓、冷弯薄壁型钢、栓钉、围护板材的材质（颜色）、厂家等。

（2）焊缝的质量等级和范围等要求。

（3）预拼装、起拱、现场吊装吊耳要求。

（4）制作、检验标准等。

2. 构件布置图

（1）锚栓布置图：钢材材质、数量、攻丝长度、焊脚高度。

（2）梁柱布置图：构件名称、规格、数量，梁的安装方向、轴线距离和楼层标高，柱牛腿高、加劲板、螺栓孔。

（3）檩条、墙梁布置图：主要关注构件名称、数量、是否有斜拉条和斜撑等。

3. 构件详图

（1）钢柱、梁详图。柱截面和总长度、各层标高与布置图对照验证一下；通过索引图判断钢柱视图方向；牛腿或连接板数量、方向对照布置图进行验证；柱的标高尺寸、长度分尺寸和总尺寸是否一致；通过剖视符号和板件编号找到对应的大样图进行识图；装配和检验要根据前面讲的标注原则和本构件的特点来判断基准点、线；每块板件装配前要根据图纸的焊缝标示和工艺进行剖口等处理；如能按照布置图验证一下与之相接的梁，节点是否一致；梁与柱内饰，另外注意梁端部是否需要带坡口，梁是否预起拱。

（2）钢屋面详图。钢屋架施工图根据钢屋架的复杂程度，有不同数量的零件详图，这些详图详细说明了各种零件的具体做法（图7-1）。例如：钢屋架图中杆件的型钢形式、截面规格、长度、焊脚尺寸；节点板的形状和尺寸；肢背和肢尖处的焊缝长度；翼缘、腹板的分段位置、屋面梁放坡坡度等问题；系杆连接板、天沟支架连接板、水平支撑位置、安装的方向等。

（3）吊车梁详图。注意轴线和吊车梁长度的关系，中间跨的吊车梁和边跨吊车梁长度一

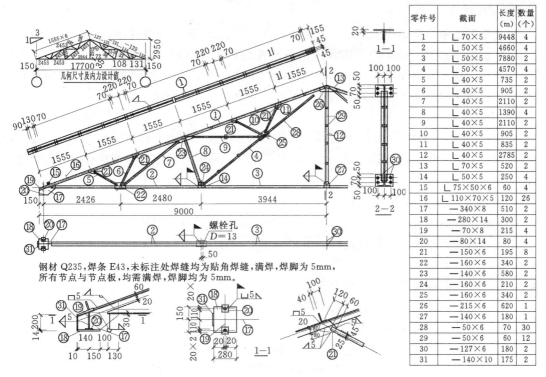

零件号	截面	长度(m)	数量(个)
1	L 70×5	9448	4
2	L 50×5	4660	4
3	L 50×5	7880	2
4	L 50×5	4570	4
5	L 40×5	735	2
6	L 40×5	905	2
7	L 40×5	2110	2
8	L 40×5	1390	4
9	L 40×5	2110	2
10	L 40×5	905	2
11	L 40×5	835	2
12	L 40×5	2785	2
13	L 70×5	520	2
14	L 50×5	250	4
15	L 75×50×6	60	4
16	L 110×70×5	120	26
17	—340×8	510	2
18	—280×14	300	2
19	—70×8	215	4
20	—80×14	80	4
21	—150×6	195	8
22	—160×6	340	2
23	—140×6	580	2
24	—160×6	210	2
25	—160×6	340	2
26	—215×6	620	1
27	—140×6	180	1
28	—50×6	70	30
29	—50×6	60	12
30	—127×6	180	2
31	—140×10	175	2

图 7-1 钢屋架施工图示例

般不一样；吊车梁上翼缘是否需要预留固定轨道的螺栓孔；注意吊车梁上翼缘的隔撑留孔在那一侧；注意下翼缘的垂直支撑留孔在哪一侧；吊车梁上翼缘和腹板的 T 形焊缝是否需要熔透；要对照设计总说明和本图验证；注意加劲肋厚度以及它与吊车梁的焊缝定义，注意区别普通加劲肋与车挡的支承加劲肋，两者是一般不同的。

（4）支撑详图。支撑的截面、肢尖朝向；放样的基准点是否明确；连接板的尺寸、螺栓孔间距。

二、放样、号料与切割下料❶

（一）放样

钢结构是由许多构件组成，结构的形状复杂，在施工图上很难反映出来某些构件的真实形状。放样是根据钢结构施工详图或构件加工图，在放样台上以 1:1 的比例把产品或零部件实样化，作为号料、切割和制孔的依据。放样工作十分重要，事先必须仔细阅读结构、构件的施工详图，并进行核对。放样是钢结构制作工艺中的第一道工序，只有放样尺寸精确，才能避免以后各道加工工序的累积误差。

1. 放样准备

放样前，应校对图纸各部尺寸有无不符之处，如发现图纸设计不合理，需变动图纸上的主要尺寸或材料代用时，应向有关部门联系取得一致意见，并在图纸上注明更改内容和更改时间，填写技术变更核定（洽商）单等签证。

---

❶ 《钢结构工程施工规范》GB 50755—2012 规定：

8.2.1 放样和号料应根据施工详图和工艺文件进行，并应按要求预留余量。

2. 放样操作

根据施工图中的具体技术要求，按照 1∶1 的比例尺寸正投影的作图，画出构件相互之间的尺寸，采用 0.5～1mm 的薄钢板或油毡纸及马粪纸等材料，以实样尺寸为依据，制出零件的样杆、样板，用样杆和样板进行号料。放样时，要先打出构件的中心线，然后再画出零件尺寸。焊接构件要考虑预留切割余量、加工余量或焊接收缩量。

3. 样板标注

样板制出后，必须在上面注明图号、零件名称、件数、位置、材料牌号、坡口部位、弯折线及弯折方向、孔径和滚圆半径、加工符号等内容。同时，应妥善保管样板，防止折叠和锈蚀，以便进行校核。

4. 加工裕量

为了保证产品质量，防止由于下料不当造成废品，样板应注意适当预放加工裕量，一般可根据不同的加工量按下列数据进行：

（1）自动气割切断的加工裕量为 3mm。

（2）手工气割切断的加工裕量为 4mm。

（3）气割后需铣端或刨边者，其加工裕量为 4～5mm。

（4）剪切后无需铣端或刨边的加工裕量为零。

（5）对焊接结构零件的样板，除放出上述加工裕量外，还须考虑焊接零件的收缩量。一般沿焊缝长度纵向收缩率为 0.03％～0.2％；沿焊缝宽度横向收缩，每条焊缝为 0.03～0.75mm；加强肋的焊缝引起的构件纵向收缩，每肋每条焊缝为 0.25mm。加工余量和焊接收缩量，应以组合工艺中的拼装方法、焊接方法及钢材种类、焊接环境等决定。

5. 节点放样及制作

焊接球节点和螺栓球节点有专门工厂生产，一般只需按规定要求进行验收，而焊接钢板节点，一般都根据各工程单独制造，焊接钢板节点放样时，先按图纸用硬纸剪成足尺样板，并在样板上标出杆件及螺栓中心线，钢板即按此样板下料。

制作时，钢板相互间先根据设计图纸用电焊点上，然后以角尺及样板为标准，用锤轻击逐渐校正，使钢板间的夹角符合设计要求，检查合格后再进行全面焊接。为了防止焊接变形，在点焊定位后，可用夹紧器夹紧，再全面施焊，如图 7-2 所示。节点板的焊接顺序，如图 7-3 所示，同时施焊时应严格控制电流并分皮焊接，例如用 $\phi4$ 的焊条，电流控制在 210A 以下，当焊缝高度为 6mm 时，分成两次焊接。

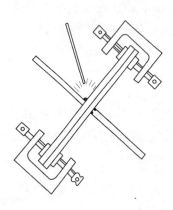

图 7-2　用夹紧器辅助焊接板

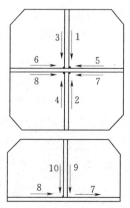

图 7-3　钢板节点焊接顺序（图中 1～10 表示焊接顺序）

为了使焊缝左右均匀，应用船形焊接法如图7-4所示。

（二）号料❶

号料是采用经检查合格的样板（样杆），在钢板或型钢上画出零件的形状、切割加工线、孔位、标出零件编号。号料要根据图纸用料要求和材料尺寸合理配料。尺寸大、数量多的零件，应统筹安排、长短搭配，先大后小或套材号料，以节约原材料和提高利用率。大型构件的板材宜使用定尺料，使定尺的宽度或长度为零件宽度或长度的倍数。常用号料方法有以下几种。

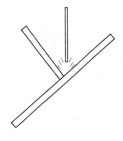

图 7-4 船形焊接法

（1）集中号料法：把同厚度的钢板零件和相同规格的型钢零件，集中在一起进行号料。

（2）套料法：把同厚度的各种不同形状的零件，组合在同一材料上，进行"套料"。

（3）统计计算法：在线形材料（如型钢）下料时将所有同规格零件归纳在一起，按零件的长度，先长后短的顺序排列。根据最长零件号料算出余料的长度，直至整根料被充分利用为止。

（4）余料统一号料法：在号料后剩下的余料上进行较小零件的号料。

在下料工作完成后，在零件的加工线、拼缝线及孔的中心位置上，应打冲印或凿印，同时用标记笔或色漆在材料的图形上注明加工内容。为以下工序的剪切、冲裁和气割等加工提供方便条件。

（三）切割下料❷

切割的目的就是将放样和号料的零件从原材料上进行下料分离。钢材的切割可以通过切削、冲剪、热切割来实现。常用的切割方法有机械剪切、气割和等离子切割三种方法。

气割前钢材切割区域表面应清理干净，切割时，应根据设备类型、钢材厚度、切割气体等因素选择合适的工艺参数。

机械剪切的零件厚度不宜大于12.0mm，剪切面应平整。碳素结构钢在环境温度低于−20℃、低合金结构钢在环境温度低于−15℃时，不得进行剪切、冲孔。

三、矫正、制孔

1. 钢材矫正

钢材使用前，由于存放、运输、吊运不当等原因，会引起钢材变形；在加工成型过程中，由于操作和工艺原因会引起成型件变形；构件连接过程的焊接变形等。

为保证钢结构的制作及安装质量，必须对不符合标准的材料、构件进行矫正。钢材矫正的内容有钢板的平直度、型钢的挠曲度以及翼缘对腹板的不垂直度等。矫正可采用机械矫正、加热矫正、加热与机械联合矫正等方法。钢材矫正后的允许偏差，应符合表7-1的规定。

---

❶ 《钢结构工程施工规范》GB 50755—2012规定：
8.2.1 主要零件应根据构件的受力特点和加工状况，按工艺规定的方向进行号料。
❷ 《钢结构工程施工规范》GB 50755—2012规定：
8.3.1 钢材切割可采用气割、机械切割、等离子切割等方法，选用的切割方法应满足工艺文件的要求。切割后的飞边、毛刺应清理干净。
8.3.2 钢材切割面应无裂纹、夹渣、分层等缺陷和大于1mm的缺棱。

表 7 - 1　　　　　　　　　　　　　　　钢材矫正后的允许偏差

项　目		允　许　偏　差	图　例
钢板的局部平面度	$t \leqslant 14$	1.5	
	$t > 14$	1.0	
型钢弯曲矢高		$l/1000$ 且不应大于 5.0	
角钢肢的垂直度		$b/100$ 双肢栓接角钢的角度不得大于 90°	
槽钢翼缘对腹板的垂直度		$b/80$	
工字钢、H 型钢翼缘对腹板的垂直度		$b/100$ 且不大于 2.0	

2. 制孔

制孔可采用冲孔、钻孔、铣孔、铰孔、镗孔、锪孔等方法，对直径较大或长形孔也可采用气割制孔。

冲孔在冲床上进行，冲孔只能冲较薄的钢板，孔径的大小一般大于钢材的厚度，冲孔的周围会产生冷硬现象。冲孔生产效率高，但质量较差，只有在不重要的部位才能使用。

钻孔有人工钻孔和机床钻孔两种方式，人工钻孔是用手枪式或手提式电钻由人工直接钻孔，多用于钻直径较小，板材较薄的孔；机床钻孔是采用台式或立式摇臂式钻床钻孔[1]，施钻方便，工效高。

第二节　钢结构的预拼装和连接

一、拼装

拼装分构件单体拼装和构件立、平面总体拼装两种方式。工程实践中，为了检验其制作的整体性及准确性，往往由设计规定或合同要求在出厂前进行预拼装。

1. 拼装的一般规定[2]

拼装应按工艺方法的拼装顺序进行，当有隐蔽焊缝时，必须先施焊，经检验合格方可覆

---

[1] 《钢结构工程施工规范》GB 50755—2012 规定：

8.6.2　利用钻床进行多层板钻孔时，应采取有效的防止窜动的措施。

8.6.3　机械或气割制孔后，应清除周边的毛刺、切屑等杂物；孔壁应圆滑，应无裂纹和大于 1.0mm 的缺棱。

[2] 《钢结构工程施工规范》GB 50755—2012 规定：

10.1.2　预拼装前，单个构件应检查合格；当同一类型构件较多时，可选择一定数量的代表性构件进行预拼装。

10.2.1　预拼装场地应平整、坚实；预拼装所用的临时支承架，支承凳或平台应经测量准确定位，并应符合工艺文件要求。

盖。当复杂部位不易施焊时，亦应按工艺顺序分别拼装和施焊。严禁不按次序拼装和强力组对。

为减少大件拼装焊接的变形，一般应先采进行小件组焊，经矫正后，再整体大部件拼装。拼装前，连接表面及焊缝每边 30～50mm 范围内的铁锈、毛刺、油污及潮气等必须清除干净，并露出金属光泽。

拼装后的构件应立即用油漆在明显部位编号，写明图号、构件号和件数，以便查找。

2. 拼装方法

钢板拼接是在装配平台上进行，将钢板零件摆列在平台板上，将对接缝对齐，用定位焊固定。在对接焊缝两端设引弧板。重要构件的钢板需用埋弧自动焊接。焊后进行变形矫正，并需做无损伤检测。

桁架是在装配平台上放实样拼装，应预放焊接收缩量。设计有起拱要求的桁架，应放出起拱线；无起拱要求的，也应起拱 10mm 左右，防止下挠。

桁架拼装多采用仿形装配法，即先在平台上放实样，据此装配出第一个单面桁架。并施行定位焊；之后再用它做胎模，在它上面进行复制出多个单面桁架，然后组装两个单面桁架，装完对称的单面桁架，即完成一个桁架的拼装，依此法逐个装配其他桁架。

二、连接

钢结构构件连接方法，通常有焊接连接，铆钉连接和螺栓连接。

（一）焊接连接[1]

焊接连接是现代钢结构主要的连接方式，它的优点是任何形状的结构都可用焊接连接，构造简单。焊接连接一般不需要拼接材料，省钢省工，而且能实现自动化操作，生产效率较高。钢结构的焊接方法最常用的有电弧焊、电阻焊和气焊，电弧焊是工程中应用最普遍的焊接方式。

电弧焊是利用通电后焊条和焊件之间产生强大的电弧提供热源熔化焊条与焊件熔化部分结成焊缝，将两焊件连成一整体。电弧焊分为手工电弧焊（图 7-5）和自动或半自动电弧焊（图 7-6）。

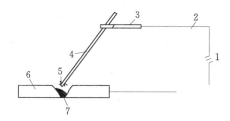

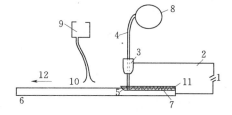

图 7-5　手工电弧焊

1—电源；2—导线；3—夹具；4—焊条；
5—电弧；6—焊件；7—焊缝

图 7-6　自动电弧焊

1—电源；2—导线；3—夹具；4—焊丝；
5—电弧；6—焊件；7—焊缝；8—转盘；
9—漏斗；10—溶剂；11—熔化的熔剂；
12—移动方向

❶《钢结构工程施工规范》GB 50755—2012 规定：

6.3.1　施工单位首次采用的钢材、焊接材料、焊接方法、接头形式、焊接位置、焊后热处理等各种参数及参数的组合，应在钢结构制作及安装前进行焊接工艺评定试验。

1. 焊接接头

钢板与钢板间的熔化焊接接头根据焊件的厚度、使用条件、结构形状的不同主要有对接接头、角接接头、T形接头等形式。在各种形式的接头中，为了提高焊接质量，较厚的钢板焊接前需开坡口。开坡口的目的是保证电弧能深入焊缝的根部，使根部能焊透，以便清除熔渣，获得较好的焊缝形态。

2. 焊缝形式

（1）按施焊的空间位置分，焊缝形式可分为平、横、立、仰焊缝四种。平焊的熔滴靠自重过渡，操作简单，质量稳定。横焊时，由于重力熔化金属容易下淌，而使焊缝上侧产生咬边，下侧产生焊瘤或未焊透等缺陷。立焊焊缝成形更为困难，易产生咬边、焊瘤、夹渣、表面不平等缺陷。仰焊时，必须保持最短的弧长，因此易出现未焊透、凹陷等质量问题。

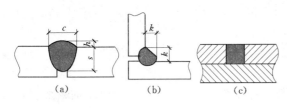

图 7-7　焊缝形式
（a）对接焊缝；（b）角焊缝；（c）塞焊缝

（2）按结合形式分，焊缝可分为对接焊缝、角焊缝和塞焊缝三种，如图 7-7 所示。对接焊缝主要尺寸有：焊缝有效高度 s、焊缝宽度 c、余高 h。角焊缝主要以高度 k 表示，塞焊缝常以熔核直径 d 表示。

3. 焊缝的质量检查方法❶

钢结构的焊缝质量检验分三级，各级检验项目、检查数量和检查方法见表 7-2。

表 7-2　　　　　　　　　焊缝质量检验分级表

等级	检查项目	检查数量	检查方法
一级	外观检查	全部	检查外观缺陷及几何尺寸，有疑点时用磁粉探伤复验
	超声波检查	全部	
	X 射线检查	抽查焊缝长度 2%，至少应有一张底片	缺陷超标时应加倍透照，如仍不合格时应 100% 透照
二级	外观检查	全部	检查外观缺陷及几何尺寸
	超声波检查	抽查焊缝长度 50%	有疑点时，用 x 射线透照复验，如发现有超标缺陷，应用超声波全部检验
三级	外观检查	全部	检查外观缺陷及几何尺寸

（二）螺栓连接

螺栓连接采用的螺栓有普通螺栓和高强螺栓之分。普通螺栓的优点是装卸便利，不需特殊设备。高强螺栓是用强度较高的钢材制作，安装时通过特别的扳手，以较大的扭矩拧紧螺帽，使螺杆产生很大的预应力，被连接部件的接触面间产生很大的摩擦力，这种连接称为高强度螺栓摩擦型连接，它的优点是加工方便，对构件的削弱小，可拆换，能承受动力荷载，耐疲劳，韧性和塑性好，包含了普通螺栓和铆钉的各自优点，目前已成为代替铆钉连接的首

---

❶ 《钢结构工程施工规范》GB 50755—2012 规定：

6.5.1　焊缝的质量偏差、外观质量和内部质量，应按现行国家标准《钢结构工程施工质量验收规范》GB 50205 和《钢结构焊接规范》GB 50661 的有关规定进行检验。

选方式。此外，高强螺栓也可同普通螺栓一样依靠螺杆和螺孔之间的承压来受力。这种连接称为高强度螺栓承压型连接。

1. 普通螺栓连接❶

（1）普通螺栓常用作钢结构中构件间的连接、固定，或将结构固定到基础上。常用的普通螺栓有六角螺栓，双头螺栓和地脚螺栓等。六角螺栓按其头部支承面大小及安装位置尺寸分为大六角头与六角头两种，按制造质量和产品等级分为 A、B 级和 C 级。

A 级螺栓通称为精制螺栓，B 级螺栓为半精制螺栓。它们制作精度和螺栓孔的精度、孔壁表面粗糙度等要求都比较严。A、B 级螺栓适用于拆装式结构或连接部位需传递较大剪力的重要结构的安装中。C 级螺栓称为粗制螺栓，由半加工的圆杆压制而成，其制作精度和螺栓的允许偏差、孔壁表面粗糙度等要求都比 A、B 级普通螺栓为低。适用于钢结构加工中临时固定，对于重要的连接，当采用粗制螺栓连接时，必须另加特殊支托（牛腿或剪力板）来承受剪力。

双头螺栓又称螺柱。多用于连接厚板和不便使用六角螺栓连接的地方，如混凝土屋架、屋面梁悬挂单轨梁吊挂件等。

地脚螺栓分为一般地脚螺栓、直角地脚螺栓、锤头螺栓和锚固地脚螺栓。

（2）普通螺栓连接施工。普通螺栓连接时应符合下列要求：

1）永久螺栓的螺栓头和螺母的下面应放置平垫圈，垫置在螺母下面的垫圈不应多于 2 个，垫置在螺栓头部下面的垫圈不应多于 1 个；螺栓头和螺母应与结构构件的表面及垫圈密贴；对于槽钢和工字钢翼缘之类倾斜面的螺栓连接，则应放置斜垫片垫平，以使螺母和螺栓的头部支承面垂直于螺杆，避免螺栓紧固时螺杆受到弯曲力。

2）锚固螺栓的螺母、动荷载或重要部位的连接螺栓，应根据施工图中的设计规定，采用有防松装置的螺母或弹簧垫圈。

3）各种螺栓连接，从螺母一侧伸出螺栓的长度应保持在不小于 2 个完整螺纹的长度；

4）连接中使用螺栓等级和材质应符合施工图的要求。

2. 高强度螺栓连接❷

高强度螺栓的连接形式可分为摩擦连接、承压连接和张拉连接三种，如图 7-8 所示。

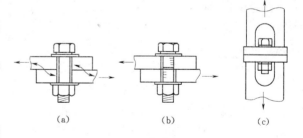

图 7-8　高强度螺栓的连接形式
（a）摩擦连接；（b）承压连接；（c）张拉连接

---

❶ 《钢结构工程施工规范》GB 50755—2012 规定：

7.3.1　普通螺栓可用普通扳手紧固，螺栓紧固应使被连接件接触面、螺栓头和螺母与构件表面密贴。普通螺栓紧固应从中间开始，对称向两边进行，大型接头宜采用复拧。

7.3.2　螺栓紧固后外露丝扣不应少于 2 扣，紧固质量检验可采用锤敲检验。

❷ 《钢结构工程施工规范》GB 50755—2012 规定：

7.4.2　高强度螺栓长度应以螺栓连接副终拧后外露 2 扣～3 扣丝为标准计算。

7.4.5　高强度螺栓现场安装时应能自由穿入螺栓孔，不得强行穿入。螺栓不能自由穿入时，可采用铰刀或锉刀修整螺栓孔，不得采用气割扩孔，扩孔数量应征得设计单位同意，修整后或扩孔后的孔径不应超过螺栓直径的 1.2 倍。

7.4.7.3　终拧应以拧掉螺栓尾部梅花头为准，少数不能用专用扳手进行终拧的螺栓，可按本规范第 7.4.6 条的规定进行终拧，扭矩系数 k 应取 0.13。

（1）高强度螺栓有大六角高强度螺栓和扭剪型高强度螺栓两类。大六角高强度螺栓也称为扭矩形高强度螺栓，一个连接副由一个螺栓杆、两个垫圈和一个螺母组成。高强度螺栓连接副应同批制作，保证扭矩系数的稳定。

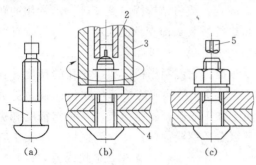

图 7-9　高强度螺栓紧固过程

（a）高强度螺栓紧固前；（b）高强度螺栓紧固中；
（c）高强度螺栓紧固后

1—高强度螺栓；2—小套筒；3—大套
筒；4—母材；5—掉下的梅花头

扭剪型高强度螺栓，一个连接副为一个螺栓杆、一个垫圈和一个螺母。它与大六角高强度螺栓的不同之处在于它的丝扣端头设置了一个梅花头，梅花头与螺栓杆有一道能控制紧面扭矩的环形凹口。当扭固螺栓时，电动紧固工具有两个大小不同的套筒，大套筒卡住螺母，小套筒卡住梅花头，两个套筒按相反方向扭转，螺母拧到规定的扭矩时，梅花头颈部凹口处正好拧断，梅花头掉下，螺栓达到预计的轴拉力，如图 7-9 所示。扭矩型高强度螺栓具有紧固轴力受人为因素影响小、检查直观、不会漏拧等优点，在钢结构连接中应用普遍。

（2）安装高强度螺栓时，螺栓应自由穿入孔内，不得强行敲打，以免损伤丝扣，对连接构件不重合的孔，应用钻头或绞刀扩孔或修孔，不得用气割扩孔。高强度螺栓在同一连接面上穿入方向应一致，以便于操作。

高强度螺栓的紧固，应分两次（即初拧和终拧）拧固，对大型节点还应分初拧、复拧和终拧。初拧、复拧、终拧后要做出不同标记，以便识别，避免重拧或漏拧，并应在 48h 内进行终拧扭矩检验。

高强度螺栓的紧固宜用电动扳手进行。扭剪型高强度螺栓初拧一般用 60%～70%轴力控制，以拧掉后部梅花卡头为终拧结束。不能使用电动扳手的部位，则用测力扳手紧固，初拧扭矩值不得小于终拧扭矩值的 30%。

高强度大六角头螺栓连接副终拧完成 1h 后，在 24h 之前应进行终拧扭矩检查；扭剪型高强度螺栓连接副终拧后，应以目测尾部梅花头拧掉为合格。

（3）高强度螺栓连接副初拧、复拧和终拧原则上应以接头刚度较大的部位向约束较小的方向、螺栓群中央向四周的顺序，是为了使高强度螺栓连接处板层能更好密贴。图 7-10、图 7-11、图 7-12 是典型节点的施拧顺序。

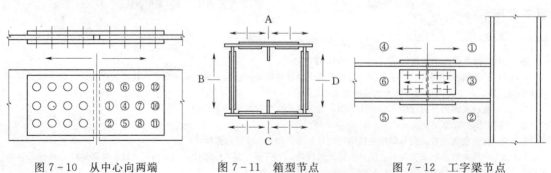

图 7-10　从中心向两端　　　图 7-11　箱型节点　　　图 7-12　工字梁节点

第三节 钢结构单层厂房安装

钢结构单层厂房结构件包括吊车梁、桁架、天窗架、檩条、托架、各种支撑等，构件形式、尺寸、重量及安装标高都不同，因此所采用的起重设备、吊装方法等也需随之变化。

一、单层厂房钢结构吊装准备工作

1. 基础准备 ❶

基础准备包括轴线测量，基础支承面的准备，支承面和支座表面标高与水平度检验，地脚螺栓位置和伸出支承面长度的量测等。

柱子基础轴线和标高的正确与否是确保钢结构安装质量的基础，应根据基础的验收资料复核各项数据，并标注在基础表面上。

基础支承面的准备有两种做法：一种是基础一次浇筑到设计标高，即基础表面先浇筑到设计标高以下 20～30mm 处，然后在设计标高处设角钢或槽钢制导架，测准基标高，再以导架为依据用水泥砂浆仔细铺筑支座表面，如图 7-13 所示；另一种是基础预留标高，安装时做足，即基础表面先浇筑至距设计标高 50～60mm 处，柱子吊装时，在基础面上放钢垫板（不得多于 3 块）以调整标高，待柱子吊装就位后，再在钢柱脚底下浇筑细石混凝土，如图 7-14 所示。后一种方法虽然多了一道工序，但钢柱容易校正，故重型钢柱宜采用此法。

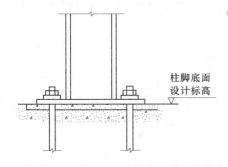

图 7-13 钢柱基础的一次浇筑法

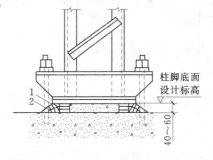

图 7-14 钢柱基础的二次浇筑法
1—调整柱子用的钢垫板；2—柱子安装后浇筑的细石混凝土

2. 构件的检查及弹线

钢构件外形和几何尺寸正确，可以保证结构安装顺利进行。为此，在结构吊装前应仔细检查钢构件的外形和几何尺寸，如有超出规定的偏差，在吊装前应设法消除。钢构件外形尺寸主控项目的允许偏差见表 7-3。

---

❶ 《钢结构工程施工规范》GB 50755—2012 规定：

11.3.1 钢结构安装前应对建筑物的定位轴线、基础轴线和标高、地脚螺栓位置等进行检查，并应办理交接验收。当基础工程分批进行验收时，每次交接验收不应少于一个安装单元的柱基基础，并应符合下列规定：

1. 基础混凝土强度应达到设计要求；2. 基础周围回填夯实应完毕；3. 基础的轴线标志和标高基准点应准确、齐全。

11.3.2 基础顶面直接作为柱的支承面、基础顶面预埋钢板（或支座）作为柱的支承面时，其支承面、地脚螺栓（锚栓）位置的允许偏差应符合表 11.3.2 的规定。

表 7 - 3   **钢构件外形尺寸主控项目的允许偏差**   单位：mm

项　目	允　许　偏　差
单层柱、梁、桁架受力支托（支承面）表面至第一个安装孔距离	±1.0
多节柱铣平面至第一个安装孔距离	±1.0
实腹梁两端最外侧安装孔距离	±3.0
构件连接处的截面几何尺寸	±3.0
柱、梁连接处的腹中心线偏移	2.0
受压构件（杆件）弯曲矢高	1/1000，且不应大于 10.0

此外，为便于校正钢柱的平面位置和垂直度、桁架和吊车梁的标高等，需在钢柱底部和上部标出两个方向的轴线，在钢柱底部适当高度处标出标高准线。对于吊点亦应标出，便于吊装时按规定吊点绑扎。

3. 验算桁架的吊装稳定性

吊装桁架时，如果桁架上、下弦角钢的最小规格能满足表 7 - 4 的规定，则不论绑扎点在桁架上任何一点，桁架在吊装时都能保证稳定性。

表 7 - 4   **保证桁架吊装稳定性的弦杆最小规格**   单位：m

弦杆断面	桁 架 跨 度						
	12	15	18	21	24	27	30
上弦杆	90×60×8	100×75×8	100×75×8	120×80×8	120×80×8	150×100×12 120×80×12	200×120×12 180×90×12
下弦杆	65×6	75×8	90×8	90×8	120×8	120×80×10	150×100×10

注　分数形式表示弦杆为不同的断面。

如果弦杆角钢的规格不符合表 7 - 4 的规定，但通过计算选择适当的吊点（绑扎点）位置，仍然可能保证桁架的吊装稳定性。

二、单层厂房钢结构吊装

1. 钢柱吊装与校正❶

单层工业厂房占地面积较大，通常用自行杆式起重机或塔式起重机吊装钢柱。钢柱的吊装方法与装配式钢筋混凝土柱相似，可采用旋转吊装法及滑行吊装法。对重型钢柱可采用双机抬吊的方法进行吊装。

钢柱就位后经过初校，待垂直度偏差控制在 20mm 以内，则可进行临时固定。同时起重机在固定后可以脱钩。钢柱的垂直度用经纬仪检验，如有偏差，用螺旋千斤顶或油压千斤顶进行校正。

2. 吊车梁吊装与校正

在钢柱吊装完成经调整固定于基础之后，即可吊装吊车梁。

钢吊车梁均为简支梁。梁端之间留有 10mm 左右的空隙。梁的搁置处与牛腿面之间设

---

❶ 《钢结构工程施工规范》GB 50755—2012 规定：

11.4.1 钢柱安装应符合下列规定：

1. 柱脚安装时，锚栓宜使用导入器或护套；

2. 首节钢柱安装后应及时进行垂直度、标高和轴线位置校正，钢柱的垂直度可采用经纬仪或线锤测量。校正合格后钢柱应可靠固定，并进行柱底二次灌浆，灌浆前应清除柱底板与基础面之间杂物；

3. 首节以上的钢柱定位轴线应从地面控制轴线直接引上，不得从下层柱的轴线引上；钢柱矫正垂直度时，应确定钢梁接头焊接的收缩量，并应预留焊缝收缩变形值；

4. 倾斜钢柱可采用三维坐标测量法进行测校，也可采用柱顶投影点结合标高进行测校，校正合格后宜采用刚性支撑固定。

钢垫板，用螺栓连接。梁与制动架之间用高强螺栓连接。标高的校正可在屋盖吊装前进行，其他项目的校正宜在屋盖吊装完成后进行，因为屋盖的吊装可能引起钢柱在跨间有微小的变动。吊车梁的校正内容为：

（1）吊车梁轴线的检验，以跨距为准，采用通线法对各吊车梁逐根进行检验。亦可用经纬仪在柱侧面放一条与吊车梁轴线平行的校正基线，作为吊车梁轴线校正的依据。

（2）吊车梁跨距的检验，用钢卷尺量测，跨度大时，应用弹簧秤拉测（拉力一般为 100～200N），防止下垂；必要时应对下垂度 Δ 进行校正计算。

（3）吊车梁标高校正，主要是对梁作高低方向的移动，可用千斤顶或起重机等。轴线和跨距的校正是对梁作水平方向的移动，可用撬棍、钢楔、花篮螺丝、千斤顶等。

3. 钢桁架的吊装与校正

由于桁架的跨度、重量和安装高度不同，吊装机械和吊装方法亦随之而异。钢屋架的侧面刚度较差，必要时应采取临时加固措施，如图 7-15 所示。桁架多用悬空吊装，为使桁架在起吊后不致发生摇摆，同其他构件碰撞，起吊前在离支座的节间附近应用麻绳系牢，随吊随放松，以保证其正确位置。

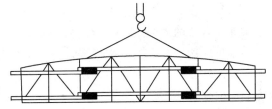

图 7-15 屋架的临时加

钢桁架的侧向稳定性较差，如果吊装机械的起重量和起重臂长度允许时，最好经扩大拼装后进行组合吊装，即在地面上将两榀桁架及其上的天窗架、檩条、支撑等拼装成整体后，一次进行吊装。这样不但提高了吊装效率，也有利于保证吊装的稳定性。

桁架要检验校正其垂直度和弦杆的正直度。桁架的垂直度可用挂线垂球检验；弦杆的正直度则可用拉紧的测绳进行检验。钢桁架最后用电焊或高强螺栓固定。

第四节　多层、高层钢结构安装

一、多层、高层钢结构安装的基本要求

在多层、高层钢结构建筑施工中，钢结构安装是一项很重要的分部工程，规模大、结构复杂、工期长、专业性强，因此要做好以下基本工作：

（1）多层、高层钢结构安装施工前，应按照施工图纸和有关技术文件的要求，结合工期要求、现场条件等，认真编制施工组织设计，作为指导施工的技术文件。在实施中应根据客观条件变化的情况，及时进行调整和补充。

（2）在确定钢结构安装方法时，必须与土建、水电暖卫、通风、电梯等施工单位结合，作好统筹安排工作。

（3）多层、高层钢结构安装用的连接材料，如焊条、焊丝、焊剂、高强螺栓、普通螺栓、栓钉和涂料等，应具有产品质量证明书，并符合设计图纸和有关规范的规定。

（4）多层、高层钢结构工程中土建施工、构件制作和结构安装三个方面使用的钢尺，必须用同一标准进行检查和鉴定，应具有相同的精度。

（5）多层、高层钢结构安装时的主要工艺，如测量校正、厚钢板焊接、栓钉焊、高强螺栓节点的摩擦面加工及安装工艺等，必须在施工前进行工艺检验。在试验结论的基础上，确

定各项工艺参数，编出各项操作工艺。

（6）多层、高层钢结构安装前，必须对构件进行详细检查，构件的外形尺寸、螺孔位置及直径、连接件位置及角度、焊缝、栓钉、高强螺栓节点摩擦面加工质量等，必须进行全面检查，符合图纸及规范规定后，才能进行安装施工。

（7）多层、高层建筑结构安装，应在具有高层钢结构安装资格的责任工程师指导下进行；安装用的专用机具和检测仪器，应满足施工要求，并应定期进行检验。

二、安装前的准备工作

1. 结构安装施工流水段的划分及安装顺序❶

高层钢结构的安装，必须按照建筑物的平面形状、结构型式、安装机械的数量和位置等，合理划分安装施工流水区段。

平面流水段的划分应考虑钢结构在安装过程中的对称性和整体稳定性。其安装顺序，一般应由中央向四周扩展，以利焊接误差的减少和消除。

立面流水以一节钢柱（各节所含层数不一）为单元。每个单元以主梁或钢支撑、带状桁架安装成框架为原则，其次是次梁、楼板及大量结构构件的安装。塔式起重机的提升、顶升与锚固，均应满足组成框架的需要。

高层钢结构安装前，应根据安装流水区段和构件安装顺序，编制构件安装顺序表。表中应注明每一构件的节点型号、连接件的规格数量、高强螺栓规格数量、栓焊数量及焊接量、焊接型式等。

构件从成品检验、运输、现场核对、安装、校正，到安装后的质量检查，以及在地面进行构件组拼扩大安装单元时，统一使用安装顺序表。

2. 柱子基础的准备，柱底灌浆

柱子地脚螺栓埋设的精度，直接影响上部钢结构的吊装质量。可采用地脚螺栓一次或两次埋设方法。

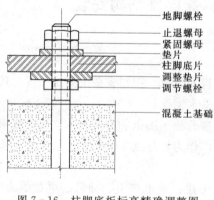

地脚螺栓
止退螺母
紧固螺母
垫片
柱脚底片
调整垫片
调节螺栓
混凝土基础

图 7-16　柱脚底板标高精确调整图

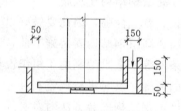

图 7-17　柱底灌浆

---

❶ 《钢结构工程施工规范》GB 50755—2012 规定：

11.6.1 多层、高层钢结构安装宜划分多个流水作业段进行安装，流水段宜以每节框架为单位。流水段划分应符合下列条件：

1. 流水段内的最重构件应在吊装机械的起重能力范围内；2. 起重设备的爬升高度应满足下节流水段内构件的起吊高度；3. 每节钢柱的长度应根据工厂加工、运输堆放、现场吊装等因素确定，长度宜取 2～3 个楼层高度，分节位置宜在梁顶标高以上 1.0～1.3m 处；4. 流水段的划分应与混凝土结构施工相适应；

为了精确控制钢结构上部结构的标高，在钢柱吊装之前，要根据钢柱预检（其内容为实际长度、牛腿间距离、钢柱底板平整度等）结果，首节钢柱的标高，可采用在底板下的地脚螺栓上加一垫板和一调整螺母的方法（图7-16）。待第一节钢柱吊装、校正和锚固螺栓固定后，要进行底层钢柱的柱底灌浆（图7-17）。灌浆前于钢柱底板四周立模板，用水清洗基础表面，排除多余的积水后灌浆。灌浆用混凝土应采用自流自密实混凝土连续灌注，灌注后用湿草包、麻袋等遮盖养护。

三、钢柱、梁吊装与校正

钢结构多层、高层建筑的柱子多为宽翼缘工字形截面，高度较大的钢结构高层建筑的柱子多为箱形截面，为减少连接和充分利用起重机的吊装能力以加快吊装速度，柱子多为3～4层一节，节与节之间用坡口焊连接。在第一节钢柱吊装前，应检查基础上预埋的地脚螺栓，并在螺栓头处加保护套，以免钢柱就位时碰坏地脚螺栓的丝牙。

钢柱的吊点设在吊耳处（柱子制作时在吊点部位焊有吊耳，吊装完毕后再割去）。钢柱的吊装可用双机抬吊或单机吊装（图7-18）。单机吊装时，需在柱子根部垫以垫木，以回转法起吊，严禁柱根拖地。双机抬吊时，将柱吊离地面后在空中进行回直。

钢柱就位后，先对钢柱的垂直度、轴线、牛腿面标高进行初校，然后安设临时固定螺栓，再拆除吊索。钢柱上下接触面间的间隙，一般不得大于1.5mm。如间隙在1.5～6.0mm之间，可用低碳钢垫片垫实间隙；如间隙超过6mm，则应查清原因后进行处理。

钢梁在吊装前，应检查柱子牛腿处标高和柱子间距；主梁吊装前，应在梁上装好扶手杆和扶手绳，待主梁吊装到位时，将扶手绳与钢柱系住，以保证施工安全。

钢梁采用二点吊，一般在钢梁上翼缘处开孔作为吊点。吊点位置取决于钢梁的跨度。

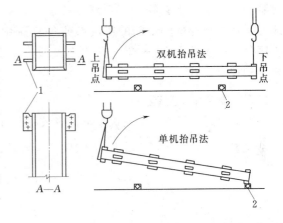

图7-18　钢柱吊装
1—吊耳；2—垫木

有时可将梁、柱在地面组装成排架后进行整体吊装，以减少高空作业，保证质量且加快吊装速度。当一节钢框架吊装完毕，即需对已吊装的柱、梁进行误差检查和校正。安装误差的测量，对于控制柱网的基准柱，用线锤或激光仪测量；其他柱子则根据基准柱子用钢卷尺测量。

所谓基准柱，是能控制框架平面轮廓的少数柱子，用它来控制框架结构的安装质量。一般选择平面转角杆为基准柱。以基准柱的柱基中心线为依据，从 X 轴和 Y 轴分别引出距离为 e 的补偿线，其交点作为基准柱的测量基准点，e 值大小由工程情况确定。

为了利用激光仪量测柱子的安装误差，在柱子顶部固定有测量目标（靶标）。为了使激光束通过，在激光仪上方的各楼面板上留置 $\phi100mm$ 孔。激光经纬仪设置在基准点处。

进行钢柱校正时，采用激光经纬仪以基准点为依据对框架标准柱进行竖直观测，对钢柱顶部进行竖直度校正，使其在允许范围内。

柱子间距的校正，对于较小间距的柱，可用油压千斤顶或钢楔进行校正；对于较大间距的柱，则用钢丝绳和电葫芦进行校正。

四、构件间连接

钢柱之间的连接常采用坡口电焊连接。主梁与钢柱间的连接，一般上、下翼缘用坡口电焊连接，而腹板用高强螺栓连接；次梁与主梁的连接基本上是在腹板处用高强螺栓连接，少量再在上、下翼缘处用坡口电焊连接。柱与梁的焊接顺序：先焊接顶部柱、梁节点，再焊接底部柱、梁节点，最后焊接中间部分的柱、梁节点。

坡口电焊连接应先做好准备（包括焊条烘焙、坡口检查、设电弧引入、引出板和钢垫板，并点焊固定，清除焊接坡口、周边的防锈漆和杂物，焊接口预热）。柱与柱的对接焊接，采用二人同时对称焊接，柱与梁的焊接亦应在柱的两侧对称同时焊接，以减少焊接变形和残余应力。

对于厚板的坡口焊，在底层多用直径 4mm 焊条焊接，中间层可用 5mm 或 6mm 焊条，盖面层多用直径 5mm 焊条。三层应连续施焊，每一层焊完后及时清理。盖面层焊缝搭坡口两边各 2mm，焊缝余高不超过对接焊体中较薄钢板厚的 1/10，但也不应大于 3.2mm。焊后当气温低于 0℃时，用石棉布保温使焊缝缓慢冷却。焊缝质量检验均按二级检验。

高强螺栓连接两个连接构件的紧固顺序是：先主要构件，后次要构件。工字形构件的紧固顺序是：上翼缘→下翼缘→腹板。同一节柱上各梁柱节点的紧固顺序是：柱子上部的梁柱节点→柱子下部的梁柱节点→柱子中部梁柱节点。每一节点安设紧固高强螺栓顺序是：摩擦面处理→检查安装连接板（对孔、扩孔）→临时螺栓连接→高强螺栓紧固→初拧→终拧。

五、安全施工措施

钢结构高层和超高层建筑施工，应采取有效措施保证施工安全。

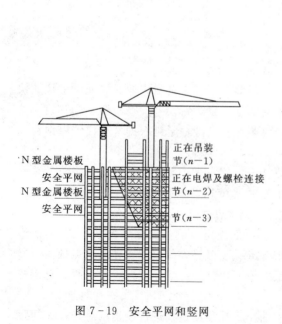

图 7-19　安全平网和竖网

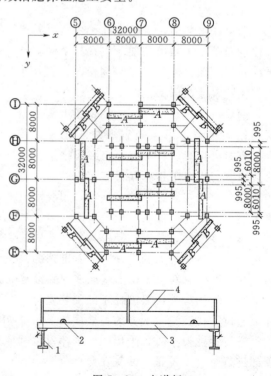

图 7-20　走道板
1—钢梁；2—吊耳；3—走道板；4—扶手绳

（1）在钢结构吊装时，为防止人员、物料和工具坠落或飞出造成安全事故，需铺设安全网。安全网分平面网和竖网，如图 7-19 所示。安全网设置在梁面以上 2m 处，当楼层高度小于 4.5m 时，安全平网可隔层设置；安全平网要求在建筑平面范围内满铺。

安全竖网铺设在建筑物外围，防止人和物飞出造成安全事故，竖网铺设的高度一般为两节柱的高度。

（2）为便于施工登高，吊装柱子前要先将登高钢梯固定在钢柱上，为便于进行柱梁节点紧固高强螺栓和焊接，需在柱梁节点下方安装挂篮脚手架。

（3）为便于接柱施工，在接柱处要设操作平台，平台固定在下节柱的顶部。钢结构施工时所需用的设备需随结构安装面逐渐升高，为此需在刚安装的钢梁上设置存放设备的平台。设置平台的钢梁必须将紧固螺栓全部紧固拧紧。

（4）在柱、梁安装后而未设置浇筑楼板用的压型钢板时，为便于柱子螺栓等施工的方便，需在钢梁上铺设适当数量的走道板。图 7-20 所示为上海锦江饭店分馆钢结构吊装时采用的走道板布置和构造。

（5）施工用的电动机械和设备均须接地，绝对不允许使用破损的电线和电缆，严防设备漏电。施工用电器设备和机械的电线，须集中在一起，并随楼层的施工而逐节升高；每层楼面须分别设置配电箱，供每层楼面施工用电需要。高空施工，当风速达到 15m/s 时，所有工作均须停止。施工时尚应注意防火并安排必要的灭火设备和消防人员。

第五节 网架钢结构吊装

网架结构的形式较多，如双向正交斜放网架、三向网架和蜂窝形四角锥网架等。网架的选型可视工程平面形状和尺寸、支撑情况、跨度、荷载大小、制作和安装情况等因素综合进行分析确定。

网架钢结构根据其结构型式和施工条件的不同，可选用高空散装法、整体吊装法或高空滑移法等方法进行安装。[1]

一、网架结构的施工原则

（1）合理分割，即把网架根据实际情况合理地分割成各种单元体，然后拼成整个网架。

---

❶ 《空间网格结构技术规程》JGJ 7—2010 规定：

6.1.6 空间网格结构的安装方法，应根据结构的类型、受力和构造特点，在确保质量、安全的前提下，结合进度、经济及施工现场技术条件综合确定。空间网格结构的安装可选用下列方法：

1. 高空散装法。适用于全支架拼装的各种类型的空间网格结构，尤其适用于螺栓连接、销轴连接等非焊接连接的结构。并可根据结构特点选用少支架的悬挑拼装施工方法：内扩法（由边支座向中央悬挑拼装）、外扩法（由中央向边支座悬挑拼装）。

2. 分条或分块安装法。适用于分割后结构的刚度和受力状况改变较小的空间网格结构。分条或分块的大小应根据起重设备的起重能力确定。

3. 滑移法。适用于能设置平行滑轨的各种空间网格结构，尤其适用于必须跨越施工（待安装的屋盖结构下部不允许搭设支架或行走起重机）或场地狭窄、起重运输不便等情况。当空间网格结构为大柱网或平面狭长时，可采用滑架法施工。

4. 整体吊装法。适用于中小型空间网格结构，吊装时可在高空平移或旋转就位。

5. 整体提升法。适用于各种空间网格结构，结构在地面整体拼装完毕后提升至设计标高、就位。

6. 整体顶升法。适用于支点较少的各种空间网格结构。结构在地面整体拼装完毕后预升至设计标高、就位。

7. 折叠展开式整体提升法。适用于柱面网壳结构等。在地面或接近地面的工作平台上折叠拼装，然后将折叠的机构用提升设备提升到设计标高，最后在高空补上原先去掉的杆件，使机构变成结构。

一般有下列几种方案。

1）直接由单根杆件、单个节点总拼成网架。

2）由小拼单元❶总拼成网架。

3）由小拼单元→中拼单元→总拼成网架。

（2）尽可能多地争取在工厂或预制场地焊接，尽量减少高空作业量。因为这样可以充分利用起重设备将网架单元翻身而能较多地进行平焊。

（3）节点尽量不单独在高空就位，而是和杆件连接在一起拼装，在高空仅安装杆件。

划分小拼单元时，应考虑网架结构的类型及施工方案等条件。小拼单元一般可划分为平面桁架型或锥体型两种。划分时应作方案比较以确定最优者。图7-21所示为斜放四角锥网架两种划分方案的实例。其中（a）方案的工厂焊接工作量占总工作量约35%，而（b）方案却占70%左右。桁架系网架的小拼单元，应该划分成平面桁架型小拼单元。

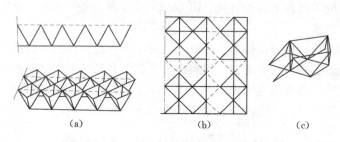

图7-21　小拼单元划分方案举例

（a）桁架型小拼单元；（b）锥体型小拼单元；（c）单元立体图

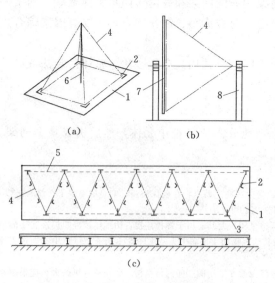

图7-22　小拼单元拼装模架

（a）、（c）平台型模架；（b）转动型模架

1—拼装平台；2—定位角钢；3—搁置节点槽口；4—网架；

5—临时加固杆；6—标杆；7—转动模架；8—支架

小拼单元应在专门的拼装模架上焊接，以确保几何尺寸的准确性。小拼模架有平台型［图7-22（a）、（c）］和转动型［图7-22（b）］两种。平台型模架仅作定位焊用，全面施焊应将单元体吊运至现场进行；而转动型模架则单元体全在此模架上进行焊接，由于模架可转动，因而焊接条件好，易于保证质量。

为保证网架在总拼过程中具有较少的焊接应力和便于调整尺寸，合理的总拼顺序应该是从中间向两边或从中间向四周发展［图7-23（a）、（b）］，它具有以下优点：

1）可减少一半的累积偏差。

2）保持一个自由收缩边，大大减少焊接收缩应力。

3）向外扩展边便于铆工随时调整尺寸。

---

❶　《钢结构工程施工质量验收规范》GB 50205—2001规定：

2.1.4　小拼单元：钢网架结构安装工程中，除散件之外的最小安装单元，一般分平面桁架和锥体两种类型。

2.1.5　中拼单元：钢网架结构安装工程中，由散件和小拼单元组成的安装单元，一般分条状和块状两种类型。

总拼时严禁形成封闭圈，因为在封闭圈中焊接［图 7 - 23（c）］会产生很大的焊接收缩应力。

　　网架焊接时一般先焊下弦，使下弦收缩而略上拱，然后焊接腹杆及上弦。如先焊上弦，则易造成不易消除的人为挠度。

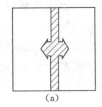 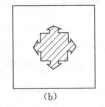 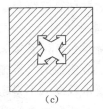

（a）　　　　　　　　（b）　　　　　　　　（c）

图 7 - 23　总拼顺序示意图

（a）由中间向两边发展；（b）由中间向四周发展；

（c）由四周向中间发展（形成封闭圈）

二、高空散装法

　　钢网架采用高空拼装法进行安装，是先在设计位置处搭设拼装支架，然后用起重机把网架构件分件（或分块）吊至空中的设计位置，在支架上进行拼装。它在拼装过程中始终有一部分网架悬挑着，当网架悬挑拼接成为一个稳定体系时，不需要设置任何支架来承受其自重和施工荷载。当跨度较大，拼接到一定悬挑长度后，设置单肢柱或支架，支承悬挑部分，以减少或避免因自重和施工荷载而产生的挠度。其优点是可以采用简易的运输设备，有时不需大型起重设备；其缺点是拼装支架用量大，高空作业多。

　　高空散装法适用于非焊接连接（螺栓球节点或高强螺栓连接）的网架。

　　拼装支架是在拼装网架时支承网架、控制标高和作为操作平台之用。支架的数量和布置方式，取决于安装单元的尺寸和刚度。

　　高空散装法分全支架法（即架设满堂脚子架）和悬挑法两种。全支架法可以一根杆件、一个节点的散件在支架上总拼或以一个网格为小拼单元在设计标高进行总拼❶。

　　为了节省支架，总拼时可以部分网架悬挑。图 7 - 24 所示是首都体育馆的拼装方法，预先用角钢焊成三种小拼单元［图 7 - 24（a）］，然后在支架上悬挑拼装［图 7 - 24（b）］。高空拼装采用高强螺栓连接。

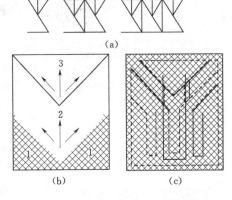

（a）

（b）　　　　　　（c）

图 7 - 24　首都体育馆网架屋盖

高空散装法施工

（a）两种小拼单元；（b）总拼顺序（其中 1～

3 为拼装顺序编号）；（c）拼装支架平面布置

（虚线为支架范围，黑线为起重机轨道）

　　1. 支架设置

　　支架既是网架拼装成型的承力架，又是操作平

---

❶　《空间网格结构技术规程》JGJ 7—2010 规定：

6.3.1　采用小拼单元或杆件直接在高空拼装时，其顺序应能保证拼装精度，减少累积误差。悬挑法施工时，应先拼成可承受自重的几何不变结构体系，然后逐步扩拼。为减少扩拼时结构的竖向位移，可设置少量支撑。空间网格结构在拼装过程中应对控制点空间坐标随时跟踪测量，并及时调整至设计要求值，不应使拼装偏差逐步累积。

台支架。所以，支架搭设位置必须对准网架下弦节点。支架一般用扣件脚手架搭设。它应具有整体稳定性和在荷载作用下有足够的刚度的特点；支架本身的弹性压缩、接头变形、地基沉降等引起的总沉降值应控制在 5mm 以下。因此，为了调整沉降值和卸荷方便，可在网架下弦节点与支架之间设置调整标高用的千斤顶。拼装支架必须牢固，设计时应对单肢稳定、整体稳定进行验算，并估算沉降量。其中单肢稳定验算可按一般钢结构设计方法进行。

2. 支架整体沉降量控制

支架的整体沉降量包括钢管接头的空隙压缩、钢管的弹性压缩、地基的沉陷等。如果地基情况不良，要采取夯实加固等措施，并且要用木垫板以分散支柱传来的集中荷载。高空拼装法对支架的沉降要求较高（不得超过 5mm），应给予足够的重视。

大型网架施工，必要时可进行试压，以取得所需的资料。拼装支架不宜用竹或木制，因为这些材料容易变形并且易燃，故当网架用焊接连接时禁用。

3. 支架的拆除

网架拼装成整体并检查合格后，即拆除支架，拆除时应从中央逐圈向外分批进行，每圈下降速度必须一致，应避免个别支点集中受力，避免因拆除原因引起网架受力突变破坏。对于大型网架，每次拆除的高度可根据自重挠度值分成若干批进行。❶

4. 拼装操作

总的拼装顺序是从建筑物一端开始向另一端以两个三角形同时推进，待两个三角形相交后，则按人字形逐榀向前推进，最后在另一端的正中合拢。

每榀块体的安装顺序，在开始两个三角形部分是出屋脊部分开始分别向两边拼装，两三角形相交后，则由交点开始同时向两边拼装，如图 7-25 所示。

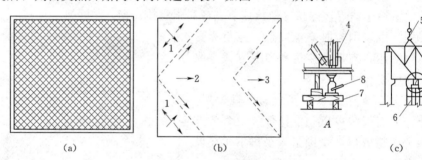

图 7-25 高空散装法安装网架

(a) 网架平面；(b) 网架安装顺序；(c) 网架块体临时固定方法

1、2、3—安装顺序；4—第一榀网架块体；5—吊点；6—支架；7—枕木；8—液压千斤顶

吊装分块（分件）用两台履带式或塔式起重机进行，拼装支架用钢制，可局部搭设做成活动式，亦可满堂红搭设。

分块拼装后，在支架上分别用方木和千斤顶顶住网架中央竖杆下方进行标高调整，其他分块则随拼装随拧紧高强螺栓，与已拼好的分块连接即可。

当采取分件拼装，一般采取分条进行，顺序为：

支架抄平、放线→放置下弦节点垫板→按格依次组装下弦、腹杆、上弦支座（由中间向

❶ 《空间网格结构技术规程》JGJ 7—2010 规定：

6.3.1 在拆除支架过程中应防止个别支撑点集中受力，宜根据各支撑点的结构自重挠度值，采用分区、分阶段按比例下降或用每步不大于 10mm·的等步下降法拆除支承点。

两端，一端向另一端扩展）→连接水平系杆→撤出下弦节点垫板→总拼精度校验→油漆。

每条网架组装完，经校验无误后，按总拼顺序进行下条网架的组装，直至全部完成。

本法不需大型起重设备；对场地要求不高，但需搭设大量拼装支架；高空作业多。

适于非焊接连接（如螺栓球节点、高强螺栓节点等）的各种网架的拼装，不宜用于焊接球网架的拼装，因焊接易引燃脚手板，操作不够安全。同时高空散装，不易控制标高、轴线和质量，工效降低。

三、分条分块法

分条分块法是高空散装的组合扩大。为适应起重机械的起重能力和减少高空拼装工作量，将屋盖划分为若干个单元，在地面拼装成条状或块状扩大组合单元体后，用起重机械或设在双肢柱顶的起重设备（钢带提升机、升板机等），垂直吊升或提升到设计位置上，拼装成整体网架结构的安装方法。

适于分割后刚度和受力状况改变较小的各种中、小型网架，如双向正交正放、正放四角锥、正放抽空四角锥等网架。对于场地狭小或跨越其他结构、起重机无法进入网架安装区域时尤为适宜。

1. 单元组合体的划分●

条状单元组合体的划分，是沿着屋盖长方向切割。对桁架结构是将一个节间或两个节间的两榀或三榀桁架组成条状单元体；对网架结构，则将一个或两个网格组装成条状单元体。切割组装后的网架条状单元体往往是单向受力的两端支承结构。这种安装方法适用于分割后的条状单元体，在自重作用下能形成一个稳定体系，其刚度与受力状态改变较小的正放网架或刚度和受力状况未改变的桁架结构类似。网架分割后的条状单元体刚度，要经过验算，必要时应采取相应的临时加固措施。通常条状单元的划分有以下几种形式。

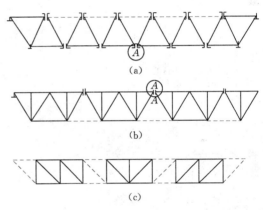

图 7-26　网架条（块）状单元划分方法
（a）网架下弦双角钢分在两单元；（b）网架上弦用部分
式安装；（c）网架单元在高空中拼装
（注：Ⓐ表示剖分式安装节点）

（1）网架单元相互靠紧，把下弦双角钢分在两个单元上，如图 7-26（a）所示，此法可用于正放四角锥网架。

（2）网架单元相互靠紧，单元间上弦用剖分式安装节点连接，如图 7-26（b）所示。此法可用于斜放四角锥网架。

（3）单元之间空一节间，该节间在网架单元吊装后再在高空拼装如图 7-26（c）所示，可用于两向正交正放或斜放四角锥等网架。

分条（分块）单元，自身应是几何不变体系，同时还应有足够的刚度，否则应加固。对于正放网架而言，在分割成条（块）状单元后，自身在自重作用下能形成几何不变体系，同时也有一定的刚度，一般不需要加固。但对于斜放类网架，在分割成条（块）状单元后，由

● 《空间网格结构技术规程》JGJ 7—2010 规定：

6.4.1　将空间网格结构分成条状单元或块状单元在高空连成整体时，分条或分块结构单元应具有足够刚度并保证自身的几何不变性，否则应采取临时加固措施。

于上弦为菱形结构可变体系，因而必须加固后才能吊装，图 7-27 所示为斜放四角锥网架上弦加固方法。

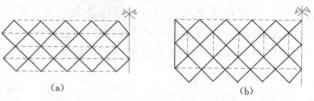

图 7-27　斜放四角锥网架上弦加固（虚线表示临时加固杆件）示意图
(a) 网架上弦临时加固件采用平行式；(b) 网架上弦临时加固件采用间隔式

2. 块状单元组合体的划分

块状单元组合体的分块，一般是在网架平面的两个方向均有切割，其大小视起重机的起重能力而定。切割后的块状单元体大多是两邻边或一边有支承，一角点或两角点要增设临时顶撑予以支承。也有将边网格切除的块状单元体，边网格留在垂直吊升后再拼装成整体网架，如图 7-28 所示。

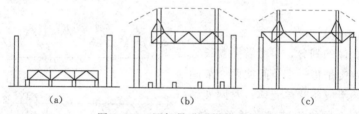

图 7-28　网架吊升后拼装边节间
(a) 网架在室内砖支墩上拼装；(b) 用独脚拔杆起吊网架；(c) 网架吊升后将边节各杆件及支座拼装上

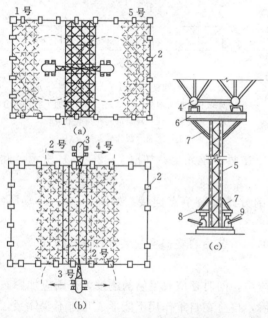

图 7-29　分条分块法安装网架
(a) 吊装 1 号、5 号段网架作业；(b) 吊装 2 号、4 号、3 号段作业；(c) 网架跨中挠度调节
1—网架；2—柱子；3—履带式起重机；4—下弦钢球；5—钢支柱；6—横梁；7—斜撑；8—升降顶点；9—液压千斤顶

3. 拼装操作

吊装有单机跨内吊装和双机跨外抬吊两种方法，在跨中下部设可调立柱、钢顶撑，以调节网架跨中挠度。吊上后即可将半圆球节点焊接和安设下弦杆件，待全部作业完成后，拧紧支座螺栓，拆除网架，下立柱，即告完成，如图 7-29 所示。

4. 网架挠度控制

网架条状单元在吊装就位过程中的受力状态属平面结构体系，而网架结构是按空间结构设计的，因而条状单元在总拼前的挠度要比网架形成整体后该处的挠度大，故在总拼前必须在合拢处用支撑顶起，调整挠度使与整体网架挠度符合。块状单元在地面制作后，应模拟高空支承条件，拆除全部地面支墩后观察施工挠度，必要时也应调整其挠度。

5. 网架尺寸控制

条（块）状单元尺寸必须准确，以保

证高空总拼时节点吻合或减少积累误差，一般可采取预拼装或现场临时配杆等措施解决。同时应该注意保证条（块）状单元制作精度和起拱，以免造成总拼困难。

　　本法高空作业较高空散装法减少，所需起重设备较简单，不需大型起重设备；可与室内其他工种平行作业，缩短总工期，用工省，劳动强度低，减少高空作业，施工速度快，费用低。缺点是需搭设一定数量的拼装平台；容易造成轴线的积累偏差，一般要采取试拼装、套拼、散件拼装等措施来控制。

四、高空滑移法[1]

　　高空滑移法是将网架条状单元组合体在建筑物上空进行水平滑移对位总拼的一种施工方法。适用于网架支承结构为周边承重墙或柱上有现浇钢筋混凝土圈梁等情况。可在地面或支架上进行扩大拼装条状单元，并将网架条状单元提升到预定高度后，利用安装在支架或圈梁上的专用滑行轨道，水平滑移对位拼装成整体网架。

　　图 7-30 所示为某体育馆网架屋盖的空中滑移施工示意图，网架结构采用平面尺寸为 45m×55m 的斜放四角锥体系，下弦网格尺寸为 3.93m×3.57m，网架高 3.2m，短跨方向起拱 450mm，单向弧形起拱，网架总重量约 106t，网架沿长度方向分为 7 条，沿跨度方向又分为两条，每条的尺寸为 22.5m×7.86m，重 7～9t，单元在空中直接拼装。

　　（一）高空滑移法分类

　　高空滑移法有下列三种方法：

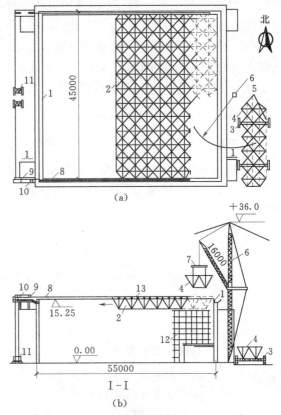

图 7-30　用滑移法安装网架结构实例
(a) 平面；(b) 剖面

1—天沟渠；2—网架（临时加固杆件未示出）；3—拖车架；
4—网架分块单元；5—临时加固杆件；6—悬臂桅杆；
7—工字形铁扁担；8—牵引绳；9—牵引滑轮组；
10—反力架；11—卷扬机；12—脚手架；
13—拼装节点

---

❶ 《空间网格结构技术规程》JGJ 7—2010 规定：

6.5.1　滑移可采用单条滑移法、逐条积累滑移法与滑架法。

6.5.3　滑轨可固定于梁顶面或专用支架上，也可置于地面，轨面标高宜高于或等于空间网格结构支座设计标高。滑轨及专用支架应能抵抗滑移时的水平力及竖向力，专用支架的搭设应符合本规程第 6.3.2 条的规定。滑轨接头处应垫实，两端应做圆倒角，滑轨两侧应无障碍，滑轨表面应光滑平整，并应涂润滑油。大跨度空间网格结构的滑轨采用钢轨时，安装应符合现行国家标准《桥式和门式起重机制造和轨道安装公差》GB/T 10183 的规定。

6.5.4　对大跨度空间网格结构，宜在跨中增设中间滑轨。中间滑轨宜用滚动摩擦方式滑移，两边滑轨宜用滑动摩擦方式滑移。当滑移单元由于增设中间滑轨引起杆件内力变号时，应采取措施防止杆件失稳。

6.5.6　空间网格结构滑移时可用卷扬机或手拉葫芦牵引。根据牵引力大小及支座之间的系杆承载力，左右每边可采用一点或多点牵引。牵引速度不宜大于 0.5m/min，不同步值不应大于 50mm。

6.5.7　空间网格结构在滑移施工前，应根据滑移方案对杆件内力、位移及支座反力进行验算。当采用多点牵引时，还应验算牵引不同步对结构内力的影响。

（1）单条滑移法。将网架条状单元分别从一端滑到另一端就位安装，各条之间分别在高空再行连接，即逐条滑移，逐条连成整体。

（2）逐条积累滑移法。先将网架条状单元滑移一段距离后（能连接上第二条单元的宽度即可），连接上第二条单元后，两条再滑移一段距离（宽度同上），再接第三条。如此循环操作，直至接上最后一条单元为止。

（3）滑架法。施工时先搭设一个拼装支架，在拼装支架上拼装空间网格结构，完成相应几何不变的空间网格结构单元后移动拼装支架拼装下一单元。空间网格结构在分段滑移的拼装支架上分段拼装成整体，结构本身不滑移。

（二）滑移装置

1. 滑轨

滑移用的轨道有各种形式，对于中小型网架，滑轨可用圆钢、扁铁、角钢及小型槽钢制作，对于大型网架可用钢轨、工字钢、槽钢等制作。滑轨可用焊接或螺栓固定在梁上。

2. 导向轮

导向轮主要是作为安全保险装置之用，一般设在导轨内侧，在正常滑移时导向轮与导向轨脱开，其间隙为 10～20mm，只有当同步差超过规定值或拼装误差在某处较大时二者才碰上。

（三）拼装操作

滑移平台由钢管脚手架或升降调平支撑组成，起始点尽量利用已建结构物，如门厅、观众厅，高度应比网架下弦低 40cm，以便在网架下弦节点与平台之间设置千斤顶，用以调整标高，平台上面铺设安装模架，平台宽应略大于两个节间。

网架先在地面将杆件拼装成两球一杆和四球五杆的小拼构件，然后用悬臂式桅杆、塔式或履带式起重机，按组合拼接顺序吊到拼接平台上进行扩大拼装。先就位点焊拼接网架下弦方格，再点焊立起横向跨度方向角腹杆。每节间单元网架部件点焊拼接顺序，由跨中向两端对称进行，焊完后临时加固。牵引可用慢速卷扬机或绞磨进行，并设减速滑轮组。牵引点应分散设置，滑移速度应控制在 1m/min 以内，并要求做到两边同步滑移。当网架跨度大于 50m，应在跨中增设一条平稳滑道或辅助支顶平台。

（四）同步控制

当拼装精度要求不高时，控制同步可在网架两侧的梁面上标出尺寸，牵引时同时报滑移距离。当同步要求较高时可采用自整角机同步指示装置。以便集中于指挥台随时观察牵引点移动情况，读数精度为 1mm。

（五）挠度的调整

当网架单条滑移时，其施工挠度的情况与分条分块法完全相同；当逐条积累滑移时，网架的受力情况仍然是两端自由搁置的主体桁架。因而滑移时网架虽仅承受自重，但其挠度仍较形成整体后为大，因此在连接新的单元前，都应将已滑移好的部分网架进行挠度调整，然后再拼接。在滑移时应加强对施工挠度的观测，随时调整。

五、整体安装法[1]

整体安装法就是先将网架在地面上拼装成整体，然后用起重设备将其整体提升到设计位置上加以固定。这种施工方法不需要高大的拼装支架，高空作业少，易保证焊接质量，但需要起重量大的起重设备，技术较复杂。

整体安装法对球节点的钢管网架（尤其是三向网架等构件较多的网架）较适宜。根据所用设备的不同，整体安装法又分为多机抬吊法、拔杆提升法、千斤顶提升法与千斤顶顶升法等。

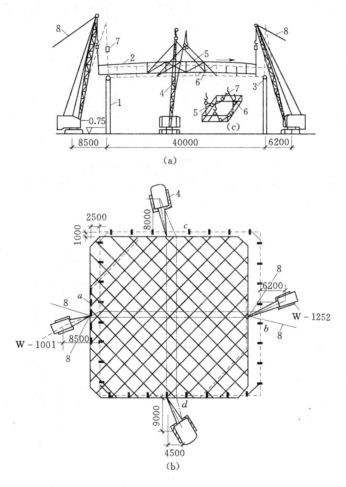

图 7-31　多机抬吊钢网架

（a）立面图；（b）平面图

1—柱子；2—网架；3—弧形铰支座；4—起重机；5—吊索；6—吊点；7—滑轮；8—缆风绳

❶　《空间网格结构技术规程》JGJ 7—2010 规定：

6.6.1　空间网格结构整体吊装可采用单根或多根拔杆起吊，也可采用一台或多台起重机起吊就位。

6.6.2　在空间网格结构整体吊装时，应保证各吊点起升及下降的同步性。提升高差允许值（即相邻两拔杆间或相邻两吊点组的合力点间的相对高差）可取吊点间距离的1/400，且不宜大于100mm，或通过验算确定。

6.6.6　当采用多根拔杆吊装时，拔杆安装必须垂直，缆风绳的初始拉力值宜取吊装时缆风绳中拉力的60%。

（一）多机抬吊法

多机抬吊法适用于高度及重量都不大的中、小型网架结构。安装前先在地面上对网架进行错位拼装（即拼装位置与安装轴线错开一定距离，以避开柱子的位置），然后用多台起重机（多采用履带式起重机或汽车式起重机）将拼装好的网架整体提升到柱顶以上，在空中移位后落下就位固定，如图7-31所示。

网架拼装的关键是控制好网架框架轴线支座的尺寸和起拱要求。多机抬吊的关键是各台起重机的起吊速度须一致，否则有的起重机会超负荷致使网架受扭，焊缝开裂。为此，起吊前要测量各台起重机的起吊速度，以便起吊时掌握，或每两台起重机的吊索用滑轮穿通。

（二）电动螺杆提升法

电动螺杆提升法是利用升板工程施工使用的电动螺杆提升机，将在地面上拼装好的钢网架整体提升至设计标高，其优点是不需大型吊装设备，施工简便。

用电动螺杆提升机提升钢网架，只能垂直提升不能水平移动，为此，设计时要考虑在两柱之间设托梁，网架的支点坐落的托梁上。由于网架提升时不进行水平移动，所以网架拼装不需错位，可在原位进行拼装。

提升梁安装在支承网架的柱子上，提升网架时的一切荷载均由柱子承担，因此，保证结构在施工时的稳定性很重要。图7-32、图7-33为某体育馆网架用电动螺杆提升法整体提升的工程实例。

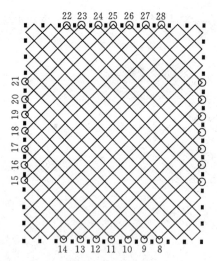

图7-32　网架提升时吊点位置图
（标○处为吊点位置）

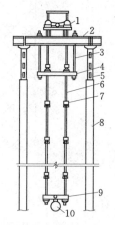

图7-33　网架提升设备
1—提升机；2—上横梁；3—螺杆；4—下横梁；
5—短钢柱；6—吊杆；7—接头；8—框架
柱子；9—横吊梁；10—支座钢球

提升网架时要注意同步控制，提升过程中随时纠正提升差异，待网架提升到托梁以上时安装托梁，待托梁固定后网架就可下落就位。

（三）拔杆提升法

球节点的大型钢管网架的安装多采用拔杆提升法，用此法施工时，网架先在地面上错位拼装，然后有多根独脚拔杆将网架整体提升到柱顶以上，空中移位，落位安装。起重设备的选择与布置是网架拔杆提升施工中的一个重要问题。包括：拔杆选择与吊点布置，缆风绳与地锚布置，起重滑轮组与吊点索具的穿法，卷扬机布置等。图 7－34 为某体育馆直径 124.6m 的钢网架采用 6 根拔杆整体提升时的起重设备布置图。

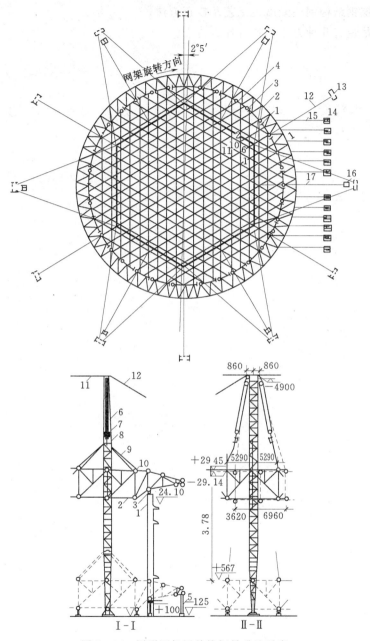

图 7－34　圆形网架屋盖拔杆吊升法示意

1—柱；2—网架；3—摇摆支座；4—留待提升以后再焊的杆件；5—拼装用小钢柱；6—独脚拔杆；7—8 门滑轮组；

8　铁扁担；9—吊索；10—吊点；11—平缆风绳；12—斜缆风绳；13—地锚；14—起重卷扬机；

15—起重钢丝绳；16—校正用的卷扬机；17—校正用的钢丝绳

思　考　题

1. 钢结构构件的放样和号料应注意什么问题？钢结构材料有哪几种切割方法？

2. 试述焊缝的形式及其特点。

3. 试述普通螺栓、高强螺栓的连接应注意哪些问题。

4. 试述钢结构单层厂房吊装前基础的准备工作。

5. 试述高层钢结构钢柱梁吊装工艺及校正方法。

6. 钢网架吊装有几种方法，各有什么特点？

第八章 道路与桥梁工程施工

第一节 路 基 工 程 施 工

一、概述

路基是在天然地表面下按照道路的设计线形（位置）、设计横断面（几何尺寸）和一定技术要求开挖或堆填而成的岩土结构物，承受由路面传递下来的行车荷载。它既是线路的主体又是路面的基础，要求具有足够的强度、稳定性和耐久性。

1. 路基的类型

根据路基设计标高与天然地面的不同，可将路基横断面形式分为填方路基（路堤）、挖方路基（路堑）和半填半挖路基三种类型，如图 8-1 所示。

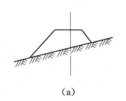 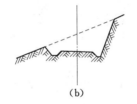 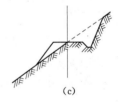

（a） （b） （c）

图 8-1 路基横断面形式

（a）路堤；（b）路堑；（c）半填半挖路基

2. 路基的基本施工方法

路基的施工方法有：人工及简易机械化、机械化、水力机械化和爆破等几种。选择施工方法，应根据工程性质、工程数量、施工期限以及可能获得的人力和机械设备等条件来考虑。

（1）水力机械化施工，使用水泵、水枪等水力机械，是机械化施工的一种。主要用于有充足水源和电源的集中性土方工程。

（2）爆破法施工，可用手工打眼工具，也可用机械。主要用来震松岩石、坚土、冻土，开挖路堑或采集石料。是一般公路特别是山区公路施工不可缺少的施工方法。

二、路基工程施工

路基施工机械包括铲土运输机械（推土机、铲运机、平地机）、挖掘与装载机械（挖掘机、装载机）、工程运输车辆和压实机械。

（一）路堤填筑

1. 路堤填筑应注意的问题

（1）路堤基底的处理。路堤基底是路堤填料与原地面的接触部分，为使两者结合紧密，避免路堤沿基底发生滑动或路堤沉陷，须对基底进行清理❶。

（2）填料的选择。一般的土石都可作为路堤填料，当有多种料源时应选择挖取方便、易压实、强度高、水稳性好的土料。填方材料的强度应符合表8-1的规定。

淤泥、沼泽土、冻土、含残余树根和易于腐烂物质的土，以及含水量超过规定的土，不得作为填料，需要时应采取技术措施。

含盐量超过规定的强盐渍土和过盐渍土不能作为高等级公路的填料，膨胀土除非表层用非膨胀土封闭，一般也不宜作为高等级公路的填料。工业废渣（如粉煤灰、钢渣）是较好的填料，但使用前应检验有害物质含量，防止污染环境。

表8-1　　　　　　　　　　　路基填方材料最小强度和最大粒径表

项目分类 （路面底面以下深度）		填料最小强度（CBR）（%）		填料最大粒径（cm）
		高速公路及一级公路	二级及二级以下公路	
路堤	上路床（0～30cm）	8.0	6.0	10
	下路床（30～80cm）	5.0	4.0	10
	上路堤（80～150cm）	4.0	3.0	15
	下路堤（>150cm）	3.0	2.0	15
零填及路堑路床（0～30cm）		8.0	6.0	10

注　1. 二级及二级以下公路作高级路面时，应按高速公路及一级公路的规定。

　　2. 表列强度按《公路土工试验规程》，对试样浸水96h的CBR试验方法测定。

2. 路堤填筑方式

（1）水平分层填筑。即按照横断面全宽分成水平层次，逐层向上填筑。

采用不同土质填筑路堤时，正确的水平分层填筑应遵循以下规定：不同土质应分层填筑，透水性差的土填筑在下层，其表面应做成不小于4%的横坡，以保证上层透水性填土的水分及时排除；为防止相邻两段用不同土质填筑的路堤在交接处发生不均匀变形，交接处应做成斜面（图8-2）。防止出现未水平分层、反坡积水、有冻土块和粗大石块、有陡坡斜面等情况。

（2）竖向填筑。图8-3所示竖向填筑是指沿路中心线方向逐步向前深填。当路线跨越

---

❶ 《公路路基设计规范》JTG D30—2004规定：

3.3.5　地基表层处理

1. 稳定斜坡上地基表层的处理，应符合下列要求：1）地面横坡缓于1:5时，在清除地表草皮、腐殖土后，可直接在天然地面上填筑路堤。2）地面横坡为1:5～1:2.5时，原地面应挖台阶，台阶宽度不应小于2m。当基岩面上的覆盖层较薄时，宜先清除覆盖层再挖台阶；当覆盖层较厚且稳定时，可予保留。

2. 地面横坡陡于1:2.5地段的陡坡路堤，必须验算路堤整体沿基底及基底下软弱层滑动的稳定性，抗滑稳定系数不得小于《公路路基设计规范》JTG D30—2004表3.6.8的规定值，否则应采取改善基底条件或设置支挡结构物等防滑措施。

3. 当地下水影响路堤稳定时，应采取拦截引排地下水或在路堤底部填筑渗水性好的材料等措施。

4. 应将地基表层碾压密实。在一般土质地段，高速公路、一级公路和二级公路基底的压实度（重型）不应小于90%；三、四级公路不应小于85%。路基填土高度小于路面和路床总厚度时，应将地基表层土进行超挖并分层回填压实，其处理深度不应小于重型汽车荷载作用的工作区深度。

5. 在稻田、湖塘等地段，应视具体情况采取排水、清淤、晾晒、换填、加筋、外掺无机结合料等处理措施。当为软土地基时，其处理措施应符合《公路路基设计规范》JTG D30—2004第7.6节的规定。

深谷陡坡地形，难以水平分层填筑时使用。竖向填筑由于填土过厚难以压实，应采用高效能压实机械。

（3）混合填筑。受地形限制或堤身较高，不能按前两种方法自始至终填筑时，可采用混合填筑法，即路堤下层用竖向填筑，而上部用水平分层填筑，如图8-4所示。

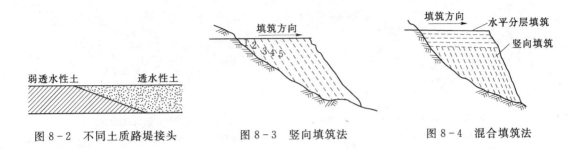

图8-2 不同土质路堤接头　　图8-3 竖向填筑法　　图8-4 混合填筑法

（二）路堑开挖

路堑施工就是按照要求进行挖掘，挖出的土作为路堤填料或弃土。处于地壳表层的路堑边坡，暴露于大气中，受到自然、人为因素的影响，比路堤边坡更容易破坏和失稳，其稳定性与施工方法关系密切。

1. 路堑开挖注意事项

（1）开挖土方不得乱挖超挖，严禁掏洞取土，在不影响边坡稳定的情况下，采用爆破施工时，应经过设计审批。

（2）路堑开挖前应首先处理好排水，并根据断面的土层分布、地形条件、施工方法，以及土方利用和废弃情况等综合考虑，力求做到运距短、占地少。

（3）注意边坡稳定，及时设置必要的支挡工程。

（4）有效地扩大工作面，以利提高生产效率，保证施工安全。

（5）开挖中，对适用的土、砂、石等材料，在经济合理的情况下，应尽量利用其作混凝土集料、路面材料、填方填料、及施工砌筑料等。

2. 土质路堑的开挖

（1）横向挖掘法。从路堑一端或两端按横断面全宽向前开挖的方式称为横挖法，适用于较短的路堑。当路堑深度不大时，可一次挖到设计标高［图8-5（a）］；路堑深度较大时，可分几个台阶进行开挖［图8-5（b）］。各层要有独立的出土道和临时排水设施，以免相互干扰，影响工效。

（2）纵向挖掘法。沿路堑纵向将高度分成层次开挖的方法称为纵挖法，适用于较长的路堑开挖。如果路堑的宽度和深度均不大，可按照横断面全宽纵向分层挖掘，称为分层纵挖法［图8-6（a）］；如果路堑的宽度和深度均比较大，可沿纵向分层、每层先挖出一条通道，然后开挖两旁，称为通道纵挖法［图8-6（b）］；如果路堑很长，可在适当位置将路堑一侧横向挖穿，将路堑分为几段同时开挖，称为分段纵挖法［图8-6（c）］，适用于傍山长路堑。

（3）混合法。当路线纵向长度和挖深都很大时，宜采用混合式开挖法，即将横挖法和通道纵挖法混合使用。先沿路堑纵向挖通道，然后沿横向坡面挖掘，以增加开挖坡面，如图8-7所示。

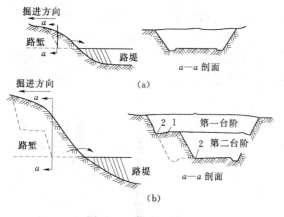

图 8-5 横向挖掘法

(a) 一层横向全宽；(b) 多层横向全宽

1—第一台阶运土道；2—临时排水沟

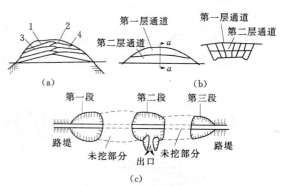

图 8-6 纵向挖掘法

(a) 分层纵挖法（图中数字为挖掘顺序）；(b) 通道纵挖法
（图中数字为拓宽顺序）；(c) 分段纵挖法

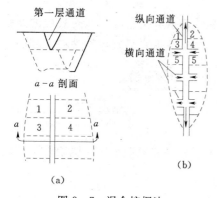

图 8-7 混合挖掘法

(a) 横面和平面；(b) 平面纵横通道

注：箭头表示运土与排水方向，数字为工作面数

3. 岩石路堑的开挖

岩石路堑通常采用爆破法开挖，有条件时宜采用松土法开挖，局部情况亦可采用破碎法开挖。

(1) 爆破法。爆破法开挖利用炸药爆炸时产生的热量和高压，使岩石或周围介质受到破坏或移动，特点是施工速度快，减轻繁重的体力劳动，提高生产率，但必须由经过专业培训并取得爆破证书的施工人员施爆。爆破方法包括表面爆破、浅孔爆破、深孔爆破、光面爆破和预裂爆破。爆破施工主要工序包括炮位选择、凿岩（钻孔）、装药与堵塞、起爆和清方、测定爆破效果。

(2) 松土法。松土法是充分利用岩体自身存在的各种裂面和结构面，用推土机牵引的松土器将岩体翻碎，再用推土机或装载机与自卸汽车配合，将翻松了的石块搬运出去。松土法避免了爆破法具有的危险性，且有利于开挖边坡的稳定及附近建筑物的安全。从发展趋势看，能采用松土法施工的场合，应尽量不用爆破法。

(3) 破碎法。破碎法用破碎机凿碎岩块，该法适宜于岩体裂缝较多，岩块体积较小，抗压强度低于 100MPa 的岩石。破碎法工作效率不高，仅用于不能使用爆破法和松土法施工的局部场合。

三、路基压实

路基施工破坏了土体的天然状态，致使其结构松散，经路基压实后，土体密实度提高，透水性降低，毛细水上升高度减小，消除了水集聚侵蚀软化路基及冻胀引起的不均匀变形。提高了路基的强度和稳定性。

（一）压实施工

1. 填方地段基底的压实

高速公路、一级公路和二级公路路堤基底的压实度不应小于 85%；当路堤土高度小于路床厚度（80cm）时，基底的压实度不宜小于路床的压实度标准。

2. 土方路堤的压实

碾压前应对填土层的松铺厚度、平整度和含水量进行检查，符合要求后方可进行碾压。用铲运机、推土机和自卸汽车推运土料填筑时，应平整每层填土，且自中线向两边设置2%～4%的横向坡度。高速公路、一级公路路基填土压实宜采用振动式压路机或者采用35～50t轮胎式压路机。当采用振动压路机碾压时，第一遍应静压，然后先慢后快，先弱振后强振。碾压机械的行驶速度，开始时宜慢速，最大速度不宜超过4km/h；碾压时直线段由两边向中间，小半径曲线段由内侧向外侧，纵向进退式进行；横向接头的轮迹应有一部分重叠，对振动式压路机一般重叠0.4～0.5m；对三轮压路机一般重叠后轮宽的1/2，前后相邻两区段（碾压区段之前的平整预压区段与其后的检验区段）宜纵向重叠1.0～1.5m。应达到无漏压、无死角，确保碾压均匀。当采用夯锤压实时，首遍各夯位宜紧靠，如有间隙不得大于15cm，次遍夯位应压在首遍夯位的缝隙上，如此连续夯实直至达到规定的压实度。

（二）路基压实标准

衡量路基的压实程度是工地实际达到的干容重与室内标准击实试验所得的最大干容重的比值，即压实度或称压实系数。压实度应不小于表8-2的规定。

表8-2　　　　　　　　　　　　　路基压实度标准

填挖类别	路床顶面以下深度（m）	路基压实度（%）		
		高速公路、一级公路	二级公路	三级公路、四级公路
零填及挖方	0～0.30	—	—	≥94
	0～0.80	≥96	≥95	—
填方	0～0.80	≥96	≥95	≥94
	0.80～1.50	≥94	≥94	≥93
	>1.50	≥93	≥92	≥90

注　1. 表列数值以重型击实试验法为准。
　　2. 特殊干旱或特殊潮湿地区的路基压实度，表列数值可适当降低。
　　3. 三级公路修筑沥青混凝土或水泥混凝土路面时，其路基压实度采用二级公路标准。

（三）压实质量的检查和评价

压实过程中，施工单位的检测人员应经常检查每一层的密实度是否符合要求，路基压实度试验方法可采用灌砂法、环刀法、灌水法（水袋法）或核子密度/湿度仪法。各种方法具体操作见《公路土工试验规程》（JTG E40—2007）。压实度的评定以一个工作班完成的路段压实层为检验评定单元比较恰当，检验评定段的压实度大于压实度的标准值，则为合格。

四、路基排水设施施工

（一）路基地面排水设施

路基地面排水设施的作用是将可能停滞在路基范围内的地面水迅速排除，并防止路基范围外的地面水流入路基内[1]。

---

[1] 《公路路基设计规范》JTG D30—2004 第4.1条。
4.1.1 公路路基排水设计应防、排、疏结合，并与路面排水、路基防护、地基处理以及特殊路基地区（段）的其他处治措施相互协调，形成完善的排水系统。
4.1.2 路基排水设计应遵循总体规划、合理布局、少占农田、环境保护的原则，并与当地排灌系统协调。
4.1.3 排水困难地段，可采取降低地下水位、设置隔离层等措施，使路基处于干燥、中湿状态。
4.1.4 施工场地的临时性排水设施，应尽可能与永久性排水设施相结合。各类排水设施的设计应满足使用功能要求，结构安全可靠，便于施工、检查和养护维修。

1. 边沟①

挖方地段和填土高度小于边沟深度的填方地段均应设置边沟，用以汇集和排除少量地面水。边沟断面形式有梯形、三角形和矩形，如图 8-8 所示。

边沟施工时，应分段设出水口，分段长度不超过 300m，三角形边沟不超过 200m。平曲线处施工应注意沟底纵坡的前后平顺衔接。土质地段沟底纵坡超过 3‰时应采用沟底抹面、浆（干）砌片石、混凝土预制块等进行加固。

2. 截水沟②

设在路堑坡顶外或山坡路堤上方，用以拦截上方流来的地面水，减轻边沟的负担。断面形式一般为梯形，横坡较陡时可做成石砌矩形。如图 8-9 所示。

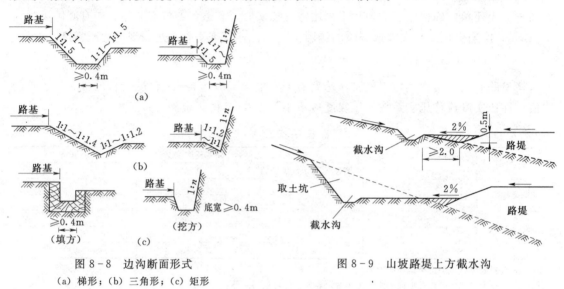

图 8-8　边沟断面形式
（a）梯形；（b）三角形；（c）矩形

图 8-9　山坡路堤上方截水沟

3. 排水沟③

排水沟作用是将边沟、截水沟、取土坑或路基附近的积水引入就近桥涵或沟谷中去。其

---

❶ 《公路路基设计规范》JTG D30—2004 第 4.2 条规定：

4.2.4　边沟

1. 边沟断面形式及尺寸应根据地形地质条件、边坡高度及汇水面积等确定。2. 边沟沟底纵坡宜与路线纵坡一致，并不宜小于 0.3%。困难情况下，可减小至 0.1%。3. 路堑边沟的水流，不应流经隧道排出。4. 边沟有可能产生冲刷时，应进行防护。

❷ 《公路路基设计规范》JTG D30—2004 第 4.2 条规定：

4.2.5　截水沟

1. 截水沟应根据地形条件及汇水面积等进行设置。挖方路基的堑顶截水沟应设置在坡口 5m 以外，并宜结合地形进行布设。填方路基上侧的路堤截水沟距填方坡脚的距离，应不小于 2m。在多雨地区，视实际情况可设一道或多道截水沟。

2. 截水沟断面形式应结合设置位置、排水量、地形及边坡情况确定，一般情况下，沟底纵坡不宜小于 0.3%。

3. 截水沟的水流应排至路界之外，不宜引入路堑边沟。

4. 截水沟应进行防渗加固。

❸ 《公路路基设计规范》JTG D30—2004 第 4.2 条规定：

4.2.6　排水沟

1. 将边沟、截水沟、取（弃）土场和路基附近低洼处汇集的水引向路基以外时，应设置排水沟。

2. 排水沟断面形式应结合地形、地质条件确定，沟底纵坡不宜小于 0.3%，与其他排水设施的连接应顺畅。易受水流冲刷的排水沟应视实际情况采取防护、加固措施。

横断面一般采用梯形，尺寸大小应经过水力计算选定。

4. 跌水和急流槽

跌水与急流槽是路基地面排水沟渠的特殊形式，用于纵坡大于10%，水头高差大于1.0m的陡坡地段。跌水和急流槽一般采用矩形，用浆砌片石或混凝土修筑，进口部分始端和出口部分终端的裙墙应埋入冻结线以下。

5. 拦水带

为避免高路堤边坡被路面汇集的雨水冲坏，可在路肩上作拦水带，将水流拦截至挖方边坡或在适当地点设急流槽引离路基。

（二）路基地下排水设施

1. 盲沟 ❶

用以拦截流向路基的层间水或降低地下水位，防止毛细水上升至路基工作区范围内，形成水分积聚而造成冻胀和翻浆，危及路基的强度和稳定性。其断面为矩形或梯形，内部用颗粒状材料填满，顶部和底面一般设厚30cm以上的不透水层。

2. 渗沟

为了切断、拦截有害的含水层和降低地下水位，保证路基的稳定，需修建渗沟排除地下水。渗沟有填石渗沟、洞式渗沟和管式渗沟三种（图8-10），三种渗沟均应设排水层（或管、洞）、反滤层和封闭层。填石渗沟适用于渗流不长的路段，常为矩形或梯形，底部和中间用较大碎石或卵石填筑，碎石或卵石的两侧和上部，按一定比例分层填中、粗砂或砾石等较细颗粒的粒料作反滤层，顶部用草皮或土工合成防渗材料作封闭

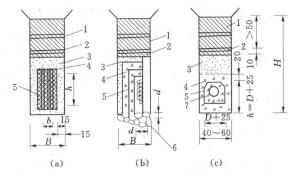

图8-10 渗沟结构图式
(a) 盲沟式；(b) 洞式；(c) 管式
1—黏土夯实；2—双层反铺草皮；3—粗砂；4—石屑；
5—碎石；6—浆砌片石沟洞；7—预制排水管

层。管式渗沟适用于地下水引水较长、流量较大的地区，当其长度为100～300m时，应设泄水管。洞式渗沟适用于地下水流量较大的地段，洞壁宜采用浆砌片石，洞顶用盖板覆盖。渗沟的开挖宜自下游向上游进行，并应随挖随即作渗沟和迅速回填，以免塌方。为检查维修渗沟，每隔30～50m或在平面转折和坡度由陡变缓处设置检查井。

3. 渗井

当路基附近地面水或浅层地下水无法排除，影响路基稳定时，可设置渗井，将地面水或地下水经渗井通过不透水层中的钻孔流入下层的透水层中排除。渗井直径50～60cm，井内填充材料按层次在下层透水范围内填碎石或卵石，填充料应层次分明，粗细材料不得混杂填塞，井壁和填充料之间设反滤层，井顶加筑混凝土盖。

---

❶ 《公路路基设计规范》JTG D30—2004 第4.3条规定：

4.3.3 暗沟（管）

1. 暗沟（管）用于排除泉水或地下集中水流。

2. 暗沟沟底的纵坡不宜小于1%，条件困难时亦不得小于0.5%，出水口处应加大纵坡，并应高出地表排水沟常水位0.2m以上，寒冷地区的暗沟，应作防冻保温处理或将暗沟设在冻结深度以下。

五、路基防护❶

公路路基在水流、波浪、雨水、风力及冰冻等自然因素影响下，可能导致边坡坍塌、路基损坏等病害，因此必须进行防护。

（一）坡面防护

1. 植物防护

植物防护一般采用种草、铺草皮、种植灌木。种草适于边坡稳定、坡面轻微冲刷的路堤与路堑边坡；铺草皮适用于土质边坡，可采用平铺、叠铺、方格式等方式铺设；植树主要用在堤岸边的河滩上，用来降低流速，促使泥沙淤积，防止水直接冲刷路堤。

2. 工程防护

工程防护用在草木不易生长的坡面，采用砂石、水泥、石灰等矿质材料进行防护。防护方法包括勾缝及灌浆、抹面、喷浆及喷射混凝土、护面墙等。施工前应将松动石块、泥土、草木根等杂质清除。

勾缝及灌浆一般适用于岩石较坚硬不易风化的路堑边坡，节理裂缝多而细者用勾缝，缝宽较大宜用砂浆灌缝，一般采用水泥砂浆。抹面适用于易风化而表面比较完整，尚未剥落的岩石边坡，抹面应均匀紧贴坡面，面积较大时应留伸缩缝。喷浆和喷射混凝土，适用于易风化但尚未严重风化的岩石边坡，喷射厚度要均匀。护面墙一般用于软质岩层或破碎岩石挖方边坡较陡的地段，墙基应坚固，墙面和坡面应结合紧密，墙顶与边坡间缝隙应封严，砌体石质坚硬，浆砌砌体和干砌咬扣必须紧密、错缝，严禁通缝、叠砌、贴砌和浮塞，每隔10～15m设一伸缩缝。

（二）冲刷防护施工

沿河路基，直接受到流水冲刷，为了保证路基稳定牢固，应采取冲刷防护措施，常用形式有以下两种。

1. 直接防护

直接防护是一种加固岸坡的防护措施。常用方法包括植物防护、抛石防护、干（浆）砌片石护坡、石笼防护等。

植物防护同坡面防护所述基本相同。抛石防护应在枯水季节施工，石料性质、粒径以及抛石堆的顶宽、边坡、结构形式及长度应按设计规定执行。采用干（浆）砌片石护坡施工时，铺砌自下而上进行，砌块交错嵌紧，严禁浮塞，砂浆在砌体内必须饱满、密实，不得有悬浆，各部位连接紧密，水不得进入坡岸背面，分段施工时每隔10～15m设一伸缩缝。石笼防护应注意编笼采用镀锌铁丝，基角部分宜采用箱形笼，边坡宜用圆筒形笼，笼装石块直径应大于笼网孔径，较大石块置于边部，小的在中部，安置石笼应做到位置准确、搭接衔接

---

❶ 《公路路基设计规范》JTG D30—2004 第5.1条规定：

5.1.1　各级公路应根据当地气候、水文、地形、地质条件及筑路材料分布情况，采取工程防护和植物防护相结合的综合措施，防治路基病害，保证路基稳定，并与周围环境景观相协调。

5.1.2　路基坡面防护工程应在稳定的边坡上设置，防护类型的选择应综合考虑工程地质、水文地质、边坡高度、环境条件、施工条件和工期等因素的影响，对于路基稳定性不足和存在不良地质因素的路段，应注意路基边坡防护与支挡加固的综合设计。

5.1.4　在地下水较为发育路段，应注意路基边坡防护与地下排水措施的综合设计。在多雨地区，用砂类土、细粒土等填筑的路堤，应采取坡面防护与截排水的综合措施，防止边坡冲刷破坏。

5.1.6　路基施工过程中应注意边坡临时防护措施，边坡临时防护工程宜与永久防护工程相结合。

稳固、紧密，保证整体性。

2. 间接防护

间接防护采用导流结构物改变水流方向，使水流轴线方向偏离路基岸边或减低防护处的流速，起到对路基的安全保护作用。导流结构物有丁坝、顺坝、格坝等。施工应按设计要求并符合水工构造物有关规定，严格掌握工程质量标准。

六、挡土墙

挡土墙是用于支挡路基填土或山坡土体的构造物，在公路工程中广泛应用，种类较多，按结构形式分为重力式、衡重式、悬臂式、扶壁式、锚杆式、柱板式、加筋式等。

挡土墙的基础应满足基础工程的有关要求。挡土墙一般应设排水设施，以疏干墙后土体，排水措施主要有：设置地面排水沟，截留地面水；墙背回填土的上部应以相对不透水的土夯实封闭，防止地表水下渗；对路堑挡土墙墙趾前的边沟应予以铺砌加固，以防边沟水渗入，软化地基；墙身设置泄水孔，排除墙后积水。为防止泄水孔堵塞，墙后填料为渗水土时，在泄水孔进水端应设置反滤层。

为避免地基不均匀沉陷和由于温度变化或硬化收缩引起墙体开裂，需设沉降缝和伸缩缝，一般将二者合并设置，每隔 $10\sim15m$ 一道，缝宽 $2\sim3cm$，缝内沿墙的内、外、顶三边填塞沥青麻筋，填深不小于 $0.15m$；当墙后为岩石路堑或填石路堤时，可设置空缝。混凝土整体浇筑的挡土墙，浇筑间断处应设置施工缝。

第二节 路面工程施工

路面工程的结构层由面层、基层、底基层、垫层等多层结构组成如图 8-11 所示。

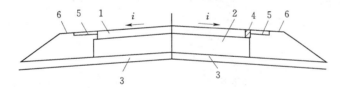

图 8-11 路面结构层次划分示意图

i—路拱横坡度；1—面层；2—基层（有时包括底基层）；
3—垫层；4—路缘石；5—加固路肩；6—土路肩

（1）面层是直接承受车轮荷载反复作用和各种自然因素影响，并将荷载传递到基层以下的结构层，因此，它应满足表面功能性和结构性的使用要求。面层可为单层、双层或三层。双层结构称为表面层、下面层；若采用三层结构称为表面层、中面层、下面层。

表面层应具有平整密实、抗滑耐磨、稳定耐久的服务功能，同时应具有高温抗车辙、抗低温开裂、抗老化等品质。旧路面可加设磨耗层以改善表面服务功能。

中、下面层应密实、基本不透水，并具有高温抗车辙、抗剪切、抗疲劳的力学性能。

（2）基层是主要承重层，应具有稳定、耐久、较高的承载能力。基层可为单层或双层，双层称为上、下基层，无论是沥青混合料或粒料类基层，还是半刚性基层、刚性基层，均要求具有相对较高的物理力学性能指标。

（3）底基层是设置在基层之下，并与面层、基层一起承受车轮荷载反复作用的次要承重层，因此，对底基层材料的技术指标要求可比基层材料略低，底基层也可分为上、下底基层。

（4）垫层是设置在底基层与土基之间的结构层，起排水、隔水、防冻、防污及减少层间模量比、降低半刚性底基层拉应力的作用。

以上是路面结构层组成，各级公路应根据具体情况设置必要的结构层，对三、四级公路最少不得低于两层，即面层和基层。不同面层的适用范围见表8-3。

表8-3　　　　　　　　　　　路面面层类型及适用范围

面　层　类　型	适　用　范　围
沥青混凝土	高速公路、一级、二级、三级、四级
水泥混凝土	高速公路、一级、二级、三级、四级
沥青贯入、沥青碎石、沥青表面处治	三级、四级公路
砂石路面	四级公路

一、路面基层（底基层）施工

常用的基层有以下两类：一类是半刚性基层，包括水泥稳定类、石灰稳定类、石灰工业废渣稳定类基层等；另一类是柔性基层，包括级配型粒料基层（如级配碎（砾）石）、嵌锁型粒料基层（如泥结碎石、填隙碎石）以及沥青碎石。下面介绍半刚性基层施工。

在粉碎的或原状松散的土（包括各种粗、中、细粒土）中掺入适量的无机结合料（水泥、石灰、工业废渣等）和水，经拌和、压实及养生后形成的半刚性基层，也叫做稳定土基层。半刚性基层的施工方法分为路拌法和厂拌法。

1. 路拌法施工

路拌法常用的施工机械有粉料撒布机、稳定土拌和机、推土机、平地机、装载机和压路机。

（1）准备下承层：施工前应对新完成的底基层或路基按规定进行验收，达到标准后，方可铺筑基层。

（2）施工放样：在下承层上恢复中线，并在两侧路肩边缘每15～20m（直线段）或10～15m（曲线段）设置指示桩，用明显标记标出稳定土层的设计标高及松铺厚度的位置。

（3）备料：可以利用土基或老路面的上部材料，也可利用料场土，根据材料配合比，确定各路段的干燥集料数量、每车集料的堆放距离、每袋结合料的摊铺面积。

（4）摊铺土料：摊铺土料前，应在土基上洒水湿润，选用合适的机具将土均匀摊铺在预定宽度上，表面应力求平整，并有规定的路拱，如有超尺寸颗粒和其他杂物应及时清除。摊铺一层要检验松铺厚度是否满足预计要求。

（5）洒水闷料：如土料（含粉碎的老路面）含水量过小，应在土层上洒水闷料，洒水要均匀，一般至少闷料一夜。

（6）摆放和摊铺结合料：根据每袋结合料的纵横间距，将结合料摆放，并用刮板均匀摊开，注意使每袋结合料摊铺面积相等。摊铺完后混合料表面应无空白位置，也没有结合料过分集中地点。

（7）拌和洒水：应采用专用稳定土拌和机进行拌和，其深度应达到稳定层底部并宜侵入下承层5～10mm，以利于上下层粘结，严禁在拌和层底部留有素土夹层。在没有专用拌和机械的情况下，对稳定细粒土和中粒土可用农用旋转耕作机与多铧犁或平地机配合进行拌和，或用缺口圆盘耙与多铧犁或平地机配合进行。

拌和时由两侧向中心进行，每次拌和应重叠 10～20cm，防止漏拌。拌和过程中若混合料含水量较少，应用喷管式洒水车补充加水并湿拌，拌和后的混合料应颜色一致，没有灰条、灰团和花面。

（8）整型：混合料拌和均匀后，立即用平地机初步整型。在直线段，平地机由两侧向路中心进行刮平；平曲线段平地机应由内侧向外侧进行刮平。在初平的路段上，用拖拉机、平地机或轮胎压路机快速碾压一遍，以暴露潜在的不平整。每次整型时都应按照规定的坡度和路拱进行，并特别注意接缝顺适平整。

（9）碾压：碾压应在最佳含水量的 ±1% 范围内进行，压实度达到表 8-4 的要求。

表 8-4 稳定土基层压实度要求

种　类	压实度 基　　层		底　基　层	
	高速、一级公路	二级和二级以下公路	高速公路、一级公路	二级和二级以下公路
水泥稳定中粒和粗粒土	98	97	96	95
水泥稳定细粒土	—	95	95	93
石灰稳定中粒和粗粒土	—	97	96	95
石灰稳定细粒土	—	93	95	93
石灰工业废渣稳定中粒土和粗粒土	98	97	96	95
石灰工业废渣稳定细粒土	—	95	95	93

各种稳定土结构层应用 12t 以上压路机碾压。用 12～15t 三轮压路机碾压时，每层压实厚度不应超过 15cm，用 18～20t 的三轮压路机不超过 20cm。

直线段上，由两侧路肩向中心碾压；平曲线段上，由内侧路肩向外侧路肩进行碾压。碾压时应重叠 1/2 轮宽，后轮必须超过两段的接缝处，后轮压完路面全宽时，即为一遍，一般需 6～8 遍。碾压速度头两遍 1.5～1.7km/h 为宜，以后宜采用 2.0～2.5km/h。

碾压结束前用平地机再终平一次，使其纵向顺适，路拱和超高符合设计要求。终平时必须将局部高出部分刮平并扫出路外；对于局部低洼之处，不再进行找补，留待铺筑上层时处理。

（10）接缝处理：在两工作段的搭接部分，前一段拌和整形后，留 5～8m 不进行碾压，待后一段施工时，将前段留下未压部分一起再进行拌和、碾压。

（11）养生：保湿养生时间不少于 7 天。水泥稳定类混合料碾压完成后，即刻开始养生，二灰稳定类在碾压完成后第二或第三天开始养生。养生期结束，立即铺筑面层或做下封层。

2. 厂拌法施工

厂拌法就是采用集中厂拌和摊铺机摊铺。实践证明，采用厂拌法可提高工程质量，加快工程进度，因此条件具备时应尽可能采用。拌和生产中，含水量应略大于最佳含水量，使混合料运到现场摊铺碾压时的含水量不小于最佳含水量。运输过程中，如运距较远，车上混合料应覆盖以防水分损失过多。

混合料摊铺应采用摊铺机进行，如有粗细颗粒离析现象，应用机械或人工补充拌和。厂拌设备、运输车辆及摊铺机的生产能力应互相协调，以保证施工的连续性。摊铺后的整形、碾压、养护与路拌法施工相同。

二、沥青路面面层施工[1]

（一）概述

沥青路面是用沥青材料作结合料粘结矿料修筑面层，与各类基层和垫层所组成的路面结构。沥青路面按强度构成原理，分为密实型和嵌挤型两大类；按施工工艺分为层铺法与拌和法；按技术特性分为沥青混凝土、热拌沥青碎石、乳化沥青碎石、沥青表面处治和沥青贯入式等。

对沥青路面材料的要求如下：

（1）沥青。高速公路、一级公路和城市快速路、主干路的沥青路面，选用符合"重交通道路石油沥青技术要求"的沥青或改性沥青。其他道路选用符合"中、轻交通道路石油沥青技术要求"的沥青或改性沥青。乳化沥青应符合"道路乳化沥青技术要求"的规定。煤沥青不宜用于沥青面层，仅作为透层沥青。

（2）填料。主要是指 0.075mm 以下的粉料。矿粉必须采用石灰岩或岩浆岩中的强基性岩石等憎水性石料磨细的矿粉，应洁净、干燥，能自由地从矿粉仓流出，质量应符合规范要求。

（3）矿料[2]。粗、细集料均应洁净干燥、无风化、无有害杂质，粗集料还应具有一定硬度和强度、良好的颗粒形状。细集料可用天然砂、机制砂和石屑，并有适当的颗粒级配。矿料规格和质量应符合《公路沥青路面施工技术规范》JTG F40—2004 之要求。

---

[1] 《公路沥青路面施工技术规范》JTG F40—2004 第 4.1 条规定：

4.1.1　沥青路面使用的各种材料运至现场后必须取样进行质量检验，经评定合格后方可使用，不得以供应商提供的检测报告或商检报告代替现场检测。

4.2.2　沥青路面采用的沥青标号，宜按照公路等级、气候条件、交通条件、路面类型及在结构层中的层位及受力特点、施工方法等，结合当地的使用经验，经技术论证后确定。

4.2.3　沥青必须按品种、标号分开存放。除长期不使用的沥青可放在自然温度下存储外，沥青在储罐中的贮存温度不宜低于 130℃，并不得高于 170℃。桶装沥青应直立堆放，加盖苫布。

4.3.3　乳化沥青类型根据集料品种及使用条件选择。阳离子乳化沥青可适用于各种集料品种，阴离子乳化沥青适用于碱性石料。乳化沥青的破乳速度、黏度应根据用途与施工方法选择。

4.4.3　液体石油沥青在制作、贮存、使用的全过程中必须通风良好，并有专人负责，确保安全。基质沥青的加热温度严禁超过 140℃，液体沥青的贮存温度不得高于 50℃。

4.5.3　煤沥青严禁用于热拌铺的沥青混合料。作其他用途时的贮存温度宜为 70～90℃，且不得长时间贮存。

[2] 《公路沥青路面施工技术规范》JTG F40—2004 第 4.8 条、第 4.9 条规定：

4.8.1　沥青层用粗集料包括碎石、破碎砾石、筛选砾石、钢渣、矿渣等，但高速公路和一级公路不得使用筛选砾石和矿渣。粗集料必须由具有生产许可证的采石场生产或施工单位自行加工。

4.8.8　筛选砾石仅适用于三级及三级以下公路的沥青表面处治路面。

4.8.9　经过破碎且存放期超过 6 个月以上的钢渣可作为粗集料使用。除吸水率允许适当放宽外，各项质量指标应符合表 4.8.2 的要求。钢渣在使用前应进行活性检验，要求钢渣中的游离氧化钙含量不大于 3%，浸水膨胀率不大于 2%。

4.9.2　细集料的洁净程度，天然砂以小于 0.075mm 含量的百分数表示，石屑和机制砂以砂当量（适用于 0～4.75mm）或亚甲蓝值（适用于 0～2.36mm 或 0～0.15mm）表示。

4.9.3　天然砂可采用河砂或海砂，砂的含泥量超过规定时应水洗后使用，海砂中的贝壳类材料必须筛除。开采天然砂必须取得当地政府主管部门的许可，并符合水利及环境保护的要求。热拌密级配沥青混合料中天然砂的用量通常不宜超过集料总量的 20%，SMA 和 OGFC 混合料不宜使用天然砂。

（4）纤维❶。

在沥青混合料中掺加的纤维稳定剂宜选用木质素纤维、矿物纤维等，其性能指标应符合规定要求。

（二）沥青贯入式路面❷

沥青贯入式路面是在初步碾压的矿料层上洒布沥青，再分层铺撒嵌缝料、洒布沥青和碾压，并借助于行车压实而成的沥青路面。由于沥青贯入式路面是一种多孔隙结构，为了防止路表水的浸入和增强路面的水稳定性，在面层的最上层必须加铺封层。沥青贯入式路面适用于二级及二级以下公路、城市道路的次干路及支路，也可作为沥青路面的联结层。厚度宜为4～8cm，但乳化沥青贯入式路面的厚度不宜超过5cm。

沥青贯入式路面采用的机械有摊铺机、沥青撒布机、压路机。施工宜选择在干燥和较热的季节，并在雨季及日最高温度低于15℃到来以前半个月结束，使面层通过开放交通碾压成型。层铺法沥青贯入式路面施工程序为：整修和清扫基层→浇洒透层或粘层沥青→铺撒主层矿料→第一次碾压→洒布第一次沥青→铺撒第一次嵌缝料→第二次碾压→洒布第二次沥青→铺撒第二次嵌缝料→第三次碾压→洒布第三次沥青→铺撒封面矿料→最后碾压→初期养护。

对沥青贯入式路面的施工要求与沥青表面处治基本相同。当直接加铺沥青混合料拌和层时，应紧跟贯入层施工，使上下成为整体。贯入部分采用乳化沥青时，应待其破乳、水分蒸发且成型稳定后方可铺筑拌和层。乳化沥青贯入式路面施工顺序同沥青表面处治。

（三）热拌热铺沥青混合料路面施工

热拌沥青混合料路面是矿料与沥青在热态下拌和、热态下铺筑施工成型，适用于各等级道路，包括沥青混凝土、沥青碎石和抗滑表层等类型，施工过程可分为沥青混合料的拌制与运输及现场铺筑两个阶段。

1. 沥青混合料的拌制与运输

热拌沥青混合料可采用间歇强制式拌和机和连续式拌和机拌制。

间歇强制式拌和机的特点是冷矿料的烘干、加热以及与热沥青的拌和，是先后在不同设备中进行的，其中集料的烘干与加热是连续进行的，而混合料的拌制则是间歇进行，由搅拌器强制拌和。

连续滚筒式拌和设备的特点是骨料烘干、加热及沥青的搅拌在同一个滚筒内完成，即骨料烘干与加热后未出滚筒就被沥青裹覆，从而避免了粉尘的飞扬和逸出，其拌和方式是非强

---

❶ 《公路沥青路面施工技术规范》JTG F40—2004 第 4.11 条。

4.11.2　纤维应在250℃的干拌温度下不变质、不发脆，使用纤维必须符合环保要求，不危害身体健康。纤维必须在混合料拌和过程中能充分分散均匀。

4.11.3　矿物纤维宜采用玄武岩等矿石制造，易影响环境及造成人体伤害的石棉纤维不宜直接使用。

4.11.4　纤维应存放在室内或有棚盖的地方，松散纤维在运输及使用过程中应避免受潮，不结团。

4.11.5　纤维稳定剂的掺加比例以沥青混合料总量的质量百分率计算，通常情况下用于SMA路面的木质素纤维不低于0.3%，矿物纤维不宜低于0.4%，纤维掺加量的允许误差宜不超过±5%。

❷ 《公路沥青路面施工技术规范》JTG F40—2004 第 7 条规定：

7.1.3　沥青贯入式路面最上层应撒布封层料或加铺拌和层。沥青贯入层作为联结层时，可不撒表面封层料。

7.3.2　乳化沥青贯入式路面必须浇洒透层或粘层沥青。沥青贯入式路面厚度小于或等于5cm时，也应浇洒透层或粘层沥青。

制式的，具有结构简单、投资少、能耗低、污染少等优点，但必须确保原材料是均匀一致的，否则很难保证配合比。

为保证混合料的质量，沥青与矿料的加热温度应调节到能使拌和的沥青混合料出厂温度符合表 8-5 的要求，改性沥青混合料施工温度在此基础上提高 10～20℃。经拌和后的混合料应均匀，无花白料，无结团成块或严重的粗细料分离现象，不符合要求时不得使用，并应及时调整。

表 8-5　　　　　　　　　　　　热拌沥青混合料的施工温度　　　　　　　　　　　　单位:℃

施工工序		石油沥青的标号			
		50 号	70 号	90 号	110 号
沥青加热温度		160～170	155～165	150～160	145～155
矿料加热温度	间歇式拌和机	集料加热温度比沥青温度高 10～30			
	连续式拌和机	矿料加热温度比沥青温度高 5～10			
沥青混合料出料温度		150～170	145～165	140～160	135～155
混合料贮料仓贮存温度		贮料过程中温度降低不超过 10			
混合料废弃温度　高于		200	195	190	185
运输到现场温度　不低于		150	145	140	135
混合料摊铺温度 不低于	正常施工	140	135	130	125
	低温施工	160	150	140	135
开始碾压的混合料内部温度，不低于	正常施工	135	130	125	120
	低温施工	150	145	135	130
碾压终了的表面温度　不低于	钢轮压路机	80	70	65	60
	轮胎压路机	85	80	75	70
	振动压路机	75	70	60	55
开放交通的路表温度　不高于		50	50	50	45

注　1. 沥青混合料的施工温度采用具有金属探测针的插入式数显温度计测量。表面温度可采用表面接触式温度计测定。当采用红外线温度计测量表面温度时，应进行标定。
　　2. 表中未列入的 130 号、160 号及 30 号沥青的施工温度由试验确定。

沥青混合料用自卸汽车运至工地，运料车每次使用前后必须清扫干净，在车厢板上涂一薄层防止沥青粘结的隔离剂或防粘剂。运量应较拌和能力或摊铺速度有所富余。

2. 铺筑

（1）准备工作。铺筑前对基层或旧路面的厚度、密实度、平整度等各项指标进行检查。为使面层与基层粘结好，在面层铺筑前 4～8h，在粒料类的基层洒布透层沥青；若为旧路面，铺筑前应洒布一层粘层沥青。为控制混合料的摊铺厚度，基层准备好后进行测量放样，沿路面中心线和 1/4 路面宽度处设置样桩，标出松铺厚度。采用自动找平摊铺机时，还应放出引导摊铺机运行走向和标高的控制基准线。

（2）摊铺作业。热拌沥青混合料应采用沥青摊铺机摊铺，摊铺机主要由基础车（发动机与底盘）、供料设备（料斗、输送装置和闸门）、工作装置（螺旋摊铺器、振捣器和熨平装置）及控制系统等部分组成，工作过程如图 8-12 所示。

混合料从自卸汽车上卸入摊铺机的料斗中，经由刮板输送到摊铺室，再由螺旋摊铺器横向摊开，随着机械的行驶，被摊开的混合料又被振捣器初步捣实，再由熨平板根据摊铺厚度修成适当的横断面，并加以熨平。

摊铺机必须缓慢、均匀、连续不间断地摊铺，不得随意变换速度或中途停顿，以提高平整度，减少混合料的离析，摊铺速度宜控制在 2～6m/min 的范围内。

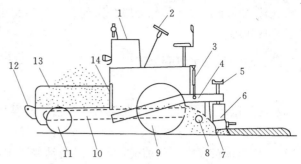

图 8-12　摊铺机工作过程简图

1—控制台；2—方向盘；3—悬挂油缸；4—侧臂；5—熨平器调整
螺旋；6—熨平板；7—振捣器；8—螺旋摊铺器；9—驱动轮；
10—刮板输送器；11—方向轮；12—推滚；
13—料斗；14—闸门

3. 压实

沥青混合料摊铺后，应趁热及时碾压。压路机应以慢而均匀的速度碾压，碾压速度应符合表 8-6 的规定，碾压温度应符合表 8-5 的要求。碾压过程分为初压、复压和终压三个阶段。

表 8-6　　　　　　　　　　　　　压路机碾压速度　　　　　　　　　　　　单位：km/h

压路机类型	初　压		复　压		终　压	
	适宜	最大	适宜	最大	适宜	最大
钢筒式压路机	2～3	4	3～5	6	3～6	6
轮胎压路机	2～3	4	3～5	6	4～6	8
振动压路机	2～3（静压或振动）	3（静压或振动）	3～4.5（振动）	5（振动）	3～6（静压）	6（静压）

初压是压实的基础，目的是整平和稳定混合料，同时为复压创造有利条件。初压紧跟摊铺机后碾压，宜采用钢轮压路机静压 1～2 遍。碾压时应将压路机的驱动轮面向摊铺机，从外侧向中心碾压，在超高路段则由低向高碾压，在坡道上应将驱动轮从低处向高处碾压。

复压是整个压实过程中的关键，目的是使混合料密实、稳定、成型，应紧跟在初压后开始，且不得随意停顿。当采用三轮钢筒式压路机时，总质量不宜小于 12t，相邻碾压带宜重叠后轮的 1/2 宽度，并不应少于 200mm。复压遍数 4～6 次，压至稳定，且表面无显著轮迹为止。

终压是消除轮迹、缺陷和保证面层有较好平整度的最后一步，终压应紧接在复压后进行，可选用双轮钢筒式压路机或关闭振动的振动压路机碾压 2～4 遍。

4. 接缝施工

接缝包括纵向接缝和横向接缝（工作缝）。

纵向接缝有热接缝和冷接缝两种。热接缝施工一般使用两台以上摊铺机成梯队同步摊铺，此时相邻摊铺带的混合料处于压实前的热状态，所以纵向接缝易于处理，且连接强度好。冷接缝指新铺层与经过压实后的冷铺层进行搭接，搭接宽度约为 3～5cm，摊铺新铺层时，对已铺层带接缝边缘进行铲修垂直，新铺层与已铺层松铺厚度相同。

横向接缝对路面平整度影响很大。高速公路和一级公路的表面层横向接缝应采用垂直的平接缝，平接缝宜趁尚未冷透时用凿岩机或人工垂直刨除端部层厚不足的部分，使工作缝成直角连接。以下各层及其他等级公路的各层均可采用自然碾压的斜接缝，沥青层较厚时也可做阶梯形接缝。

三、水泥混凝土路面施工

（一）概述

水泥混凝土路面是一种刚性路面，包括普通混凝土、钢筋混凝土、连续配筋混凝土、预应力混凝土、装配式混凝土、钢纤维混凝土、碾压混凝土和混凝土小块铺砌等面层板和基（垫）层所组成的路面。目前应用最广泛的是普通混凝土路面。对组成混凝土的材料有以下要求。

（1）水泥。特重、重交通路面宜采用回转窑生产的道路硅酸盐水泥，也可采用回转窑生产的普通硅酸盐水泥；中、轻交通的路面可采用矿渣硅酸盐水泥；参照国内外对路用水泥的规定，一般水泥强度等级为 42.5 级以上。❶

（2）集料❷。粗骨料应选用质地坚硬、耐久、洁净的碎石、碎卵石和卵石，各项指标应符合规定，且有良好的级配。细骨料采用质地坚硬、耐久、洁净的天然砂、机制砂或混合砂，各项指标和级配应符合要求。

（3）水。混凝土搅拌和养生用水应清洁、宜采用饮用水。使用非饮用水硫酸盐含量不超过 2700mg/L，食盐量不超过 5000mg/L，pH 值不得小于 4，且不得含有油污、泥和其他有害杂质。

（4）外加剂❸。可改善混凝土的性能，外加剂应经过配合比试验符合规定的要求。

（5）接缝材料。接缝材料包括填缝料、接缝板、接缝钢筋三类，具体要求应符合公路水

---

❶　《公路水泥混凝土路面施工技术规范》JTG F30—2003 第 3.1 条。

3.1.2　水泥进场时每批量应附有化学成分、物理、力学指标合格的检验证明。

3.1.4　采用机械化铺筑时，宜选用散装水泥。散装水泥的夏季出厂温度：南方不宜高于 65℃，北方不宜高于 55℃；混凝土搅拌时的水泥温度：南方不宜高于 60℃，北方不宜高于 50℃，且不宜低于 10℃。

❷　《公路水泥混凝土路面施工技术规范》JTG F30—2003 第 3.3 条、3.4 条。

3.3.1　高速公路、一级公路、二级公路及有抗（盐）冻要求的三、四级公路混凝土路面使用的粗集料级别应不低于Ⅱ级，无抗（盐）冻要求的三、四级公路混凝土路面、碾压混凝土及贫混凝土基层可使用Ⅲ级粗集料。有抗（盐）冻要求时，Ⅰ级集料吸水率不应大于 1.0%；Ⅱ级集料吸水率不应大于 2.0%。

3.4.1　高速公路、一级公路、二级公路及有抗（盐）冻要求的三、四级公路混凝土路面使用的砂应不低于Ⅱ级，无抗（盐）冻要求的三、四级公路混凝土路面、碾压混凝土及贫混凝土基层可使用Ⅲ级砂。特重、重交通混凝土路面宜使用河砂，砂的硅质含量不应低于 25%。

3.4.4　在河砂资源紧缺的沿海地区，二级及二级以下公路混凝土路面和基层可使用淡化海砂，缩缝设传力杆混凝土路面不宜使用淡化海砂；钢筋混凝土及钢纤维混凝土路面和桥面不得使用淡化海砂。

❸　《公路水泥混凝土路面施工技术规范》JTG F30—2003 第 3.6 条。

3.6.1　供应商应提供有相应资质外加剂检测机构的品质检测报告，检验报告应说明外加剂的主要化学成分，认定对人员无毒副作用。

3.6.2　引气剂应选用表面张力降低值大、水泥稀浆中起泡容量多而细密、泡沫稳定时间长、不溶残渣少的产品。有抗冰（盐）冻要求地区，各交通等级路面、桥面、路缘石、路肩及贫混凝土基层必须使用引气剂；无抗冰（盐）冻要求地区，二级及二级以上公路路面混凝土中应使用引气剂。

3.6.3　各交通等级路面、桥面混凝土宜选用减水率大、坍落度损失小、可调控凝结时间的复合型减水剂。高温施工宜使用引气缓凝（保塑）（高效）减水剂；低温施工宜使用引气早强（高效）减水剂。选定减水剂品种前，必须与所用的水泥进行适应性检验。

3.6.4　处在海水、海风、氯离子、硫酸根离子环境或冬季洒除冰盐的路面或桥面钢筋混凝土宜掺阻锈剂。

泥混凝土路面接缝材料的要求❶。

（二）施工工艺及要求

1. 混凝土面层铺筑

目前我国水泥混凝土路面采用5种施工方式：滑模摊铺施工，三辊轴摊铺施工，轨道摊铺施工，小型机具施工和碾压摊铺混凝土施工。

（1）滑模摊铺机铺筑。滑模摊铺机具有分料、振捣、成型、熨平、打传力杆等功能，同时还设有纵横向自动找平装置。在摊铺运行过程中，能一次完成面层的摊铺、密实、整平等多道工序作业，摊铺机行走作业之后路面即成型。滑模摊铺机工作简图如图8-13所示。首先由螺旋摊铺器1把堆积在基层上的水泥混凝土左右横向摊开，刮平器2进行初步刮平，然后振捣器3进行捣实，随后刮平板4振捣后整平，形成密实而平整的表面，再利用振动式振捣板5对混凝土层振实和整平，最后用光面带6光面。其他主要配套机械和机具有钢筋加工机具、测量仪器、搅拌装置、运输车、布料设备、振捣器、抗滑构造施工机械、切缝机械、石磨机、灌缝机及洒水车等。

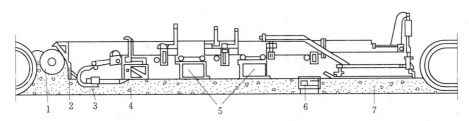

图8-13 滑模式摊铺机摊铺过程示意图

1—螺旋摊铺器；2—刮平器；3—振捣器；4—刮平板；5—振动平板；6—光面带；7—混凝土

操作滑模摊铺机应缓慢、匀速、连续不间断地作业。严禁料多追赶，随意停机等待，间歇摊铺。摊铺速度应根据拌和物稠度、供料多少和设备性能控制在1.5～3.0m/min之间。

（2）三辊轴机组铺筑。三辊轴机组是一种中型施工设备，比较适用于我国二、三、四级公路及县乡公路混凝土路面的施工。其施工配套机具包括三辊轴整平机，搅拌设备、振捣机、拉杆插入机、饰面工具、运输车等。其中三辊轴整平机为三辊轴机组的主导设备，其主体部分为一根起振密、摊铺、提浆作用的偏心振动轴和两根起驱动整平作用的圆心轴。施工时采用前进振动、后退静滚的方式，其作业单元长度宜为20～30m，与振捣工序的时间间隔不超过10min。

三辊轴机组的施工流程为：布料机具布料→排式振捣机振捣→拉杆安装→人工找补→三辊轴整平→（真空脱水）→（精平饰面）→拉毛→切缝→养生→（硬刻槽）→填缝。

---

❶ 《公路水泥混凝土路面施工技术规范》JTG F30—2003第3.9条。

3.9.1 应选用能适应混凝土面板膨胀和收缩、施工时不变形、弹性复原率高、耐久性好的胀缝板。高速公路、一级公路宜采用塑胶、橡胶泡沫板或沥青纤维板；其他公路可采用各种胀缝板。

3.9.2 填缝材料应具有与混凝土板壁粘结牢固、回弹性好、不溶于水、不渗水，高温时不挤出、不流淌、抗嵌入能力强、耐老化龟裂，负温拉伸量大，低温时不脆裂、耐久性好等性能。填缝料有常温施工式和加热施工式两种，常温施工式填缝料主要有聚（氨）酯、硅树脂类，氯丁橡胶、沥青橡胶类等。加热施工式填缝料主要有沥青玛琋脂类、聚氯乙烯胶泥类、改性沥青类等。高速公路、一级公路应优选使用树脂类、橡胶类或改性沥青类填缝材料，并宜在填缝料中加入耐老化剂。

3.9.3 填缝时应使用背衬垫条控制填缝形状系数。背衬垫条应具有良好的弹性、柔韧性、不吸水、耐酸碱腐蚀和高温不软化等性能。背衬垫条材料有聚氨酯、橡胶或微孔泡沫塑料等，其形状应为圆柱形，直径应比接缝宽度大2～5mm。

（3）轨道式摊铺机铺筑。轨道摊铺机的混凝土摊铺方式有刮板式、箱式或螺旋式三种。施工时首先在基层上安装轨道和钢模板，然后用布料机将自卸车倾卸在基层上的水泥混凝土料堆均匀地摊铺在模板范围之内，当摊铺机在轨道上行驶时，通过摊铺器将事先初步均匀的混凝土进一步摊铺整平，并在机械自重作用下对路面进行初压。并用振捣梁或振捣板对混凝土表面进行振捣，最后用整平机或抹光机进行整平和表面修整。余下工序如表面修正拉毛、切缝清缝、养生填缝等工序有人工或专用机械设备完成。

（4）碾压混凝土施工。碾压混凝土施工流程为：碾压混凝土拌和→运输→卸入沥青摊铺机→沥青摊铺机摊铺→打入拉杆→钢轮压路机初压→振动压路机复压→轮胎压路机终压→抗滑构造处理→养生→切缝→填缝。

2. 接缝施工

接缝设计和施工是水泥路面使用性能优劣的关键技术和难点，应引起足够的重视。

（1）纵缝。一次摊铺宽度小于路面总宽度时采用纵向施工缝，构造采用平缝加拉杆型 ❶（图 8-14）。板厚大于 26cm 时可采用企口缝。采用滑模施工时，拉杆可用摊铺机的侧向拉杆装置插入，采用固定模板时应在振实过程中从侧模预留孔中手工插入。

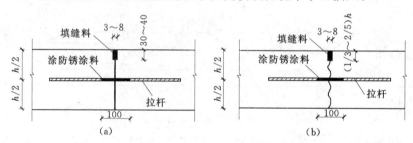

图 8-14　纵缝构造

（a）纵向施工缝；（b）纵向缩缝

当一次铺筑宽度大于 2 个以上车道时，应设纵向假缩缝，可用机械自动插入，并用切缝法施工。一次摊铺宽度大于 4.5m 时设假缝拉杆形纵缝，即锯切纵向缩缝。纵缝位置应按车道宽度设置，并在摊铺过程中以专用的拉杆插入装置插入拉杆。

（2）横向施工缝。每天摊铺结束或摊铺中断时间超过 30min 时，应设置横向施工缝，其位置宜与胀缝或缩缝重合，确有困难不能重合时，施工缝应采用设螺纹传力杆的企口缝形式。横向施工缝应与路中心线垂直。横向施工缝在缩缝处采用平缝加传力杆型，如图 8-15 所示。

（3）横向缩缝。缩缝应按 5m 板长等间距布置，中、轻交通量的路面可采用不设传力杆的假缝；在特重和重交公路、收费广场、临近胀缝或路面自由端的 3 条缩缝应采用假缝加传力杆型，传力杆施工可采用前置钢筋支架法或传力杆插入装置法，支架法构造如图 8-16（b）所示。

（4）胀缝。普通混凝土路面的胀缝应设置胀缝补强钢筋支架、胀缝板和传力杆，胀缝构造如图 8-17 所示。胀缝应采用前置钢筋支架法施工，也可采用预留一块面板，高温时再封铺。前置法施工应预先加工、安装和固定胀缝钢筋支架，并在使用手持振捣棒振实胀缝板两侧的混凝土后再摊铺。宜在混凝土未硬化时，剔除胀缝板上部的混凝土，嵌入（20～25）

---

❶ 《公路水泥混凝土路面施工技术规范》JTG F30—2003 第 9.1 条规定：

9.1.1　插入的侧向拉杆应牢固，不得松动、碰撞或拔出。若发现拉杆松脱或漏插，应在横向相邻路面摊铺前，钻孔重新植入。当发现拉杆可能被拔出时，宜进行拉杆拔出力（握裹力）检验。

mm×20mm 的木条，整平表面。胀缝板应连续贯通整个路面板宽度。

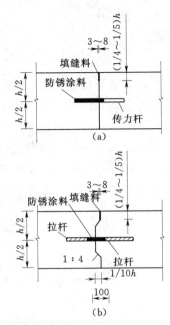

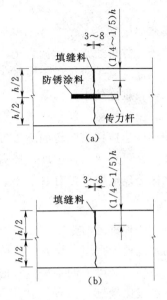

图 8-15 横向施工缝构造示意图
（a）传力杆平缝型；（b）拉杆企口缝型

图 8-16 横向缩缝构造
（a）假缝加传力杆型；（b）假缝型

3. 抗滑构造施工

为保证行车安全，混凝土表面应具有粗糙抗滑的表面。摊铺完毕或精平表面后，宜使用钢支架托挂 1～3 层叠合麻布、帆布或棉布，洒水润湿后做拉毛处理。工程量小时可使用人工齿耙拉槽，工程量较大时宜采用拉毛机施工。特重和重交混凝土路面宜采用硬刻槽，即在完全凝固的面层上用锯缝机锯出横向防滑槽。凡使用圆盘、叶片式抹面机整平后的路面、钢纤维混凝土路面必须采用硬刻槽方式制作抗滑沟槽。

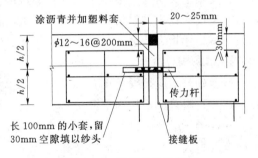

图 8-17 胀缝构造示意图

4. 养生与填缝

混凝土完工后要进行养护。可采用潮湿养生，至少需 14d。也可采用混凝土表面均匀喷洒塑料溶液养护剂，而形成不透水的薄膜粘附于表面，从而阻止混凝土中水分的蒸发，保证混凝土的水化作用，养生期一般为 28d。

填缝工作宜在混凝土初步结硬后及时进行。填缝前，首先将缝隙内泥沙杂物清除干净，然后浇灌填缝料。填缝料可用聚氯乙烯类填缝料或沥青玛琋脂等。

5. 开放交通❶

待混凝土强度达到设计强度时，方可开放交通。

---

❶ 《公路水泥混凝土路面施工技术规范》JTG F30—2003 第 9.3 条规定：

9.3.6 混凝土板养生初期，严禁人、畜、车辆通行，在达到设计强度 40% 后，行人方可通行。在路面养生期间，平交道口应搭建临时便桥。面板达到设计弯拉强度后，方可开放交通。

第三节 桥 梁 工 程 施 工

一、桥梁墩台施工

桥梁墩台施工方法通常分为两大类：一类是现场就地浇筑与砌筑；另一类是拼装预制的混凝土砌块、钢筋混凝土或预应力混凝土构件。多数工程是采用前者，优点是工序简便，机具较少，技术操作难度较小；但是施工工期较长，需耗费较多的劳力和物力。近年来，交通建设迅速发展，施工机械（起重机械、混凝土泵送机械及运输机械）也随之有了很大进步，采用预制装配构件建造桥梁墩台的施工方法有新的进展，其特点是既可确保施工质量、减轻工人劳动强度，又可加快工程进度、提高工程效益，对施工场地狭窄，尤其对缺少砂石地区或干旱缺水地区等建造墩台更有着重要意义。

（一）就地浇筑与砌筑墩台施工

就地浇筑是一种古老的施工方法，由于施工需用大量的模板支架，一般仅在小跨径桥梁或交通不便的边远地区采用。随着桥梁结构型式的发展，出现了一些变宽桥、弯桥等复杂的预应力混凝土结构，又由于近年来临时钢构件和万能杆件系统的大量应用，在其他施工方法都比较困难或经过比较施工方便、费用较低时，也有在大中桥梁中采用就地浇筑的施工方法。如上海市区高架道路，其中的简支箱梁、连续箱梁，大多采用就地浇筑施工。

在支架上砌筑施工多用于石拱桥、混凝土预制块等圬工拱桥的施工。因为砌筑施工需要在桥位搭设较强大的拱架，然后在拱架上进行砌筑，所以施工工期长、劳动力需要量大、辅助设备材料用量大，通常只在小跨径桥梁、交通不便的边远地区和盛产石料的地区使用。

1. 石砌墩台施工

墩台砌筑前应按设计图放出大样，按大样图用挤浆法分段砌筑。砌筑时应计算砌筑层数，选好石料，严格控制平面位置和高度。镶面石一顺一丁排列，砌缝横平竖直，缝宽不大于 2cm，上下层竖缝错开距离不小于 10cm。里面可按块石砌筑，其平缝宽度不大于 3cm，竖缝宽度不大于 6cm，上下层竖缝应错开。

砌石时所采用的施工脚手架应环绕墩台搭设，以便堆放材料，并支承施工人员砌镶面定位行列及勾缝。脚手架的类型根据墩台高度的不同选用，6m 以下墩台一般采用固定式轻型脚手架，25m 以下墩台选用简易活动脚手架，墩台较高时则多采用悬吊脚手架。

石砌墩台施工应注意以下事项：

（1）墩台砌筑前将基础顶面冲刷干净。

（2）墩台表层常用块石砌筑，内部用片石填腹。

（3）同一层砌筑顺序是：桥墩先砌上下游圆头石或分水尖，桥台先砌四个转角，然后挂线砌筑中部表层，最后填砌腹部。

（4）挤浆法砌筑时，横向缝和竖缝的砂浆均应布满。

（5）石料砌前应洗净湿润，砌筑表面应勾缝砌完后按自然法进行养护。

（6）墩台的顶帽（盖梁）一般用混凝土或钢筋混凝土灌注。支撑垫石位置、标高和帽栓孔眼的位置都应特别注意，其偏差必须满足施工规范要求。

2. 混凝土墩台

混凝土墩台的施工与混凝土构件施工方法相似，它对混凝土结构的模板要求也与其他钢筋混凝土构件的模板要求相同。根据施工经验，当墩台高度小于30m时采用固定模板施工；当高度大于等于30m时采用滑动模板施工。

墩台混凝土的浇筑❶应注意以下事项：

（1）一般墩台及基础混凝土，应在整个平面范围内水平分层进行浇筑。当平截面过大，不能在前层混凝土初凝或能重塑前浇筑完成次层混凝土时，可分块进行浇筑。分块平均面积不宜小于50m²，每块高度不以超过2m。块与块间的竖向接缝面应与基础平截面短边平行，与平截面长边垂直。上下临层混凝土间的竖向接缝，应错开位置做成企口，并按施工缝处理。

（2）为了节省水泥，墩台大体积施工中可采用片石混凝土。其填放石块的数量，不应超过混凝土体积的25%，石块的最小尺寸不宜小于15cm。石块应均匀分布，两石块的净距不小于10cm，以便内部插入式振捣器进行振捣操作。石块距结构顶面和侧面的间距应不小于15cm，且不得与钢筋接触。为了加强混凝土灌注层间的结合和灌注工作中断时，在前层接缝面上应埋入接槎石块，应使其体积露出混凝土外一半左右。

（3）采用滑升模板浇筑墩台混凝土时，宜采用低流动度、半干硬性混凝土进行分层浇筑，各段应浇筑到距模板上口不小于10～150mm的位置为止。可掺入一定数量的早强剂以加速模板提升，在滑升中需防止千斤顶或油管接头在混凝土或钢筋处漏油。混凝土脱模强度宜为0.2～0.5MPa。

（二）装配式墩台❷施工

装配式墩台适用于山谷架桥、跨越平缓无漂流物的河沟、河滩等的桥梁，特别是在工地干扰多，施工场地狭窄、缺水与砂石供应困难地区，其效果更为显著。装配式墩台的优点是：结构形式轻便，建桥速度快，圬工省，预制构件质量有保证等等。目前经常采用的有砌

---

❶ 《公路桥涵施工技术规范》JTJ/T F50—2011 第13.4条规定：

13.4.1 桥墩与桥台施工墩、台身的施工徐应符合本规范其他相关章节的规定外，尚应符合下列规定：

1. 墩、台身施工前，应对其施工范围内基础顶部的混凝土进行凿毛处理，并应将表面的松散层、石屑等清理干净；对分节段施工的墩、台身，其接缝亦应作相同的凿毛和清洁处理。

2. 墩、台身高度超过10m时，可分节段施工，节段的高度宜根据混凝土施工条件和钢筋定尺长度等因素确定。上一节段施工时，已浇节段的混凝土强度应不低于2.5MPa。

3. 在模板安装前，应在基础顶面放出墩、台身的轴线及边缘线；对分节段施工的墩、台身，其首节模板安装的平面位置和垂直度应严格控制。模板在安装过程中应通过测量监控措施保证墩、合身的垂直度，并应有防倾覆的临时措施；对高墩且风力较大地区的墩身模板，应考虑其抗风稳定性。

4. 应采取措施，缩短墩、台身与承台之间浇筑混凝土的日照时间，间歇期不宽于10d。

5. 浇筑混凝土时，串筒、溜槽等的布置应方便摊铺和振捣，并应明确划分工作区域。混凝土浇筑完成后，应及时进行养护，养护时间不得少于7d。

6. 墩、台高处作业的施工安全应符合本规范第25章的规定。

7. 墩、台身施工质量应符合表13.4.1的规定。

❷ 《公路桥涵施工技术规范》JTJ/T F50—2011 第13.4条规定：

13.4.2 预制式墩台的安装施工应符合下列规定：

1. 预制构件与基础顶面的预留槽口应对应编号，安装前应检查各墩、台预制构件的尺寸和基础预留槽口的顶面高程是否符合设计要求，基座槽口四周与柱边的空隙应不小于20mm。经检验合格方可进行预制构件的安装施工。

2. 预制构件吊入基座槽口就位时，应在柱身竖直度以及平面位置符合设计要求后，再将楔子塞入槽洞打紧。对重大、绵长的墩、台柱，应采用风缆或撑木固定好后，方可摘除吊钩。

3. 在墩、台柱顶安装盖梁前，应先检查盖梁预留槽眼的位置是否符合设计要求。

4. 槽口内现浇混凝土的施工应符合设计规定；设计未规定时，应按本规范第6章的规定执行。

块式、柱式和管节式或环圈式墩台等。

1. 砌块式墩台施工

砌块式墩台的施工大体上与石砌墩台相同，只是预制砌块的形式因墩台形状不同有很多变化。这种施工方法可节省混凝土数量，节省木材和大量铁件，施工进度快，且砌缝整齐美观。

2. 柱式墩台施工

装配式柱式墩即将桥墩分解为若干轻型部件，在工厂或工地集中预制，再运送到现场装配成墩台。其形式有双柱式、排架式、板凳式和钢架式等。图 8-18 为排架式柱式墩构造示意。施工工序为预制构件、安装连接与混凝土填缝养护等。其中拼装接头是关键工序，常用的拼装接头有以下几种。

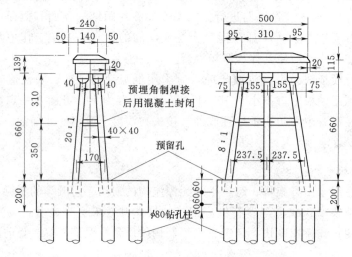

图 8-18　排架式拼装墩（单位：cm）

（1）承插式接头：将预制构件插入相应的预留孔中，插入长度一般为 1.2～1.5 倍的构件宽度，底部铺设 2cm 厚的砂浆，四周以半干硬性混凝土填充，常用于柱与基础接头连接。

（2）钢筋锚固接头：构件上预留钢筋或型钢，插入另一构件的预留槽中，或将钢筋互相焊接，再灌注半干硬性混凝土，多用于立柱与顶帽处的连接。

（3）焊接接头：将预埋在构件中的铁件与另一构件的预埋铁件用电焊连接，外部再用混凝土封闭。这种接头易于调整误差，多用于水平连接杆与立柱的连接。

（4）扣环式接头：相互连接的构件按预定位置预埋环式钢筋，安装时柱脚先放置在承台的柱芯上，上下环式钢筋互相错接，扣环间插入 U 形短钢筋焊牢，四周再绑扎钢筋一圈，立模浇筑外围接头混凝土。要求上下扣环预埋位置正确，施工较为复杂。

（5）法兰盘接头：在相连接构件两端安装法兰盘，连接时用法兰盘连接，要求法兰盘预埋位置必须与构件垂直。接头处可不用混凝土封闭。

二、梁桥施工

（一）简支梁桥的施工

简支梁桥最常用的施工方法是预制安装法。预制安装就是将一孔梁分成多片在工厂（场）预制，然后运至桥位处，进行现场架设的施工方法。这种方法的主要优点是：上、下部结构可平行施工，工期短；工厂生产易于组织管理，结构质量容易保证；混凝土收缩徐变的影响小。但是，这种方法需要有预制场地，和必要的运输、吊装设备。

预制梁可在专业的桥梁预制场内生产，也可在桥位处的临时预制场内进行。由于运输长度和重量的限制，中、小跨径的预制梁通常在桥梁预制厂生产，而大跨径的梁段在桥位临时预制场内生产。

1. 预制梁的安装

预制梁的安装是装配式桥梁施工中的关键工序。简支梁构件的架设，包括起吊、纵移、横移、落梁等工序。从架梁的工艺类别来分，有陆地架设、浮吊架设和利用安装导梁或塔架、缆索的高空架设等。每一类架设工艺中，按起重、吊装等机具的不同，又可分为各种独具特色的架设方法。

（1）陆地架设法。

1）自行式吊车架梁［图8-19（a）］。在桥不高，场内又可设置行车便道的情况下，用自行式吊车（汽车吊车或履带吊车）架设中、小跨径的桥梁十分方便。此法视吊装重量不同，可以采用一台吊机架设、两台吊机架设、吊机和绞车配合架设等方法。其特点是机动性好，不需要动力设备，架梁速度快。一般吊装能力为150～1000kN，国外已出现4100kN的轮式吊车。

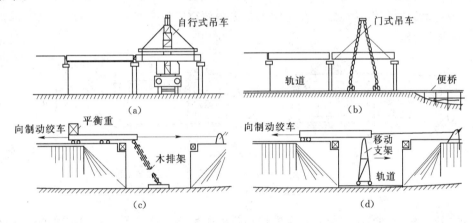

图8-19　陆地架梁法

2）跨墩龙门式吊车架梁［图8-19（b）］。对于桥不太高，架桥孔数又多，且沿桥墩两侧铺设轨道不困难时，可以采用一台或两台跨墩门式吊车来架梁。此时，除了吊车行走轨道外，在其内侧尚应铺设运梁轨道，或者设便道用拖车运梁。梁运到后，就用门式吊车起吊、横移，并安装在预定位置。当一孔架完后，吊车前移，再架设下一孔。

当水深不超过5m、水流平缓、不通航的中小河流上，也可以搭设便桥并铺轨后用门式吊车架梁。

3）摆动式支架架梁法［图8-19（c）］。本法是将预制梁沿路基牵引到桥台上并稍悬出一段，悬出距离根据梁的截面尺寸和配筋确定。从桥孔中心河床上悬出的梁端底下设置人字扒杆或木支架，前方用牵引绞车牵引梁端。此时支架随之摆动而到对岸。为防止摆动过快，应在梁的后端用制动绞车牵引制动。

摆动支架架梁法，较适宜于桥梁高跨比稍大的场合。当河中有水时也可用此法架梁，但需在水中设一个简单小墩，以供设立木支架用。

4）移动支架架梁法［图8-19（d）］。此法是在架设孔的地面上，顺桥轴线方向铺设轨道，其上设置可移动支架，预制梁的前端搭在支架上，通过移动支架将梁运移到要求的位置后，再用龙门架或人字扒杆吊装；或者在桥墩上设枕木垛，用千斤顶卸下，再将梁横移就位。

利用移动支架架设，设备较简单，但可安装重型的预制梁；无动力设备时，可使用手摇卷扬机或绞盘，移动支架进行架设。但不宜在桥孔下有水、地基过于松软的情况下使用，为保证架设安全，一般也不适宜桥墩过高的场合。

（2）浮吊架设法。

1）浮吊船架梁。在海上和深水大河上修建桥梁时，用可回转的伸臂式浮吊架梁比较方便［图8-20（a）］。这种架梁方法，高空作业少，施工比较安全，吊装能力也大，工效也高，但需要大型浮吊。鉴于浮吊船来回运梁航行时间长，要增加费用，故一般采取用装梁船贮梁后成批一起架设的方法。浮吊架梁时需在岸边设置临时码头来移运预制梁。架梁时，浮吊要认真锚固。如流速不大时，则可用预先抛入河中的混凝土锚来作为锚固点。

2）固定式浮吊架设。在缺乏大型伸臂式浮吊时，也可用钢制万能杆件或贝雷钢架拼装固定式的悬臂浮吊进行架梁［图8-20（b）］。架梁前，先从存梁场吊运至河边栈桥，再由固定式悬臂浮吊接运并安放稳妥，然后用托轮将重载的浮吊托运至待架桥孔处，并使浮吊初步就位。将船上的定位钢丝绳锚系在桥墩上，慢慢调整定位，在对准梁位后落梁就位。

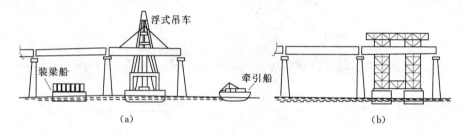

图8-20 浮吊架设法
(a) 浮吊船架梁；(b) 固定式浮吊架梁

不足之处是每一片梁浮吊都要托至河边栈桥处去取梁，这样不但影响架设的速度，而且也增加了浮吊来回托运的经济耗费。

（3）高空架设法。

1）联合架桥机架设。此法适合于架设中、小跨径的多跨简支梁桥，其优点是不受水深和墩高的影响，并且在作业过程中不阻塞通航。

联合架桥机由一根总长大于两倍桥跨的钢导梁，两套门式吊机和一个托架（又称蝴蝶架）三部分组成（图8-21）。导梁顶面铺设轨道供运梁平车和托架行走，门式吊机顶横梁上设有吊梁用的行走小车，为了不影响架梁的净空位置，其立柱底部还可做成在横向内倾斜的小斜腿，这样的吊车俗称拐脚龙门架。

架梁操作步骤如下：①在桥头拼装钢导梁，铺设钢轨，并用绞车纵向拖拉就位；②拼装托架和门式吊机，用托架将两个门式吊机移运至架梁孔的桥墩（台）上；③由平车轨道运送预制梁至架梁孔位，将导梁两侧可以安装的预制梁用两个门式吊机起吊、横移并落梁就位，如图8-21（a）所示；④将导梁所占位置的预制梁临时安放在已架设的梁上；⑤用绞车纵向拖拉导梁至下一孔后，将临时安装的梁架设完毕；⑥在已架设的梁上铺接钢轨后，用托架顺次将两个门式吊车托起并运至前一孔的桥墩上，如图8-21（b）所示。如此反复，直至将各孔梁全部架设好为止。

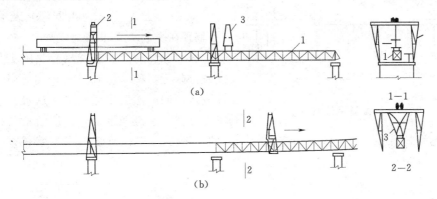

图 8-21 联合架桥机架梁

1—钢导梁；2—门式吊机；3—托架（运送门式吊车用）

2）自行式吊车桥上架梁。在梁的跨径不大、重量较轻、且预制梁能运到桥头引道上时，直接用自行式伸臂吊车（汽车吊或履带吊）来架梁甚为方便［图 8-22 (a)］。此法架梁时，横向尚未连成主体，必须核算吊车通行和架梁工作时承载能力。

3）"钓鱼法"架梁。利用设在一岸的扒杆或塔柱用绞车牵引预制梁前端，扒杆

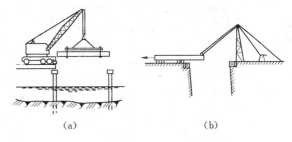

图 8-22 小跨径梁的架设

(a) 自行式吊车桥上架梁；(b) "钓鱼法"架梁

上设复式滑车。梁的后端用制动绞车控制，就位后用千斤顶落梁。此法适于架设小跨径梁［图 8-22 (b)］。

（二）悬臂体系和连续体系梁桥施工

悬臂体系和连续体系梁桥的结构和重量一般都比简支梁要大，其受力特点也与简支梁有所不同。目前常用的施工方法有以下几种。

1. 悬臂施工法

悬臂施工法，也称为节段施工法，该法施工时，是以桥墩为中心向两岸对称的、逐节悬臂接长。悬臂施工方法最早主要用于修建预应力 T 型刚构桥，后来被推广用于预应力混凝土悬臂梁桥、连续梁桥、斜腿刚构桥，桁架桥，拱桥及斜拉桥等。

按照梁体的制作方式，悬臂施工法又可分为悬臂浇筑法和悬臂拼装法两类。

（1）悬臂浇筑法。悬臂浇筑采用移动式挂篮作为主要施工设备，以桥墩为中心，对称向两岸利用挂篮逐段浇筑梁段混凝土，待混凝土达到要求强度后，张拉预应力钢筋并锚固，然后向前移动挂篮，进行下一节段的施工，直至悬臂端为止（图 8-23）。悬臂浇筑的节段长度要根据主梁的截面变化情况和挂篮设备的承载能力来确定，一般可取 2～8m。每个节段可以全截面一次浇筑，也可以先浇筑梁底板和腹板，再安装顶板钢筋及预应力管道，最后浇筑顶板混凝土，但需注意由混凝土龄期差而产生的收缩、徐次变内力。悬臂浇筑施工的周期一般为 6～10d，依节段混凝土的数量和结构复杂的程度而定。合龙段是悬臂施工的关键部位。为了控制合龙段的准确位置，除了需要预先设计好预拱度和进行严密的施工监控外，还要在合龙段中设

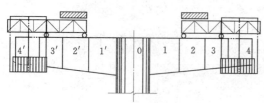

图 8-23　悬臂浇筑施工

置劲性钢筋定位，采用超早强水泥，选择最合适的梁的合龙温度（宜在低温）及合龙时间（夏季宜在晚上），以提高施工质量。

（2）悬臂拼装。悬臂拼装法施工是在工厂或桥位附近将梁体沿轴线划分成适当长度的块件进行预制，然后用船或平车从水上或从已建成部分桥上运至架设地点，用活动吊机向墩柱两侧对称均衡地拼装就位，张拉预应力筋并锚固（图 8-24）。重复上述工序直至拼装完悬臂梁全部块件为止。

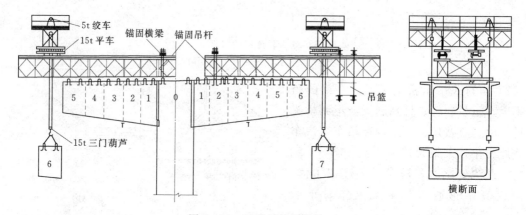

图 8-24　悬臂吊机拼装施工

2. 逐孔施工法

逐孔施工法是中等跨径预应力混凝土梁长桥较常采用的一种施工方法，它使用一套设备从桥梁的一端逐孔施工。桥越长，施工设备的周转次数越多，其经济效益越高。采用逐孔施工的主要特点在于施工能连续操作，可以使桥梁结构选择最佳的施工接头位置和合理的结构形式。同时，由于连续施工，也便于使用接长的预应力索筋，不仅简化了施工操作，而且可按最优的位置布置索筋，节省高强材料。

逐孔施工法从施工技术方面可分为 3 种类型：

（1）用临时支承组拼预制节段逐孔施工。它是将每一桥跨分成若干节段，预制完成后在临时支承上逐孔组拼施工。

（2）使用移动支架逐孔现浇施工。此法亦称移动模架法，它是在可移动的支架、模板上完成一孔桥梁的全部工序，即模板工程、钢筋工程、浇筑混凝土和张拉预应力筋等工序，待混凝土有足够强度后，张拉预应力筋，移动支架、模板，进行下一孔梁的施工。由于此法是在桥位上现浇施工，可免去大型运输和吊装设备，桥梁整体性好；同时它又具有在桥梁预制厂生产的特点，可提高机械设备的利用率和生产效率。

（3）采用整孔吊装或分段拼装逐孔施工。这种施工方法是早期连续梁桥采用逐孔施工的唯一方法。近年来，由于起重能力增强，使桥梁的预制构件向大型化方向发展，从而更能体现逐孔施工速度快的特点，可用于混凝土连续梁和钢连续梁桥的施工中。

3. 顶推施工法

顶推施工法是从钢桥架设中的纵向拖拉法发展而来的。顶推法用水平千斤顶取代了卷扬机和滑车，用板式滑动取代了滚筒。这些取代改善了由于卷扬机和滑车组在启动时造成的冲击，和滚筒的线支承作用引起的应力集中。

预应力混凝土连续梁桥采用顶推法施工在世界各国颇为盛行（图8-25）。它是在台后开辟预制场地，分节段预制梁身并用纵向预应力钢筋将各节段连成整体，然后通过水平与竖向液压千斤顶的联合作用，借助不锈钢板与聚四氟乙烯模压板组成的滑动装置将梁逐孔向对岸推进。这样分段预制，逐段顶推，待全部顶推就位后，落梁、更换正式支座，完成桥梁施工。

顶推装置的另一种方法为拉杆式，通常采用两个水平千斤顶分别固定在墩（台）顶部箱梁左右腹板的两侧，在梁的底板下面设置滑板和滑块。拉杆式不需每次循环起顶，对梁体不

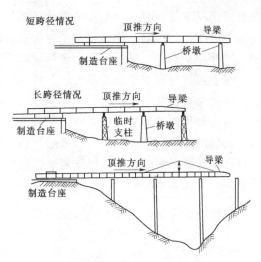

图8-25　某桥顶推桥跨施工

产生附加力，而且可以做到自动连续顶推。但顶推力通过拉杆传递给梁，梁体内需预埋连接零件，每次循环后需拆移拉杆上的拉锚器。拆移拉杆时，有时会出现高空作业。

根据顶推装置布置不同，可有单点顶推与多点顶推。集中设在一处的为单点顶推，将总的顶推力分散到多个桥墩上的为多点顶推。

顶推装置是采用集中的单点顶推方式还是多点的分散方式，应根据施工单位的设备情况及桥墩的刚度情况确定。单点方式设备数量少，易于集中控制和同步，但要求的功率大，传递给墩台的水平力也大。分散方式则相反。顶推法施工可以省去大量脚手架，不中断桥下交通，可集中管理指挥，高空作业少，施工安全可靠，可以使用简单的设备建造多跨长桥。特别适合于水深、桥高以及高架道路的中等跨径、等截面的直桥或曲线桥梁施工。

（1）单点顶推法。

顶推的装置集中在主梁预制场附近的桥台或桥墩上，前方墩各支点上设置滑动支承。顶推装置如前所述又可分为两种：一种是依赖水平与竖向千斤顶的联合作用使梁顶推前进，其方法是在竖向千斤顶的顶部与梁底之间放橡胶垫板（或粗齿垫板），利用竖向千斤顶将梁顶起后，启动水平千斤顶推动竖顶（推头）使其前进，一个行程推完后，退回千斤顶重复上述步骤继续进行。这种方式的全部操作可在墩台顶上进行，传力直接，但不能连续顶推，且对梁体受力不利。另一种则是拉杆顶推装置。

滑道支承设置在墩上的混凝土临时垫块上，它由光滑的不锈钢板与组合的聚四氟乙烯滑块组成滑道。顶推时，组合的聚四氟乙烯滑块在不锈钢板上滑动，并在前方滑出，通过在沿道后方不断喂入滑块，带动梁身前进。

（2）多点顶推法。

在每个墩台上设置一对小吨位的水平千斤顶，将集中的顶推力分散到各墩上。由于利用水平千斤顶传给墩台的反力，平衡梁体滑移时在桥墩上产生的摩阻力，从而使桥墩在顶推过程中承受较小的水平力。因此可以在柔性墩上采用多点顶推施工。同时多点顶推所需的顶推设备吨位小，容易获得，所以我国在近年来用顶推法施工的预应力混凝土连续梁桥，较多地采用了多点顶推法。

多点顶推施工的关键在于同步，因为顶推水平力是分散在各桥墩上，一般均需通过中心控制室控制各千斤顶的出力等级，保证同时启动，同步前进，同时停止和同时换向。为保证

在意外情况下能及时改变全桥的运动状态，各机组和观测点上，需设置急停按钮。由于千斤顶传力时间差的影响，将不可避免地引起桥墩沿纵向摆动，同时箱梁的悬出部分可能上下振动。这些因素对施工极其不利，要尽量减少其影响。

多点顶推与集中单点顶推比较，可以免去大规模的顶推设备，能有效地控制顶推梁的偏离，顶推时对桥墩的水平推力可以减到很小，便于结构采用柔性墩。在弯桥采用多点顶推时，由各墩均匀施加顶力，同样能顺利施工。采用拉杆式顶推系统，免去在每一循环顶推过程中用竖向千斤顶将梁顶起使水平千斤顶复位的操作，简化了工艺流程，加快顶推速度。但多点顶推需要较多的设备，操作要求也比较高。

三、拱桥施工

拱桥的施工从方法上大体可分为支架就地砌筑浇筑施工、无支架缆索吊装施工、转体施工等。

（一）支架就地砌筑浇筑施工

传统的拱桥施工方法是搭设拱架，在拱架上现浇或组拼拱圈。石拱桥和钢筋混凝土拱桥（现浇混凝土拱桥和混凝土预制块砌筑的拱桥）都采用有支架的施工方法修建，有时也用于大跨度钢筋混凝土拱桥的施工中。其主要施工工序有材料的准备，拱圈放样（包括石拱桥拱石的放样），拱架制作与安装，拱圈及拱上建筑的砌筑等。

1. 备料

拱桥材料的选择应该满足设计和施工有关规范的要求。对于石拱桥，石料的准备是决定石拱桥施工进度的一个重要环节，特别是料石拱圈，拱石规格繁多，耗费劳动力就很多，为了加快桥梁建设进度，降低桥梁造价，减少劳动力消耗，可以采用小石子混凝土砌筑片石拱，也可用大河卵石砌筑拱圈等多种方法来修建拱桥。

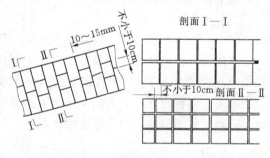

图 8-26　石砌拱圈的拱石划分

2. 拱圈及拱架放样

石拱桥的拱石要按照拱圈的设计尺寸进行加工，为了保证尺寸准确，就要制作拱石样板。小跨径圆弧等截面拱圈，按计算确定拱石尺寸后（图 8-26），用木板制作样板，一般不需要实地放出主拱大样。大中跨径悬链线拱圈要在样台上将拱圈按 1：1 的比例放出大样，然后用木板或锌铁皮在样台上按分块大小制作样板，并注明拱石编号，以便加工。主拱圈放样完毕后，还需要在样台上放出拱架主要构件的大样。

样台必须保证施工期间不发生大的变形，以便施工过程中对样板进行复查，一般可以用现成的球场或晒场作样台。

常用的放样方法是直角坐标法。

3. 拱架

拱架是有支架施工建造拱桥必不可少的辅助结构，在整个施工期间，用以支承全部或部分拱圈和拱上建筑的重量，并保证拱圈的形状符合设计要求。因此，要求拱架具有足够的强度、刚度和稳定性。

拱架的种类很多，按使用材料的不同可分为木拱架、钢拱架、竹拱架、竹木拱架及"土牛拱胎"（即先在桥下用土或砂、卵石填筑一个"土胎"，然后在上面砌筑拱圈，砌成之后再将填土清除即可）等型式。目前常采用的拱架形式是木拱架和钢拱架。在选择拱架型式后，要对拱架构件的强度进行验算，另外还要对拱架的受弯构件进行挠度验算。拱架在承受荷载后，将产生弹性变形和非弹性变形。另外当拱圈砌筑完毕，强度达到要求而卸落拱架后，拱圈由于承受自重、温度变化及墩台位移等因素影响，要产生弹性下沉。为了使拱轴线符合设计要求，必须在拱架上预留施工拱度[1]，以便能抵消这些可能发生的垂直变形。

4. 拱圈的施工

拱圈的施工一般可根据跨度的大小、构造形式等分别采用不同繁简程度的施工方法，以使在浇筑（砌筑）过程中，拱架受力均匀，变形量小，不使已施工的拱圈产生裂缝，并且施工过程尽可能简单。

（1）连续浇筑法。在拱的跨度较小时，按拱圈的全宽和全厚，自两端拱脚向拱顶对称的连续浇筑，并且在拱脚处混凝土初凝前全部完成。否则，须在拱脚处预留隔缝，并最后浇筑隔缝混凝土。

（2）分段浇筑法。一般当拱的跨度大于 16m 左右时，为避免因拱架不均匀变形而导致拱圈产生裂缝，以及为减少混凝土的收缩应力，应利用分段浇筑法施工。分段的长度约为 6.0～15.0m，视浇筑能力、拱架结构和跨度大小而定。分段位置应使拱架受力对称均匀，一般分段点应设在拱架支点、节点处，及拱顶、拱脚处（图 8-27）。

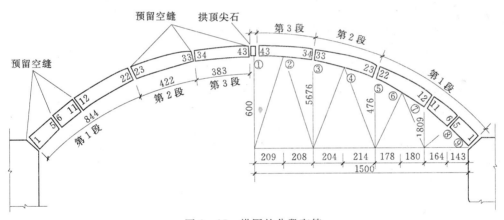

图 8-27 拱圈的分段砌筑

一般在分段点处设间隔缝，其宽度为 50～100cm，以利施工操作和钢筋连接。为缩短拱圈合龙和拱架拆除的时间，间隔缝内混凝土的强度，可采用比拱圈高一个等级的半干硬混凝土。

填充间隔缝混凝土，应在拱圈分段混凝土强度达到 70％设计强度后进行。且应由两拱脚向拱顶对称进行，最后填充拱顶和两拱脚间隔缝。封拱合龙温度一般宜接近当地的年平均

---

[1] 《公路桥涵施工技术规范》JTJ/T F50—2011 第 5.4 条规定：

5.4.3 支架应结合模板的安装一并考虑、设置预拱度和卸落装置，并应符合下列规定：

1. 设置的预拱度值，应包括结构本身需要的预拱度和施工需要的预拱度两部分。

2. 施工预拱度应考虑下列因素：模板、支架承受施工荷载引起的弹性变形；受载后由于杆件接头的挤压和卸落装置压缩而产生的非弹性变形；支架地基在受载后的沉降变形。

3. 专用支架应按其产品的要求进行模板的卸落；自行设计的普通支架应在适当部位设置相应的木模、木马、砂筒或千斤顶等卸落模板的装置，并应根据结构形式、承受的荷载大小确定卸落量。

温度。

（3）分环浇筑法。为减轻拱架的负担，箱形截面拱圈一般采用分环、分段的浇筑方法施工。若底板分段浇筑合龙后，再浇筑上面一环（腹板和顶板，或仅为腹板和隔板），则合龙后的底板可与拱架共同受力。

（4）钢管混凝土浇筑。钢管混凝土拱桥施工，一般采用节段悬拼法或转体施工法安装钢管拱，然后浇筑钢管混凝土。钢管拱既是浇筑混凝土的支架和模板，又是钢管混凝土拱的组成部分。

钢管混凝土拱多采用泵送混凝土。在钢管上应每隔30m设一排气孔，以减小管内空气压力，有助于空气的排出，加强管内混凝土的密实度。

另外，施工时混凝土中应加入适量的减水剂和微膨胀剂，以提高混凝土的和易性，并减小混凝土凝结时的收缩。

5. 拱上建筑的施工

拱上建筑的施工，应在拱圈合龙[1]、施工强度达到设计强度的30%以上时进行。若拱架先松离拱圈，则应在施工强度达到70%后进行。

拱上建筑的施工，应掌握对称均衡的原则进行，避免使主拱圈产生过大的不均匀变形。对于实腹式拱上建筑，应由拱脚向拱顶对称地砌筑。当侧墙浇筑好以后，再填筑拱腹填料。对空腹式拱桥，一般是在腹拱墩浇筑完成后就卸落主拱圈的拱架，然后再对称均匀地砌筑腹拱圈，以免由于主拱圈不均匀下沉导致拱圈开裂。空腹式拱一般在腹拱墩砌筑完成后卸落主拱圈的拱架，然后在拱圈上搭设腹拱支架，对称均衡地砌筑腹拱圈与侧墙。

6. 拱架的卸落

为了使拱架所承受的重量能够逐渐地转移到由拱圈自身承受，安装拱架时应在适当的位置安放卸落拱架的专用设备，以保证拱架能均匀卸载。常用的卸落设备有木楔、砂筒和千斤顶。卸落时间[2]必须待拱圈混凝土达到一定强度后才能进行，为了保证拱圈或整个上部结构逐渐对称均匀降落，以便使拱架所支承的桥跨结构重量逐渐转移给拱圈来承担，因此拱架不能突然卸除，而应按照一定的卸架程序进行。

[1]《公路桥涵施工技术规范》JTJ/T F50—2011第15.3条规定：

15.3.3　间隔槽混凝土的浇筑应符合设计规定。设计未规定时，应在拱圈混凝土的强度达到设计强度的85%后，由拱脚向拱顶对称进行浇筑；拱顶及拱脚间隔槽的混凝土应在最后封拱时浇筑。

15.3.6　拱圈合龙的温度应符合设计要求；设计未要求时，宜选择夜间气温较稳定时段的温度。拱圈合龙前如采取千斤顶对两侧拱圈施加压力的方法调整拱圈应力时，拱圈混凝土的强度应达到设计规定的强度。

[2]《公路桥涵施工技术规范》JTJ/T F50—2011第15.2条规定：

15.2.3　拱架的拆除应符合下列规定：

1. 现浇混凝土拱圈的拱架，其拆除期限应符合设计规定；设计未规定时，应在拱圈混凝土强度达到设计强度的85%后，方可卸落拆除。

2. 卸落拱架应按提前拟定的卸落程序进行，且宜分部卸落；纵向应对称均衡卸落，在横向应同时一起卸落。满布式落地拱架卸落时，可从拱顶向拱脚一次循环卸落；拱式拱架可在两支座处同时均匀卸落；多孔拱桥卸架时，若桥墩允许承受单孔施工荷载，可单孔卸落，否则应多孔同时卸落，或各连续孔分阶段卸落。卸落拱架时，应设专人对拱圈的挠度和墩台的位移等情况进行监测，当有异常时，应暂停卸落，查明原因并采取相应措施后方可继续进行。

3. 石拱桥的拱架卸落时间应符合下列要求：

1）浆砌石拱桥拱架，应待砂浆强度达到设计强度的85%后方可卸落；设计另有规定时，应从其规定。

2）跨径小于10m的小拱桥，宜在拱上建筑全部完成后卸架；中等跨径的实腹式拱桥，宜在护拱砌完后卸架；跨径较大的空腹式拱桥，宜在拱上小拱横墙砌好（未砌小拱圈）后卸架。

3）当需要裸拱卸架时，应对裸拱进行截面强度及稳定性验算，并应采取必要的辅助稳定措施。

一般卸架程序是：对于满布式拱架的中小跨径拱桥，可从拱顶开始，逐渐向拱脚对称卸落，对于大跨径拱圈，为了避免拱圈发生"M"形的变形，也有从两边 $L/4$ 处逐次对称地向拱顶均匀地卸落。卸架时宜在白天气温较高时进行，这样的条件对卸落拱架工作较方便。

（二）无支架缆索吊装施工

在峡谷或水深流急的河段上，或在通航河道上，不能断航施工时，或在洪水季节施工并受漂流物影响等条件下修建拱桥，宜采用无支架施工。可根据桥梁规模、河流、地形及设备等条件选用扒杆、龙门架、塔式吊机、浮吊、缆索吊装等方式进行吊装（图 8 - 28）。缆索吊装由于具有跨越能力大，水平和垂直运输机动灵活，适用性广，施工比较稳妥方便等优点，在拱桥施工中被广泛采用。缆索吊装对于加快桥梁施工速度，降低桥梁造价等方面起到很大作用。

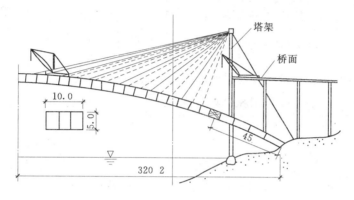

图 8 - 28 拱桥无支架施工

1. 缆索吊装设备

缆索吊装设备主要由主索、工作索、塔架和锚固装置等四个基本部分组成。其中包括主索、起重索、牵引索、结索、扣索、缆风索、塔架（包括索鞍）、地锚、滑车（轮）、电动卷扬机或手摇绞车等设备和机具。

2. 吊装方法

缆索吊装施工工序为：在预制场预制拱肋（箱）和拱上结构，将预制拱肋和拱上结构通过平车等运输设备移运至缆索吊装位置，将分段预制的拱肋调运至安装位置，利用扣索对分段拱肋进行临时固定，吊装合龙段拱肋，对各段拱肋进行轴线调整，主拱圈合龙，拱上结构安装。

3. 加载程序

当拱肋吊装合龙成拱，要在裸拱上加载，其目的是拱肋各个截面在整个施工过程中，都能满足强度和稳定的要求，并在保证施工安全和成拱质量的前提下，尽量减少施工工序，便于操作，加快施工进度。

加载程序一般服从下面的原则：

（1）中、小跨径拱桥，当拱肋的截面尺寸满足一定的要求时，可不作施工加载程序设计，按有支架施工方法对拱上结构作对称、均衡的施工。

（2）在多孔拱桥的两个相邻孔之间，必须均衡加载。两孔的施工进度不能相差太远，以免桥墩承受过大的单向推力而产生过大的位移，造成施工进度快的一孔的拱顶下沉，相邻孔的拱顶上冒，而导致拱圈开裂。

装配式的混凝土、钢筋混凝土拱圈、钢管混凝土拱拱肋（桁架）以及装配式的桁架拱和刚构拱都可采用无支架缆索吊装施工法进行架设安装。

（三）转体施工法

桥梁转体施工是在河流的两岸或适当的位置，利用地形或使用简便的支架先将半桥预制完成，之后以桥梁结构本身为转动体，使用一些机具设备，分别将两个半桥转体到桥位轴线位置合龙成桥（图8-29）。转体施工一般适用于单孔或三孔等奇数跨拱桥。

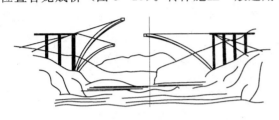

图8-29 拱桥转体施工

转体的方法可以采用平面转体、竖向转体或平竖结合转体，目前已应用在拱桥、梁桥、斜拉桥、斜腿刚架桥等不同桥型上部结构的施工中。用转体施工法建造大跨径桥，可不搭设费用昂贵的支架，减少安装架设工序，把复杂的、技术性强的高空作业和水上作业变为岸边的陆上作业，不但施工安全、质量可靠，而且在通航河道或车辆频繁的跨线立交桥的施工中可不干扰交通、不间断通航、减少对环境的损害、减少施工费用和机具设备，是具有良好的技术经济效益和社会效益的桥梁施工方法之一。

1. 平面转体施工

就是按照拱桥设计标高在岸边预制半拱，当结构混凝土达到设计强度后，借助设置于桥台底部的转动设备和动力装置在水平面内将其转动至桥位中线处合龙成拱。由于是平面转动，因此，半拱的预制标高要准确。通常需要在岸边适当位置先做模架，模架可以是简单支架，也可做成土牛胎模。

平面转体可分为有平衡重转体和无平衡重转体。有平衡重转体一般以桥台背墙作为平衡重，并作为桥体上部转体用拉杆的锚碇反力墙，用以稳定转动体系和调整重心位置。为此，平衡重部分不仅在桥体转动时作为平衡重量，而且也要承受桥梁转体重量的锚固力。无平衡重转体不需要有一个作为平衡重的结构，而是以两岸山体岩土锚洞作为锚碇来锚固半跨桥梁悬臂状态时产生的拉力，并在立柱上端做转轴，下端设转盘，通过转动体系进行平面转体。

2. 竖向转体施工

竖向转体施工是在桥台处先竖向预制半拱，然后在桥位平面内绕拱脚将其转动合龙成拱。根据河道情况、桥位地形和自然环境等方面的条件和要求，竖向转体施工有两种方式：一是竖直向上预制半拱，然后向下转动成拱。其特点是施工占地少，预制可采用滑模施工，工期短，造价低。需注意的是在预制过程中尽量保持位置垂直，以减少新浇混凝土重力对尚未结硬混凝土的弯矩，并在浇筑一定高度后加设水平拉杆，以避免拱形曲率影响，产生较大的弯矩和变形。二是在桥面以下俯卧预制半拱然后向上转动成拱。

3. 平竖结合转体

由于受到河岸地形条件的限制，拱桥采用转体施工时，可能遇到既不能按设计标高预制半拱，也不可能在桥位竖平面内预制半拱的情况。此时，拱体只能在适当位置预制后既需平转又需竖转才能就位，这种平竖结合的方式与前述相类似，但其转轴构造较为复杂。

（四）悬臂施工法

悬臂施工法包括悬臂浇筑和悬臂拼装两种形式。

1. 悬臂浇筑

就是指拱圈、拱上立柱和预应力混凝土桥面板等齐头并进，边浇筑边构成溜架的方法。施工时，用预应力筋临时作为桁架的斜拉杆和桥面板的临时明索，将桁架锚固在后面的桥台上。采用此法施工时，施工误差会对整体工程质量产生很大影响，故必须对施工测量、材料强度及混凝土的浇筑等进行严格的检查和控制。尤其对斜拉预应力钢筋，必须严格测定每根的强度，观测其受力情况，必要时予以纠正和加强。

2. 悬臂拼装

这种方法是将拱圈的各个组成部分（侧板、上下底板等）事先预制，然后将整孔桥跨的拱肋和上弦拉杆组成桥架拱片，将桥跨分成几段（一般 3～7 段）再用横系梁和临时风钩将两个桥架拱片组装成框钩，每节框钩整体运至桥孔，由两端向跨中逐段悬臂拼装合龙。悬伸出去的拱体通过上弦拉杆和锚固装置固定于墩、台上。也可以是将拱圈的各个组成部分分别在拱圈上悬臂组拼成拱圈，然后利用立柱与临时斜杆和上弦拉杆组成桁架体系，逐节拼装，直至合龙。

四、钢桥的施工

钢桥是指上部主要结构是由钢材组成的桥梁。有板梁桥、桁梁桥、桁拱桥、箱拱桥、悬索桥、斜拉桥等。钢材与混凝土组合构成的桥称为组合式桥，包括钢与混凝土组合梁桥、型钢混凝土结构桥和钢管混凝土桥等。钢桥施工是指通过铆接、焊接或高强度螺栓连接，把工厂生产的钢桥构件或杆件组装成钢桥，并架设安装到桥位上。

钢桥所用材料的性能及各部件的制作组装均应满足《公路桥涵施工技术规范》JTJ/T F50—2011 的要求。

钢桥的施工方法有很多，前面介绍的浮运架设法、顶推架设法、支架架设、缆索吊机拼装法和转体施工法、自行式吊机或门式吊机整孔架设法都适合于钢桥的架设，下面着重介绍适合于钢桥架设的另两种方法：拖拉架设法和悬臂拼装架设法。

（一）拖拉架设法

拖拉架设法与顶推滑移法相似，顶推法采用聚四氟乙烯板减少摩擦系数，用千斤顶顶推或拽拉；拖拉法用辊轴或滑箱减少摩擦系数，用卷扬机等设备拖拉（图 8-30）。

图 8-30　中间浮运支撑的纵向拖拉

拖拉架设法是在路堤上、支架上或已拼好的钢梁上进行拼装，并在钢梁下设上滑道，在路堤、支架和墩台顶面设置下滑道。上、下滑道之间根据施工设计的需要，放置一定数量的滚轴、滚筒箱或四氟滑块，通过滑车组、绞车等牵引设备，沿桥轴纵向拖拉钢梁至预定的桥跨，最后拆除附属设备，落梁就位。

拖拉架设法的优点是钢梁的拼装工作多在路堤上或支架上进行，工作条件好，容易保证质量；高空作业少，比较安全；拼装工作可与墩台、基础施工同时进行，可合理安排劳力，缩短工期；用于多跨架梁时，较快速、经济；用于跨线桥或临时抢修桥梁可不中断桥下交通。但是桥头需要预拼场地、备用拖拉设备、滑道等；拖拉时梁体应力大，且与运营时应力相反，故对杆件应力应详细验算，进行必要的加固。桥墩所受水平荷载的应力及变形也需加以核算，采取适当的措施。

（二）悬臂拼装架设法

悬臂拼装架设法具有完全不影响桥下通航、通车；辅助工程量少；钢梁组拼后不需做大幅度的升降或纵、横位移的优点。同时也有悬臂拼装时，杆件所受应力较大，需要加固的杆件较多，约需多用钢梁总量7%的钢料，且不能回收利用；其组拼及装卸工作量也较繁重的缺点。悬臂拼装法有以下几种形式。

（1）全悬臂拼装：跨中不设临时支墩，为减少悬臂拼装长度，常在前方桥墩一侧设立墩旁托架，或在墩顶钢梁上设立塔架和斜拉吊索。

（2）半悬臂拼装：在桥孔内设立一个或几个临时支墩，以减小悬臂长度，使悬臂弯具大为减少。凡河中能设立临时支墩的均宜采用半悬臂拼装。如靠近桥台的河滩多属浅滩，建临时支墩或支架较省工省料，可先用支架法组拼一段钢梁作为平衡重，用半悬臂方式悬拼其余节段，待拼装成一跨桁梁后，再利用此跨钢梁作为平衡梁，改用全悬臂方式组拼下一跨的钢梁。

（3）中间合龙悬臂拼装：从桥跨两端相向悬臂拼装，在跨间适当位置合龙的方式。这种方法的特点是悬臂较短，拼装应力、下挠度、平衡重和振动等均较小。但是要求提高施工精确度，且合龙计算复杂，调整工作量大，并需要较多的墩顶调节设施。

（4）平衡式悬臂拼装：从桥孔中的某个桥墩开始，按左右两侧大体平衡的原则，同时向左右两侧对称悬臂拼装。桥墩顶面的钢梁节段应具有可靠的稳定性，使能承担悬拼期内可能产生的不平衡弯矩。通常在墩顶埋设锚杆承受拉力，或在桥墩两侧建立牛腿式墩旁托架，或加长墩顶钢梁节段支托距离。

五、斜拉桥施工

斜拉桥主要由主梁、索塔和斜拉索三大部分组成。主梁有钢主梁、混凝土主梁、钢-混凝土结合梁（在钢主梁上用混凝土桥面板代替钢桥面板）、钢-混凝土混合梁（在中孔大跨以钢梁为主，两侧边跨采用预应力混凝土梁）；索塔可以采用钢结构或钢筋混凝土结构，由于索塔是以受压为主的压弯构件，混凝土材料能发挥其承压的优点，且养护维修费用少。因此，趋向采用混凝土材料；斜拉索一般采用高强材料（高强钢丝或钢绞线）制成。斜拉桥中荷载传递路径是：斜拉索的两端分别锚固在主梁和索塔上，将主梁的恒载和车辆荷载传递至索塔，再通过索塔传至地基。斜拉桥的施工包括基础施工、主梁施工、索塔施工、斜拉索施工。其中基础施工与其他类型的桥梁没有什么两样，故不作讲述。

（一）索塔施工[1]

索塔的构造远比一般桥墩复杂，塔柱可以是倾斜的，塔柱之间可能有横梁，塔内需设置前后交叉的管道以备斜拉索穿过锚固，塔顶有塔冠并需设置航空标志灯及避雷器，沿塔壁需

---

[1]《公路桥涵施工技术规范》JTJ/T F50—2011 第17.2条规定：

17.2.1 索塔的施工方法宜根据结构特点、施工环境和设备能力等综合确定。索塔施工期间，应具有必要的起重设备和安全通道。索塔施工时应对其平面位置、断面尺寸、倾斜度、应力和线形等进行监测和控制。

混凝土索塔的施工应符合17.2.2规定；钢索塔的施工应符合17.2.3规定。

设置检修攀登步梯，塔内还可能建设观光电梯。因此塔的施工必须根据设计、构造要求统筹兼顾。

钢索塔施工一般为预制吊装，混凝土索塔施工大体上可分为搭架现浇、预制吊装、滑升模板浇筑等几种方法。

（1）搭架现浇：这种方法工艺成熟，无需专用的施工设备，能适应较复杂的断面形式，对锚固区的预留孔道和预埋件的处理也较方便，但是比较费工、费料、速度慢。

（2）预制吊装：这种方法要求有较强的起重能力和专用的起重设备，当桥塔不是太高时，可以加快施工进度，减轻高空作业的难度和劳动强度。

（3）滑模施工：这种方法的最大优点是施工进度快，适用于高塔的施工。塔柱无论是竖直的或是倾斜的都可以用这个方法，但对斜拉索锚固区预留孔道和预埋件的处理要困难些。在各个工程中有称为爬模，或称为提模，其构造大同小异。所谓滑模是指模板沿着所浇筑的混凝土由千斤顶（螺旋式或液压式）带动而向上滑升，它要求所浇筑的混凝土强度必须达到模板滑升所必需的强度。提模则是拆模后把模板挂在支架上，模板随着支架的提升而上升。支架的提升是在塔的四周设置若干组滑车组，其上端与塔柱内预埋件连接，下端与支架的底框连接，支架随拉动手拉葫芦而徐徐上升。

（二）主梁施工

一般来说，混凝土梁式桥施工中的任一种合适的方法，如支架上拼装或浇筑，顶推法或平转法等，都有可能在混凝土斜拉桥上部结构的施工中采用。由于斜拉桥梁体尺寸较小，各节间有拉索，还可以利用索塔来架设辅助钢索，因此更为有利于采用各种无支架施工法。其中悬臂施工法是混凝土斜拉桥施工中普遍采用的方法。另外，斜拉桥与其他梁桥相比，主梁高跨比很小，梁体十分纤细，抗弯能力差，所以考虑施工方法，必须充分利用斜拉桥结构本身特点，在施工阶段就充分发挥斜拉索的效用，尽量减轻施工荷载，使结构在施工阶段和运营阶段的受力状态基本一致。

（三）拉索的施工

随着拉索跨径的增大、拉索数量的增多，对斜拉索材料和制作水平的要求也越来越高，为了保证质量，拉索要求在工厂制作。并采取临时防护措施和永久防护措施来防止拉索产生锈蚀，影响使用。

1. 拉索放索和移动

拉索的制作在工厂完成后，成盘状运至施工场地，选用立式转盘或水平转盘放索，同时选用合适的方式（滚筒法、移动平车法、导索法、垫层法、驳船移动法）托移拉索在桥面移动。

2. 拉索安装

拉索安装时视张拉端设于塔还是设于梁，如果是前者，则先在梁部安装；反之，则先在塔部安装。塔部安装张拉端的方法有吊点法、吊机安装法、脚手架法、钢管法。梁部安装张拉端的方法有分布牵引法、桁架床法。对于两端皆为张拉端的可选择其中适宜的方法。

脚手架法、钢管法和桁架床法都要求在悬挂斜拉索的位置搭设支架，安装复杂，速度慢，只适应低塔稀索的情况，下面着重介绍吊点法、吊机安装法和分布牵引法。

安装斜拉索前，应计算出克服索自重所需的拖曳力，以便选择卷扬机、吊机和滑论组配置方式。

安装张拉端，先要计算出安装索力，由理论分析可知，当矢跨比小于 0.15 时，可以用抛物线代替悬链线来计算曲线长度。

（1）吊点法：主要利用卷扬机组安装，可分为单点起吊和多点起吊。

由于单吊点法施工简便、安装迅速，柔软的拉索安装多采用单点起吊。当拉索上到桥面以后，便可从索塔孔道中放下牵引绳，连接拉索的前端，在离锚具下方一定距离设一个吊点，索塔吊桥用型钢组成支架，配置转向滑轮。当锚头提升到索孔位置时，采用牵引绳与吊绳相互调节，使锚头位置准确，牵引至索塔孔道内就位后，将锚头固定。

（2）吊机安装法：采用索塔施工时的提升吊机，用特制的扁担梁捆扎拉索起吊。拉索前端由索塔孔道内伸出的牵引索引入索塔拉索锚孔内，下端用移动式吊机提升。吊机法操作简单迅速，不易损坏拉索，但要求吊机有较大的起重能力。

（3）分部牵引法：根据拉索在安装过程中索力传递的特点，分别采用不同工具，将拉索安装到位。首先采用大吨位的卷扬机将索张拉端从桥面提升到预留孔外，然后用穿心式千斤顶将其引至张拉锚固面。在这个阶段前半部，根据索力逐渐增大的情况，采用宝塔式刚性张拉杆分部牵引。其特点是：牵引功率大，辅助施工少，桥面无附加荷载，便于施工。

3. 斜拉索的张拉

斜拉索的张拉作业，是在斜拉索引架完毕后导入一定的拉力，使斜拉索开始受力而参与工作。斜拉索的张拉作业大致有以下 5 种：

（1）用千斤顶直接张拉：这是最常用也是最简便的方法。此法是在斜拉索的梁端或塔端的锚固点处装设千斤顶直接张拉斜拉索。采用此法时，设计中要考虑千斤顶所需的最小工作净空。目前，国内几乎是采用液压千斤顶直接张拉斜拉索的施工工艺。

（2）用临时钢索将主梁前端拉起的方法：此法依靠主梁伸出前端的临时钢索，先将主梁向上吊起。待斜拉索在此状态下锚固完毕后，再放松临时钢索，使斜拉索中产生拉力。实际上是将临时钢索中的拉力以大于 1 倍的数值转移到需要张拉的斜拉索中去。

此法虽可省去大规模的机具设备，但仅靠临时钢索，有时很难满足主梁前端所需的上移量。因此常在最后还需用其他方法来补充斜拉索的拉力。所以此法较少采用。

（3）用千斤顶将塔顶鞍座顶起的方法：安装塔顶鞍座时，先将鞍座放置在低于设计高度的位置上。待斜拉索引架到鞍座上之后，再用千斤顶将鞍座顶高到设计标高，由此使斜拉索得到所需的拉力。当斜拉索长度很大时，采用此法进行张拉，有时鞍座的顶高量达 2m 之多。

（4）梁先架设在高于设计标高位置上的方法：主梁的架设标高，先高于设计位置，待全部斜拉索安装锚固后，再用放松千斤顶落梁，并由此使斜拉索中得到所需的拉力。

（5）在膺架上将主梁前端向上顶起的方法：此法实际上与（2）法相似，仅仅是向上拉与向上顶的区别而已。但此法只适用于主梁可用膺架架设的斜拉桥。主梁前端在水面上时，也可采用浮吊，将主梁前端吊起或借助于驳船的浮力，完成此项使命的方法。当然也可以在驳船上将主梁前端顶高。

4. 索力量测与控制

斜拉索的索力正确与否，是斜拉桥设计施工成败的关键之一，必须有可靠的方法准确量测索力。目前常用的索力量测方法有压力表测定法、压力传感器测定法和频率法等三种。斜拉桥的施工控制问题主要是索力的控制问题。索力的控制一般采用分次到位法。

六、悬索桥施工

悬索桥是以受拉缆索为主要承重构件的桥梁结构。它由缆索（主缆）、桥塔（包括基础）、锚碇、吊杆、加劲梁、鞍座及桥面结构等几部分组成（图 8 - 31）。当设计的桥梁跨度

在 600m 及以上时，悬索桥总是优先考
虑的桥型。其主要原因是以高强钢丝作
为主要承拉结构的悬索桥具有跨越能力
大、受力合理、最能发挥材料强度等特
点，同时还以整体造型流畅美观和施工
安全快捷等优势而备受推崇。悬索桥的
施工主要包括锚碇、塔、主缆和加劲梁
的制作和安装。

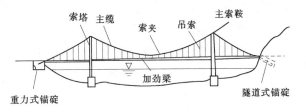

图 8－31 悬索桥主要构造

（一）锚锭施工

锚碇是主缆锚固装置的总称，由混凝土锚块（含钢筋）（图 8－32）及支架、锚杆、鞍
座（散索鞍）等组成。主缆由空中成束的形式进入锚碇，要经过一系列转向、展开、锚固的
构件。锚碇是悬索桥的主要承重构件，要抵抗来自主缆的拉力，并传递给地基。锚碇分为重
力式锚碇和隧道式锚碇两种结构形式。

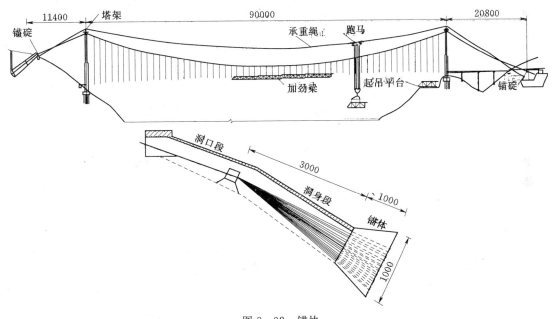

图 8－32 锚块

（注：悬索桥左锚碇为隧道式锚碇，右锚碇为重力式锚碇）

重力式锚碇依靠其巨大的重力来抵抗主缆拉力，重力式锚块混凝土的浇筑，应按大体积
混凝土[❶]浇筑。施工中要根据施工单位的能力和温度控制的可行方案对锚块进行平面分仓和

[❶] 《公路桥涵施工技术规范》TJ/T F50—2011 第 18.2 条规定：

18.2.4 锚碇混凝土的施工除应符合本规范第 6 章的有关规定外，尚应符合下列规定：

1. 锚碇的基础和锚体应按大体积混凝土的要求组织施工，施工前应根据结构特点和施工条件编制专项施工技术
方案。

2. 隧道式锚碇的混凝土施工时，锚体混凝土应与岩体结合良好，且宜采用自密实型微膨胀混凝土，保证混凝土与拱
顶基岩紧密粘结；浇筑混凝土时洞内应具备排水和通风条件。

3. 锚碇混凝土施工时应保证上部构造施工预埋件的安装质量。

4. 锚碇混凝土施工质量应符合表 18.2.4 的规定。

竖向分层。施工时按照一定的施工计划分期分层进行浇筑和养护。注意水热化影响，防止锚块产生裂缝。锚块与基础应形成整体。隧道式锚碇的锚体嵌入岩体内，借助基岩抵抗主缆拉力，只适合在基岩坚实完整的地区，其他情况下多采用重力式锚碇。隧道式锚块应注意隧道中排水和防水措施。

（二）塔的施工

塔从材料上来分有钢筋混凝土塔和钢塔。钢筋混凝土塔的施工与斜拉桥塔身基本相同，下面主要介绍钢塔的施工。钢塔在国外的悬索桥中采用的较多，代表性的施工方法有浮吊、塔吊和爬升式吊机三种。

1. 浮吊法

将索塔整体一次起吊的大体积架设方法。该法可缩短工期，但对应于浮吊起重能力、起吊高度有限，使用时以 80m 以下高度的索塔为宜。

2. 塔吊法

在索塔旁安装与索塔完全独立的塔吊进行索塔架设。由于索塔上不安装施工用的机械设备，因而施工方便，施工精度易于控制，但塔吊及其基础费用较高。

3. 爬升式吊机法

先在已架设部分的塔柱上安装导轨，使用可沿导轨爬升的吊机吊装的架设方法。这种方法爬升式吊机支持在索塔塔柱上，索塔铅垂度的控制需要较高的技术，但吊机本身较轻，又可用于其他桥梁的施工，现已成为大跨度悬索桥索塔施工的主要方法。

（三）主缆架设

锚碇、索塔工程完成，主索鞍和散索鞍安装就位，牵引系统建立后，就可以进行主缆架设工作了。主缆的架设方法主要有空中送丝法（AS法）和预制索股法（PWS法）。

1. 空中送丝法

空中送丝法架设主缆，是多数悬索桥采用的方法。在桥两岸的塔和锚碇等都已安装就绪后，沿主缆设计位置，在两岸锚碇之间布置一无端牵引绳，亦即将牵引绳的端头连接起来，形成从这一岸到那岸的长绳圈。将送丝轮扣牢在这牵引绳上某处，且将缠满钢丝的卷筒放在一岸的锚碇旁，从卷筒中抽出钢丝头，暂时固定在某靴跟（可编号为 A）处，称这一钢丝头为"死头"。继续将钢丝向外抽，由死头、送丝轮和卷筒将正在输送的丝形成一个钢丝套圈，用动力机驱动牵引绳，于是送丝轮就带着钢丝送向对岸。在钢丝套圈送到对岸时，就用人工将套圈从送丝轮上取下，套到其对应的靴跟（可编号为 A'）上。随着牵引绳的驱动，送丝轮又被带回这岸，取下套圈套在靴跟 A 上，然后又送向对岸。这样进行上百次，当其套在两岸对应靴跟（例如 A 及 A'）的丝数达到一丝股钢丝的设计数目时，就将钢丝"活头"剪断，并将该"活头"同上述暂时固定的"死头"用钢丝连接器连起来。这样，一根丝股的空中编制就完成了。空中送丝法的主缆每一丝股内的钢丝根数约为 300～600 根，再将这种丝股配置成六角形或矩形并挤紧而成为圆形。它的施工必须设置脚手架（猫道）、配备送丝设备，还需有稳定送丝的配套措施。为使主缆各钢丝均匀受力，必须对钢丝长度和丝股长度分别进行调整，还应及时进行紧缆和缠丝。

2. 预制股束法

预制股束法架设主缆的过程同空中送丝法一样，但在猫道之上要设置导向滚轮以支持绳股。在猫道上设置若干个猫道门架安装门架导轮组，牵引索通过这些导轮组，牵引索上固接有拽拉器，通过主（副）牵引卷样机的收（放）索或放（收）索，使牵引索带动拽拉器穿过导轮组作往复运动。索股前端与拽拉器相连，使得索股前端约 30m 长悬在空中运行，而索股后段则支承在导向滚轮上运行。此方式也可用于空中送丝法。

（四）加劲梁架设

加劲梁架设的主要工具是缆载起重机。架设顺序可以从主跨跨中开始，向桥塔方向逐段吊装；也可以从桥塔开始，向主跨跨中及边跨岸边前进。但无论采用哪种方法，均须考虑主缆变形对加劲梁线形的影响。故有条件时，应在施工前进行加径梁施工架设的模型试验，或架设过程模拟计算。根据试验和计算资料，验证或修正架设工序。一般在架设中，为使加劲梁的线形能适应主缆变形，架上的各加劲梁节段之间不应马上作刚性连接，可在上弦先做铰结连接、而下弦暂不连接。待某一区段或全桥加劲梁吊装完毕，再做永久性连接。加劲梁从跨中向两侧主塔推进的施工步骤，一般分为下面 4 个阶段：

（1）加劲梁从主跨中央开始架设，当加劲梁节段的重量逐段加于主缆时，梁的线形不断变化，所以，梁段间的连接仅作施工临时连接，以避免梁段的过分变形。

（2）边跨加劲梁开始架设，以减小塔顶水平位移。

（3）主塔处加劲梁段合龙。

（4）加劲梁所有接头封合。

此架设方法的优点是：靠近塔柱的梁段，是主缆在最终线形时就位的。这样，靠近塔柱的吊索索夹的最后夹紧，可推迟到塔顶处主缆仅留有很小永久角变阶段。所以能减小主缆内的次应力。

加劲梁从主塔向跨中架设方法的施工步骤正好与上述相反。这种架设方法有利于施工操作和管理。这是因为此方法中施工操作和管理人员可以很方便地从塔墩到桥面，而且可很方便地在主跨和边跨之间往返。而在前述方法中，工作人员必须通过狭窄的空中猫道才能到达主跨内已被架好的加劲梁段上。

思　考　题

1. 路基典型的横断面形式有哪几种？

2. 路堤填筑方法有哪几种？各种方法的施工要求是什么？

3. 土质路堑开挖方法有哪几种？各种方法的施工要求是什么？

4. 简述填方路堤压实的方法及要求。

5. 试述路基排水设施及各种设施的施工要求。

6. 试述半刚性基层的特点及施工工序。

7. 简述级配碎（砾）石基层的施工程序和要求。

8. 沥青混凝土面层拌和机械有哪些？简述各拌和机械的施工要点。

9. 水泥混凝土路面施工方法及要点有哪些？

10. 简述不同类型墩台的施工方法。

11. 简支梁桥常用的架设方法有哪些？各适用于什么情况？

12. 悬臂拼装施工时，接缝处理有哪些方法？悬臂浇筑施工时，墩梁临时固结措施有哪些？

13. 试述拱桥施工的方法。

14. 斜拉桥主塔施工方法有哪些？

15. 简述悬索桥中主缆平行钢绞线的架设方法。

第九章 防 水 工 程

防水工程在土木工程中发挥着功能保障作用。防水工程质量的优劣，不仅关系到建筑物的使用寿命；而且直接影响人们生产、生活环境和卫生条件。因此，防水工程质量除了考虑设计的合理性、防水材料的选择外，还更要注意其施工工艺及施工质量。

防水工程按防水部位可分为地下工程防水、屋面防水、室内防水等。按其构造做法又分为结构构件的刚性自防水和用各种防水卷材、防水涂料作为防水层的柔性防水。

第一节 屋 面 防 水 工 程

屋面防水工程是防止雨、雪水对屋面的间歇性浸透，保证建筑物的寿命并使其各种功能正常使用的一项重要工程。防水屋面的种类包括：卷材防水屋面、涂膜防水屋面、刚性防水屋面及瓦屋面等。对于重要的或特别重要的工业与民用建筑、高层建筑常采用两种做法构成复合防水屋面。下面介绍几种常用屋面防水的施工。

一、卷材防水屋面

卷材防水是屋面防水的主要做法，适用于屋面防水的各个等级。其构造如图 9-1 所示。

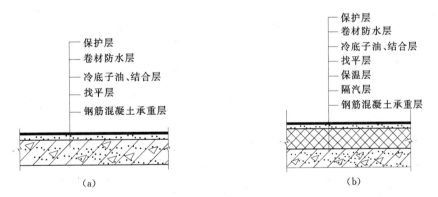

图 9-1 卷材屋面构造层次示意图
(a) 不保温卷材屋面；(b) 保温卷材屋面

卷材防水屋面是用胶结材料粘结卷材进行防水的屋面。具有重量轻、防水性能好的优点，其防水层的柔韧性好，能适应一定程度的结构振动和胀缩变形。

（一）卷材防水屋面构造

卷材防水屋面分为保温卷材屋面和不保温卷材屋面，保温卷材屋面包括保温隔热施工技术与防水施工技术，两大施工技术直接关系到屋面的使用功能和节能环保，所以屋面工程是绿色建筑的关键分部。

要了解卷材防水屋面构造，必须了解屋面工程分部❶的构造，防水与密封是屋面工程的子分部工程，它的分项工程有卷材防水、涂膜防水、复合防水和接缝密封防水。

保温卷材屋面构造包括：隔汽层（隔离层）→保温与隔热找坡层→找平层→卷材防水层→保护层。

（1）隔汽层：对于常年处在高湿状态下的保温屋面设置该层。隔汽层应设置在结构层上、保温层下；隔汽层应选用气密性、水密性好的材料；隔汽层应沿周边墙面向上连续铺设，高出保温层上表面不得小于150mm；隔汽层不得有破损现象。

（2）保温层：分为板状材料、纤维材料、整体材料三种类型，隔热层分为种植、架空、蓄水三种形式。保温材料使用时的含水率，应相当于该材料在当地自然风干状态下的平衡含水率。种植隔热层的材料质量、挡墙或挡板泄水孔的留设应符合设计要求，排水层应与排水系统连通。保温材料的导热系数一般随含水率的增大而增大，即含水率的升高将导致保温性能的下降。试验结果显示，含水率每增加1%，其导热系数相加增大5%，含水率从干燥状态增加到20%时，其导热系数几乎增大1倍，所以，封闭式保温层或保温层干燥有困难的卷材屋面，宜采取排汽构造措施。

找坡及保温层应根据设计要求的材料做法，在结构完成后及时进行施工，以保护结构。为了雨水迅速排走，屋面找坡应满足设计排水坡度要求，结构找坡不应小于3%，材料找坡宜为2%；檐沟、天沟纵向找坡不应小于1%。

（3）找平层：宜采用水泥砂浆或细石混凝土，找坡层宜采用轻骨料混凝土。为了防止找平层凝固后产生干缩裂缝，宜对大面积找平层留设分格缝，缝宽宜为5～20mm，纵横缝的间距不宜大于6m。

如屋面保温层和找平层干燥有困难时，宜采用排汽屋面，此时找平层设置的分格缝可兼作排汽道。适当加宽分格缝的宽度，一般为40mm，以利于排出潮气。保温层通过排汽道上设置的排汽孔与大气相连通，排汽孔必须做好防水处理。

基层与突出屋面结构（女儿墙、山墙、天窗壁、变形缝、烟囱等）的交接处和基层的转角处，找平层应做成圆弧形，高聚物改性沥青防水卷材：圆弧半径50mm；合成高分子防水卷材：圆弧半径20mm。并用附加卷材、防水涂料、密封材料作附加增强处理，然后才能铺贴防水层。内部排水的水落口周围，找平层应做成略低的凹坑，直径500mm范围内坡度不应小于5%。

---

❶ 《屋面工程质量验收规范》GB 50207—2012规定：

3.0.13 屋面工程各子分部工程和分项工程的划分，应符合表3.0.13的要求

表3.0.13　　　　　　　　　　屋面工程各子分部工程和分项工程的划分

分部工程	子分部工程	分　项　工　程
屋面工程	基层与保护	找坡层、找平层、隔汽层、隔离层、保护层
	保温与隔热	板状材料保温层、纤维材料保温层、喷涂硬泡聚氨酯保温层、现浇泡沫混凝土保温层、种植隔热层、架空隔热层、蓄水隔热层
	防水与密封	卷材防水层、涂膜防水层、复合防水层、接缝密封防水
	瓦面与板面	烧结瓦和混凝土瓦铺装、沥青瓦铺装、金属板铺装、玻璃采光顶铺装
	细部构造	檐口、檐沟和天沟、女儿墙和山墙、水落口、变形缝、伸出屋面管道、屋面出入口、反梁过水孔、设施基座、屋脊、屋顶窗

（4）卷材防水层：屋面防水工程应根据建筑物的类别、重要程度、使用功能要求确定防水等级，屋面防水分为两个等级见表9-1。对防水有特殊要求的建筑屋面，应进行专项防水设计。

表 9-1　　　　　　　　　　　　屋 面 防 水 等 级

防水等级	建筑类别	设防要求	每道卷材防水层最小厚度				卷材、涂膜屋面防水层做法
			高分子防水卷材	高聚物改性沥青			
				聚酯胎、玻纤胎、聚乙烯胎	自粘聚酯胎	自粘无胎	
Ⅰ级	重要建筑和高层建筑	两道防水设防	1.2	3.0	2.0	1.5	卷材防水层和卷材防水层、卷材防水层和涂膜防水层、复合防水层
Ⅱ级	一般建筑	一道防水设防	1.5	4.0	3.0	2.0	卷材防水层、涂膜防水层、复合防水层

（5）隔离层所用材料不得有破损和漏铺现象。蓄水隔热层与防水层间应设隔离层，每个蓄水区应一次浇筑完毕，不得留施工缝，更不得有渗漏现象。

（6）保护层排水坡度应符合设计要求，不得有积水现象。卷材铺设完毕，经检查合格后，应立即进行保护层的施工保护防水层免受损伤。保护层的施工质量对延长防水层使用年限有很大影响。刚性保护层与女儿墙、山墙之间应预留宽度为30mm的缝隙，并用密封材料嵌填严密。常用的保护层有：①浅色、反射涂料保护层；②细砂、云母及蛭石保护层；③预制板块保护层；④水泥砂浆保护层；⑤细石混凝土保护层。

细石混凝土整浇保护层施工前，也应在防水层上铺设一层隔离层，并按设计要求留设分格缝，设计无要求时，每格面积不大于$36m^2$，分格缝宽度为20mm。一个分格内的混凝土应尽可能连续浇筑、不留施工缝、混凝土应密实、表面抹平压光。

（二）防水卷材、胶粘剂的选用●

（1）防水卷材可按合成高分子防水卷材和高聚物改性沥青防水卷材选用，其外观质量和

● 《屋面工程质量验收规范》GB 50207—2012规定：

3.0.7　防水材料进场验收应符合下列规定：

1. 应根据设计要求对材料的质量证明文件进行检查，并应经监理工程师或建设单位代表确认，纳入工程技术档案；2. 应对材料的品种、规格、包装、外观和尺寸等进行检查验收，并经监理工程师或建设单位代表确认，形成相应验收记录；3. 防水、保温材料进场检验项目、材料标准及主要性能指标应符合《屋面工程质量验收规范》（GB 50207—2012）的规定。材料进场检验应执行送检制度，并应提出进厂检验报告；4. 进场检验报告的全部项目指标均达到技术标准规定应为合格；不合格材料不得在工程中使用。

《屋面工程技术规范》GB 50345—2012规定：

5.4.13　进场的防水卷材应检验下列项目：1. 高聚物改性沥青防水卷材的可溶物含量，拉力，最大拉力时延伸率，耐热度，低温柔性，不透水性；2. 合成高分子防水卷材的断裂拉伸强度、扯断伸长率、低温弯折性、不透水性。

5.4.15　进场的基层处理剂、胶粘剂和胶粘带，应检验下列项目：

1. 沥青基防水卷材用基层处理剂的固体含量、耐热性、低温柔性、剥离强度；2. 高分子胶粘剂的剥离强度、浸水168h后的剥离强度保持率；3. 改性沥青胶粘剂的剥离强度；4. 合成橡胶胶粘带的剥离强度、浸水168h后的剥离强度保持率。

4.1.3　屋面工程所使用的防水材料在下列情况下应具有相容性：

1. 卷材或涂料与基层处理剂；2. 卷材与胶粘剂或胶粘带；3. 卷材与卷材复合使用；4. 卷材与涂料复合使用；5. 密封材料与接缝基材。

品种、规格应符合国家现行有关材料标准的规定。

（2）应根据当地历年最高气温、最低气温、屋面坡度和使用条件等因素，选择耐热度、低温柔性相适应的卷材。

（3）应根据地基变形程度、结构形式、当地年温差、日温差和振动等因素，选择拉伸性能相适应的卷材。

（4）应根据屋面卷材的暴露程度，选择耐紫外线、耐老化、耐霉烂相适应的卷材。

（5）种植隔热屋面的防水层应选择耐根穿刺防水卷材。

防水卷材、胶粘剂和胶粘带应该进场检验，储运、保管应注意不同品种、规格的材料应分别堆放；卷材应储存在阴凉通风处，应避免雨淋、日晒和受潮，严禁接近火源；卷材应避免与化学介质及有机溶剂等有害物质接触。

（三）卷材防水层施工

卷材防水施工的一般工艺流程是：基层表面清理、修补→喷、涂基层处理剂→节点附加增强处理→定位、弹线、试铺→铺贴卷材→收头处理、节点密封→清理、检查、修整→保护层施工。

1. 基层表面清理、修补

卷材防水层基层应坚实、干净、平整，应无孔隙、起砂和裂缝。基层的干燥程度应根据所选防水卷材的特性确定。

2. 喷、涂基层处理剂

采用基层处理剂时，基层处理剂应与卷材相容；基层处理剂应配比准确，并应搅拌均匀；喷、涂基层处理剂前，应先对屋面细部进行涂刷；基层处理剂可选用喷涂或涂刷施工工艺，喷、涂应均匀一致，干燥后应及时进行卷材施工。

3. 节点附加增强处理

檐沟、天沟与屋面交接处、屋面平面与立面交接处，以及水落口、伸出屋面管道根部等部位，应设置卷材或涂膜附加层；屋面找平层分格缝等部位，宜设置卷材空铺附加层，其空铺宽度不宜小于100mm；附加层最小厚度应符合表9-2的规定。

表 9-2　　　　　　　　　　　附加层最小厚度　　　　　　　　　　单位：mm

附 加 层 材 料	最小厚度	附 加 层 材 料	最小厚度
合成高分子防水卷材	1.2	合成高分子防水涂料、聚合物水泥防水涂料	1.5
高聚物改性沥青防水卷材（聚酯胎）	3.0	高聚物改性沥青防水涂料	2.0

注　涂膜附加层应夹铺胎体增强材料。

4. 铺贴顺序和方向

卷材防水层施工时，应先进行细部构造处理，然后由屋面最低标高向上铺贴；檐沟、天沟卷材施工时，宜顺檐沟、天沟方向铺贴，搭接缝应顺流水方向；卷材宜平行屋脊铺贴，上下层卷材不得相互垂直铺贴。

5. 卷材搭接缝要求

平行屋脊的搭接缝应顺流水方向，搭接缝宽度应符合表9-3的规定；同一层相邻两幅卷材短边搭接缝错开不应小于500mm；上下层卷材长边搭接缝应错开，且不应小于幅宽的1/3；叠层铺贴的各层卷材，在天沟与屋面的交接处，应采用叉接法搭接，搭接缝应错开；搭接缝宜留在屋面与天沟侧面，不宜留在沟底。

表 9-3	卷 材 搭 接 宽 度		单位：mm
卷 材 类 别		搭 接 宽 度	
合成高分子防水卷材	胶粘剂	80	
	胶粘带	50	
	单缝焊	60，有效焊接宽度不小于 25	
	双缝焊	80，有效焊接宽度 10×2＋空腔宽	
高聚物改性沥青防水卷材	胶粘剂	100	
	自粘	80	

6. 卷材铺贴施工工艺和方法

施工时应根据不同的设计要求、材料和工程的具体情况，选用合适的施工工艺和方法。卷材防水施工常见的施工工艺有 6 种，分别是冷粘法、自粘法、热粘法、热熔法、焊接法和机械固定法见表 9-4。铺贴的方法有 4 种，分别是满粘法、空铺法、条粘法和点粘法，立面或大坡面铺贴卷材时，应采用满粘法，并宜减少卷材短边搭接。❶

表 9-4	卷 材 防 水 施 工 工 艺		
施工工艺	作 法	适 用 范 围	施工环境温度
冷粘法	采用胶粘剂进行卷材与基层、卷材与卷材的粘结，不需加热	合成高分子卷材、高聚物改性沥青防水卷材	不宜低于 5℃
自粘法	采用带有自粘胶的防水卷材，不用热施工，也不需涂刷胶材料，直接进行粘结	带有自粘胶的合成高分子防水卷材及高聚物改性沥青防水卷材	不宜低于 10℃
热粘法	传统施工方法，边浇热玛琦脂边滚铺油毡，逐层铺贴	石油沥青油毡三毡四油（二毡三油）叠层铺贴	不宜低于 5℃
热熔法	采用火焰加热器熔化热熔型防水卷材底部的热熔胶进行粘贴	热塑性合成高分子防水卷材搭接缝焊	不宜低于 -10℃
焊接法	采用热空气焊枪加热防水卷材搭接缝进行搭接缝进行粘结	热塑性合成高分子防水卷材搭接焊接	不宜低于 -10℃
机械固定法	采用专用螺钉、垫片、压条及其他配件将合成高分子卷材固定在基层上的施工方法	便捷、可靠、实用，对基层无严格要求，缩短工期	—

7. 检验与验收

当进行下道工序或相邻工程施工时，应对屋面已完成部分采取保护措施。伸出屋面的管道、设备或预埋件等，应在保温层和防水层施工前安设完毕。屋面保温层和防水层完工后，不得进行凿孔、打洞或重物冲击等有损屋面的作业。屋面防水工程完工后，应进行观感质量检查和雨后观察或淋水蓄水试验，不得有渗漏和积水现象。验收合格后，应及时做好成品保护。

---

❶ 《屋面工程技术规范》GB 50345—2012 规定：

4.1.2 屋面防水设计应采取下列技术措施：

1. 卷材防水层易拉裂部位，宜选用空铺、点粘、条粘或机械固定等施工方法；2. 结构易发生较大变形、易渗漏和损坏的部位，应设置卷材或涂膜附加层；3. 在坡度较大和垂直面上粘贴防水卷材时，宜采用机械固定和对固定点进行密封的方法；4. 卷材或涂膜防水层上应设置保护层；5. 在刚性保护层与卷材、涂膜防水层之间应设置隔离层。

屋面工程各分项工程宜按屋面面积每 $500\sim1000m^2$ 划分一个检验批，不足 $500m^2$ 应按一个检验批；防水与密封工程各分项工程每个检验批的抽检数量，防水层应按房屋面积每 $100m^2$ 抽查一处，每处应为 $10m^2$，且不得少于 3 处；接缝密封防水应按照每 $50m$ 抽查一处，每处应为 $5m$，且不得少于 3 处。

8. 屋面工程施工安全规定

（1）严禁在雨天、雪天和五级风及其以上时施工。

（2）屋面周边和预留孔洞部位，必须按临边、洞口防护规定设置安全护栏和安全网。

（3）屋面坡度大于 30% 时，应采取防滑措施。

（4）施工人员应穿防滑鞋，特殊情况下无可靠安全措施时，操作人员必须系好安全带并扣好保险钩。

二、涂膜防水屋面

在屋面基层上涂刷防水涂料，其固化后可形成具有一定厚度和弹性的整体防水涂膜的屋面称为涂膜防水屋面。涂膜防水由于防水效果好，施工简单、方便，特别适合于表面形状复杂的结构防水施工。

（一）涂膜防水屋面构造

涂膜防水屋面分为保温涂膜屋面和不保温涂膜屋面，其构造如图 9-2 所示。

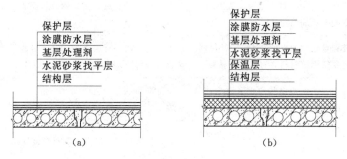

图 9-2 涂膜防水屋面构造图

(a) 无保温涂膜屋面；(b) 有保温涂膜屋面

（二）防水涂料和胎体增强材料的选用❶

涂膜防水层由防水涂料和胎体增强材料组成。

防水涂料可按合成高分子防水涂料、聚合物水泥防水涂料和高聚物改性沥青防水涂料选用，其外观质量和品种、型号应符合国家现行有关材料标准的规定；应根据当地历年最高气温、最低气温、屋面坡度和使用条件等因素，选择耐热性、低温柔性相适应的涂料；应根据地基变形程度、结构形式、当地年温差、日温差和振动等因素，选择拉伸性能相适应的涂料；应根据屋面涂膜的暴露程度，选择耐紫外线、耐老化相适应的涂料；屋面坡度大于 25% 时，应选择成膜时间较短的涂料。

---

❶ 《屋面工程技术规范》GB 50345—2012 规定：

5.5.7 进场的防水涂料和胎体增强材料应检验下列项目：

1. 高聚物改性沥青防水涂料的固体含量、耐热性、低温柔性、不透水性、断裂伸长率或抗裂性；

2. 合成高分子防水涂料和聚合物水泥防水涂料的固体含量、低温柔性、不透水性、拉伸强度、断裂伸长率；

3. 胎体增强材料的拉力、延伸率。

涂膜防水胎体增强材料，主要有玻璃纤维纺织物、合成纤维纺织物、合成纤维非纺织物等，其作用是增加涂膜防水层的强度，当基层发生龟裂时，可防止涂膜破裂或蠕变破裂；同时还可以防止涂膜流坠。

防水涂料和胎体增强材料的进场验收、储运和保管时注意：防水涂料包装容器应密封，容器表面应标明涂料名称、生产厂家、执行标准号、生产日期和产品有效期，并应分类存放；反应型和水乳型涂料储运和保管环境温度不宜低于5℃；溶剂型涂料储运和保管环境温度不宜低于0℃，并不得日晒、碰撞和渗漏；保管环境应干燥、通风，并应远离火源、热源；胎体增强材料储运、保管环境应干燥、通风，并应远离火源、热源。

双组分或多组分防水涂料应按配合比准确计量，应采用电动机具搅拌均匀，并应根据有效时间确定每次配置的数量，已配制的涂料应及时使用。配料时，可加入适量的缓凝剂或促凝剂调节固化时间，但不得混合已固化的涂料。

（三）涂膜防水层施工

涂膜防水施工的一般工艺流程：基层表面清理、修补→喷、涂基层处理剂→节点附加增强处理→涂布防水涂料及铺贴胎体增强材料→清理、检查、修整→保护层施工。

1. 基层处理

涂膜防水层的基层应坚实、平整、干净，应无孔隙、起砂和裂缝。基层的干燥程度应根据所选用的防水涂料特性确定；当采用溶剂型、热熔型和反应固化型防水涂料时，基层应干燥。基层处理剂主要有合成树脂、合成橡胶以及橡胶沥青（溶剂型或乳液型）等材料，施工要求同卷材基层处理剂。

2. 涂布防水涂料及铺贴胎体增强材料

防水涂料应多遍均匀涂布，并应待前一遍涂布的涂料干燥成膜后，再涂布一遍涂料，且前后两边涂料的涂布方向应相互垂直，涂膜总厚度应符合设计要求。涂膜间夹铺胎体增强材料时，宜边涂布边铺胎体，胎体应铺贴平整，应排除气泡，并应与涂料粘结牢固。在胎体上涂布涂料时，应使涂料浸透胎体，并应覆盖完全，不得有胎体外露现象。最上面的涂膜厚度不应小于1.0mm。涂膜施工应先做好细部处理，再进行大面积涂布。屋面转角及立面的涂膜应薄涂多遍，不得流淌和堆积。

胎体增强材料宜采用聚酯无纺布或化纤无纺布；胎体增强材料长边搭接宽度不应小于50mm，短边搭接宽度不应小于70mm；上下层胎体增强材料的长边搭接缝应错开，且不得小于幅宽的1/3；上下层胎体增强材料不得相互垂直铺设。每道涂膜防水层最小厚度应符合表9-5的规定。

表9-5 每道涂膜防水层最小厚度 单位：mm

防水等级	合成高分子防水涂膜	聚合物水泥防水涂膜	高聚物改性沥青防水涂膜
Ⅰ级	1.5	1.5	2.0
Ⅱ级	2.0	2.0	3.0

3. 涂膜防水层施工工艺和施工环境温度要求

水乳型及溶剂型防水涂料宜选用滚涂或喷涂施工；反应固化型防水涂料宜选用刮涂或喷涂施工；热熔型防水涂料宜选用刮涂施工；聚合物水泥防水涂料宜选用刮涂法施工；所有防水涂料用于细部构造时，宜选用刷涂或喷涂施工。

涂膜防水层的施工环境温度要求水乳型及反应型涂料宜为5～35℃；溶剂型涂料宜为

－5～35℃；热熔型涂料不宜低于－10℃；聚合物水泥涂料宜为 5～35℃。

三、复合防水屋面

复合防水层设计时应考虑：选用的防水卷材与防水涂料应相容；防水涂膜宜设置在防水卷材的下面；挥发固化型防水涂料不得作为防水卷材粘结材料使用；水乳型或合成高分子类防水涂膜上面，不得采用热熔型防水卷材；水乳型或水泥基类防水涂料，应待涂膜实干后再采用冷粘铺贴卷材。复合防水层最小厚度应符合表 9－6 的规定。

表 9－6　　　　　　　　　　　复合防水层最小厚度　　　　　　　　　　单位：mm

防水等级	合成高分子防水子卷材＋合成高分子防水涂膜	自粘聚合物改性高聚物改性沥青防水卷材（无胎）＋合成高物改性沥青防水涂膜	高聚物改性沥青防水卷材＋高聚物改性沥青防水涂膜	聚乙烯纶卷材＋聚合物水泥防水胶结材料
Ⅰ级	1.2＋1.5	1.5＋1.5	3.0＋2.0	(0.7＋1.3)×2
Ⅱ级	1.0＋1.0	1.2＋1.0	3.0＋1.2	0.7＋1.3

四、屋面接缝密封防水

屋盖系统的各种节点部位及各种接缝（以下统称为接缝）是屋面渗漏水的主要通道，密封处理质量的好坏直接影响屋面防水层的连续性和整体性，影响屋面的保温隔热功能。屋面接缝密封防水主要用于屋面构件与构件，各种防水材料的接缝及收头的密封防水处理。虽然屋面接缝密封防水不构成一道独立的防水层次，但它是各种形式的防水屋面的重要组成部分，对保证屋面防水功能的可靠性起着重要作用。

（一）密封材料选用❶

接缝密封防水设计应保证密封部位不渗水，并应做到接缝密封防水与主体防水层相匹配。屋面接缝应按密封材料的使用方式，分为位移接缝和非位移接缝。屋面接缝密封防水技术要求应符合表 9－7 的规定。

表 9－7　　　　　　　　　　屋面接缝密封防水技术要求

接缝种类	密封部位	密封材料
位移接缝	混凝土面层分格接缝	改性石油沥青密封材料、合成高分子密封材料
	块体面层分格缝	改性石油沥青密封材料、合成高分子密封材料
	采光顶玻璃接缝	硅酮耐候密封胶
	采光顶周边接缝	合成高分子密封材料
	采光顶隐框玻璃与金属框接缝	硅酮结构密封胶
	光顶明框单元板块间接缝	硅酮耐候密封胶
非位移接缝	高聚物改性沥青卷材收头	改性石油沥青密封材料
	成高分子卷材收头及接缝封边	合成高分子密封材料
	混凝土基层固定件周边接缝	改性石油沥青密封材料、合成高分子密封材料
	混凝土构件间接缝	改性石油沥青密封材料、合成高分子密封材料

---

❶ 《屋面工程技术规范》GB 50345—2012 规定：

4.6.2　接缝密封防水设计应保证密封部位不渗水，并应做到接缝密封防水与主体防水层相匹配。

4.6.4　位移接缝密封防水设计应符合下列规定：

1. 接缝宽度应按屋面接缝位移量计算确定；2. 接缝的相对位移量不应大于可供选择密封材料的位移能力；3. 密封材料的嵌填深度宜为接缝宽度的 50%～70%；4. 密封处的密封材料底部应设置背衬材料，背衬材料应大于接缝宽度 20%，嵌入深度应为密封材料的设计厚度；5. 背衬材料应选择与密封材料不粘结或粘结力弱的材料，并应能适应基层的伸缩变形，同时应具有施工时不变形、复原率高和耐久性好等性能。

密封材料的选择应符合下列规定：

（1）应根据当地历年最高气温、最低气温、屋面构造特点和使用条件等因素，选择耐热度、低温柔性相适应的密封材料。

（2）应根据屋面接缝变形的大小以及接缝的宽度，选择位移能力相适应的密封材料。

（3）应根据屋面接缝粘结性要求，选择与基层材料相容的密封材料。

（4）应根据屋面接缝的暴露程度，选择耐高低温、耐紫外线、耐老化和耐潮湿等性能相适应的密封材料。

多组分密封材料应按配合比准确计量，拌和应均匀，并应根据有效时间确定每次配置的数量。密封材料嵌填完成后，在固化前应避免灰尘、破损及污染，且不得踩踏。

（二）屋面接缝密封细部构造防水

1. 檐口

卷材防水屋面檐口 800mm 范围内的卷材应满粘，卷材收头应采用金属压条钉压，并应用密封材料封严。檐口下端应做鹰嘴和滴水槽（见图 9-3）。涂膜防水屋面檐口的涂膜收头，应用防水涂料多遍涂刷。檐口下端应做鹰嘴和滴水槽（见图 9-4）。

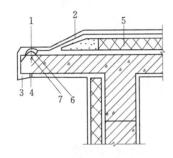

图 9-3 卷材防水屋面檐口

1—密封材料；2—卷材防水层；3—鹰嘴；
4—滴水槽；5—保温层；6—金属压条；
7—水泥钉

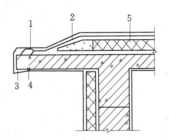

图 9-4 涂膜防水屋面檐口

1—涂料多遍涂刷；2—涂膜防水层；
3—鹰嘴；4—滴水槽；5—保温层

2. 檐沟和天沟

卷材或涂膜防水屋面檐沟和天沟的防水构造如图 9-5 所示，檐沟和天沟的防水层下应增设附加层，附加层伸入屋面的宽度不应小于 250mm；檐沟防水层和附加层应由沟底翻上至外侧顶部，卷材收头应用金属压条钉压，并应用密封材料封严，涂膜收头应用防水涂料多遍涂刷；檐沟外侧下端应做鹰嘴或滴水槽；檐沟外侧高于屋面结构板时，应设置溢水口。

3. 女儿墙

女儿墙的防水构造如图 9-6 所示，女儿墙压顶可采用混凝土或金属制品，压顶向内排水坡度不应小于 5%，压顶内侧下端应做滴水处理，女儿墙泛水处的防水层下应增设附加层，附加层在平面和立面的宽度均不应小于 250mm；低女儿墙泛水处的防水层可直接铺贴或涂刷至压顶下，卷材收头应用金属压条钉压固定，并应用密封材料封严；涂膜收

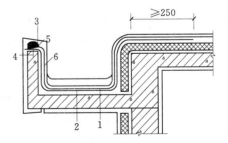

图 9-5 卷材、涂膜防水屋面檐沟

1—防水层；2—附加层；3—密封材料；
4—水泥钉；5—金属压条；6—保护层

头应用防水涂料多遍涂刷。高女儿墙泛水处的防水层泛水高度不应小于 250mm，防水层收头如图 9-7 所示，泛水上部的墙体应做防水处理。

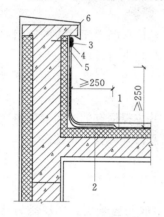

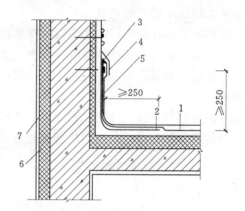

图 9-6 低女儿墙
1—防水层；2—附加层；3—密封材料；
4—金属压条；5—水泥钉；6—压顶

图 9-7 高女儿墙
1—防水层；2—附加层；3—密封材料；
4—金属盖板；5—保护层；6—金属
压条；7—水泥钉

4. 变形缝

等高变形缝防水构造如图 9-8 所示，高低跨变形缝防水构造如图 9-9 所示。变形缝泛水处的防水层下应增设附加层，附加层在平面和立面的宽度不应小于 250mm；防水层应铺贴或涂刷至泛水墙的顶部。变形缝内应预填不燃保温材料，上部应采用防水卷材封盖，并放置衬垫材料，再在其上干铺一层卷材。等高变形缝顶部宜加扣混凝土或金属盖板。高低跨变形缝在立墙泛水处，应采用有足够变形能力的材料和构造做密封处理。

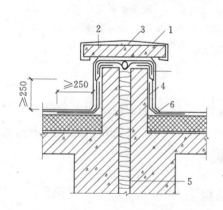

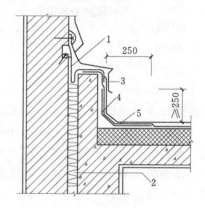

图 9-8 等高变形缝
1—卷材封盖；2—混凝土盖板；3—衬垫材料；
4—附加层；5—不燃保温材料；6—防水层

图 9-9 高低跨变形缝
1—卷材封盖；2—不燃保温材料；3—金属盖板；
4—附加层；5—防水层

第二节 地下防水工程

地下防水工程指对工业与民用建筑地下工程、防护工程、隧道及地下铁道等建筑物，进行防水设计、防水施工和维护管理等各项技术工件的工程实体。

地下工程埋置在土中，皆不同程度地受到地下水或土体中水分的作用。一方面地下水对地下建筑有着渗透作用，而且地下建筑埋置越深，渗透水压就越大；另一方面地下水中的化学成分复杂，有时会对地下建筑结构造成一定的腐蚀和破坏作用。因此地下建筑应选择合理有效的防水措施，以确保地下建筑的安全耐久和正常使用。

根据《地下防水工程质量验收规范》GB 50208—2011，规定地下工程防水等级分为 4 级，见表 9 - 8。地下防水按其构造可分为地下构件自身防水和采用不同材料的附加防水层防水两大类。

表 9 - 8   地下工程防水等级标准

防水等级	防 水 标 准
1 级	不允许渗水，结构表面无湿渍
2 级	不允许漏水，结构表面可有少量湿渍 房屋建筑地下工程：总湿渍面积不大于总防水面积（包括顶板、墙面、地面）的 1‰；任意 100m² 防水面积上的湿渍不超过 2 处，单个湿渍的最大面积不大于 0.1m²； 其他地下工程：湿渍总面积不应大于总防水面积的 2‰；任意 100m² 防水面积上的湿渍不超过 3 处，单个湿渍的最大面积不大于 0.2m²；其中，隧道工程平均渗水量不大于 0.05L/(m²·d)，任意 100m² 防水面积上的渗水量不大于 0.15L/(m²·d)
3 级	有少量漏水点，不得有线流和漏泥沙； 任意 100m² 防水面积上的漏水或湿渍点数不超过 7 处，单个漏水点的最大漏水量不大于 2.5L/d，单个湿渍的最大面积不大于 0.3m²
4 级	有漏水点，不得有线流和漏泥沙； 整个工程平均漏水量不大于 2L/(m²·d)，任意 100m² 防水面积上的平均漏量不大于 4L/(m²·d)

注　地下工程不同防水等级的适用范围，应根据工程的重要性和使用中对防水的要求选定：
1 级：人员长期停留的场所；因有少量湿渍会使物品变质、失效的储物场所及严重影响设备正常运转和危及工程安全运营的部位；极重要的战备工程、地铁车站；
2 级：人员经常活动的场所；在有少量湿渍的情况下不会使物品变质、失效的储物场所及基本不影响正常运转和工程安全运营的部位；重要的战备工程；
3 级：人员临时活动的场所；一般战备工程；
4 级：对渗漏无严格要求的工程。

一、地下工程防水

（一）地下工程防水方案

地下工程的防水方案，应遵循"防、排、截、堵相结合，刚柔相济，因地制宜，综合治理"的原则，根据工程规划、结构设计、材料选择、结构耐久性和施工工艺等确定。地下工程防水应符合环境保护的要求，并应采取相应措施应积极采用经过试验、检测和鉴定并经实践检验质量可靠的新材料、新技术、新工艺。地下工程防水方案，应包括下列内容：

（1）防水等级和设防要求。

（2）防水混凝土的抗渗等级和其他技术指标、质量保证措施。

（3）其他防水层选用的材料及其技术指标、质量保证措施。

（4）工程细部构造的防水措施，选用的材料及其技术指标、质量保证措施。

（5）工程的防排水系统、地面挡水、截水系统及工程各种洞口的防倒灌措施。

（二）地下工程防水措施

地下工程迎水面主体结构应采用防水混凝土，并应根据防水等级的要求采取其他防水措施。其防水措施选用应根据地下工程开挖方式确定，明挖法地下工程的防水设防要求应按表 9 - 9 选用；暗挖法地下工程的防水设防要求应按表 9 - 10 选用。

表9－9　明挖法地下工程防水设防

工程部位	主体结构							施工缝						后浇带					变形缝、诱导缝					
防水措施	防水混凝土	防水卷材	防水涂料	塑料防水板	膨润土防水材料	遇水膨胀止水条或止水带	金属板	外贴式止水带	中埋式止水带	外抹防水砂浆	外涂防水涂料	水泥基渗透结晶型防水涂料	预埋注浆管	补偿收缩混凝土	外贴式止水带	预埋注浆管	遇水膨胀止水条	中埋式止水带	中埋式止水带	外贴式止水带	可卸式止水带	防水密封材料	外贴防水卷材	外涂防水涂料
防水等级 一级	应选	应选一至二种						应选二种						应选二种					应选	应选二种				
二级	应选	应选一种						应选一至二种						应选一至二种					应选	应选一至二种				
三级	应选	宜选一种						宜选一至二种						宜选一至二种					应选	宜选一至二种				
四级	宜选	—						宜选一种						宜选一种					应选	宜选一种				

表9－10　暗挖法地下工程防水设防

工程部位	衬砌结构								内衬砌施工缝					内衬砌变形缝、诱导缝			
防水措施	防水混凝土	防水卷材	防水涂料	塑料防水板	膨润土防水材料	金属板	防水砂浆	遇水膨胀止水条或止水带	外贴式止水带	中埋式止水带	防水密封材料	水泥基渗透结晶型防水涂料	预埋注浆管	中埋式止水带	外贴式止水带	可卸式止水带	防水密封材料
防水等级 1级	必选	应选一至二种							应选一至二种					应选	应选一至二种		
2级	应选	应选一种							应选一种					应选	应选一种		
3级	宜选	宜选一种							宜选一种					应选	宜选一种		
4级	宜选	宜选一种							宜选一种					应选	宜选一种		

二、地下工程主体结构防水

（一）防水混凝土材料

防水混凝土可通过调整配合比，或掺加外加剂、掺合料等措施配制而成，其抗渗等级不得小于 P6，试配混凝土的抗渗等级应比设计要求提高 0.2MPa，并应根据地下工程所处的环境和工作条件，满足抗压、抗冻和抗侵蚀性等耐久性要求。防水混凝土的施工配合比应通过试验确定，并应符合下列规定：

（1）胶凝材料用量应根据混凝土的抗渗等级和强度等级等选用，其总用量不宜小于 $320kg/m^3$；当强度要求较高或地下水有腐蚀性时，胶凝材料用量可通过试验调整。

（2）在满足混凝土抗渗等级、强度等级和耐久性条件下，水泥用量不宜小于 $260kg/m^3$。

（3）砂率宜为 35％～40％，泵送时可增至 45％。

（4）灰砂比宜为 1∶1.5～1∶2.5。

（5）水胶比不得大于 0.50，有侵蚀性介质时水胶比不宜大于 0.45。

（6）防水混凝土采用预拌混凝土时，入泵坍落度宜控制在 120～160mm，坍落度每小时损失值不应大于 20mm，坍落度总损失值不应大于 40mm。

（7）掺加引气剂或引气型减水剂时，混凝土含气量应控制在 3％～5％。

（8）预拌混凝土的初凝时间宜为 6～8h。

防水混凝土拌合物在运输后如出现离析，必须进行二次搅拌。当坍落度损失后不能满足施工要求时，应加入原水胶比的水泥浆或掺加同品种的减水剂进行搅拌，严禁直接加水。

（二）防水混凝土施工

防水混凝土施工前应做好降排水工作，不得在有积水的环境中浇筑混凝土。防水混凝土应连续浇筑，宜少留施工缝。当留设施工缝时，施工缝防水构造形式宜按图 9-10 选用，当采用两种以上构造措施时可进行有效组合，且应符合下列规定。

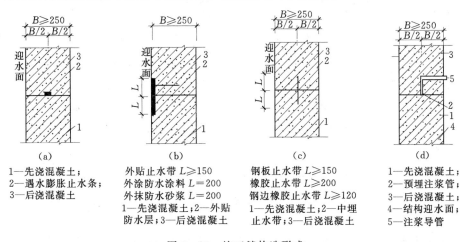

（a）　　　　　（b）　　　　　（c）　　　　　（d）

| 1—先浇混凝土；
2—遇水膨胀止水条；
3—后浇混凝土 | 外贴止水带 L≥150
外涂防水涂料 L=200
外抹防水砂浆 L=200
1—先浇混凝土；2—外贴
防水层；3—后浇混凝土 | 钢板止水带 L≥150
橡胶止水带 L≥200
钢边橡胶止水带 L≥120
1—先浇混凝土；2—中埋
止水带；3—后浇混凝土 | 1—先浇混凝土；
2—预埋注浆管；
3—后浇混凝土；
4—结构迎水面；
5—注浆导管 |

图 9-10　施工缝构造形式

（a）施工缝防水构造（一）；（b）施工缝防水构造（二）；（c）施工缝防水构造（三）；（d）施工缝防水构造（四）

1. 施工缝留设位置

（1）墙体水平施工缝不应留在剪力最大处或底板与侧墙的交接处，应留在高出底板表面不小于 300mm 的墙体上。

（2）拱（板）墙结合的水平施工缝，宜留在拱（板）墙接缝线以下 150～300mm 处。

墙体顶部留孔洞时，施工缝距孔洞边缘不应小于 300mm。

（3）垂直施工缝应避开地下水和裂隙水较多的地段，并宜与变形缝相结合。

2. 施工缝处理

（1）水平施工缝浇筑混凝土前，应将其表面浮浆和杂物清除，然后铺设净浆或涂刷混凝土界面处理剂、水泥基渗透结晶型防水涂料等材料，再铺 30～50mm 厚的 1∶1 水泥砂浆，并应及时浇筑混凝土。

（2）垂直施工缝浇筑混凝土前，应将其表面清理干净，再涂刷混凝土界面处理剂或水泥基渗透结晶型防水涂料，并应及时浇筑混凝土。

（3）遇水膨胀止水条（胶）应与接缝表面密贴。

（4）选用的遇水膨胀止水条（胶）应具有缓胀性能，7d 的净膨胀率不宜大于最终膨胀率的 60%，最终膨胀率宜大于 220%。

（5）采用中埋式止水带或预埋式注浆管时，应定位准确、固定牢靠。

3. 穿墙螺栓防水构造

防水混凝土结构内部设置的各种钢筋或绑扎铁丝，不得接触模板。用于固定模板的螺栓必须穿过混凝土结构时，可采用工具式螺栓或螺栓加堵头，螺栓上应加焊方形止水环。拆模后应将留下的凹槽用密封材料封堵密实，并应用聚合物水泥砂浆抹平如图 9-11 所示。

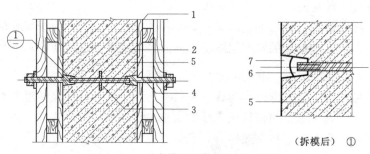

（拆模后）　①

图 9-11　固定模板用螺栓的防水构造
1—模板；2—结构混凝土；3—止水环；4—工具式螺栓；5—固定模板用螺栓；
6—密封材料；7—聚合物水泥砂浆

4. 养护

防水混凝土终凝后应立即进行养护，养护时间不得少于 14d，需要冬期施工的应注意混凝土入模温度不应低于 5℃；混凝土养护应采用综合蓄热法、蓄热法、暖棚法、掺化学外加剂等方法，不得采用电热法或蒸汽直接加热法；应采取保湿保温措施。

（二）水泥砂浆防水层

防水砂浆包括聚合物水泥防水砂浆、掺外加剂或掺合料的防水砂浆，宜采用多层抹压法施工。可用于地下工程主体结构的迎水面或背水面，不应用于受持续振动或温度高于 80℃的地下工程防水。

水泥砂浆防水层应在基础垫层、初期支护、围护结构及内衬结构验收合格后施工。基层表面应平整、坚实、清洁，并应充分湿润、无明水。基层表面的孔洞、缝隙，应采用与防水层相同的防水砂浆堵塞并抹平。施工前应将预埋件、穿墙管预留凹槽内嵌填密封材料后，再施工水泥砂浆防水层。

防水砂浆的配合比和施工方法应符合所掺材料的规定，其中聚合物水泥防水砂浆的用水量应包括乳液中的含水量，拌合后应在规定时间内用完，施工中不得任意加水。

水泥砂浆防水层应分层铺抹或喷射，铺抹时应压实、抹平，最后一层表面应提浆压光。水泥砂浆防水层各层应紧密粘合，每层宜连续施工；必须留设施工缝时，应采用阶梯坡形槎，但离阴阳角处的距离不得小于 200mm。

水泥砂浆防水层不得在雨天、五级及以上大风中施工。冬期施工时，气温不应低于 5℃。夏季不宜在 30℃ 以上或烈日照射下施工。水泥砂浆终凝后，应及时进行养护，养护温度不宜低于 5℃，并应保持砂浆表面湿润，养护时间不得少于 14d。聚合物水泥防水砂浆未达到硬化状态时，不得浇水养护或直接受雨水冲刷，硬化后应采用干湿交替的养护方法。潮湿环境中，可在自然条件下养护。

（三）卷材防水层

卷材防水层宜用于经常处在地下水环境，且受侵蚀性介质作用或受振动作用的地下工程，铺设在混凝土结构的迎水面。

卷材防水层用于建筑物地下室时，应铺设在结构底板垫层至墙体防水设防高度的结构基面上；用于单建式的地下工程时，应从结构底板垫层铺设至顶板基面，并应在外围形成封闭的防水层。有外防外贴法和外防内贴法两种铺设方法。

采用外防外贴法铺贴卷材防水层时，应符合下列规定：

（1）应先铺平面，后铺立面，交接处应交叉搭接。

（2）临时性保护墙宜采用石灰砂浆砌筑，内表面宜做找平层。

（3）从底面折向立面的卷材与永久性保护墙的接触部位，应采用空铺法施工；卷材与临时性保护墙或围护结构模板的接触部位，应将卷材临时贴附在该墙上或模板上，并应将顶端临时固定。

（4）当不设保护墙时，从底面折向立面的卷材接槎部位应采取可靠的保护措施。

（5）混凝土结构完成，铺贴立面卷材时，应先将接槎部位的各层卷材揭开，并应将其表面清理干净，如卷材有局部损伤，应及时进行修补；卷材接槎的搭接长度，高聚物改性沥青类卷材应为 150mm，合成高分子类卷材应为 100mm；当使用两层卷材时，卷材应错槎接缝，上层卷材应盖过下层卷材。

卷材防水层甩槎、接槎构造如图 9-12 所示。

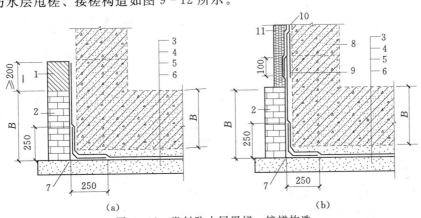

图 9-12 卷材防水层甩槎、接槎构造

（a）甩槎；（b）接槎

1—临时保护墙；2—永久保护墙；3—细石混凝土保护层；4—卷材防水层；5—水泥砂浆找平层；

6—混凝土垫层；7—卷材加强层；8—结构墙体；9—卷材加强层；10—卷材防水层；

11—卷材保护层

（6）采用外防内贴法铺贴卷材防水层时，应符合下列规定：

1）混凝土结构的保护墙内表面应抹厚度为 20mm 的 1：3 水泥砂浆找平层，然后铺贴卷材。

2）卷材宜先铺立面，后铺平面；铺贴立面时，应先铺转角，后铺大面。

（7）卷材防水层经检查合格后，应及时做保护层，保护层应符合下列规定：

1）顶板卷材防水层上的细石混凝土保护层采用机械碾压回填土时，保护层厚度不宜小于 70mm；采用人工回填土时，保护层厚度不宜小于 50mm；防水层与保护层之间宜设置隔离层。

2）底板卷材防水层上的细石混凝土保护层厚度不应小于 50mm。

3）侧墙卷材防水层宜采用软质保护材料或铺抹 20mm 厚 1：2.5 水泥砂浆层。

（四）涂料防水层

涂料防水层应包括无机防水涂料和有机防水涂料。无机防水涂料可选用掺外加剂、掺合料的水泥基防水涂料、水泥基渗透结晶型防水涂料。有机防水涂料可选用反应型、水乳型、聚合物水泥等涂料。

无机防水涂料宜用于结构主体酌背水面，有机防水涂料宜用于地下工程主体结构的迎水面，用于背水面的有机防水涂料应具有较高的抗渗性，且与基层有较好的粘结性。

防水涂料宜采用外防外涂或外防内涂（见图 9-13、图 9-14）。

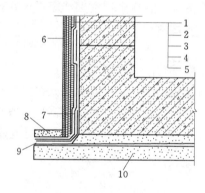

图 9-13　防水涂料外防外涂构造
1—保护墙；2—砂浆保护层；3—涂料防水层；
4—砂浆找平层；5—结构墙体；6—涂料防水
层加强层；7—涂料防水层加强层；8—涂料
防水搭接部位保护层；9—涂料防水层
搭接部位；10—混凝土垫层

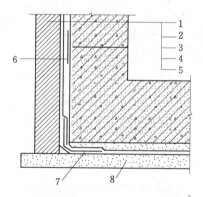

图 9-14　防水涂料外防内涂构造
1—保护墙；2—涂料保护层；3—涂料防水层；
4—找平层；5—结构墙体；6—涂料防水层
加强层；7—涂料防水层加强层；
8—混凝土垫层

三、地下工程细部构造防水

（一）变形缝

变形缝应满足密封防水、适应变形、施工方便、检修容易等要求。用于伸缩的变形缝宜少设，可根据不同的工程结构类别、工程地质情况采用后浇带、加强带、诱导缝等替代措施。变形缝处混凝土结构的厚度不应小于 300mm。

变形缝的防水措施可根据工程开挖方法、防水等级按表 9-9、表 9-10 选用。外贴式防水卷材变形缝应增设合成高分子防水卷材附加层，卷材两端应满粘于墙体，并应用密封材料密封，满粘的宽度应不小于150mm，如图9-15所示。变形缝处中埋式止水带与外贴防水层复合使用处理方式如图9-16所示。中埋式止水带施工应符合下列规定：

（1）止水带埋设位置应准确，其中间空心圆环应与变形缝的中心线重合。

（2）止水带应固定，顶、底板内止水带应成盆状安设。

（3）中埋式止水带先施工一侧混凝土时，其端模应支撑牢固，并应严防漏浆。

（4）止水带的接缝宜为一处，应设在边墙较高位置上，不得设在结构转角处，接头宜采用热压焊接。

（5）中埋式止水带在转弯处应做成圆弧形，（钢边）橡胶止水带的转角半径不应小于200mm，转角半径应随止水带的宽度增大而相应加大。

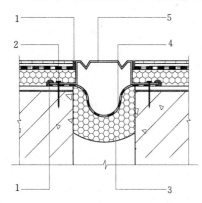

图9-15 变形缝防水防护构造

1—密封材料；2—锚栓；3—保温衬垫材料；
4—合成高分子防水卷材（两端粘结）；
5—不锈钢板

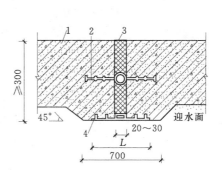

图9-16 中埋式止水带与外贴
防水层复合使用

外贴式止水带 L≥300，外贴式防水卷材≥400，
外涂防水涂层≥400

1—混凝土结构；2—中埋式止水带；

3—填缝材料；4—外贴止水带

（二）后浇带

后浇带宜用于不允许留设变形缝的工程部位，应在其两侧混凝土龄期达到42d后再施工；高层建筑的后浇带施工应按规定时间进行。

后浇带应采用补偿收缩混凝土浇筑，其抗渗和抗压强度等级不应低于两侧混凝土。后浇带两侧可做成平直缝或阶梯缝，其防水构造形式如图9-17所示。

采用掺膨胀剂的补偿收缩混凝土，水中养护14d后的限制膨胀率不应小于0.015%，膨胀剂的掺量应根据不同部位的限制膨胀率设定值经试验确定。施工时按配合比准确计量，膨胀剂掺量应以胶凝材料总量的百分比表示，不宜大于12%。

后浇带混凝土施工前，后浇带部位和外贴式止水带应防止落入杂物和损伤外贴止水带。施工时应一次浇筑，不得

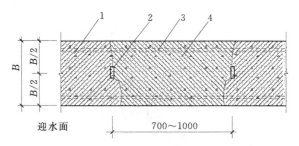

图9-17 后浇带防水构造

1—先浇混凝土；2—遇水膨胀止水条（胶）；3—结构主筋；
4—后浇补偿收缩混凝土

留设施工缝；混凝土浇筑后应及时养护，养护时间不得少于28d。

四、地下工程渗漏水治理

地下工程渗漏水治理，应由防水专业设计人员和有防水资质的专业施工队伍承担。渗漏水治理前应掌握工程原防水、排水系统的设计、施工、验收资料。渗漏水治理施工时应按先顶（拱）后墙而后底板的顺序进行，宜少破坏原结构和防水层。有降水和排水条件的地下工程，治理前应做好降水、排水工作，治理过程中应选用无毒、低污染的材料。

裂缝渗漏宜先止水，再在基层表面设置刚性防水层，并应符合下列规定：

（1）水压或渗漏量大的裂缝宜采取钻孔注浆止水。

1）对无补强要求的裂缝，注浆孔宜交叉布置在裂缝两侧，钻孔应斜穿裂缝，垂直深度宜为混凝土结构厚度h的1/3～1/2，钻孔与裂缝水平距离宜为100～250mm，斜孔倾角θ宜为45°～60°。当需要预先封缝时封缝的宽度宜为50mm（见图9-18）。

2）对有补强要求的裂缝，宜先钻斜孔并注入聚氨酯灌浆材料止水，钻孔垂直深度不宜小于结构厚度h的1/3，再宜二次钻斜孔，注入可在潮湿环境下固化的环氧树脂灌浆材料或水泥基灌浆材料，钻孔垂直深度不宜小于结构厚度h的1/2（见图9-19）；注浆嘴深入钻孔的深度不宜大于钻孔长度的1/2；对于厚度不足200mm的混凝土结构，宜垂直裂缝钻孔，钻孔深度宜为结构厚度1/2。

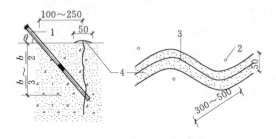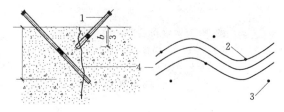

图9-18　钻孔注浆布孔　　　　　　　图9-19　钻孔注浆及补强的布孔
1—注浆嘴；2—钻孔；3—裂缝；4—封缝材料　　1—注浆嘴；2—注浆止水钻孔；3—注浆补强钻孔；4—裂缝

（2）对水压与渗漏量小的裂缝，可按第1条规定注浆止水，也可用速凝型无机防水堵漏材料快速封堵止水。当采用快速封堵时，宜沿裂缝走向在基层表面切割出深度宜为40～50mm、宽度宜为40mm的"U"形凹槽，然后再凹槽中嵌填速凝型无机防水堵漏材料止水，并宜预留深度不小于20mm的凹槽，再用含水泥基渗透结晶型防水材料的聚合物水泥防水砂浆找平（见图9-20）。

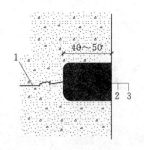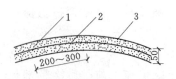

图9-20　裂缝快速封堵止水　　　　　图9-21　贴嘴注浆布孔
1—裂缝；2—速凝性无机防水堵漏材料；　　1—注浆嘴；2—裂缝；3—封堵材料
3—聚合物水泥防水砂浆

（3）对于潮湿而无明水的裂缝，宜采用贴嘴注浆注入可在潮湿环境下固化的环氧树脂灌浆材料，并且注浆嘴底座宜带有贯通的小孔；注浆嘴宜布置在裂缝较宽的位置及其交叉部位，间距宜为 200～300mm，裂缝封闭宽度宜为 50mm（见图 9-21）。

（4）设置刚性防水层时，宜沿裂缝走向在两侧各 200mm 范围内的基层表面先涂布水泥基渗透结晶型防水涂料，再宜单层抹压聚合物水泥防水砂浆。对于裂缝分布较密的基层，宜大面积抹压聚合物水泥防水砂浆。

结构仍在变形、未稳定的裂缝，应待结构稳定后再进行处理。需要补强的渗漏水部位，应选用强度较高的注浆材料，如水泥浆、超细水泥浆、自流平水泥灌浆材料、改性环氧树脂、聚氨酯等浆液，必要时可在止水后再做混凝土衬砌。锚喷支护工程渗漏水部位，可采用引水带或导管排水，也可喷涂快凝材料及化学注浆堵水。

第三节 外墙防水工程

建筑外墙防水防护应具有防止雨水雪水侵入墙体的基本功能。在合理使用和正常维护的条件下，有些外墙宜进行墙面整体防水，年降水量不小于 400mm 地区的其他建筑外墙还应采用节点构造防水措施。[❶]

一、外墙整体防水构造

砂浆防水层宜留分格缝，分格缝宜设置在墙体结构不同材料交接处。水平分格缝宜与窗口上沿或下沿平齐；垂直分格缝间距不宜大于 6m，且宜与门、窗框两边线对齐。分格缝宽宜为 8～10mm，缝内应采用密封材料做密封处理。保温层的抗裂砂浆层兼作防水防护层时，防水防护层不宜留设分格缝。

（一）无外保温外墙的防水构造

（1）外墙采用涂料饰面时，防水层应设在找平层和涂料饰面层之间，防水层可采用普通防水砂浆。

（2）外墙采用块材饰面时，防水层应设在找平层和块材粘结层之间，防水层宜采用普通防水砂浆。

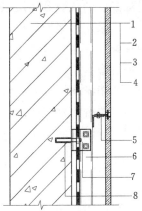

图 9-22 幕墙饰面外墙
防水防护构造
1—结构墙体；2—找平层；3—防水层；
4—面板；5—挂件；6—竖向龙骨；
7—连接件；8—锚栓

（3）外墙采用幕墙饰面时，防水层应设在找平层和幕墙饰面之间（见图 9-22），防水层宜采用普通防水砂浆、聚合物防水砂浆、聚合物水泥防水涂料、聚合物乳液防水涂料、聚氨酯防水涂料或防水透气膜。

（4）防水防护层的最小厚度应符合表 9-11 的规定。

❶ 《建筑外墙防水防护技术规程》JGJ/T 235—2011 规定：

5.1.1　有下列情况之一的建筑外墙宜进行墙面整体防水：

1. 年降水量≥800mm 地区的高层建筑外墙；2. 年降水量≥600mm 且基本风压≥0.5kN/m² 地区的外墙；3. 年降水量≥400mm 且基本风压≥0.4kN/m² 地区有外保温的外墙；4. 年降水量≥500mm 且基本风压≥0.35kN/m² 地区有外保温的外墙；5. 年降水量≥600mm 且基本风压≥0.3kN/m² 地区有外保温的外墙。建筑外墙墙面整体防水设防设计应包括以下内容：外墙防水防护工程的构造设计；防水防护层材料选择；节点构造的密封防水措施。

5.1.2　建筑外墙节点构造防水设防设计应包括门窗洞口、雨篷、阳台、变形缝、穿墙管道、女儿墙压顶、外墙预埋件、预制构件等交接部位的防水设防。

表 9 - 11　　　　　　　　　　无外保温外墙的防水防护层最小厚度要求　　　　　　　　　单位：mm

墙体基层种类	饰面层种类	聚合物水泥防水砂浆		普通防水砂浆	防水涂料	防水饰面涂料
		干粉类	乳液类			
现浇混凝土	涂料	3	5	8	1.0	1.2
	面砖				—	—
	幕墙				1.0	—
砌体	涂料	5	8	10	1.2	1.5
	面砖				—	—
	干挂幕墙				1.2	—

（二）外保温外墙的防水构造

（1）采用涂料饰面时，防水层可采用聚合物水泥防水砂浆或普通防水砂浆。保温层的抗裂砂浆层如达到聚合物水泥防水砂浆性能指标要求，可兼作防水防护层。设在保温层和涂料饰面之间，乳液聚合物防水砂浆厚度不应小于 5mm，干粉聚合物防水砂浆厚度不应小于 3mm。

（2）采用块材饰面时，防水层宜采用聚合物水泥防水砂浆，厚度应符合（1）所述的规定。保温层的抗裂砂浆层如达到聚合物水泥防水砂浆性能指标要求，可兼作防水防护层。

（3）采用幕墙饰面时，防水层应设在找平层和幕墙饰面之间（见图 9 - 23），防水层宜采用聚合物水泥防水砂浆、聚合物水泥防水涂料、聚合物乳液防水涂料、聚氨酯防水涂料或防水透气膜。防水砂浆厚度应符合（1）所述规定，防水涂料厚度不应小于 1.0mm。当外墙保温层选用矿物棉保温材料时，防水层宜采用防水透气膜。

（4）聚合物水泥防水砂浆防水层中应增设耐碱玻纤网格布或热镀锌钢丝网增强，并应用锚栓固定于结构墙体中（见图 9 - 24）。

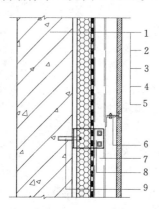

图 9 - 23　幕墙饰面外保温外墙防水构造

1—结构墙体；2—找平层；3—保温层；4—防水层；
5—面板；6—挂件；7—竖向龙骨；
8—连接件；9—锚栓

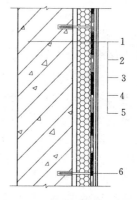

图 9 - 24　抗裂砂浆层兼作防水层
的外墙防水构造

1—结构墙体；2—找平层；3—保温层；
4—防水抗裂层；5—装饰面层；6—锚栓

（三）外墙饰面层防水构造

（1）防水砂浆饰面层应留置分格缝；分格缝间距宜根据建筑层高确定，但不应大于 6m；缝宽宜为 8～10mm。

（2）面砖饰面层宜留设宽度为 5～8mm 的块材接缝，用聚合物水泥防水砂浆勾缝。

（3）防水饰面涂料应涂刷均匀，涂层厚度应根据具体的工程与材料确定，但不得小于 1.5mm。

（4）上部结构与地下墙体交接部位的防水层应与地下墙体防水层搭接，搭接长度不应小于 150mm，防水层收头应用密封材料封严（见图 9-25）；有保温的地下室外墙防水防护层应延伸至保温层的深度。

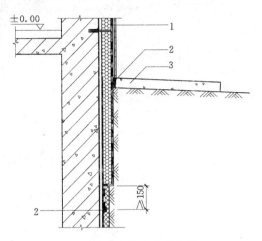

图 9-25 与散水交接部位
防水防护构造
1—外墙防水层；2—密封材料；
3—室外地坪（散水）

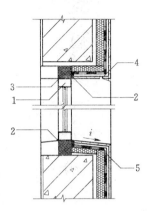

图 9-26 门窗框防水防护
立剖面构造
1—窗框；2—密封材料；3—发泡
聚氨酯填充；4—滴水线；
5—外墙防水层

二、外墙细部防水构造

1. 门窗

门窗框与墙体间的缝隙宜采用聚合物水泥防水砂浆或发泡聚氨酯填充。外墙防水层应延伸至门窗框，防水层与门窗框间应预留凹槽、嵌填密封材料；门窗上楣的外口应做滴水处理；外窗台应设置不小于 5% 的外排水坡度（见图 9-26）。

2. 雨篷

雨篷应设置不小于 1% 的外排水坡度，外口下沿应做滴水线处理；雨篷与外墙交接处的防水层应连续；雨篷防水层应沿外口下翻至滴水部位（见图 9-27）。

3. 阳台

阳台应向水落口设置不小于 1% 的排水坡度，水落口周边应留槽嵌填密封材料。阳台外口下沿应做滴水线设计（见图 9-28）。

4. 穿墙管道

穿过外墙的管道宜采用套管，套管应内高外低，坡度不应小于 5%，套管周边应作防水密封处理（见图 9-29）。外墙预埋件四周应用密封材料封闭严密，密封材料与防水层应连续。

5. 女儿墙压顶

女儿墙压顶宜采用现浇钢筋混凝土或金属压顶，压顶应向内找坡，坡度不应小于 2%。当采用混凝土压顶时，外墙防水层应上翻至压顶，内侧的滴水部位宜用防水砂浆作防水层（见图 9-30）；当采用金属压顶时，防水层应做到压顶的顶部，金属压顶应采用专用金属配件固定。

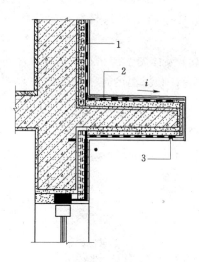

图 9-27　雨篷防水防护构造
1—外墙防水层；2—雨篷防水层；
3—滴水线

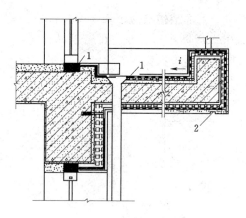

图 9-28　阳台防水防护构造
1—密封材料；2—滴水线

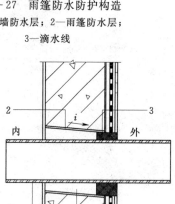

图 9-29　穿墙管道防水防护构造
1—穿墙管道；2—套管；3—密封
材料；4—聚合物砂浆

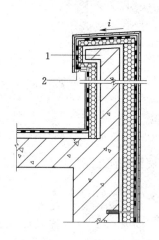

图 9-30　女儿墙防水构造
1—混凝土压顶；2—防水砂浆

三、外墙防水施工

（一）外墙防水砂浆施工

1. 外墙防水砂浆施工

（1）砂浆防水层分格缝的密封处理应在防水砂浆达设计强度的 80% 后进行，密封前应将分格缝清理干净，密封材料应嵌填密实。

（2）砂浆防水层转角宜抹成圆弧形，圆弧半径应不小于 5mm，转角抹压应顺直。

（3）门框、窗框、管道、预埋件等与防水层相接处应留 8～10mm 宽的凹槽，做密封处理。

2. 外墙保温层的抗裂砂浆层施工

（1）抗裂砂浆层的厚度、配比应符合设计要求。当内掺纤维等抗裂材料时，比例应符合设计要求，并应搅拌均匀。

（2）当外墙保温层采用有机保温材料时，抗裂砂浆施工时应先涂刮界面处理材料，然后分层抹压抗裂砂浆。

（3）抗裂砂浆层的中间宜设置耐碱玻纤网格布或金属网片。金属网片应与墙体结构固定牢固。玻纤网格布铺贴应平整无皱折，两幅间的搭接宽度不应小于50mm。

（4）抗裂砂浆应抹平压实，表面无接槎印痕，网格布或金属网片不得外露。防水层为防水砂浆时，抗裂砂浆表面应搓毛。

（5）抗裂砂浆终凝后应进行保湿养护。防水砂浆养护时间不宜少于14d；养护期间不得受冻。

（二）防水透气膜施工

防水透气膜在加强建筑气密性、水密性的同时，其独特的透气性能，可使结构内部水汽迅速排出，保护围护结构热工性能，从而真正达到降低建筑能耗之目的，同时避免结构孳生霉菌，保护物业价值，并完美解决了防潮与人居健康，是一种健康环保的新型节能材料。施工时应注意：

（1）基层表面应平整、干净、牢固，无尖锐凸起物。

（2）铺设宜从外墙底部一侧开始，将防水透气膜沿外墙横向展开，铺于基面上，沿建筑立面自下而上横向铺设，按顺水方向上下搭接，当无法满足自下而上铺设顺序时，应确保沿顺水方向上下搭接。

（3）防水透气膜横向搭接宽度不得小于100mm，纵向搭接宽度不得小于150mm。搭接缝应采用配套胶粘带粘结。相邻两幅膜的纵向搭接缝应相互错开，间距不小于500mm。

（4）防水透气膜搭接缝应采用配套胶粘带覆盖密封。

（5）防水透气膜应随铺随固定，固定部位应预先粘贴小块丁基胶带，用带塑料垫片的塑料锚栓将防水透气膜固定在基层墙体上，固定点每平方米不得少于3处。

（6）铺设在窗洞或其他洞口处的防水透气膜，以"I"字形裁开，用配套胶粘带固定在洞口内侧。与门、窗框连接处应使用配套胶粘带满粘密封，四角用密封材料封严。

（7）幕墙体系中穿透防水透气膜的连接件周围应用配套胶粘带封严。

第四节 室内防水工程

随着人们生活水平的提高，室内防水工程越显得重要，若做得不好，不仅自家遭受损失，更会殃及邻里，给他人的生活及财产造成损失。住宅室内防水工程应遵循"防、排结合，刚柔相济、经济环保，因地制宜、综合治理"的原则，并考虑施工环境和工艺的可操作性。室内防水工程应积极采用通过技术评估或鉴定，并经工程实践证明质量可靠的新材料、新技术、新工艺。

一、室内防水要求

住宅室内防水的设计使用年限应不少于25年，宜根据不同的设防部位，按照防水涂料、防水卷材、刚性防水材料的优先次序，选用适宜的防水材料，并注意材料之间的相容性，宜采用冷粘法施工，胶黏剂应与卷材材性相容，与基层粘结可靠，不得使用溶剂型防水材料，防水工程竣工后，应进行24h蓄水检验。防水砂浆应使用由专业生产厂家生产的干混砂浆，厚度应符合表9-12的要求。

表 9 - 12	防 水 砂 浆 的 厚 度		单位：mm
防 水 砂 浆 种 类		厚　　度	
掺防水剂的防水砂浆		≥20	
掺聚合物的防水砂浆	涂刷型	≥2.0	
	抹压型	≥15	

二、楼、地面防水

（1）无地下室底层地面的垫层宜采用 C15 混凝土刚性垫层，最小厚度为 60mm。楼面基层宜为现浇钢筋混凝土楼板；当为预制钢筋混凝土条板时，其板缝间应用防水砂浆堵严抹平，并沿通缝涂刷宽度不小于 300mm 的防水涂料形成防水涂膜带。

（2）应采用 C10～C15 细石混凝土做找坡层或找平层，最小厚度为 30mm，表面抹平；找平兼找坡层时采用 C20 细石混凝土。

（3）需设填充层铺设管道时宜与找坡层合并，应采用 C20 细石混凝土，最小厚度为 50mm。

（4）应慎重选择合适的防水材料和做法。

（5）当墙面采用防潮做法时，防水层沿墙面上翻，高度应不小于 150mm。

（6）有排水的楼、地面标高，应低于相邻房间面层 20mm 或做挡水门槛，无障碍要求为 15mm 且为斜坡过渡。

（7）有排水要求的房间应绘制放大布置平面图，以门口及沿墙周边为标志标高，应标注主要排水坡度和地漏表面标高。

（8）面层宜采用不透水材料和构造。排水坡度为 0.5%～1%，当面层粗糙时排水坡度应不小于 1%。

（9）应重视地漏、大便器、排水立管等穿越楼板的管道防水封堵，穿越楼板的管道应设置防水套管，其高度应高出装饰地面 20mm 以上；套管与管道间用防水密封材料嵌实。

三、墙面防水

（1）设防房间：卫生间、厨房、设有生活用水点的封闭阳台等。

（2）设防高度：当卫生间有非封闭式洗浴设施时，其墙面防水层高度应不小于 1.8m。其余情况下宜在距楼、地面面层 1.2m 范围内设防水层。

（3）轻质隔墙用于卫生间、厨房时，应做全防水墙面。其根部应做 C20 细石混凝土坎台，距相连房间的楼、地面面层不低于 120mm。

（4）在防水墙面的设防房间内，除防水墙面外均应为防潮墙面，宜采用防水砂浆处理。

（5）在防潮墙面的设防房间内，均应做防潮顶棚，宜采用防水砂浆处理。

四、卫生间防水

（1）卫生间楼、地面应有防水，并设地漏等排水设施；门口应有阻止积水外溢的措施，墙面、顶棚应防潮；当有非封闭式洗浴设施时，其墙面应防水。

（2）卫生间不应布置在下层住户的厨房和无用水点房间的上层，排水立管不应穿越下层住户的居室，且不应安装在与卧室相邻的墙面上。

（3）卫生间布置在本套内的厨房和无用水点房间的上层时，应避免支管穿过楼板的做法，并切实做好防水、隔声、方便检修等技术措施。

（4）卫生间水平管道在下降楼板上采用同层排水措施时，应严格做好楼板、楼面的双层防水，对降板后可能出现的管道渗水应有严格密闭措施；且宜在贴临下降楼板上表面处设泄水管，并增设独立的泄水立管的措施，以防出现"水盆"现象。

五、厨房防水

（1）厨房墙面宜防水，顶棚应防潮；厨房布置在无用水点房间的上层时，楼面应有防水。

（2）当厨房设有采暖系统的分集水器、生活热水控制总阀门时，楼面、地面宜就近设地漏；且应考虑防水、排水坡度和地漏返味的技术措施。

（3）当厨房设有地漏时，排水支管不应穿过楼板进入下层住户；排水立管不应穿越下层住户的居室。

（4）厨房的排水立管和洗涤池不应安装在与卧室相邻的墙体上。

（5）设有生活用水点的封闭阳台，墙面应防水、顶棚宜防潮，楼、地面应有防水、排水措施。

六、室内细部防水构造

室内细部防水构造见表 9-13。

表 9-13　　　　　　　　　　　**室 内 细 部 防 水 构 造**

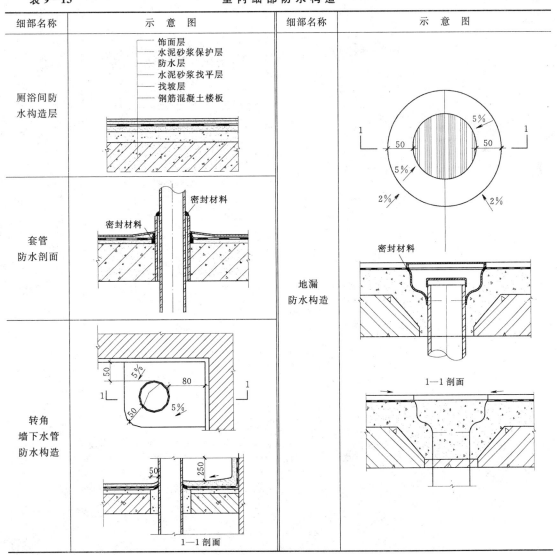

细部名称	示　意　图	细部名称	示　意　图
厕浴间防水构造层	饰面层 / 水泥砂浆保护层 / 防水层 / 水泥砂浆找平层 / 找坡层 / 钢筋混凝土楼板	地漏防水构造	密封材料 / 1—1 剖面
套管防水剖面	密封材料		
转角墙下水管防水构造	1—1 剖面		

思　考　题

1. 屋面防水工程分为几级，分类的标准是什么？
2. 找平层为什么要留置分格缝，如何留置？
3. 简述卷材防水屋面施工方法和适用范围。
4. 简述涂膜防水屋面施工方法和适用范围。
5. 地下防水层的卷材铺贴方案各具什么特点？
6. 防水混凝土工程施工中应注意哪些问题？
7. 地下防水工程分为几级，分类的标准是什么？

第十章 建筑装饰工程

建筑装饰工程是采用装饰材料或装饰物，对建筑内、外表面或空间进行的各种装饰处理的分部工程。建筑装饰工程根据工程部位的不同分为室内装饰和室外装饰；根据施工工艺及使用材料的不同，又可分为抹灰工程、饰面工程、涂料工程、楼地面工程、门窗工程、吊顶工程、裱糊工程、轻质隔墙工程和玻璃幕墙工程等。

建筑装饰工程的作用是：满足建筑的使用条件；保护结构体，延长使用年限；优化环境，美化建筑空间，增强艺术效果；综合处理、协调建筑结构与设备之间的关系等。

建筑装饰工程的特点是：工程量大、用工多、工期长、手工操作多、机械化程度低，并且新型装饰材料的发展日新月异，装饰的标准越来越高，所占工程造价的比重也越来越大。

第一节 抹 灰 工 程

涂抹灰浆在建筑物的墙面、顶棚、楼地面等部位，直接做成饰面层的装饰工程称为抹灰工程。

抹灰层能使建筑物的界面平整、光洁、美观、舒适，提高房屋的使用性能，同时起到保温、隔热、防潮、防风化、隔音等作用。

抹灰工程不包括在抹灰面上的刷浆、喷浆或涂涂料。抹灰工程按使用的材料和装饰效果的不同可分为一般抹灰和装饰抹灰。

一、一般抹灰工程

一般抹灰为采用石灰砂浆、混合砂浆、水泥砂浆、聚合物水泥砂浆、膨胀珍珠岩水泥砂浆、麻刀灰、纸筋灰、粉刷石膏等材料进行涂抹的施工。施工过程为：基层处理→做灰饼→设置标筋→做阳角护角→底层灰→中层灰→面层灰及压光→清理。

（一）一般抹灰工程的组成

抹灰层的组成一般分为底层、中层与面层，如图 10-1 所示。底层主要起基层与面层粘结的作用，并对基层进行初步找平；中层的作用是进一步找平；面层（又称罩面）是使表面光滑细致，起装饰作用。

抹灰采取分层进行，如果一次抹得太厚，由于内外收水快慢不同，易产生开裂，甚至空鼓脱落，并且底层的抹灰层强度不得低于面层的抹灰层强度，以增强各层间的粘结，保证抹灰质量。

抹灰层的平均总厚度根据具体部位及基层材料而定。钢筋混凝土顶棚抹灰厚度不大于 15mm；内墙普通抹灰厚度不大于 20mm，高级抹灰厚度不大于 25mm；外墙抹灰厚度不大于 20mm；勒脚及突出墙面部分不大于 25mm。当抹灰总厚度大于或等于 35mm 时，应采取

加强措施。❶

（二）一般抹灰工程的分类

按建筑物标准、质量要求及操作工序，一般抹灰工程分为普通抹灰和高级抹灰。当设计无要求时，按普通抹灰验收。一般抹灰分类见表 10-1。

表 10-1　　　　　　　　　一般抹灰的分类

级别	适用范围	做法要求
高级抹灰	适用于大型公共建筑物、纪念性建筑物（如剧院、礼堂、宾馆、展览馆等）和高级住宅）以及有特殊要求的高级建筑等	一层底灰，数层中层和一层面层。阴阳角找方，设置标筋，分层赶平、修整，表面压光。要求表面应光滑、洁净、颜色均匀、无抹纹，分格缝和灰线应清晰美观
普通抹灰	适用于一般居住、公用和工业建筑（如住宅、宿舍、教学楼、办公楼）以及建筑物中的附属用房（如汽车库、仓库、锅炉房、地下室、储藏室等）	一层底灰，一层中层和一层面层（或一层底层，一层面层）。阴角找方，设置标筋，分层赶平、修整，表面压光。要求光滑、洁净、接槎平整，分格缝应清晰

（三）抹灰工程材料要求

抹灰所用材料的品种、规格和质量应符合设计要求和国家现行标准的规定。水泥的凝结时间和安定性复验应合格；砂浆配比应符合设计要求，砂含泥量不大于 5%，并不得含有有机杂质；抹灰用石灰膏的熟化期不应少于 15d。当要求抹灰层具有防水、防潮功能时，应采用防水砂浆。

（四）抹灰基体的表面处理

抹灰前，对砖石、混凝土等基层表面的灰尘、污垢、油渍等应清除干净，并将墙面上的施工孔洞、管线沟槽、门窗框缝隙堵塞密实。抹灰前基体一定要洒水湿润，砖基体一般使砖面渗水深度达 8～10mm，混凝土基体使水渗入混凝土表面 2～3mm。基体为加气混凝土、灰砂砖和煤矸石砖时，在湿润的基体表面还需刷掺加适量胶粘剂的 1:1 水泥浆一道，从而封闭基体的毛细孔，使底灰不至于早期脱水，以增强基体与底层灰的粘结力。在不同结构基层的交接处，应先铺钉一层加强网（金属网或纤维布）并绷紧牢固（金属网与各基层的搭接宽度不应小于 100mm），以防抹灰层由于两种基层材料胀缩不同而产生裂缝，如图 10-2 所示。

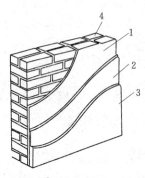

图 10-1　抹灰层的组成

1—底层；2—中层；3—面层；4—基层

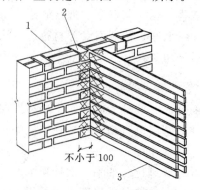

不小于 100

图 10-2　不同基层接缝处理

1—砖墙；2—钢丝网；3—板条墙

---

❶　《建筑装饰装修工程质量验收规范》GB 50210—2001 规定：

4.2.4　抹灰工程应分层进行。当抹灰总厚度大于或等于 35mm 时，应采取加强措施。不同材料基体交接处表面的抹灰，应采取防止开裂的加强措施，当采用加强网时，加强网与各基体的搭接宽度不应小于 100mm。

（五）一般抹灰施工工艺

1. 墙面抹灰

（1）找规矩，弹准线。对普通抹灰，先用托线板全面检查主体墙面的垂直、平整程度，根据检查的实际情况并根据抹灰等级和抹灰总厚度，决定墙面抹灰厚度（最薄处一般不小于7mm）。对高级抹灰，先将房间规方，小房间可以一面墙做基准，用方尺规方即可；如房间面积较大，要在地面上先弹出十字线，以作为墙角抹灰准线：在离墙角约10cm，用线坠吊直，在墙面弹一立线，再按房间规方十字线及墙面平整程度弹出墙角抹灰准线，并在准线上下两端挂通线作为抹灰饼、冲筋的依据。

为有效控制抹灰厚度，保重墙面垂直度和整体平整度，大面积抹灰前应设置标筋，作为抹灰的依据。

（2）贴灰饼。首先用与抹底层灰相同的砂浆做墙体上部的两个灰饼，其位置距顶棚约200mm，灰饼大小一般50mm见方，厚度根据墙面平整、垂直程度决定。然后根据这两个灰饼用托线板或线坠找垂直，做墙面下角两个标准灰饼（高低位置一般在踢脚线上方200～250mm处），厚度以垂直为准，再在灰饼附近墙缝内钉上钉子，拴上小线挂好通线，并根据通线位置加设中间灰饼，间距1.2～1.5m，如图10-3所示。

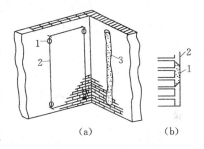

图10-3 挂线做灰饼及冲筋
(a) 灰饼、标筋位置示意；
(b) 灰饼剖面示意
1—灰饼；2—引线；3—标筋

（3）设置标筋（即冲筋）。待灰饼砂浆基本进入终凝，抹底层灰的砂浆将上下两灰饼之间抹一条宽约100mm的灰梗，用刮尺刮平，厚度与灰饼一致，用来作为墙面抹灰的标准，此即为冲筋。还应将标筋两边用刮尺修成斜面，使其与抹灰层接槎平顺。

通过设置标筋，将抹灰面层划分为较小区域，可有效控制抹灰厚度和平整度。标筋稍干后以标筋为基准进行底层抹灰。

（4）阴、阳角找方。普通抹灰要求阳角找方。对于除门窗外还有阳角的房间，则应首先将房间大致规方，其方法是先在阳角一侧做基线，用方尺将阳角先规方，然后在墙角弹出抹灰准线，并在准线上下两端挂通线做灰饼，高级抹灰要求阴阳角方正。为了保证阴阳角方正，必须在阴阳角两边作灰饼和标筋。

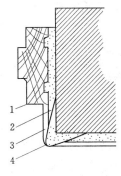

图10-4 护角示意图
1—门框；2—底层灰；
3—面层灰；4—护角

（5）做护角。室内外墙面、柱面和门窗洞口的阳角抹灰要求线条清晰、挺直，要防止碰坏，该处应用1：2水泥砂浆做暗护角，护角高度不应低于2m，每侧宽度不小于50mm，如图10-4所示。

（6）抹底层灰。当标筋稍干，刮尺操作不致损坏时，即可抹底层灰。抹底灰前，先应对基体表面进行处理，再自上而下地在标筋间施抹底灰，随抹随用刮尺齐着标筋刮平。刮尺操作用力要均匀，不准将标筋刮坏或使抹灰层出现不平的现象。待刮尺基本刮平后，再用木抹子修补、压实、搓平、搓毛。

（7）抹中层灰。待底层灰凝结，达七八成干后（用手指按压不软，但有指印），即可抹中层灰，依冲筋厚以填抹满砂浆为准，随抹随用刮尺刮平压实，再木抹子搓平。中层灰抹完后，对墙的阴角用阴角抹子抹平。中层砂浆凝固前，也可在层面上交叉划出斜痕，以增强与面层的粘结。

（8）抹面层灰（也称罩面）。中层灰干至七八成后，即可抹面层灰。如中层灰已干透发白，应先适度洒水湿润后，再抹罩面灰。用于罩面的常有麻刀灰、纸筋灰，有时也用水泥砂浆面层和石膏面层。麻刀灰和纸筋灰用于室内白灰墙面，抹灰时，用钢皮抹子把灰抹在墙面上，一般由阴角或阳角开始，从左向右进行（最好两人配合，一人在前面竖向抹灰，一人在后面跟着横向抹平、压光）。压平后，用排笔蘸水横刷一遍，使表面色泽一致，再用塑料抹子压实收光（钢皮抹子收光容易压出锈迹），表面达到光滑、色泽一致，不显接槎为好。

室外抹灰常用水泥砂浆罩面。由于面积较大，为了不显接槎、防止抹灰层收缩开裂，一般应设置分格缝，留槎位置应留在分格缝处。由于大面积抹灰罩面抹纹不易压光，在阳光照射下极易显露而影响墙面美观，故水泥砂浆罩面宜抹成毛面，并用排笔蘸水横刷一遍。为防止色泽不匀，应用同一品种与规格的原材料，由专人配料，采用统一的配合比。

2. 顶棚抹灰

（1）基层处理。对现浇钢筋混凝土楼板，先清除板底浮灰、砂石和松动的混凝土，用钢丝刷刷除板顶上的隔离剂，随之用清水冲洗干净，再满刮一遍 TG 胶或 108 胶水泥浆一道，作为结合层。

（2）找规矩。顶棚抹灰一般不做灰饼和标筋，而是根据 50 线在靠近顶棚四周的墙面上弹一条水平线以控制抹灰层厚度，并作为抹灰找平的依据。

（3）底、中层抹灰。先抹 2mm 厚底灰，紧跟着抹中层砂浆，厚度为 6mm，抹后用刮尺刮抹顺平，再用木抹子搓平，顶棚管道的周围用小抹子顺平。

（4）面层抹灰。当中层灰至六七成干时，即可抹罩面灰。罩面灰分二遍成活，约 2mm 厚。待罩面灰稍干，再用塑料抹子顺抹纹压实、压光。

（六）一般抹灰工程质量

一般抹灰的允许偏差见表 10-2。

表 10-2　　　　　　　　一般抹灰的允许偏差和检验方法

项次	项　目	允许偏差（mm）		检　验　方　法
		普通抹灰	高级抹灰	
1	立面垂直度	4	3	用 2m 垂直检测尺检查
2	表面平整度	4	3	用 2m 靠尺和塞尺检查
3	阴阳角方正	4	3	用直角检测尺检查
4	分格条（缝）直线度	4	3	拉 5m 线，不足 5m 拉通线，用钢直尺检查
5	墙裙、勒脚上口直线度	4	3	拉 5m 线，不足 5m 拉通线，用钢直尺检查

注　1. 普通抹灰，本表第 3 项阴角方正可不检查。
　　2. 顶棚抹灰，本表第 2 项表面平整度可不检查，但应平顺。

各种砂浆抹灰层在凝结前应防止快干、水冲、撞击、震动和受冻，在凝结后应采取措施防止玷污和损坏，水泥砂浆抹灰层应在湿润条件下养护；抹灰层应无脱层、空鼓、面层无裂缝；外墙和顶棚的抹灰层与基层之间及各抹灰层之间必须粘结牢固。

施工中还应注意：水泥砂浆不得抹在石灰砂浆层上；有排水要求的部位应做滴水线（槽），滴水线应内高外低，滴水槽宽度和深度不应小于 10mm。

二、装饰抹灰工程

除具有与一般抹灰相同的功能外，装饰抹灰与一般抹灰的区别在于两者具有不同的装饰面层。装饰抹灰施工的工序、要求与一般抹灰基本相同，罩面是用水泥、石灰砂浆和各种颜色的颜料及石粒等作为抹灰的基本材料，采用不同的施工操作方法将其做成各种饰面，饰面层质感丰富、颜色多样、艺术效果鲜明，具有一般抹灰无法比拟的优点。

按装饰面层的不同，装饰抹灰的种类有干粘石、水刷石、水磨石、斩假石、拉毛灰、拉条灰、假面砖、喷砂、喷涂、滚涂、弹涂及彩色抹灰等。

装饰抹灰面层所用材料有彩色水泥、白水泥和各种颜料及石粒，石粒的品种、规格及质量要求见表 10-3。

表 10-3　　　　　　　　　　大理石石粒的品种、规格及质量要求

规格与粒径对照		常 用 品 种	质 量 要 求
俗称规格	粒径（mm）		
大二分	≈20	汉白玉，奶油白，黄花玉，桂林白，松香黄，晚霞，蟹青，银河，雪云，齐灰，东北红，桃红，南京红，东北绿，莱阳绿，潼关绿，东北黑，竹根霞，芝麻黑，苏州黑，墨玉等	颗粒坚韧，有棱角，洁净，不得含有风化石粒及碱质或其他有机物质。使用时应冲洗过筛
一分半	≈15		
大八厘	≈8		
中八厘	≈6		
小八厘	≈4		
米粒石	≈2		

（一）装饰抹灰施工工艺

1. 水刷石

水刷石是一种传统的抹灰工艺，主要用于室外的装饰抹灰。由于其使用的水泥、石子和颜料种类多，耐久性好，变化大，色彩丰富，立体感强，无新旧之分，能使墙面达到天然美观的艺术效果。

水刷石的施工工艺流程：基层处理→抹底、中层灰→弹线、贴分隔条→抹面层水泥石子浆→冲刷水泥浆→浇水养护。

底层和中层抹灰操作要点与一般抹灰相同，抹好的中层表面要划毛。中层砂浆抹好后，弹线分格，粘分格条。中层砂浆 6～7 成干时（终凝之后），先浇水湿润，紧接着薄刮水灰比为 0.37～0.40 水泥浆一遍作为结合层，随即抹水泥石粒浆。应边抹边用铁抹子压实压平，待稍收水后再用铁抹子整面，将露出的石子尖棱轻轻拍平使表面平整密实。待面层初凝尚未硬化（用手指捺上无压痕）时，即用刷子蘸清水自上而下刷掉面层水泥浆，使石子露出灰浆面 1～2mm 高度。最后用喷水壶由上往下冲刷水泥浆，使外观石粒清晰，分布均匀，紧密平整，色泽一致，不得有掉粒和接槎痕迹。水刷石完成第二天起要经常洒水养护，养护时间不少于 7d。

2. 干粘石

干粘石抹灰工艺是水刷石抹灰的代用方法，造价较水刷石低很多，施工进度快，但不如水刷石坚固耐久，一般多用于建筑物外墙面、檐口、腰线、窗楣、窗套、门套、柱子、阳台、雨篷等处，由于耐久差，故离室外地坪高度 1m 以下，不宜采用干粘石。

干粘石施工时，应先将中层水泥砂浆洒水湿润后，粘分格条，接着按格抹水泥砂浆粘结层（厚约 4～6mm）。粘结层抹平后，应立即将配有不同颜色的中、小八厘石子甩在粘结层

上，并随即用铁抹子将石子拍入粘结层，拍平压实。石子嵌入砂浆的深度不小于粒径的1/2，但不得拍出灰浆，影响美观。如发现饰面上的石子有不匀或过稀现象时，一般不宜补甩，应将石子用抹子或手直接补粘。

当抹压石子工序完成后，就要起出分格条（用塑料或铝合金分格条作为永久装饰条不起出），并用素灰将格缝修补平直、颜色一致。待砂浆具有一定强度后，应洒水进行养护。

3. 斩假石

斩假石又称剁斧石，是仿制天然石料的一种建筑饰面，兼顾耐久，古朴大方，一般用于室外。

施工时底层与中层表面应划毛，涂抹面层石子浆前，要认真浇水湿润中层抹灰，并满刮水灰比为0.37～0.40的纯水泥浆一道，接着将拌好的1：1.25水泥石屑浆罩面，待收水后用抹子压实。

抹完后应采取防晒措施，洒水养护2～3d（其强度应控制在5MPa）后开始试斩，如石子不脱落，即可用剁斧将面层剁毛。斩剁前，应先弹线，按线操作，以免剁纹跑斜。斩剁时必须保持面层湿润，如面层过于干燥，应应洒水，但斩剁完部分不得洒水。斩剁时先仔细剁好四周边缘和棱角，再斩中间部分。在墙角、柱子等处，宜横向剁出边条或留有15～20mm宽的窄小条不剁。剁完后用钢丝刷顺斩纹刷净墙面尘土。

4. 假面砖

假面砖是用手工操作，用氧化铁红、氧化铁黄等颜料，其质量配合比为水泥：石灰膏：氧化铁黄：氧化铁红＝100：20：8：1.2：150，抹成模拟面砖的效果。此种工艺，使表面似砖，实为抹灰，造价低，操作方便。其作法是：先用1：1的水泥砂浆抹3mm厚打底；接着用上述配比混合砂浆抹面，厚3mm。面层稍收水后，用靠尺板用铁梳子或铁辊由上向下划纹，深度不超过1mm。然后根据面砖的宽度用铁钩子沿靠尺板横向划沟，深度以露出底层灰为准，划好后将飞边砂砾清净。

5. 水磨石

现制水磨石主要用于地面装饰工程，其特点是：表面平整光滑、外观美、不起灰，又可按设计和使用要求做成各种彩色图案，整体性好，坚固耐久，但其现场施工湿作业工序多，周期长。水磨石地面面层应在完成顶棚和墙面抹灰后再开始施工。

施工时，先用1：3水泥砂浆打底（12mm厚），然后按设计要求粘好分格条（铜条、塑料条或玻璃）。将底层湿润后刷一遍与面层颜色相同的水灰比为0.4～0.5的水泥浆作为粘结层，紧接着铺设1：2或1：2.5的水泥石子浆，铺设厚度要高出分格嵌条1～2mm，要铺平整，用滚筒滚压密实，待水泥浆全部压出后，再用抹子抹平。在滚压过程中，如发现表面石子偏少，可在水泥浆较多处补撒石粒并拍平，增加美观。铺完面层1d后进行洒水养护，常温下养护5～7d。

开磨前应先试磨，以表面石粒不松动为准。普通水磨石面层磨光遍数应不少于三遍。第一遍粗磨，磨至石子外露，磨平、磨匀，全部分格嵌条外露；磨后将泥浆冲洗干净，用同色水泥浆满涂抹，以填补砂眼，洒水养护2～3d再磨。第二遍磨的方法同第一次，要求消去磨痕，磨到光滑为止；磨光后再补上一次浆，养护2～3d再磨。第三遍磨，要求达到表面石子粒径显露，平整光滑，无砂眼细孔。用水冲洗后晾干，涂抹草酸溶液一遍。当为高级水磨石面层时，在第三遍磨光后，经满浆、养护，继续进行第四、第五遍磨光。

磨完后还需上蜡，方法是在面层上薄薄地涂一层蜡，稍干后用钉有细帆布或麻布的木块代替金刚石，装在磨石机的磨盘上研磨几遍，直到光滑亮洁为止。上蜡后进行养护。

6. 拉毛灰

拉毛灰是在抹灰的中层上，抹上水泥砂浆或水泥石灰砂浆，然后用拉毛工具（棕刷子、铁刷等）将砂浆拉成波纹、斑点、小猫耳朵等形状而做成装饰面层。其种类较多，如拉长毛、短毛，拉粗毛和细毛，特点是具有吸音作用，故可用于剧场、礼堂、电影院等。

拉毛灰的施工方法是一人先抹罩面灰浆，另一人紧跟在后用硬毛鬃刷往墙上垂直拍拉，拉出毛头。拉毛时应在同一个平面上，不准中断留槎，以做到色调一致不露底。

（二）装饰抹灰工程的质量要求

（1）水刷石表面应石粒清晰、分布均匀、紧密平整、色泽一致，应无掉粒和接槎痕迹。

（2）斩假石表面剁纹应均匀顺直、深浅一致，应无漏剁处；阳角处应横剁并留出宽窄一致的不剁边条，棱角应无损坏。

（3）干粘石表面应色泽一致、不露浆、不漏粘，石粒应粘结牢固、分布均匀，阳角处应无明显黑边。

（4）假面砖表面应平整、沟纹清晰、留缝整齐、色泽一致，应无掉角、脱皮、起砂等缺陷。

（5）装饰抹灰工程质量的允许偏差和检验方法应符合《建筑装饰装修工程质量验收规范》的规定。

第二节 饰 面 工 程

饰面工程是指把饰面材料镶贴或安装到基体表面上以形成装饰层。饰面材料的种类很多，但基本上可分为饰面板和饰面砖两大类。就施工工艺而言，前者以采用构造连接方式的安装工艺为主，后者以采用直接粘贴的镶贴工艺为主。

饰面板（砖）主要有：天然石板、人造石板、金属板和陶瓷面砖、玻璃面砖等；饰面砖包括：陶瓷面砖（釉面瓷砖、外墙面砖、陶瓷锦砖、陶瓷壁画劈裂砖等）、玻璃面砖等。

一、饰面板安装

饰面板工程是将天然石材、人造石材、金属饰面板等安装到基层上，以形成装饰面的一种施工方法。建筑装饰用的天然石材主要有大理石和花岗石两大类，人造石材一般有人造大理石（花岗石）和预制水磨石饰面板。金属饰面板主要有铝合金板、塑铝板、彩色涂层钢板、彩色不锈钢板、镜面不锈钢饰面板等。

饰面板安装前应进行挑选，使板材色调、花纹基本一致，并按设计要求进行预拼。预拼后按部位编号，施工时对号安装。

（一）大理石（花岗石、预制水磨石）饰面板施工

1. 湿作业法施工

湿作业法施工即绑扎固定灌浆法。此法是按照设计要求先在主体结构上焊接或绑扎钢筋骨架，在饰面板的四周侧面钻好（剔槽）绑扎钢丝或铅丝用的圆孔，然后将石材通过钢丝与主体结构上的钢筋骨架固定，最后在缝隙内分层灌水泥砂浆或细石混凝土固定，如图 10-5 所示。

湿作业法施工工艺流程：钻孔、剔槽→穿丝→绑扎钢筋→板材安装→灌浆→嵌缝。

安装施工时饰面板材离墙面留出 20～50mm 空隙，板材上下口四角用石膏临时固定，确保板面平整，然后分层灌缝，每层约为 100～200mm，待下层终凝后再灌上层，直到离板材水平缝以下 5～10mm 为止，上一行板材安装好后再继续灌缝处理，依次逐行向上操作。

2. 干挂法施工

湿作业施工方法在外墙温差较大时，易引起饰面板脱落，而且灌浆中的盐碱等色素对石材的渗透污染，会影响装饰质量和观感效果。饰面板干挂工艺有效地克服了湿作业存在的通病。

干挂工艺是用螺栓和连接件将石材挂在建筑结构的外表面，石材与结构之间留出 40～50mm 的空隙，其构造如图 10-6 所示。该工艺与湿作业工艺比较，免除了灌浆工序，可缩短工期，提高抗震性能。

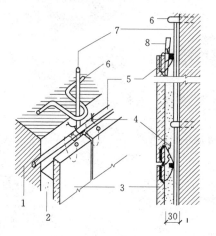

图 10-5 饰面板传统安装方法
1—墙体；2—水泥砂浆；3—饰面板；
4—钢丝；5—横筋；6—铁环；
7—立筋；8—定位木楔

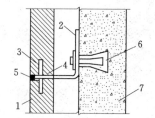

图 10-6 不锈钢连接件干挂
工艺节点示意图
1—饰面板；2—不锈钢连接件；3—不锈钢锚
固销；4—缓冲垫；5—嵌缝油膏；6—不锈
钢膨胀螺栓；7—混凝土墙

干挂法具体施工工艺如下：

（1）石材钻孔。钻孔后孔内的石屑应及时清理干净。

（2）基体处理、弹线和挂线。清理结构表面，用经纬仪打出大角两个面的垂直控制线，弹出安装石材的位置线和分块线，并挂上控制钢丝线。

（3）在结构上定位钻孔，预埋膨胀螺栓。

（4）安装底层饰面板托架及连接件。

（5）安装固定石材。先安装底层石材，把连接件上的不锈钢锚固针插入板材的接孔中，调整面板，当确定位置准确无误后，即可紧固螺栓，然后用环氧树脂或密封膏堵塞连接孔。最后用 1:2.5 的白水泥砂浆灌于底层面板内 20cm 高。

底层石板安装完毕后，经检查合格可依次循环安装上面各层面板，每层应注意上口水平、板面垂直。

（6）贴防污条、嵌缝。沿面板边缘贴 4cm 宽的纸带型不干胶带，边沿要贴齐、贴严，在大理石板间缝隙处嵌弹性背衬条，最后在背衬条外用嵌缝枪把中性硅胶打入缝内，打胶时用力要均匀，走枪要稳而慢。胶面要用不锈钢小勺刮平，嵌底层石板缝时，要注意不要堵塞流水管。

（7）清理石板表面，刷罩面剂。把石板表面的防污条掀掉，用棉丝将石板擦干净，用棉丝沾丙酮擦净余胶，再刷罩面剂。要求无气泡、不漏刷、刷均匀、平整。

3. G.P.C工艺

G.P.C法是干挂法施工工艺的拓展，是把由花岗石薄板与钢筋细石混凝土板作加强衬板制成的磨光花岗石复合板，通过连接器具将其吊挂到结构的钢骨架上成为一体，并且在复合板与结构之间组成一个空腔的安装工艺。这种施工方法主要应用于30m以上的高层和超高层建筑墙面石板材的安装。其主要优点是石板材的重量比普通干挂施工工艺所用的石板材的重量轻，因此，总的安装费用也比普通干挂施工工艺的费用略低一些，如图10-7所示。

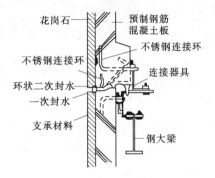

图10-7 G.P.C工艺

（二）金属饰面板的安装

1. 铝合金饰面板安装

铝合金饰面板具有强度高、重量轻、结构简单、装拆方便、耐燃防火、耐腐蚀等优点，可用于内外墙装饰及吊顶等。铝合金饰面板的固定方法有两大类：一类是用螺钉拧到型钢或木骨架上，一类是将饰面板卡在特制的龙骨上，其施工工艺如下：

（1）吊直、套方、找规矩、弹线。

（2）固定骨架的连接件。其固定形式有两种：①先预埋铁件后焊接；②在结构上预埋膨胀螺栓连接。现场多用第二种方式。

（3）固定骨架。骨架是由横竖杆件拼成，主要材质为铝合金和型钢，也可用方木做骨架，骨架应预先进行防腐处理。骨架安装位置要准确，结合要牢固。

（4）铝合金饰面板安装。将饰面板用螺钉直接拧固在骨架上。如采用后条扣压前条的构造方法，可使前块板条的固定螺钉被后块板条扣压遮盖，从而达到使螺钉全部暗装的效果，既美观，又对螺钉起保护作用。如图10-8所示。

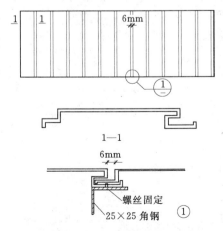

图10-8 铝合金饰面板安装示意图

2. 铝塑板建筑饰面安装

铝塑板为当代新型室内、外墙体高档装修材料之一，系以铝合金片与聚乙烯复合材复合加工而成。其安装方法一般有无龙骨贴板法、轻钢龙骨贴板法和木龙骨贴板法，后两种方法均为在墙体表面先安装龙骨后安装纸面石膏板，最后粘贴塑铝板。无龙骨贴板法的施工工艺为：

（1）墙体表面处理，刷108胶素水泥浆一道。

（2）墙体表面抹12mm厚1:0.3:3水泥砂浆找平层。

（3）粘贴纸面石膏板。将粘结石膏浆摊布于墙面之上，立即将纸面石膏板上墙就位，用力压实。

（4）纸面石膏板表面处理。先进行板缝处理；再满刮腻子一遍找平表面；干后用砂纸打平打光，清除浮尘，涂封闭乳胶漆一道；干后再喷涂酚醛清漆∶汽油＝1∶3防潮底漆一遍。

（5）粘贴塑铝板。在塑铝板背面及纸面石膏底板表面均匀涂布强力胶粘剂一层，然后将塑铝板上墙就位，拍平压实。

（6）板缝处理，封边、收口。

（三）饰面板安装的质量要求

（1）饰面板的品种、规格、颜色和性能应符合设计要求，材料的防火性能等级应符合设计要求。

（2）饰面板孔、槽的数量、位置和尺寸应符合设计要求。

（3）饰面板安装工程的预埋件（或后置埋件）、连接件的数量、规格、位置、连接方法和防腐处理必须符合设计要求。后置埋件的现场拉拔强度必须符合设计要求。饰面板安装必须牢固。

（4）饰面板表面应平整、洁净、色泽一致，无裂痕和缺损。石材表面应无泛碱等污染。

（5）饰面板嵌缝应密实、平直，宽度和深度应符合设计要求，嵌填材料色泽应一致。

（6）采用湿作业法施工的饰面板工程，石材应进行防碱背涂处理。饰面板与基体之间的灌注材料应饱满、密实。

（7）饰面板上的孔洞应套割吻合，边缘应整齐。

（8）饰面板安装的允许偏差和检验方法应符合《建筑装饰装修工程质量验收规范》的规定❶。

二、饰面砖镶贴工艺

饰面砖包括釉面砖、外墙面砖、陶瓷锦砖、玻璃锦砖等。饰面砖应镶贴在湿润、干净、平整的基层（找平层）上。为保证基层与基体粘结牢固，应对不同基体采用不同处理方法。

（一）釉面砖镶贴

釉面砖正面挂釉，又叫釉面瓷砖，有白色、彩色和印花等多种，形状有正方形和长方形两种。其表面光滑、美观、易于清洗，且防潮耐碱，多用于室内卫生间、浴室、水池、游泳池等处作为饰面材料。其镶贴工艺如下：

（1）选砖。釉面砖镶贴前应经挑选，要做到颜色均匀、尺寸一致，边缘整齐，棱角不得损坏，无缺釉、脱釉、裂纹、夹心及扭曲、凹凸不平等现象。并在清水中浸泡（以瓷砖在水

---

❶ 《建筑装饰装修工程质量验收规范》GB 50210—2001 规定：

表 8.2.9　　　　　　　　　　饰面板安装的允许偏差和检验方法

项次	项　目	允许偏差（mm）							检 验 方 法
		石　材			瓷板	木材	塑料	金属	
		光面	剁斧石	蘑菇石					
1	立面垂直度	2	3	3	2	1.5	2	2	用2m垂直检测尺检查
2	表面平整度	2	3	—	1.5	1	3	3	用2m靠尺和塞尺检查
3	阴阳角方正	2	4	4	2	1.5	3	3	用直角检测尺检查
4	接缝直线度	2	4	4	2	1	1	1	拉5m线，不足5m拉通线，用钢直尺检查
5	墙裙、勒脚上口直线度	2	3	3	2	2	2	2	拉5m线，不足5m拉通线，用钢直尺检查
6	接缝高低差	0.5	3	—	0.5	0.5	1	1	用钢直尺和塞尺检查
7	接缝宽度	1	2	2	1	1	1	1	用钢直尺检查

中不冒泡为止）后阴干备用，釉面砖的吸水率不得大于18％，抗折强度应达2～4MPa。

（2）抹底灰。基层应扫净，浇水湿润，用水泥砂浆打底，厚7～10mm，找平划毛，打底后养护1～2d方可镶贴。

（3）找规矩，弹控制线。镶贴前，墙面的阴阳角、转角处均需拉垂直线，并进行找方，阳角要双面挂垂直线，划出纵、横皮数，沿墙面进行预排。排列方法有直缝排列和错缝排列两种。缝宽一般宽约为1～1.5mm。

（4）镶贴釉面砖。镶贴时先浇水湿润底层，根据弹线固定好平尺板，作为镶贴第一皮瓷砖的依据。镶贴顺序为自下而上，从阳角开始，使不成整块的留在阴角或次要部位。如墙面有突出的管线、灯具、卫生器具等，应用整砖套割吻合，不得用非整砖拼凑镶贴。

粘结层常用厚约7～10mm的聚合物水泥砂浆，施工时，将粘结砂浆均匀刮抹在瓷砖背面，逐块粘贴于底层上，轻轻敲击，使之贴实粘牢。并随时检查平整方正、修正缝隙。凡遇缺灰、粘结不密实等情况时，应取下瓷砖重新粘贴，以防止空鼓。

（5）擦缝。贴后用同色水泥擦缝，最后用棉丝擦干净或用稀盐酸溶液刷洗瓷砖表面，并随即用清水冲洗干净。

（二）陶瓷锦砖镶贴

陶瓷锦砖旧称"马赛克"，是以优质瓷土烧制而成的小块瓷砖，由于规格小，不宜分块铺贴，故出厂前工厂按各种图案组合将陶瓷锦砖反贴在护面纸上。陶瓷锦砖具有美观大方、拼接灵活、自重较轻、装饰效果好等特点，常用作地面及室内、外墙面饰面材料。其镶贴工艺如下：

（1）绘制大样图。镶贴前，应按照设计图纸要求及图纸尺寸核实墙面的实际尺寸，根据排砖模数和分格要求，绘制出施工大样图，加工好分格条，并对陶瓷锦砖统一编号，便于镶贴时对号入座。

（2）找规矩，弹线、基层处理。基层上用厚10～12mm的水泥砂浆打底，找平划毛，洒水养护。

（3）镶贴陶瓷锦砖。在湿润的底层上刷素水泥浆一道，再抹一层厚3mm的1∶1水泥砂浆作粘结层。同时将陶瓷锦砖底面朝上铺在木垫板上，用1∶1水泥细砂干灰填缝，再刮一层1～2mm厚的素水泥浆，随即将托板上的陶瓷锦砖纸板对准分格线贴于底层上，并拍平拍实。

（5）揭纸。待水泥砂浆初凝后，用软毛刷将护纸刷水润湿，约半小时后揭纸，并检查缝的平直大小，校正拨直，使其间距均匀，边角整齐。

（6）擦缝。粘贴48h后，用素水泥浆擦缝，待嵌缝材料硬化后用棉丝将表面擦净或用稀盐酸溶液刷洗，并随即用清水冲洗干净。

（三）饰面砖安装的质量要求

（1）饰面砖粘贴必须牢固。

（2）满粘法施工的饰面砖工程应无空鼓、裂缝。

（3）阴阳角处搭接方式、非整砖使用部位应符合设计要求。

（4）墙面突出物周围的饰面砖应整砖套割吻合，边缘应整齐。墙裙、贴脸突出墙面的厚度应一致。

（5）饰面砖粘贴的允许偏差和检验方法应符合《建筑装饰装修工程质量验收规范》的

规定●。

第三节 涂 饰 工 程

涂饰工程是指将涂料施涂于结构表面，以达到保护、装饰及防水、防火、防腐蚀、防霉、防静电等作用的一种饰面工程。其耐久性略差，但维修、更新很方便。

一、建筑涂料饰面工程的基层处理

1. 混凝土和砂浆抹灰基层表面处理

涂料工程施工前，应将基层表面的缺棱掉角处，用1：3的水泥砂浆或聚合物水泥砂浆修补；表面麻面及缝隙应用腻子填齐补平；基层表面上的灰尘、污垢、砂浆流痕和黏附物应该清除干净，做到平整、光滑。

2. 木基层表面处理

涂料木制品的基本要求是：平整光滑、少节疤、棱角整齐、木纹颜色一致等。一般木制品表面都应用腻子刮平，然后用不同型号的砂纸打磨光，以达到表面平整的要求。

3. 金属基层表面处理

对金属基层表面处理的要求是：表面平整，无尘土、油污、锈斑、焊渣、毛刺和旧涂层等。金属表面应刷防锈漆，在刷涂料时，金属表面不得有湿气，以免水分蒸发造成涂膜起泡。

二、建筑涂料施工

涂料在施涂前及施涂过程中，必须充分搅拌均匀，如需稀释应用该种涂料所规定的稀释剂稀释。

1. 刷涂

刷涂是用毛刷、排笔等将涂料涂饰在物体表面上的一种施工方法。刷涂顺序一般是先左后右、先上后下、先边后面、先难后易。刷涂时，其刷涂方向和行程长短均应一致，接槎最好在分格缝处。刷涂一般不少于两遍，较好的饰面为三遍。第一遍浆的稠度要小些，前一遍涂层表干后才能进行后一遍刷涂，前后两遍间隔时间与施工现场的温度、湿度有密切关系，通常不少于2～4h。

2. 喷涂

喷涂是利用压力或压缩空气将涂料喷涂于墙面的机械化施工方法。其特点是：涂膜外观质量好、工效高，适合于大面积施工，并可通过调整涂料的稠度、喷嘴的大小及排气量而获得不同质感的装饰效果。

● 《建筑装饰装修工程质量验收规范》GB 50210—2001规定：

8.3.11 饰面砖粘贴的允许偏差和检验方法应符合表8.3.11的规定。

表 8.3.11   饰面砖粘贴的允许偏差和检验方法

项次	项 目	允许偏差（mm）		检 验 方 法
		外墙面砖	内墙面砖	
1	立面垂直度	3	2	用2m垂直检测尺检查
2	表面平整度	4	3	用2m靠尺和塞尺检查
3	阴阳角方正	3	3	用直角检测尺检查
4	接缝直线度	3	2	拉5m线，不足5m拉通线，用钢直尺检查
5	接缝高低差	1	0.5	用钢直尺和塞尺检查
6	接缝宽度	1	1	用钢直尺检查

在喷涂施工中，涂料稠度必须适中，空气压力在 0.4～0.8MPa 之间选择，喷射距离一般为 40～60cm，喷枪运行中喷嘴中心线必须与墙面垂直，喷枪运行速度要保持一致。一面墙要一气喷完，外墙在分格缝处再停歇。

3. 滚涂

滚涂是利用滚筒蘸取涂料并将其涂布到物体表面上的一种施工方法。这种涂饰层可形成明晰的图案、花色纹理，具有良好的装饰效果。

滚涂时应从上往下、从左往右进行操作，不够一个滚筒长度的留到最后处理，待滚涂完毕的墙面花纹干燥后，以遮盖的办法补滚。若是滚花时，滚筒每移动一次位置，应先将滚筒花纹的位置校正对齐，以保持图案一致。

滚涂过程中若出现气泡，解决的方法是待涂料稍微收水后，再用蘸浆较少的滚筒复压一次，消除气泡。

4. 弹涂

弹涂是利用弹涂器通过转动的弹棒将涂料弹到结构表面上的一种施工方法。

弹涂时，先调整和控制好浆门、浆量和弹棒，开动电机，使机口垂直对正墙面，保持适当距离（一般为 30～50cm），按一定手势和速度，自上而下、自右（左）而左（右），循序渐进，要注意弹点密度均匀适当，接头不明显。

三、涂饰工程的质量要求❶

第四节 楼 地 面 工 程

一、地面的构造及其子分部工程、分项工程的划分

（一）地面的构造

地面是建筑物底层地面（地面）和楼层地面（楼面）的总称，故也称楼地面。两者的主要区别是其饰面承托层不同，楼面装饰面层的承托层是架空的楼面结构层，地面装饰面层的承托层是室内回填土。楼面饰面要注意防渗漏问题，地面饰面要注意防潮问题。楼面、地面

---

❶《建筑装饰装修工程质量验收规范》GB 50210—2001 规定：

10.1.5 涂饰工程的基层处理应符合下列要求：

1. 新建筑物的混凝土或抹灰基层在涂饰涂料前应涂刷抗碱封闭底漆。

2. 旧墙面在涂饰涂料前应清除疏松的旧装修层，并涂刷界面剂。

3. 混凝土或抹灰基层涂刷溶剂型涂料时，含水率不得大于 8%；涂刷乳液型涂料时，含水率不得大于 10%。木材基层的含水率不得大于 12%。

4. 基层腻子应平整、坚实、牢固，无粉化、起皮和裂缝。

5. 厨房、卫生间墙面必须使用耐水腻子。

10.2.4 水性涂料涂饰工程应涂饰均匀、粘结牢固，不得漏涂、透底、起皮和掉粉。检验方法：观察；手摸检查。

10.2.6 薄涂料的涂饰质量和检验方法应符合表 10.2.6 的规定。

表 10.2.6　　　　　　　　　薄涂料的涂饰质量和检验方法

项次	项　　目	普通涂饰	高级涂饰	检验方法
1	颜色	均匀一致	均匀一致	观察
2	泛碱、咬色	允许少量轻微	不允许	
3	流坠、疙瘩	允许少量轻微	不允许	
4	砂眼、刷纹	允许少量轻微砂眼，刷纹通顺	无砂眼，无刷纹	
5	装饰线、分色线直线度允许偏差	2mm	1mm	拉 5m 线，不足 5m 拉通线，用钢直尺检查

的组成分为基层和面层两大基本构造层，基层部分包括结构层和垫层。为了能满足一定的使用功能，还需增设结合层、找平层、填充层、隔离层等附加构造层。规范中把附加构造层也归类于基层中。地面的构成层次示意如图10-9所示。

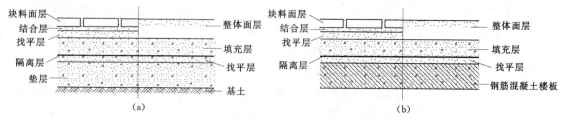

图10-9　地面构造层次示意图
(a) 地面；(b) 楼面

（二）建筑地面子分部工程、分项工程的划分

建筑地面工程、子分部工程、分项工程的划分，见表10-4。

表10-4　　　　　　　　　建筑地面子分部工程、分项工程划分表

分部工程	子分部工程	分项工程	
建筑装饰装修工程	地面	整体面层	基层：基土、灰土垫层，砂垫层和砂石垫层、碎石垫层和碎砖垫层，三合土及四合土垫层、炉渣垫层，水泥混凝土和陶粒混凝土垫层，找平层，隔离层，填充层，绝热层
			面层：水泥混凝土面层，水泥砂浆面层，水磨石面层，硬化耐磨面层，防油渗面层，不发火（防爆的）面层，自流平面层，涂料面层，塑胶面层，地面辐射供暖的整体面层
		板块面层	基层：基土、灰土垫层，砂垫层和砂石垫层、碎石垫层和碎砖垫层，三合土及四合土垫层、炉渣垫层，水泥混凝土垫层和陶粒混凝土垫层，找平层，隔离层，填充层，绝热层
			面层：砖面层（陶瓷锦砖、缸砖、陶瓷地砖和水泥花砖面层），大理石面层和花岗石面层、预制板块面层（水泥混凝土板块、水磨石板块、人造石板块面层），料石面层（条石、块石面层），塑料板面层、活动地板面层、地毯面层，地面辐射供暖的板块面层
		木、竹面层	基层：基土、灰土垫层，砂垫层和砂石垫层，碎石垫层和碎砖垫层，三合土及四合土垫层、炉渣垫层，水泥混凝土垫层和陶粒混凝土垫层，找平层，隔离层，填充层，绝热层
			面层：实木地板、木复集成板、竹地板面层（条材、块材面层），实木复合地板面层（条材、块材面层），油浸纸层压木质地板面层（条材、块材面层），软木类地板面层（条材、块材面层），地面辐射供暖的模板面层

二、基层施工

基层的作用是承担其上面的全部荷载，它是楼地面的基体。基层施工包括基土、垫层、找平层、绝热层、隔离层、填充层等的施工。

（一）基土施工

基土是底层地面垫层下的土层，是承受由整个地面传来荷载的地基结构层。地面应铺设在均匀密实的基土上。土层结构被扰动的基土应换填并压实，压实系数应符合设计要求。按设计标高开挖后的原状土层，如为碎石类土、砂土或黏性土中的老黏土和一般黏性土等，均可作为基土层，如为淤泥、淤泥质土和杂填土、冲填土以及其他高压缩性土等软弱土层，则应按照设计要求采取换土、机械夯实或加固等措施。

基土施工应严格按照《建筑地基基础工程施工质量验收规范》GB 50202—2002 的有关规定进行。填土土质应控制在最优含水量的状况下施工，应分层填土，分层压实，分层检验

其密实度。经夯实后的基土表面应平整，标高应符合设计要求。基土施工完后，应及时施工其上垫层或面层，防止基土被扰动破坏。

（二）垫层施工

垫层是承受并传递地面荷载于基土上的构造层，包括灰土垫层、砂垫层和砂石垫层、混凝土垫层、碎石垫层和碎砖垫层、三合土垫层、炉渣垫层等。

1. 灰土垫层施工

灰土垫层是采用熟化石灰与黏土（或粉质黏土、粉土）按一定比例或按设计要求经拌合后铺设在基土层而成，其厚度不应小于100mm。灰土拌合料要随拌随用，不得隔日夯实，也不得受雨淋，如遭受雨淋浸泡，应将积水及松软灰土除去，晾干后再补填夯实。垫层铺设完毕，应尽快进行面层施工，防止长期曝晒。

2. 砂垫层和砂石垫层施工

砂垫层和砂石垫层是分别采用砂和天然砂石铺设在基土层上压实而成，如用人工级配的砂石，应按一定比例拌合均匀后使用。砂垫层厚度不应小于60mm；砂石垫层厚度不应小于100mm。垫层应分层摊铺，摊铺均匀后，可采用平振法、插振法、水撼法、夯实法、碾压法等方法使其密实，压实后的密实度应符合设计要求。

3. 混凝土垫层

混凝土垫层的厚度不应小于60mm。浇筑混凝土垫层前，应清除基层的淤泥和杂物。在墙上弹出控制标高线，垫层面积较大时，要设置混凝土墩控制垫层标高。铺设前，将基层湿润，摊铺混凝土后，用表面振捣器振捣密实，用木抹子将表面搓平，还应加强养护工作。

垫层施工时应严格按照《建筑地面工程施工质量验收规范》GB 50209—2010 的有关规定进行质量控制。

（三）找平层施工❶

找平层是在各类垫层上、楼板或填充层上铺设，起着整平、找坡或加强作用的构造层。当找平层厚度小于30mm时宜用水泥砂浆做找平层，大于30mm时宜用细石混凝土铺设。找平层铺设完毕后应及时养护，混凝土强度达到1.2MPa以上时，方准施工人员在其上行走。

（四）隔离层施工❷

隔离层是防止建筑地面上各种液体（主要指水、油、腐蚀性和非腐蚀性液体）侵蚀作用

---

❶　《建筑地面工程施工质量验收规范》GB 50209—2010 规定：

4.9.7　水泥砂浆体积比或水泥混凝土强度等级应符合设计要求，且水泥砂浆体积比不应小于1：3（或相应强度等级）；水泥混凝土强度等级不应小于C15。

4.9.8　有防水要求的建筑地面工程的立管、套管、地漏处严禁渗漏，坡向应正确、无积水。

4.9.9　找平层表面应密实，不得有起砂、蜂窝和裂缝等缺陷。

4.9.10　找平层与其下一层结合牢固，不得有空鼓。

❷　《建筑地面工程施工质量验收规范》GB 50209—2010 规定：

4.10.5　铺设防水隔离层时，在管道穿过楼板面四周，防水材料应向上铺涂，并超过套管的上口；在靠近墙面处，应高以面层200～300mm或按设计要求的高度铺涂。阴阳角和管道穿过楼板面的根部应增加铺涂附加防水隔离层。

4.10.7　防水材料铺设后，必须蓄水检验。蓄水深度应为20～30mm，24h 内无渗漏为合格，并做记录。

4.10.11　厕浴间和有防水要求的建筑地面必须设置防水隔离层。楼层结构必须采用现浇混凝土或整块预制混凝土板，混凝土强度等级不应小于C20；楼板四周除门洞外，应做混凝土翻边，其高度不应小于120mm。施工时结构层标高和预留孔洞位置应正确，严禁乱凿洞。

4.10.15　隔离层与其下一层粘结牢固，不得有空鼓；防水涂层应平整、均匀，无脱皮、起壳、裂缝、鼓泡等缺陷。

以及防止地下水和潮气渗透到地面而增设的构造层。仅防止地下潮气渗透到地面的可称作防潮层。隔离层应采用防水卷材、防水涂料等铺设而成。

隔离层施工质量检验除应满足《建筑地面工程施工质量验收规范》GB 50209—2010 要求外，还应满足《屋面工程质量验收规范》GB 50207—2012 的有关规定。

（五）填充层施工

填充层是在建筑地面上起隔声、保温、找坡或敷设管线等作用的构造层，可采用松散、板块、整体保温材料和吸声材料等铺设而成。松散材料可采用膨胀蛭石、膨胀珍珠岩、炉渣、水渣等铺设；板块材料可采用泡沫塑料板、膨胀珍珠岩板、蛭石板、加气混凝土板等铺设；整体材料可采用沥青膨胀蛭石、沥青膨胀珍珠岩、水泥膨胀珍珠岩和轻骨料混凝土等拌合料铺设。

（六）结合层施工

结合层是面层与下一层相连接的中间层，是指水泥砂浆、沥青胶结料或胶粘剂等。通过结合层将整体面层（或板块面层）与垫层（或找平层）连接起来，以保证建筑地面工程的整体质量，防止面层出现起壳、空鼓等缺陷。

三、面层施工

面层是楼地面的表层，即装饰层，它直接受外界各种因素的作用。地面的名称通常以面层所用的材料来命名，如水泥砂浆地面。按工程做法和面层材料不同楼地面可分为整体铺设地面、块板铺贴楼地面、木（竹）铺装地面等。

（一）整体面层施工❶

整体面层包括水泥混凝土面层、水泥砂浆面层、水磨石面层、水泥钢（铁）屑面层、防油渗面层、不发火（防爆的）面层等。

水泥砂浆面层是地面做法中最常用的一种整体面层。铺设前，先刷一道掺加 4%～5% 108 胶的水泥浆，随即铺抹水泥砂浆，用刮尺刮平，并用木抹子压实，在砂浆初凝后终凝前用铁抹子反复压光三遍。砂浆终凝后覆盖草帘、麻袋，浇水养护，养护时间不应少于 7d。

---

❶ 《建筑地面工程施工质量验收规范》GB 50209—2010 规定：

5.1.2　铺设整体面层时，水泥类基层的抗压强度不得小于 1.2MPa；表面应粗糙、洁净、湿润并不得有积水。铺设前宜涂刷界面处理剂。

5.1.4　整体面层施工后，养护时间不应小于 7d；抗压强度应达到 5MPa 后，方准上人行走；抗压强度应达到设计要求后，方可正常使用。

5.1.6　整体面层的抹平工作应在水泥初凝前完成，压光工作应在水泥终凝前完成。

5.1.7　整体面层的允许偏差应符合表 5.1.7 的规定。

表 5.1.7　　　　　　　　　　整体面层的允许偏差和检验方法

项次	项目	允许偏差									检验方法
		水泥混凝土面层	水泥砂浆面层	普通水磨石面层	高级水磨石面层	硬化耐磨面层	防油渗混凝土和不发火（防爆的）面层	自流平面层	涂料面层	塑胶面层	
1	表面平整度	5	4	3	2	4	5	2	2	2	用 2m 靠尺和楔形塞尺检查
2	踢脚线上口平直	4	4	3	3	4	4	3	3	3	拉 5m 线和用钢尺检查
3	缝格平直	3	3	3	2	3	3	2	2	2	

5.3.1　水泥砂浆面层的厚度应符合设计要求。

5.3.6　面层与下一层应结合牢固，且无空鼓和开裂。

5.3.7　面层表面的坡度应符合设计要求，不得有倒泛水和积水现象。

5.3.8　面层表面应洁净，无裂纹、脱皮、麻面、起砂等现象。

5.3.9　踢脚线与墙面应紧密结合，高度一致，出柱、墙厚度应符合设计要求，厚度均匀一致。

水泥砂浆面层施工时应严格按照《建筑地面工程施工质量验收规范》GB 50209—2010 的有关规定进行质量控制。

（二）板块面层施工

板块面层包括砖面层（陶瓷锦砖、缸砖、陶瓷地砖和水泥花砖面层）、大理石面层和花岗石面层、预制板块面层（水泥混凝土板块、水磨石板块面层）、料石面层（条石、块石面层）、塑料板面层、活动地板面层、地毯面层等。

1. 板块面层施工工艺流程

选板→试拼→弹线→试排→铺板块面层→灌缝、擦缝→养护→打蜡（当面层为大理石或花岗石时有此工序）。

（1）选板：对板块逐块认真挑选，有翘曲、拱背、宽窄不一、不方正的挑出来，用在适当部位或剔除。

（2）试拼：在正式铺设前，应先对色、拼花，并编号。试拼中将色板好的排放在显眼部位，花色和规格较差的铺砌在较隐蔽处。

（3）弹线：根据施工大样图，在房间的主要部位弹互相垂直的控制通线，用以检查和控制板块的位置，控制线可以弹在基层上，并引至墙面底部。还应将找平层的标高弹在四周墙上，以便拉线控制铺灰厚度和平整度。

（4）试排：在房间内的两个互相垂直的方向，铺设两条干砂，起标筋作用，其宽度大于板块，厚度不小于 30mm。根据试拼板编号及施工大样图，结合房间实际尺寸，把板块排好，以便检查板块之间的缝隙，核对板块与墙面、柱、洞口等部位的相对位置。当尺寸不足整块倍数时，将非整板块用于边角处。

（5）铺板块：铺砌前将板块浸水湿润，晾干后表面无明水时，方可使用。先将找平层洒水湿润，均匀涂刷素水泥浆（水灰比为 0.4～0.5），涂刷面积不要过大，铺多少刷多少。为了找好位置和标高，应从门口开始铺贴，纵向先铺 2～3 行砖，以此为标筋拉纵横水平标高线，铺时应从里向外退着操作，人不得踏在刚铺好的砖面上。凡有柱子的大厅，宜先铺砌柱子与柱子中间的部分，然后向两边展开。安放时四角同时往下落，用橡皮锤或木锤轻击木垫板（不得用木锤直接敲击块料），根据水平线找平，铺完第一块向两侧和后退方向顺序镶铺。如发现空隙应将块料板掀起用砂浆补实再行安装。

（6）灌缝、擦缝：板块与板块之间，接缝要严密，缝宽不大于 1mm，纵横缝隙要顺直。在铺砌后 1～2 昼夜进行灌浆擦缝。根据块料颜色，选择相同颜色矿物颜料和水泥拌合均匀调成 1:1 稀水泥浆，用浆壶徐徐灌入块料之间的缝隙，分几次进行，并用长把刮板把流出的水泥浆向缝隙内喂灰。灌浆时，多余的砂浆应立即擦去，灌浆 1～2h 后，用棉丝团蘸原稀水泥浆擦缝，与板面擦平，同时将板面上水泥浆擦净。

（7）养护：面层施工完毕后，封闭房间，派专人洒水养护不少于 7d。

（8）贴踢脚板：可采用灌浆法和粘贴法两种。两种方法都要试排，使踢脚板的缝隙与地面块料板接缝对齐为宜。墙面和附墙柱的阳角处，应采取正面板盖侧面板，或者切割成 45°斜面对角连接。

（9）打蜡：待砂浆强度达到设计强度后，用油石分遍浇水磨光，最后用 5% 浓度草酸清洗，再打蜡。打蜡应在大理石（或花岗石）地面和踢脚板均做完，其他工序也完工，不再上人，准备交付使用时再进行，要达到光滑洁净。

（三）木、竹面层施工

木、竹面层包括实木地板面层、实木复合地板面层、中密度（强化）复合地板面层、竹地板面层等。这里主要介绍实木地板面层的施工。

1. 实木地板面层的特点及适用范围

实木地板面层具有弹性好、导热系数小、干燥、易清洁和不起尘等性能，是一种较理想的建筑地面材料，可采用单层木板面层或双层木板面层铺设。单层木板面层是在木搁栅上直接钉企口木板，适用于办公室、会议室、高档旅馆及住宅；双层木板面层是在木搁栅上先钉一层毛地板，再钉一层企口木板，其面层坚固、耐磨、洁净美观，但造价高，适用于室内体育训练、比赛、练习用房和舞厅、舞台等公共建筑。

2. 铺设方法

实木地板面层铺设方法有空铺和实铺两种方式。底层木地板一般采用空铺方法施工，而楼层木地板可采用空铺也可采用实铺方法进行施工。

空铺法是将木搁栅搁于墙体的垫木上，木搁栅之间加设剪刀撑，木板面层在木板下面留有一定高度的空间，以利通风换气，使木板和搁栅保持干燥而不至于腐烂；实铺法是将木板面层铺钉在固定于基层上的木龙骨上，木龙骨之间常用炉渣等隔音材料填充，并加设横向木撑，木材部分均必须做防腐、防蛀处理。其构造做法如图 10-10 所示。

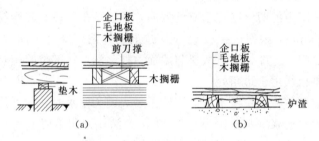

图 10-10　木板面层构造做法示意图
(a) 空铺式；(b) 实铺式

3. 施工工艺

其工艺流程为：清理基层→弹线→铺设木搁栅→铺设面层实木地板→镶边→地面磨光→安装踢脚板→油漆打蜡。

（1）清理基层、弹线。在基层上弹出木搁栅中心控制线，并弹出标高控制线。

（2）铺设木搁栅。将木搁栅逐根就位，用预埋的 $\phi4$ 钢筋或 8 号铁丝将木搁栅固定牢，要严格做到整间木搁栅面标高一致。在木搁栅之间加设横向木撑，然后用炉渣、矿棉毡、珍珠岩、加气温凝土块等（具体材料按设计要求）填平木搁栅之间空隙，要拍平拍实。空铺时钉以剪刀撑固定木搁栅。

（3）铺设面层实木地板。

1）单层木板面层。

在木搁栅上直接钉直条面板，侧面带企口，面板应与木搁栅方向垂直铺钉，且要注意使木地板的心材（髓心）朝上。在企口凸榫处斜着钉暗钉，每块板不少于 2 个钉。钉的长度应为板厚的 2～2.5 倍，钉头送入板中 2mm 左右，斜向入木，钉子不易从木板中拔出，使地板坚固耐用。剩最后一块用无榫地板条，加胶平接以明钉固定。

2）双层木板面层。

在木搁栅上先钉一层毛地板，再钉一层企口面板。毛地板条与木搁栅成 30°或 45°斜角方向铺钉，面板应与木搁栅方向垂直铺钉，这样避免上下两层同缝，增加地板的整体性。毛地板接头必须在搁栅上不得悬挑，接头缝留 2～3mm，接头要错开。毛地板与木搁栅用圆钉固定，钉长为板厚的 2～2.5 倍，每块毛地板与木搁栅处钉 1 个钉子。毛地板的含水率应严格控

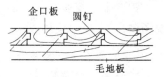

图 10-11 企口板安装

制并不得大于 12%。在毛地板上先铺一层沥青油纸或油毡隔潮（是否设置防潮层依设计要求），然后将企口板钉在毛地板上，如图 10-11 所示。

（4）地板磨光。地面磨光用磨光机，磨时不应磨得太快，磨深不宜过大，一般不超过 1.5mm，要多磨几遍，直到符合要求为止。

（5）安装踢脚板：当房间设计为实木踢脚板时，踢脚板应预先刨光，在靠墙的一面开成凹槽，以防翘曲，并每隔 1m 钻直径 6mm 的通风孔，每隔 750mm 与墙内防腐木砖钉牢。踢脚板要垂直，上口水平，在踢脚板与地板交角处，钉上 1/4 圆木条，以盖住缝隙。

（6）油漆打蜡。该工作应在房间内所有装饰工程完工后进行。打蜡可用地板蜡，以增加地板的光洁度，使木材固有的花纹和色泽最大限度地显现出来。

4. 粘结法施工

粘结法施工是将加工好的实木地板条用胶结材料直接粘贴在楼地面基层上。粘铺木地板用胶要符合设计要求。铺贴时要用专用刮胶板将胶均匀地涂刮于楼地面基层上及木地板背面，待胶不粘手时，将地板按定位线就位粘贴，并用小锤轻敲，使地板条与基层粘牢。涂胶时要求涂刷均匀，厚薄一致，不得有漏涂之处。地板条应铺正、铺平、铺齐，并应逐块错缝排紧粘牢。板与板之间不得出现松动、不平、缝隙及溢胶。

实木地板面层施工时应严格按照《建筑地面工程施工质量验收规范》GB 50209—2010 的有关规定进行质量控制❶。

第五节 门 窗 工 程

门窗按材料分为木门窗、金属门窗（包括铝合金门窗、涂色镀锌钢板门窗等）和塑料门窗等，木门窗应用最早且最普遍，但目前越来越多地被铝合金门窗和塑料门窗所取代。

门窗安装采用预留洞口的施工方法，不得采用边安装边砌口或先安装后砌口的施工方法。门窗安装必须牢固，在砖砌体上安装门窗时严禁用射钉固定。

一、铝合金门窗

铝合金门窗是用经过表面处理的型材，通过下料、打孔、铣槽、攻丝和制窗等加工过程而制成的门窗框料构件，再与连接件、密封件和五金配件一起组装而成。铝合金门窗按其构造和开启方式可分为推拉门（窗）、平开门（窗）、回转门（窗）、固定窗、悬挂窗等。

---

❶ 《建筑地面工程施工质量验收规范》GB 50209—2010 规定：

7.2.3 铺设实木地板面层时，其木搁栅的截面尺寸、间距和稳固方法等均应符合设计要求。木搁栅固定时，不得损坏基层和预埋管线。

木搁栅应垫实钉牢，与墙之间留出 30mm 的缝隙，表面应平直，其间距不宜大于 300mm。

7.2.4 毛地板铺设时，木材髓心应向上，板间缝隙不应大于 3mm，与墙之间应留 8～12mm 空隙，表面应刨平。

7.2.5 实木地板面层铺设时，面板与墙之间应留 8～12 mm 缝隙。

铝合金门窗多在工厂加工制作，但由于其易于切割、组装，制作工艺简单，所以也可在现场制作。

（一）铝合金门窗安装

铝合金门窗安装一般都采用后塞口法，即先安装门窗框，后安装门窗扇，因此门窗框加工尺寸略小于洞口尺寸，门窗框与洞口之间的空隙，应视不同的饰面材料而定。以饰面层与门窗框边缘正好吻合为准，不可让饰面层盖住门窗框。

铝合金门窗框安装的时间，应选择在主体结构基本结束后进行。安装前，应先在洞口弹出门、窗位置线。按弹线确定的位置将门窗框就位，先用木楔临时固定，待检查立面垂直、左右间隙、上下位置等符合要求后，将门窗框与墙体连接固定，固定方法如图 10-12 所示。

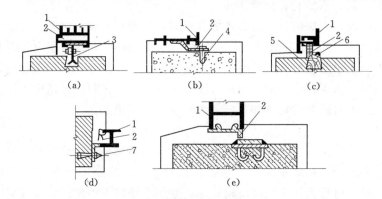

图 10-12 铝合金门窗框与墙体连接方式
（a）预留洞燕尾铁脚连接；（b）射钉连接；（c）预埋木砖连接；
（d）膨胀螺钉连接；（e）预埋件焊接
1—门窗框；2—连接铁件；3—燕尾铁脚；4—射（钢）钉；
5—木砖；6—木螺钉；7—膨胀螺钉

铝合金门窗框安装固定后，应及时处理框与洞口的间隙，如设计无规定应采用矿棉条或玻璃丝毡条分层填塞，缝隙表面留 5～8mm 深的槽口，填嵌密封油膏或在门窗两侧作防腐处理后填 1∶2 水泥砂浆。

铝合金门窗扇的安装，宜在室内外装修基本结束后进行，以免土建施工时将其损坏。安装推拉门窗扇时，应先装室内侧门窗扇，后装室外侧门窗扇；安装平开门窗扇时，应先把合页按要求位置固定在铝合金门窗框上，然后将门窗扇嵌入框内临时固定，调整合适后，再将门窗扇固定在合页上，必须保证上、下两个转动部分在同一轴线上。

最后安装玻璃。小块玻璃用双手操作就位，若单块玻璃尺寸较大，可使用玻璃吸盘就位。玻璃就位后，即以橡胶条固定，然后在橡胶条上注入密封胶。也可以直接用橡胶衬条封缝、挤紧，表面不再注胶。

（二）铝合金门窗安装工程质量检验主控项目

（1）金属门窗的品种、类型、规格、尺寸、性能、开启方向、安装位置、连接方式及铝合金门窗的型材壁厚应符合设计要求。

（2）金属门窗扇必须安装牢固，并应开关灵活、关闭严密、无倒翘，推拉门窗扇必须有防脱落措施。铝合金门窗推拉门窗扇开关力应不大于 100N。金属门窗扇的密封条应安装完好，不得脱槽。

（3）金属门窗配件的型号、规格、数量应符合设计要求，安装应牢固、位置应正确、功能应满足使用要求。有排水孔的金属门窗，排水孔应畅通，位置和数量应符合设计要求。

（4）门窗玻璃不应直接接触型材。单面镀膜玻璃的镀膜层及磨砂玻璃的磨砂面应朝向室内。玻璃表面应洁净，玻璃中空层内不得有灰尘和水蒸气。

二、塑料门窗

塑料门窗造型美观、线条挺拔清晰、表面光洁，而且防腐、密封、隔热，不需进行涂装维护，但容易老化和变形，为此可在其塑料型材内加钢衬，例如目前应用的塑钢门窗（内衬增强型钢）。塑料门窗进场后应存放在有靠架的室内并与热源隔开以免受热变形。

门窗框的尺寸应比洞口尺寸略小，两者之间需留 20mm 左右间隙，待检查无误后方可安装。塑料门窗安装前，先装五金配件及固定件。由于塑料型材是中空多腔的，材质较脆，因此不能用螺丝直接锤击拧入，应先用手电钻钻孔，后用自攻螺丝拧入。

塑料门窗框与墙体的连接方法主要为连接件法，其做法是先将门窗放入洞口内，调整至横平竖直后，用木楔临时固定，然后将固定在门窗框靠墙一面的锚固铁件用螺钉或膨胀螺丝固定在墙上。

塑料门窗框与洞口墙体间的缝隙，应用泡沫塑料条或油毡卷条等填塞。填塞不宜过紧，以免框架变形。门窗框四周的内外接缝应用密封材料嵌填严密，也可以采用硅橡胶嵌缝，不宜采用嵌填水泥砂浆的做法，不论采用何种填缝方法，均要求做到嵌填封缝材料能承受墙体与框间的相对运动而保持密封性能；嵌填封缝材料不应对塑料门窗框有腐蚀、软化作用。

塑料门窗安装工程的质量验收主控项目有：

（1）塑料门窗的品种、类型、规格、尺寸、开启方向、安装位置、连接方式及填嵌密封处理应符合设计要求，内衬增强型钢的壁厚及设置应符合国家现行产品标准的质量要求。

（2）塑料门窗框、副框和扇的安装必须牢固，固定片或膨胀螺栓的数量与位置应正确，连接方式应符合设计要求，固定点应距窗角、中横框、中竖框 150～200mm，固定点间距应不大于 600mm。

（3）塑料门窗拼樘料内衬增强型钢的规格、壁厚必须符合设计要求，型钢应与型材内腔紧密吻合，其两端必须与洞口固定牢固，窗框必须与拼樘料连接紧密，固定点间距应不大于 600mm。

（4）塑料门窗扇应开关灵活、关闭严密、无倒翘，推拉门窗扇必须有防脱落措施。

（5）塑料门窗框与墙体间缝隙应采用闭孔弹性材料填嵌饱满，表面应采用密封胶密封，密封胶应粘结牢固、表面应光滑、顺直、无裂纹。

（6）玻璃密封条与玻璃及玻璃槽口的接缝应平整，不得卷边、脱槽。

（7）排水孔应畅通，位置和数量应符合设计要求。

第六节　吊　顶　工　程

吊顶工程是室内装饰工程的一个重要组成部分。吊顶具有保温、隔热、隔声和吸音作用，也是安装照明、暖卫、通风空调、通信和防火、报警管线设备的遮盖层，其形式有直接式和悬吊式两种。

吊顶按结构形式分为明龙骨吊顶、暗龙骨吊顶、金属装饰板吊顶、开放式吊顶和整体式吊顶。本节主要介绍前两种。

一、吊顶的组成

吊顶主要由吊杆（吊筋）、龙骨（搁栅）和饰面板（罩面板）三部分组成。

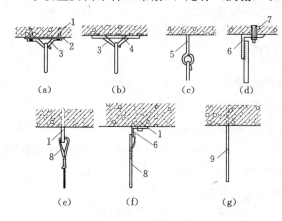

图 10 - 13　吊杆固定

(a) 射钉固定；(b) 预埋件固定；(c) 预埋 φ6 钢筋吊环；
(d) 金属膨胀螺丝固定；(e) 射钉直接连接钢丝（或 8 号铁丝）；(f) 射钉角铁连接法；(g) 预埋 8 号镀锌钢丝
1—射钉；2—焊板；3—φ10 钢筋吊环；
4—预埋钢板；5—φ6 钢筋；6—角钢；
7—金属膨胀螺丝；8—铝合金丝
（8 号、12 号、14 号）；9—8 号
镀锌铁丝

1. 吊杆

吊杆是吊顶与基层连接的构件，属于吊顶的支承部分。对现浇钢筋混凝土楼板，一般在混凝土中预埋 φ6 钢筋（吊环）或 8 号镀锌铁丝作为吊杆，如图 10 - 13 所示。坡屋顶可用长杆螺栓或 8 号镀锌铁丝吊在屋架下弦作吊杆，吊杆间距为 1.2～1.5m。

2. 龙骨（搁栅）

龙骨是固定饰面板的空间格构，并将承受饰面板的重量传递给支承部分。吊顶龙骨有木质龙骨、金属龙骨（轻钢龙骨、铝合金龙骨）两类。木质龙骨多用于民用吊顶，而公用建筑吊顶多为金属龙骨。

轻钢龙骨与铝合金龙骨吊顶的主龙骨断面形状有 U 形、T 形、L 形等。截面尺寸取决于荷载大小，其间距尺寸应考虑次龙骨的跨度及施工条件，一般采用 1～

1.5m。主龙骨与屋顶结构、楼板结构多通过吊杆连接。U 形龙骨安装示意图如图 10 - 14 所示，TL 形铝合金龙骨安装示意图如图 10 - 15 所示。

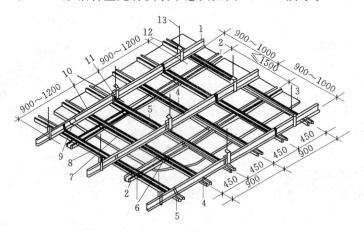

图 10 - 14　U 形龙骨吊顶示意图

1—BD 大龙骨；2—UZ 横撑龙骨；3—吊顶板；4—UZ 龙骨；5—UX 龙骨；
6—UZ₃ 支托连接；7—UZ₂ 连接件；8—UX₂ 连接件；9—BD₂ 连接件；
10—UZ₁ 吊挂；11—UX₁ 吊挂；12—BD₁ 吊件；13—吊杆，φ8～10

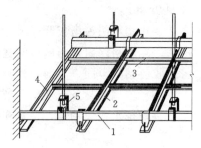

图 10 - 15　TL 形铝合金吊顶示意图
1—大龙骨；2—大 T；3—小 T；4—角条；
5—大吊挂件

3. 饰面板

饰面板是顶棚的装饰层，使顶棚达到既具有吸声、隔热、保温、防火等功能，又具有美化环境的效果。按材料不同可分为石膏饰面板、钙塑泡沫板、胶合板、纤维板、矿棉板、

PVC饰面板、金属饰面板等。

二、吊顶类型

1. 明龙骨吊顶

明龙骨吊顶也称为活动式吊顶，是将饰面板浮搁在轻钢龙骨或铝合金龙骨上，便于更换。龙骨可以是外露的，也可以是半露的。由于不考虑上人，所以在悬吊体系方面比较简单，通常用镀锌铁丝或伸缩式吊杆悬吊。

2. 暗龙骨吊顶

暗龙骨吊顶也称为隐蔽式吊顶，是指龙骨不外露，饰面板表面为整体式。饰面板与龙骨的固定有三种方式：用螺钉拧在龙骨上；用胶粘剂粘在龙骨上；将饰面板加工成企口形式，用龙骨将饰面板连接成一体，使用最多的是第一种。

3. 金属装饰板吊顶

金属装饰板吊顶，包括各种金属条板、金属方板和金属搁栅安装的吊顶。它是以加工好的金属条板卡在铝合金龙骨上，或是用螺钉（或自攻螺钉）将金属条板、方板、搁栅固定在龙骨上。这种金属板安装完毕，不需要在表面再做其他装饰。

4. 开敞式吊顶

开敞式吊顶的饰面是敞开的。吊顶的单体构件，一般同室内灯光照明的布置结合起来，有的甚至全部用灯具组成吊顶，并加以艺术造型，使其变成装饰品。

三、吊顶施工工艺

施工工艺流程为：弹线→固定吊杆→安装边龙骨→安装主龙骨→安装次龙骨→安装饰面板→安装压条。

1. 弹线

从墙上的水准线（50线）量至吊顶设计高度加上一层饰面板的厚度，用墨线沿墙（柱）弹出水准线，即为吊顶次龙骨的下皮线。同时，按吊顶平面图，在混凝土顶板弹出主龙骨的位置，并标出吊杆的固定点。

2. 固定吊杆

按图10-13所示的方法固定吊杆。吊顶灯具、风口及检修口等处应设附加吊杆。

3. 安装边龙骨

边龙骨的安装应按设计要求弹线，沿墙（柱）上的水平龙骨线把L形镀锌轻钢条用自攻螺丝固定在预埋木砖上；如为混凝土墙（柱），可用射钉固定，射钉间距应不大于吊顶次龙骨的间距。

4. 安装主龙骨

主龙骨应吊挂在吊杆上，间距900~1000mm。主龙骨应平行房间长向安装，同时应起拱，起拱高度为房间跨度的1/200~1/300。主龙骨的悬臂段不应大于300mm，否则应增加吊杆。主龙骨的接长应采取对接，相邻龙骨的对接接头要相互错开。跨度大于15m以上的吊顶，应在主龙骨上，每隔15m加一道大龙骨，并垂直主龙骨焊接牢固。主龙骨挂好后应及时调整其位置标高。

5. 安装次龙骨

次龙骨应紧贴主龙骨安装。次龙骨间距300~600mm。用T形镀锌铁片连接件把次龙骨固定在主龙骨上时，次龙骨的两端应搭在L形边龙骨的水平翼缘上。

6. 饰面板安装

饰面板的安装方法有：

（1）搁置法。将饰面板直接放在 T 形龙骨组成的格框内。有些轻质饰面板，考虑刮风时会被掀起（如空调口、通风口附近）、可用卡子固定。如矿棉板、金属饰面板的安装可采用此法。

（2）嵌入法。将饰面板事先加工成企口暗缝，安装时将 T 形龙骨两肢插入企口缝内。如金属饰面板的安装可采用此法。

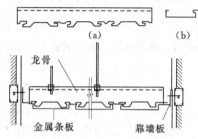

图 10-16　铝合金吊顶卡固法固定
（a）龙骨；（b）金属条板断面

（3）粘贴法。将饰面板用胶粘剂直接粘贴在龙骨上，如石膏板、钙塑泡沫板、矿棉板的安装可采用此法。

（4）钉固法。将饰面板用钉、螺丝、自攻螺丝等固定在龙骨上，如石膏板、钙塑泡沫板、胶合板、纤维板、矿棉板、PVC 饰面板、金属饰面板等的安装可采用此法。

（5）卡固法。多用于铝合金吊顶，板材与龙骨直接卡接固定，如图 10-16 所示。

四、吊顶工程质量要求❶

（1）吊顶工程中的预埋件、钢筋吊杆和型钢吊杆应进行防锈处理。

（2）安装饰面板前应完成吊顶内管道和设备的调试及验收。

（3）吊杆距主龙骨端部距离不得大于 300mm，当大于 300mm 时，应增加吊杆。当吊杆长度大于 1.5m 时，应设置反支撑。当吊杆与设备相遇时，应调整并增设吊杆。

（4）重型灯具、电扇及其他重型设备严禁安装在吊顶工程的龙骨上。

（5）吊顶标高、尺寸、起拱和造型应符合设计要求。

（6）暗龙骨吊顶工程的吊杆、龙骨和饰面材料的安装必须牢固。

（7）吊杆、龙骨的材质、规格、安装间距及连接方式应符合设计要求。金属吊杆、龙骨应经过表面防腐处理；木吊杆、龙骨应进行防腐、防火处理。

第七节　幕　墙　工　程

现代建筑，尤其是高层建筑的外墙面装饰常常采用幕墙，常用的有玻璃幕墙和金属幕墙。此外还有石材幕墙（干挂工艺）等。

---

❶ 《建筑装饰装修工程质量验收规范》GB 50210—2001 规定：

6.2.8　饰面板上的灯具、烟感器、喷淋头、风口算子等设备的位置应合理、美观，与饰面板的交接应吻合、严密。

6.2.10　吊顶内填充吸声材料的品种和铺设厚度应符合设计要求，并应有防散落措施。

6.3.3　饰面材料的材质、品种、规格、图案和颜色应符合设计要求。当饰面材料为玻璃板时，应使用安全玻璃或采取可靠的安全措施。

6.3.4　饰面材料的安装应稳固严密。饰面材料与龙骨的搭接宽度应大于龙骨受力面宽度的 2/3。

6.3.7　饰面材料表面应洁净、色泽一致，不得有翘曲、裂缝及缺损。饰面板与明龙骨的搭接应平整、吻合，压条应平直、宽窄一致。

6.3.9　金属龙骨的接缝应平整、吻合、颜色一致，不得有划伤、擦伤等表面缺陷。木质龙骨应平整、顺直，无劈裂。

玻璃幕墙是由玻璃板做墙面板材，悬挂在建筑物主体结构上的非承重外围护。玻璃幕墙体现了现代建筑风貌，它可应所用材料、设计造型和分格的不同，而得到多种不同的艺术效果。其主要特点是自重轻，施工方便，工期短；同时，它作为外围护构件，还具有防水、保温、隔热、气密、防火和避雷等性能，因此玻璃幕墙广泛应用于现代化高档公共建筑的外墙装饰。

一、玻璃幕墙的构造和组成

　　玻璃幕墙一般由固定玻璃的骨架、连接件、嵌缝密封材料、填衬材料和幕墙玻璃等组成，结构体系有明框结构体系、隐框结构体系和无骨架结构体系。骨架（横杆、竖杆）可以采用型钢骨架、铝合金骨架、不锈钢骨架等。

　　目前采用的幕墙玻璃主要有安全玻璃（包括钢化和夹层玻璃）、中空玻璃、热反射镀膜玻璃、吸热玻璃、浮法玻璃、夹丝玻璃和防火玻璃等。

二、玻璃幕墙的分类

　　根据构造和组合形式的不同的不同，玻璃幕墙分为以下种类。

　　1. 明框玻璃幕墙

　　明框玻璃幕墙其玻璃镶嵌在框内，金属框架构件显露在玻璃外表面的有框玻璃幕墙。

　　2. 半隐框玻璃幕墙

　　金属框架竖向或横向构件显露在玻璃外表面的有框玻璃幕墙，即将玻璃两对边嵌在框内，另两对边用结构胶粘在框上，形成半隐框玻璃幕墙。

　　立柱外露，横梁隐蔽的称竖框横隐幕墙；横梁外露，立柱隐蔽的称竖隐横框幕墙。

　　3. 隐框玻璃幕墙

　　金属框架构件全部隐蔽在玻璃后面的有框玻璃幕墙，即将玻璃用结构胶粘结在框上，大多数情况下不再加金属连接件，形成大面积全玻璃镜面。构造如图10-17所示。

　　4. 全玻幕墙

　　全玻幕墙又称为无金属骨架玻璃幕墙，是由玻璃板和玻璃肋构成的玻璃幕墙。为便于观光，在建筑物底层、顶层及旋转餐厅的外墙，使用玻璃板幕墙，其支承结构采用玻璃肋，称之为全玻幕墙。高度不超过4m的全玻幕墙，可以用下部直接支承的方式进行安装，超过4m的宜用上部悬挂方式安装。

　　5. 点支承玻璃幕墙

　　点支承玻璃幕墙又称为挂架式（或点式）玻璃幕墙，是由玻璃面板、点支承装置与支承结构构成的玻璃幕墙。它采用四爪式不锈钢挂件与立柱相焊接，每块玻璃四角在厂家加工钻4个ϕ20孔，挂件的每个爪与一块玻璃一个孔相连接，即一个挂件同时与4块玻璃相连接，所以一块玻璃需要4个挂件来固定，如图10-18所示。

　　按施工方法分，玻璃幕墙又分为在现场安装组合的分件式玻璃幕墙和先在工厂组装再在现场安装的单元式板块式玻璃幕墙。分件式玻璃幕墙是将必须在工厂制作的单件材料和其他材料运至施工现场，直接在建筑结构上逐渐进行安装。单元式玻璃幕墙是将铝合金骨架、玻璃、垫块、保温材料、减振和防水材料以及装饰面料等事先在工厂组合成带有附加铁件的幕墙单元，用专用运输车运到施工现场，在现场吊装装配，直接与建筑结构相连接。

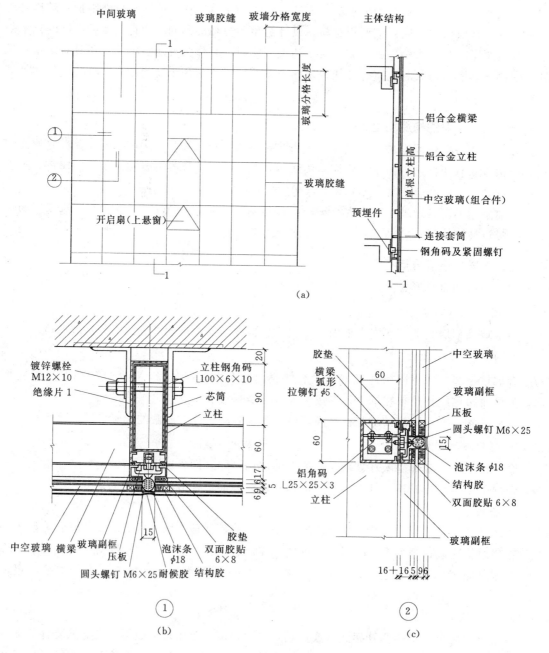

图 10-17　隐框玻璃幕墙组成及节点

（a）隐框玻璃幕墙组成；（b）隐框玻璃幕墙水平节点；（c）隐框玻璃幕墙垂直节点

三、玻璃幕墙的施工工艺

（一）定位放线

玻璃幕墙的测量放线应与主体结构测量放线相配合，其中心线和标高点由主体结构单位提供并校核准确。

放线应沿楼板外沿弹出墨线定出幕墙平面基准线，从基准线测出一定距离为幕墙平面，以此线为基准弹出立柱的位置线，再确定立柱的锚固点位置。

（二）骨架安装

骨架的固定是通过连接件将骨架与主体结构相连接的。常用的固定方法有两种：一种是将型钢连接件与主体结构上的预埋铁件按弹线位置焊接牢固；另一种则是将型钢连接件与主体结构上的预埋膨胀螺栓锚固。

预埋件应在主体结构施工时按设计要求埋设，并将锚固钢筋与主体构件主钢筋绑扎牢固或点焊固定，以防预埋件在浇筑混凝土时位置变动。膨胀螺栓的准确位置可通过放线加以保证，其埋深应符合设计要求。

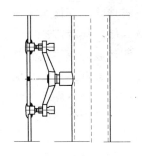

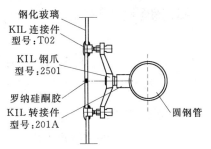

钢化玻璃
KIL 连接件
型号：T02
KIL 钢爪
型号：2501
罗纳硅酮胶
KIL 转接件
型号：201A
圆钢管

图 10-18　点支承玻璃幕墙做法示意图

1. 安装连接件

经检查，预埋件安装合格后，将连接件通过焊接或螺栓连接到预埋件上。

2. 立柱的安装

将立柱从上至下（也可从下至上）安装就位，一般每 2 层 1 根。安装时将已加工、钻孔后的立柱嵌入连接件角钢内，用不锈钢螺栓初步固定，根据控制通线对立柱进行复核，调整立柱的垂直度、平整度，检查是否符合设计分格尺寸及进出位置，如有偏差应及时调整，经检查合格后，将螺栓最终拧紧固定。

3. 横杆的安装

待立柱通长布置完毕后，将横杆的位置线弹到立柱上。横杆一般是分段在立柱上嵌入安装，如果骨架为型钢，可以采用焊接或螺栓连接；如果是铝合金型材骨架，其横杆与立柱的连接，一般是通过铝拉铆钉与连接件进行固定。骨架横杆两端与立柱连接处设有弹性橡胶垫，橡胶垫应有 20%～30% 的压缩性，以适应横向温度变形的需要。安装时应将横杆两端的连接件及橡胶垫安装在立柱预定位置，并保证安装牢固、接缝严密。当安装完一层时，应进行检查、调整、校正后再固定。支点式（挂架式）幕墙只需立柱而无横杆，所有玻璃均靠挂件驳接爪挂于立柱上。

（三）玻璃安装

玻璃安装前应将表面尘土和污物擦拭干净，四边的铝框也要清除污物，以保证嵌缝耐候胶可靠粘结。热反射玻璃安装应将镀膜面朝向室内。元件式幕墙框料宜由上往下进行安装，单元式幕墙安装宜由下往上进行。

玻璃安装一般可采用人工在吊篮中进行，也可室内外搭设脚手架，用手动或电动吸盘器配合安装。玻璃装入镶嵌槽，要保证玻璃与槽壁有一定的嵌入量。

（四）嵌缝

玻璃安装就位后，在玻璃与槽壁间留有的空腔中嵌入橡胶条或注入耐候胶固定玻璃。注胶后，应将胶缝用小铲沿注胶方向用力施压，将多余的胶刮掉，并将胶缝刮成设计形状，使胶缝光滑、流畅。隐框、半隐框幕墙所采用的结构粘结材料必须是中性硅酮结构密封胶，其性能必须符合《建筑用硅酮结构密封胶》GB 16776 的规定，硅酮结构密封胶必须在有效期内使用。

玻璃幕墙四周与主体之间的间隙，应采用防火的保温材料填塞，内外表面应采用密封胶连续封闭，接缝应严密不漏水。以明框玻璃幕墙安装为例，其工艺流程为：

测量放线→主次龙骨装配→楼层紧固件安装→安装主龙骨（竖杆）并找平、调整→安装次龙骨（横杆）→安装保温镀锌钢板→在镀锌钢板上焊铆螺钉→安装层间保温矿棉→安装楼层封闭镀锌板→安装单层玻璃窗密封条、卡→安装单层玻璃→安装双层中空玻璃密封条、卡→安装双层中空玻璃→安装侧压力板→镶嵌密封条→安装玻璃幕墙铝盖条→清扫→验收、交工。

四、玻璃幕墙安装工程的质量要求 ❶

第八节　轻质隔墙、裱糊与软包工程

一、轻质隔墙工程

轻质隔墙是分隔建筑物内部空间的非承重构件，具有自重轻，厚度薄，便于拆装，具有一定的刚度等优点。某些隔墙还有隔声、耐火、耐腐蚀以及通风、透光等要求。

（一）轻质隔墙的分类

轻质隔墙的种类很多，按其构造方式分为板材隔墙、骨架隔墙、活动隔墙和玻璃隔墙等。

1. 板材隔墙

常用的板材有复合轻质墙板、石膏空心条板、预制或现制的钢丝网水泥板，此外还有加气混凝土轻质板材、增强水泥条板、轻质陶粒混凝土条板等。

2. 骨架隔墙

骨架隔墙是以轻钢龙骨、铝合金龙骨、木龙骨等为骨架，以纸面石膏板、人造木板、水泥纤维板、胶合板、木丝板、刨花板、塑料板等为墙面板的隔墙。也可在两层面板之间加设隔声层，以起到隔声的作用。

3. 活动隔墙

活动隔墙是地面和顶棚带有轨道，可以推拉的轻质隔墙。

4. 玻璃隔墙

玻璃隔墙是以轻钢龙骨、铝合金龙骨、木龙骨等为骨架，以玻璃为墙面板的隔墙，这种隔墙透光较好。

---

❶ 《建筑装饰装修工程质量验收规范》GB 50210—2001 规定：

9.2.13 玻璃幕墙结构胶和密封胶的打注应饱满、密实、连续、均匀、无气泡，宽度和厚度应符合设计要求和技术标准的规定。

9.2.14 玻璃幕墙开启窗的配件应齐全，安装应牢固，安装位置和开启方向、角度应正确；开启应灵活，关闭应严密。

9.2.16 玻璃幕墙表面应平整、洁净；整幅玻璃的色泽应均匀一致；不得有污染和镀膜损坏。

9.2.19 明框玻璃幕墙的外露框或压条应横平竖直，颜色、规格应符合设计要求，压条安装应牢固。单元玻璃幕墙的单元拼缝或隐框玻璃幕墙的分格玻璃拼缝应横平竖直、均匀一致。

9.2.21 防火、保温材料填充应饱满、均匀，表面应密实、平整。

（二）轻质隔墙的施工工艺

以骨架隔墙和玻璃隔墙为例，介绍轻质隔墙的施工工艺。

1. 骨架隔墙施工工艺

（1）弹线

在地面和墙面上弹出隔墙的宽度线和中心线，并弹出门窗洞口的位置线。

（2）安装龙骨

先安装沿地、沿顶龙骨，与地、顶面接触处，先要铺填橡胶条或沥青泡沫塑料条，再按中距 0.6～1m 用射钉（或电锤打眼固定膨胀螺栓）将沿地、沿顶龙骨固定于地面和顶面。然后将预先切裁好长度的竖向龙骨，装入横向沿地、沿顶龙骨内，翼缘朝向拟安装的板材方向，校正其垂直度后，将竖向龙骨与沿地、沿顶龙骨固定好，固定方法可以用点焊，或者用连接件与自攻螺钉固定。

（3）安装墙面板

安装时，将墙面板放竖直，贴在龙骨上用电钻同时把板材与龙骨一起打孔，再拧上自攻螺丝，钉头要埋入板材平面 2～3mm，钉眼应用石膏腻子抹平。墙面板应竖向铺设，长边接缝应落在竖向龙骨上，接缝处用嵌缝腻子嵌平。

需要隔声、保温、防火的应根据设计要求在龙骨一侧安装好板材后，进行隔声、保温、防火等材料的填充；一般采用玻璃丝棉或 30～100mm 岩棉板进行隔声、防火处理；采用 50～100mm 苯板进行保温处理。再封闭另一侧的板。

端部的墙面板与周围的墙或柱应留有 3mm 的槽口。施铺罩面板时，应先在槽口处加注嵌缝膏，然后铺板并挤压嵌缝膏使面板与邻近表层接触紧密。在丁字形或十字形相接处，如为阴角应用腻子嵌满，贴上接缝带，如为阳角应做护角。

（4）饰面施工

待嵌缝腻子完全干燥后，即可在隔墙表面裱糊墙纸，或进行涂料施工。

2. 玻璃隔墙施工工艺

（1）弹线。

根据楼层设计标高水平线，顺墙高量至顶棚设计标高，沿墙弹隔断垂直标高线及龙骨的水平线，并在龙骨的水平线上划好龙骨的分档位置线。

（2）安装龙骨。

龙骨安装：根据设计要求固定龙骨，如无设计要求时，可以用 $\phi 8～12$ 膨胀螺栓或 3～5 寸钉子固定，膨胀螺栓固定点间距 600～800mm。安装前做好防腐处理。

沿墙边龙骨安装：根据设计要求固定边龙骨，边龙骨应启抹灰收口槽，如无设计要求时，可以用 $\phi 8～12$ 膨胀螺栓或 3～5 寸钉子与预埋木砖固定，固定点间距 800～1000mm。安装前做好防腐处理。

（3）主龙骨安装。

根据设计要求按分档线位置固定主龙骨，用 4 寸的铁钉固定，龙骨每端固定应不少于 3 颗钉子。必须安装牢固。

（4）小龙骨安装。

根据设计要求按分档线位置固定小龙骨，用扣榫或钉子固定，必须安装牢固。安装小龙骨前，也可以根据安装玻璃的规格在小龙骨上安装玻璃槽。

（5）安装玻璃。

根据设计要求，将玻璃安装在小龙骨上；如用压条安装时先固定玻璃一侧的压条，并用橡胶垫垫在玻璃下方，再用压条将玻璃固定；如用玻璃胶直接固定玻璃，应将玻璃先安装在小龙骨的预留槽内，然后用玻璃胶封闭固定。

（6）打玻璃胶。

首先在玻璃上沿四周粘上纸胶带，根据设计要求将玻璃胶均匀地打在玻璃与小龙骨之间。待玻璃胶完全干后撕掉纸胶带。

（7）安装压条。

根据设计要求将压条用钉子或玻璃胶固定于小龙骨上。如设计无要求，可以根据需要选用 10mm×12mm 木压条、10mm×10mm 铝压条或 10mm×20mm 不锈钢压条。

（三）轻质隔墙的质量要求❶

二、裱糊工程

裱糊工程就是将壁纸、墙布用胶粘剂裱糊在结构基层的表面上，进行室内装饰的一种工艺。壁纸和墙布可以造成各种色彩和质感，也可仿各种材料的纹理、图案，以增加室内装饰效果，改善和美化生活环境。

（一）裱糊工程材料

裱糊工程材料分为壁纸和墙布两大类，常用的壁纸有普通壁纸、纺织纤维壁纸、塑料壁纸、发泡壁纸、特种壁纸等，墙布又有玻璃纤维墙布、纯棉装饰墙布、化纤装饰墙布及无纺墙布等。

（二）裱糊施工工艺

1. 基层处理

（1）混凝土和抹灰面基层

基层表面应清扫干净，泛碱部位，用 9％的稀醋酸中和、清洗。对表面脱灰、孔洞较大的缺陷用砂浆修补平整；对麻点、凹坑、接缝、裂缝等较小缺陷，用腻子涂刮 1～2 遍修补填平，干固后（基层含水率不得大于 8％）用砂纸磨平。为防止基层吸水过快，裱糊前用 1：1 的 107 胶水溶液涂刷基层以封闭墙面，并为粘贴壁纸提供一个粗糙面。

（2）木质、石膏板等基层

先将基层的接缝、钉眼等处用腻子填平，然后满刮石膏腻子一遍，用砂纸打磨平整光滑，基层的含水率不得大于 12％。

2. 弹线

在墙面上弹出水平、垂直线，作为裱糊的依据，保证壁纸裱糊后横平竖直、图案端正。弹线时应从墙的阳角处开始，按壁纸的标准宽度找规矩弹线，作为裱糊时的操作准线。

---

❶ 《建筑装饰装修工程质量验收规范》GB 50210—2001 规定：

7.3.3 骨架隔墙所用龙骨、配件、墙面板、填充材料及嵌缝材料的品种、规格、性能和木材的含水率应符合设计要求。有隔声、隔热、阻燃、防潮等特殊要求的工程，材料应有相应性能等级的检测报告。

7.3.5 骨架隔墙中龙骨间距和构造连接方法应符合设计要求。骨架内设备管线的安装、门窗洞口等部位加强龙骨应安装牢固、位置正确，填充材料的设置应符合设计要求。

7.3.11 骨架隔墙内的填充材料应干燥，填充应密实、均匀、无下坠。

7.5.5 玻璃砖隔墙砌筑中埋设的拉结筋必须与基体结构连接牢固，并应位置正确。

7.5.8 玻璃隔墙接缝应横平竖直，玻璃应无裂痕、缺损和划痕。

3. 裁纸

裱糊前应先预拼试贴，观察接缝效果，确定裁纸尺寸及花饰拼贴方法。

根据弹线找规矩的实际尺寸统一规划裁纸，并编号按顺序粘贴。裁纸时应以上口为准，下口可比规定尺寸略长 10～20mm，如为带花饰的壁纸，应先将上口的花饰对好，小心裁割，不得错位。

4. 润纸

塑料壁纸有遇水膨胀，干后收缩的特性，因此一般需将壁纸放在水槽中浸泡 3～5min，取出后抖掉明水，静置 2min，然后再裱糊。

5. 刷胶

一般基层表面与壁纸背面应同时刷胶，刷胶要薄而均匀，不裹边，不起堆，以防溢出，弄脏壁纸。基层表面涂胶宽度要比壁纸宽 20～30mm，涂刷一段，裱糊一张。如用背面带胶的壁纸，则只需在基层表面涂刷胶粘剂。

6. 裱糊

先贴长墙面，后贴短墙面，每个墙面从显眼的墙面以整幅纸开始，第一条纸都要挂垂线。

对需对花的，贴每条纸均先对花，对纹拼缝由上而下进行，不留余量，先在一侧对缝保证墙纸粘贴垂直，后对花纹拼缝，对好后用板式鬃刷由上向下抹压平整，挤出的多余胶液用湿毛巾及时擦干净，上、下边多出的壁纸用刀裁割齐整。

阳角处只能包角压实，不能对接和搭接，施工时还应对阳角的垂直度和平整度严格控制。窄条纸的裁切边应留在阴角处，其接缝应为搭接缝，搭缝宽 5～10mm，要压实，无张嘴现象。大厅明柱应在侧面或不显眼处对缝。裱糊到电灯开关、插座等处应减口做标志，以后再安装纸面上的照明设备或附件。

7. 清理修整

整个房间贴好后，应进行全面细致的检查，对未贴好的局部进行清理修整。若出现空鼓、气泡，可用针刺放气，再用注射针挤进胶粘剂，用刮板刮压密实，要求修整后不留痕迹，然后进行成品保护。

（三）裱糊工程施工质量要求❶

三、软包工程

软包工程是用于室内墙面或门的一种高级装饰方法，其面料多用锦缎、皮革等。锦缎、皮革软包墙面或门可保持柔软、消声、温暖，适用于防止碰撞的房间及声学要求较高的房间。

（一）软包工程作业条件

混凝土和墙面抹灰已完成，基层按设计要求木砖或木筋已埋设，水泥砂浆找平层已抹完

---

❶ 《建筑装饰装修工程质量验收规范》GB 50210—2001 规定：

11.2.4 裱糊后各幅拼接应横平竖直，拼接处花纹、图案应吻合，不离缝，不搭接，不显拼缝。检验方法：观察；拼缝检查距离墙面 1.5m 处正视。

11.2.5 壁纸、墙布应粘贴牢固，不得有漏贴、补贴、脱层、空鼓和翘边。

11.2.6 裱糊后的壁纸、墙布表面应平整，色泽应一致，不得有波纹起伏、气泡、裂缝、皱折及斑污，斜视时应无胶痕。

11.2.10 壁纸、墙布阴角处搭接应顺光，阳角处应无接缝。

灰并刷冷底子油，且经过干燥，含水率不大于 8％；木材制品的含水率不得大于 12％。

水电及设备，顶墙上预留预埋件已完成。原则上是房间内的地、顶内装修已基本完成，墙面和细木装修底板做完，开始做面层装修时插入软包墙面镶贴装饰和安装工程。

大面积施工前，应先做样板间，经质检部门鉴定合格后，方可组织班组施工。

（二）软包工程施工工艺

1. 基层处理

（1）埋木砖。在结构墙中埋入木砖，间距一般控制在 400～600mm 之间。

（2）抹灰、做防潮层。为防止潮气使面板翘曲、织物发霉，应在砌体上先抹 20mm 厚 1∶3 水泥砂浆找平层，然后刷冷底子油，铺贴一毡二油防潮层。

（3）立墙筋，铺底板。安装 50mm×50mm 木墙筋，间距为 450mm，用木螺钉钉于木砖上，并找平找直，然后在木墙筋上铺钉五层胶合板。如采取直接铺贴法，基层必须作认真的处理，方法是先将基层拼缝用油腻子嵌平密实、满刮腻子 1～2 遍，待腻子干燥后用砂纸磨平，粘贴前，在基层表面满刷清油（清漆＋香蕉水）一道。如有填充层，此工序可以简化。

门扇软包不需做底板，直接进行下道工序。

2. 找规矩、弹线

根据设计图纸要求，把房间需要软包部位的装饰尺寸、造型等通过吊直、套方、找规矩、弹线等工序，把实际设计的尺寸与造型落实到墙面、柱面或门扇上。

3. 计算用料、套裁填充料和面料

首先根据设计图纸的要求，确定软包工程的具体做法。一般做法有两种：一是直接铺贴法，此法操作比较简便，但对基层或底板的平整度要求较高；二是预制铺贴镶嵌法，此法有一定的难度，要求必须横平竖直、不得歪斜，尺寸必须准确等，故需要做定位标志以利于对号入座。

然后按照设计要求进行用料计算和底衬（填充料）、面料套裁工作。要注意同一房间、同一图案的面料必须用同一匹卷材料套裁面料。

4. 内衬及预制镶嵌块施工

（1）做预制镶嵌软包时，要根据弹好的控制线，进行衬板制作和内衬材料粘贴。衬板按设计要求选材，设计无要求时，应采用环保型多层板，按弹好的分格线尺寸进行下料制作。衬板做好后应先上墙试装，以确定其尺寸是否正确，分缝是否通直，然后取下来在衬板背面编号，并标注安装方向，在正面粘贴内衬材料。内衬材料的材质、厚度应按设计要求选用，设计无要求时，材质必须是阻燃环保型，厚度应大于 10mm。内衬材料按衬板尺寸剪裁下料，四周剪裁、粘贴必须整齐，与衬板边平齐，最后用环保型胶粘剂平整地粘贴在衬板上。

（2）做直接铺贴和门扇软包时，应待墙面细木装修和边框完成，油漆作业基本完成，基本达到交活条件，再按弹好的线对内衬材料进行剪裁下料，然后直接将内衬材料粘贴在底板或门扇上。铺贴好的内衬材料表面必须平整，分缝必须顺直整齐。

5. 面层施工

面料在蒙铺之前必须确定正、反面及面料的纹理方向，同一场所必须使用同一匹面料，且纹理方向必须一致。

（1）预制镶嵌衬板蒙面及安装。面料有花纹、图案时，应先包好一块做为基准，再按编号将与之相邻的衬板面料对准花纹后进行裁剪，面料裁剪根据衬板尺寸确定。织物面料裁剪好以后，要先进行拉伸熨烫，再蒙到已贴好的内衬材料的衬板上，从衬板的反面用 U 形气钉和胶粘剂进行固定。蒙好的衬板面料应绷紧、无褶皱，纹理拉平拉直，各块衬板的面料绷紧度要一致。最后将包好面料的衬板逐块检查，确认合格后，按衬板的编号对号进行试安装，经试安装确认无误后，用钉粘结合的方法（即衬板背面刷胶，再用气钉从布纹缝隙钉入，必须注意气钉不要打断织物纤维），固定到墙面、柱面底板或门扇上。

（2）直接铺贴和门扇软包面层施工。按已弹好的分格线和设计造型，确定出面料分缝定位点，把面料按定位尺寸进行剪裁，剪裁时要注意相邻两块面料的花纹和图案必须吻合。将裁剪好的面料蒙铺到已贴好内衬材料的门扇或墙面上，把下端和两侧位置调整合适后，用压条先将上端固定好，然后固定下部和两侧。四周固定后，若设计要求有压条或装饰钉时，按设计要求钉好压条，再用电化铝帽头钉或其他装饰钉梅花状进行固定。设计采用木压条时，必须先将压条进行油漆打磨，再进行上墙安装。

6. 理边、修整

清理接缝、边沿露出的面料纤维，调整接缝不顺直处。开设、修整各设备安装孔，安装镶边条，安装贴脸或装饰物，修补各压条上的钉眼，修刷压条、镶边条油漆，最后擦拭、清扫浮灰。

7. 完成其他涂饰

软包面施工完成后，要对其周边的木质边框、墙面以及门扇的其他几个面做最后一遍油漆或涂饰，以使其整个室内装修效果完整、整洁。

（三）软包工程质量要求

《建筑装饰装修工程质量验收规范》GB 50210—2001 规定：

（1）软包面料、内衬材料及边框的材质、颜色、图案、燃烧性能等级和木材的含水率应符合设计要求及国家现行标准的有关规定。

（2）软包工程的龙骨、衬板、边框应安装牢固，无翘曲，拼缝应平直。

（3）单块软包面料不应有接缝，四周应绷压严密。

（4）软包工程表面应平整、洁净，无凹凸不平及皱折；图案应清晰、无色差，整体应协调美观。

思 考 题

1. 试述装饰工程的作用、分类及特点。

2. 试述一般抹灰工程的组成、分类及各抹灰层的作用。

3. 试述一般抹灰工程的施工工艺。

4. 装饰抹灰有哪些种类？各类抹灰操作要点是什么？

5. 常用的外墙饰面板安装方法有哪些？

6. 试述建筑涂料的分类及涂料工程的特点。

7. 试述地面的构造及分类。

8. 试述铝合金门窗框以及门窗扇的合理安装时间。铝合金门窗与墙体连接方式有哪些？

9. 吊顶按结构形式分为哪几种？吊顶由哪些部分组成？各部分的作用是什么？

10. 试述吊顶的施工工艺。吊顶饰面板的安装方法有哪些？

11. 玻璃幕墙分为哪几类？试述玻璃幕墙施工工艺。

12. 软包工程的作业条件是什么？试述软包工程的施工工艺。

参 考 文 献

[1] 王利文，张立群．土木工程施工技术．[M]．北京：中国建材工业出版社，2007.

[2] 郭正兴，土木工程施工．[M]．南京：东南大学出版社，2007.

[3] 王士川，等．土木工程施工疑难释义．[M]．北京：中国建筑工业出版社，2006.

[4] 穆静波，王亮，等．建筑施工．[M]．北京：中国建筑工业出版社，2012.

[5] 应惠清．土木工程施工（上册）．[M]．上海：同济大学出版社，2007.

[6] 刘宗仁．土木工程施工．[M]．北京：高等教育出版社，2009.

[7] 江见鲸．建筑工程事故分析与处理．[M]．第3版．北京：中国建筑工业出版社，2006.

[8] 俞国凤．土木工程施工工艺．[M]．上海：同济大学出版社，2007.

[9] 卓新．高危专项工程施工方案的设计方法与计算原理．[M]．杭州：浙江大学出版社，2009.

[10] 李建峰．现代土木工程施工技术 [M]．北京：中国电力出版社，2008.

[11] 北京土木建筑学会．建筑施工脚手架构造与计算．[M]．北京：中国电力出版社，2009.

[12] 李世华，等．桥梁工程．[M]．北京：中国建筑工业出版社，2007.

[13] 曾进伦，赖允瑾．地下工程施工．[M]．北京：高等教育出版社，2000.